高等学校规划教材

模拟电子技术基础

穆克　褚俊霞　姜丽　等编著

Fundamentals of Analog Electronics

化学工业出版社
·北京·

内 容 简 介

《模拟电子技术基础》系统讲述了模拟电路的基本原理和分析方法。全书包括半导体基础知识与常用半导体器件、基本放大电路、集成运算放大器、放大电路的频率响应、放大电路中的反馈、集成运放的应用及滤波电路、波形的发生电路及信号的转换电路、功率放大电路、直流电源等共九章内容。书中各章均由导引切入，使学习者在了解一些应用背景的前提下学习，力求事半功倍。各章配有适量的填空、选择和分析计算等习题，供学习者消化理解基本概念，提升对工程问题的解决能力。

本书适合作为普通高等院校电子信息类与电气类的本科生教学用书，也可作为相关工程技术人员的参考图书。

图书在版编目（CIP）数据

模拟电子技术基础/穆克等编著. —北京：化学工业出版社，2021.12

高等学校规划教材

ISBN 978-7-122-39890-1

Ⅰ. ①模… Ⅱ. ①穆… Ⅲ. ①模拟电路-电子技术-高等学校-教材 Ⅳ. ①TN710

中国版本图书馆 CIP 数据核字（2021）第 187341 号

责任编辑：满悦芝　　文字编辑：毛亚囡

责任校对：宋　玮　　装帧设计：张　辉

出版发行：化学工业出版社(北京市东城区青年湖南街 13 号　邮政编码 100011)

印　　装：北京捷迅佳彩印刷有限公司

787mm×1092mm　1/16　印张 19½　字数 478 千字　2022 年 1 月北京第 1 版第 1 次印刷

购书咨询：010-64518888　　售后服务：010-64518899

网　　址：http://www.cip.com.cn

凡购买本书，如有缺损质量问题，本社销售中心负责调换。

定　　价：65.00 元

前言

“模拟电子技术基础”是电子信息类与电气类本科专业的技术基础课程。开设课程的目的是使学习者了解和掌握模拟电子技术基本概念、基本分析方法，为专业课的学习及今后从事电子技术工作打下坚实的基础。本课程在整个电类专业的培养计划和课程体系中起着承上启下的重要作用。

在编写过程中，编著者根据教育部高等学校电子信息科学与电气类基础课程教学指导分委员会颁布的“模拟电子技术基础”课程教学基本要求编写，以突出基本概念、基本原理、基本分析方法和工程应用为指导思想，从应用型本科教学的实际需要出发，坚持理论与实践相融合的教学理念，以技能的提高与能力的培养为教学目标，力求做到思路清晰，深入浅出，语言通畅，便于阅读。

本书系统讲述了模拟电路的基本原理和分析方法。全书包括半导体基础知识与常用半导体器件、基本放大电路、集成运算放大器、放大电路的频率响应、放大电路中的反馈、集成运放的应用及滤波电路、波形的发生电路及信号的转换电路、功率放大电路、直流电源等共九章内容。

其中，第 1 章介绍由半导体材料到形成半导体器件的过程，第 2、3 章是模拟电子技术基础的最主要内容，重点阐述放大电路基本原理和分析方法，第 4 章分析了放大电路的频率响应，第 5 章论述改善放大电路性能的措施方法，第 6～9 章是模拟电子技术的主要应用。

书中各章由“导引”切入，使读者在了解一些应用背景的前提下学习，力求达到事半功倍的效果。各章配有适量的填空、选择和分析计算等习题，供学习者消化理解基本概念，提升对工程问题的分析和解决能力。各章结尾进行了内容和知识结构的总结，利于读者系统掌握学习过的知识。

在编写过程中，参阅了相关文献，列于参考文献中，在此表示衷心感谢！

本书由辽宁石油化工大学穆克主要负责，参与编写的人员还有姜丽、褚俊霞、林丽君、张月静、胡丹、吴旭翔。本书第 1、2 章由穆克编写，第 3 章由穆克、吴旭翔共同编写，第 4 章由林丽君编写，第 5 章由姜丽编写，第 6 章由张月静编写，第 7、8 章由褚俊霞编写，第 9 章由胡丹编写。全书由穆克负责策划、统筹。

本书的编写得到了辽宁石油化工大学发展规划处和教务处等部门的大力支持，全体参编者对此表示衷心感谢！

由于编者水平有限，书中可能存在不妥之处，敬请读者批评指正。

编著者

2021 年 11 月

目录

第 5 章 放大电路中的反馈 —— 145

第 9 章 直流电源 —— 268

第1章 半导体基础知识与常用半导体器件

导引——太阳能电池

图 1.0.1 是光伏并网发电示意图，图中光伏组件是太阳能电池板，它吸收太阳能并将其转化为电能，经光伏逆变器变成工频交流供用户使用，多余的电能还可以馈送到电网供其他负荷使用。

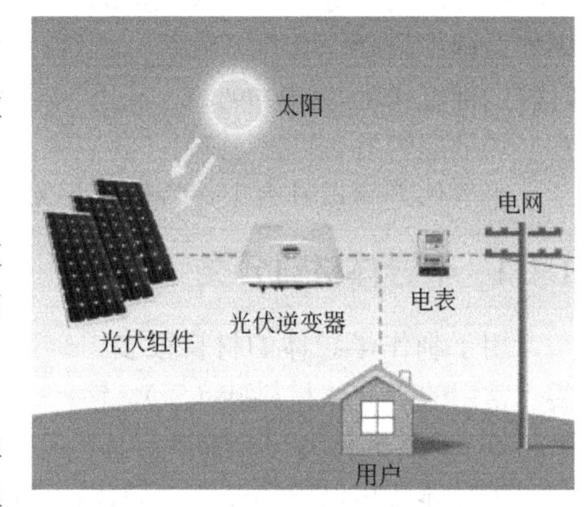

图 1.0.1 光伏并网发电原理图

构成太阳能电池的基本单元是半导体 PN 结，太阳光照在半导体 PN 结上，形成新的电子-空穴对，在 PN 结内建电场的作用下，空穴由 N 区流向 P 区，电子由 P 区流向 N 区，接通电路后就形成电流。这就是光伏效应（Photo Voltaic Effect）太阳能电池的工作原理。

我们的课程就从半导体材料构成的 PN 结开始。

本章由半导体的基本知识为起点，引入本征半导体、杂质半导体的概念，然后详细讨论 PN 结、半导体二极管、晶体三极管、场效应管的基本结构、工作原理、参数，并在此基础上介绍这些基本元件的模型、分析方法及其典型应用电路。

1.1 半导体基础知识

自然界中的物质，就其导电性能的差异性，可分为导体、绝缘体和半导体三大类。通常将很容易导电、电阻率小于 $10^{-4}\Omega\cdot cm$ 的物质称为导体（Conductor），如铜、铝、银等金属材料；将很难导电、电阻率大于 $10^{10}\Omega\cdot cm$ 的物质称为绝缘体（Insulator），如树脂、橡胶、陶瓷等材料；将导电能力介于导体和绝缘体之间、电阻率在 $10^{-3}\sim10^{9}\Omega\cdot cm$ 范围内的物质称为半导体（Semiconductor），常用的半导体材料有硅（Si）、锗（Ge）、砷化镓（GaAs）、锑化铟（InSb）、硫化镉（CdS）等，其中以锗和硅的生产技术最为成熟、应用最广。

半导体材料的广泛应用，不是因为它的导电能力介于导体和绝缘体之间，而是其具有一些特殊的属性，半导体的导电能力会随着温度的变化、光照或掺入杂质的多少发生显著的变化，即半导体的热敏性、光敏性和杂敏性。

（1）热敏性

大多数半导体材料对温度的变化很敏感，随着温度的升高其导电性能提高。例如，纯净的锗从 20℃升高到 30℃时，它的电阻率几乎减小为原来的一半。而一般金属的电阻率是随温度升高而增大的。利用半导体的热敏性可制成各种热敏电子器件，如电子体温计就是利用热敏电子器件来测量体温的。

（2）光敏性

许多半导体材料在光照强弱变化时，其导电性能会随之变化，光照越强，导电性能越好，即电阻率随光照增强而显著减小。例如，一种硫化镉薄膜，在暗处其电阻为几十兆欧姆；受光照后，电阻可以下降到几十千欧姆，只有原来的 1‰。自动控制中用的光电二极管和光敏电阻，就是利用半导体材料的光敏性制成的。现在应用越来越广泛的太阳能电池也是利用了半导体的光敏性。

（3）杂敏性

在纯净的半导体中加入微量的杂质，其导电性能会显著地提高，即电阻率会显著地减小。例如，硅中只要含有百万分之一的磷，其电阻率几乎下降到纯净硅的百万分之一（注意，此时硅的纯度仍为 99.9999%）。利用半导体的掺杂性可制成各种半导体器件，如二极管、三极管、场效应管等。

半导体之所以具有上述特性，根本原因在于其特殊的原子结构和导电机理。

1.1.1 半导体材料分类

用于制作半导体的材料很多，一般按化学成分可分为单质半导体和化合物半导体两大类。常用的半导体材料硅（Si）、锗（Ge）为单质半导体；砷化镓（GaAs）、锑化铟（InSb）、硫化镉（CdS）称为化合物半导体。

半导体还可以分为晶体半导体、非晶体半导体等。

其中，晶体半导体又可以分为单晶半导体和多晶半导体。上述材料中，硅（Si）、锗（Ge）、砷化镓（GaAs）都是单晶半导体，是由均一的晶粒有序堆积组成的；而多晶半导体则是由很多小晶粒杂乱地堆积而成的。

在实际应用中，根据半导体材料中是否含有杂质，又可以将半导体材料分为本征半导体和杂质半导体。杂质的存在将对半导体材料的性能产生很大的影响。

1.1.2 本征半导体

本征半导体（Intrinsic Semiconductor）是指纯净的、不含杂质的、具有晶体结构的半导体。

半导体具有的独特物理性质与半导体中电子的状态及其运动特点有密切关系。硅、锗是重要的半导体材料，下面以硅、锗材料为例，简要介绍半导体单晶材料中的电子状态及其运动规律。

硅、锗等在化学元素周期表中都属于第Ⅳ族元素，原子的最外层都具有 4 个价电子。大量的硅、锗原子组合成晶体靠的是共价键结合，这种结构的特点是：每个原子周围都有 4 个最近邻的原子，组成一个如图 1.1.1（a）所示的正四面体结构。这 4 个原子分别处在正四面体的顶角上，任一顶角上的原子和中心原子各贡献一个价电子为该两个原子所共有，每个原子和周围 4 个原子组成 4 个共价键。上述四面体的 4 个顶角原子又可以各通过 4 个共价键组成 4 个正四面体。如此推广，将许多正四面体累积起来就得到单晶结构半导体。为便于理解与问题的叙述，将四面体结构中的各原子用图 1.1.1（b）所示的简化原子结构表示，图中标有“+4”的圆圈表示除价电子外的正离子，再将四面体结构投影在合适的平面上，就得到图 1.1.2 所示的本征半导体结构示意图。

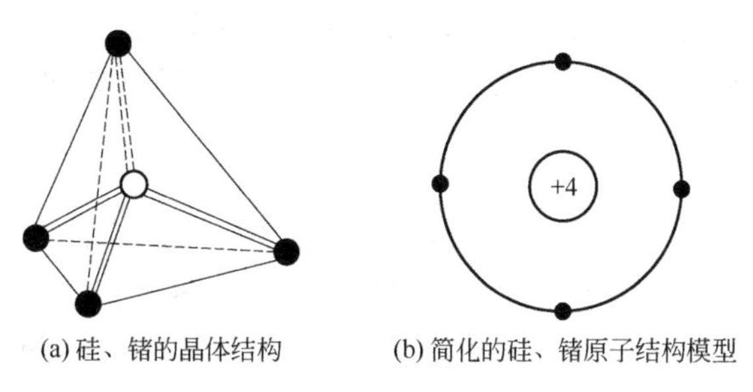

图 1.1.1　硅、锗的晶体结构与简化的原子结构模型

本征半导体中相邻的两个原子的最外层电子（即价电子），成为共用电子，构成共价键结构。共价键具有很强的结合力，一定温度下，有少数的价电子由于热运动（受热激发）获得足够的能量，从而挣脱共价键的束缚变成为自由电子。同时，在共价键中留下一个空位置，称为空穴。原子因失掉一个价电了而带正电，这相当于空穴带正电。载有电荷的粒子称为载流子，可见，自由电子和空穴是两种不同的载流子。在本征半导体中，自由电子与空穴是成对出现的，如图 1.1.3 所示。

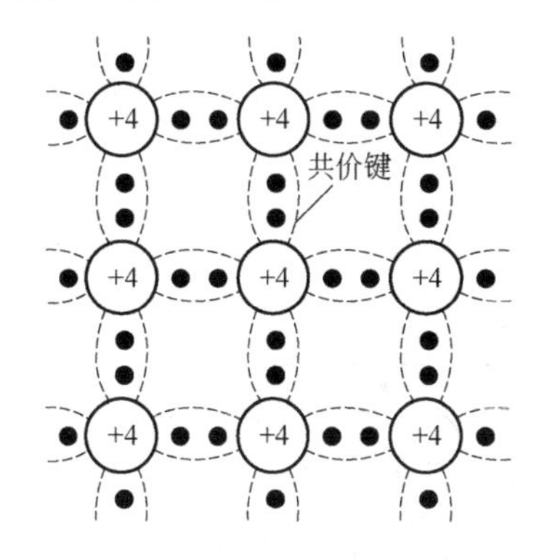

图 1.1.2　本征半导体结构示意图

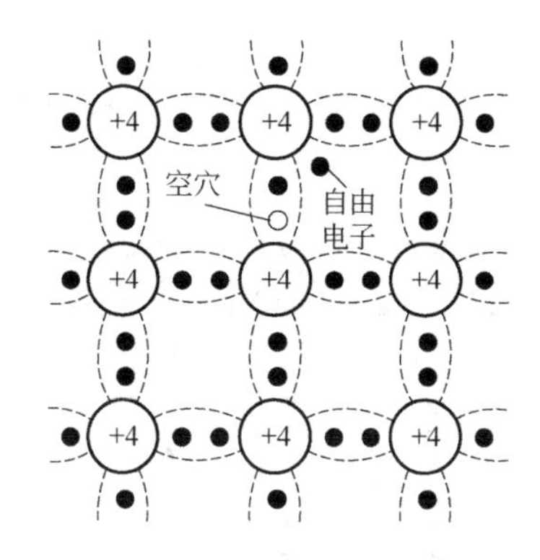

图 1.1.3　本征半导体中自由电子与空穴

温度一定的条件下，本征半导体中载流子的浓度是一定的，并且自由电子与空穴的浓度相等。当环境温度升高时，热运动加剧，挣脱共价键束缚的自由电子增多，空穴也随之增多，即载流子的浓度升高，因而必然使得导电性能增强。反之，若环境温度降低，则载流子的浓度降低，因而导电性能变差。可见，本征半导体载流子的浓度是环境温度的函数。本征半导体载流子的浓度为：

$$n_{\mathrm{i}} = p_{\mathrm{i}} = K_1 T^{\frac{3}{2}} \mathrm{e}^{\frac{-E_{\mathrm{GO}}}{2kT}} \tag{1.1.1}$$

式中，n_{i} 和 p_{i} 分别为自由电子与空穴的浓度，cm^{-3}；T 为热力学温度，K；k 为玻尔兹曼常量（$0.86\times10^{-5}\mathrm{eV/K}$）；$E_{\mathrm{GO}}$ 为 $T=0\mathrm{K}$ 时破坏共价键所需的能量，又称禁带宽度（硅为 $1.2\mathrm{eV}$，锗为 $0.785\mathrm{eV}$）；K_1 为与半导体材料载流子有效质量、有效能级密度有关的常量（硅

为$3.87\times10^{16}\text{cm}^{-3}\cdot\text{K}^{-3/2}$，锗为$1.76\times10^{16}\text{cm}^{-3}\cdot\text{K}^{-3/2}$）。

由式（1.1.1）可见，当$T=0\text{K}$时自由电子与空穴的浓度均为零，本征半导体成为绝缘体；在常温下，即$T=300\text{K}$时，硅材料的本征载流子浓度$n_\text{i}=p_\text{i}=1.43\times10^{10}\text{cm}^{-3}$，锗材料的本征载流子浓度$n_\text{i}=p_\text{i}=2.38\times10^{13}\text{cm}^{-3}$。

可见，本征半导体的导电性能很差，且与环境温度密切相关。半导体材料对温度的这种敏感性，可以用来制作热敏器件，但也是导致半导体器件温度稳定性差的原因。

1.1.3 杂质半导体

如前所述，本征半导体的导电能力很差。但在本征半导体中有选择地掺入少量其他元素，则可使它的导电性能发生很大的变化，从而能用来制造出各种半导体器件，这就为半导体的应用开辟了广阔的应用前景。掺有其他元素的半导体叫作杂质半导体（Impurity Semiconductor），有N型和P型两种。

1.1.3.1 N型半导体

在本征半导体中掺入微量的5价元素（如磷），杂质原子取代了某些硅原子的位置，杂质原子最外层有5个价电子，其中的4个价电子与相邻的4个硅原子形成共价键，另一个价电子由于不受共价键的束缚成为自由电子，此时的杂质原子因失去一个电子而成为正离子，称为施主离子，如图1.1.4所示。掺入一个杂质原子就产生一个自由电子，掺杂后的半导体中自由电子和空穴的数量不再相等，自由电子远远多于空穴，所以称为电子型半导体，也称为N（Negative）型半导体。在N型半导体中，自由电子称为“多数载流子”，简称“多子”；空穴称为“少数载流子”，简称“少子”。在N型半导体中导电主要是多数载流子自由电子起作用，掺入的杂质越多，多子（自由电子）的浓度就越高，导电性能也就越强，如图1.1.5所示。

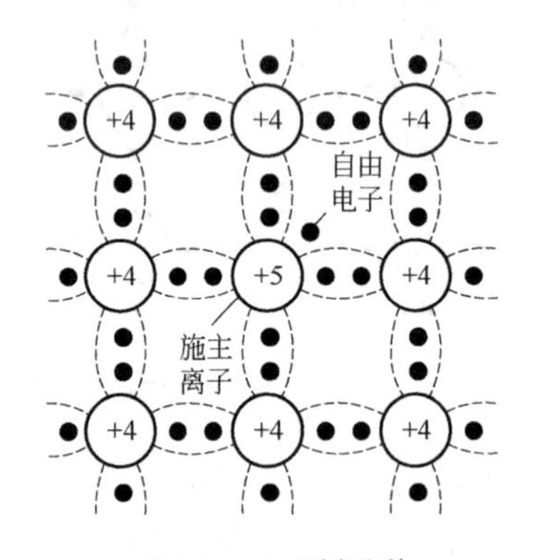

图1.1.4 N型半导体

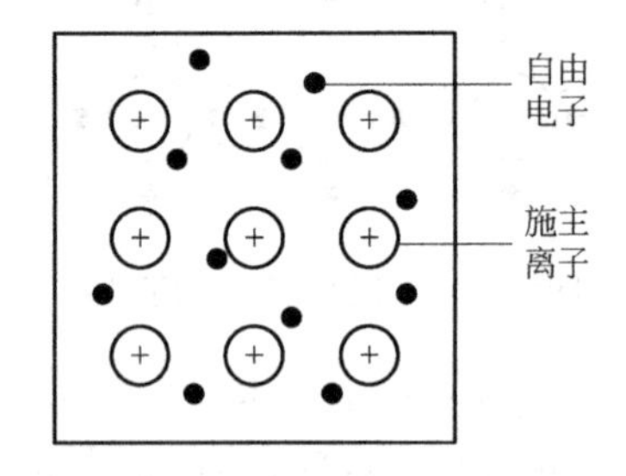

图1.1.5 N型半导体结构示意图

1.1.3.2 P型半导体

在本征半导体中掺入微量的3价元素（如硼），杂质原子取代了某些硅原子的位置，杂质原子最外层有3个价电子，与相邻4个硅原子形成共价键，因缺少一个电子而出现了一个空位，它很容易吸引邻近共价键的价电子填补空位，产生一个空穴，同时杂质原子因得到一个电子而成为负离子，称为受主离子，如图1.1.6所示。显然，掺杂后的空穴数量远远多于自由电子，因此称为空穴型半导体，又叫P（Positive）型半导体。在P型半导体中，空穴为“多子”，自由电子为“少子”。在P型半导体中导电主要是空穴起作用，导电电流近似为空穴电流，如图 1.1.7 所示。

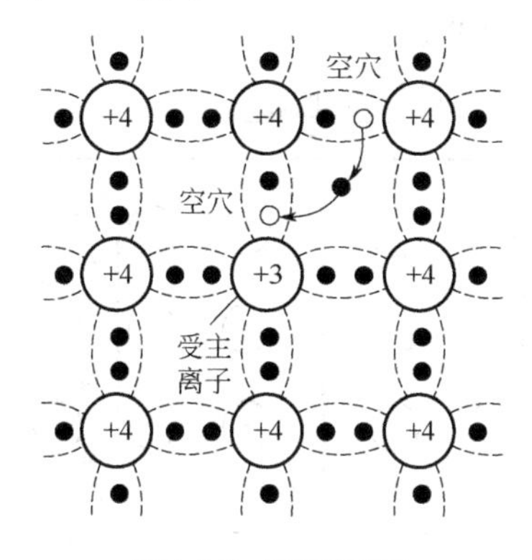

图 1.1.6 P 型半导体

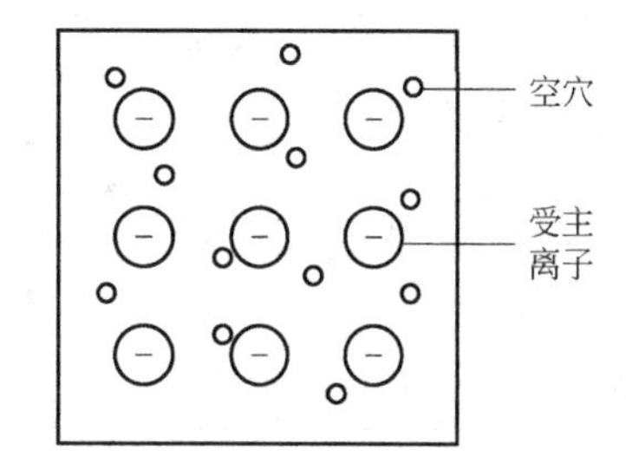

图 1.1.7 P 型半导体结构示意图

无论是 N 型半导体还是 P 型半导体，整体都呈电中性。

从以上分析可知，由于掺入的杂质使多子的数目大大增加，从而使多子与少子复合的机会大大增多。因此，对于杂质半导体，多子的浓度愈高，少子的浓度就愈低。可以认为，多子的浓度约为杂质原子的浓度，因而它受温度的影响很小；而少子是本征激发形成的，所以尽管其浓度很低，却对温度非常敏感，这将影响半导体器件的性能。

1.1.4 PN 结

单独的 P 型或 N 型半导体接入电路只能起到电阻元件的作用。但是，P 型和 N 型半导体结合在一起，情况就不同了，在 P 型和 N 型半导体的交界处会产生一个薄层，叫作 PN 结，这一薄层具有与单独的 P 型或 N 型半导体不同的特性。PN 结是二极管、三极管及其他许多半导体器件的基本组成单元。了解和掌握 PN 结的基本特性，是掌握这些器件工作原理的基础。

1.1.4.1 PN 结的形成

把 P 型和 N 型半导体结合在一起，由于两边多数载流子的类型不同，在交界处存在着电子和空穴的浓度差，因此，P 区中的空穴要向空穴浓度很小的 N 区扩散，N 区中的自由电子要向自由电子浓度很小的 P 区扩散，如图 1.1.8（a）所示。P 区中的空穴扩散到 N 区，使 P 区中的空穴减少，在 P 区的边界附近露出带负电的受主离子（负离子）而呈现负电。同时，扩散到 N 区的空穴在 N 区边界附近与电子复合，使 N 区的边界附近因失去电子露出带正电的施主离子（正离子）而呈现正电；同理，N 区中的电子扩散到 P 区，也使 P 区边界呈现负电，N 区边界呈现正电。这样，在交界面的两边分别出现了由正、负离子组成的空间电荷区，如图 1.1.8（b）所示。这一层空间电荷区就叫作 PN 结。因为空间电荷区内的多数载流子都被复合掉，所以空间电荷区也叫作耗尽层。空间电荷区很薄，仅有几微米到几十微米。

空间电荷区的 P 区一边带负电荷，N 区一边带正电荷，形成一个从 N 区指向 P 区的内电场。内电场的出现，既阻碍 P 区中的空穴向 N 区扩散，也阻碍 N 区中的自由电子向 P 区扩散，又使 P 区和 N 区中的少数载流子形成漂移电流，漂移电流的方向与多数载流子的扩散电流方向相反。当 PN 结刚开始形成时，内电场还很弱，漂移电流很小，此时多数载流子的扩散运动占绝对优势。随着扩散不断地进行，空间电荷区不断增厚，内电场逐渐加强，漂移电流则愈来愈大。当漂移电流增大到和扩散电流相等时，流过 PN 结的净电流为零，交界面两边的载流子将既不增加也不减少，达到动态平衡。此时，空间电荷区的厚度便不再增加，内电场的强度也维持一定的大小。这时候的 PN 结叫作平衡 PN 结。

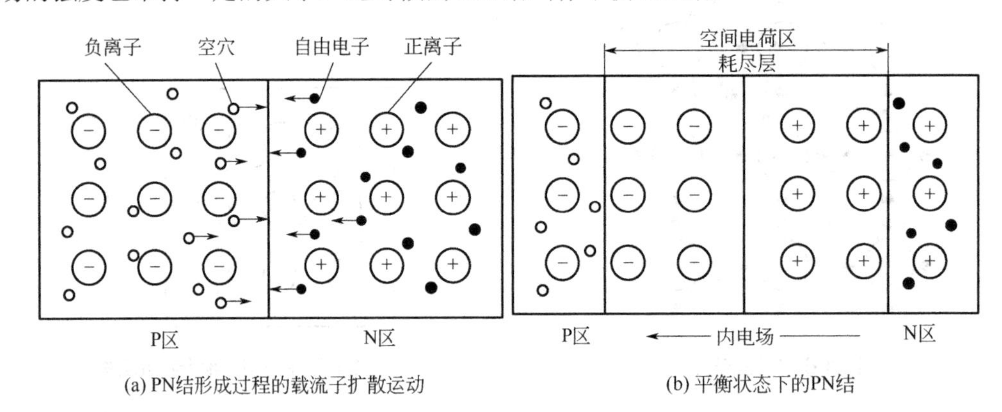

(a) PN结形成过程的载流子扩散运动

(b) 平衡状态下的PN结

图 1.1.8 PN 结的形成

1.1.4.2 PN 结的单向导电性

如果在平衡 PN 结的两端外加电压，就将破坏了原来的平衡状态，此时，扩散电流不再等于漂移电流，因而 PN 结将有电流流过。当外加电压极性不同时，PN 结表现出截然不同的导电性能，即呈现出单向导电性。

PN 结外加正向电压时处于导通状态。

当电源的正极接到 PN 结的 P 端，电源的负极接到 PN 结的 N 端时，称 PN 结外加正向电压，也称 PN 结正向偏置。此时外电场将多数载流子推向空间电荷区，使空间电荷区变窄，从而削弱了内电场，破坏了原来的平衡，使扩散运动加剧，漂移运动减弱。由于电源的作用，扩散运动将源源不断地进行，从而形成正向电流，PN 结导通，如图 1.1.9 所示。PN 结导通时的结压降只有零点几伏，因而应在它所在的回路中串联一个电阻，以限制回路的电流，防止 PN 结因正向电流过大而损坏。

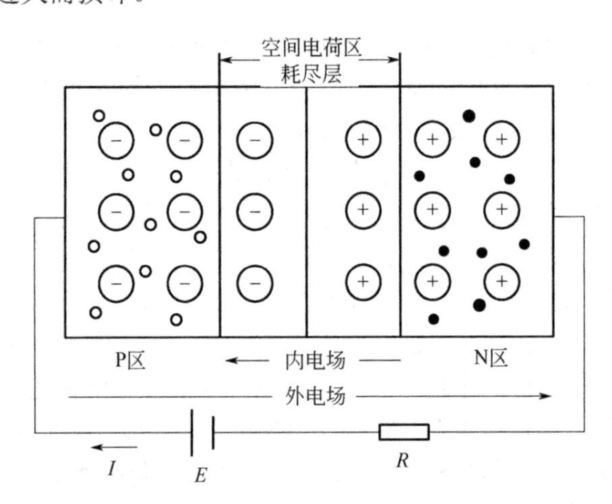

图 1.1.9 PN 结加正向电压时导通

PN 结外加反向电压时处于截止状态。

当电源的正极接到 PN 结的 N 端，电源的负极接到 PN 结的 P 端时，称 PN 结外加反向电压，也称PN结反向偏置，如图1.1.10所示。此时外电场使空间电荷区变宽，加强了内电场，阻止扩散运动的进行，而加剧漂移运动的进行，形成反向电流，也称为漂移电流。因为少子的数目极少，即使所有的少子都参与漂移运动，反向电流也非常小，所以在近似分析中常将它忽略不计，认为PN结外加反向电压时处于截止状态。

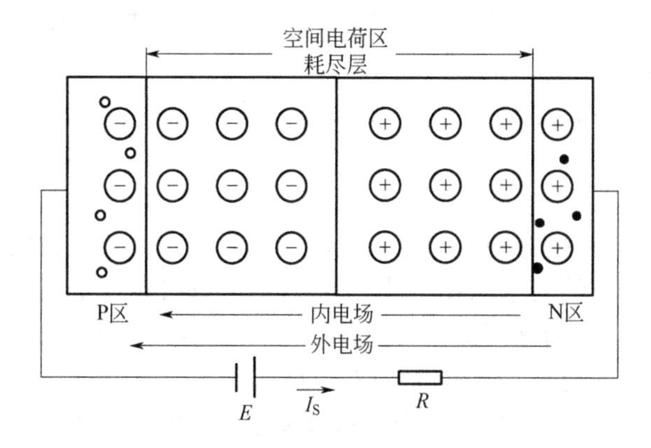

图1.1.10　PN结加反向电压时截止

1.1.4.3　PN结的伏安特性

由理论分析可知，PN结所加端电压u与流过它的电流i的关系为：

$$i = I_S\left(e^{\frac{qu}{kT}} - 1\right) \tag{1.1.2}$$

式中，I_S为反向饱和电流；q为电子的电量；k为玻尔兹曼常量；T为热力学温度。将式（1.1.2）中的kT/q用U_T取代，则得：

$$i = I_S\left(e^{\frac{u}{U_T}} - 1\right) \tag{1.1.3}$$

常温下，即$T = 300\text{K}$时，$U_T = 26\text{mV}$，称U_T为温度的电压当量。

由式（1.1.3）可知，当PN结外加正向电压，且$u \gg U_T$时，$i \approx I_S e^{\frac{u}{U_T}}$，即$i$随$u$按指数规律变化；当PN结外加反向电压，即$u<0$，且$|u| \gg U_T$时，$i \approx -I_S$。画出$i$与$u$的关系曲线如图1.1.11所示，称为PN结的伏安特性。其中$u>0$的部分称为正向特性，$u<0$的部分称为反向特性。

1.1.4.4　PN结的击穿

PN结的反向电压达到一定数值时，反向电流会突然迅速地增大，这种现象叫作PN结的击穿，发生击穿所需的反向电压$U_{(BR)}$叫作击穿电压，如图1.1.11所示。若击穿时的电流被控制在较小数值，PN结的击穿一般是可以恢复的，即将反向电压降低到击穿电压值以下，PN结便可重新恢复到反向截止状态。

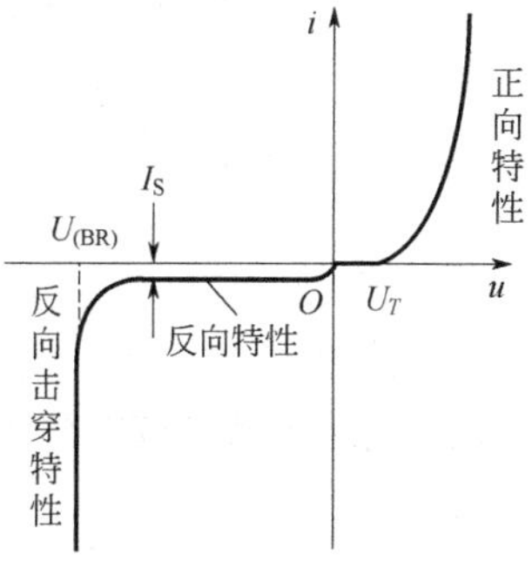

图1.1.11　PN结的伏安特性

PN结的击穿有齐纳击穿和雪崩击穿。

在高掺杂的情况下，因耗尽层宽度很窄，不大的反向电压就可在耗尽层形成很强的电场，而直接破坏共价键，使价电子脱离共价键束缚，产生电子-空穴对，致使电流急剧增大，这种击穿称为齐纳击穿，可见齐纳击穿电压较低。如果掺杂浓度较低，耗尽层宽度较宽，那么低反向电压下不会产生齐纳击穿。

当反向电压增加到较大数值时，耗尽层的电场使少子加快漂移速度，从而与共价键中的价电子相碰撞，把价电子撞出共价键，产生电子-空穴对。新产生的电子与空穴被电场加速后又撞出其他价电子，载流子雪崩式地倍增，致使电流急剧增加，这种击穿称为雪崩击穿。

无论哪种击穿，若击穿时外电路中没有适当的限流电阻来限制击穿电流，PN 结将因击穿电流过大而被烧毁。

一般情况下，PN 结的击穿是有害的，但是稳压管（又叫齐纳二极管）正是利用 PN 结的击穿特性而制成的。

1.1.4.5 PN 结的电容

如前所述，PN 结具有很好的单向导电性，但这只是在直流（或低频）电压下才如此。随着工作频率的增高，PN 结的单向导电性会愈来愈差，即 PN 结的反向阻抗是随着工作频率的增高而减小的，当工作频率增大到某一数值时，反向阻抗会减小到和正向阻抗一样。这时，PN 结的单向导电性也就消失了。因为 PN 结本身具有电容，PN 结的阻抗实际上是 PN 结的非线性电阻 r 和电容 C 并联的等效阻抗，如图 1.1.12 所示。低频时 PN 结电容的容抗很大，PN 结的阻抗表现为非线性纯电阻，所以 PN 结具有很好的单向导电性。随着频率的增高，PN 结电容的容抗愈来愈小，并成为决定 PN 结阻抗的主要因素，于是 PN 结的阻抗就变得正反向相同而失去单向导电牲。

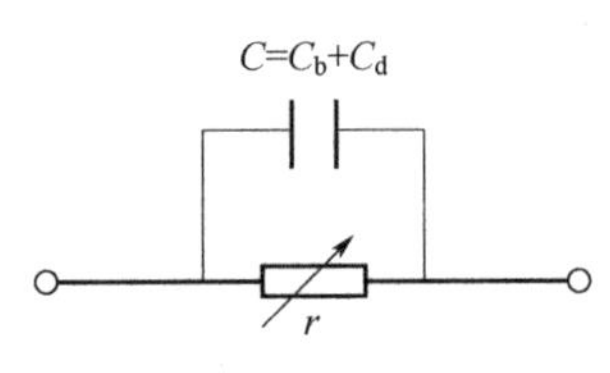

图 1.1.12 PN 结等效阻抗

PN 结电容由势垒电容和扩散电容两部分组成。

（1）势垒电容

耗尽层内部存在着带正电和带负电的空间电荷，当耗尽层随着外加电压的变化而增厚或减薄时，其中的空间电荷也跟着增加或减少。这种空间电荷随外加电压的改变而改变，实际上就是一种电容效应$\left(C=\dfrac{\mathrm{d}q}{\mathrm{d}u}\right)$。就此而言，PN 结很像一个平板电容器，如图 1.1.13 所示。PN 结的这种电容叫作势垒电容 C_b，其数值一般为 0.5～100pF。

（2）扩散电容

扩散电容是载流子扩散运动引起的电容效应。PN 结外加正向电压时，由 P 区注入 N 区的空穴并不是在一进入 N 区就全部地与电子复合掉，而是在向 N 区纵深扩散的过程中逐步地与电子复合。因此，N 区中靠近耗尽层的一定范围内将存储一定数量的空穴。如图 1.1.14 所示，靠近耗尽层处的空穴浓度最高，比原来 N 区中的空穴（注意，这是少数载流子）浓度高得多；离开耗尽层的距离愈远处则浓度愈低、正向电流愈大，单位时间内注入 N 区的空穴也愈多，N 区中空穴扩散区域内存储的空穴也就愈多。同理，由 N 区注入 P 区的电子也是这样，正向电流愈大，P 区中电子扩散区域内存储的电子也愈多。可见，随着正向电流的大小变化，阻挡层两边扩散区域内存储的电子和空穴将跟着增加或减少，即扩散区域内存储的电子和空穴是随着外加电压的变化而变化的。显然，这也是一种电容效应，通常叫作 PN 结的扩散电容 C_d。扩散电容的数值比势垒电容要大，可达 0.01μF 甚至更大。

扩散电容和势垒电容都是非线性电容。

PN 结电容的存在，限制了 PN 结的工作频率，这是不利的一面，但是它可以用来制作集成电路中的电容器和变容二极管等元件。

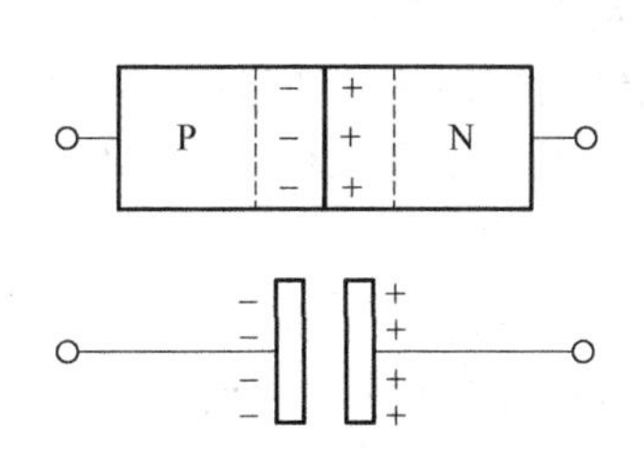

图1.1.13 PN结势垒电容与平板电容

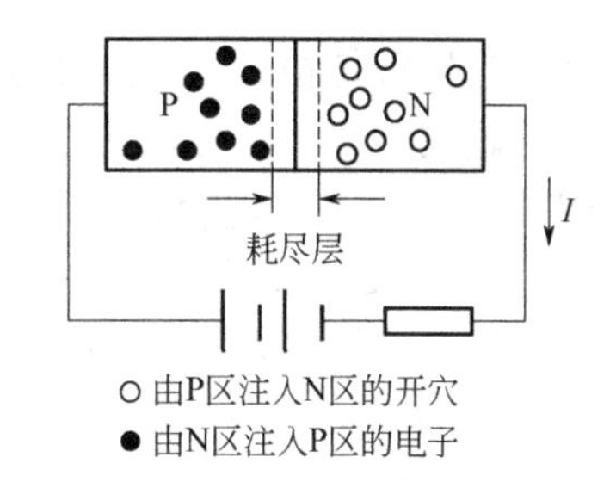

图1.1.14 PN结扩散电容

1.2 半导体二极管

1.2.1 半导体二极管常见结构

半导体二极管（简称二极管）是在PN结两端引出电极，然后封装而成的，其电路符号如图1.2.1（a）所示。由P区引出的电极为阳极（或称正极），由N区引出的电极为阴极（或称负极），电路符号中箭头指向表示为二极管导通方向。

常见二极管的外形如图1.2.1（b）所示。二极管的种类有很多，按材料区分，最常见的有硅管和锗管两种；按结构区分，有点接触型、面接触型和平面型几种。

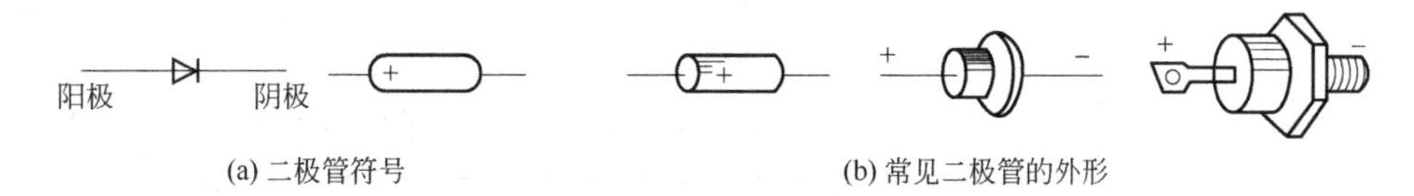

(a) 二极管符号　(b) 常见二极管的外形

图1.2.1 二极管符号与常见外形

点接触型二极管的结构如图1.2.2（a）所示。它由一根金属丝与半导体表面相接触，经过特殊工艺，在接触点上形成PN结，做出引线，加上管壳封装而成。其特点是PN结面积小，因此结电容小，一般在1pF以下，工作频率可达100MHz以上。其缺点是允许通过的正向电流和所能承受的反向电压都小。因此，点接触型二极管多用于高频检波和小功率整流，也用作数字电路中的开关元件。常用型号有2AP系列、2AK系列等。

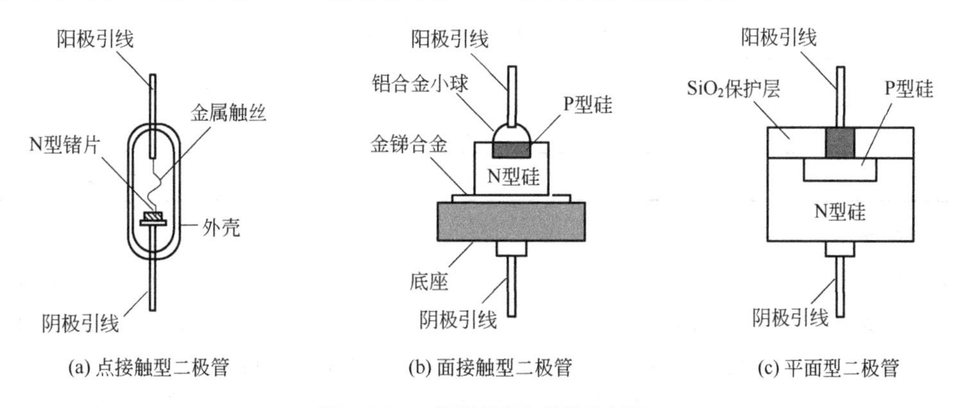

(a) 点接触型二极管　(b) 面接触型二极管　(c) 平面型二极管

图1.2.2 二极管的结构分类示意图

面接触型二极管是相对于“点接触”来说的，其结构如图 1.2.2（b）所示。它的 PN 结面积较大，并做成平面状，可以通过较大的电流（有的结面积很大，通过的电流可达数百安培），适用于整流；但其结电容较大，不适用于高频电路。面接触型二极管多半是硅管，常用型号有 2CP 系列、2CZ 系列等。

平面型二极管的结构如图 1.2.2（c）所示。其特点是在 PN 结表面加上一层保护外衣——二氧化硅薄膜（SiO_2），把 PN 结的表面覆盖起来，避免 PN 结表面被水分子、气体分子以及其他离子等沾污，使二极管漏电流小，工作稳定可靠。当结面积大时，可以通过较大的电流，适用于大功率整流；而结面积较小时，PN 结电容也较小，适用于在脉冲数字电路中做开关管。平面型二极管由于 PN 结面积的大小可调，也常用于集成电路制造工艺中。

1.2.2 二极管的伏安特性

二极管是由 PN 结构成的，与 PN 结一样，具有单向导电性。不同的是，二极管存在半导体体电阻和引线电阻，所以当外加正向电压时，在电流相同的情况下，二极管的端电压大于 PN 结上的压降；或者说，在外加正向电压相同的情况下，二极管的正向电流要小于 PN 结的电流；在大电流情况下，这种影响更为明显。另外，由于二极管表面漏电流的存在，使外加反向电压时的反向电流增大。尽管如此，在近似分析时，仍然可用 PN 结的电流方程式（1.1.2）、式（1.1.3）来描述二极管的伏安特性。

1.2.2.1 正向特性

实测二极管的伏安特性时发现，二极管两端不加电压时，其电流为零，当所加正向电压较小时（小于 U_{on}），正向电流几乎为零，只有在正向电压足够大时（超过 U_{on}），二极管才有正向电流通过。

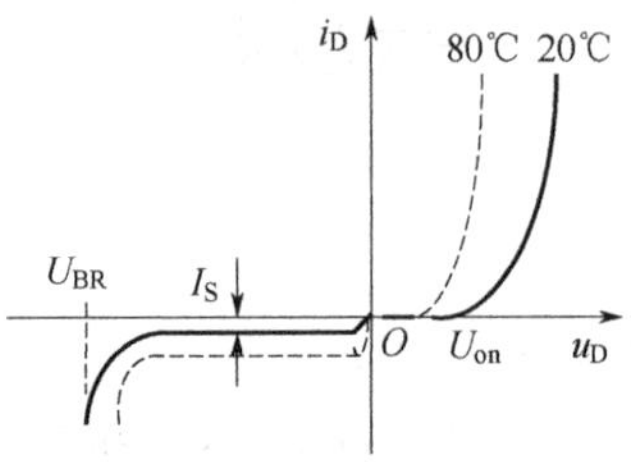

图 1.2.3 二极管的伏安特性

正向电压小于 U_{on} 时外电场不足以克服内电场，故多数载流子的扩散运动受到较大阻碍，因而正向电流很小，此时二极管工作于死区，称 U_{on} 为死区的开启电压。开启电压的大小与二极管的材料有关，一般情况下硅管约为 0.5V，锗管约为 0.2V。

当正向电压超过 U_{on} 后，内电场被大大削弱，电流将随正向电压的增大按指数规律增大，二极管呈现出很小的电阻，如图 1.2.3 所示。

两种材料小功率二极管开启电压、正向导通电压以及反向饱和电流的数量级见表 1.2.1。

表 1.2.1 两种材料二极管比较

材料	开启电压 U_{on}/V	正向导通电压 U_D/V	反向饱和电流 I_S/μA
硅（Si）	≈0.5	0.6～0.8	＜0.1
锗（Ge）	≈0.2	0.1～0.3	几十微安

1.2.2.2 反向特性

当外加反向电压时，外电场和内电场方向相同，阻碍扩散运动的进行，有利于漂移运动。二极管中由少子形成反向电流。反向电压增大时，反向电流随之稍有增加，当反向电压增大到一定程度时，反向电流将基本不变，即达到饱和，因而称该反向电流为反向饱和电流，用 I_S 表示。通常硅管的 I_S 为 10^{-9}A 数量级，锗管为 10^{-6}A 数量级。反向饱和电流越小，管子的单向导电性越好。

1.2.2.3 反向击穿特性

当反向电压增大到 U_{BR} 时，在外部强电场作用下，少子的数量会急剧增加，因而使得反向电流急剧增大。这种现象称为反向击穿，电压 U_{BR} 称为反向击穿电压。各类二极管的反向击穿电压大小不同，一般为几十到几百伏，最高可达 300V 以上。二极管被击穿后，不再具有单向导电性，通常因功耗过大，击穿后二极管会造成永久性损坏。

1.2.2.4 温度对二极管伏安特性的影响

由于半导体中的少子浓度受温度影响，二极管的伏安特性对温度敏感。当环境温度升高时，二极管的正向特性曲线将向左移，反向特性曲线将向下移，如图 1.2.3 中虚线所示。温度升高时，反向电流将呈指数规律增加，如硅二极管温度每增加 8℃，反向电流将约增加一倍；锗二极管温度每增加 3℃，反向电流大约增加一倍。另外温度升高时，二极管的正向压降将减小，每增加 1℃，正向压降大约减小 2mV，即具有负的温度系数。在室温附近，通常温度每升高 1℃，正向压降减少 2～2.5mV；温度每升高 10℃，反向电流大约增加一倍。可见，二极管的特性对温度很灵敏。

1.2.3 二极管的主要参数

各种半导体器件都有描述其特性的技术参数，这些参数由器件生产商提供，并汇集成器件手册，供使用者查询选择。半导体二极管的主要参数有以下几种。

（1）最大整流电流 I_F

I_F 是指二极管长期运行时，允许通过管子的最大正向平均电流，它的大小与 PN 结面积和外部散热条件有关。使用中，若二极管正向平均电流超过 I_F，则会使二极管过热而损坏。

（2）反向击穿电压 U_{BR}

U_{BR} 是二极管击穿时的电压。

（3）最大反向工作电压 U_R

U_R 是指二极管工作时允许加在二极管两端的最大反向电压，不得超过此值，否则二极管可能被击穿。为安全起见，通常设 U_R 为击穿电压 U_{BR} 的一半。

（4）反向电流 I_R

I_R 是指在室温条件下，在二极管两端加上规定的反向电压时流过管子的反向电流。反向电流愈小，说明二极管的单向导电性愈好。由于反向电流是由少数载流子形成的，所以 I_R 受温度的影响很大。

（5）最高工作频率 f_M

二极管在高频条件下工作时，将受到二极管极间电容的影响。f_M 主要取决于极间电容的大小，极间电容愈大，则二极管允许的最高工作频率愈低。当工作频率超过 f_M 时，二极管将失去单向导电性。

1.2.4 二极管等效电路

由二极管的伏安特性得知，二极管是一种非线性元件，含有二极管的电路是非线性电路。依据电路原理，分析非线性电路的有效方法是将其线性化处理，使非线性电路转化为线性电路。据此，用线性电路元件来代替实际的二极管，建立二极管的线性化等效电路，就可以用分析线性电路的方法分析二极管应用电路了。在实际工作中，根据不同的工作条件和精度要求可选择合适的等效电路。常用的二极管等效电路有以下几种。

1.2.4.1 理想二极管等效电路

二极管具有单向导电性，若假设二极管导通时的正向电压为零（电阻为零），二极管反向截止时的反向电流为零（电阻为无穷大），即忽略二极管的正向压降和反向电流，则二极管被认为是理想的。理想二极管的伏安特性如图 1.2.4（a）中粗实线所示（虚线为二极管的实际伏安特性）。理想二极管相当于一个开关，当外加正向电压时，开关闭合，正向压降u_D为零；当外加反向电压时，开关断开，反向电流i_R为零。理想二极管等效电路如图 1.2.4（b）所示。这种等效电路最简单，但精度较低。

1.2.4.2 恒压源等效电路

当二极管的工作电流较大（>1mA）时，处于正向导通的二极管两端电压降变化不大，硅管电压为0.6～0.8V，锗管电压为0.1～0.3V，因此可近似认为U_D为常数（一般硅管取0.7V，锗管取0.2V）。此时可用图1.2.5（a）中的粗实线近似表示二极管的伏安特性，等效电路是开关串联电压源U_D，称为恒压源等效电路，如图1.2.5（b）所示。它的特点是：当二极管外加正向电压大于或等于U_D时，二极管导通，二极管导通电压为U_D；当外加电压小于U_D时，二极管截止，反向电流为零。该等效电路进一步接近二极管实际的伏安特性，因此，应用也较广。

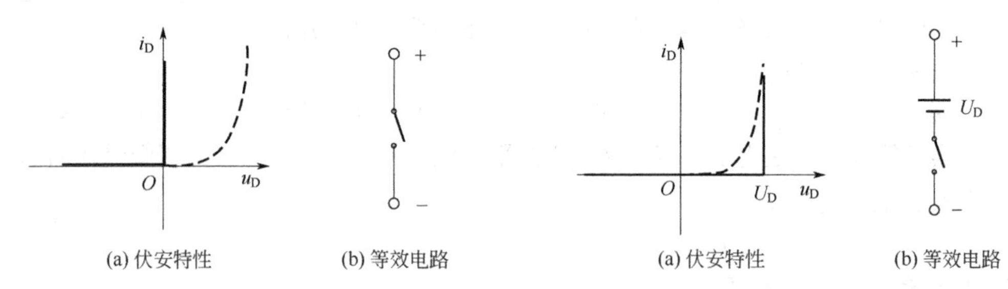

(a) 伏安特性　　(b) 等效电路

图 1.2.4　理想二极管等效电路

(a) 伏安特性　　(b) 等效电路

图 1.2.5　二极管恒压源等效电路

1.2.4.3 二极管折线等效电路

当二极管所加正向电压$u_D > U_D$时，电流i_D与u_D更接近成线性关系，直线斜率为$\frac{1}{r_D}$。当二极管端电压$u_D < U_D$时，二极管截止，$i_D = 0$。此时，二极管的伏安特性可用图 1.2.6（a）中的粗实线近似表示，等效电路如图 1.2.6（b）所示。这一伏安特性，更接近真实的二极管，电路称为二极管折线等效电路。

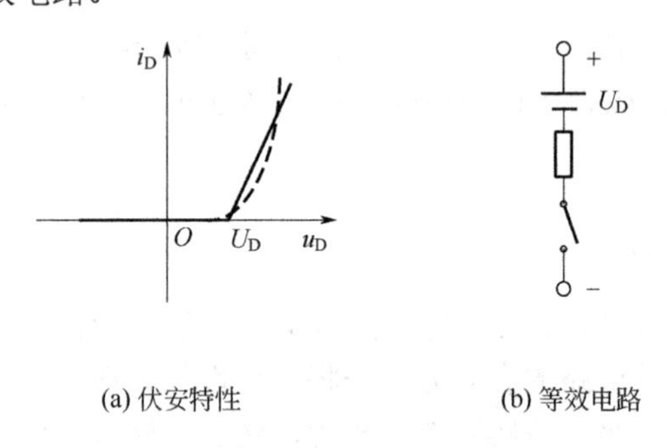

(a) 伏安特性　　(b) 等效电路

图 1.2.6　二极管恒压源等效电路

【例 1.2.1】 在图 1.2.7 所示电路中，已知二极管为硅管，电阻 $R = 5\text{k}\Omega$。试分析 U_i 分别为 10V、6V、0.5V 时 U_o 和 I 是多少。

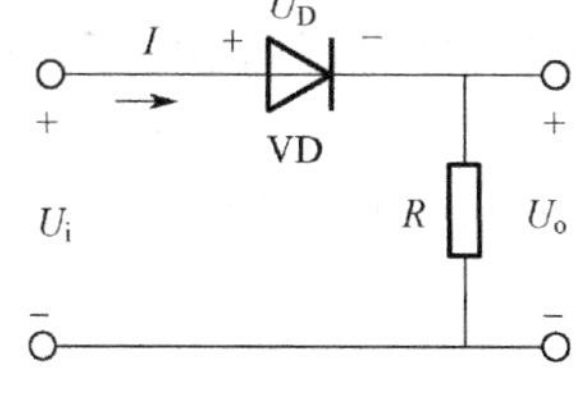

图 1.2.7 例 1.2.1 电路图

【解】 图示电路中二极管为硅管，其导通电压 U_D 为 0.6～0.8V。

当 $U_i = 10V$ 时，二极管正向偏置，处于导通状态，同时 $U_i \gg U_D$，此时，宜选择理想二极管等效电路分析，可以忽略 U_D 的存在，认为：

$$U_o \approx U_i = 10V，\quad I = \frac{U_o}{R} = \frac{10}{5} = 2(\text{mA})$$

当 $U_i = 6V$ 时，二极管仍正向偏置，处于导通状态，但不再满足 $U_i \gg U_D$，此时，宜选择二极管恒压源等效电路，若取 $U_D = 0.7V$，则：

$$U_o = U_i - U_D = 6 - 0.7 = 5.3(\text{V})，\quad I = \frac{U_o}{R} = \frac{5.3}{5} = 1.06(\text{mA})$$

当 $U_i = 0.5V$ 时，由于二极管存在死区电压，此时二极管不导通，$U_o = 0$，$I = 0$。

【例 1.2.2】 在图 1.2.8（a）所示电路中，二极管为理想状态，两直流电源电压均为 U，输入为正弦信号 u_i，若 $u_i = U_m \sin(\omega t)\text{V}$，且 $U_m > U$，试分析输出电压 u_o。

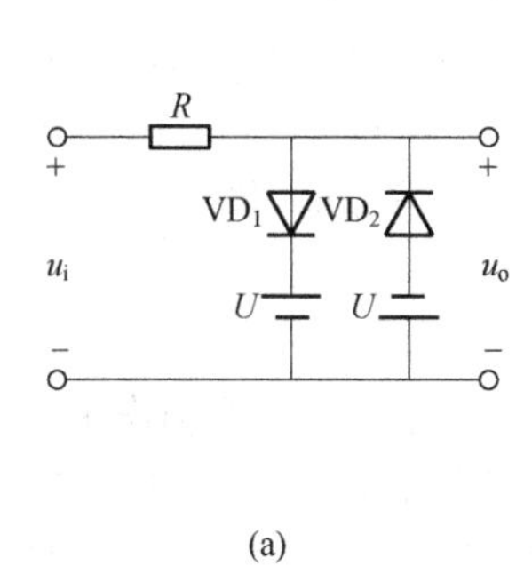

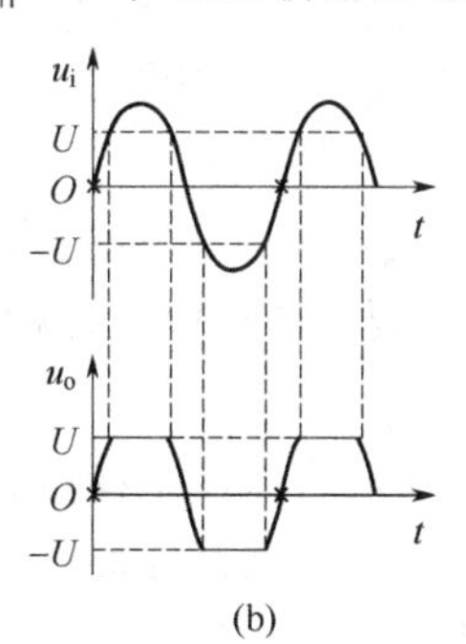

图 1.2.8 例 1.2.2 电路图

【解】 当 u_i 为正半周时，若 $u_i < U$，二极管 VD1、VD2 均截止，输出电压 $u_o = u_i$；若 $u_i > U$，二极管 VD1 导通，二极管 VD2 仍截止，$u_o = U$。

当 u_i 为负半周时，若 $|u_i| < U$，二极管 VD1、VD2 均截止，输出电压 $u_o = u_i$；若 $|u_i| > U$，二极管 VD2 导通，二极管 VD1 截止，$u_o = -U$。

上述分析结果如图 1.2.8（b）所示，由图可见，输出电压的幅度被限制在 $\pm U$ 之间，该电路输出电压波形的正、负半波的幅度同时受到了限制，故称双向限幅电路。二极管限幅电路可用作保护电路，以保护半导体器件不受过电压的危害，也可以用来产生等幅信号。

1.2.5 特殊二极管

除了普通二极管之外，还有一些特殊二极管，如稳压二极管、发光二极管、光电二极管、变容二极管等。这些特殊的二极管除了具有普通二极管的特性外，还有自身独特的特性，在实际应用中，具有独特的作用。

1.2.5.1 稳压二极管

稳压二极管（简称稳压管）是一种利用特殊工艺制成的硅材料面接触型晶体二极管，它是利用 PN 结反向击穿后，在一定的电流变化范围内，端电压几乎不变的特性，达到稳压目的的。稳压管广泛用于稳压电路与限幅电路中。

稳压管的伏安特性与普通二极管类似，其电路符号与伏安特性如图 1.2.9 所示。

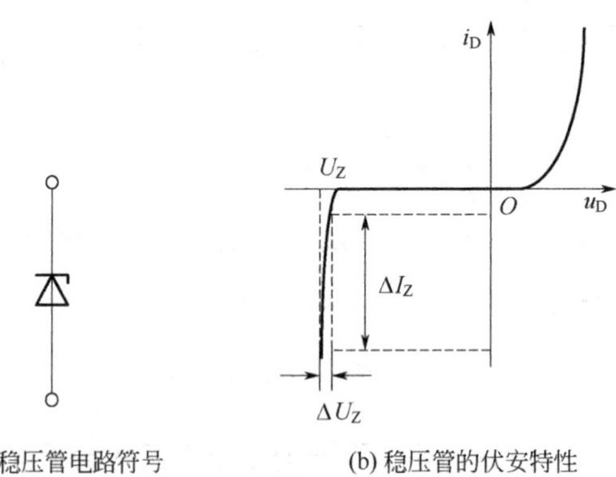

(a) 稳压管电路符号　　(b) 稳压管的伏安特性

图 1.2.9　稳压管的电路符号与伏安特性

稳压管的正向特性与普通二极管的正向特性一致。稳压管的反向特性与普通二极管的反向特性基本相同，区别在于击穿后，特性曲线要更加陡，即当电流有一个较大的变化量时，稳压管两端电压的变化量却很小。这表明，稳压管在反向击穿后，可以通过调整自身的电流来实现稳压。稳压管是利用二极管工作在反向击穿区的特殊二极管。

稳压二极管的主要参数有以下几种。

（1）稳定电压 U_Z

U_Z 是指击穿后在规定电流下稳压管的反向击穿电压值。由于制作工艺的原因，同一型号稳压管的 U_Z 存在一定分散性。例如型号 2CW11 的稳压管的稳定电压为 3.2～4.5V，它表示同为 2CW11 的不同的稳压管稳定电压值有的可能为 3.2V，有的可能为 4.5V，并不意味着一个管子的稳定电压值会有如此大的变化范围。但就某一个管子而言，U_Z 应为一个定值。

（2）稳定电流 I_Z

I_Z 是指稳压管工作在稳压状态时的参考电流，若工作电流低于此值时稳压效果差，甚至根本达不到稳压目的，故也常将 I_Z 记作 I_{Zmin}。若工作电流高于此值时，只要不超过额定功率，稳压管就可以正常工作，稳压效果好。

（3）最大额定功耗 P_{ZM}

P_{ZM} 是指稳压管的稳定电压 U_Z 与最大稳定电流 I_{Zmax} 的乘积。它决定稳压管允许的温升。由于稳压管两端电压为 U_Z，流过管子的电流为 I_Z，管子要消耗一定的功率。而这部分功率会转化为热能，使稳压管发热。当稳压管的功耗超过此值时，稳压管会因温升过高而损坏。对于一个具体型号的稳压管，可以通过其 P_{ZM} 的值，求出 I_{Zmax} 的值，即 $I_{Zmax}=\dfrac{P_{ZM}}{U_Z}$。

（4）动态电阻 r_Z

r_Z 是指稳压管工作在稳压区时，其两端电压变化量与通过它的电流的变化量之比，即 $r_Z=\dfrac{\Delta U}{\Delta I}$。$r_Z$ 随工作电流的增大而减小。对于不同型号的管子，r_Z 一般从几欧到几十欧。r_Z

愈小，电流变化时U_Z的变化愈小，即稳压管的稳压特性愈好。对于同一个稳压管，工作电流越大，r_Z值越小。

（5）稳定电压的温度系数α

流过稳压管的电流是稳定电流I_Z时，温度每变化1℃，稳定电压的相对变化量（用百分数表示）即$\alpha=\dfrac{\Delta U_Z}{U_Z\Delta T}\times100\%$。稳定电压的温度系数越小，稳压管的温度稳定性越好。稳定电压大于7V的稳压管具有正的温度系数（属于雪崩击穿），即温度升高时，稳定电压值上升；稳定电压小于4V的稳压管具有负的温度系数（属于齐纳击穿），即温度升高时，稳定电压值下降；稳定电压为4～7V的稳压管，温度系数很小。要使用温度稳定性好的稳压管，可采用稳定电压为4～7V的管子。

【例1.2.3】 稳压管稳压电路如图1.2.10所示。已知稳压管的稳定电压$U_Z=6\text{V}$，最小稳定电流$I_{Z\min}=5\text{mA}$，额定功耗$P_{ZM}=240\text{mW}$，限流电阻$R=500\Omega$。稳压管的动态电阻和未击穿时的反向电流均可忽略。试求：

① 当$U_i=15\text{V}$，负载电阻R_L分别取1kΩ、100Ω或开路时，电路的稳压性能及输出电压U_o等于多少?

② $U_i=7\text{V}$，R_L变化时，电路的稳压性能又怎样?

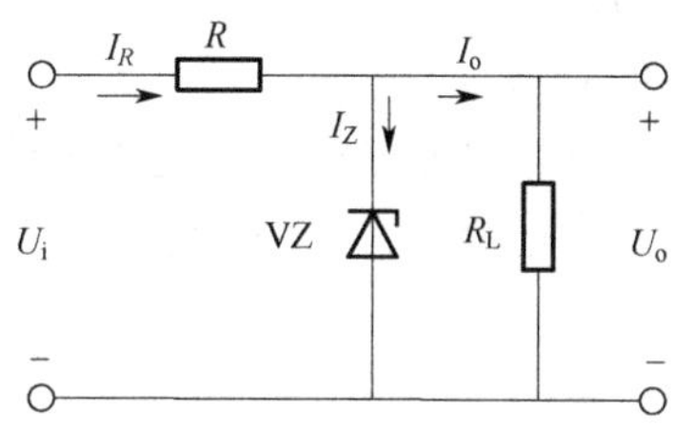

图1.2.10 例1.2.3电路图

【解】（1）当$R_L=1\text{k}\Omega$时，稳压管两端的电压为：

$$U_{VZ}=\frac{R_L}{R_L+R}\times U_i=\frac{1000}{1000+500}\times15=10(\text{V})>6(\text{V})$$

稳压管VZ被反向击穿，输出电压稳定，输出电压为

$$U_o=U_{VZ}=6\text{V}$$

流过稳压管的电流为：

$$I_Z=I_R-I_o=\frac{U_i-U_{VZ}}{R}-\frac{U_o}{R_L}=\left(\frac{15-6}{500}-\frac{6}{1000}\right)\times10^3=12(\text{mA})$$

稳压管的最大稳定电流为：

$$I_{Z\max}=\frac{P_{ZM}}{U_{VZ}}=\frac{240}{6}=40(\text{mA})$$

$I_{Z\min}<I_Z<I_{Z\max}$，所以稳压管稳压性能好。

当$R_L=100\Omega$时，稳压管两端的电压为：

$$U_{VZ}=\frac{R_L}{R_L+R}\times U_i=\frac{100}{100+500}\times15=2.5(\text{V})<6(\text{V})$$

稳压管不能被击穿，电路不能稳压。此时稳压管反向截止，等效为开路，输出电压为$U_o=2.5\text{V}$。

当负载开路时，稳压管被反向击穿，$U_o=U_{VZ}=6\text{V}$，流过稳压管的电流为：

$$I_Z=\frac{U_i-U_{VZ}}{R}=\frac{15-6}{500}\times10^3=18(\text{mA})$$

因为$I_{Z\min}<I_Z<I_{Z\max}$，所以稳压管能稳压，且稳压性能很好。

（2）当$U_i=7\text{V}$，要使稳压管反向击穿稳压，必须满足$I_{Z\min}<I_Z<I_{Z\max}$。当负载开路时，

流过稳压管的电流最大为$I_Z=\frac{U_i-U_Z}{R}=\frac{7-6}{500}\times10^3=2(\text{mA})<I_{Z\min}$，故稳压管不能稳压。

1.2.5.2 发光二极管

发光二极管（LED）与普通二极管一样，是由一个 PN 结组成的，也具有单向导电性。当给发光二极管加上正向电压后，从 P 区注入 N 区的空穴和由 N 区注入 P 区的电子，在 PN 结附近分别与 N 区的电子和 P 区的空穴复合，释放出能量，产生自发辐射的荧光，这就是发光二极管的工作原理。发光二极管的电路符号与实物如图 1.2.11 所示。

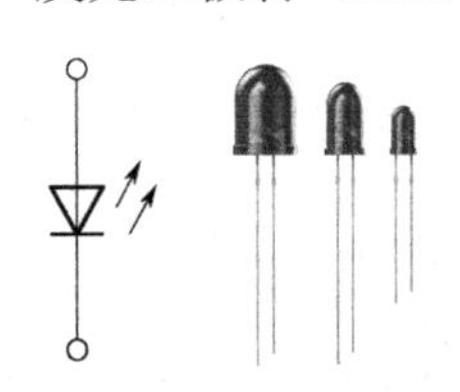

图 1.2.11 发光二极管符号与实物

发光二极管的种类很多，根据使用材料不同，发出可见光的颜色有红、黄、绿、蓝、紫等。

发光二极管具有工作电压低、功耗小、抗冲击和抗振性能好、可靠性高、寿命长、通过调节电流的大小可以方便地调节发光的强弱等优点。因此，发光二极管在显示电路中得到了广泛的应用。

几种常见发光材料的主要参数如表 1.2.2 所示。发光二极管发光的亮度与正向电流成正比，正向电流越大，亮度越强。发光二极管的工作电流一般为几毫安到十几毫安。

表 1.2.2 发光二极管的主要参数

颜色（光）	波长/nm	基本材料	正向电压（10mA 时）/V	光强（10mA 时，张角±45°）/mcd	光功率/μW
红外	900	GaAs	1.3～1.5		100～500
红	655	GaAsP	1.6～1.8	0.4～1	1～2
鲜红	635	GaAsP	2.0～2.2	2～4	5～10
黄	583	GaAsP	2.0～2.2	1～3	3～8
绿	565	GaP	2.2～2.4	0.5～3	1.5～8

【例 1.2.4】 电路如图 1.2.12 所示。已知发光二极管的导通电压$U_D=1.8\text{V}$，正向电流为 5～15mA 才能发光。试问：

① 什么情况下发光二极管可能发光？

② 为使发光二极管发光，R的取值范围是多少？

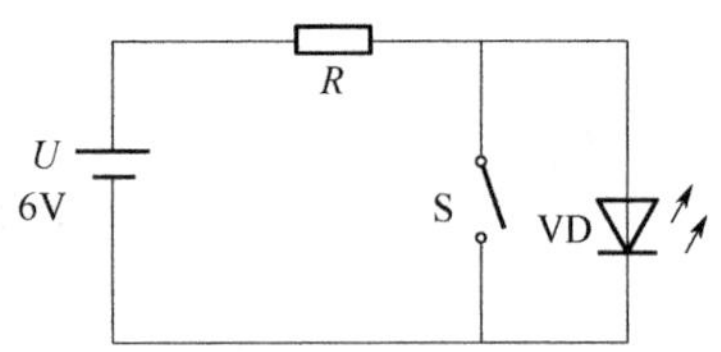

图 1.2.12 例 1.2.4 电路图

【解】 ① 发光二极管与普通二极管一样，具有单向导电性，只有加正偏电压时，才能工作。当 S 闭合时，发光二极管两端电压为零，发光二极管不导通，不可能发光。当 S 断开时发光二极管才有可能发光。

② 依题意$I_{D\min}=5\text{mA}$，$I_{D\max}=15\text{mA}$，则：

$$R_{\min}=\frac{U-U_D}{I_{\max}}=\frac{6-1.8}{15}=0.28(\text{k}\Omega)；\quad R_{\max}=\frac{U-U_D}{I_{\min}}=\frac{6-1.8}{5}=0.84(\text{k}\Omega)$$

R的取值范围是 280～840Ω。

1.2.5.3 光电二极管

光电二极管是一种能把光信号转换成电信号的器件。

我们知道，普通二极管在反向电压作用下处于截止状态，只能流过微弱的反向电流。光电二极管在设计和制作时尽量使PN结的面积相对较大，以便接收入射光的照射。光电二极管在反向偏置电压作用时，若没有光照，反向电流极其微弱（一般小于0.2μA），称为暗电流；当有光照时，反向电流迅速增大，达到几十微安，称为光电流。光照强度越大，反向电流也越大。光强度的变化引起光电二极管电流变化，这就可以把光信号转换成电信号，利用这一特性可以制成光电传感器件。本章应用导引——太阳能电池的工作原理就是基于光电二极管。

光电二极管的电路符号与实物如图1.2.13所示，它的伏安特性如图1.2.14所示。

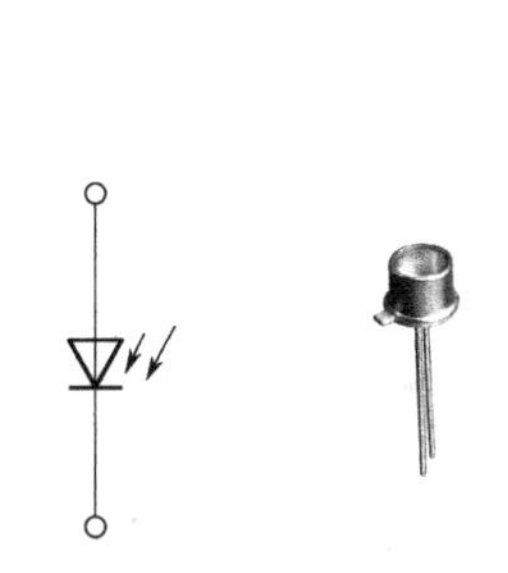

图1.2.13　光电二极管符号与实物

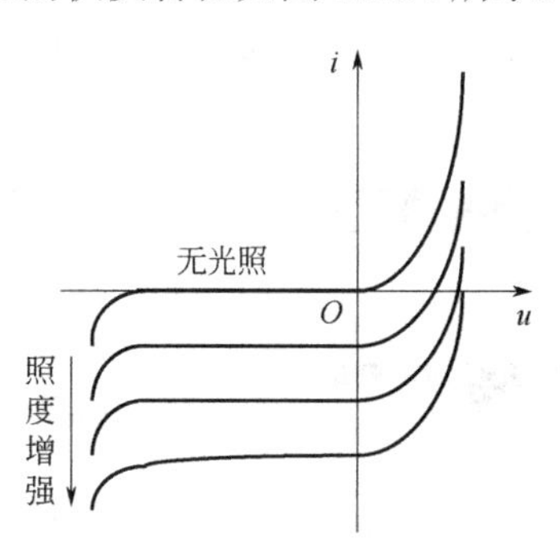

图1.2.14　光电二极管伏安特性

1.2.5.4　变容二极管

变容二极管又称“可变电抗二极管”，是利用PN结反偏时结电容大小随外加电压而变化的特性制成的。反偏电压增大时结电容减小，反之结电容增大。变容二极管的电容量一般较小，其数值范围在几皮法到几百皮法之间。变容二极管主要在高频电路中用作自动调谐、调频、调相等，例如在电视接收机的调谐回路中的应用。

上面介绍的是工程上常用的几种二极管类型，随着电子技术的不断发展，二极管的种类会越来越多。

1.3　晶体三极管

晶体三极管，简称三极管，也称半导体三极管，或称双极型晶体管（源于有两种不同极性的载流子参与导电），是一种控制电流的半导体器件。

1.3.1　晶体三极管的基本结构

作为半导体基本元器件之一，晶体三极管具有电流放大作用，是电子电路的核心元件。三极管是在一块半导体基片上制作两个相距很近的PN结，如图1.3.1（a）所示，两个PN结把整块半导体分成三部分，中间部分是基区，基区很薄，厚度仅几微米，杂质浓度较低，从基区引出的线叫作基极，用b表示。两侧部分是发射区和集电区，尽管这两个区的多数载流子的类型相同，但制造时掺入的杂质浓度并不同，所以它们的作用不同。其中多数载流子浓度高的区域叫作发射区，从发射区引出的线叫作发射极，用e表示；多数载流子浓度低的区域叫作集电区，从集电区引出的线叫作集电极，用 c 表示。发射区和基区之间的 PN 结叫作发射结，集电区和基区之间的 PN 结叫作集电结，排列方式有 NPN 和 PNP 两种，如图 1.3.1（b）所示（图中未画出 PNP 结构）。

发射区用来“发射”载流子，集电区用来收集由发射区来的载流子，基区则用来控制发射区发射载流子的多少。NPN 和 PNP 型三极管的工作原理是一样的，只是其中导电的多数载流子类型不同，因而两种管子内部电流的方向不同，使用电源的极性也不同。两种不同结构的三极管的电路符号如图 1.3.1（c）、（d）所示，箭头方向表示该类型三极管内电流方向。

一般来说，PNP 型三极管多数由锗材料制成，NPN 型三极管多数由硅材料制成。本节将以 NPN 型硅管为例进行晶体三极管的具体分析。PNP 型三极管的分析与此类似。

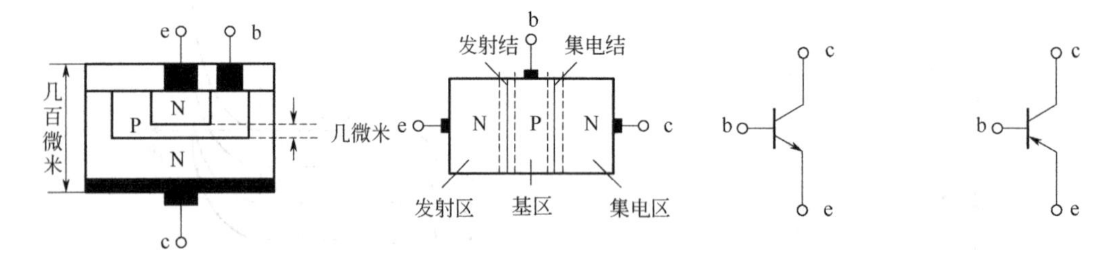

图 1.3.1　三极管与电路符号

图 1.3.2 是不同封装类型的三极管实物图片。

图 1.3.2　不同封装类型的三极管实物图片

1.3.2　晶体三极管的电流放大作用

从外部看，三极管似乎是由两个背靠背的二极管构成的，然而，实际上并非如此，因为三极管内部的两个 PN 结靠得很近（最多几十微米），它们之间会产生相互作用，从而使三极管具有与两个单独的 PN 结不同的特性——电流放大作用。

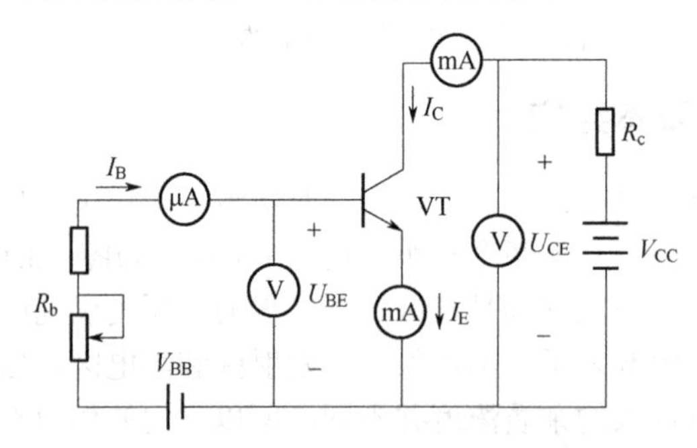

图 1.3.3　三极管电流放大作用的实验电路

通过实验观察三极管各电极电流的分配，可以看到三极管有电流放大作用。实验电路如图 1.3.3 所示，基极回路中的电源V_{BB}给三极管的发射结加上正向偏置电压，集电极回路中的电源V_{CC}给三极管的集电结加上反向偏置电压，这样，三极管的三个电极都会有电流通过。调节基极回路中的电阻R_b可以改变基极电流I_B，集电极电流I_C和发射极电流I_E也都跟着改变。实验结果如表 1.3.1 所示。

表 1.3.1 晶体三极管电流的实验数据 mA

各极电流	数值					
I_B	0.00	0.02	0.04	0.06	0.08	0.10
I_C	<0.001	0.70	1.50	2.30	3.10	3.95
I_E	<0.001	0.72	1.54	2.36	3.18	4.05

由表 1.3.1 可知：基极电流I_B比集电极电流I_C和发射极电流I_E小得多，但I_B与I_C、I_B与I_E的比例关系基本不变，并且$I_E = I_B + I_C$，这是符合基尔霍夫定律的。

I_B的微小变化将引起I_C的较大变化。例如，I_B从 0.02mA 增大到 0.04mA，变化量$\Delta I_B = 0.02\text{mA}$，而$I_C$则从 0.7mA 增大到 1.5mA，变化量$\Delta I_C = 0.8\text{mA}$，$\Delta I_C$比$\Delta I_B$约大四十倍，这种现象就叫作三极管的电流放大作用。

结论：不同型号的三极管流过三个电极的电流大小可能不同，但是三个电极的电流分配规律却是一样的。

三极管的电流放大作用是三极管放大器的基础。

三极管的电流放大作用必须有外部电路条件相配合，即外部电路应满足“发射结正向偏置，集电结反向偏置”这一条件。下面分三个过程来讨论 NPN 型管内载流子的运动情况。

1.3.2.1 发射区向基区扩散电子的过程

因发射结正向偏置，发射区的多数载流子——自由电子越过发射结进入基区而形成电子电流I_{EN}，同时基区中的多数载流子——空穴可越过发射结进入发射区而形成空穴电流I_{EP}，如图 1.3.4 所示。I_{EN}和I_{EP}组成发射极电流I_E。因为发射区的杂质浓度比基区高几百倍甚至上千倍，所以发射区内自由电子浓度比基区空穴浓度大得多，即$I_{EN} \gg I_{EP}$，因此，可以认为发射极电流I_E就是电子电流I_{EN}，即$I_E \approx I_{EN}$。

1.3.2.2 电子在基区扩散和复合的过程

电子注入基区后，由于浓度差（靠近发射结的地方电子浓度最高，离发射结愈远的地方电子浓度愈低），电子要向集电区扩散。在扩散过程中，不断地有电子与基区的空穴复合，因为基区很薄，而且其中空穴浓度相对来说又较小，所以注入基区的电子流只有一小部分与基区内的空穴复合而形成基区复合电流I_{BN}，而大部分电子都能扩散到集电结。I_{BN}、I_{EP}、I_{CBO}组成基极电流I_B。

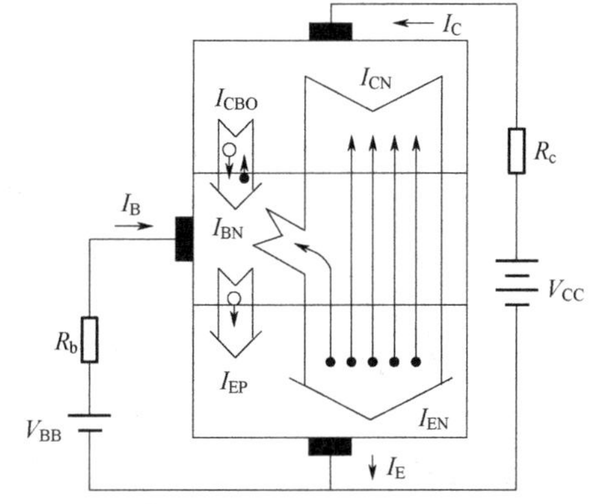

图 1.3.4 晶体管内部载流子运动示意图

1.3.2.3 电子被集电区收集的过程

由于集电结反向偏置，扩散到集电结的电子将很快地漂移过集电结进入集电区而形成电子电流I_{CN}；与此同时，还有少数载流子形成的反向饱和电流I_{CBO}，I_{CBO}通过集电结流入基区。集电结的反向饱和电流I_{CBO}和电子电流I_{CN}组成集电极电流I_C，如果忽略I_{CBO}，则$I_C \approx I_{CN}$。

晶体管电流分配关系：

$$I_E = I_{EN} + I_{EP} = I_{CN} + I_{BN} + I_{EP} \approx I_{EN} \tag{1.3.1}$$

$$I_C = I_{CN} + I_{CBO} \approx I_{CN} \tag{1.3.2}$$

$$I_B = I_{BN} + I_{EP} - I_{CBO} = I'_B - I_{CBO} \approx I_{BN} \tag{1.3.3}$$

式中，$I'_B = I_{BN} + I_{EP}$。

从外部看：

$$I_E = I_B + I_C \tag{1.3.4}$$

1.3.3 晶体三极管的伏安特性

常用的晶体三极管伏安特性是输入特性和输出特性，用来描述三极管各电极之间电压、电流的关系，用于对三极管的性能、参数和三极管电路的分析与估算。

具有三个电极的三极管可看作一个两端口网络，三极管接入电路时，信号从一个电极输入，从另一个电极输出，第三个电极就成为输入与输出的公共端。因为公共端可以选取不同的电极，所以三极管有三种不同的连接方式，发射极作为公共端叫作共发射极接法，集电极作为公共端叫作共集电极接法，基极作为公共端叫作共基极接法。三种接法的输入回路和输出回路是不相同的，所以相应的输入特性和输出特性也不相同，但不同接法的三极管的内部载流子运动规律却是一样的，因此不同接法的伏安特性之间是有联系的，可以从一种接法的特性曲线推出另一种接法的特性曲线。共发射极接法的电路应用比较广泛，下面将以共发射极接法为例来说明三极管的输入特性和输出特性。

1.3.3.1 输入特性

三极管输入回路中的电压与电流的关系曲线叫作输入特性曲线。

对共发射极接法的电路而言，输入特性曲线是指管压降U_{CE}一定的条件下，基极电流i_B与发射结压降u_{BE}之间的函数关系，即：

$$i_B = f(u_{BE})\big|_{U_{CE}=\text{常数}}$$

当$U_{CE}=0\text{V}$时，相当于集电极与发射极短路，即发射结与集电结并联。因此，输入特性曲线与PN结的伏安特性相类似，呈指数关系，见图1.3.5中标注$U_{CE}=0\text{V}$的那条曲线。

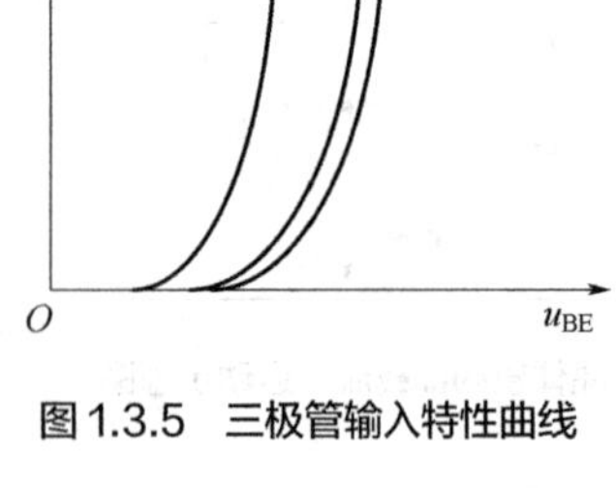

当U_{CE}增大时，曲线将右移，见图1.3.5中标注$U_{CE}=0.5\text{V}$和$U_{CE}>1\text{V}$的曲线。这是因为集电结加上反向电压后，由发射区注入基区的载流子大部分被集电区收集形成集电极电流i_C，所以在相同的u_{BE}下i_B要减小，而使特性曲线右移。U_{CE}愈大，集电结的反偏电压也愈大，集电结阻挡层也就愈厚，从而基区变薄，电子在基区复合减少，i_B也就更小，特性曲线就更向右移。

图1.3.5 三极管输入特性曲线

对应于每一个U_{CE}值都可以画出一条输入特性曲线，实验表明，这是不必要的，因为当U_{CE}大于1V以后，i_B-u_{BE}曲线彼此靠得很近，所以一般只要画出其中的一条曲线便可以表示其输入特性。

1.3.3.2 输出特性

三极管输出回路中的电压与电流的关系曲线叫作输出特性曲线。

共发射极接法的输出特性曲线是指输入电流I_B一定的条件下，集电极电流i_C与管压降u_{CE}之间的函数关系，即：

$$i_C = f(u_{CE})\Big|_{I_B=\text{常数}}$$

对于每一个确定的I_B，都有一条曲线，所以输出特性是一簇曲线。为了清楚地表示出三极管的输出特性曲线，通常只选取有限的几个I_B值（$I_B=0$、I_{B1}、I_{B2}、I_{B3}、$I_{B4}\cdots$）作若干条输出特性曲线，如图1.3.6所示。

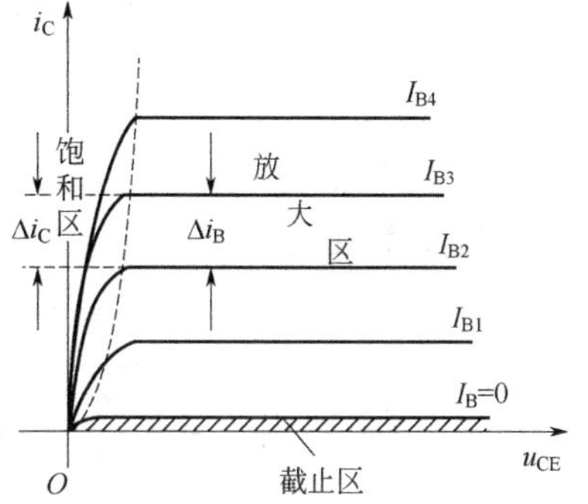

图1.3.6 三极管输出特性曲线

从输出特性曲线可以看出，当u_{CE}较小时起始部分很陡，当u_{CE}略有增加时，i_C增加得很快，当$u_{CE}>1V$以后，再增加u_{CE}时，i_C增加不明显。晶体管有三个工作区域（见图1.3.6中的标注），即放大区、饱和区和截止区。

（1）放大区

其特征是发射结正向偏置（u_{BE}大于发射结开启电压U_{on}）且集电结反向偏置。对于共发射极接法的电路，$u_{BE}>U_{on}$且$u_{CE}\geqslant u_{BE}$。此时，i_C几乎仅仅取决于i_B，而与u_{CE}无关，表现出i_B对i_C的控制作用，$i_C=\beta i_B$，$\Delta i_C=\beta\Delta i_B$。在理想情况下，当$I_B$按等差变化时，输出特性是一簇横轴的等距离平行线。

（2）饱和区

其特征是发射结与集电结均处于正向偏置。对于共发射极接法的电路，$u_{BE}>U_{on}$且$u_{CE}<u_{BE}$。此时i_C不仅与i_B有关，而且明显随u_{CE}的增大而增大，i_C小于βi_B。在实际电路中，若三极管的u_{BE}增大时，i_B随之增大，但i_C增大不多或基本不变，则说明三极管进入饱和区。对于小功率管，可以认为当$u_{CE}=u_{BE}$，即$u_{CB}=0V$时，三极管处于临界状态，即临界饱和或临界放大状态。

（3）截止区

其特征是发射结电压小于开启电压且集电结反向偏置。对于共发射极接法的电路，$u_{BE}\leqslant U_{on}$且$u_{CE}>u_{BE}$。此时$I_B=0$，而$i_C\leqslant I_{CEO}$。小功率硅管的I_{CEO}在1μA以下，锗管的I_{CEO}小于几十微安。因此，在近似分析中可以认为三极管截止时的$i_C\approx 0$。

在模拟电路中，绝大多数情况下应保证三极管工作在放大区。

1.3.3.3 温度对三极管伏安特性的影响

三极管对温度变化比较敏感。温度上升时，本征激发作用增强，基区和集电区中的少子浓度上升，反向饱和电流I_{CBO}增大。温度每上升10℃，I_{CBO}增大约一倍。同时，温度每上升1℃，β增大0.5%～1%。表现在输出特性上，各条曲线的高度和间距都随着温度上升而加大，如图1.3.7(a)所示。发射结导通电压U_{on}具有负温度系数，温度每上升1℃，U_{on}减小2～2.5mV，如图1.3.7（b）所示。总之，温度升高，I_{CBO}增大，β增大，U_{on}减小，这都会使集电极电

流 i_C 增大。

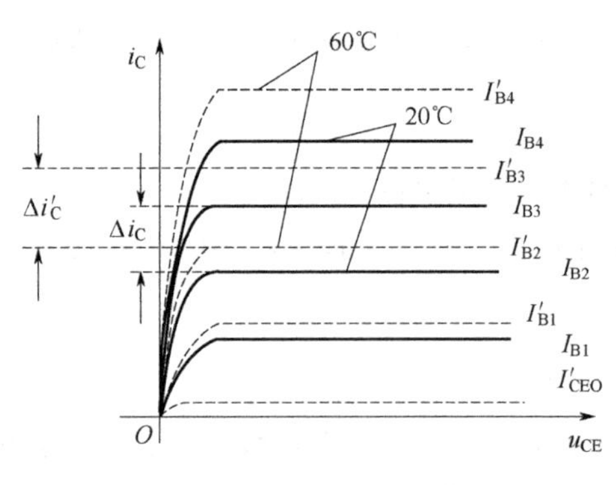

(a) 输出特性随温度的变化

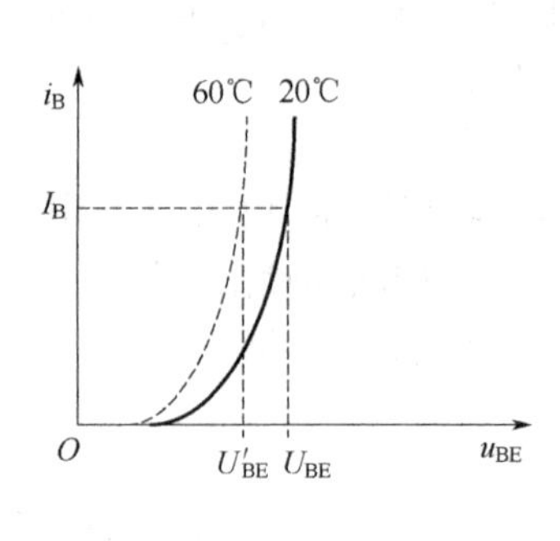

(b) 输入特性随温度的变化

图 1.3.7 NPN 型三极管伏安特性随温度的变化

【例 1.3.1】 测得某电路中的 NPN 型硅三极管各极直流电位数据列于表 1.3.2 中，试判断各管在电路中的工作状态。

表 1.3.2 例 1.3.1 中各三极管各极直流点位

三极管	V_B	V_C	V_E	工作状态
VT_1	0.7	6	0	
VT_2	1	0.7	0.3	
VT_3	−1	0	−1.7	
VT_4	0	12	0	

【解】 三极管在电路中有三种工作状态，即放大、饱和和截止。

处于放大状态的三极管要满足：发射结正向偏置，集电结反向偏置。

处于饱和状态的三极管要满足：发射结正向偏置，集电结正向偏置。

处于截止状态的三极管要满足：发射结电压小于开启电压，集电结反向偏置。

本例中三极管为 NPN 型硅管，开启电压 $U_{on}=0.5V$，则：

VT_1：$V_B=0.7V$，$V_C=6V$，$V_E=0V$

$U_{BE}=V_B-V_E=0.7-0=0.7V>U_{on}=0.5V$，发射结正偏

$U_{CE}=V_C-V_E=6-0=6V>U_{BE}=0.7V$，集电结反偏，工作在放大状态

VT_2：$V_B=1V$，$V_C=0.7V$，$V_E=0.3V$

$U_{BE}=V_B-V_E=1-0.3=0.7V>U_{on}=0.5V$，发射结正偏

$U_{CE}=V_C-V_E=0.7-0.3=0.4V<U_{BE}=0.7V$，集电结正偏，工作在饱和状态

VT_3：$V_B=-1V$，$V_C=0V$，$V_E=-1.7V$

$U_{BE}=V_B-V_E=-1-(-1.7)=0.7V>U_{on}=0.5V$，发射结正偏

$U_{CE}=V_C-V_E=0-(-1.7)=1.7V>U_{BE}=0.7V$，集电结反偏，工作在放大状态

VT_4：$V_B=0V$，$V_C=12V$，$V_E=0V$

$U_{BE}=V_B-V_E=0-0=0V<U_{on}=0.5V$，发射结反偏

$U_{CE}=V_C-V_E=12-0=12V>U_{BE}=0.7V$，集电结反偏，工作在截止状态

1.3.4 晶体三极管的主要参数及选型原则

三极管的参数是用来表征管子性能的，只有了解这些参数的意义，才能合理地选择和正确地使用三极管。三极管的参数有几十个之多，这里只介绍几个主要参数，这些参数在半导体器件手册中均可查到。

1.3.4.1 电流放大系数

（1）共发射极直流电流放大系数$\overline{\beta}$

静态时（无信号输入），三极管的输出直流电流I_C与输入直流电流I_B的比值，叫作共发射极直流电流放大系数，即：

$$\overline{\beta}=\frac{I_C}{I_B} \tag{1.3.5}$$

例如表1.3.1中三极管电流的实验数据$I_B=0.02\text{mA}$，$I_C=0.7\text{mA}$，其共发射极直流电流放大系数为：

$$\overline{\beta}=\frac{I_C}{I_B}=\frac{0.7}{0.02}=35$$

（2）共发射极交流电流放大系数β

动态时（有信号输入），三极管输出电流的变化量Δi_C与输入电流的变化量Δi_B的比值，叫作共发射极交流电流放大系数，即：

$$\beta=\frac{\Delta i_C}{\Delta i_B} \tag{1.3.6}$$

例如表1.3.1中三极管电流的实验数据，I_B由0.02mA增大到0.04mA（$\Delta i_B=0.02\text{mA}$），I_C由0.7mA增大到1.5mA（$\Delta i_C=0.8\text{mA}$），其共发射极交流电流放大系数为：

$$\beta=\frac{\Delta i_C}{\Delta i_B}=\frac{0.8}{0.02}=40$$

由于$\overline{\beta}$值和β值很接近，为了实际应用的方便，在I_C大于1mA的情况下，估算电路通常认为$\overline{\beta}=\beta$，以后若不另加说明，就不再区别$\overline{\beta}$值和β值。

常用小功率三极管的β值在20～200之间，使用三极管时，应根据要求进行选择。β值太小，电流放大作用差；β值太大，则三极管工作不稳定。一般放大电路取$\beta=30\sim80$的晶体三极管比较合适。

（3）共基极直流电流放大系数$\overline{\alpha}$

$$\overline{\alpha}=\frac{I_C}{I_E} \tag{1.3.7}$$

（4）共基极交流电流放大系数α

$$\alpha=\frac{\Delta i_C}{\Delta i_E} \tag{1.3.8}$$

实际应用中$\overline{\alpha}$值和α值也很接近，也不再区别$\overline{\alpha}$值和α值。一般α在0.98以上。

可以证明：

$$\alpha=\frac{\beta}{1+\beta}\ \text{或}\ \beta=\frac{\alpha}{1-\alpha} \tag{1.3.9}$$

1.3.4.2 极间反向电流

（1）集电极-基极间反向饱和电流 I_{CBO}

I_{CBO} 是指当发射极开路（$I_E=0$），集电结反向偏置时的反向电流。测量 I_{CBO} 的电路如图 1.3.8（a）所示。I_{CBO} 的实质就是一个 PN 结的反向电流，所以 I_{CBO} 受温度的影响很大。一般情况下 I_{CBO} 的值很小，小功率锗管的 I_{CBO} 约为几十微安，小功率硅管的 I_{CBO} 要小于 1μA。I_{CBO} 的值越小越好。一般硅管的稳定性优于锗管，因此在温度变化较大的场合选用硅管比较合适。

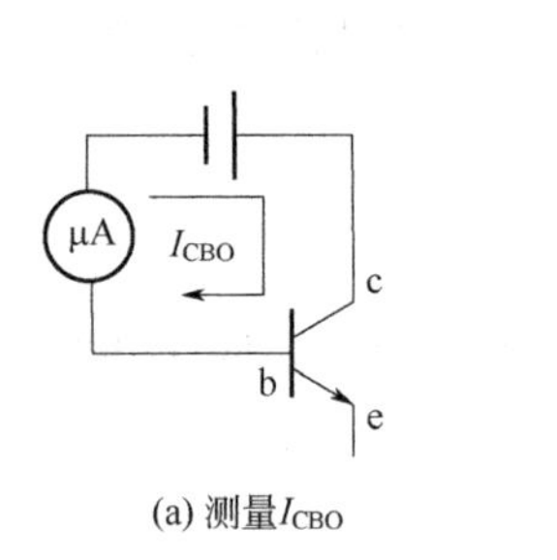

(a) 测量 I_{CBO}

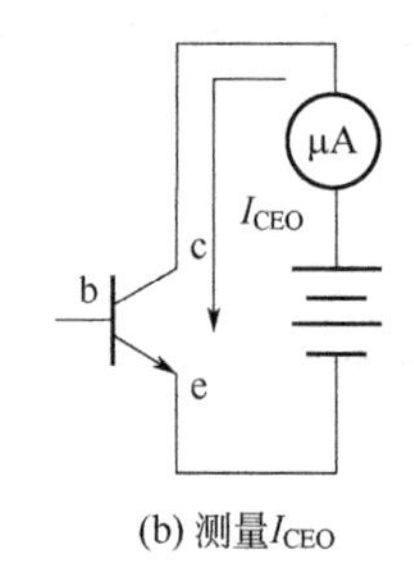

(b) 测量 I_{CEO}

图 1.3.8 测量极间反向电流

（2）集电极-发射极间反向饱和电流 I_{CEO}（穿透电流）

I_{CEO} 是指基极开路时（$I_B=0$），集电极和发射极之间的反向电流。测量 I_{CEO} 的电路如图 1.3.8（b）所示。I_{CEO} 就好像从集电极穿过三极管流至发射极，所以又叫穿透电流。

$$I_{CEO}=(1+\overline{\beta})I_{CBO} \tag{1.3.10}$$

1.3.4.3 极限参数

三极管的极限参数关系到它能否安全工作的问题，主要是对三极管的电压、电流和功率损耗的限制。

（1）最大集电极耗散功率 P_{CM}

三极管工作时，流过集电结的电流 I_C 与流过发射结的电流 I_E 差不多是相等的。由于集电结处于反向偏置，集电结上的压降很大，所以大部分功率消耗在集电结上，引起集电结结温升高。过高的结温将使 PN 结特性变坏，甚至产生击穿，因此，PN 结有一个最高允许结温（硅管为 150～200℃，锗管为 75～100℃），集电极最大允许耗散功率 P_{CM} 就是根据最高允许结温确定的。P_{CM} 可以在手册上查到，对于确定型号的三极管，P_{CM} 是一个确定值，即 $P_{CM}=i_C u_{CE}=$ 常数，在输出特性上画出功率曲线双曲线，如图 1.3.9 所示，曲线右上方为过损耗区，三极管是不允许工作在过损耗区的。实际使用时要留有余地，一般在 $0.9P_{CM}$ 的范围内工作。

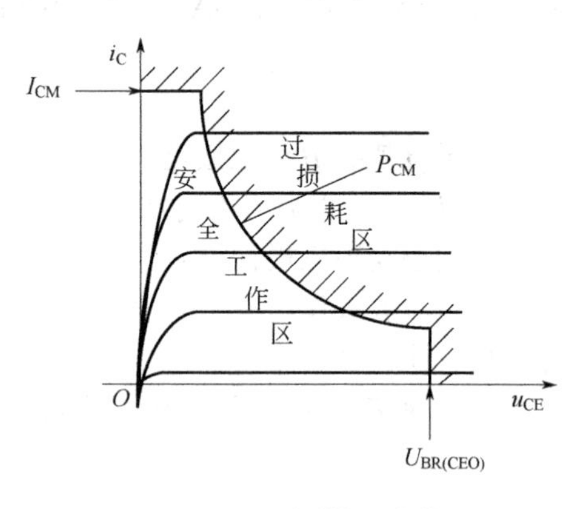

图 1.3.9 三极管极限参数

（2）最大集电极电流 I_{CM}

集电极电流超过某一数值时，三极管的 β 值会下降。通常规定 β 值下降到其正常值的 2/3 时的集电极电流为集电极最大允许电流 I_{CM}。一般小功率管的 I_{CM} 为几十毫安，大功率管的 I_{CM} 为几安以上。

（3）反向击穿电压 $U_{(BR)CEO}$、$U_{(BR)CBO}$、$U_{(BR)EBO}$

$U_{(BR)CEO}$ 是基极开路时，集电极-发射极间的反向击穿电压，此时集电结承受反向电压。

$U_{(BR)CBO}$ 是发射极开路时，集电极-基极间的反向击穿电压，是集电结允许加的最高反向电压。

$U_{(BR)EBO}$ 是集电极开路时，发射极-基极间的反向击穿电压，是发射结允许加的最高反向电压。

这三个反向击穿电压的大小关系是：

$$U_{\text{(BR)CBO}} > U_{\text{(BR)CEO}} > U_{\text{(BR)EBO}}$$

由三极管的三个极限参数 I_{CM}、P_{CM}、$U_{\text{(BR)CEO}}$ 可以画出三极管的安全工作区，如图 1.3.9 所示。三极管在使用时，必须保证三极管在安全工作区范围内工作。

1.3.5 晶体三极管的选型原则

晶体三极管种类繁多，不同的电子电路对其性能指标要求各不相同，应根据电路的具体要求来选择不同类型的晶体管。选择的基本原则有以下四点：

① 根据使用条件选择 P_{CM} 在安全工作区工作的管子，并满足适当的散热要求；

② 要注意工作时的反向击穿电压，特别是 U_{CE} 不应超过 $U_{\text{(BR)CEO}}$；

③ 要注意工作时的最大集电极电流 I_{C} 不应超过 I_{CM}；

④ 特征频率 f_{T} 和 β 值满足电路要求。

例如，当要求反向电流小，并且工作在较高温度的环境时，应选择硅管；当要求 b-e 间导通电压低时，则应选择锗管；对于工作频率较高的电路，应选择高频管或超高频管；若需要输出大电流时，应选择 I_{CM} 大的管子；若需要输出高电压时，应选择 $U_{\text{(BR)CEO}}$ 大的管子；当需要输出大功率时，应选择 P_{CM} 值大的大功率管；在开关电路中，则应选择开关管。

根据工作条件选择好管子的类型后，就可以通过查有关手册具体地选择晶体管的型号了。一般应选择 I_{CM}、P_{CM}、$U_{\text{(BR)CEO}}$ 等极限参数以及特征频率 f_{T} 和 β 值满足电路要求的三极管。

1.3.6 晶体三极管的三种基本连接方式

如前所述，具有三个电极的三极管可看作一个两端口网络，三极管接入电路时，信号从一个电极输入，从另一个电极输出，第三个电极就成为输入与输出的公共端。发射极作为公共端叫作共发射极接法，集电极作为公共端叫作共集电极接法，基极作为公共端叫作共基极接法。三种接法只要满足晶体三极管的发射结正向偏置、集电结反向偏置的条件，就能构成放大电路。

1.3.6.1 共发射极连接方式

这种连接方式以基极作为输入端，集电极作为输出端，如图 1.3.10 所示。

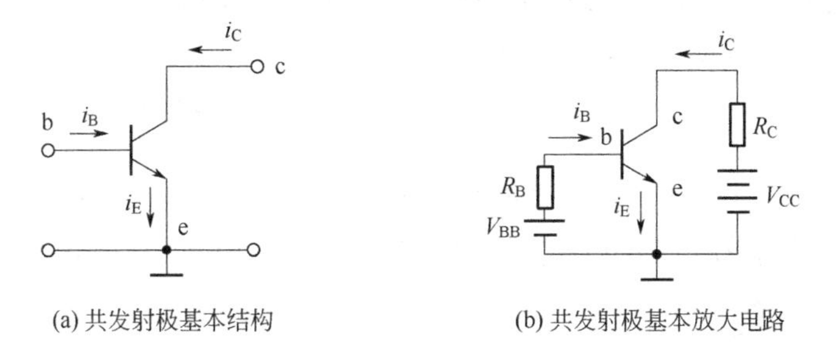

(a) 共发射极基本结构　　(b) 共发射极基本放大电路

图 1.3.10　共发射极连接方式

1.3.6.2 共集电极连接方式

这种连接方式以基极作为输入端，发射极作为输出端，如图 1.3.11 所示。

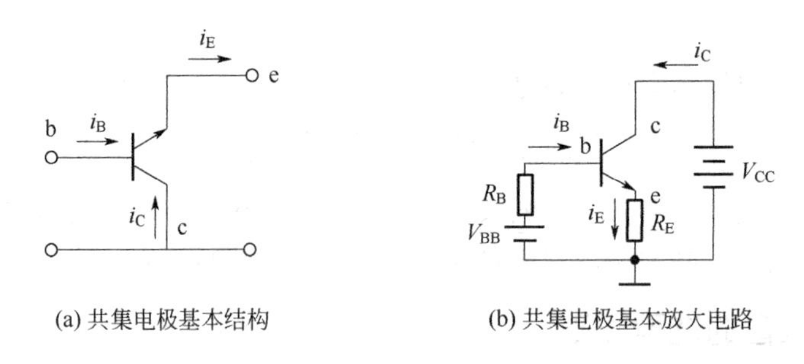

(a) 共集电极基本结构　　(b) 共集电极基本放大电路

图 1.3.11　共集电极连接方式

1.3.6.3　共基极连接方式

这种连接方式以发射极作为输入端，集电极作为输出端，如图 1.3.12 所示。

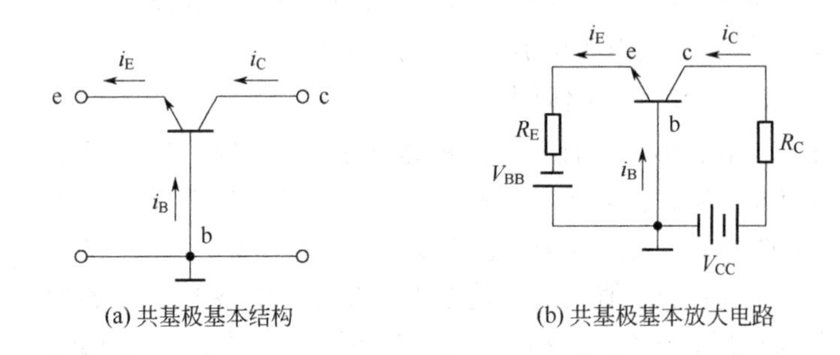

(a) 共基极基本结构　　(b) 共基极基本放大电路

图 1.3.12　共基极连接方式

由晶体三极管的三种基本连接方式所构成的三种基本放大电路各具特点，在基本放大电路一章将做详细分析。

1.4　场效应管

前面我们学习的半导体三极管，因有两种极性的载流子（多数载流子和少数载流子）参与导电，也被称为双极型三极管 BJT（Bipolar Junction Transistor）。实际上，还有另一种类型的三极管，它们依靠一种极性的载流子（多数载流子）参与导电，故称为单极型三极管。又由于这种管子是利用电场效应来控制电流的，所以也称为场效应管 FET（Field Effect Transistor）。

场效应管分为两大类：一类称为结型场效应管 JFET（Junction Field Effect Transistor），另一类称为绝缘栅型场效应管 IGFET（Insulated Gate Field Effect Transistor）。

1.4.1　结型场效应管

结型场效应管分为 N 沟道和 P 沟道两种，下面介绍结型场效应管的结构。

1.4.1.1　结型场效应的结构

图 1.4.1 是结型场效应管的结构示意图及电路符号。

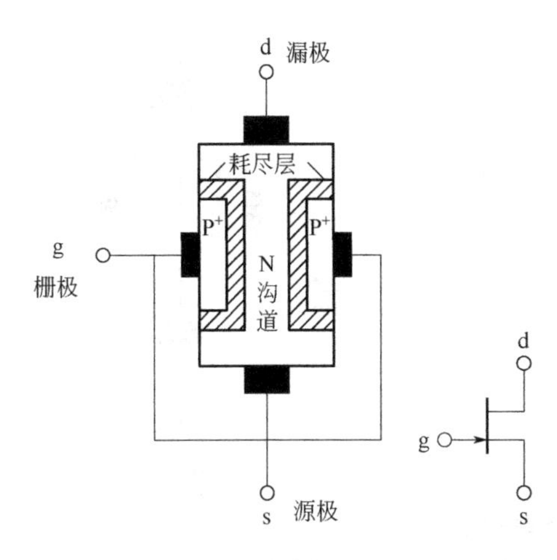

(a) N沟道结型场效应管的结构示意图及电路符号

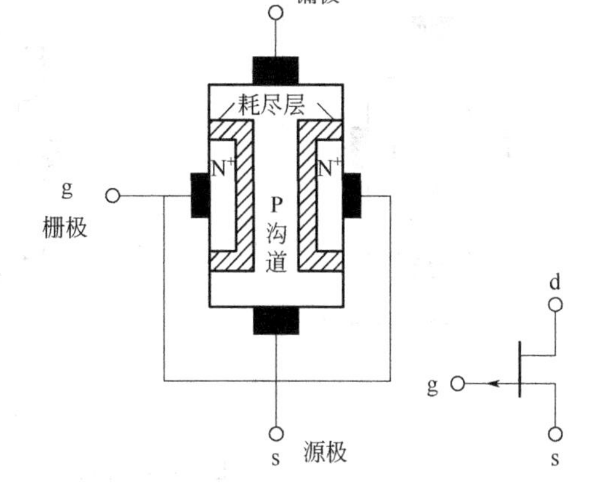

(b) P沟道结型场效应管的结构示意图及电路符号

图 1.4.1 结型场效应管的结构示意图及电路符号

在一块 N 型半导体的两侧，制成高掺杂程度的 P 型区（用符号 P^+表示），则在 P^+型区和 N 型区的交界处将形成一个 PN 结，也称耗尽层。将两侧的 P^+型区连接在一起，引出一个电极，称为栅极（G 或 g），再在 N 型半导体的一端引出源极（S 或 s），另一端引出漏极（D 或 d），如图 1.4.1（a）所示。如果在漏极和源极之间加上一个正向电压，即漏极接电源正端，源极接电源负端，由于 N 型半导体中存在多数载流子电子，因而可以导电。这种场效应管的导电沟道是 N 型的，所以称为 N 沟道结型场效应管。

另一种结型场效应管的导电沟道是 P 型的，即在 P 型半导体的两侧做成高掺杂的 N 型区（用符号 N^+表示），并连在一起引出栅极，然后从 P 型半导体的两端分别引出源极和漏极，这就是 P 沟道结型场效应管，如图 1.4.1（b）所示。

上述两种场效应管的工作原理是类似的，下面以 N 沟道结型场效应管为例，介绍结型场效应的工作原理。

1.4.1.2 结型场效应管的工作原理

从结型场效应管的结构示意图中可以看出，在其栅极和源极之间只能加反向电压（即 $u_{GS}<0$），在漏极和源极之间加正向电压（$u_{DS}>0$），以形成漏极电流 i_D。

（1）当 $u_{DS}=0$（即 d、s 短路）时，u_{GS} 对导电沟道的影响

当 $u_{DS}=0$ 且 $u_{GS}=0$ 时，耗尽层很窄，导电沟道很宽，如图 1.4.2（a）所示；当 $|u_{GS}|$ 增大时，耗尽层加宽，沟道变窄，如图 1.4.2（b）所示，沟道电阻增大；当 $|u_{GS}|$ 增大到某一数值时，耗尽层闭合，沟道消失，如图 1.4.2（c）所示，沟通电阻趋于无穷大，称此时的 u_{GS} 为夹断电压 $U_{GS(off)}$。

（2）当 u_{GS} 为 $U_{GS(off)}\sim 0$ 中某一确定值时，u_{DS} 对导电沟道的影响

当 u_{GS} 为 $U_{GS(off)}\sim 0$ 中某一确定值时，若 $u_{DS}=0$，虽然存在由 u_{GS} 所确定的一定宽度的导电沟道，但由于 d-s 间电压为零，多子不会产生定向移动，因而漏极电流 i_D 为零。

若 $u_{DS}>0$，则有电流 i_D 从漏极流向源极，从而使沟道中各点与栅极间的电压不再相等，而是沿沟道从漏极到源极逐渐降低，造成靠近漏极一边的耗尽层比靠近源极一边的宽，即靠近漏极一边的导电沟道比靠近源极一边的窄，如图 1.4.3（a）所示。

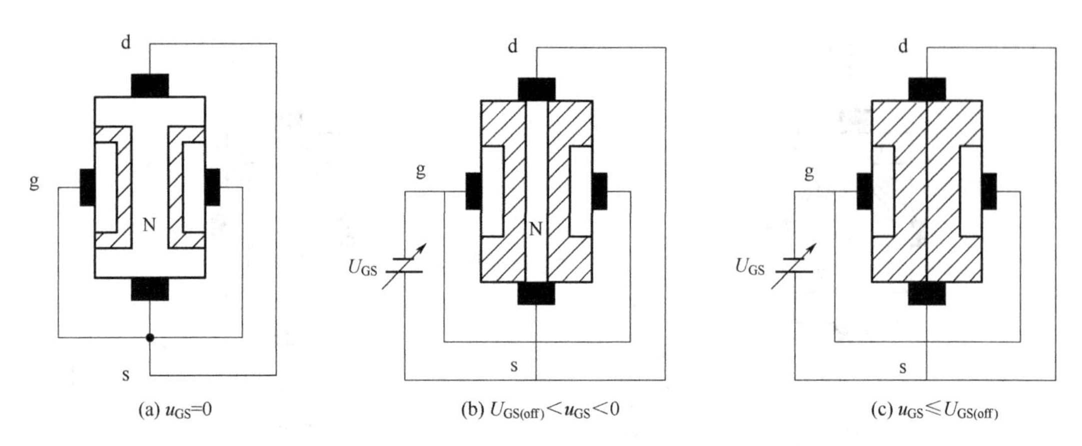

图1.4.2 当 $u_{DS}=0$ 时 u_{GS} 对导电沟道的影响

因为栅-漏电压 $u_{GD}=u_{GS}-u_{DS}$，所以当 u_{DS} 从零逐渐增大时，u_{GD} 逐渐减小，靠近漏极一边的导电沟道必将随之变窄。但是，只要栅-漏间不出现夹断区域，沟道电阻仍基本取决于栅-源电压 u_{GS}，因此，电流 i_D 将随 u_{DS} 的增大而线性增大，d-s 间呈现电阻特性。而一旦 u_{DS} 的增大使 u_{GD} 等于 $U_{GS(off)}$，则漏极一边的耗尽层就会出现夹断区，如图 1.4.3（b）所示，称 $u_{GD}=U_{GS(off)}$ 为预夹断。若 u_{DS} 继续增大，则 $u_{GD}<U_{GS(off)}$，耗尽层闭合部分将沿沟道方向延伸，即夹断区加长，如图 1.4.3（c）所示。这时，一方面自由电子从漏极向源极定向移动所受阻力加大（只能从夹断区的窄缝以较高速度通过），从而导致 i_D 减小；另一方面，随着 u_{DS} 的增大，使 d-s 间的纵向电场增强，也必然导致 i_D 增大。实际上，上述 i_D 的两种变化趋势相抵消，u_{DS} 的增大几乎全部降落在夹断区，用于克服夹断区对 i_D 形成的阻力。因此，从外部看，在 $u_{GD}<U_{GS(off)}$ 的情况下，当 u_{DS} 增大时 i_D 几乎不变，即 i_D 几乎仅仅取决于 u_{GS}，表现出 i_D 的恒流特性。

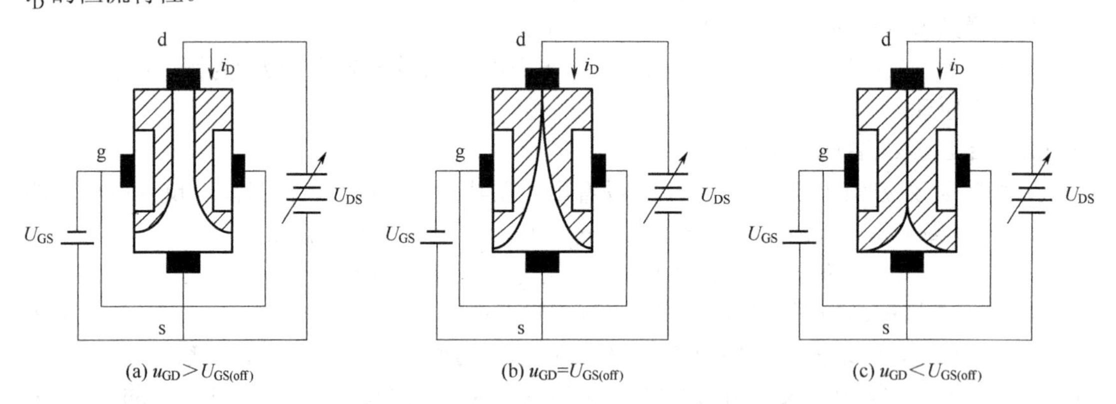

图1.4.3 $U_{GS(off)}<u_{GS}<0$ 时，u_{DS} 对导电沟道的影响

（3）当 $u_{GD}<U_{GS(off)}$ 时，u_{GS} 对 i_D 的影响

当 $u_{GD}=u_{GS}-u_{DS}<U_{GS(off)}$，即进入预夹断后，若 u_{DS} 为定值时，则不同的 u_{GS} 对应有不同的 i_D，也就是 u_{GS} 可以控制 i_D，这也是称其为场效应管的主因，因此场效应管是一种压控元件（区别于三极管的流控元件）。

1.4.1.3 结型场效应管的特性曲线

晶体三极管的伏安特性包括输入特性和输出特性，与之类似，场效应管的特性也用伏安特性来描述，不同的是，因为场效应管栅极基本上无输入电流，所以讨论它的输入特性是没有意义的，因此，场效应管的特性用输出特性和转移特性描述。

（1）输出特性曲线

场效应管的输出特性曲线描述的是当栅-源电压 u_{GS} 不变时，漏极电流 i_D 与漏-源电压 u_{DS} 的关系，即：

$$i_D = f(u_{DS})\big|_{u_{GS}=常数}$$

N 沟道结型场效应管的输出特性曲线如图 1.4.4 所示。不同的 u_{GS}，存在不同的输出曲线，因此输出特性为一簇形状相近的曲线。

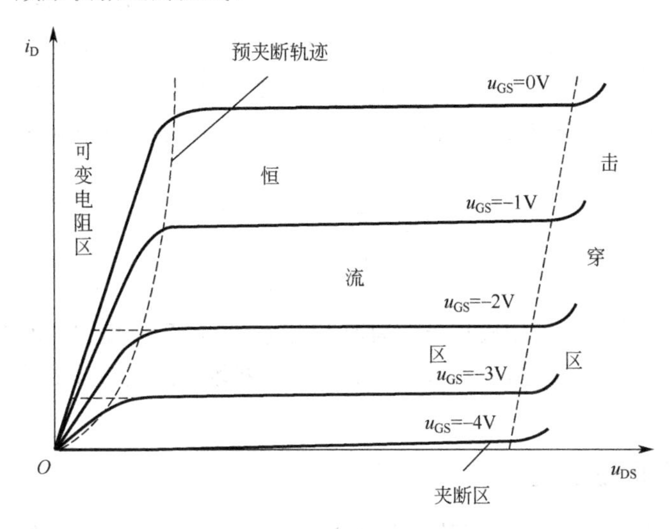

图 1.4.4　N 沟道结型场效应管的输出特性曲线

场效应管的工作区域分为三个区：可变电阻区、恒流区和夹断区。曲线中预夹断轨迹由 $u_{GD} = u_{GS} - u_{DS} = U_{GS(off)}$ 确定，预夹断轨迹左侧为可变电阻区。

可变电阻区内，u_{DS} 比较小，i_D 随着 u_{DS} 的增加而直线上升，两者间近似为线性关系，场效应管可看作一个线性电阻。但是，当 u_{GS} 的值不同时，直线的斜率不同，即相当于电阻的阻值不同。u_{GS} 的值愈负，则相应的电阻值愈大，场效应管的特性呈现为一个由 u_{GS} 控制的可变电阻，所以称为可变电阻区。

预夹断轨迹右侧为恒流区，在该区域 i_D 基本上不随 u_{DS} 的变化而变化，i_D 的值主要取决于 u_{GS}。各条输出特性曲线近似为水平的直线，故称为恒流区。

输出特性中最右侧的部分，表示当 u_{DS} 升高到一定程度时，反向偏置的 PN 结被击穿，i_D 将突然增大，称这个区域为击穿区。如果电流过大，会损坏管子。为了保证器件的安全，场效应管的工作点不应进入击穿区内。

输出特性曲线中靠近横轴的部分，在该区域 $u_{GS} < U_{GS(off)}$，导电沟道被夹断，$i_D \approx 0$，故称为夹断区。

（2）转移特性曲线

当场效应管的漏-源之间的电压 u_{DS} 保持不变时，漏极电流 i_D 与栅-源之间电压 u_{GS} 的关系称为转移特性，其表达式为：

$$i_D = f(u_{GS})\big|_{u_{DS}=\text{常数}}$$

转移特性曲线描述了栅-源之间电压 u_{GS} 对漏极电流 i_D 的控制作用。N 沟道结型场效应管的转移特性曲线如图 1.4.5 所示。由图可见，当 $u_{GS}=0$ 时，i_D 达到最大。u_{GS} 愈负，i_D 愈小。当 $u_{GS}=U_{GS(off)}$ 时，$i_D=0$。

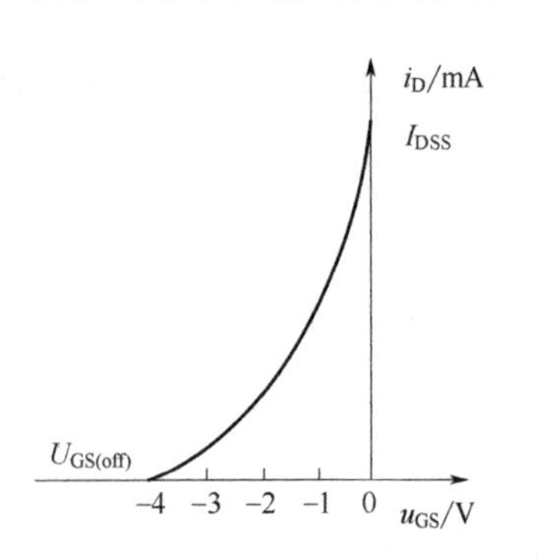

图 1.4.5　N 沟道结型场效应管的转移特性

从转移特性上还可以得到场效应管的两个重要参数：一个是转移特性曲线与横坐标轴交点处的电压，$i_D=0$A 时的 u_{GS}，即夹断电压 $U_{GS(off)}$；另一个是转移特性曲线与纵坐标轴交点处的电流，表示 u_{GS} 为零时的漏极电流，称为饱和漏极电流，用符号 I_{DSS} 表示。

根据半导体物理学中对场效应管内部载流子运动的分析，在 $U_{GS(off)}<u_{GS}<0$ 范围内（恒流区）结型场效应管的转移特性可近似表示为：

$$i_D = I_{DSS}\left[1-\frac{u_{GS}}{U_{GS(off)}}\right]^2 \tag{1.4.1}$$

在结型场效应管中，因为栅极与导电沟道之间的 PN 结反向偏置，所以栅极基本上不取电流，其输入电阻很高，可达 $10^7\Omega$ 以上。但是，在某些场合还需更高的输入电阻，这时就要考虑使用绝缘栅型场效应管。

1.4.2　绝缘栅型场效应管

在绝缘栅型场效应管的栅极与源极、栅极与漏极之间有一层 SiO_2 绝缘层，其栅极为金属铝，故又称为金属氧化物半导体场效应管，简称 MOS（Metal-Oxide-Semiconductor）管。由于绝缘层的存在，它的栅-源间电阻比结型场效应管大得多，可达 $10^{10}\Omega$ 以上。

与结型场效应管相同，MOS 管也有 N 沟道和 P 沟道两类，每一类又分为增强型和耗尽型两种，因此 MOS 管分为四种类型：N 沟道增强型管，N 沟道耗尽型管，P 沟道增强型管，P 沟道耗尽型管。栅-源电压 u_{GS} 为零时，漏极电流也为零的管子属于增强型管；而栅-源电压 u_{GS} 为零时，漏极电流不为零的管子属于耗尽型管。下面以 N 沟道场效应管为例，讨论绝缘栅型场效应管的结构、工作原理和特性曲线。

1.4.2.1　增强型绝缘栅型场效应管的结构

在一块 P 型硅衬底上制作两个高掺杂浓度的 N 区，用 N^+表示，并用金属铝引出两个电极，分别作漏极 d 和源极 s，然后在半导体表面覆盖一层很薄的二氧化硅（SiO_2）绝缘层，在漏-源极间的绝缘层上再装上一个铝电极，作为栅极 g，在衬底上也引出一个电极 B，这就构成了一个 N 沟道增强型 MOS 管。MOS 管的源极和衬底通常是接在一起的（大多数管子在出厂前已连接好），它的栅极与其他电极间是绝缘的。图 1.4.6

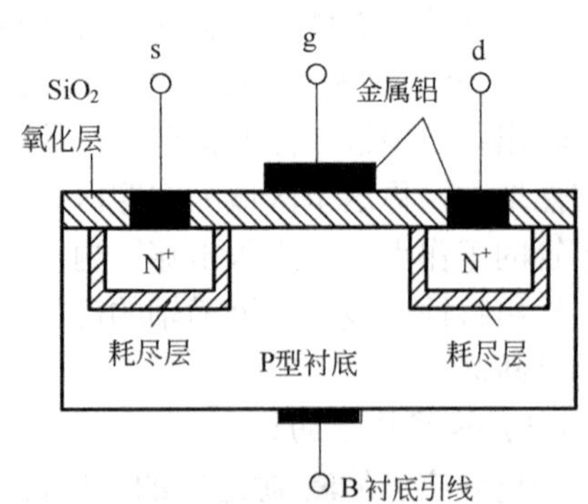

图 1.4.6　N 沟道增强型绝缘栅型场效应管的结构示意图

为N沟道增强型绝缘栅型场效应管的结构示意图，图1.4.7是N沟道和P沟道增强型绝缘栅型场效应管的电路符号。

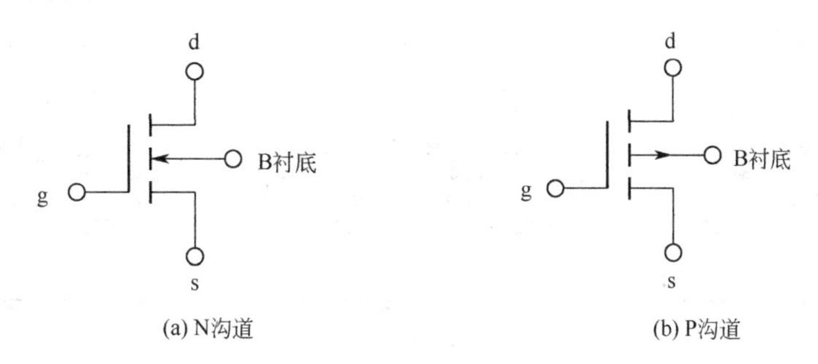

(a) N沟道　　(b) P沟道

图1.4.7　增强型绝缘栅型场效应管的电路符号

1.4.2.2　增强型绝缘栅型场效应管的工作原理

当栅-源电压$u_{GS}=0$时，漏-源之间是两个背靠背的PN结，不存在导电沟道，即使漏-源之间加电压u_{DS}，漏极电流$i_D=0$，如图1.4.8（a）所示。

当$u_{GS}>0$且$u_{DS}=0$时，由于绝缘层 SiO_2 的存在，栅极电流为零。但是栅极金属层将聚集正电荷，它们排斥P型衬底靠近SiO_2一侧的空穴，使之剩下不能移动的负离子区，形成耗尽层，如图1.4.8（b）所示。当u_{GS}增大时，耗尽层增宽，同时将衬底的自由电子吸引到耗尽层与绝缘层之间，形成一个N型薄层，也称为反型层，如图1.4.8（c）所示。这个反型层就构成了漏-源之间的导电沟道，使沟道刚刚形成的栅-源电压称为开启电压，用$U_{GS(th)}$表示。u_{GS}越大，反型层越厚，导电沟道电阻越小。

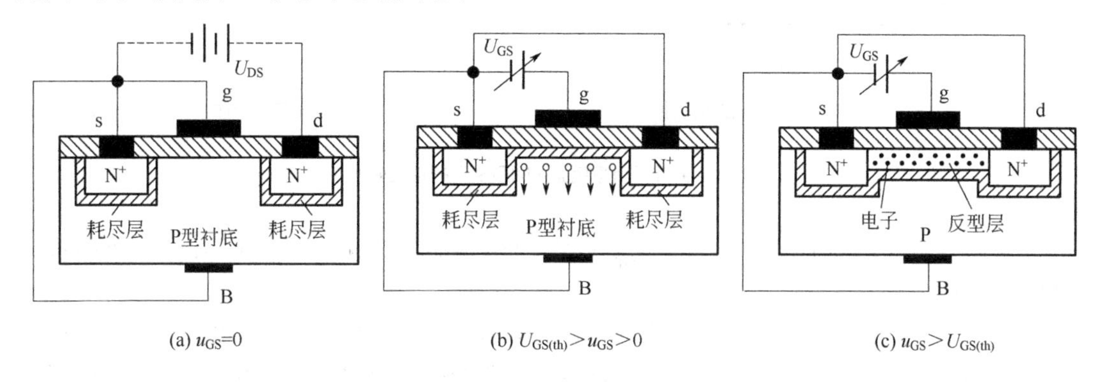

(a) $u_{GS}=0$　　(b) $U_{GS(th)}>u_{GS}>0$　　(c) $u_{GS}>U_{GS(th)}$

图1.4.8　N沟道增强型绝缘栅型场效应管u_{GS}对i_D及沟道的控制原理

当u_{GS}为大于$U_{GS(th)}$的某一确定值时，在d-s之间加正向电压，则将产生一确定的漏极电流i_D。此时，u_{DS}的变化对导电沟道的影响与结型场效应管相似，即当u_{DS}较小时，u_{DS}的增大使i_D线性增大，沟道沿源-漏方向逐渐变窄，如图 1.4.9（a）所示。一旦u_{DS}增大到使$u_{GD}=U_{GS(th)}$［即$u_{DS}=u_{GS}-U_{GS(th)}$］时，沟道在漏极一侧出现夹断点，称为预夹断，如图1.4.9（b）所示。如果u_{DS}继续增大，夹断区随之延长，如图1.4.9（c）所示。u_{DS}的增大几乎被沟道电阻的增加抵消，从外部看，i_D几乎不因u_{DS}的增大而变化，管子进入恒流区，i_D几乎仅取决于u_{GS}。

1.4.2.3　增强型绝缘栅型场效应管的特性曲线

与结型场效应管相同，绝缘栅型场效应管的特性曲线包括输出特性和转移特性。

图 1.4.10（a）是 N 沟道增强型 MOS 管的输出特性曲线，包括可变电阻区、恒流区和夹断区。

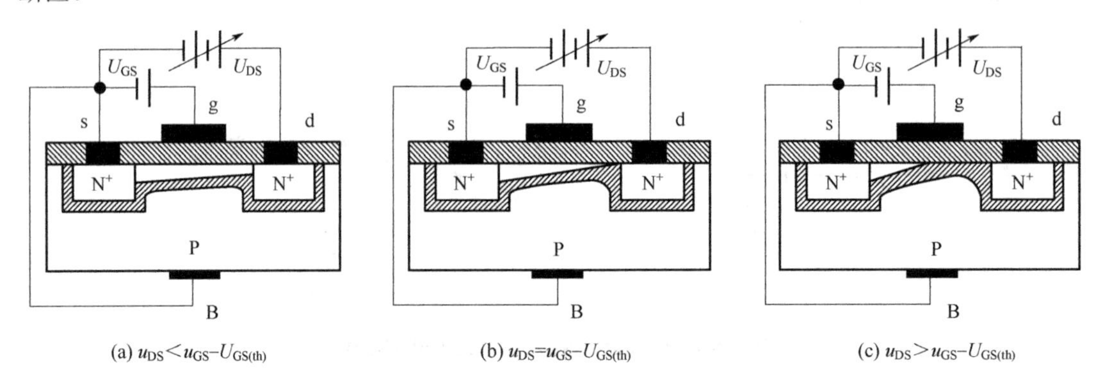

(a) $u_{DS}<u_{GS}-U_{GS(th)}$　　(b) $u_{DS}=u_{GS}-U_{GS(th)}$　　(c) $u_{DS}>u_{GS}-U_{GS(th)}$

图 1.4.9　N 沟道增强型绝缘栅型场效应管 u_{DS} 对 i_D 及沟道的控制原理

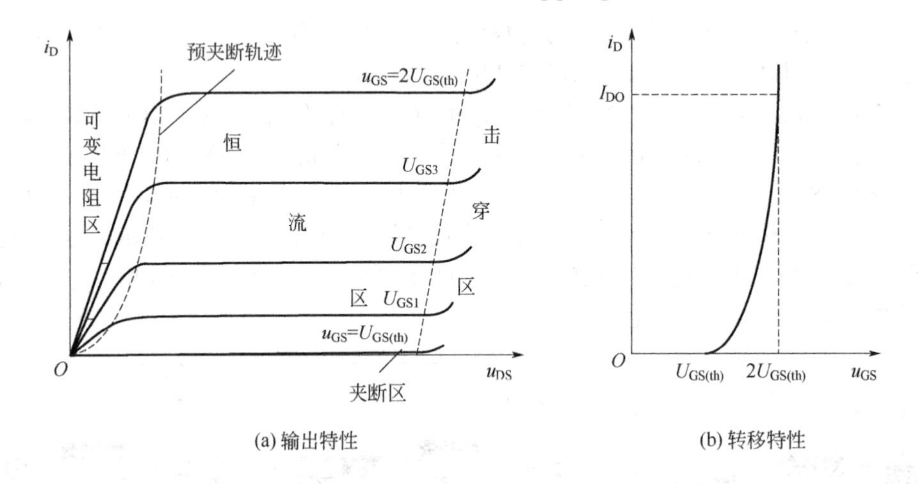

(a) 输出特性　　(b) 转移特性

图 1.4.10　N 沟道增强型 MOS 管的特性曲线

曲线中预夹断轨迹由 $u_{DS}=u_{GS}-U_{GS(th)}$ 确定，预夹断轨迹右侧为可变电阻区，预夹断轨迹左侧为可变电阻区。

① 可变电阻区：u_{DS} 比较小，i_D 随着 u_{DS} 的增加而直线上升，两者间近似为线性关系，MOS 管可近似看成一个线性电阻。不同的 u_{GS}，直线的斜率不同，即电阻阻值不同，故称为可变电阻区。

② 恒流区：预夹断轨迹右侧为恒流区，在该区域 i_D 基本上不随 u_{DS} 的变化而变化，i_D 的值主要取决于 u_{GS}。各条输出特性曲线近似为水平的直线，故称为恒流区。

③ 夹断区：$u_{GS}\leqslant U_{GS(th)}$，导电沟道未形成，$i_D=0$ 的区域。

N 沟道增强型 MOS 管的转移特性曲线如图 1.4.10（b）所示。$u_{GS}>U_{GS(th)}$ 时，i_D 可近似表示为：

$$i_D=I_{DO}\left[\frac{u_{GS}}{U_{GS(th)}}-1\right]^2 \tag{1.4.2}$$

式中，I_{DO} 为 $u_{GS}=2U_{GS(th)}$ 时的漏极电流值。

1.4.2.4 耗尽型绝缘栅型场效应管

在此以 N 沟道耗尽型绝缘栅型场效应管为例，做简单介绍。

图 1.4.11 所示为 N 沟道耗尽型绝缘栅型场效应管的结构示意图，与增强型绝缘栅型场效应管不同的是栅极下面的绝缘层中掺有足量的碱金属正离子（例如 Na^+、K^+等），在这些正离子作用下，即使 $u_{GS}=0V$，P 型衬底表层也会出现反型层，即漏-源之间存在导电沟道。因此，只要在漏-源间加上正向电源 U_{DS}，就有漏极电流 i_D。

反型层宽窄与 u_{GS} 有关，$u_{GS}>0$ 时，反型层变宽，沟道电阻减小，i_D 增大；$u_{GS}<0$ 时，反型层变窄，沟道电阻增大，i_D 减小；u_{GS} 减小到某一负值时，导电沟道消失，$i_D=0$，此时 $u_{GS}=U_{GS(off)}$ 为夹断电压。耗尽型绝缘栅型场效应管的电路符号如图 1.4.12 所示。

耗尽型 MOS 管的输出特性曲线也包括可变电阻区、恒流区和夹断区。

在恒流区内，耗尽型 MOS 管的电流方程与结型场效应管的电流方程相同，即：

$$i_D = I_{DSS}\left[1-\frac{u_{GS}}{U_{GS(off)}}\right]^2 \tag{1.4.3}$$

式中，$|u_{GS}|<|U_{GS(off)}|$。

有关 P 沟道耗尽型 MOS 管的内容与 N 沟道类似，请读者自行总结。各种场效应管的特性汇总于表 1.4.1。

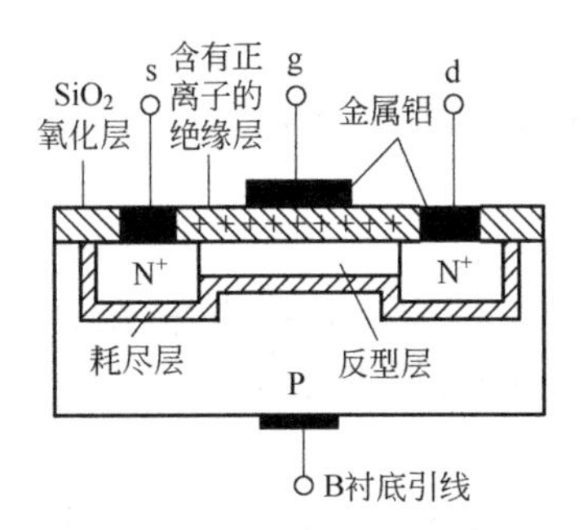

图 1.4.11 N 沟道耗尽型绝缘栅型场效应管的结构示意图

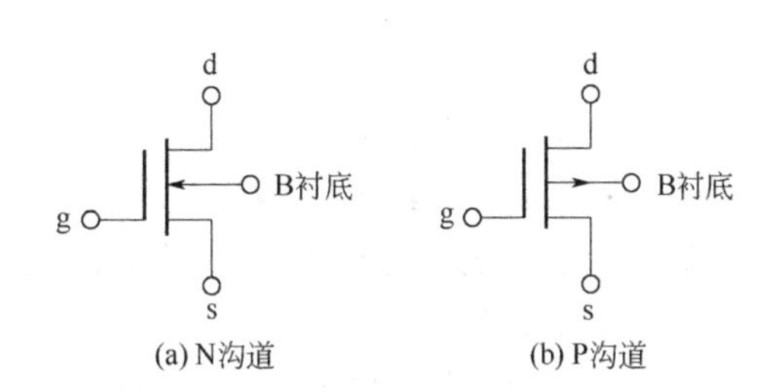

图 1.4.12 耗尽型绝缘栅型场效应管的电路符号

表 1.4.1 场效应管的特性汇总

类型		JEFT		耗尽型 MOS 管		增强型 MOS 管	
		符号	特性曲线	符号	特性曲线	符号	特性曲线
N 沟道	输出	d g s	i_D $u_{GS}=0$ $U_{GS(off)}$ O u_{DS}	d B g s	i_D $u_{GS}=0$ $U_{GS(off)}$ O u_{DS}	d B g s	i_D $U_{GS(th)}$ O u_{DS}
	转移		i_D I_{DSS} $U_{GS(off)}$ O u_{GS}		i_D I_{DSS} $U_{GS(off)}$ O u_{GS}		i_D O $U_{GS(th)}$ u_{GS}

续表

类型		JEFT		耗尽型 MOS 管		增强型 MOS 管	
		符号	特性曲线	符号	特性曲线	符号	特性曲线
P 沟道	输出	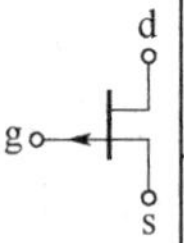 d g s	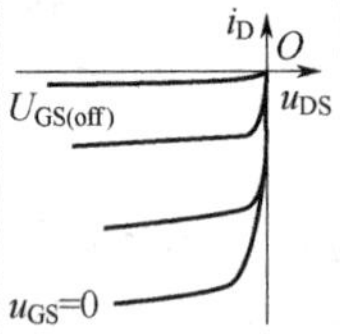 i_D O $U_{GS(off)}$ u_{DS} $u_{GS}=0$	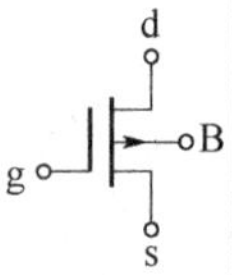 d B g s	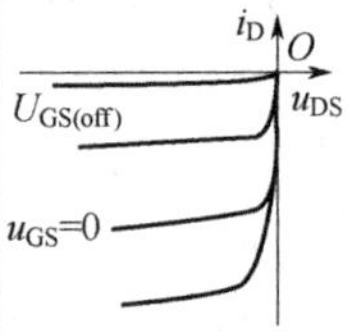 i_D O $U_{GS(off)}$ u_{DS} $u_{GS}=0$	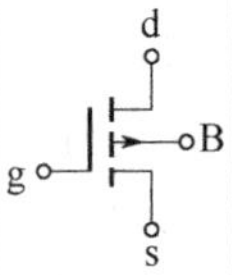 d B g s	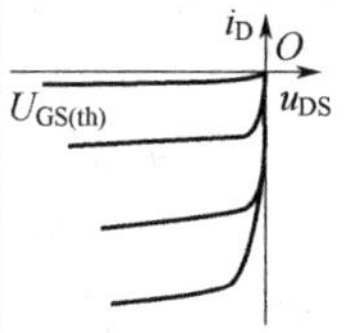 i_D O $U_{GS(th)}$ u_{DS}
	转移		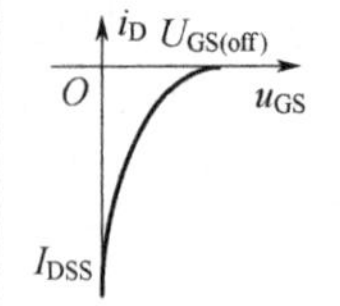 i_D $U_{GS(off)}$ O u_{GS} I_{DSS}		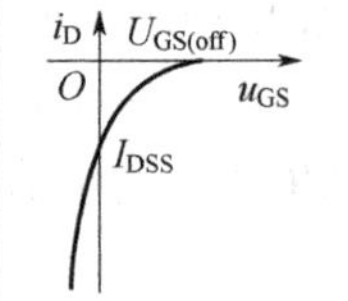 i_D $U_{GS(off)}$ O u_{GS} I_{DSS}		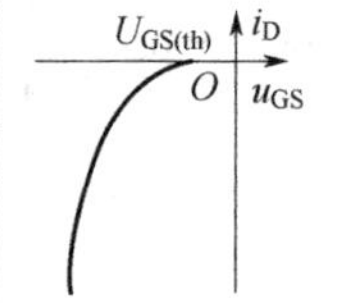 $U_{GS(th)}$ i_D O u_{GS}

注：1．N 沟道场效应管的输出特性均在第一象限，P 沟道场效应管的输出特性均在第三象限。

2．N 沟道场效应管的转移特性依结型、绝缘栅耗尽型、绝缘栅增强型的顺序由第二象限起移至第一象限；P 沟道场效应管的转移特性依结型、绝缘栅耗尽型、绝缘栅增强型顺序由第四象限起移至第三象限。

1.4.3 场效应管的主要参数

场效应管的主要参数包括直流参数、交流参数和极限参数三部分。

1.4.3.1 直流参数

（1）饱和漏极电流 I_{DSS}

I_{DSS} 是耗尽型和结型场效应管的一个重要参数，它的定义是：当栅-源之间的电压 $u_{GS}=0$，而漏-源之间的电压 u_{DS} 大于夹断电压 $U_{GS(off)}$ 时对应的漏极电流。

（2）夹断电压 $U_{GS(off)}$

$U_{GS(off)}$ 也是耗尽型和结型场效应管的重要参数，其定义为：当 u_{DS} 一定时，使 i_D 减小到规定的某一个微小电流（如 5μA）时所需的 u_{GS} 值。

（3）开启电压 $U_{GS(th)}$

$U_{GS(th)}$ 是增强型场效应管的重要参数，它的定义是：当 u_{DS} 一定时，漏极电流 i_D 达到某一规定的微小电流（如 5μA）时需加的 u_{GS} 值。

（4）直流输入电阻 $R_{GS(DC)}$

$R_{GS(DC)}$ 是栅-源之间所加电压与产生的栅极电流之比。栅极几乎不索取电流，因此输入电阻很高，结型为 $10^7\Omega$ 以上，MOS 管可达 $10^{10}\Omega$ 以上。

1.4.3.2 交流参数

（1）低频跨导 g_m

g_m 是用于描述栅-源电压 u_{GS} 对漏极电流 i_D 的控制作用的。它的定义是：当 u_{DS} 一定时，i_D 的变化量与引起它变化的 u_{GS} 的变化量之比，即：

$$g_m = \left.\frac{\mathrm{d}i_D}{\mathrm{d}u_{GS}}\right|_{U_{DS}=\text{常数}} \tag{1.4.4}$$

g_m 的单位是 S（西门子）。它的值可由转移特性或输出特性求得，是转移特性上某一点的切线的斜率。

（2）极间电容

场效应管三个电极之间均存在极间电容，包括栅-源电容C_{GS}、栅-漏电容C_{GD}、漏-源电容C_{DS}。一般C_{GS}和C_{GD}在1～3pF之间，C_{DS}在0.1～1pF之间，极间电容越小，管子的高频性能越好。

1.4.3.3 极限参数

（1）最大漏极电流I_{DM}

I_{DM}为场效应管正常工作时漏极电流的最大允许值。

（2）漏极最大允许耗散功率P_{DM}

P_{DM}等于u_{DS}与i_D的乘积（$P_{DM}=u_{DS}i_D$）。该功率转换为热能，会使场效应管温度升高。P_{DM}的大小取决于场效应管允许的最高温度。该参数相当于晶体管的P_{CM}。

（3）漏-源间击穿电压$U_{(BR)DS}$

场效应管进入恒流区后，使i_D骤然增大的u_{DS}称为漏-源间击穿电压$U_{(BR)DS}$（发生雪崩击穿）。u_{DS}超过此值会使管子损坏。

（4）栅-源间击穿电压$U_{(BR)GS}$

对于结型场效应管，使栅极与沟道间PN结反向击穿的u_{GS}为栅-源间击穿电压$U_{(BR)GS}$；对于绝缘栅型场效应管，使绝缘层击穿的u_{GS}为栅-源间击穿电压$U_{(BR)GS}$。

1.4.4 场效应管与晶体三极管的对比

① 虽然场效应管和晶体三极管放大电路的工作原理不同，但两种器件之间存在电极对应关系，即栅极g对应基极b，源极s对应发射极e，漏极d对应集电极c。

② FET和BJT二者均是放大器件，场效应管是电压控制器件，而晶体三极管是电流控制器件。FET通过栅-源电压控制漏极电流，BJT通过基极电流控制集电极电流。二者的区别具体表现为输出特性曲线上参变量的不同，场效应管的参变量是栅-源电压，而晶体三极管的参变量是基极电流。

③ 因为FET的输入电流为零，所以其输入电阻比BJT的输入电阻大得多。

④ FET是单极型器件，只有多数载流子参与导电，而BJT是双极型器件，多数载流子和少数载流子都参与导电。因为少数载流子的数量受温度等外界因素的影响，所以BJT的热稳定性不如FET。

⑤ 反映BJT放大作用的参数是β，反映FFT放大作用的参数是g_m。

⑥ N沟道管类似NPN管，P沟道管类似PNP管。

本章总结

本章由半导体基础知识入手，了解PN结的形成，二极管、三极管、场效应管等基本电子元件的结构、特性和参数，为后续学习各种由这些基本元件构成的电子电路打下基础。

二极管的主要特性是单向导电性，即正向偏置导通，反向偏置截止。此外，利用二极管反向击穿特性还可实现稳压作用。

三极管的主要特性是电流放大，是电流控制电流器件，其工作范围有放大区、截止区和饱和区。利用三极管放大区特性能够实现电流控制作用，利用截止区和饱和区能够实现开关控制。

场效应管是电压控制电流器件，也能实现对信号放大的作用。

本章知识结构

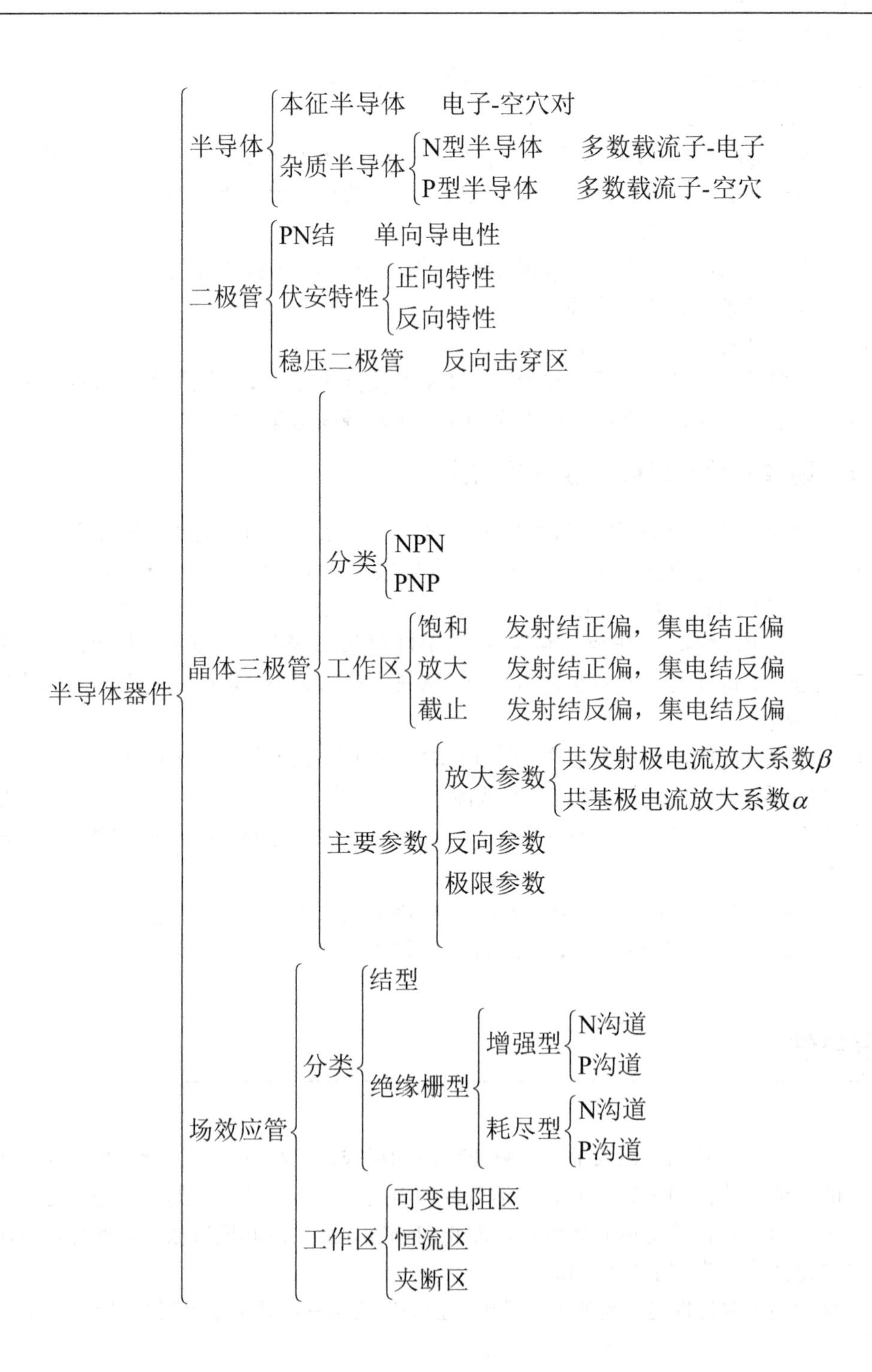

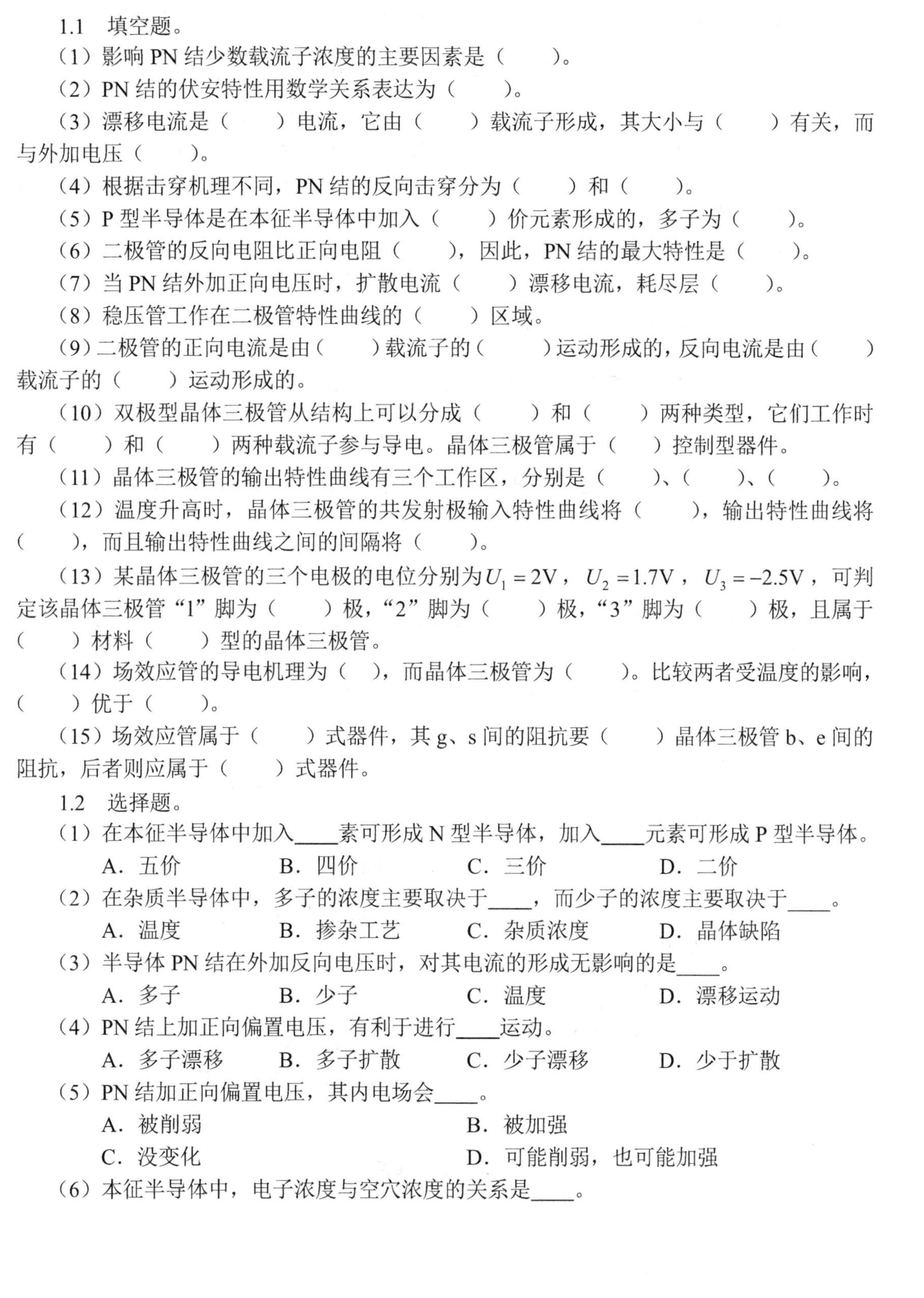

习题 1

1.1 填空题。

（1）影响 PN 结少数载流子浓度的主要因素是（　　）。

（2）PN 结的伏安特性用数学关系表达为（　　）。

（3）漂移电流是（　　）电流，它由（　　）载流子形成，其大小与（　　）有关，而与外加电压（　　）。

（4）根据击穿机理不同，PN 结的反向击穿分为（　　）和（　　）。

（5）P 型半导体是在本征半导体中加入（　　）价元素形成的，多子为（　　）。

（6）二极管的反向电阻比正向电阻（　　），因此，PN 结的最大特性是（　　）。

（7）当 PN 结外加正向电压时，扩散电流（　　）漂移电流，耗尽层（　　）。

（8）稳压管工作在二极管特性曲线的（　　）区域。

（9）二极管的正向电流是由（　　）载流子的（　　）运动形成的，反向电流是由（　　）载流子的（　　）运动形成的。

（10）双极型晶体三极管从结构上可以分成（　　）和（　　）两种类型，它们工作时有（　　）和（　　）两种载流子参与导电。晶体三极管属于（　　）控制型器件。

（11）晶体三极管的输出特性曲线有三个工作区，分别是（　　）、（　　）、（　　）。

（12）温度升高时，晶体三极管的共发射极输入特性曲线将（　　），输出特性曲线将（　　），而且输出特性曲线之间的间隔将（　　）。

（13）某晶体三极管的三个电极的电位分别为 $U_1 = 2\text{V}$，$U_2 = 1.7\text{V}$，$U_3 = -2.5\text{V}$，可判定该晶体三极管“1”脚为（　　）极，“2”脚为（　　）极，“3”脚为（　　）极，且属于（　　）材料（　　）型的晶体三极管。

（14）场效应管的导电机理为（　），而晶体三极管为（　　）。比较两者受温度的影响，（　　）优于（　　）。

（15）场效应管属于（　　）式器件，其 g、s 间的阻抗要（　　）晶体三极管 b、e 间的阻抗，后者则应属于（　　）式器件。

1.2 选择题。

（1）在本征半导体中加入____素可形成 N 型半导体，加入____元素可形成 P 型半导体。

A．五价　　B．四价　　C．三价　　D．二价

（2）在杂质半导体中，多子的浓度主要取决于____，而少子的浓度主要取决于____。

A．温度　　B．掺杂工艺　　C．杂质浓度　　D．晶体缺陷

（3）半导体 PN 结在外加反向电压时，对其电流的形成无影响的是____。

A．多子　　B．少子　　C．温度　　D．漂移运动

（4）PN 结上加正向偏置电压，有利于进行____运动。

A．多子漂移　　B．多子扩散　　C．少子漂移　　D．少于扩散

（5）PN 结加正向偏置电压，其内电场会____。

A．被削弱　　B．被加强

C．没变化　　D．可能削弱，也可能加强

（6）本征半导体中，电子浓度与空穴浓度的关系是____。

A．电子浓度大于空穴浓度　　B．电子浓度小于空穴浓度
C．电子浓度等于空穴浓度　　D．不确定，与材料有关

（7）稳压二极管的稳压区是工作在____。
A．正向导通　B．反向截止　C．反向击穿　D．正向死区

（8）晶体三极管的集电极电流 I_C 略大于 I_{CM}，则该晶体三极管____。
A．PN 结发热烧坏　　B．β 下降，失去放大能力
C．烧断引线　　D．β 增大，放大能力提高

（9）场效应管（单极型管）与晶体三极管（双极型管）相比，最突出的优点是可以组成____输入电阻的放大电路。
A．高　B．中　C．低　D．任意

（10）开启电压 $U_{GS(th)}$ 是________的参数。夹断电压 $U_{GS(off)}$ 是____的参数。
A．增强型 MOS 管　　B．结型场效应管
C．耗尽型 MOS 管　　D．BJT 管

1.3　分析图 P1.1 所示各电路中二极管 VD 的工作状态，并求各电路的输出电压值，设二极管导通电压为 0.7V。

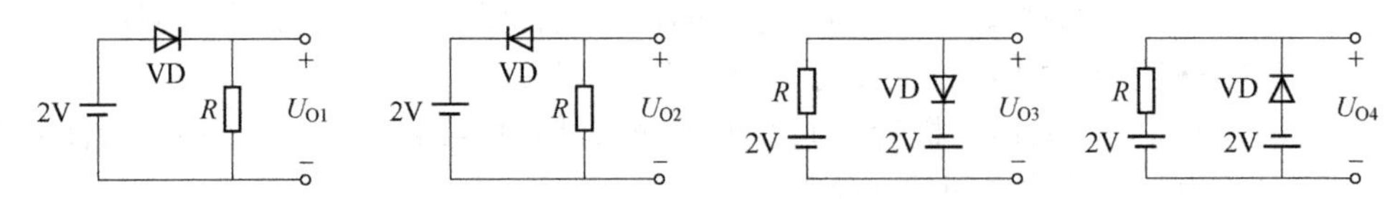

图 P1.1　题 1.3 电路图

1.4　电路如图 P1.2 所示，已知 $u_i = 10\sin(\omega t)\text{V}$，试画出与 u_i 对应的 u_o 的波形。设二极管正向导通电压可忽略。

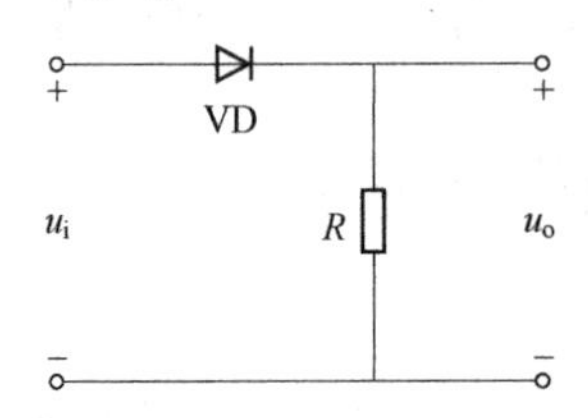

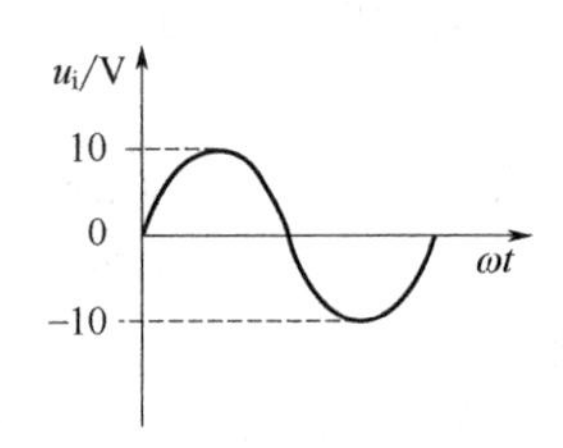

图 P1.2　题 1.4 电路图

1.5　电路如图 P1.3 所示，已知 $u_i = 5\sin(\omega t)\text{V}$，二极管导通电压为 0.7 V。试画出与 u_i 对应的 u_o 的波形，并标出幅值。

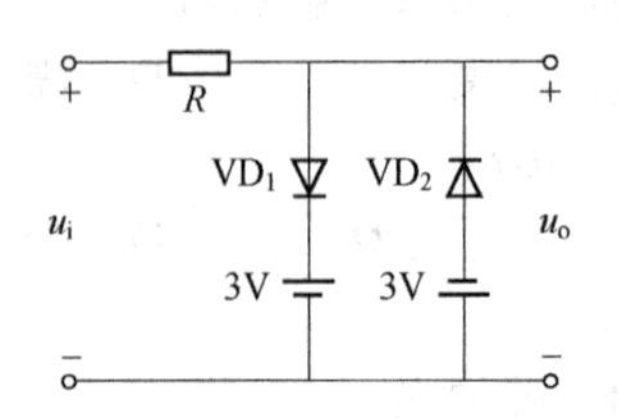

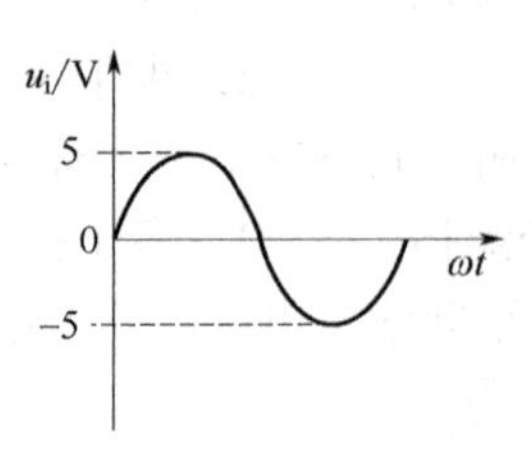

图 P1.3　题 1.5 电路图

1.6 电路如图 P1.4 所示，已知稳压管的稳压值 $U_Z = 6V$，限流电阻 $R = 100\Omega$。试求：（1）$R_L = 100\Omega$ 时，稳压管的 I_Z 和 U_o 为何值？（2）$R_L = 50\Omega$ 时，稳压管的 I_Z 和 U_o 又为何值？

1.7 电路如图 P1.5 所示，有两个硅稳压管 VZ_1 和 VZ_2，它们的稳定电压分别为 6V 和 8V，正向导通电压为 0.7V，稳定电流是 5mA。求电路的输出电压 U_o。

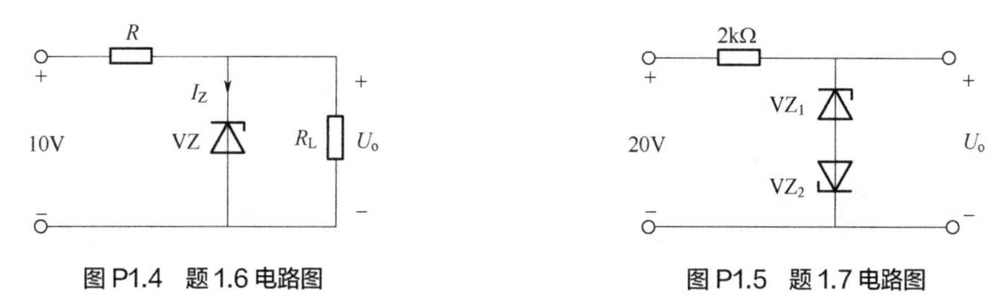

图 P1.4 题 1.6 电路图　　图 P1.5 题 1.7 电路图

1.8 图 P1.6 所示为工作于放大状态的三极管，其各电极直流电位分别如图中所示。试在图中画出三极管的符号，并分别说明它们是硅管还是锗管。

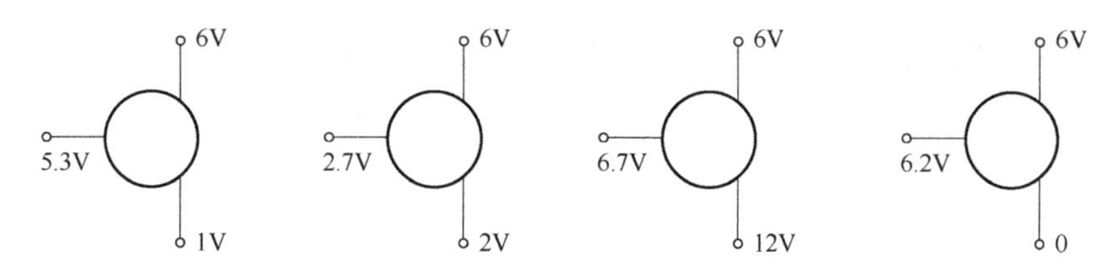

图 P1.6 题 1.8 图

1.9 测得某电路中各三极管的引脚直流电位，记录于表 T1.1，试判断各三极管的工作状态。

表 T1.1 题 1.9 记录表

三极管	VT_1	VT_2	VT_3	VT_4	VT_5	VT_6	VT_7	VT_8
基极电位 V_b	0.7	2	−5.3	10.75	0.3	4.7	−1.3	11.7
集电极电位 V_c	5	12	0	10.3	−5	4.7	−10	8
发射极电位 V_e	0	12	−6	10	0	5	−1	12
工作状态								

1.10 在图 P1.7 所示的各个电路中，晶体管工作于何种状态？

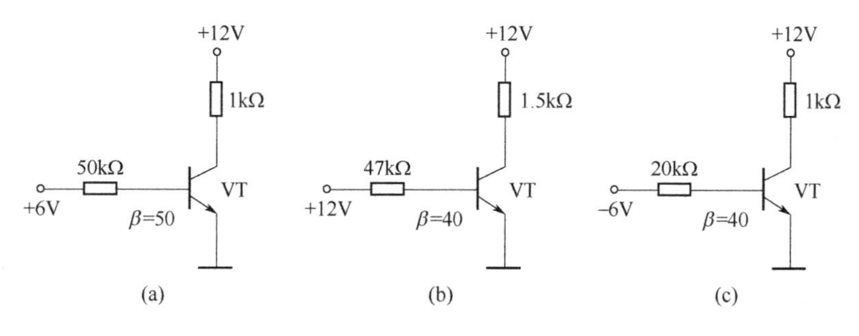

图 P1.7 题 1.10 电路图

1.11　电路如图 P1.8 所示，晶体管导通时$U_{BE}=0.7V$，$\beta=50$。试分析V_{BB}为 0V、1V、3V 三种情况下 VT 的工作状态及输出电压u_o的值。

1.12　电路如图 P1.9 所示，晶体管的$\beta=50$，$|U_{BE}|=0.2V$，饱和管压降$|U_{CES}|=0.1V$；稳压管的稳定电压$U_Z=5V$，正向导通电压$U_D=0.5V$。试问：

① 当$u_i=0V$时，u_o为多少？②当$u_i=-5V$时，u_o为多少？

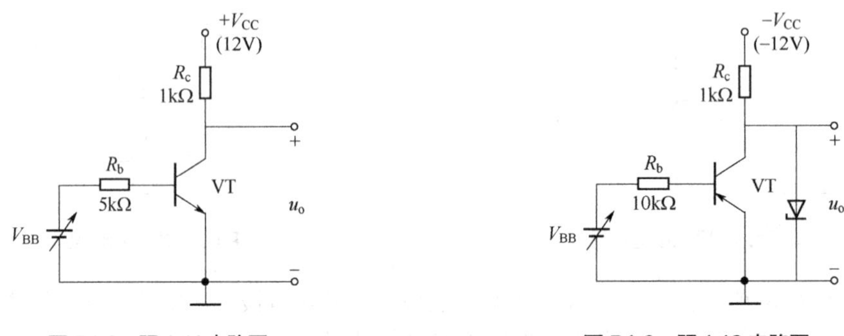

图 P1.8　题 1.11 电路图　　　　图 P1.9　题 1.12 电路图

1.13　分析图 P1.10 所示各电路中的场效应管能否工作在恒流区。

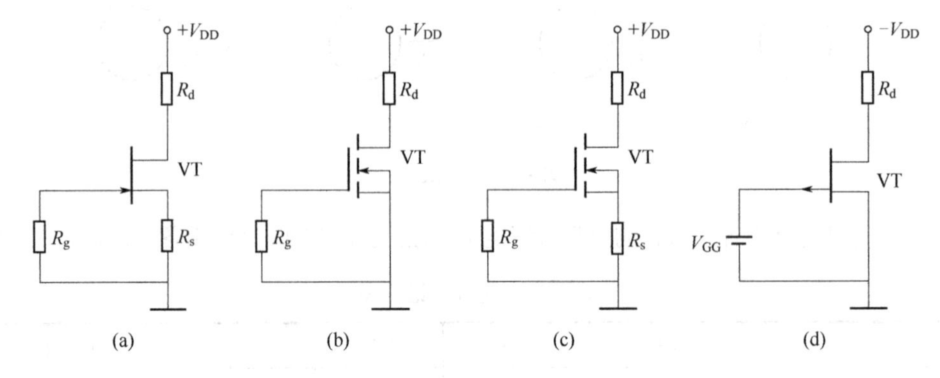

图 P1.10　题 1.13 电路图

第 2 章
基本放大电路

导引——扩音系统

小到会议室、报告厅，大至俱乐部、影剧院都会配置扩音系统，目的是有效传送声音信息。扩音系统的质量指标最主要的是原音再现的好坏。不同场合的要求各有不同，例如：会议室扩音系统只要满足语音（频带：16Hz～3.4kHz）信号的放大基本不失真，就可以满足要求；而对影剧院级别的扩音系统必须要求达到专业级别（频带：10Hz～50kHz）。

一个简单的扩音系统原理如图 2.0.1 所示。

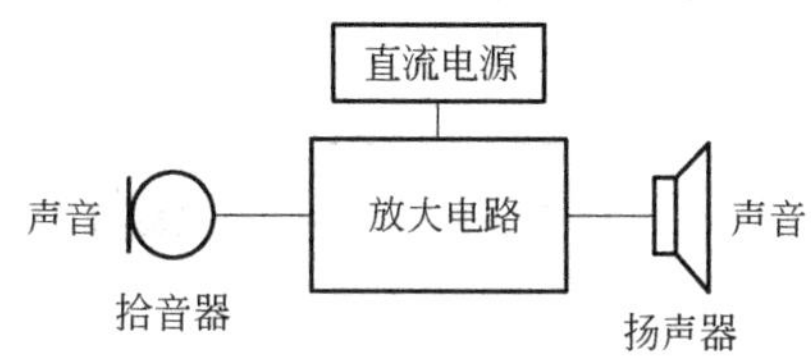

图 2.0.1 扩音系统原理图

显而易见，放大电路是扩音系统的核心，它应具备接收信号的能力、放大信号的能力、输出信号的能力（驱动执行机构的能力）。衡量这些能力的就是放大电路的技术指标。

本章从建立放大的基本概念入手，重点讲述基本放大电路的组成原理、分析方法。引入直流通路、交流通路、微变等效电路等概念，通过对放大电路静、动态分析，了解和认识各种放大电路的特性及具体应用电路。

2.1 放大电路的基本概念和主要性能指标

2.1.1 放大电路的基本概念

放大现象的存在与应用是广泛的，生活中放大照片是光学放大的应用，古希腊伟大的物理学家阿基米德说的“给我一个支点，我可以撬动整个地球”是基于力学放大原理的浪漫遐想。

就本章应用导引中扩音系统而言，拾音器（麦克）将声音转化为电信号（微弱的 u、i），通过放大电路吸收直流电源提供的能量，输出大功率信号给扬声器发声。

再举个例子，在石油输送管线上，要实时监测温度、压力、流量等非电量信息，以便实现输油的自动控制，尽管这些非电量可以通过传感器转换为电信号，但这样得到的电信号一般都十分微弱，不能够直接驱动控制节点的执行机构（如电磁阀、继电器、控制电机等），必须对这些信号进行放大，达到足够的功率要求，才能应用。

由此可见，放大电路是专门用于对电子系统中微弱的电信号放大的电路，是模拟电子技术最基本的电路之一。其功能是把微弱的电信号不失真地放大到所需要的数值，从表面上看是将输入信号的幅度增大了，但本质上是实现能量的控制和转换，即在输入信号作用下，通过放大电路将直流电源的能量转换成负载所获得的能量。

能够控制能量的元件在电路中被称为有源元件，放大电路的功能决定了其中必须包含有源元件，才能实现信号的放大作用。上一章学习的晶体三极管和场效应管就是这种有源元件，它们是构成放大电路的核心元件。

另外，放大作用针对的是变化量，即当输入信号有一个比较小的变化量时，在输出端的负载上得到一个比较大的变化量，且放大电路的放大倍数是指输出信号的变化量与输入信号的变化量之比。由此可见，所谓放大作用，其放大的对象是变化量。

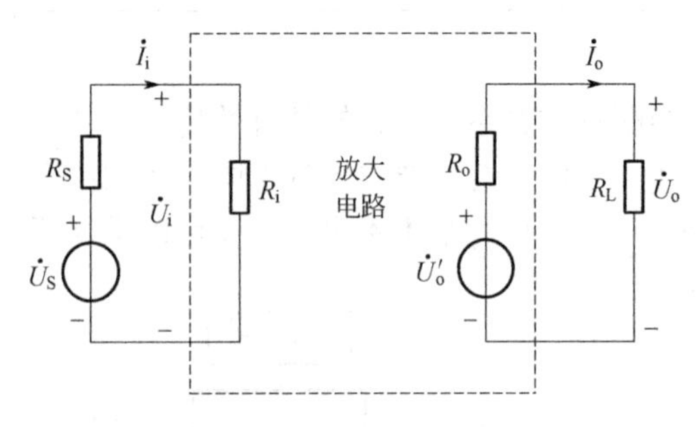

图 2.1.1　放大电路示意图

2.1.2　放大电路的主要性能指标

任意一个放大电路可视为二端口网络，图 2.1.1 为放大电路示意图。为了评价放大电路质量，引入若干评价指标，主要包括放大倍数、输入电阻、输出电阻、通频带等。

2.1.2.1　放大倍数

放大倍数是描述一个放大电路放大能力的指标，用输出信号的变化量与输入信号的变化量之比来表示。当输入信号是一个正弦信号时，也可用输出信号的正弦相量与输入信号的正弦相量之比来表示。据此，共有四种不同意义的放大倍数：

① 电压放大倍数：输出电压 $\dot{U}_{\mathrm{o}}$ 与输入电压 $\dot{U}_{\mathrm{i}}$ 之比，记作 $\dot{A}_{uu}$，即：

$$\dot{A}_{uu}=\frac{\dot{U}_{\mathrm{o}}}{\dot{U}_{\mathrm{i}}}\text{（无量纲系数）}\tag{2.1.1}$$

② 电流放大倍数：输出电压 $\dot{I}_{\mathrm{o}}$ 与输入电压 $\dot{I}_{\mathrm{i}}$ 之比，记作 $\dot{A}_{ii}$，即：

$$\dot{A}_{ii}=\frac{\dot{I}_{\mathrm{o}}}{\dot{I}_{\mathrm{i}}}\text{（无量纲系数）}\tag{2.1.2}$$

③ 电压对电流的放大倍数：输出电压 $\dot{U}_{\mathrm{o}}$，与输入电流 $\dot{I}_{\mathrm{i}}$ 之比，记作 $\dot{A}_{ui}$，即：

$$\dot{A}_{ui}=\frac{\dot{U}_{\mathrm{o}}}{\dot{I}_{\mathrm{i}}}\text{（量纲为欧姆，也称为转移电阻放大倍数）}\tag{2.1.3}$$

④ 电流对电压的放大倍数：输出电流 $\dot{I}_{\mathrm{o}}$，与输入电压 $\dot{U}_{\mathrm{i}}$ 之比，记作 $\dot{A}_{iu}$，即：

$$\dot{A}_{iu}=\frac{\dot{I}_{\mathrm{o}}}{\dot{U}_{\mathrm{i}}}\text{（量纲为西门子，也称为转移电导放大倍数）}\tag{2.1.4}$$

本章重点讨论电压放大倍数 $\dot{A}_{uu}$，其他放大倍数在信号变换中有应用。必须指出，放大后的输出信号必须是没有明显失真的情况下，这样放大倍数才有意义。放大电路的其他各项指标也是如此。

2.1.2.2 输入电阻

从放大电路的输入端看进去的等效电阻称为放大电路的输入电阻，如图 2.1.1 所示。在此仅考虑中频段的情况，故从放大电路的输入端看，可等效为一个纯电阻 R_i。输入电阻 R_i 的大小等于外加正弦输入电压有效值与相应的输入电流有效值之比，即：

$$R_i = \frac{U_i}{I_i} \tag{2.1.5}$$

输入电阻能够描述放大电路对信号源索取电流的大小。若信号源为电压源，通常希望放大电路的输入电阻越大越好，因为 R_i 越大，说明放大电路对信号源索取的电流越小，U_i 越接近 U_S。

2.1.2.3 输出电阻

输出电阻是从放大电路的输出端看进去的等效电阻，如图 2.1.1 所示。在中频段，从放大电路的输出端看，同样等效为一个纯电阻 R_o。输出电阻 R_o 的定义是：当输入端信号短路（即 $U_S=0$，但保留 R_S）、输出端负载开路（即 $R_L=\infty$）时，外加一个正弦输出电压 $\dot{U}_o$，得到相应的输出电流 $\dot{I}_o$，二者有效值之比即是输出电阻 R_o，即：

$$R_o = \left.\frac{U_o}{I_o}\right|_{\substack{\dot{U}_S=0 \\ R_L=\infty}} \tag{2.1.6}$$

实测输出电阻的常用方法是，负载开路的情况下，在输入端加一正弦交流电压 $\dot{U}_i$，测得输出端开路的电压 $\dot{U}_o'$，然后接上负载电阻 R_L，再测得此时的输出电压 $\dot{U}_o$，根据图 2.1.1 所示的输出回路可得到：

$$U_o = \frac{R_L}{R_o + R_L} U_o' \tag{2.1.7}$$

$$R_o = \left(\frac{U_o'}{U_o} - 1\right) R_L \tag{2.1.8}$$

输出电阻的大小决定了放大电路的带负载能力，通常希望放大电路的输出电阻越小越好。越小，说明放大电路的带负载能力越强。这是因为，放大电路对于所接负载而言相当于一个电压源。

2.1.2.4 通频带

通频带是用来衡量放大电路对不同频率信号放大能力的指标。

由于放大器件本身的极间电容和放大电路中接有的电抗元件的作用，在输入信号频率较低或较高时，放大电路的放大能力都会下降并产生相移。图 2.1.2 所示为某放大电路放大倍数的数值与信号频率的关系曲线，称为幅频特性曲线，图中 $\dot{A}_{um}$ 为中频段电压放大倍数。

一般情况，放大电路只适用于放大某一频率范围内的信号。在信号频率下降到一定程度时，放大倍数的数值明显下降，使放大倍数的数值等于 $\frac{1}{\sqrt{2}}\left|\dot{A}_{um}\right|$ 的频率称为下限截止频率，用 f_L 表示。信号频率上升到一定程度，放大倍数数值也明显下降，使放大倍数的数值等于 $\frac{1}{\sqrt{2}}\left|\dot{A}_{um}\right|$ 的频率称为上限截止频率，用 f_H 表示。小于 f_L 的部分称为放大电路的低频段，大于

f_H 的部分称为放大电路的高频段，介于 f_L 与 f_H 之间的称为通频带（也称中频段），用 f_{BW} 表示。

$$f_{BW} = f_H - f_L \tag{2.1.9}$$

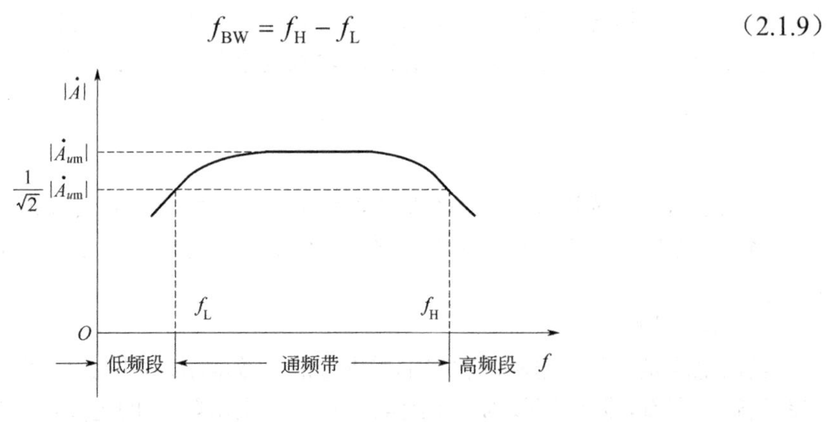

图 2.1.2　放大电路的通频带

通频带越宽表明放大电路对不同频率信号的适应能力越强。但是，通频带也并非越宽越好，通频带超出信号所需要的宽度会增加电路的成本，同时，也会把有用信号以外的干扰和噪声信号一起放大。所以，应根据信号的频带宽度来要求放大电路应有的通频带。

2.1.2.5　非线性失真系数

放大器件具有非线性特性，因此放大电路的输出波形不可避免地将产生或多或少的非线性失真。当输入单一频率的正弦波信号时，输出波形中除基波成分外，还将包含有一定数量的谐波成分。所有的谐波总量与基波成分之比，定义为非线性失真系数，用 D 表示，即：

$$D = \sqrt{\left(\frac{U_2}{U_1}\right)^2 + \left(\frac{U_3}{U_1}\right)^2 + \cdots} \tag{2.1.10}$$

式中，U_1、U_2、U_3 分别为基波、二次谐波、三次谐波幅度。

2.1.2.6　最大输出幅度

最大输出幅度是指在输出波形没有明显失真的情况下，放大电路能够提供给负载的最大输出电压（或最大输出电流），一般指电压的有效值，用 U_{om} 表示。也可用峰-峰值 U_{opp} 表示，正弦信号 $U_{opp} = 2\sqrt{2}U_{om}$。

2.1.2.7　最大输出功率与效率

放大电路的输出功率是指在输出信号不产生明显失真的前提下，能够向负载提供的最大输出功率，通常用符号 P_{om} 表示。

放大的本质是能量的控制和转换，负载上得到的输出功率，实际上是利用放大器件的控制作用将直流电源的功率转换成交流功率而得到的，因此就存在一个功率转换的效率问题。放大电路的效率 η 定义为最大输出功率 P_{om} 与直流电源消耗的功率 P_V 之比，即：

$$\eta = \frac{P_{om}}{P_V} \tag{2.1.11}$$

上述介绍的是放大电路的主要性能指标，实际应用中可能涉及其他的指标要求，要具体问题具体分析。

2.2 基本共发射极放大电路的组成及工作原理

本节以 NPN 型晶体三极管构成的共发射极放大电路为例介绍放大电路的组成及工作原理。

2.2.1 基本共发射极放大电路的组成

晶体管放大电路一般由三极管、电阻和电容等元件组成。如图 2-5 所示，是共发射极放大电路，当输入端加上交流信号 u_i 时，输出端就能得到一个放大了的输出信号 u_o。电路中各元件所起作用说明如下：

VT_1 起着能量的控制和转换的作用，是放大电路的核心元件，必须工作在放大状态。

基极电源 V_{BB} 和 R_b 给 VT_1 发射结提供正向偏置电压和合适的基极电流 I_B。

集电极电源 V_{CC} 为输出信号提供能量，并保证 VT_1 集电结处于反向偏置。

集电极电阻 R_c，它的作用是把三极管的电流放大作用转变成为电压放大的形式。

C_1 和 C_2 是耦合电容，起隔断直流的作用，并保证交流信号顺利地通过 C_1 加到 VT_1 的基极，放大后的交流信号顺利地通过 C_2 送给负载或输入下一级放大电路。

图 2.2.1 所示的放大电路需要两个电源 V_{BB} 和 V_{CC}，实际应用时极为不便，为此将 V_{BB} 和 V_{CC} 合并为一个电源，如图 2.2.2 所示。为了简化画图过程，通常只标出电源对参考点的电位，于是有了如图 2.2.3 所示的简化电路。

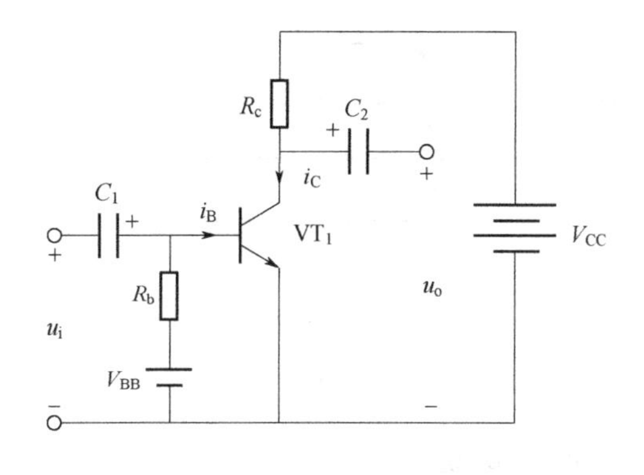

图 2.2.1 基本共发射极放大电路

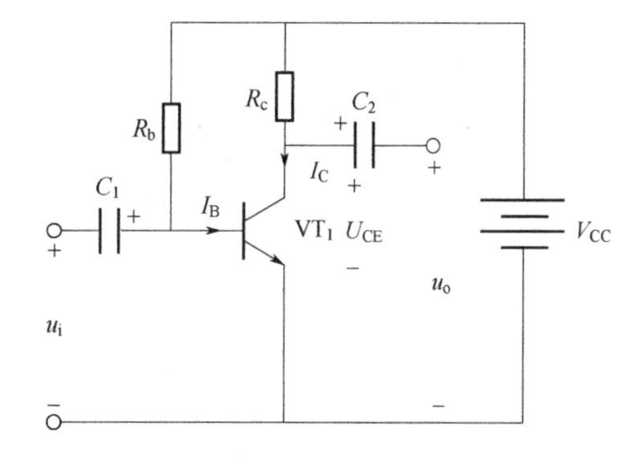

图 2.2.2 基本共发射极放大电路

2.2.2 基本共发射极放大电路的工作原理

在图 2.2.3 所示电路中，若 $u_i = 0$，称电路处于静态。此时，电路在直流电源 V_{CC} 的作用下，各支路电流和各点之间电压均为直流值，称为静态值，如基极静态电流 I_B（或 I_{BQ}）、发射结静态电压 U_{BE}（或 U_{BEQ}）、集电极静态电流 I_C（或 I_{CQ}）、集-射极间静态电压 U_{CE}（或 U_{CEQ}）等。其中，（I_{BQ}，U_{BEQ}）和（I_{CQ}，U_{CEQ}）分别对应晶体三极管的输入特性曲线和输出特性曲线的一点，称这一点为静态工作点，用 Q 表示，如图 2.2.4 所示。

静态工作点保证VT_1发射结处于正向偏置，集电结处于反向偏置，VT_1处于放大区，这一点很重要，是放大电路工作的基础。

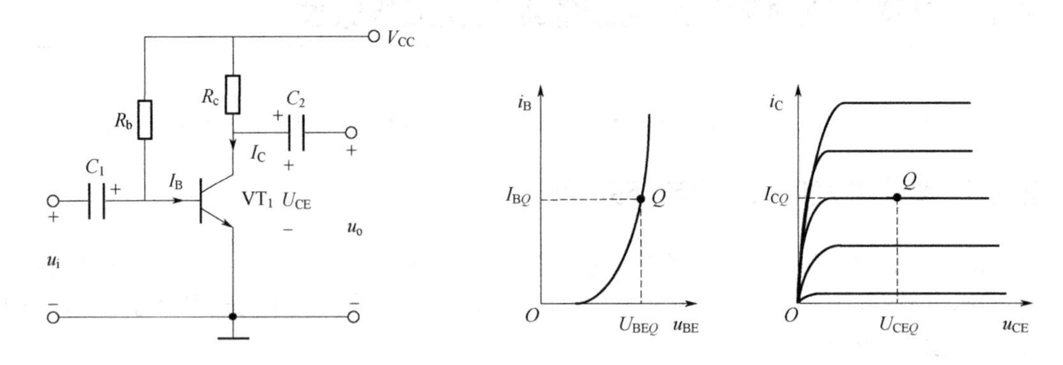

图 2.2.3 简化后的共发射极放大电路　　图 2.2.4 静态工作点

给图 2.2.3 所示放大电路的输入端加上一个微小的正弦电压u_i（注意u_i的幅值远远小于U_{BEQ}），则VT_1发射结电压u_{BE}将在U_{BEQ}附近随之变化，同时i_B也将在I_{BQ}附近随之变化，因三极管工作在放大区，三极管基极电流对集电极电流有控制作用，即i_B的变化将引起i_C产生更大的变化。上述过程如图 2.2.5 所示。

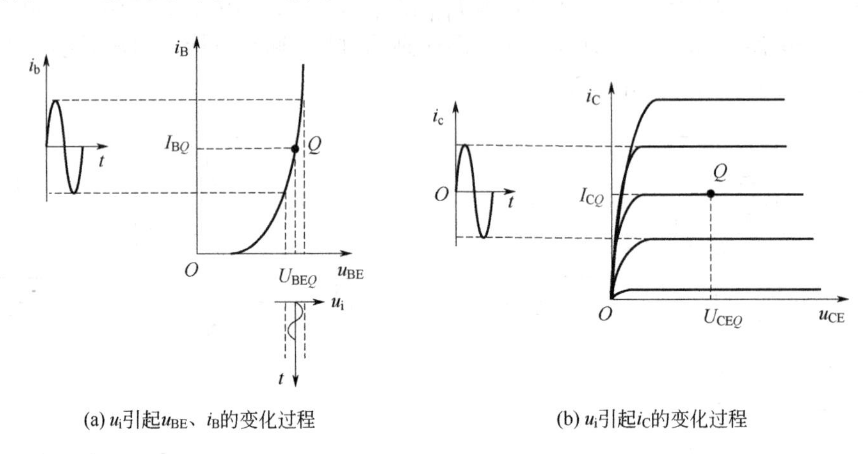

(a) u_i引起u_{BE}、i_B的变化过程　　(b) u_i引起i_C的变化过程

图 2.2.5 u_i引起u_{BE}、i_B和i_C的变化过程

由图 2.2.3 的输出回路可知：

$$u_{CE} = V_{CC} - i_C R_c \tag{2.2.1}$$

因此，集电极电流i_C的变化必然导致集电极负载电阻R_c两端电压发生变化。当i_C增大时，R_c上的电压也增大，于是u_{CE}将降低；当i_C减小时，R_c上的电压也减小，于是u_{CE}将增大，如图 2.2.6 所示。

当电路参数满足一定条件时（这里指I_{BQ}、I_{CQ}、U_{CEQ}选择合适），可以使输出电压u_o比输入电压u_i大得多，即实现放大作用。放大过程中，电路各处产生的电压或电流的变化如图 2.2.7 所示。

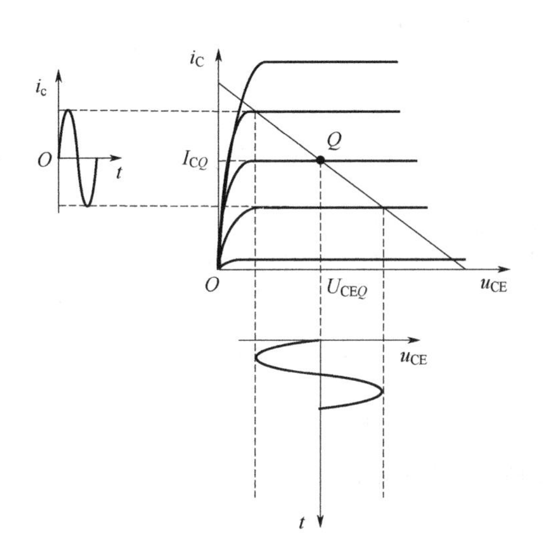

图 2.2.6 u_i 引起 i_C 和 u_{CE} 的变化过程

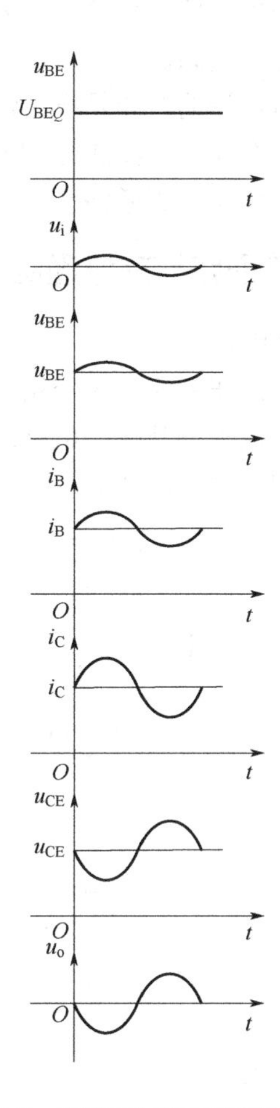

图 2.2.7 电路各处电压或电流的变化

2.3 基本共发射极放大电路的分析方法

晶体三极管或场效应管是组成放大电路的核心元件，它们都具有非线性特性，因此，对放大电路的定量分析带来诸多困难。解决办法有两个：

① 图解法：在放大管的特性曲线上用作图的方法求解。

② 微变等效电路法：在一个比较小的信号变化范围内，近似认为晶体三极管和场效应管的特性曲线是线性的，由此导出放大器件的等效电路以及相应的微变等效参数，从而将非线性的问题转化为线性问题，再利用电路原理解决线性电路的各种定律、定理等求解放大电路。

对放大电路进行定量分析时，首先要进行静态分析，即分析未加输入信号时的工作状态，估算电路中各处的直流电压和直流电流，也就是确定静态工作点，保证放大电路工作在放大区；然后进行动态分析，即分析加入交流输入信号时的工作状态，估算放大电路的各项动态技术指标，如电压放大倍数、输入电阻、输出电阻、通频带、最大输出功率等。分析的过程一般是先静态后动态。

静态分析讨论的对象是直流成分，动态分析讨论的对象则是交流成分。由于放大电路中电抗性元件的存在，直流成分的通路和交流成分的通路是不同的。为此在分析过程中，将电路分为直流通路和交流通路。

2.3.1 直流通路与交流通路

2.3.1.1 直流通路

直流通路是在直流电源作用下直流电流流经的通路，用于研究静态工作点。对于直流通路而言，电容被视为开路，电感线圈被视为短路，信号源被视为短路，但要保留其内阻。

依上述的原则，图 2.2.3 所示电路的直流通路如图 2.3.1（a）所示。

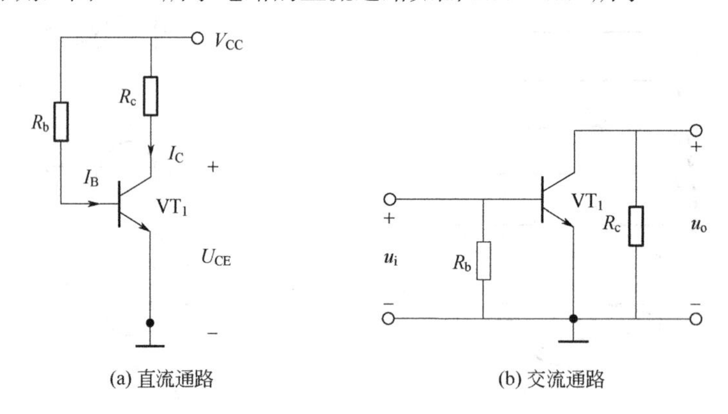

图 2.3.1 共发射极放大电路的直流通路和交流通路

2.3.1.2 交流通路

交流通路是输入信号作用下交流信号流经的通路，用于研究动态参数。对于交流通路而言，容量大的电容（如耦合电容）视为短路，无内阻的直流电源（如V_{CC}）视为短路。

依上述的原则，图 2.2.3 所示电路的交流通路如图 2.3.1（b）所示。

2.3.2 静态分析

2.3.2.1 图解法

如图 2.3.1（a）所示，其输入回路满足回路电压方程：

$$V_{CC} = I_B R_b + U_{BE} \tag{2.3.1}$$

这是一个关于U_{BE}和I_B的直线方程（输入回路负载线），将其对应图像与VT_1的输入特性绘制在同一坐标系上，直线与输入特性曲线的交点是三极管当前的工作位置，即静态工作点Q，如图 2.3.2（a）所示。

对图 2.3.1（a）列输出回路满足回路电压方程：

$$V_{CC} = I_C R_c + U_{CE} \tag{2.3.2}$$

这也是一个直线方程（直流负载线），将其对应图像与VT_1的输出特性绘制在同一坐标系内，直线与输出特性曲线的交点是三极管当前的工作位置，即静态工作点Q，如图 2.3.2（b）

所示，直流负载线的斜率 $\tan\alpha = -\dfrac{1}{R_c}$ 。

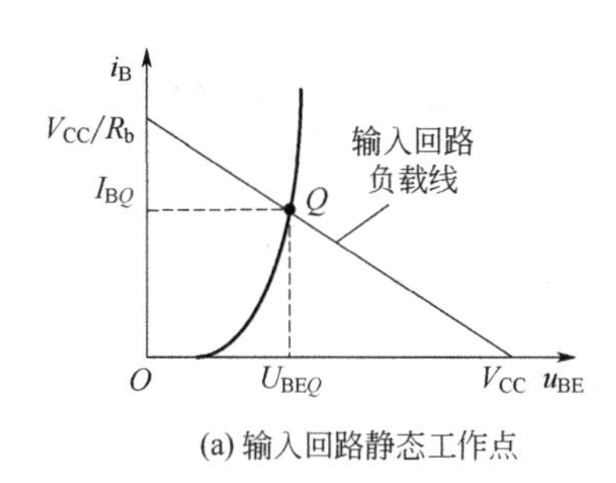

(a) 输入回路静态工作点

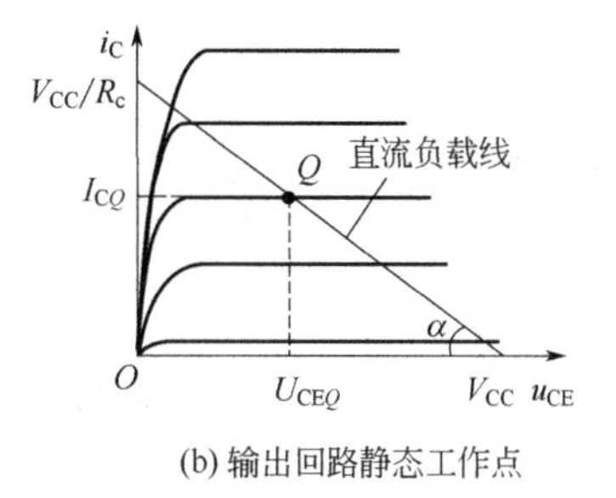

(b) 输出回路静态工作点

图 2.3.2 图解法求解静态工作点

2.3.2.2 估算法

如图 2.3.1（a）所示，VT_1 处于放大状态，发射结导通电压用典型值近似为 U_{BEQ}，由式（2.3.1）求得：

$$I_{BQ} = \frac{V_{CC} - U_{BEQ}}{R_b} \tag{2.3.3}$$

$$I_{CQ} = \beta I_{BQ} \tag{2.3.4}$$

$$U_{CEQ} = V_{CC} - I_{CQ} R_c \tag{2.3.5}$$

所求参数（I_{BQ}、I_{CQ}、U_{CEQ}）即为该放大电路中 VT_1 的静态工作点。

2.3.3 动态分析

为使读者更好地理解动态分析过程，对图 2.2.3 所示电路元件参数赋值，重画于图 2.3.3。图中参数为：$V_{CC} = 20V$，$R_b = 330k\Omega$，$R_c = 3.3k\Omega$，$\beta = 50$，$C_1 = C_2 = 20\mu F$，$u_i = 0.014\sin(\omega t)V$。

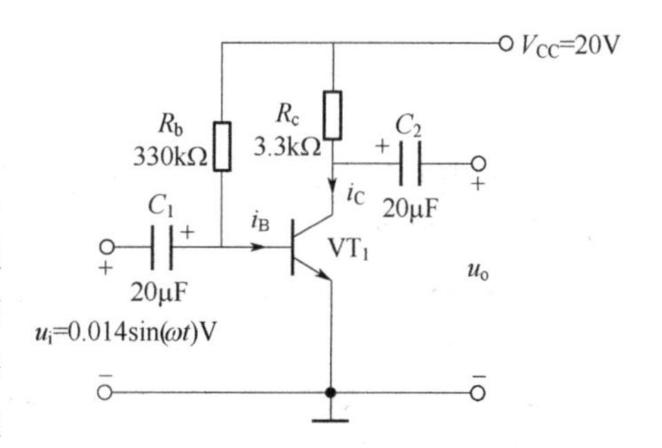

图 2.3.3 重新赋值后的共发射极放大电路

2.3.3.1 图解法

设输入信号为正弦交流电压，$u_i = 0.014\sin(\omega t)V$。

在输入回路中，由于耦合电容 C_1 对交流的阻抗很小，u_i 可以认为全部加到基极和发射极之间，发射结电压 u_{BE} 是在静态 $U_{BE} = 0.7V$（假设 VT_1 为硅管，静态取典型导通电压，且 VT_1 的输入特性曲线和输出特性曲线为已知）的基础上叠加了一个输入电压 u_i，即 $u_{BE} = u_i + U_{BE}$，u_{BE} 的波形如图 2.3.4 所示。由此可见，有交流信号输入时，发射结电压将在 0.686～0.714V 之间变化。显然，这个脉动电压要引起基极电流产生相应的变化，基极电流 i_B 的波形如图 2.3.5 所示（VT_1 的输入特性曲线为已知）。i_B 也可以看作是两个电流合成的，一个是直流成分即偏流：

$$I_{BQ} = \frac{V_{CC} - U_{BEQ}}{R_b} = \frac{20 - 0.7}{330} \times 10^3 \approx 58(\mu A)$$

另一个是由 u_i 引起的正弦交流电流 i_b，根据给出的 VT_1 的输入特性曲线，确定 i_b 的峰值

$i_{bm}=22\mu A$。此时，基极电流i_B在36～80μA之间变化，如图2.3.5所示。

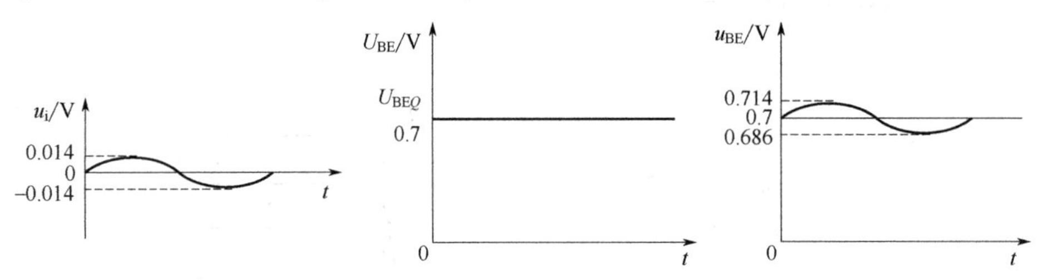

图2.3.4　u_i与u_{BE}的波形

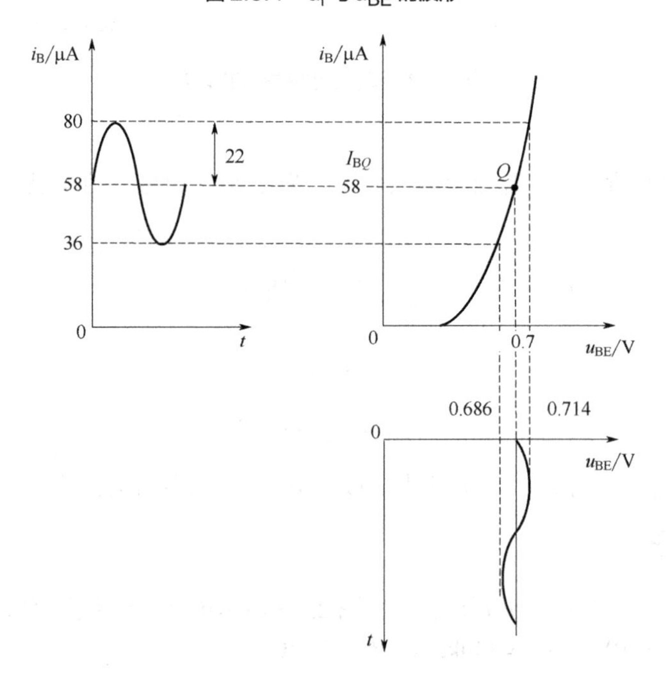

图2.3.5　i_b与u_{BE}的波形

在输出回路中，由于三极管的电流放大作用$i_c=\beta i_b$（$\beta=50$），i_b的变化将引起i_c很大的变化，如图2.3.6所示。

i_B由58μA→80μA→58μA→36μA→58μA完成一个周期的变化，同时，集电极电流i_C由2.9mA→4mA→2.9mA→1.8mA→2.9mA完成一个周期的变化。在这个过程中，$u_{CE}=V_{CC}-i_C R_c$，u_{CE}由10.4V→6.8V→10.4V→14.1V→10.4V完成一个周期的变化。

C_2对直流的阻抗极大，对交流的阻抗却很小，因此只有u_{CE}中的交流成分u_{ce}能顺利通过耦合电容C_2送到输出端，故输出电压u_o只反映u_{CE}中的交流成分，即$u_o=u_{ce}$，如图2.3.7所示，$u_o\approx 3.7\sin(\omega t+180°)$。

根据电压放大倍数的定义：

$$\dot{A}_{uu}=\frac{\dot{U}_o}{\dot{U}_i}\approx\frac{3.7\angle 180°}{0.014\angle 0°}\approx 264\angle 180° \text{ 或 } A_{uu}=\frac{\Delta u_o}{\Delta u_i}\approx\frac{-3.6-3.7}{0.014-(-0.014)}\approx -264$$

式中，负号表示输出与输入反相，输出u_o的正负半周幅度不等，是VT_1非线性失真造成的。

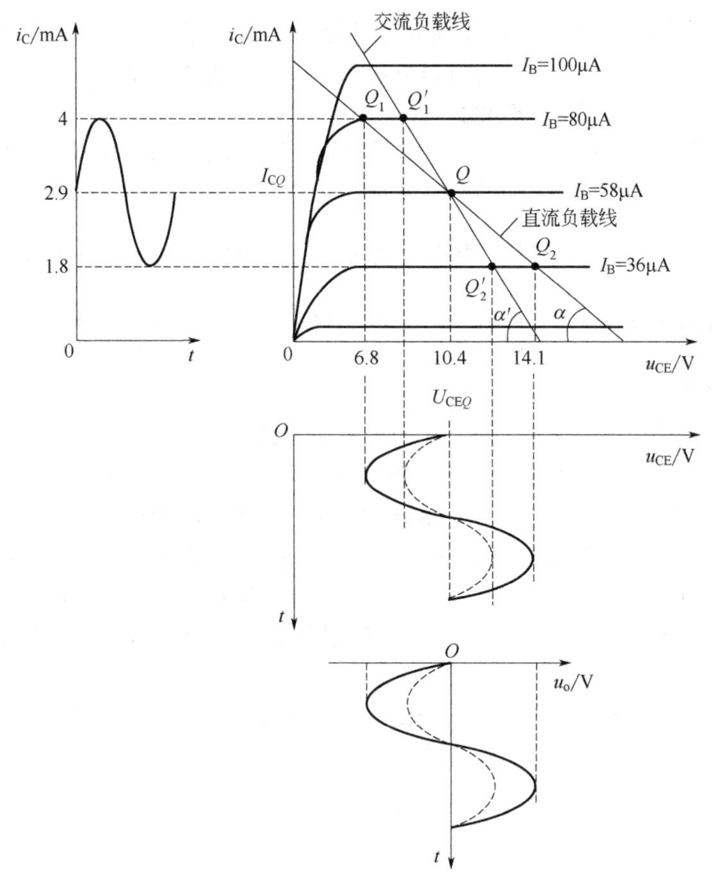

图 2.3.6 电流放大转换为电压放大的过程

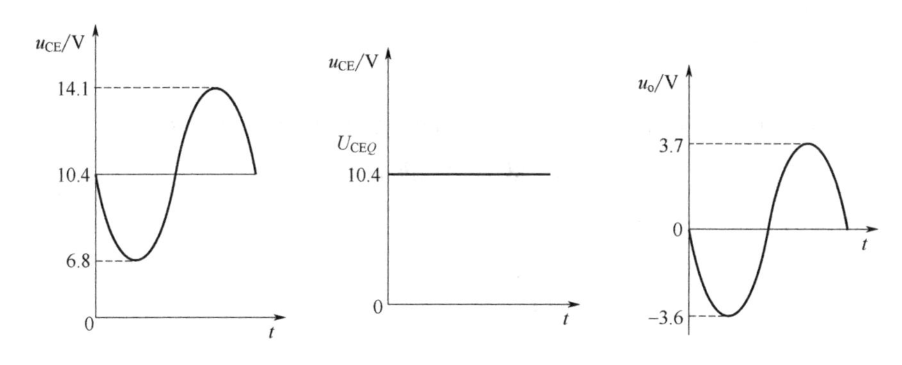

图 2.3.7 输出电压 u_o 的产生

放大电路通常都带有负载 R_L。放大电路的负载可以是下一级放大电路或执行元件（如继电器线圈、变压器等）。为了便于分析放大电路带上负载后的情况，将图 2.3.3 所示放大电路带上负载 R_L 的交流通路画出来，如图 2.3.8 所示。由图可知，放大电路带上负载 R_L 后，输出回路的实际交流负载 R_L' 为 R_c 与 R_L 的并联：

$$R_L' = R_c // R_L = \frac{R_c R_L}{R_c + R_L} \tag{2.3.6}$$

放大电路不带负载 R_L 时，它的交流负载就是集电极直流负载电阻 R_c，所以用直流负载线就可以分析放大器的动态工作情况（见图 2.3.6 中的直流负载线）。

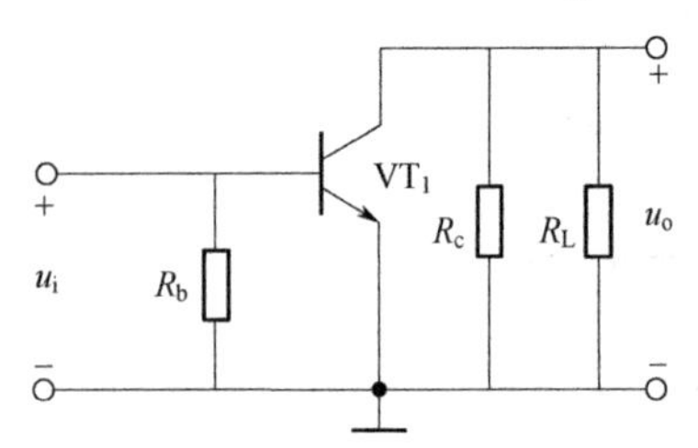

图 2.3.8　图 2.3.3 的交流通路

放大器带上负载 R_L 后，它的交流负载变为 R_L'（$R_L'=R_c//R_L$），因此要用交流负载为 R_L' 的交流负载线进行放大器的动态分析。此时，交流负载线的斜率 $\tan\alpha'=-\dfrac{1}{R_L'}$。在交流信号瞬时值为零的瞬间，放大电路的动态与静态是一样的，所以，交流负载线应通过静态工作点 Q。根据上述两个条件可以作出交流负载线，见图 2.3.6 中的交流负载线。

根据交流负载线，分析放大电路带上负载 R_L 的动态工作情况。随着输入电压 u_i 的变化，电流 i_b 也随之变化，i_c 随 i_b 线性变化，但工作点不再沿直流负载线从 $Q\to Q_1\to Q\to Q_2\to Q$ 移动，而是沿交流负载线从 $Q\to Q_1'\to Q\to Q_2'\to Q$ 移动。由此可以做出 u_{CE} 和输出电压 u_o（即 R_L 两端电城）的波形，如图 2.3.6 中虚线波形所示。从图中可知放大器带上负载 R_L 后，与未带负载相比，动态范围缩小了，输出电压 u_o 幅值减小了，即电压放大倍数减小。R_L 越小，交流负载线越陡，输出电压 u_o 越小，所以放大器的电压放大倍数是随负载 R_L 的减小而减小的。

2.3.3.2　微变等效电路法

在输入为小信号的条件下，三极管被视为一个线性二口网络，以共发射极电路为例，应用二端口网络参数方程，对其建立 h 参数模型，如图 2.3.9（a）所示。

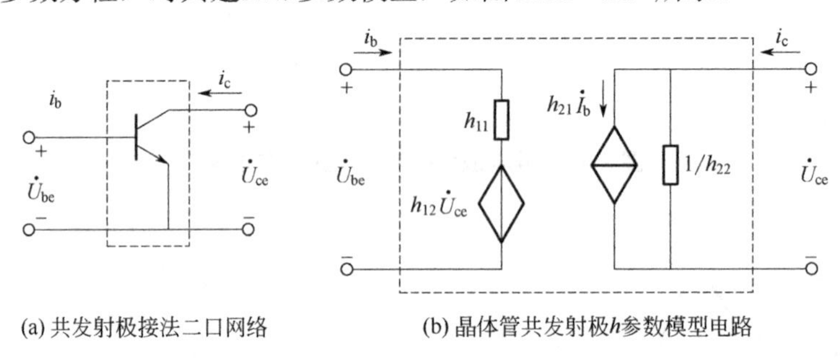

图 2.3.9　晶体管共发射极 h 参数模型

该二端口网络满足以下方程：

$$\begin{cases}u_{BE}=f(i_B,u_{CE})\\ i_C=f(i_B,u_{CE})\end{cases}\tag{2.3.7}$$

对以上两式求全微分，得：

$$\begin{cases}\mathrm{d}u_{BE}=\dfrac{\partial u_{BE}}{\partial i_B}\Big|_{U_{CE}}\mathrm{d}i_B+\dfrac{\partial u_{BE}}{\partial u_{CE}}\Big|_{I_B}\mathrm{d}u_{CE}\\ \mathrm{d}i_C=\dfrac{\partial i_C}{\partial i_B}\Big|_{U_{CE}}\mathrm{d}i_B+\dfrac{\partial i_C}{\partial u_{CE}}\Big|_{I_B}\mathrm{d}u_{CE}\end{cases}\tag{2.3.8}$$

式（2.3.8）中微分的部分用其交流分量替代，根据电路原理网络分析知识，可以得到：

$$\begin{cases}\dot{U}_{BE}=h_{11}\dot{I}_B+h_{12}\dot{U}_{CE}\\ \dot{I}_C=h_{21}\dot{I}_B+h_{22}\dot{U}_{CE}\end{cases}\tag{2.3.9}$$

根据该数学模型建立对应的电路模型，如图 2.3.9（b）所示，每个参数的物理意义如下：

$h_{11}=\frac{\partial u_{\rm BE}}{\partial i_{\rm B}}\Big|_{U_{\rm CE}}$ 为输出端交流短路时的输入电阻，用 $r_{\rm be}$ 表示；

$h_{12}=\frac{\partial u_{\rm BE}}{\partial u_{\rm CE}}\Big|_{I_{\rm B}}$ 为输入端开路时的反向电压传输系数；

$h_{21}=\frac{\partial i_{\rm C}}{\partial i_{\rm B}}\Big|_{U_{\rm CE}}$ 为输出端交流短路时的电流放大系数，用 β 表示；

$h_{22}=\frac{\partial i_{\rm C}}{\partial u_{\rm CE}}\Big|_{I_{\rm B}}$ 为输入端开路时的输出电导，用 $1/r_{\rm ce}$ 表示。

于是，式（2.3.9）可以改写为：

$$\begin{cases}\dot{U}_{\rm BE}=r_{\rm be}\dot{I}_{\rm B}+h_{12}\dot{U}_{\rm CE}\\ \dot{I}_{\rm C}=\beta\dot{I}_{\rm B}+\dot{U}_{\rm CE}/r_{\rm ce}\end{cases} \tag{2.3.10}$$

由于 h_{12} 一般小于 10^{-3}，故近似计算时可以忽略；$r_{\rm ce}$ 一般大于 10^5，所以也可以忽略，经上述简化的三极管微变等效电路如图 2.3.10 所示，称为简化的 h 参数模型。在该模型中，输入端等效为电阻 $r_{\rm be}$，输出端等效为受控源 $i_{\rm c}=\beta i_{\rm b}$（注意输入和输出电流的方向是关联方向）。

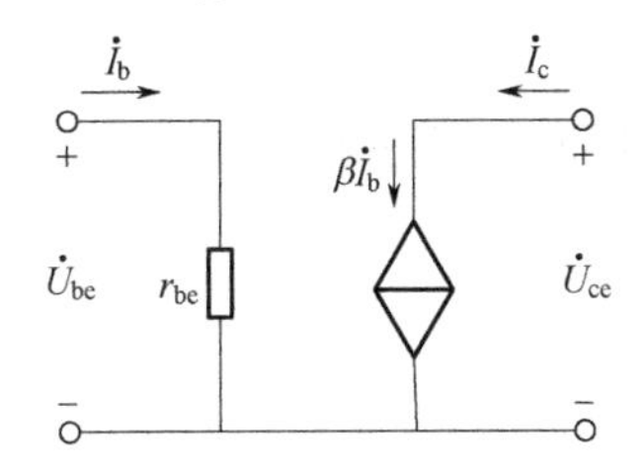

图 2.3.10 简化三极管微变等效电路

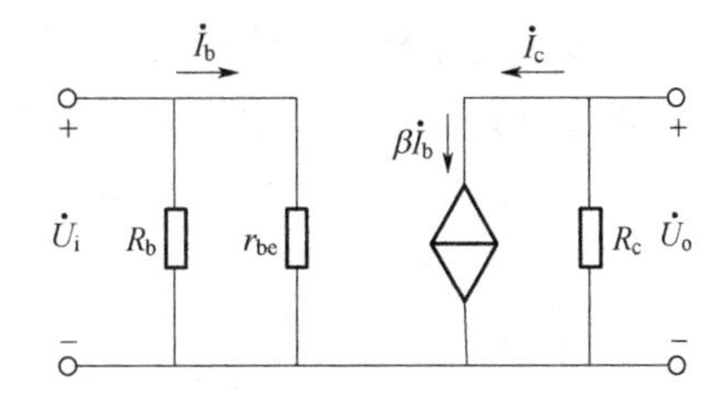

图 2.3.11 共发射极放大电路的微变等效电路

在半导体物理学中给出了 $r_{\rm be}$ 的求法：

$$r_{\rm be}=r_{\rm bb'}+(1+\beta)\frac{U_T}{I_{\rm EQ}} \tag{2.3.11}$$

式中，$r_{\rm bb'}$ 为基区体电阻，对于小功率晶体管 $r_{\rm bb'}\approx 200\Omega$；$U_T$ 为温度的电压当量，室温下（300K）时，$U_T\approx 26{\rm mV}$。

对于图 2.3.11，应用电路分析原理，求解电压放大倍数、输入电阻、输出电阻的过程如下：

$$\dot{A}_{uu}=\frac{\dot{U}_{\rm o}}{\dot{U}_{\rm i}}=\frac{-\dot{I}_{\rm c}R_{\rm c}}{\dot{I}_{\rm b}r_{\rm be}}=-\beta\frac{R_{\rm c}}{r_{\rm be}} \tag{2.3.12}$$

$$R_{\rm i}=R_{\rm b}//r_{\rm be} \tag{2.3.13}$$

$$R_{\rm o}=R_{\rm c} \tag{2.3.14}$$

若将图 2.3.3 中的参数代入，得：

$$I_{\rm BQ}=\frac{V_{\rm CC}-U_{\rm BE}}{R_{\rm b}}=\frac{20-0.7}{330}\times 10^3\approx 58.5(\mu{\rm A})；\quad I_{\rm CQ}=\beta I_{\rm BQ}=50\times 0.0585\approx 2.93({\rm mA})$$

$$I_{EQ}=I_{CQ}+I_{BQ}=2.93+0.0585\approx 2.98(\text{mA})$$

取 $r_{bb'}\approx 200\Omega$，则：

$$r_{be}=r_{bb'}+(1+\beta)\frac{U_T}{I_{EQ}}=200+(1+50)\times\frac{26}{2.98}\approx 645(\Omega)$$

$$\dot{A}_{uu}=-\beta\frac{R_c}{r_{be}}=-50\times\frac{3.3}{0.645}\approx -256$$

结果与图解法相差不大。

$$R_i=R_b//r_{be}=330//0.645\approx 0.64(\text{k}\Omega)$$

$$R_o=R_c=3.3\text{k}\Omega$$

总结一下微变等效电路法的步骤：

① 画出放大电路的直流通路，求出 I_{EQ}；

② 求 r_{be}；

③ 画出放大电路的微变等效电路；

④ 求电压放大倍数 A_{uu}、输入电阻 R_i、输出电阻 R_o。

下面通过例题完整体验估算放大电路的过程。

【例 2.3.1】 单管共发射极放大电路如图 2.3.12（a）所示，已知 $V_{CC}=20\text{V}$，$\beta=50$，$U_{BEQ}=0.7\text{V}$，$R_b=330\text{k}\Omega$，$R_c=3.3\text{k}\Omega$，$R_L=5\text{k}\Omega$。

① 估算放大电路的静态工作点。

② 用微变等效电路法估算 $\dot{A}_{uu}$、R_i、R_o。

③ 要想提高 $|\dot{A}_{uu}|$，应如何调整电路参数？

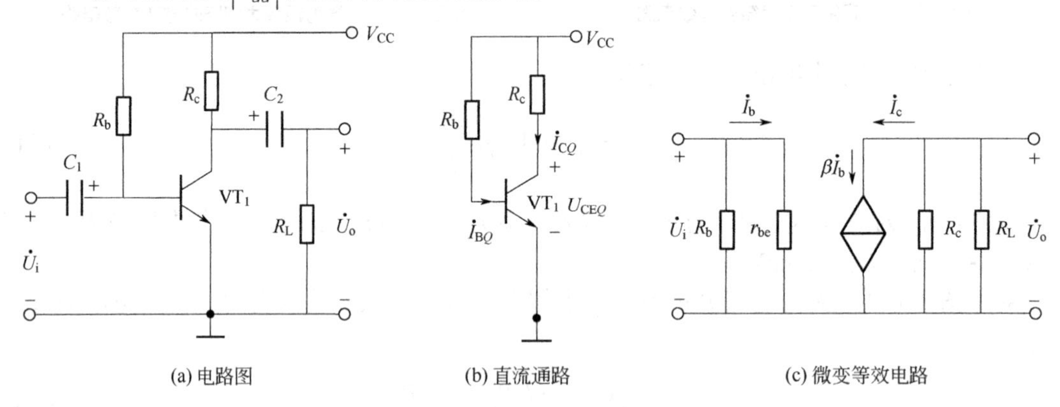

图 2.3.12 例 2.3.1 电路图

【解】 ① 根据电路图画出直流通路，如图 2.3.12(b)所示，根据式(2.3.3)~式(2.3.5)得

$$I_{BQ}=\frac{V_{CC}-U_{BEQ}}{R_b}=\frac{20-0.7}{330\times 10^{-3}}\approx 58.48(\mu\text{A})$$

$$I_{CQ}=\beta I_{BQ}=50\times 58.48\times 10^{-3}=2.92(\text{mA})$$

$$U_{CEQ}=V_{CC}-I_CR_c=20-2.92\times3.3=10.35(V)$$

② 根据电路图画出微变等效电路，如图 2.3.12（c）所示，则：

$$r_{be}=r_{bb'}+(1+\beta)\frac{U_T}{I_{EQ}}\approx200+(1+50)\times\frac{26}{2.98}=645(\Omega)$$

$$\dot{A}_{uu}=\frac{\dot{U}_o}{\dot{U}_i}=\frac{-\dot{I}_cR_c//R_L}{\dot{I}_br_{be}}=-\beta\frac{R_c//R_L}{r_{be}}=-50\times\frac{3.3//5}{0.645}=-154$$

（注意：本例放大电路输出端接有负载$R_L=5k\Omega$）

$$R_i=R_b//r_{be}=330//0.645\approx0.645(k\Omega)$$

$$R_o=R_c=3.3k\Omega$$

③ 要想提高$|\dot{A}_{uu}|$，可调整静态工作点的I_{EQ}，使其增大，则r_{be}减小，$|\dot{A}_{uu}|$增大。如将I_{EQ}增加到 5mA，则：

$$r_{be}=r_{bb'}+(1+\beta)\frac{U_T}{I_{EQ}}\approx200+(1+50)\times\frac{26}{5}\approx465(\Omega)$$

$$\dot{A}_{uu}=-\beta\frac{R_c//R_L}{r_{be}}=-50\times\frac{3.3//5}{0.465}\approx-214$$

为了增大I_{EQ}，在V_{CC}、R_c等电路参数不变的情况下，可减小基极电阻R_b来实现。

【例 2.3.2】 如图 2.3.13（a）所示放大电路，已知$V_{CC}=12V$，$\beta=50$，$U_{BEQ}=0.7V$，$R_b=240k\Omega$，$R_c=R_L=2.4k\Omega$，$R_e=1k\Omega$。

① 估算放大电路的静态工作点。

② 用微变等效电路法估算$\dot{A}_{uu}$、R_i、R_o。

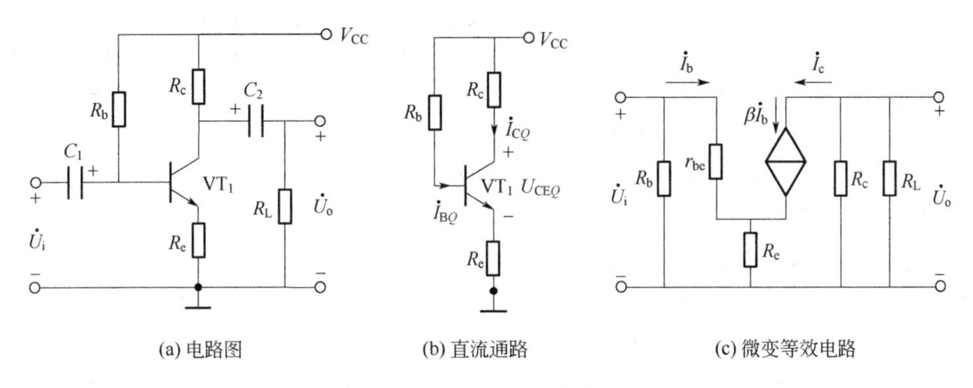

(a) 电路图　(b) 直流通路　(c) 微变等效电路

图 2.3.13 例 2.3.2 电路图

【解】 ① 注意本题与例 2.3.1 所示电路不同，其三极管发射极是通过电阻R_e接地的。根据电路图画出直流通路，如图 2.3.13（b）所示，列输入端回路电压方程：

$$V_{CC}=I_{BQ}R_b+U_{BEQ}+I_{EQ}R_e$$

$$I_{BQ}=\frac{V_{CC}-U_{BEQ}}{R_b+(1+\beta)R_e}=\frac{12-0.7}{240+(1+50)\times1}\times10^3=38.8(\mu A)$$

$$I_{CQ}=\beta I_{BQ}=50\times38.8\times10^{-3}=1.94(mA)$$

$$I_{EQ}=I_{CQ}+I_{BQ}=1.94+0.0388\approx1.98(\text{mA})$$

$$U_{CEQ}=V_{CC}-I_{CQ}R_c-I_{EQ}R_e=12-1.94\times2.4-1.98\times1=5.4(\text{V})$$

② 根据电路图画出微变等效电路，如图 2.3.13（c）所示，其中：

$$r_{be}=r_{bb'}+(1+\beta)\frac{U_T}{I_{EQ}}\approx200+(1+50)\times\frac{26}{1.98}\approx869.7(\Omega)$$

$$\dot{A}_{uu}=\frac{\dot{U}_o}{\dot{U}_i}=\frac{-\dot{I}_cR_c//R_L}{\dot{I}_br_{be}+\dot{I}_eR_e}=\frac{-\dot{I}_cR_c//R_L}{\dot{I}_br_{be}+(1+\beta)\dot{I}_bR_e}=-\beta\frac{R_c//R_L}{r_{be}+(1+\beta)R_e}=-50\times\frac{2.4//2.4}{0.87+(1+50)\times1}=-1.16$$

根据输入电阻的定义，由式（2.1.5）得：

$$R_i=\frac{U_i}{I_i}=\frac{U_i}{I_{R_b}+I_b}=\frac{1}{\dfrac{1}{R_b}+\dfrac{1}{r_{be}+(1+\beta)R_e}}=R_b//[r_{be}+(1+\beta)R_e]=240//(0.87+51\times1)\approx42.7(\text{k}\Omega)$$

$$R_o=R_c=2.4\text{k}\Omega$$

通过本例，读者能够体会到，放大电路增减元件，放大电路元件参数改变，对放大电路的性能有很大影响。

2.4 放大电路静态工作点设置与稳定

2.4.1 静态工作点设置的必要性

从放大电路的工作原理了解到，三极管放大电路的静态工作点必须在放大区，而且接受输入信号后的动态变化范围也必须在放大区域内，这样才能达到不失真地放大信号的目的。这就要求设置合适的静态工作点，否则，信号经过放大后往往会引起失真。所谓失真就是指放大器输出信号的波形不能复现输入信号的波形，即波形走了样。放大电路产生失真的原因是多方面的，静态工作点选择不当将会引起严重失真。

2.4.1.1 输入回路的失真情况

（1）当放大电路输入端偏置电流 $I_B=0$ 时

如图 2.4.1（a）所示，当放大电路没有偏置电流（$I_B=0$）时，这相当于输入回路的静态工作点设在坐标原点处，加在三极管发射结上的电压就是信号电压 u_i，即 $u_i=u_{be}$；由于发射结的整流作用，只在 u_i 的正半周内而且是输入电压大于发射结死区电压时才有电流 i_b，i_b 的波形必然产生严重失真。

（2）当放大电路输入端偏流太小时

由图 2.4.1（b）看出，虽有偏流但偏流太小时，i_b 的波形仍要产生失真，如静态工作点选在 Q_1 处，得到 i_{B1} 的波形（图中实线波形）。由此可知，为了输入回路不产生严重失真，放大电路一定要有偏流 I_B，而且 I_B 的大小要适当。

（3）当放大电路输入端偏流 I_B 合适时

当放大电路输入端偏流 I_B 选择合适，如图 2.4.1（b）所示，工作点选在 Q_2 处，得到 i_{B2} 的波形（图中虚线波形）不失真。放大电路中用来提供偏流的电路叫做偏置电路。图 2.2.3 所示的放大电路中，电源V_{CC}通过偏流电阻R_b产生偏流，因为V_{CC}和R_b为固定值，偏流几乎是不变的，这种偏置电路叫作固定偏置电路。

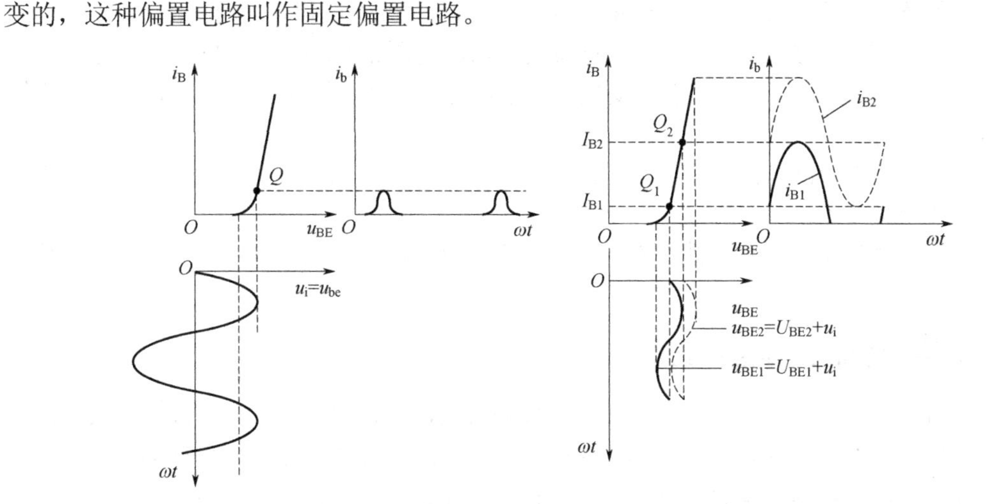

(a) I_B=0A时输入回路信号失真的情况　　(b) I_B太小和I_B合适时输入回路信号的情况

图 2.4.1　I_B 取不同值时输入回路信号失真的情况

2.4.1.2　输出回路的失真情况

如图 2.4.2 所示，当偏流I_B太小（图中为I_{BQ1}），对应静态工作点为Q_1，引起i_{B1}失真时，i_{C1}的负半周和u_{CE1}的正半周被削平，产生截止失真。

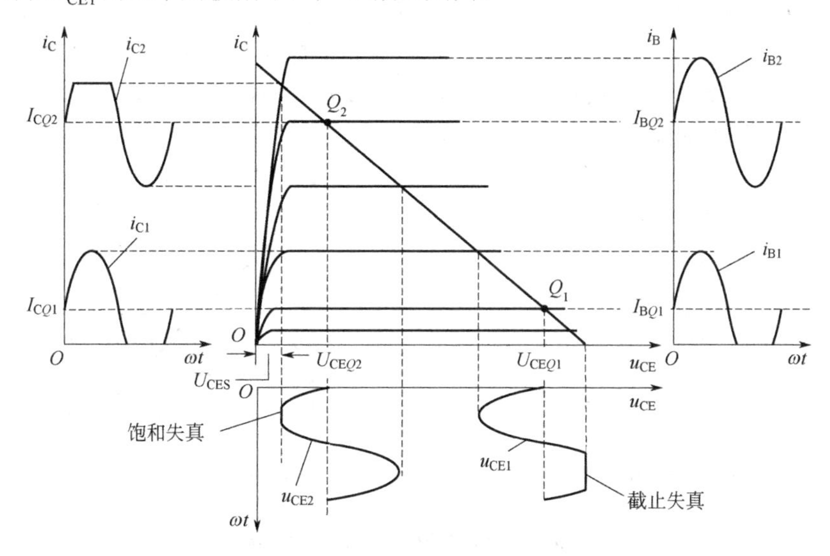

图 2.4.2　静态工作点选择不当输出回路失真情况

如图 2.4.2 所示，偏流I_B过大（图中为I_{BQ2}），对应静态工作点为Q_2，i_{B2}虽然没有失真，但i_{B2}的变化过程中有一段时间使三极管进入饱和区，在这段时间内i_{B2}失去对i_{C2}和u_{CE2}的控制，i_{C2}的正半周和u_{CE2}的负半周被削平，产生饱和失真。

所以，偏流太小（静态工作点Q过低）会引起截止失真，偏流过大（静态工作点Q太高）会引起饱和失真。

为了不发生截止失真，偏流 I_B 必须大于 i_b 的峰值 i_{bm}，使 i_b 变化到最小值时仍大于零，以便发射结始终处于正向导通，V_{CC} 和 R_c 确定后，可以调整 R_b 取得合适的偏流。

为了不发生饱和失真，静态 U_{CEQ} 值必须大于输出电压 u_o 的峰值 u_{om} 与三极管饱和压降 U_{CES} 之和（$U_{CEQ}>u_{om}+U_{CES}$），使 u_{ce} 变化到最小值时而仍大于饱和压降 U_{CES}，以使三极管不会进入饱和状态。

一般来说，放大电路若欲使输出电压 u_o 的峰值尽可能大，而失真尽可能小，其静态工作点应选在交流负载线的中间。

如果信号幅度较小，失真可能性不大，静态工作点可以选得低一些，以减小电源的功率损耗。

2.4.2 温度对静态工作点的影响

上一章讨论过温度对三极管输入、输出特性的影响，知道温度升高时三极管输入特性曲线左移，输出特性曲线上移。容易想到，温度对放大电路的静态工作点也会有影响。

温度变化会影响晶体三极管内部载流子的运动，使 U_{BE}、I_{CBO} 和 β 都发生变化。

2.4.2.1 温度对 U_{BE} 的影响

在晶体三极管的输入特性曲线上，如图 2.4.3（a）所示，当温度升高时，在同样的 I_B 条件下 U_{BE} 的数值将减小。而在共发射极放大电路中，有：

$$I_{BQ}=\frac{V_{CC}-U_{BEQ}}{R_b}$$

所以，当 U_{BEQ} 减小时，I_{BQ} 将增大，从而导致 I_{CQ} 也增大。通常，晶体三极管组成的放大电路，$V_{CC}\gg U_{BEQ}$，在一些近似计算中，U_{BEQ} 可以忽略不计。所以，由温度引起的 U_{BE} 的变化不太明显。大多数晶体三极管的 U_{BE} 的温度系数为 –2mV/℃，也就是说，当温度每升高 1℃时，U_{BE} 大约下降 2mV。

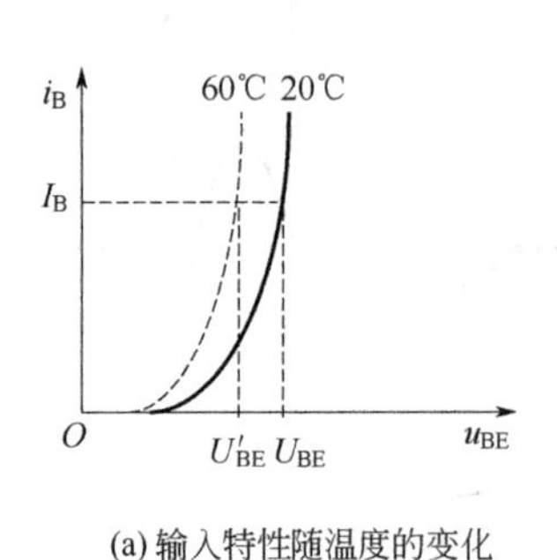

(a) 输入特性随温度的变化

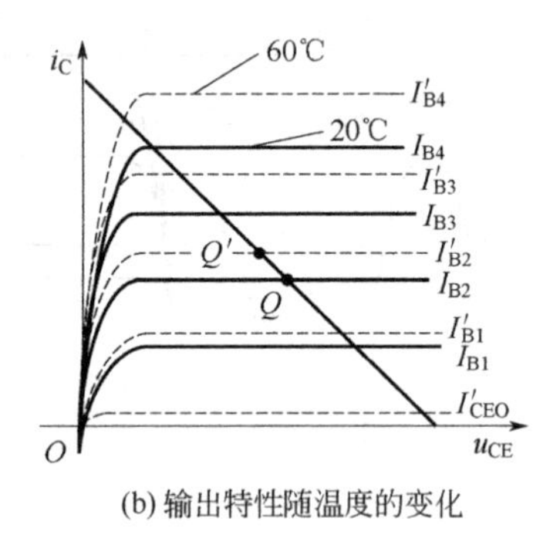

(b) 输出特性随温度的变化

图 2.4.3 温度对三极管伏安特性的影响

2.4.2.2 温度对 I_{CBO} 的影响

当温度升高时，I_{CBO} 的值会迅速增加，I_{CBO} 受温度的影响较大。一般情况下，温度每升高 10℃时，I_{CBO} 的值会增大一倍。

2.4.2.3 温度对 β 的影响

当温度升高时，基区注入载流子的扩散速度加快，使基区中的自由电子与空穴的复合数目减小，从而导致β增大。实验表明，温度每升高1℃时，β的值要增加0.5%～1%。当β增大时，输出特性曲线的间距也会变宽，使静态工作点Q上移，从而使I_C增加。

通过上面的分析可以得出结论：晶体三极管参数U_{BE}、I_{CBO}和β随温度的变化，最终会导致晶体三极管集电极电流I_C的增加。在图2.4.3（b）中，实线为晶体三极管在20℃时的输出特性曲线，虚线为60℃时的输出特性曲线。可见，温度升高，静态工作点Q会上移到Q'点，晶体三极管可能会进入饱和区，使放大电路输出波形产生饱和失真。

影响放大电路的静态工作点的因素很多，例如电源电压的波动、元件的老化以及电路参数的变化，都会造成静态工作点的不稳定（变化），严重时电路甚至无法正常工作。在引起静态工作点Q不稳定的众多因素中，最为主要的是温度对晶体三极管参数的影响。

2.4.3 静态工作点稳定放大电路

当温度升高时，三极管的β值增大，I_{CQ}将增大，如果此时能够使I_{BQ}相应减小，由$I_{CQ} \approx \beta I_{BQ}$可知，有可能使$I_{CQ}$基本保持不变，静态工作点得到了稳定。分压式静态工作点稳定电路就是基于这一思想设计的，如图2.4.4（a）所示。

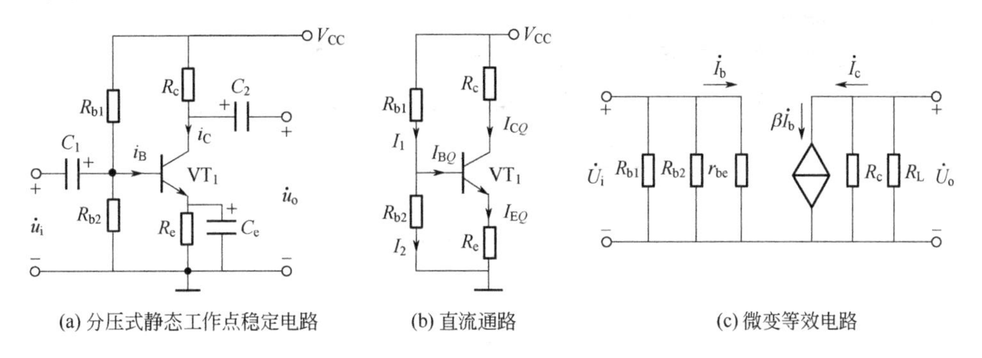

图2.4.4 分压式静态工作点稳定电路

稳定工作点原理如下。

与2.2节的共发射极放大电路（图2.2.3）相比，图2.4.4（a）增加了R_{b2}、R_e、C_e 3个元件，其中R_e称为发射极电阻，C_e称为发射极旁路电容。其直流通路如图2.4.4（b）所示，图中：

$$I_1 = I_2 + I_{BQ}$$

若配置图中电路参数时满足：

$$I_2 \gg I_{BQ}$$

则

$$I_1 \approx I_2$$

在此条件下，电阻R_{b1}、R_{b2}与电源V_{CC}可视为串联分压电路，故称此电路为分压式静态工作点稳定电路。基极电位V_{BQ}可近似表达为：

$$V_{BQ} \approx \frac{R_{b2}}{R_{b1} + R_{b2}} V_{CC}$$

据此，三极管基极电位V_{BQ}由R_{b1}、R_{b2}与电源V_{CC}决定，不受温度影响。稳定静态工作点过程如下：

$$T(℃)\uparrow \to I_C\uparrow(I_E\uparrow)\to V_E\uparrow(\text{因为}V_{BQ}\text{基本不变})\to U_{BE}\downarrow\to I_B\downarrow \to I_C\downarrow$$

静态工作点计算如下：

$$I_{CQ}\approx I_{EQ}=\frac{V_{BQ}-U_{BEQ}}{R_e}$$

$$I_{BQ}=\frac{I_{CQ}}{\beta}$$

$$U_{CEQ}\approx V_{CC}-I_{CQ}(R_c+R_e)$$

【例 2.4.1】 如图 2.4.4 所示电路，$R_{b1}=10\text{k}\Omega$，$R_{b2}=3.3\text{k}\Omega$，$R_c=3\text{k}\Omega$，$R_e=1.5\text{k}\Omega$，$R_L=3\text{k}\Omega$，$V_{CC}=12\text{V}$，$\beta=40$，$U_{BEQ}=0.7\text{V}$。试计算：

① 放大电路的静态工作点。

② 放大电路的 $\dot{A}_{uu}$、R_i、R_o。

③ 若将三极管的 β 增加到 80，电压放大倍数如何变化？

【解】 ① 由图 2.4.4（a）画出其直流通路，如图 2.4.4（b）所示。

$$V_{BQ}\approx\frac{R_{b2}}{R_{b1}+R_{b2}}V_{CC}=\frac{3.3}{10+3.3}\times12=3(\text{V})$$

$$I_{CQ}\approx I_{EQ}=\frac{V_{BQ}-U_{BEQ}}{R_e}=\frac{3-0.7}{1.5}=1.53(\text{mA})$$

$$I_{BQ}=\frac{I_{CQ}}{\beta}=\frac{1.53}{40}\times10^3=38.3(\mu\text{A})$$

$$U_{CEQ}=V_{CC}-I_{CQ}(R_c+R_e)=12-1.53\times(3+1.5)=5.12(\text{V})$$

② 由图 2.4.4（a）画出其交流通路，如图 2.4.4（c）所示。

$$r_{be}=200+(1+\beta)\frac{26}{I_{EQ}}=200+(1+40)\times\frac{26}{1.53}=897(\Omega)$$

$$\dot{A}_{uu}=\frac{\dot{U}_o}{\dot{U}_i}=-\beta\frac{R_c//R_L}{r_{be}}=-40\times\frac{3//3}{0.9}\approx-66.67$$

$$R_i=R_{b1}//R_{b2}//r_{be}\approx0.66\text{k}\Omega$$

$$R_o=R_c=3\text{k}\Omega$$

③ 若将三极管的 β 增加到 80，静态值 I_{EQ} 不变，由 $r_{be}=200+(1+\beta)\dfrac{26}{I_{EQ}}$ 可知，r_{be} 近似与 β 成正比，而放大倍数 $\dot{A}_{uu}=-\beta\dfrac{R_c//R_L}{r_{be}}$，

所以电压放大倍数与 β 值无关，改变三极管的 β 值，电压放大倍数基本不变。

除了图 2.4.4 所示典型的静态工作点稳定电路外，也常采用温度补偿的方法来稳定静态工作点 Q。如图 2.4.5（a）所示，电路中采用对温度敏感的器件二极管，由于电源电压 V_{CC} 远大

于晶体管的U_{BEQ}，因此R_b中的静态电流为：

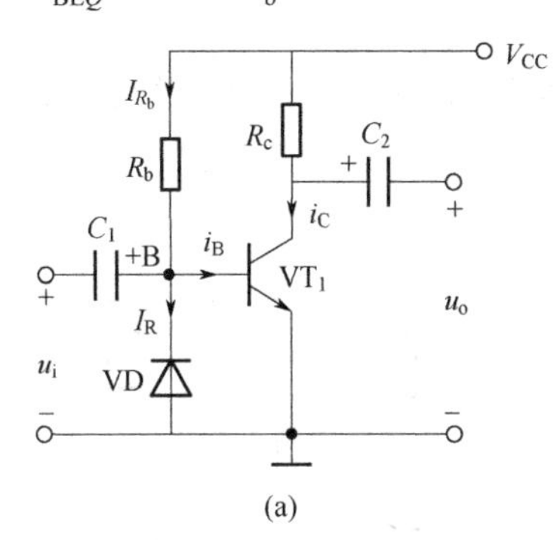

(a)

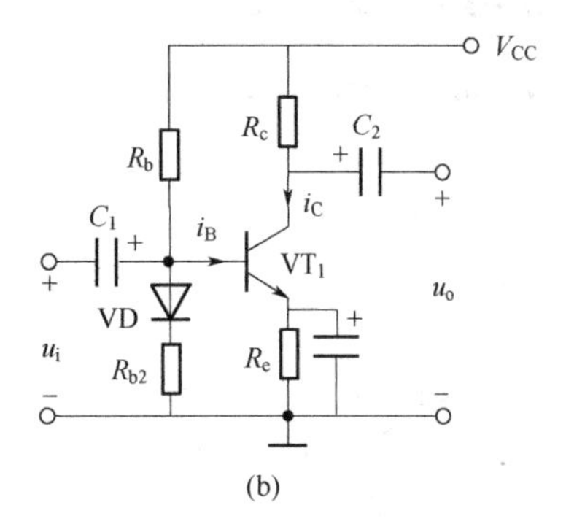

(b)

图 2.4.5　静态工作点稳定电路

$$I_{R_b}=\frac{V_{CC}-U_{BEQ}}{R_b}\approx\frac{V_{CC}}{R_b}$$

节点 B 的电流方程为：

$$I_{R_b}=I_R+I_{BQ}$$

式中，I_R为二极管的反向电流；I_{BQ}为三极管基极静态电流。当温度升高时，一方面，I_C增大；另一方面，由I_R增大导致I_B减小，从而使I_C随之减小。当参数合适时，I_C可基本不变。其过程简述如下：

$$T(℃)\uparrow\rightarrow I_C\uparrow$$
$$\rightarrow I_R\uparrow\rightarrow I_B\downarrow\rightarrow I_C\downarrow$$

从这个过程的分析可知，温度补偿的方法是靠温度敏感器件直接对基极电流I_B产生影响，使之产生与I_C相反方向的变化。

图 2.4.5（b）所示电路同时使用引入直流负反馈（有关反馈知识见第 5 章）和温度补偿两种方法来稳定Q点。设温度升高时二极管内电流基本不变，因此其压降U_D必然减小，稳定过程简述如下：

$$T(℃)\uparrow\rightarrow I_C\uparrow\rightarrow V_E\uparrow$$
$$\rightarrow U_D\downarrow\rightarrow V_B\downarrow\rightarrow U_{BE}\downarrow\rightarrow I_B\downarrow\rightarrow I_C\downarrow$$

当温度降低时，各物理量向相反方向变化。

2.5　三极管放大电路的三种电路接法与比较

三极管组成的基本放大电路有共发射极、共集电极、共基极三种基本接法，前面系统讲述了共发射极放大电路，接下来学习共集电极放大电路和共基极放大电路。它们的组成原则相同，分析方法一致，但动态参数各具特点，使用时要根据需求合理选择。

2.5.1 共集电极放大电路

依据三极管放大基本原则，发射结正偏，集电结反偏，构成共集电极放大电路，如图 2.5.1（a）所示。

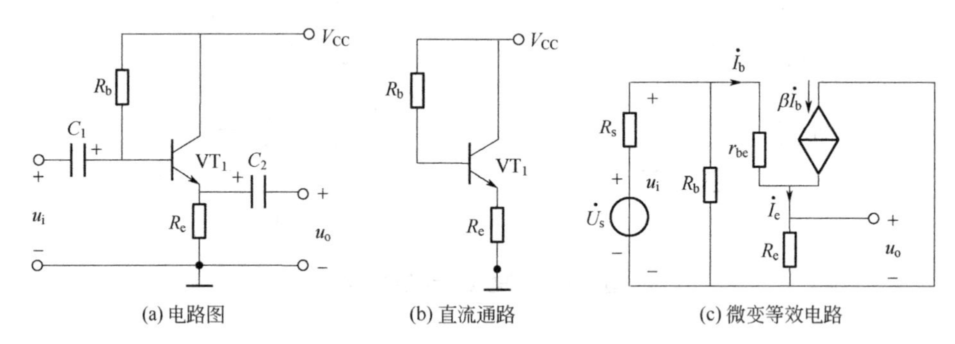

图 2.5.1 共集电极放大电路

2.5.1.1 静态分析

依据图 2.5.1（a）画出该电路的直流通路，如图 2.5.1（b）所示，列输入回路电压方程：

$$V_{CC}=I_{BQ}R_b+U_{BEQ}+I_{EQ}R_e$$

$$I_{BQ}=\frac{V_{CC}-U_{BEQ}}{R_b+(1+\beta)R_e} \quad (2.5.1)$$

$$I_{EQ}=(1+\beta)I_{BQ}\approx I_{CQ} \quad (2.5.2)$$

$$U_{CEQ}=V_{CC}-I_{EQ}R_e \quad (2.5.3)$$

2.5.1.2 动态分析

依据图 2.5.1（a）画出该电路的微变等效电路，如图 2.5.1（c）所示。

$$\dot{A}_{uu}=\frac{\dot{U}_o}{\dot{U}_i}=\frac{\dot{I}_eR_e}{\dot{I}_br_{be}+\dot{I}_eR_e}=(1+\beta)\frac{R_e}{r_{be}+(1+\beta)R_e} \quad (2.5.4)$$

一般而言，$(1+\beta)R_e\gg r_{be}$，所以共集电极放大电路的电压放大倍数小于且近似等于 1（无电压放大作用），而且输出信号与输入信号同相，即输出电压几乎跟随输入电压的变化而变化，因此，共集电极放大器又称为射极跟随器。但共集电极放大电路有电流放大作用，电流放大倍数是$1+\beta$。

$$R_i=\frac{\dot{U}_i}{\dot{I}_i}=\frac{\dot{U}_i}{\dot{I}_{R_b}+\dot{I}_b}=\frac{1}{\frac{1}{R_b}+\frac{\dot{I}_b}{\dot{U}r_{be}+\dot{U}_o}}=\frac{1}{\frac{1}{R_b}+\frac{1}{r_{be}+(1+\beta)R_e}}=R_b//[r_{be}+(1+\beta)R_e] \quad (2.5.5)$$

同样，由于$(1+\beta)R_e\gg r_{be}$，所以共集电极放大电路的输入电阻R_i增大很多。

将图 2.5.1（c）中的负载电阻开路，信号源短路（保留内阻R_s）的电路如图 2.5.2 所示。

$$R_o=\frac{\dot{U}_o}{\dot{I}_o}=R_e//\frac{\dot{U}_o}{\dot{I}_e}=R_e//\frac{\dot{U}_o}{(1+\beta)\dot{I}_b}=R_e//\frac{r_{be}+R_s//R_b}{1+\beta} \quad (2.5.6)$$

由于信号源内阻 R_s 很小，$R_s//R_b$ 会更小，可见共集电极放大电路的输出电阻 R_o 很小，一般在十几到几十欧姆之间。

通过以上分析可知，共集电极放大电路是具有高输入电阻、低输出电阻，电压放大倍数近似为1，但能够放大电流的电路。

共集电极放大电路利用高输入电阻的特性常用于放大系统的输入级，利用低输出电阻的特性常用于放大系统的输出级，还可以用于放大系统中间级起信号隔离作用。

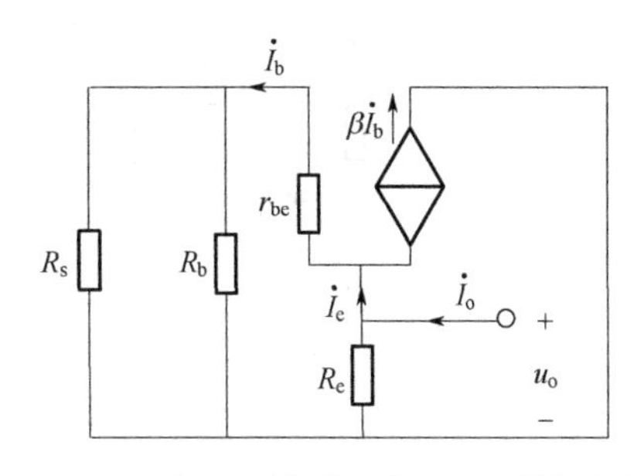

图 2.5.2 求共集电极放大电路 R_i 的等效电路

【例 2.5.1】 如图 2.5.1（a）所示，已知 $R_b=240\text{k}\Omega$，$R_s=10\text{k}\Omega$，$R_e=5.6\text{k}\Omega$，$V_{CC}=12\text{V}$，$\beta=40$，$U_{BEQ}=0.7\text{V}$。试计算：

① 放大电路的静态工作点。

② 放大电路的 $\dot{A}_{uu}$、R_i、R_o。

【解】 ① 放大电路的静态工作点：

$$I_{BQ}=\frac{V_{CC}-U_{BEQ}}{R_b+(1+\beta)R_e}=\frac{12-0.7}{240+(1+40)\times5.6}\times10^3\approx24(\mu\text{A})$$

$$I_{CQ}\approx I_{EQ}=(1+\beta)I_{BQ}=(1+40)\times24\times10^{-3}=0.99(\text{mA})$$

$$U_{CEQ}=V_{CC}-I_{EQ}R_e=12-0.99\times5.6=6.46(\text{V})$$

② 放大电路的 $\dot{A}_{uu}$、R_i、R_o：

$$r_{be}=200+(1+\beta)\frac{26}{I_{EQ}}=\left[200+(1+40)\times\frac{26}{0.99}\right]\times10^{-3}\approx1.28(\text{k}\Omega)$$

$$\dot{A}_{uu}=(1+\beta)\frac{R_e}{r_{be}+(1+\beta)R_e}=(1+40)\times\frac{5.6}{1.28+(1+40)\times5.6}=0.99$$

$$R_i=R_b//[r_{be}+(1+\beta)R_e]=240//[1.28+(1+40)\times5.6]=117.68(\text{k}\Omega)$$

$$R_o=R_e//\frac{r_{be}+R_s//R_b}{1+\beta}=5.6//\frac{1.28+10//240}{1+40}=\left(5.6//\frac{1.28+9.6}{41}\right)\times10^3=253(\Omega)$$

2.5.2 共基极放大电路

依据三极管放大基本原则，以基极为输入输出的公共端，构成共基极放大电路，如图 2.5.3（a）所示。

2.5.2.1 静态分析

依据图 2.5.3（a）画出该电路的直流通路，如图 2.5.3（b）所示。它与分压式静态工作点稳定电路的直流通路相同，求解方法也相同。

$$V_{BQ}\approx\frac{R_{b2}}{R_{b1}+R_{b2}}V_{CC} \tag{2.5.7}$$

$$I_{CQ}\approx I_{EQ}=\frac{V_{BQ}-U_{BEQ}}{R_e} \tag{2.5.8}$$

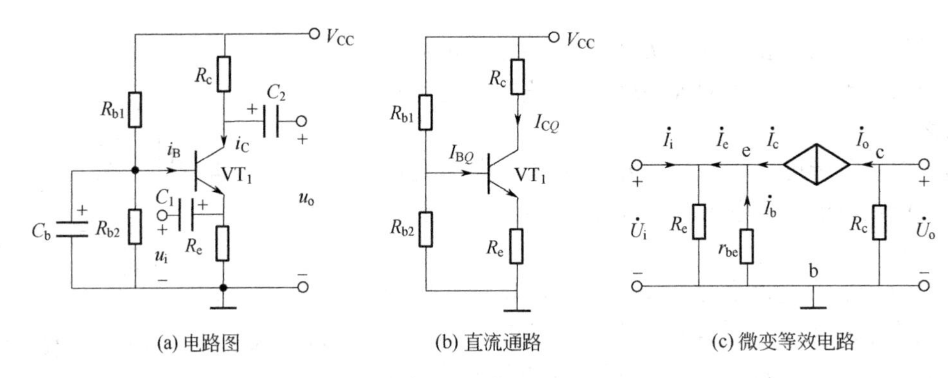

(a) 电路图　　(b) 直流通路　　(c) 微变等效电路

图 2.5.3　共基极放大电路

$$I_{BQ}=\frac{I_{CQ}}{\beta}$$

$$U_{CEQ}\approx V_{CC}-I_{CQ}(R_c+R_e) \tag{2.5.9}$$

2.5.2.2　动态分析

依据图 2.5.3（a）画出该电路的微变等效电路，如图 2.5.3（c）所示。

$$\dot{A}_{uu}=\frac{\dot{U}_o}{\dot{U}_i}=\frac{-\dot{I}_oR_c}{-\dot{I}_br_{be}}=\frac{-\dot{I}_cR_c}{-\dot{I}_br_{be}}=\beta\frac{R_c}{r_{be}} \tag{2.5.10}$$

$$R_i=\frac{\dot{U}_i}{\dot{I}_i}=\frac{\dot{U}_i}{\dot{I}_{R_e}-\dot{I}_e}=\frac{1}{\dfrac{1}{R_e}+\dfrac{-(\dot{I}_b+\dot{I}_c)}{\dot{U}_i}}=\frac{1}{\dfrac{1}{R_e}+\left(-\dfrac{\dot{I}_b}{\dot{U}_i}-\dfrac{\dot{I}_c}{\dot{U}_i}\right)}=\frac{1}{\dfrac{1}{R_e}+\left(\dfrac{1}{r_{be}}+\beta\dfrac{1}{r_{be}}\right)}=R_e//\frac{r_{be}}{1+\beta} \tag{2.5.11}$$

$$R_o=R_c \tag{2.5.12}$$

由于共基极放大电路的输入回路电流为 $\dot{I}_e$，而输出回路电流为 $\dot{I}_c$，所以无电流放大能力。电压放大倍数与阻容耦合共发射极放大电路的数值相同，有足够大的电压放大能力，且共基极放大电路的输出电压与输入电压同相。输入电阻比共发射极放大电路小；输出电阻与共发射极放大电路相当，均为 R_c。共基极放大电路的最大优点是频带宽，因而常用于高频电压放大。

【例 2.5.2】 如图 2.5.3（a）所示，$R_{b1}=20\text{k}\Omega$，$R_{b2}=10\text{k}\Omega$，$R_c=3\text{k}\Omega$，$R_e=2\text{k}\Omega$，$V_{CC}=12\text{V}$，$\beta=50$，$U_{BEQ}=0.7\text{V}$。试计算：

① 放大电路的静态工作点。

② 放大电路的 $\dot{A}_{uu}$、R_i、R_o。

【解】 ① 画出直流通路，如图 2.5.3（b）所示。放大电路的静态工作点：

$$V_{BQ}\approx\frac{R_{b2}}{R_{b1}+R_{b2}}V_{CC}=\frac{10}{20+10}\times12=4(\text{V})$$

$$I_{CQ}\approx I_{EQ}=\frac{V_{BQ}-U_{BEQ}}{R_e}=\frac{4-0.7}{2}=1.65(\text{mA})$$

$$U_{CEQ}\approx V_{CC}-I_{CQ}(R_c+R_e)=12-1.65\times(3+2)=3.75(\text{V})$$

$$I_{BQ}=\frac{I_{CQ}}{\beta}=\frac{1.65}{50}\times10^3=33(\mu A)$$

② 画出交流通路，如图 2.5.3（c）所示。放大电路的 $\dot{A}_{uu}$、R_i、R_o：

$$r_{be}=200+(1+\beta)\frac{26}{I_{EQ}}=\left[200+(1+50)\times\frac{26}{1.65}\right]\times10^{-3}\approx1(k\Omega)$$

$$\dot{A}_{uu}=\beta\frac{R_c}{r_{be}}=50\times\frac{3}{1}=150$$

$$R_i=R_e//\frac{r_{be}}{1+\beta}=2//\frac{1}{1+50}\times10^{-3}=19.8(\Omega)$$

$$R_o=R_c=3k\Omega$$

2.5.3 三种电路接法比较

三极管单管放大电路的三种基本接法各具特点，归纳于表 2.5.1。

表 2.5.1 三种三极管基本放大电路比较

类型	共发射极放大电路	共集电极放大电路	共基极放大电路
电路结构	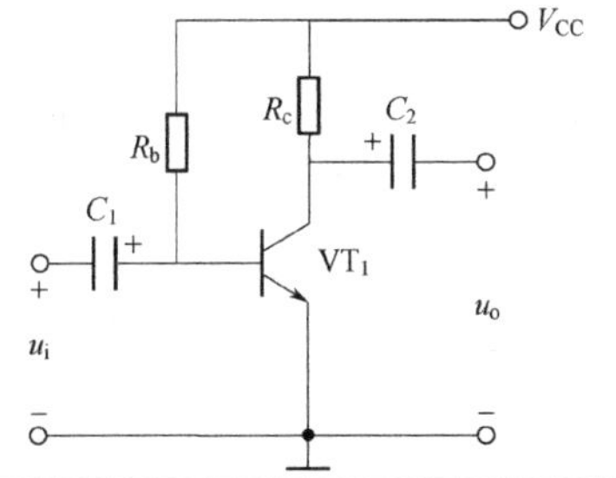 V_{CC}, R_b, R_c, C_2, C_1, VT$_1$, u_i, u_o	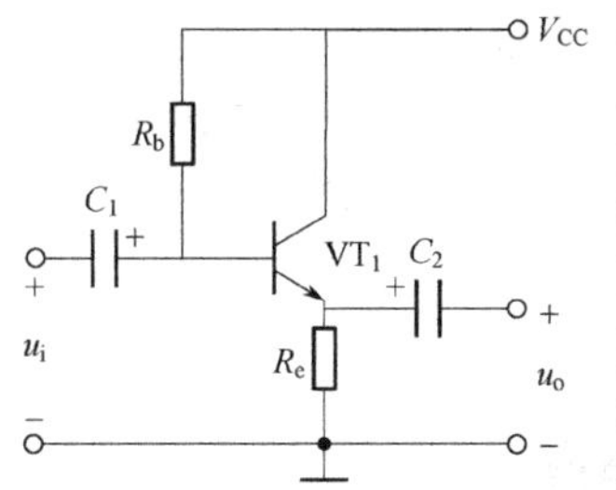 V_{CC}, R_b, C_1, VT$_1$, C_2, R_e, u_i, u_o	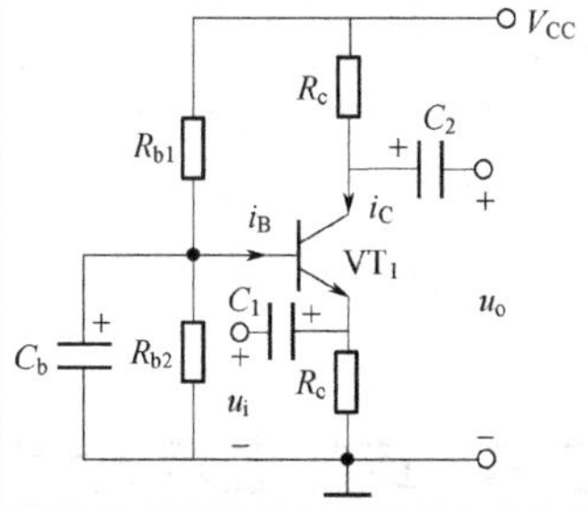 V_{CC}, R_c, C_2, R_{b1}, i_B, i_C, VT$_1$, C_1, C_b, R_{b2}, R_e, u_i, u_o
静态工作点	$I_{BQ}=\frac{V_{CC}-U_{BEQ}}{R_b}$ $I_{CQ}=\beta I_{BQ}$ $U_{CEQ}=V_{CC}-I_{CQ}R_c$	$I_{BQ}=\frac{V_{CC}-U_{BEQ}}{R_b+(1+\beta)R_e}$ $I_{EQ}=(1+\beta)I_{BQ}\approx I_{CQ}$ $U_{CEQ}=V_{CC}-I_{EQ}R_e$	$V_{BQ}=\frac{R_{b2}}{R_{b1}+R_{b2}}V_{CC}$ $I_{CQ}\approx I_{EQ}=\frac{V_{BQ}-U_{BEQ}}{R_e}$ $I_{BQ}=\frac{I_{CQ}}{\beta}$ $U_{CEQ}\approx V_{CC}-I_{CQ}(R_c+R_e)$
微变等效电路	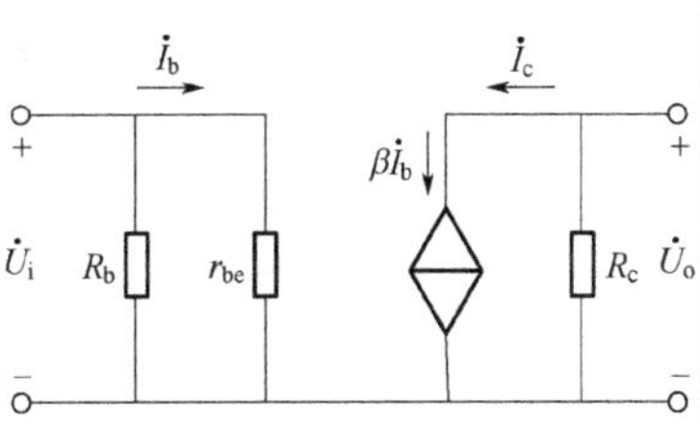 $\dot{I}_b$, $\dot{I}_c$, $\beta\dot{I}_b$, $\dot{U}_i$, R_b, r_{be}, R_c, $\dot{U}_o$	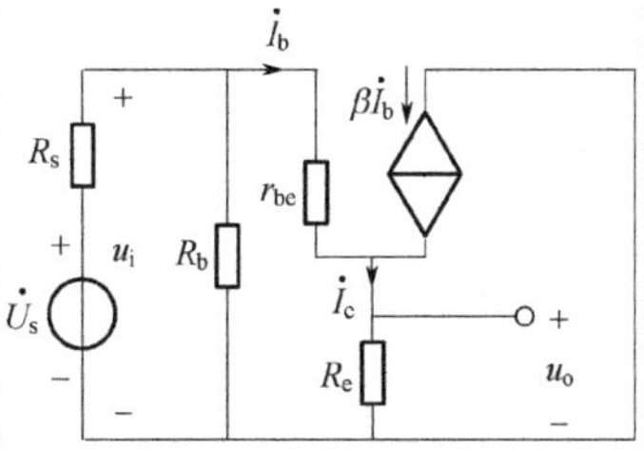 $\dot{I}_b$, $\beta\dot{I}_b$, R_s, r_{be}, u_i, R_b, $\dot{U}_s$, $\dot{I}_e$, R_e, u_o	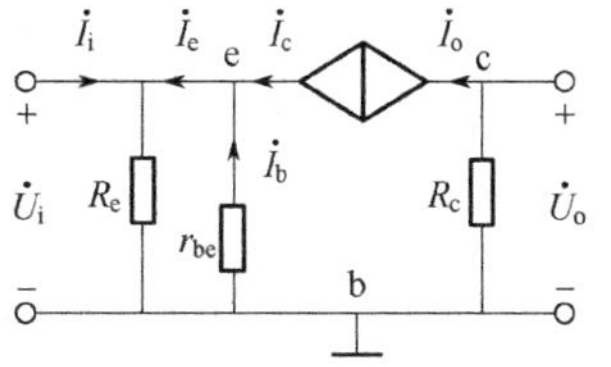 $\dot{I}_i$, $\dot{I}_e$, e, $\dot{I}_c$, $\dot{I}_o$, c, $\dot{I}_b$, $\dot{U}_i$, R_e, r_{be}, b, R_c, $\dot{U}_o$
电压放大倍数	$\dot{A}_{uu}=-\beta\frac{R_c}{r_{be}}$ 大	$\dot{A}_{uu}=\frac{(1+\beta)R_e}{r_{be}+(1+\beta)R_e}$ 小	$\dot{A}_{uu}=\beta\frac{R_c}{r_{be}}$ 大

续表

类型	共发射极放大电路	共集电极放大电路	共基极放大电路
输入电阻	$R_i = R_b // r_{be}$ 中	$R_i = R_b // [r_{be} + (1+\beta)R_e]$ 大	$R_i = R_e // \frac{r_{be}}{1+\beta}$ 小
输出电阻	$R_o = R_c$ 中	$R_o = R_e // \frac{r_{be} + R_s // R_b}{1+\beta}$ 小	$R_o = R_c$ 大
频响	差	好	最好

对晶体三极管基本放大电路特性的总结如下：

① 共发射极放大电路既能放大电流又能放大电压；输入电阻居三种电路之中；输出电阻较大；频带较窄。它常作为低频电压放大电路的单元电路。

② 共集电极放大电路只能放大电流，不放大电压，具有电压跟随的特点；输入电阻是三种电路中最大的；输出电阻最小的。它常用于电压放大电路的输入级、输出级和中间级，在功率放大电路中也常采用该电路。

③ 共基极放大电路只能放大电压不能放大电流，具有电流跟随的特点；输入电阻小，电压放大倍数和输出电阻与共发射极放大电路相当，是三种接法中高频特性最好的电路。它常作为宽频带放大电路。

2.6 场效应管放大电路

利用场效应管的恒流工作区也可以构成放大电路，这一点与晶体三极管类似，所不同的是场效应管是压控元件，即用栅源电压 u_{GS} 控制漏极电流 i_D；而晶体三极管是流控元件，即用 i_B 控制 i_C。

2.6.1 场效应管放大电路的三种接法

与三极管放大电路相类似，场效应管放大电路也分三种组态，即共源极组态、共漏极组态、共栅极组态。三种组态如图 2.6.1 所示。

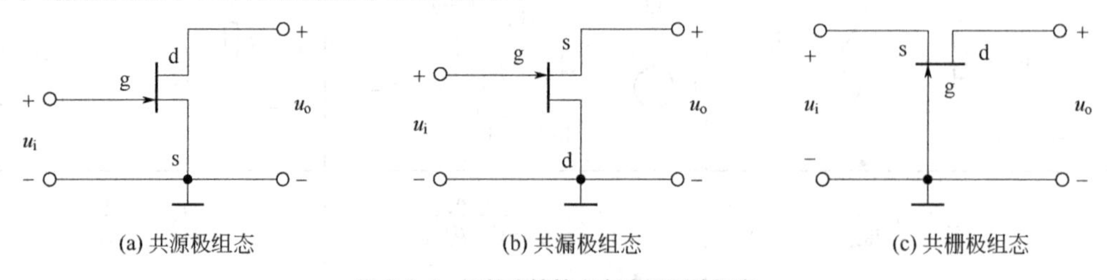

(a) 共源极组态　(b) 共漏极组态　(c) 共栅极组态

图 2.6.1　场效应管放大电路的三种组态

场效应管放大电路的分析同样分为静态分析和动态分析，分析方法同样可以采用图解法与微变等效电路法。

2.6.2 静态分析

晶体三极管是流控元件，组成放大电路时，应给三极管设置偏流；而场效应管是压控元件，组成放大电路时，应给场效应管设置偏压，保证放大电路具有合适的静态工作点，以避免输出波形产生严重的非线性失真。常用的场效应管放大电路的直流偏置电路有两种，一种是自偏压电路，另一种是分压式自偏压电路。现以 N 沟道结型场效应管共源放大电路为例分析场效应管放大电路的静态工作点。

2.6.2.1 自给偏压共源极放大电路的静态分析

自给偏压式共源极放大电路如图 2.6.2（a）所示。场效应管的栅极通过电阻 R_g 接地，源极通过电阻 R_s 接地。电容 C_1 、C_2 为耦合电容，C_s 为旁路电容。将电容开路就可得直流通路，如图 2.6.2（b）所示。N 沟道结型场效应管工作在恒流区时，栅-源电压小于等于零，其绝对值大于夹断电压 $U_{GS(off)}$；漏-源电压，即管压降应足够大。

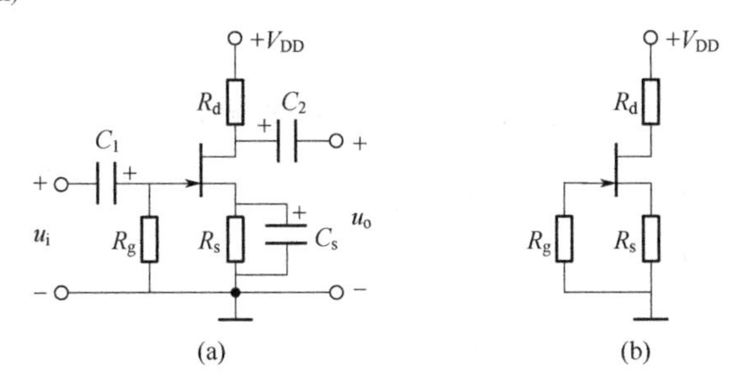

图 2.6.2 自偏压式共源极放大电路

由图 2.6.2（b）求出静态工作点。因为栅极电流几乎为零，即 R_g 中电流为零，所以栅极电位 $V_{GQ}=0$ 。源极电位等于源极电流（也是漏极电流 I_{DQ} ）在源极电阻 R_s 上的压降，即：

$$V_{SQ}=I_{DQ}R_s \tag{2.6.1}$$

因此栅-源静态电压为：

$$U_{GSQ}=V_{GQ}-V_{SQ}=0-I_{DQ}R_s=-I_{DQ}R_s \tag{2.6.2}$$

在直流电源 $+V_{DD}$ 作用下，电路靠 R_s 上的电压使栅-源之间获得负偏压，故将这种方式称为自给偏压。

根据结型场效应管的电流方程，可得漏极静态电流为：

$$I_{DQ}=I_{DSS}\left[1-\frac{U_{GSQ}}{U_{GS(off)}}\right]^2 \tag{2.6.3}$$

式中，I_{DSS} 为漏极饱和电流，即 $u_{GS}=0$ 时的漏极电流；$U_{GS(off)}$ 为夹断电压，可以通过查阅手册或实测得到。求出 I_{DQ} ，就可得到 U_{GSQ} 。

根据电路的输出回路，可得漏-源间静态电压为：

$$U_{SDQ}=V_{DD}-I_{DQ}(R_d+R_s) \tag{2.6.4}$$

自给偏压电路仅适用于耗尽型场效应管。

2.6.2.2 分压-自偏压式电路的静态分析

场效应管的分压-自偏压式电路如图 2.6.3（a）所示，这种电路适合于由任何类型场效应管构成的放大电路。图中场效应管为 N 沟道增强型 MOS 管，为使其工作在恒流区，应使其栅-源电压 U_{GS} 大于开启电压 $U_{GS(th)}$［$U_{GS(th)}$ 为正值］；漏-源加正电压，且数值足够大。将耦合电容 C_1、C_2，以及旁路电容 C_s 断开，就得到图 2.6.3（a）所示电路的直流通路，如图 2.6.3（b）所示。

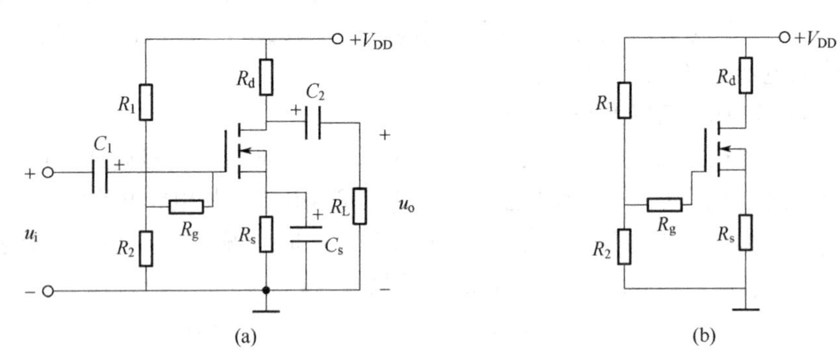

图 2.6.3 分压-自偏压式电路

图 2.6.3（b）所示电路中，因为栅极电流为零，即电阻 R_g 中的电流为零，所以栅极的静态电位 V_{GQ} 等于电阻 R_1、R_2 对电源 $+V_{DD}$ 的分压，即：

$$V_{GQ}=\frac{R_2}{R_1+R_2}V_{DD} \tag{2.6.5}$$

源极静态电位等于电流 I_{DQ} 在 R_s 上的压降，即：

$$V_{SQ}=I_{DQ}R_s \tag{2.6.6}$$

因此，栅-源静态电压为：

$$U_{GSQ}=V_{GQ}-V_{SQ}=\frac{R_2}{R_1+R_2}V_{DD}-I_{DQ}R_s \tag{2.6.7}$$

I_{DQ} 与 U_{GSQ} 应符合 MOS 管的电流方程，即：

$$I_{DQ}=I_{DO}\left[\frac{U_{GSQ}}{U_{GS(th)}}-1\right]^2 \tag{2.6.8}$$

式中，I_{DO} 为 $U_{GS}=2U_{GS(th)}$ 时的 I_D 的值。

I_{DQ} 与 U_{GSQ} 对应 D-S 间静态电压为：

$$U_{DSQ}=V_{DD}-I_{DQ}(R_d+R_s) \tag{2.6.9}$$

当实测出场效应管的转移特性曲线和输出特性曲线时，也可采用图解法分析图 2.6.2（a）和图 2.6.3（a）所示电路的静态工作点，过程与三极管放大电路的图解法相类似，这里不再介绍。

2.6.3 动态分析

对场效应管放大电路动态工作情况的分析也可采用图解法和微变等效电路法。这里只介绍微变等效电路法。

与三极管类似，可以将场效应管看成一个双端口网络，如图 2.6.4（a）所示。场效应管的栅-源间动态电阻很大（结型 FET 可达$10^7\Omega$以上，绝缘栅型 FET 可达$10^9\Omega$以上），因此在近似分析时可认为栅-源间开路（$r_{gs}\to\infty$），基本不从信号源索取电流，即$i_G=0$。对于输出回路，当场效应管工作在恒流区时，漏极动态电流i_D几乎仅取决于栅-源电压u_{GS}，于是可将输出回路等效为一个电压控制的电流源。因此，场效应管的微变等效电路如图 2.6.4（b）所示。

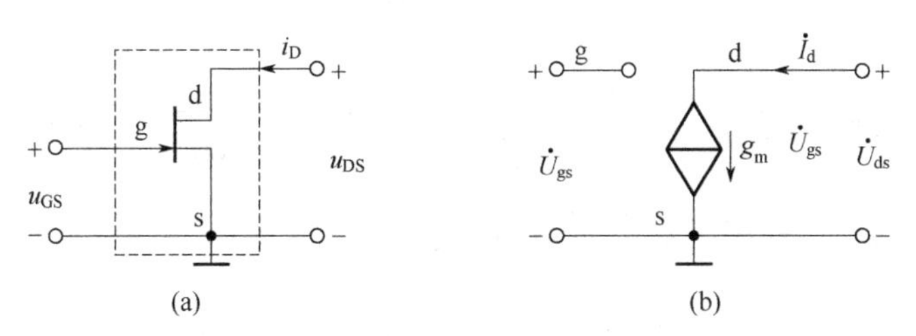

图 2.6.4　场效应管的微变等效电路

据此，可以得到自偏压式共源极放大电路和分压-自偏压式共源极放大电路的微变等效电路，如图 2.6.5 所示。

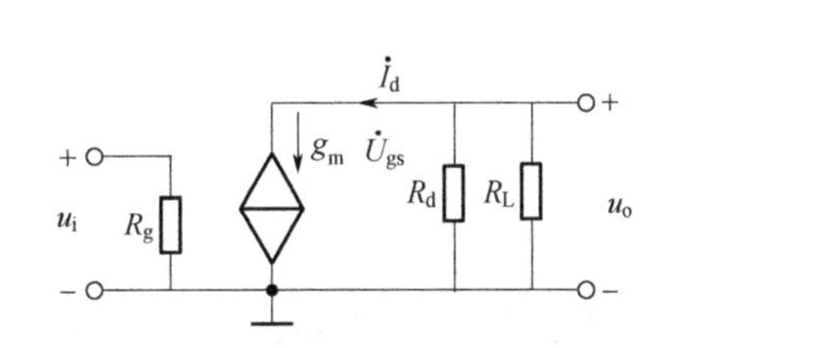

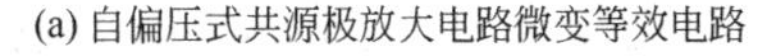

(a) 自偏压式共源极放大电路微变等效电路

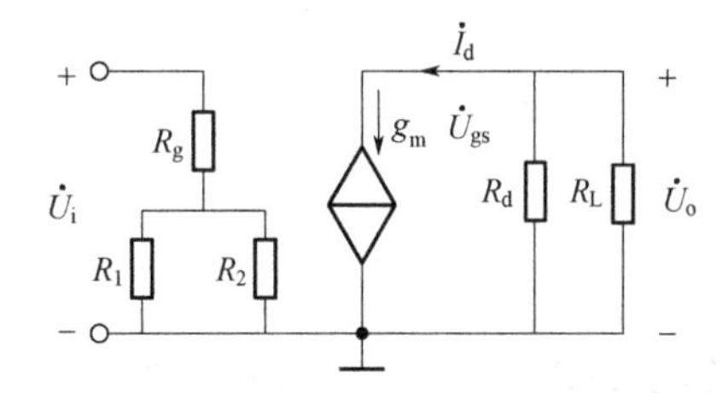

(b) 分压-自偏压式共源极放大电路的微变等效电路

图 2.6.5　场效应管放大电路的微变等效电路

根据场效应管的电流方程可以求出g_m。

（1）对于结型场效应管

$$i_D=I_{DSS}\left[1-\frac{u_{GS}}{U_{GS(off)}}\right]^2$$

$$g_m=\left.\frac{\partial i_D}{\partial u_{GS}}\right|_{U_{DS}}=-\frac{2I_{DSS}}{U_{GS(off)}}\left.\left[1-\frac{u_{GS}}{U_{GS(off)}}\right]\right|_{U_{DS}}=-\frac{2}{U_{GS(off)}}\sqrt{I_{DSS}i_D} \tag{2.6.10}$$

当小信号作用时，可以用I_{DQ}来近似i_D，所以：

$$g_m\approx-\frac{2}{U_{GS(off)}}\sqrt{I_{DSS}I_{DQ}} \tag{2.6.11}$$

由图 2.6.5（a）所示自偏压式共源极放大电路微变等效电路得：

$$\dot{A}_{uu}=\frac{\dot{U}_o}{\dot{U}_i}=\frac{-g_m\dot{U}_{gs}R_d//R_L}{\dot{U}_{gs}}=-g_mR_L' \tag{2.6.12}$$

式中，$R_L' = R_d // R_L$。

$$R_i = R_g$$

$$R_o = R_d$$

（2）对于增强型 MOS 管

$$i_D = I_{DO}\left[\frac{u_{GS}}{U_{GS(th)}} - 1\right]^2$$

$$g_m = \frac{\partial i_D}{\partial u_{GS}}\bigg|_{U_{DS}} = \frac{2I_{DO}}{U_{GS(th)}}\left[\frac{u_{GS}}{U_{GS(th)}} - 1\right]\bigg|_{U_{DS}} = \frac{2}{U_{GS(th)}}\sqrt{I_{DO}i_D} \tag{2.6.13}$$

当小信号作用时，可以用 I_{DQ} 来近似 i_D，所以：

$$g_m = \frac{2}{U_{GS(th)}}\sqrt{I_{DO}I_{DQ}} \tag{2.6.14}$$

由图 2.6.5（b）所示分压-自偏压式共源极放大电路的微变等效电路得：

$$\dot{A}_{uu} = \frac{\dot{U}_o}{\dot{U}_i} = \frac{-g_m\dot{U}_{gs}R_d // R_L}{\dot{U}_{gs}} = -g_m R_L' \tag{2.6.15}$$

式中，$R_L' = R_d // R_L$。

$$R_i = R_g + R_1 // R_2$$

$$R_o = R_d$$

【例 2.6.1】 在图 2.6.3（a）所示分压-自偏压式共源极放大电路中，设 $V_{DD} = 15V$，$R_g = 1M\Omega$，$R_1 = 200k\Omega$，$R_2 = 100k\Omega$，$R_s = 1k\Omega$，$R_d = 3k\Omega$，$R_L = 2k\Omega$，MOS 管的 $U_{GS(th)} = 2V$，$I_{DO} = 2mA$，设 C_1、C_2、C_s 足够大。试求：

① 静态工作点 Q。

② $\dot{A}_{uu}$、R_i 和 R_o。

【解】 ① 直流通路如图 2.6.3（b）所示，静态工作点 Q:

$$V_{GQ} = \frac{R_2}{R_1 + R_2}V_{DD} = \frac{100}{200+100} \times 15 = 5(V)$$

$$V_{SQ} = I_{DQ}R_s$$

$$U_{GSQ} = V_{GQ} - V_{SQ} = 5 - I_{DQ}$$

$$I_{DQ} = I_{DO}\left[\frac{U_{GSQ}}{U_{GS(th)}} - 1\right]^2 = 2\left(\frac{U_{GSQ}}{2} - 1\right)^2$$

$$\begin{cases} U_{GSQ} = 5 - I_{DQ} \\ I_{DQ} = 2\left(\dfrac{U_{GSQ}}{2} - 1\right)^2 \end{cases} \text{解得} \begin{cases} U_{GSQ} = 3.65V;\ U_{GSQ} = -1.65V\text{（略去）} \\ I_{DQ} = 1.35mA;\ I_{DQ} = 6.65mA\text{（略去）} \end{cases}$$

$$U_{DSQ}=V_{DD}-I_{DQ}(R_d+R_s)=15-1.35\times(3+1)=9.6(\text{V})$$

② 微变等效电路如图2.6.5（b）所示，$\dot{A}_{uu}$、R_i和R_o：

$$g_m=\frac{2}{U_{GS(th)}}\sqrt{I_{DO}I_{DQ}}=\frac{2}{2}\sqrt{2\times1.35}=1.64(\text{mS})$$

$$\dot{A}_{uu}=\frac{\dot{U}_o}{\dot{U}_i}=\frac{-g_m\dot{U}_{gs}R_d//R_L}{\dot{U}_{gs}}=-g_mR_L'=-1.64\times1.2=-1.97$$

$$R_i=R_g+R_1//R_2=1+\frac{200\times100}{200+100}\times10^{-3}\approx1(\text{M}\Omega)$$

$$R_o=R_d=3\text{k}\Omega$$

场效应管放大电路存在下述特点：

① 场效应管是电压控制元件，由偏置电路建立合适的静态工作点时，需要合适的偏压，而不是偏流；

② 场效应管的跨导较小，在相同负载的情况下，电压放大倍数比三极管放大电路小；

③ 场效应管具有很高的输入电阻，噪声小，适合微弱信号的放大。

以上主要阐述场效应管共源极接法电路的静态和动态分析，共漏极接法电路的分析与共源接法类似，读者可自行分析。共栅极接法应用极少，这里不介绍。

本章总结

本章由放大的基本概念入手，阐述放大电路组成原理和放大电路的主要参数，着重介绍放大电路的静态分析和动态分析方法。

重点内容是共发射极放大电路的分析，要求熟练掌握直流通路、交流通路和微变等效电路的概念，静态工作点的估算。

一、晶体三极管放大电路

1. 晶体管放大电路的组成原则

① 确保晶体管工作于放大区，即满足发射结正向偏置、集电结反向偏置的外部条件。

② 确保被放大的交流输入信号能够作用于晶体管的输入回路。

③ 确保放大后的交流输出信号能传送到负载上去。

2. 放大电路的分析：静态分析和动态分析

① 静态分析：求解静态工作点Q。无外部输入信号时，放大电路的工作状态称为静态。此时，晶体管各极电流、电压值为静态工作点。

② 动态分析：求解放大电路的动态性能指标，主要有电压放大倍数$\dot{A}_{uu}$、输入电阻R_i和输出电阻R_o等。

3. 放大电路的主要分析方法：图解法和微变等效电路法

① 图解法是一种辅助分析方法，精度低，烦琐，适合大信号的场合。其要点是：首先确定静态工作点Q，然后根据电路的特点画出直流负载线，进而画出交流负载线；画出各极电流电压的波形；求出最大不失真输出电压。

② 微变等效电路法是放大电路分析中的基本方法。其要点是：首先，用直流通路分析

静态工作点 Q。其次，画出交流通路，用晶体管的微变模型代替交流通路中的晶体管，得到放大电路的微变等效电路。

二、场效应管放大电路

场效应管常用的直流偏置方式有：自给偏置和分压式偏置。自给偏置方式只适用于结型场效应管和耗尽型 MOS 管，而分压式偏置方式对各种场效应管都是适用的。场效应管的静态工作点可通过图解法和估算法分析。

场效应管放大电路有共源极、共漏极和共栅极三种组态。共源极放大电路具有一定的电压放大能力，输入电阻大，且输出电压与输入电压反相。共漏极放大电路的电压放大倍数小于1，输入电阻大，输出电阻小，输出电压与输入电压同相。共栅极放大电路的应用较少。

本章知识结构

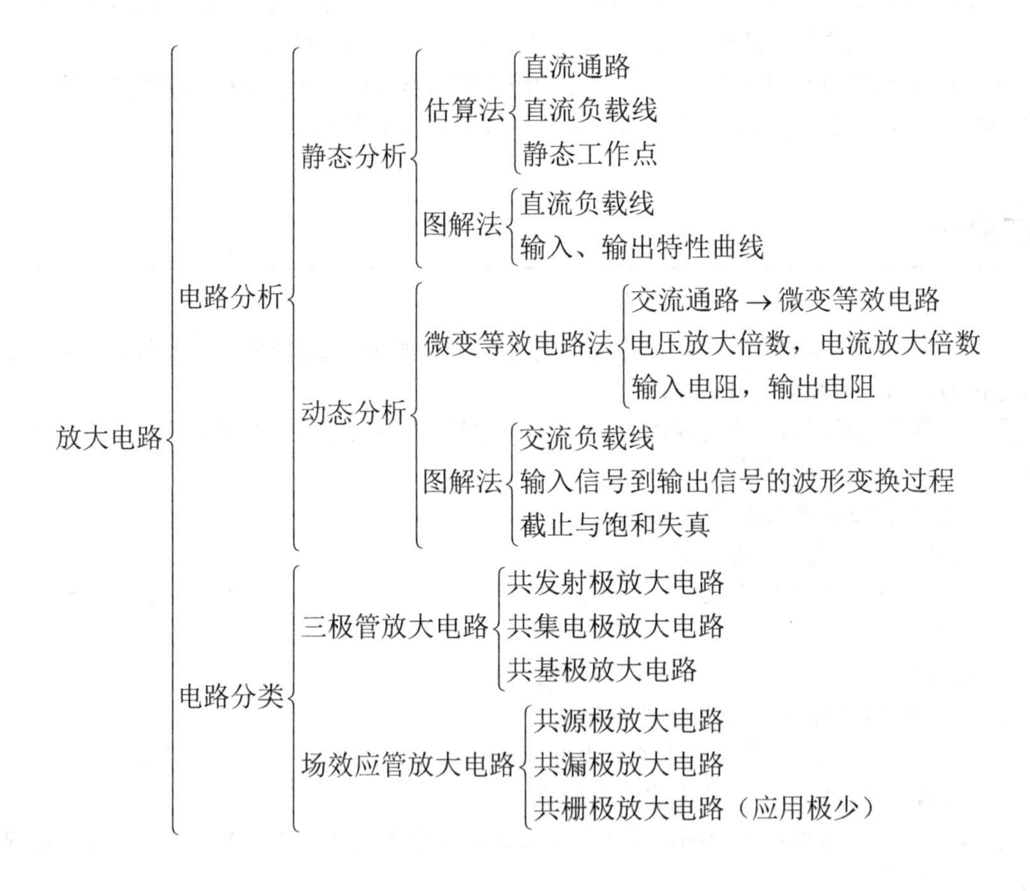

习题 2

2.1 填空题。

（1）在图 P2.1 所示电路中，已知 $V_{CC}=12V$，晶体管的 $\beta=100$，$R_b'=100k\Omega$。则当 $\dot{U}_i=0V$

时，测得$U_{BEQ}=0.7V$，若要基极电流$I_{BQ}=20\mu A$，则R_b'和R_w之和$R_b=$（　　）kΩ；而若测得$U_{CEQ}=6V$，则$R_c=$（　　）kΩ。若测得输入电压有效值$U_i=5mV$时，输出电压有效值$U_o=0.6V$，则电压放大倍数$\dot{A}_{uu}=$（　　）；若负载电阻R_L值与R_c相等，则带上负载后输出电压有效值$U_o=$（　　）。

（2）电路如图 P2.2 所示，如果减小R_b，I_{CQ}将（　　），U_{CEQ}将（　　），A_{uu}将（　　）；如果增大V_{CC}，I_{CQ}将（　　），U_{CEQ}将（　　），A_{uu}将（　　）；如果增大β，I_{CQ}将（　　），U_{CEQ}将（　　），A_{uu}将（　　）。（选择：增大；减小；基本不变）

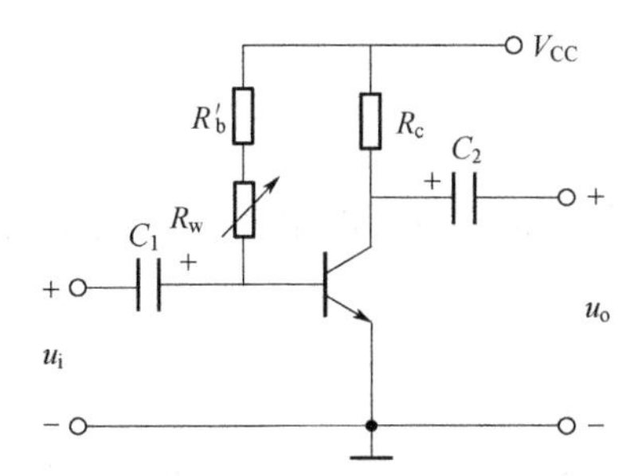

图 P2.1　题 2.1 中（1）电路图

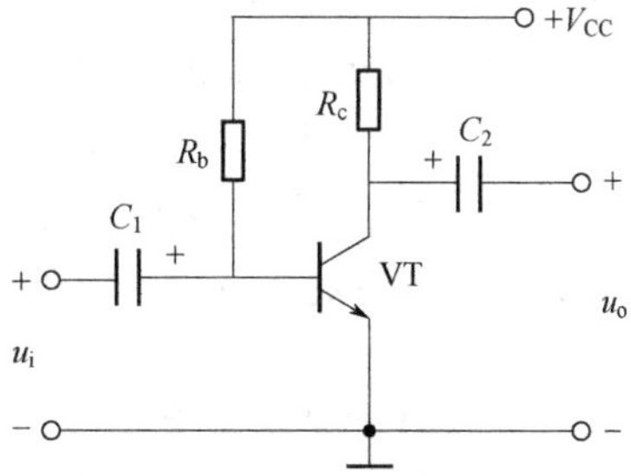

图 P2.2　题 2.1 中（2）电路图

（3）直流通路是指信号源为（　　）时，（　　）流经的通路，画直流通路时，（　　）可视为开路，（　　）可视为短路；交流通路是指在（　　）作用下，（　　）流经的通路，画交流通路时，（　　）和（　　）可视为短路。

（4）已知某基本共发射极放大电路原来不存在非线性失真，但在增大R_c（集电极负载电阻）以后出现了失真，这个失真必定是（　　）。

（5）某放大电路，当输入直流电压为 10mV 时，输出直流电压为 7 V；输入直流电压为 15mV 时，输出直流电压为 6.5V。它的电压放大倍数为（　　）。

（6）有两个放大倍数相同的放大电路 A 和 B，分别对同一信号源信号进行放大，其输出电压分别为$U_{oA}=5.2V$，$U_{oB}=5V$。由此可得出放大电路（　　）优于放大电路（　　）。其原因是（　　）（选择：放大倍数大；输入电阻大；输出电阻小）。

（7）在共发射极、共集电极和共基极三种基本放大电路组态中，电压放大倍数小于 1 的是（　　）组态；输入电阻最大的是（　　）态，最小的是（　　）组态；输出电阻最大是（　　）组态，最小的是（　　）组态。

（8）晶体三极管的三种工作区域是（　　）、（　　）、（　　），与此不同，场效应管常把工作区域分为（　　）、（　　）、（　　）三种。

2.2　选择题。

（1）希望向前级或信号源索取的电流小，可选用____；希望电路的高频特性好，且有较大的电压放大倍数，可选用____。

A．共发射极放大电路　　B．共集电极放大电路
C．共基极放大电路　　D．共发射极、共集电极、共基极均可

（2）在实践中，判断三极管是否饱和，最简单可靠的方法是测量____。

A．I_B　　B．I_C　　C．U_{BE}　　D．U_{CE}

（3）关于双极型晶体管特性曲线的用途，下述说法中的____不正确。

A．判断双极型晶体管的质量　　　　B．估算双极型晶体管的一些参数

C．计算放大电路的一些指标　　　　D．分析放大器的频率特性

（4）工作在放大区的某晶体管，当I_B从12μA增大到22μA时，I_C从1mA变为2mA，则β为____。

A．80　　B．90　　C．100　　D．110

（5）分析放大电路时，常常采用交流分析和直流分析分别进行的方法，这是因为____。

A．晶体管是非线性器件

B．电路中有电容

C．交流成分与直流成分变化规律不同

D．在一定条件下电路可视为线性电路，因此可采用叠加定理

（6）在共发射极放大射极偏置电路中，如果发射极电阻并联旁路电容C_e，若除去C_e，该电路的电压放大倍数____，输入电阻____，输出电阻____。

A．增大　　　　B．减小

C．不变（或基本不变）　　　　D．变化不定

（7）既能放大电压，也能放大电流的是____组态放大电路；可以放大电压，但不能放大电流的是____组态放大电路；只能放大电流，不能放大电压的是____组态放大电路。

A．共发射极　　　　B．共集电极

C．共基极　　　　D．不定

（8）已知图P2.1所示电路中$V_{CC}=12V$，$R_c=3k\Omega$，静态管压降$U_{CEQ}=6V$；并在输出端加负载电阻R_L，其阻值为$3k\Omega$。选择一个合适的答案填入空内。

① 该电路的最大不失真输出电压有效值U_{om}____。

A．2V　　B．3V　　C．6V　　D．7V

② 当$U_i=1mV$时，若在不失真的条件下，减小R_w，则输出电压的幅值将____。

A．减小　　　　B．不变

C．增大　　　　D．不确定

③ 在$U_i=1mV$时，将R_w调到输出电压最大且刚好不失真，若此时增大输入电压，则输出电压波形将____。

A．顶部失真　　　　B．底部失真

C．为正弦波　　　　D．交越失真

④ 若发现电路出现饱和失真，则为消除失真可将____。

A．R_w减小　　　　B．R_c减小

C．V_{CC}减小　　　　D．V_{CC}增大

（9）放大电路如图P2.3（a）所示，特性曲线如图P2.3（b）所示。若使静态工作点由Q_1移到Q_2，应使____；若使静态工作点由Q_2移到Q_3，应使____。

A．$R_L\uparrow$　　B．$R_c\uparrow$　　C．$R_b\downarrow$　　D．$C_2\uparrow$

（10）放大电路如图P2.4（a）所示，其输出波形如图P2.4（b）所示，为消除失真应该使____。

A．$R_{b1}\downarrow$　　B．$R_{b2}\downarrow$　　C．$R_c\downarrow$　　D．$R_e\downarrow$

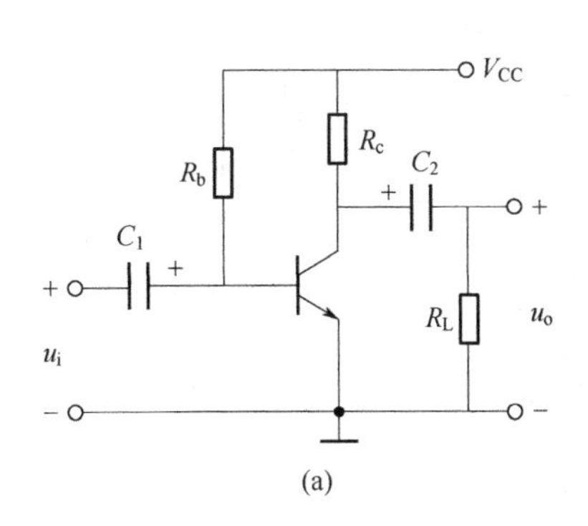

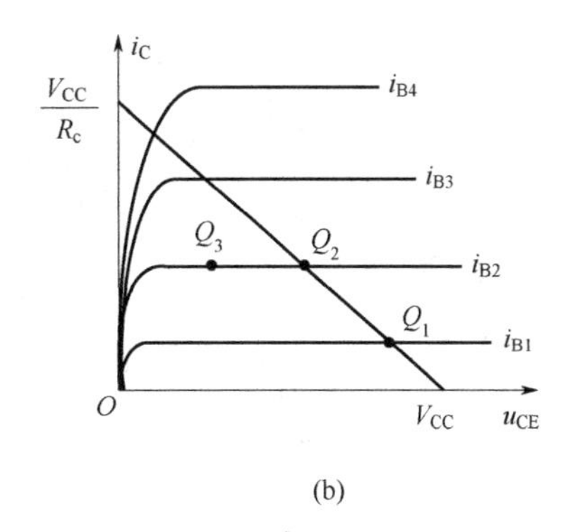

图 P2.3　题 2.2 中（9）电路图

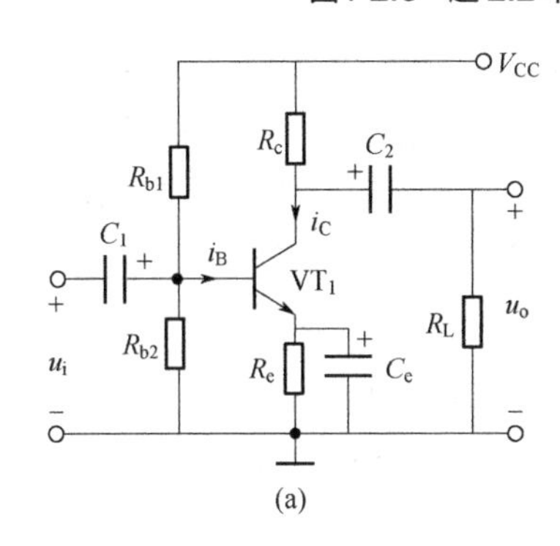

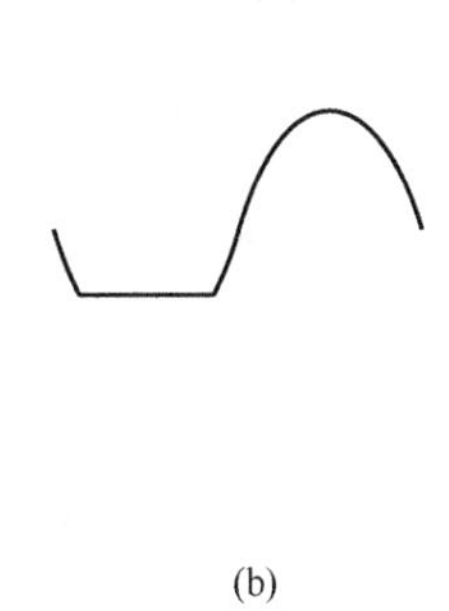

图 P2.4　题 2.2 中（10）电路图

（11）对于结型场效应管，当$|u_{GS}|>|U_{GS(off)}|$时，管子一定工作在____。

A．恒流区　　B．可变电阻区　　C．截止区　　D．击穿区

（12）某场效应管的开启电压$U_{GS(th)}=2V$，则该管是____。

A．N 沟道增强型 MOS 管　　B．P 沟道增强型 MOS 管

C．N 沟道耗尽型 MOS 管　　D．P 沟道耗尽型 MOS 管

（13）共源极场效应管放大电路，其输出电压与输入电压____；共漏极场效应管放大电路，其输出电压与输入电压____。

A．同相　　B．反相　　C．超前 90°　　D．滞后 90°

2.3　试分析图 P2.5 所示各电路是否能够放大正弦交流信号，简述理由。设图中所有电容对交流信号均可视为短路。

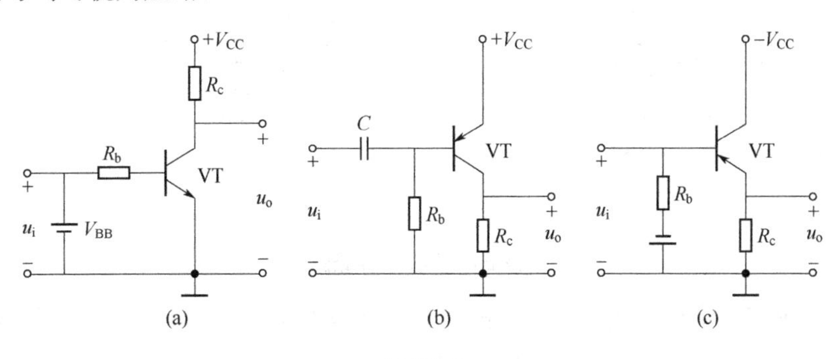

图 P2.5

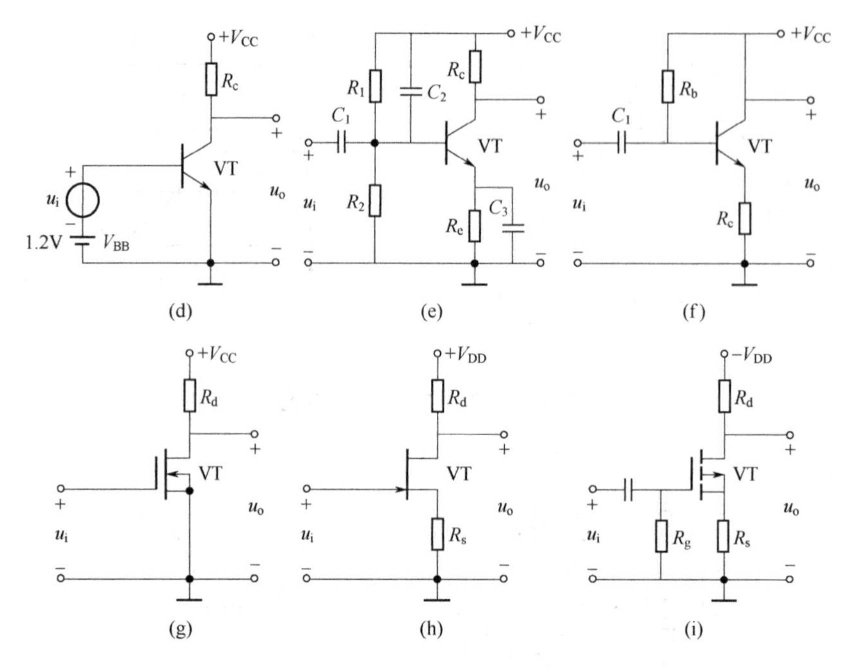

图 P2.5 题 2.3 电路图

2.4 画出图 P2.6 所示各电路的直流通路和交流通路。设图中所有电容对交流信号均可视为短路。

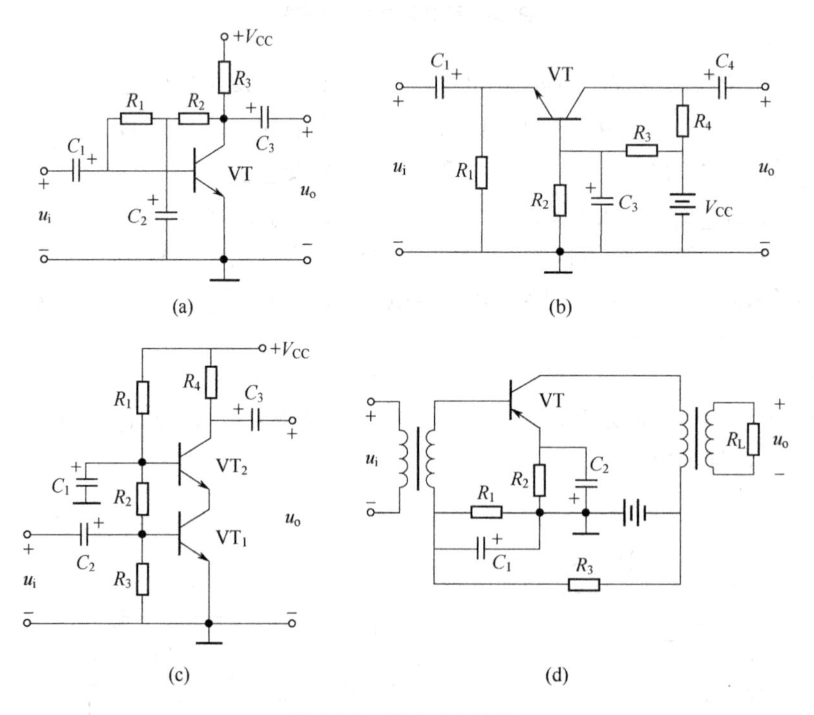

图 P2.6 题 2.4 电路图

2.5 在图 P2.7 所示电路中，已知晶体管的 $\beta=80$ ， $r_{be}=1\text{k}\Omega$ ， $U_i=20\text{mV}$ ；静态时 $U_{BEQ}=0.7\text{V}$ ， $U_{CEQ}=4\text{V}$ ， $I_{BQ}=20\mu\text{A}$ 。试求： $\dot{A}_{uu}$ 、 R_i 、 R_o 、 U_s 。

2.6　放大电路如图 P2.8 所示，已知 $R_b = 120\text{k}\Omega$，$R_c = 3\text{k}\Omega$，$R_L = 3\text{k}\Omega$，$V_{CC} = 10\text{V}$。

（1）设三极管 $\beta = 100$，试求静态工作点 I_{BQ}、I_{CQ}、U_{CEQ}。

（2）如果要把集-射压降 U_{CE} 调整到 6.5V，则 R_b 应调到什么值？

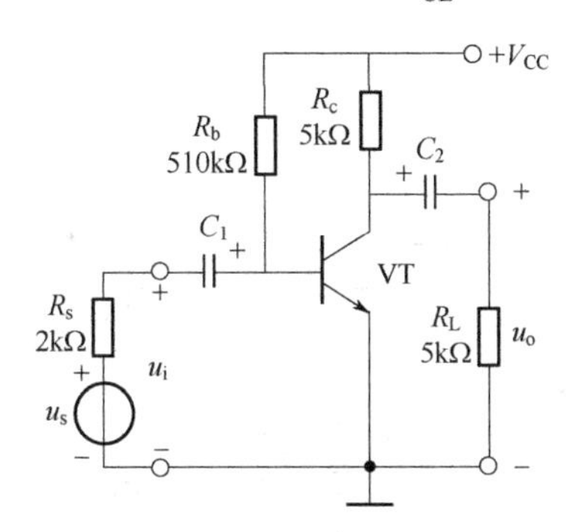

图 P2.7　题 2.5 电路图

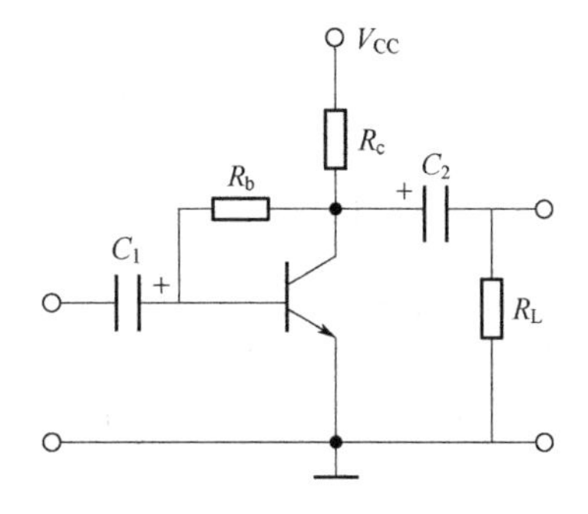

图 P2.8　题 2.6 电路图

2.7　图 P2.9 中已知 $R_{b1} = 10\text{k}\Omega$，$R_{b2} = 51\text{k}\Omega$，$R_c = 3\text{k}\Omega$，$R_e = 500\Omega$，$R_L = 3\text{k}\Omega$，$V_{CC} = 12\text{V}$，$\beta = 30$。

（1）试计算静态工作点 I_{BQ}、I_{CQ}、U_{CEQ}。

（2）如果换上一个 $\beta = 60$ 的同类管子，工作点将如何变化？

（3）如果温度由 10℃升至 50℃，试说明 U_{CQ} 将如何变化。

（4）换上 PNP 三极管，电路将如何改动？

2.8　电路如图 P2.10 所示，晶体三极管的 $\beta = 100$，$r_{bb'} = 100\Omega$。

（1）求电路的 Q 点、$\dot{A}_{uu}$、R_i 和 R_o。

（2）若改用 $\beta = 200$ 的晶体三极管，则 Q 点如何变化？

（3）若电容 C_e 开路，则将引起电路的哪些动态参数发生变化？如何变化？

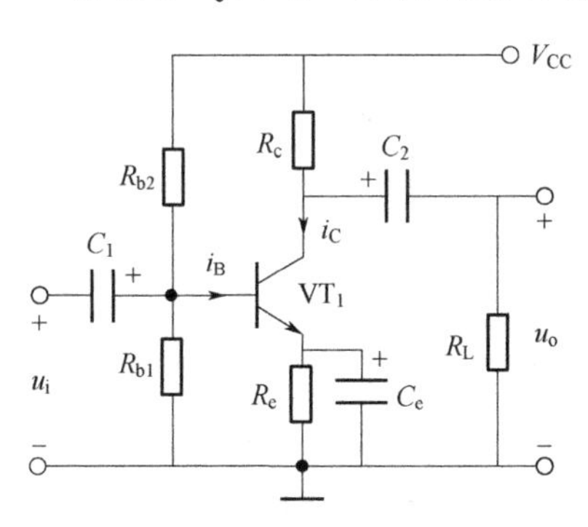

图 P2.9　题 2.7 电路图

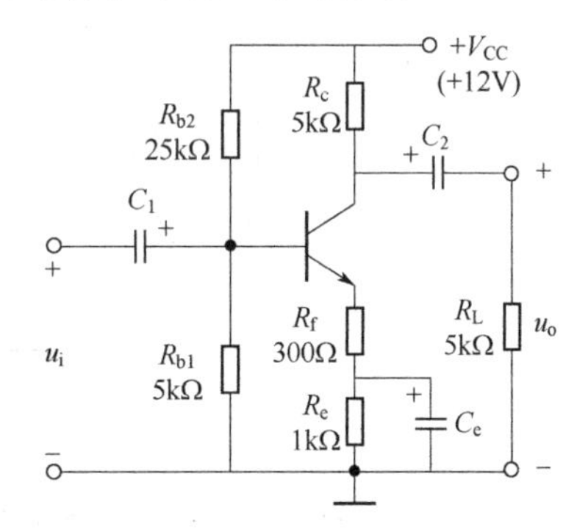

图 P2.10　题 2.8 电路图

2.9　电路如图 P2.11 所示，晶体管的 $\beta = 80$，$r_{be} = 1\text{k}\Omega$，$R_s = 2\text{k}\Omega$，$R_e = 3\text{k}\Omega$，$R_b = 200\text{k}\Omega$，$V_{CC} = 15\text{V}$。

（1）求出 Q 点。

（2）分别求出 $R_L = \infty$ 和 $R_L = 3\text{k}\Omega$ 时电路的 $\dot{A}_{uu}$、R_i 和 R_o。

2.10　共基极放大电路如图 P2.12 所示，已知：$R_s = 20\Omega$，$R_e = 2\text{k}\Omega$，$R_c = 3\text{k}\Omega$，$R_{b1} = 22\text{k}\Omega$，$R_{b2} = 10\text{k}\Omega$，$R_L = 2.7\text{k}\Omega$，$V_{CC} = 10\text{V}$，晶体管的 $U_{BEQ} = 0.7\text{V}$，$\beta = 50$，

$r_{bb'}=100\Omega$。试求：

（1）电路的静态工作点I_{BQ}、I_{CQ}、U_{CEQ}。

（2）画出电路的微变等效电路。

（3）电路的输入电阻R_i和输出电阻R_o。

（4）电压放大倍数$\dot{A}_{uu}$。

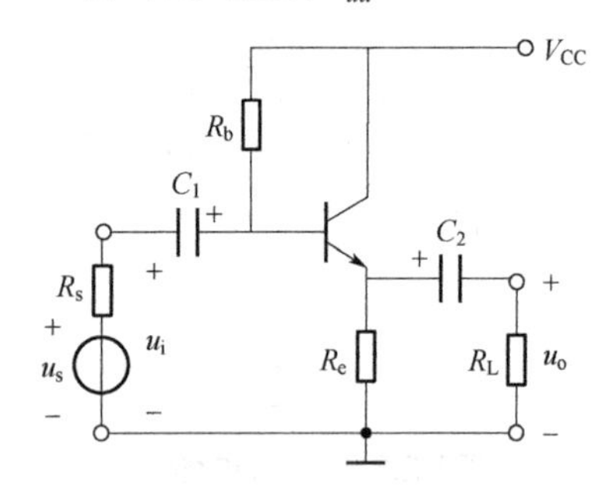

图 P2.11 题 2.9 电路图

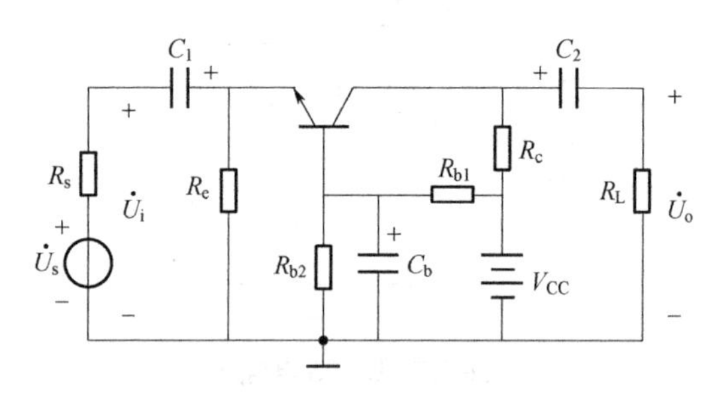

图 P2.12 题 2.10 电路图

2.11 场效应管放大电路如图 P2.13（a）所示。已知图中 VT 管为 N 沟道耗尽型管，其转移特性曲线如图 P2.13（b）所示，$V_{DD}=15V$，$R_d=15k\Omega$，$R_s=8k\Omega$，$R_g=100k\Omega$，$R_L=75k\Omega$。试计算：

（1）静态工作点Q（I_{DQ}、U_{GSQ}、U_{DSQ}）。

（2）输入电阻R_i、输出电阻R_o。

（3）电压放大倍数$\dot{A}_{uu}$。

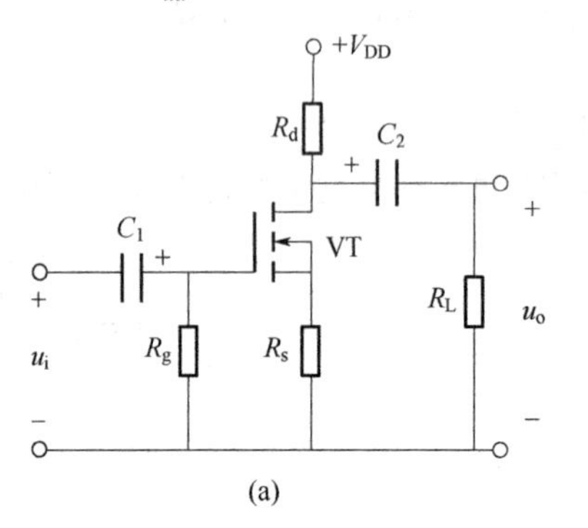

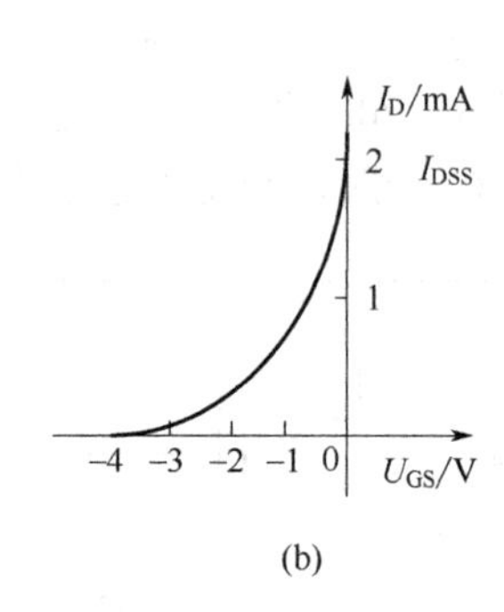

图 P2.13 题 2.11 电路图

2.12 场效应管工作点稳定放大电路如图P2.14所示，图中场效应管为 N 沟道结型结构。已知场效应管的$U_{GS(off)}=-4V$，$I_{DSS}=1mA$，$V_{DD}=16V$，$R_1=160k\Omega$，$R_2=40k\Omega$，$R_g=1M\Omega$，$R_d=10k\Omega$，$R_s=8k\Omega$，$R_L=1M\Omega$。试计算：

（1）静态工作点Q（I_{DQ}、U_{GSQ}、U_{DSQ}）。

（2）输入电阻R_i、输出电阻R_o。

（3）电压放大倍数$\dot{A}_{uu}$。

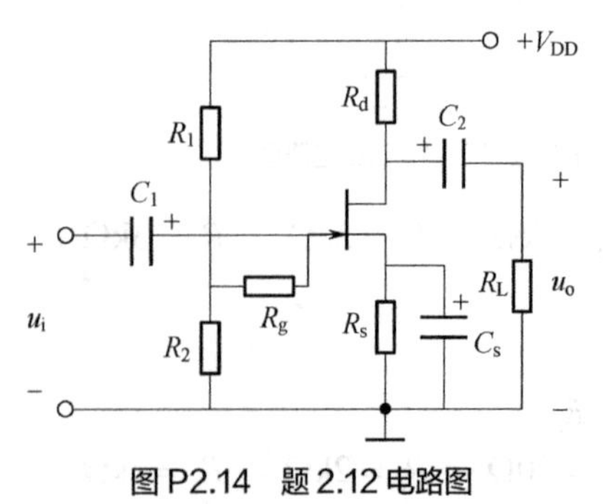

图 P2.14 题 2.12 电路图

第3章
集成运算放大器

导引——电子技术发展历程

上一章学习的基本放大电路是由一个放大元件构成的单级放大电路，它输出的信号，无论大小还是功率都非常有限，难以满足更广泛的应用。人们自然想到，将单级放大电路级联为多级放大电路，提高输出信号幅度和功率，满足生产、生活的需要。但随之带来的问题是电路越来越复杂、庞大，可靠性、稳定性越来越差。集成电路的出现，使上述问题迎刃而解。

电子技术发展历程如图 3.0.1 所示。

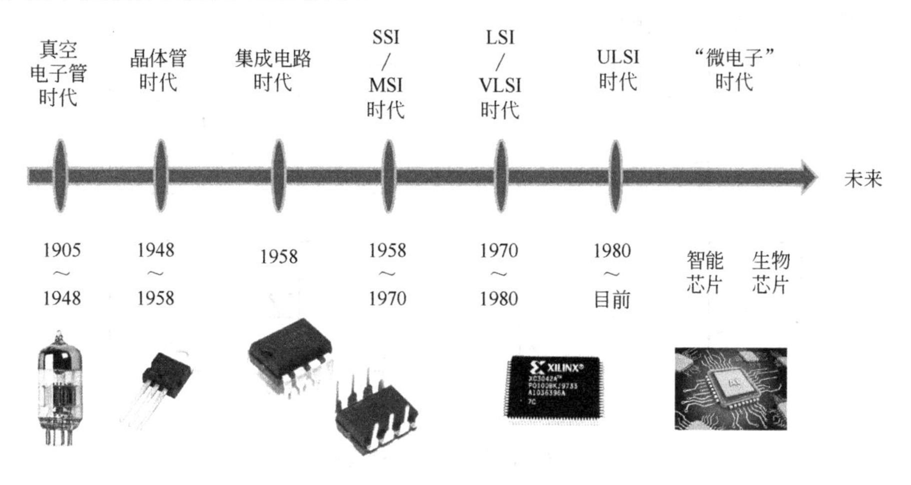

图 3.0.1　电子技术发展历程

1904 年弗莱明利用热电效应制成了电子二极管，人类进入早期电子技术时代。

1948 年贝尔实验室的几位研究人员用半导体材料做成的第一个晶体管，标志着电子技术时代的又一个里程碑，这之后在大多数领域中逐渐用晶体管取代了电子管。

20 世纪 50 年代末提出“集成”的观点，集成电路的出现和应用，标志着电子技术发展到一个新阶段。

1960 年集成电路处于“小规模集成”阶段，每个半导体芯片上有不到 100 个元器件。

1966 年进入“中规模集成”阶段，每个芯片上有 100～1000 个元器件。

1969 年进入“大规模集成”阶段，每个芯片上的元器件达到 10000 左右。

1975 年更进一步跨入“超大规模集成”阶段，每个芯片上的元器件多达 10000 个以上。

目前的超大规模集成，在几十平方毫米的芯片上有上百万个元器件，我们已经进入“微电子”时代。

电子技术的不断进步，大大促进了先进科学技术的发展，电子技术的应用已经渗透到了人类生活和生产的各个方面。有学者将之归纳为五个方面，即元器件制造工业（Component）、通信（Communication）、控制（Control）、计算机（Computer）和文化生活（Culture）。

电子技术的发展，未来可期。

3.1 多级放大电路和复合管放大电路

一般来说，在进行放大电路的设计时，一种基本放大电路很难满足各项指标的要求，这就要求对各种基本放大电路的特性扬长避短，实际应用中常把若干个基本放大电路连接起来组成多级放大电路，或者用多个晶体管构成复合管，组成复合管放大电路。

3.1.1 多级放大电路

多级放大电路是由基本放大电路级联而成的，其中的每个基本放大电路叫作一“级”，级与级之间的信号传输方式称为耦合方式。常见的耦合方式有阻容耦合、直接耦合、变压器耦合和光电耦合四种类型，如图 3.1.1 所示为四种耦合方式框图。

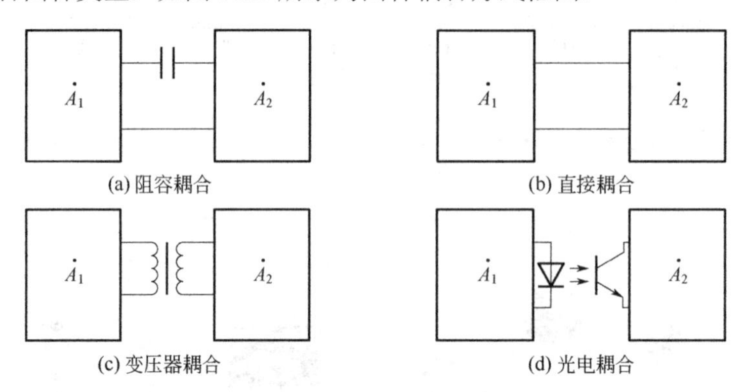

图 3.1.1 四种耦合方式框图

下面分别介绍其电路的组成方式、电路特点及分析方法。

3.1.1.1 多级放大电路的耦合方式

（1）阻容耦合

以共发射极-共集电极两级阻容耦合放大电路为例，如图 3.1.2 所示，VT_1 组成静态工作点稳定的分压式偏置共射极放大电路，VT_2 组成共集电极放大电路。其中 C_1 是信号源与放大电路的耦合电容，C_2 是两级放大电路间的耦合电容，C_4 是放大电路与负载间的耦合电容。

阻容耦合式多级放大电路的优点是：

① 各级放大电路静态工作点彼此独立，便于计算与调试。

② 电路比较简单，体积较小（相对于变压器耦合）。

阻容耦合式多级放大电路的缺点是：

① 低频特性差，只能放大交流信号，不能放大直流及变化缓慢的信号。

② 耦合电容容量较大，不易集成。

（2）直接耦合

直接耦合式多级放大电路如图3.1.3所示，VT_1组成基本共发射极放大电路，VT_2组成共集电极放大电路。

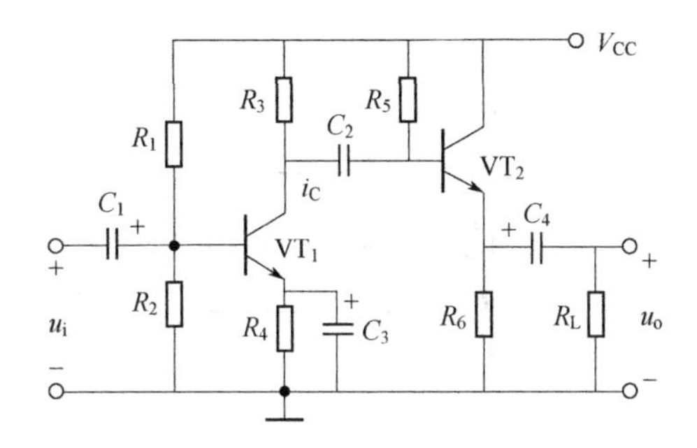

图3.1.2 阻容耦合式多级放大电路

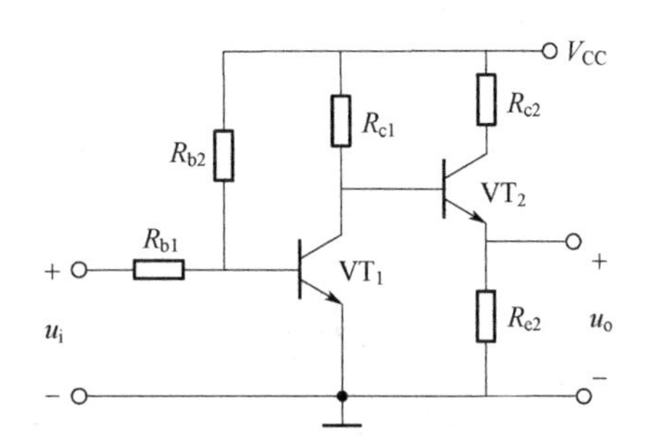

图3.1.3 直接耦合式多级放大电路

直接耦合式多级放大电路的优点是：

① 元件少，体积小，易集成。

② 有良好的低频特性，可放大直流和变化缓慢的信号。

直接耦合式多级放大电路的缺点是：

① 各级静态工作点相互影响，计算和调试困难；前后级需要互相配合，采取适当措施，才能保证各级的正常工作。

② 存在零点漂移（输入信号为零时，输出电压产生变化的现象），尤其是第一级产生零点漂移时，经后面各级逐步放大，最终会产生严重的零点漂移。

（3）变压器耦合

将放大电路输出信号通过变压器接到后级的输入端或负载，称为变压器耦合。图3.1.4（a）所示为变压器耦合式共发射极放大电路，其微变等效电路如图3.1.4（b）所示。

变压器耦合式多级放大电路的优点是：

① 各级间直流静态工作点彼此独立，互不影响，便于计算和调试。

② 可以进行阻抗匹配，以满足最大功率传输的要求。

变压器耦合式多级放大电路的缺点是：

① 低频特性差，只能放大交流信号，不能放大直流及缓慢变化的信号。

② 体积大，笨重，不能集成化，也不便于小型化。

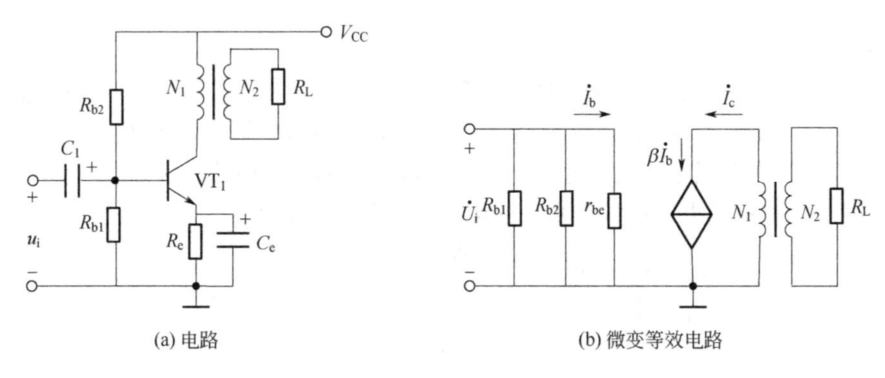

图3.1.4 变压器耦合式共发射极放大电路

(4)光电耦合

光电耦合就是利用光信号来实现电信号的耦合传输。如图 3.1.5(a)所示，该电路输入和输出回路彼此隔离，可以避免干扰。图中方框内是光电耦合器，其输入、输出传输特性曲线如图 3.1.5(b)所示。

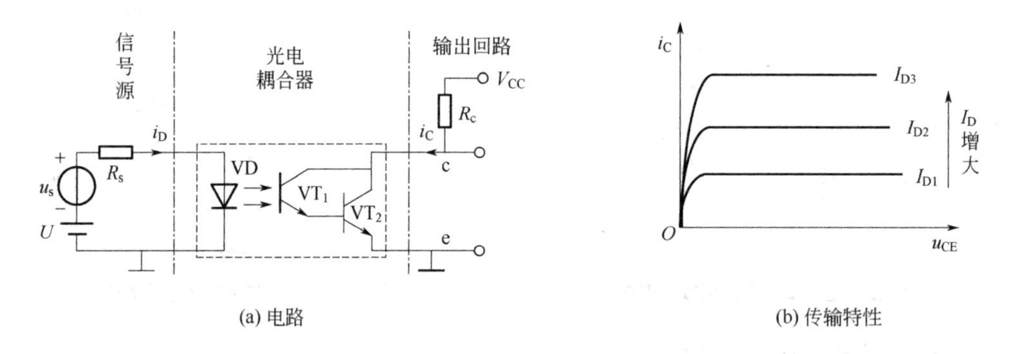

图 3.1.5 光电耦合式多级放大电路及其传输特性

光电耦合式多级放大电路的优点：抗干扰能力强，传输损耗小，工作可靠等，并具有电气隔离作用，应用越来越广泛。

光电耦合式多级放大电路的缺点：

光路比较复杂，光信号的操作与调试需要精心设计。

3.1.1.2 多级放大电路的分析

多级放大电路可用图 3.1.6 所示框图描述，分析过程依然遵循先直流、后交流的顺序。

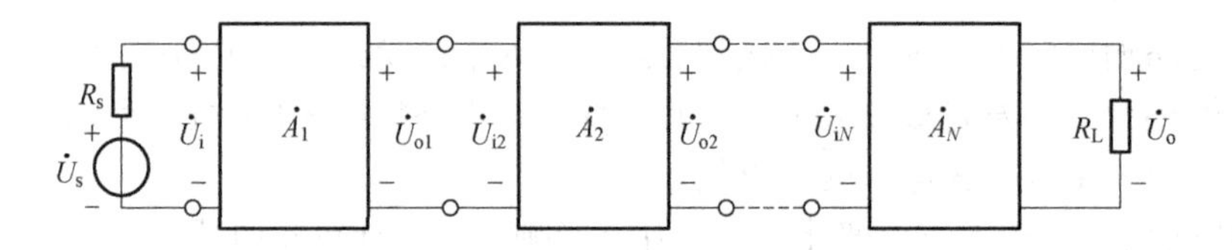

图 3.1.6 多级放大电路框图

(1)静态分析

由于阻容耦合、变压器耦合的各级静态工作点相互独立，故其分析计算方法与前述的单级放大电路的方法相同，这里不再讨论。

(2)动态分析

对多级放大电路的动态分析主要也是计算电压放大倍数、输入电阻和输出电阻三个主要参数。由图 3.1.6 可知，对多级放大电路进行分析时，必须考虑到级与级之间的相互影响。通常是将前级电路作为后级电路的信号源，而后级电路作为前级电路的负载。

① 多级放大电路的电压放大倍数 由电压放大倍数定义得：

$$\dot{A}_u=\frac{\dot{U}_o}{\dot{U}_i}=\frac{\dot{U}_{o1}}{\dot{U}_i}\times\frac{\dot{U}_{o2}}{\dot{U}_{o1}}\times\cdots\times\frac{\dot{U}_{o(N-1)}}{\dot{U}_{o(N-2)}}\times\frac{\dot{U}_o}{\dot{U}_{o(N-1)}}=\dot{A}_{u1}\dot{A}_{u2}\cdots\dot{A}_{uN} \tag{3.1.1}$$

$$\dot{A}_u=\prod_{j=1}^{N}\dot{A}_{uj} \tag{3.1.2}$$

也可用电压增益表示为：

$$20\lg|\dot{A}_u| = 20\lg|\dot{A}_{u1}| + 20\lg|\dot{A}_{u2}| + \cdots + 20\lg|\dot{A}_{uN}| \tag{3.1.3}$$

即多级放大电路总的电压放大倍数等于组成它的各级放大电路电压放大倍数的乘积，或多级放大电路总的电压增益等于组成它的各级放大电路电压增益之和。

② 输入电阻　根据放大电路输入电阻的定义，多级放大电路的输入电阻就是其第一级的输入电阻，即：

$$R_i = R_{i1} \tag{3.1.4}$$

在计算输入电阻时，要注意的是，当共集电极放大电路作为输入级（第一级）时，它的输入电阻与其负载，即第二级的输入电阻有关。

③ 输出电阻　根据放大电路输出电阻的定义，多级放大电路的输出电阻等于最后一级的输出电阻，即：

$$R_o = R_{oN} \tag{3.1.5}$$

在计算输出电阻时，同样要注意的是，当共集电极放大电路作为输出级（末级）时，它的输出电阻与其信号源内阻，即倒数第二级的输出电阻有关。

【例 3.1.1】 已知图 3.1.2 所示电路中，$R_1 = 15\text{k}\Omega$，$R_2 = R_3 = 5\text{k}\Omega$，$R_4 = 2.3\text{k}\Omega$，$R_5 = 100\text{k}\Omega$，$R_6 = R_L = 5\text{k}\Omega$，$V_{CC} = 12\text{V}$，晶体管 β 均为 100，$r_{be1} = 2.1\text{k}\Omega$，$r_{be2} = 1.5\text{k}\Omega$，$U_{BEQ1} = U_{BEQ2} = 0.7\text{V}$。试估算：

① 电路的 Q 点。

② $\dot{A}_u$、R_i、R_o。

【解】 ① 阻容耦合电路各级静态工作点彼此独立。

第一级 Q 点估算：

$$V_{BQ1} = \frac{R_2}{R_1 + R_2} V_{CC} = \frac{5}{15+5} \times 12 = 3(\text{V})$$

$$I_{EQ1} = \frac{V_{BQ1} - U_{BEQ1}}{R_4} = \frac{3 - 0.7}{2.3} = 1(\text{mA})$$

$$I_{BQ1} = \frac{I_{EQ1}}{1+\beta_1} = \frac{1}{101} \times 10^3 = 9.9(\mu\text{A})$$

$$U_{CEQ1} \approx V_{CC} - I_{EQ1}(R_3 + R_4) = 12 - 1 \times (5 + 2.3) = 4.7(\text{V})$$

第二级 Q 点估算：

$$I_{BQ2} = \frac{V_{CC} - U_{BEQ2}}{R_5 + (1+\beta_2)R_6} = \frac{12 - 0.7}{100 + (1+100) \times 5} \times 10^3 = 18.7(\mu\text{A})$$

$$I_{EQ2} = (1+\beta_2) I_{BQ2} = (1+100) \times 18.7 = 1888.7(\mu\text{A})\text{，约为1.9mA}$$

$$U_{CEQ2} \approx V_{CC} - I_{EQ2} R_6 = 12 - 1.9 \times 5 = 2.5(\text{V})$$

② 求解 $\dot{A}_u$、R_i、R_o。

图 3.1.2 所示电路的微变等效电路如图 3.1.7 所示。

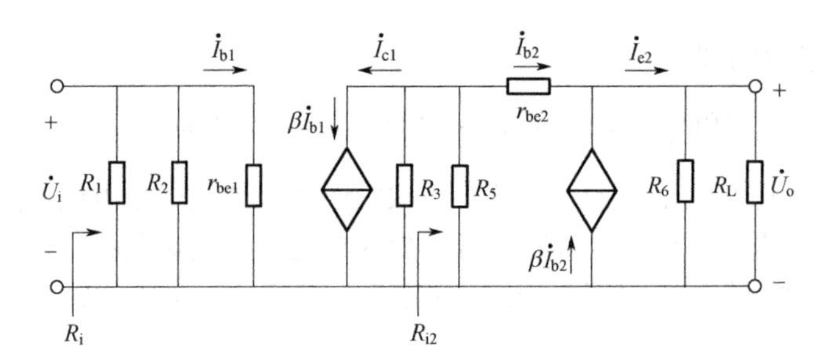

图 3.1.7 图 3.1.2 所示电路的微变等效电路

$$R_{i2}=R_5//[r_{be2}+(1+\beta_2)(R_6//R_L)]=100//[1.5+(1+100)(5//5)]\approx71.8(k\Omega)$$

$$\dot{A}_{u1}=-\frac{\beta_1(R_3//R_{i2})}{r_{be1}}=-\frac{100\times4.67}{2.1}\approx-222$$

$$\dot{A}_{u2}=\frac{(1+\beta_2)(R_6//R_L)}{r_{be2}+(1+\beta_2)(R_6//R_L)}=\frac{101\times2.5}{1.5+101\times2.5}\approx0.994$$

$$\dot{A}_u=\dot{A}_{u1}\dot{A}_{u2}\approx-222\times0.994\approx-221$$

$$R_i=R_{i1}=R_1//R_2//r_{be1}\approx1.35(k\Omega)$$

$$R_o=R_{o2}=R_6//\frac{r_{be2}+R_3//R_5}{1+\beta_2}\approx\left(5//\frac{1.5+4.76}{101}\right)\times10^3\approx61(\Omega)$$

3.1.2 复合管放大电路

为改善放大电路的性能（如提高放大倍数、输入电阻等），可用复合管（也称为达林顿管）来取代基本放大电路中的晶体三极管，这种放大电路就是复合管放大电路。

3.1.2.1 复合管

复合三极管是由两个晶体三极管复合而成的，分为同类型复合管（两只管子同为 NPN 型或 PNP 型）和不同类型复合管（一个是 NPN 型，另一个是 PNP 型），如图 3.1.8 所示。

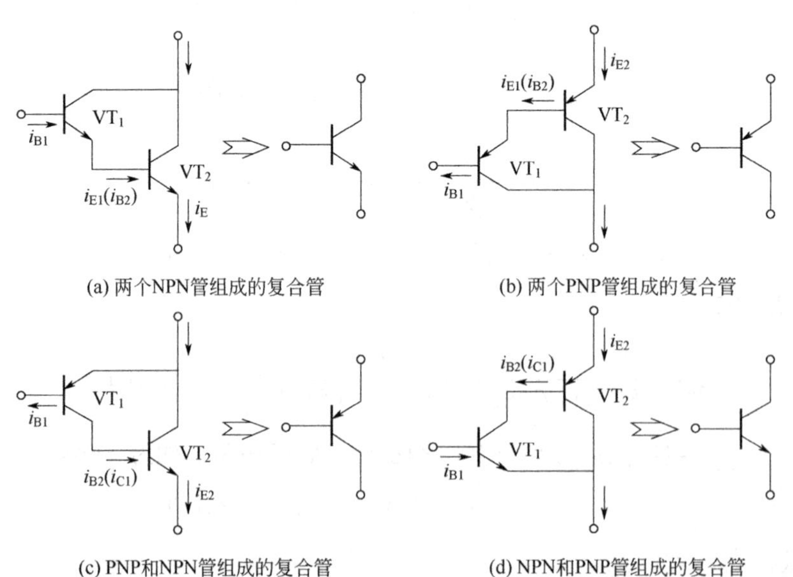

图 3.1.8 复合管（达林顿管）

（1）复合管的组成原则

在正确的外加电压下，每个管子的各极电流均有合适的通路，且均工作在放大区。为了实现电流放大，应将第一个管子的集电极或发射极电流作为第二个管子的基极电流。

（2）复合管的主要参数

① 电流放大倍数　由图 3.1.8（a）得：

$$i_C = i_{C1} + i_{C2} = \beta_1 i_{B1} + \beta_2(1+\beta_1)i_{B1} = (\beta_1 + \beta_2 + \beta_1\beta_2)i_{B1}$$

一般 β_1、β_2 至少为几十，$\beta_1\beta_2 \gg \beta_1 + \beta_2$，上式近似为：

$$i_C \approx \beta_1\beta_2 i_{B1} \approx \beta i_B$$

$$\beta \approx \beta_1\beta_2 \tag{3.1.6}$$

其他复合管也有相同结论，即复合管电流放大倍数近似为构成复合管的各管子电流放大倍数的乘积。

② 电阻 r_{be}

a. 对于图 3.1.8（a）、（b）所示同类型复合管：

$$r_{be} = r_{be1} + (1+\beta_1)r_{be2} \tag{3.1.7}$$

b. 对于图 3.1.8（c）、（d）所示不同类型复合管：

$$r_{be} = r_{be1} \tag{3.1.8}$$

3.1.2.2　复合管放大电路的分析

对采用复合管构成的组合放大电路，分析方法有两种：其一，可将复合管等效为单个晶体三极管，其参数 β 和 r_{be} 按照其类型分别按照式（3.1.6）、式（3.1.7）或式（3.1.8）计算。所以复合管放大电路可以按照单管放大电路的分析方法进行；其二，可将复合管视为两个晶体三极管，画出微变等效电路，进行动态分析。

【例 3.1.2】 图 3.1.9（a）所示为复合管共发射极放大电路。试分析电路的电压放大倍数 $\dot{A}_u$、输入电阻 R_i 和输出电阻 R_o。

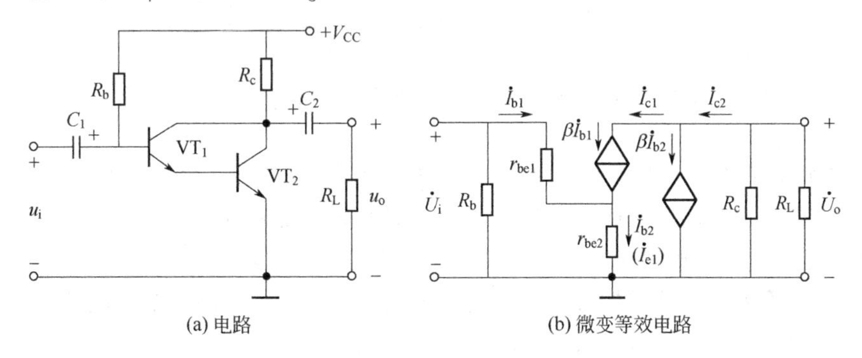

图 3.1.9　例 3.1.2 电路图

【解】 本题电路的微变等效电路如图 3.1.9（b）所示。

$$i_c = i_{c1} + i_{c2} \approx \beta_1\beta_2 i_{b1}$$

$$\dot{U}_i = \dot{I}_{b1}r_{be1} + \dot{I}_{b2}r_{be2} = \dot{I}_{b1}r_{be1} + \dot{I}_{b1}(1+\beta_1)r_{be2}$$

$$\dot{U}_o \approx -\beta_1\beta_2\dot{I}_{b1}(R_c // R_L)$$

$$\dot{A}_u=\frac{\dot{U}_o}{\dot{U}_i}=\frac{-\beta_1\beta_2\dot{I}_{b1}(R_c//R_L)}{\dot{I}_{b1}r_{be1}+\dot{I}_{b1}(1+\beta_1)r_{be2}}=-\frac{\beta_1\beta_2(R_c//R_L)}{r_{be1}+(1+\beta_1)r_{be2}}$$

$$R_i=R_b//[r_{be1}+(1+\beta_1)r_{be1}]$$

$$R_o=R_c$$

3.2 集成运算放大电路概述

电子技术发展的一个重要方向和趋势就是集成化，因此，集成运算放大电路是本课程的重点内容之一。

集成电路简称IC（Integrated Circuit），是20世纪50年代末期发展起来的一种半导体器件。它是在半导体制造工艺的基础上，将各种元器件和连线等集成在一片硅片上制成的，因此密度高、引线短、外部接线大为减少，从而提高了电子设备的可靠性和灵活性，同时降低了成本，为电子技术的应用开辟了一个新的时代。集成电路诞生以来，经历了从小规模（SSI）、中规模（MSI）、大规模（LSI）、超大规模（VLSI）到目前的特大规模（ULSI）、巨大规模（GSI）的过程。

集成电路按其功能的不同，可以分为数字集成电路和模拟集成电路。

模拟集成电路又分有集成运算放大器（简称集成运放）、集成功率放大器、集成高频放大器、集成中频放大器、集成比较器、集成乘法器、集成稳压器、集成数模和模数转换器以及集成锁相环等。

集成电路按构成有源器件的类型来分，则有双极型和单极型（场效应管）等。

本课程主要介绍集成运算放大电路。

3.2.1 集成运算放大电路的结构特点

集成的概念是相对于分立电路而言的，与分立元件组成的放大电路相比，集成运算放大电路主要有以下几方面的特点：

① 集成运算放大电路内部各级间采用直接耦合方式，因为集成电路工艺不适于制造电容和电感，故不宜采用阻容耦合方式。

② 由于集成运算放大电路内部各元器件同处在一个硅片上，空间位置非常近，相邻元器件的参数对称性好，适于构成差分放大电路，能有效克服零点漂移。

③ 有源器件取代无源器件，在集成电路中制造三极管，特别是NPN型三极管，往往比制造电阻、电容等无源器件更加方便，占用更少的芯片面积，因而成本更低廉，所以在集成运算放大电路中，常常用三极管代替电阻，尤其是大电阻。

④ 集成电路中需用的二极管常用三极管的发射结来代替，只要将三极管的集电极与基极短接即可。这样制作的“二极管”的正向压降的温度系数与同类型三极管的发射结温度系数非常接近，提高了温度补偿性能。

总的来说，集成运算放大电路和分立器件的直接耦合放大电路在工作原理上基本相同，但在设计和电路的结构形式上两者存在较大的差别，在分析集成电路的结构和功能时应当予以注意。

3.2.2 集成运算放大电路的组成及功能

从原理上说，集成运算放大电路的内部实质上是一个具有高放大倍数的多级直接耦合放大电路，一般由输入级、中间级、输出级和偏置电路四部分组成，如图3.2.1所示。

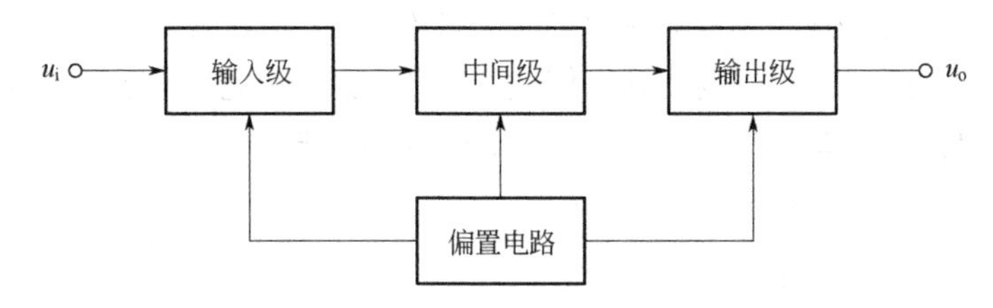

图3.2.1 集成运算放大电路框图

下面对集成运算放大电路各组成部分的作用和特点分别进行介绍。

3.2.2.1 输入级——差分放大电路

集成运算放大电路既然是多级直接耦合放大电路，就避免不了零点漂移。那么什么是零点漂移呢？

直接耦合放大电路，当输入信号为零时，其输出电压应保持不变（不一定是零）。但实际上，把一个多级直接耦合放大电路的输入端短接（$u_i = 0V$），测量其输出，结果并非保持恒定，而是缓慢地、无规则地变化着，这种现象就称为零点漂移，如图3.2.2所示。

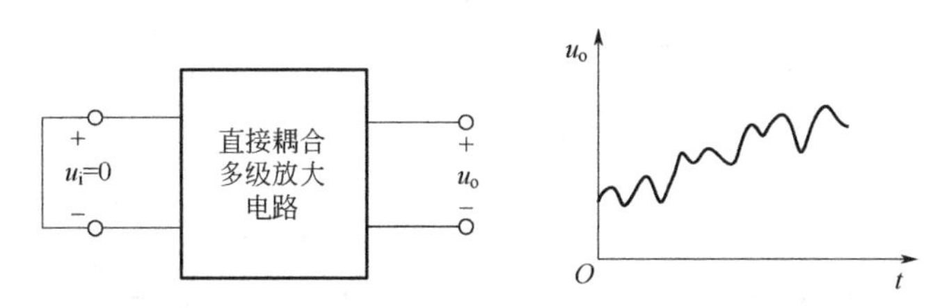

图3.2.2 直接耦合放大电路的零点漂移现象

当放大电路有输入信号时，零点漂移会与输入信号一同出现在放大电路的输出端，可能出现漂移量大到与信号量相当，甚至大于信号量而产生信号被淹没的现象，使放大电路难以工作。因此，必须弄清产生零点漂移的原因，并采取必要的抑制措施。

引起零点漂移的原因是多方面的，如三极管参数（I_{CBO}、U_{BE}、β）随温度的变化，电源电压的波动，电路元器件参数的变化等。其中温度的影响是最重要的因素，因而零点漂移也称为温度漂移，简称温漂。在多级放大电路各级的漂移中，第一级的漂移影响最严重。由于直接耦合，第一级的漂移被逐级放大，以致影响整个放大电路的工作。所以，抑制漂移应从前级着手。

抑制零点漂移最有效的电路结构是差分放大电路，因此，集成运算放大电路的前级广泛采用差分放大电路。

常见应用的差分放大电路形式有：长尾式和恒流式。

图3.2.3所示是长尾式差分放大电路的演变过程，图3.2.3（a）是基本放大电路，当$u_i = 0$时检测到的u_o就是零漂。为避免零漂传到下一级，在图3.2.3（b）中引入可变电压源V，使其输出与u_o变化一致。这样的电压源V由与图3.2.3（a）基本放大电路完全一致的电路构成，

如图 3.2.3（c）所示，只要$u_{i1}=u_{i2}$，显然电路中$u_o=0$。这里定义$u_{i1}=u_{i2}$为共模信号，即大小相等、极性相同的两个信号；而定义$u_{i1}=-u_{i2}$为差模信号，即大小相等、极性相反的两个信号。

VT_1和VT_2构成完全对称的放大电路，为简化电路，将R_{e1}和R_{e2}合二为一，记为R_e（长尾电阻），并用一个V_{BB}为放大电路输入端提供静态值，如图 3.2.3（d）所示。由于引入R_e，若其他参数不变，则I_E会减小，电路静态值发生变化。为使静态工作点保持稳定，电路将R_e下方电位减小为$-V_{EE}$，以恢复原有的I_E，如图 3.2.3（e）所示。

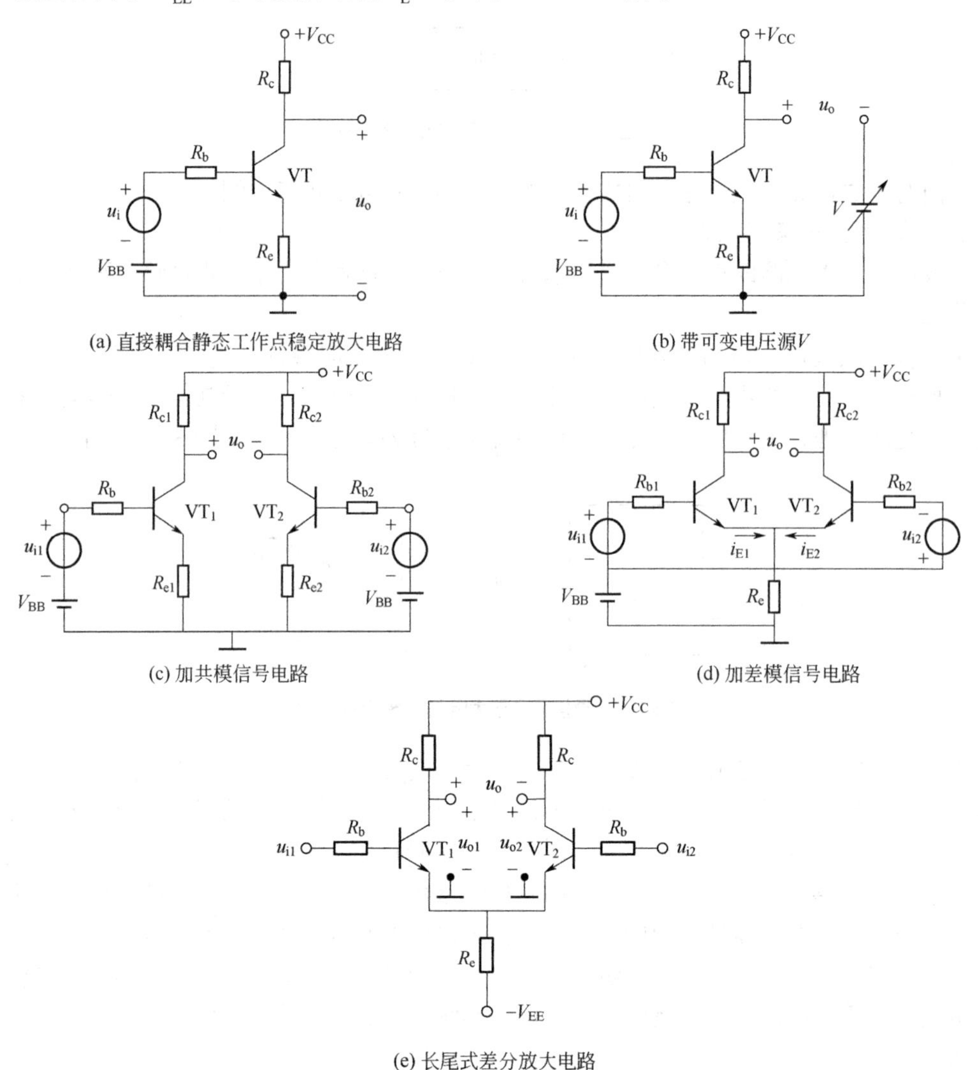

(a) 直接耦合静态工作点稳定放大电路

(b) 带可变电压源V

(c) 加共模信号电路

(d) 加差模信号电路

(e) 长尾式差分放大电路

图 3.2.3　两个晶体三极管组成的双端输入-双端输出差分放大电路

（1）长尾式差分放大电路分析

① 静态分析　如图 3.2.3(e)所示，当$u_i=0$即静态时，由电路结构对称性得，$\beta_1=\beta_2=\beta$，$r_{be1}=r_{be2}=r_{be}$，$R_{c1}=R_{c2}=R_c$，$R_{b1}=R_{b2}=R_b$，因此 VT_1、VT_2 的静态工作点一致，这里仅计算其一。

$$I_{BQ}R + U_{BEQ} + 2I_{EQ}R_e = V_{EE}$$

$$I_{BQ} = \frac{V_{EE} - U_{BEQ}}{R + 2(1+\beta)R_e}$$

$$I_{CQ} = \beta I_{BQ}$$

$$V_{CQ} = V_{CC} - I_{CQ}R_c \tag{3.2.1}$$

$$V_{EQ} = -I_{BQ}R_b - U_{BEQ} \tag{3.2.2}$$

通常情况下，R_b 阻值很小（很多情况下 R_b 为信号源内阻），而且 I_{BQ} 也很小，所以 R_b 上的电压可忽略不计，则：

$$V_{EQ} \approx -U_{BEQ}$$

$$U_{CEQ} = V_{CQ} - V_{EQ} = V_{CC} - I_{CQ}R_c + U_{BEQ} \tag{3.2.3}$$

② 动态分析　当在差分放大电路输入端加共模信号时（$u_{i1} = u_{i2}$），如图 3.2.3（c）所示，显然 $u_o = 0\text{V}$，此时：

$$\dot{A}_c = \frac{u_o}{u_i} = 0 \tag{3.2.4}$$

式中，$\dot{A}_c$ 为共模电压放大倍数。此时说明差分放大电路对共模信号起到抑制作用。

在图 3.2.3（e）中，当输入差模信号时（$u_{i1} = -u_{i2}$），流经 R_e 的电流相互抵消，V_E 交流电位不变，故将 R_e 视为短路，因此长尾式差分放大电路的交流通路如图 3.2.4（a）所示。

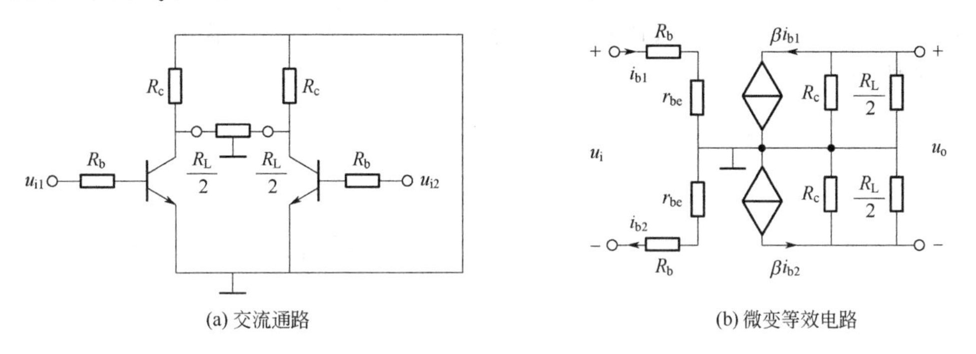

(a) 交流通路　　(b) 微变等效电路

图 3.2.4　长尾式差分放大电路的微变等效电路

图 3.2.4（a）中，R_L 为接在两个三极管集电极之间的负载电阻。当输入差模信号时，一个管集电极电位降低，另一个管集电极电位升高，可以认为 R_L 中点处的电位保持不变，也就是说，在 $R_L/2$ 处相当于交流接地。根据交流通路可得微变等效电路，如图 3.2.4（b）所示。

$$u_{id} = i_{b1}(R_{b1} + r_{be1}) + i_{b2}(R_{b2} + r_{be2}) = 2i_b(R_b + r_{be})$$

$$u_{od} = -i_{c2}\left(R_{c2} // \frac{R_L}{2}\right) - i_{c1}\left(R_{c1} // \frac{R_L}{2}\right) = -2i_c\left(R_c // \frac{R_L}{2}\right) = -2\beta i_b\left(R_c // \frac{R_L}{2}\right)$$

$$\dot{A}_d = \frac{u_{od}}{u_{id}} = \frac{-2\beta i_b\left(R_c // \frac{R_L}{2}\right)}{2i_b(R_b + r_{be})} = -\frac{\beta\left(R_c // \frac{R_L}{2}\right)}{R_b + r_{be}} \tag{3.2.5}$$

式中，u_{id}为差分输入；u_{od}为差分输出；$\dot{A}_{\mathrm{d}}$为差模电压放大倍数。

差模输入电阻：

$$R_{\mathrm{id}} = 2(R_{\mathrm{b}} + r_{\mathrm{be}}) \tag{3.2.6}$$

差模输出电阻：

$$R_{\mathrm{od}} = 2R_{\mathrm{c}} \tag{3.2.7}$$

为更好地描述差分放大电路抑制共模信号的能力，引入共模抑制比（K_{CMR}）的概念：

$$K_{\mathrm{CMR}} = \frac{|A_{\mathrm{d}}|}{|A_{\mathrm{c}}|} \quad 或 \quad 20\lg\frac{|A_{\mathrm{d}}|}{|A_{\mathrm{c}}|}\mathrm{dB} \tag{3.2.8}$$

其值越大，表示电路抑制共模信号的能力越强，当电路参数理想对称时，$K_{\mathrm{CMR}} \to \infty$。

（2）恒流式差分放大电路分析

在前面分析的差分放大电路中，增大长尾电阻R_{e}的阻值，能够有效地抑制每一边电路的温漂。但是，R_{e}越大，为得到稳定的静态工作电流，需要的负电源$-V_{\mathrm{EE}}$的值越大，这是很难实现的。

那么，如何实现既有很大的长尾电阻R_{e}，又能采用较低的电源电压$-V_{\mathrm{EE}}$呢？可以考虑采用一个三极管代替原来的长尾电阻R_{e}。

在三极管输出特性的放大区，当集电极电压有一个较大的变化量Δu_{CE}时，集电极电流i_{c}基本不变，如图 3.2.5 所示。此时三极管 c、e 之间的等效电阻$r_{\mathrm{ce}} = \dfrac{\Delta u_{\mathrm{CE}}}{\Delta i_{\mathrm{C}}}$的值很大。用恒流三极管充当一个阻值很大的长尾电阻$R_{\mathrm{e}}$，既可在不用大电阻的条件下有效地抑制零漂，又适合集成电路制造工艺中用三极管代替大电阻的特点，因此，这种方法在集成运放中被广泛采用，如图 3.2.6 所示。

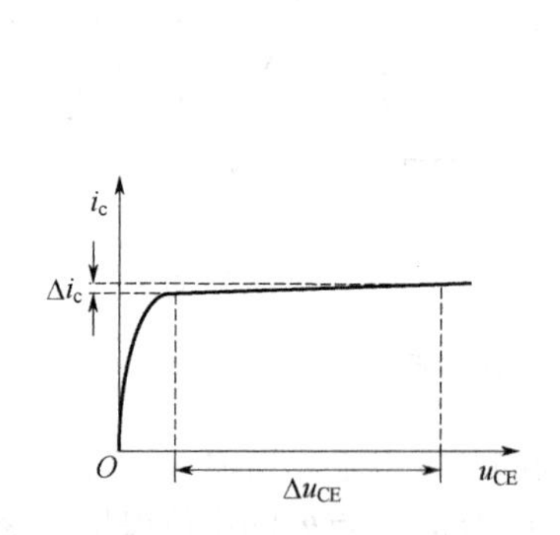

图 3.2.5　三极管输出特性放大区恒流特性

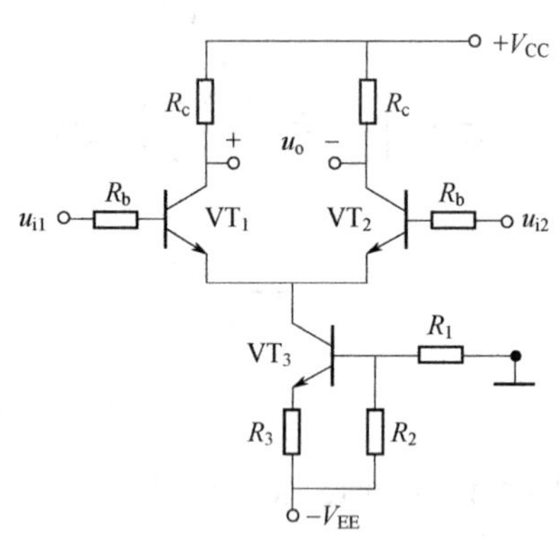

图 3.2.6　恒流式差分放大电路

① 静态分析　估算恒流式差分放大电路的静态工作点时，通常从确定恒流三极管的电流开始。

$$U_{R_2} \approx \frac{R_2}{R_1 + R_2}V_{\mathrm{EE}}$$

$$I_{CQ3} \approx I_{\mathrm{E}Q3} = \frac{U_{R_2} - U_{\mathrm{BE}Q3}}{R_3}$$

$$I_{CQ1}=I_{CQ2}\approx\frac{1}{2}I_{CQ3}$$

$$I_{BQ1}=I_{BQ2}\approx\frac{I_{CQ1}}{\beta_1}$$

$$V_{CQ1}=V_{CQ2}=V_{CC}-I_{CQ1}R_c$$

$$V_{EQ1}=V_{EQ2}=-U_{BEQ1}-I_{BQ1}R_b$$

$$U_{CEQ1}=U_{CEQ2}=V_{CQ1}-V_{EQ1}=V_{CC}-I_{CQ1}R_c+U_{BEQ1}+I_{BQ1}R_b$$

② 动态分析　因为恒流三极管相当于一个阻值很大的长尾电阻，它的作用也是引入一个共模负反馈，对差模电压放大倍数没有影响，所以恒流式差分放大电路的交流通路与长尾式差分放大电路的交流通路相同，如图 3.2.4 所示。因而，差模放大倍数：

$$\dot{A}_d=\frac{u_{od}}{u_{id}}=\frac{-2\beta i_b\left(R_c//\frac{R_L}{2}\right)}{2i_b(R_b+r_{be})}=-\frac{\beta\left(R_c//\frac{R_L}{2}\right)}{R_b+r_{be}}$$

差模输入电阻：

$$R_{id}=2(R_b+r_{be})$$

差模输出电阻：

$$R_{od}=2R_c$$

现在再来讨论在图 3.2.3（e）所示长尾式差分放大电路中，如果从 VT_1 集电极或 VT_2 集电极单端输出，则电压放大倍数分别为：

$$\dot{A}_d=\frac{u_{o1d}}{u_{id}}=-\frac{1}{2}\times\frac{\beta R_c}{(R_b+r_{be})}\qquad（VT_1\text{集电极输出}）\qquad(3.2.9)$$

$$\dot{A}_d=\frac{u_{o2d}}{u_{id}}=\frac{1}{2}\times\frac{\beta R_c}{(R_b+r_{be})}\qquad（VT_2\text{集电极输出}）\qquad(3.2.10)$$

可见，单端输出差分放大电路的电压放大倍数只有双端输出差分放大电路的一半。差分放大电路分有双端输入-双端输出和双端输入-单端输出两种。

此外，当差分放大电路一端有信号输入、另一输入端信号为零时，称为单端输入。同样，单端输入情况下有单端输入-双端输出和单端输入-单端输出两种。

差分放大电路按照输入输出组态的不同，共有四种。四种差分放大电路的比较见表 3.2.1。

表 3.2.1　四种差分放大电路的比较

输入方式	双端输入		单端输入	
输出方式	双端输出	单端输出	双端输出	单端输出
差模电压放大倍数 $\dot{A}_d$	$\dot{A}_d=-\frac{\beta R_c}{R_b+r_{be}}$	$\dot{A}_d=\pm\frac{1}{2}\times\frac{\beta R_c}{(R_b+r_{be})}$	$\dot{A}_d=-\frac{\beta R_c}{R_b+r_{be}}$	$\dot{A}_d=\pm\frac{1}{2}\times\frac{\beta R_c}{(R_b+r_{be})}$
差模输入电阻 R_{id}	$R_{id}=2(R_b+r_{be})$		$R_{id}=2(R_b+r_{be})$	
差模输出电阻 R_{od}	$R_{od}=2R_c$	$R_{od}=R_c$	$R_{od}=2R_c$	$R_{od}=R_c$
共模抑制比 K_{CMR}	很大	较大	很大	较大

3.2.2.2 中间级——改进的共发射极放大电路

中间级是整个放大电路的主放大器，其作用是使集成运放具有较强的放大能力，多采用共发射极放大电路。而且为了提高电压放大倍数，经常采用复合管作为放大管，以恒流源作为集电极电阻，其电压放大倍数可达千倍以上。

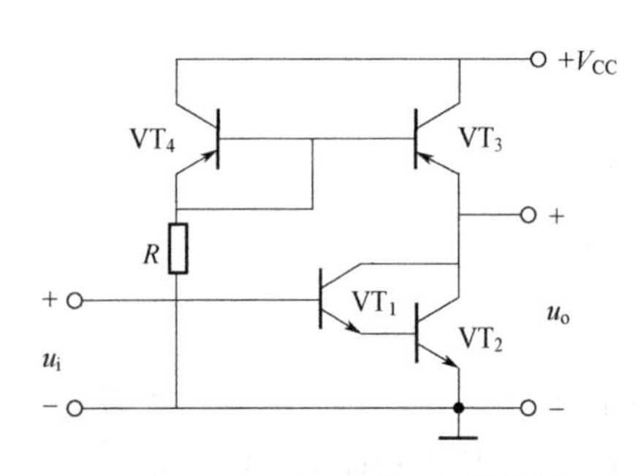

图 3.2.7 采用有源负载和复合管作为放大管的共发射极放大电路

为了提高电压放大倍数，集成运放的中间级经常利用三极管作为有源负载。另外，中间级的放大管有时采用复合管的结构形式。如图 3.2.7 所示，是一个利用复合管作为放大三极管，同时采用有源负载的共发射极放大电路。图中 VT_1 与 VT_2 组成的复合管是放大三极管，VT_3 为有源负载。

(1) 有源负载

所谓有源负载就是利用双极型三极管或场效应管（均为有源器件）充当负载电阻。共发射极放大电路的电压放大倍数的值$|\dot{A}_u|$与集电极负载电阻 R_c 的大小有关，R_c 越大，则$|\dot{A}_u|$也越大。但是，集成电路的工艺不便于制造大电阻。而当三极管工作在恒流区时，集电极与发射极之间的等效电阻 r_{ce} 的值很大。所以，在集成运放中，常常用三极管代替负载电阻 R_c，组成有源负载，以便于利用三极管等效电阻 r_{ce} 比较大的特点，获得较高的电压放大倍数。

(2) 复合管

集成运放的中间级采用复合管时，不仅可以得到很高的电流放大系数β，提高本级的电压放大倍数，而且能够大大提高本级的输入电阻，以免对前级放大倍数产生不良影响，特别是在前级采用有源负载时，其结果提高了集成运放总的电压放大倍数。

3.2.2.3 输出级——直接耦合互补输出电路

集成运放输出级的主要作用是提供足够的输出功率来满足负载的需要，同时应具有输出电阻较低（即带负载能力强）、非线性失真小等特点。另外，也希望输出级有较高的输入电阻，以免影响前级的电压放大倍数。一般不要求输出级提供很高的电压放大倍数。因此，集成运放的输出级多采用直接耦合互补输出电路。

此外，输出级应有过载保护措施，以防止在输出端意外短路或负载电流过大时烧毁功率三极管。

关于直接耦合互补输出电路将在本书第 8 章做详细讲解。

3.2.2.4 偏置电路——电流源电路

偏置电路用于设置集成运放各级放大电路的静态工作点。与分立元件不同，集成运放采用电流源电路为各级提供合适的集电极（或发射极、漏极、源极）静态工作电流，从而确定合适的静态工作点。

在集成运放中，常用偏置电路有镜像电流源电路、比例电流源电路和微电流源电路。

(1) 镜像电流源电路

镜像电流源主要利用三极管的恒流特性，电路如图 3.2.8 所示，VT_1 和 VT_2 是制作在同一硅片上相邻的两个晶体三极管，其中 VT_1 接成二极管形式。

三极管 VT_1、VT_2 的制作工艺、结构及构成材料均相同，因此，两管的性能参数相同，

则 $U_{BE1}=U_{BE2}=U_{BE}$，因此两管对应的电极电流也对称相等，即：

$$I_{B1}=I_{B2}=I_B,\quad I_{C1}=I_{C2}=I_C$$

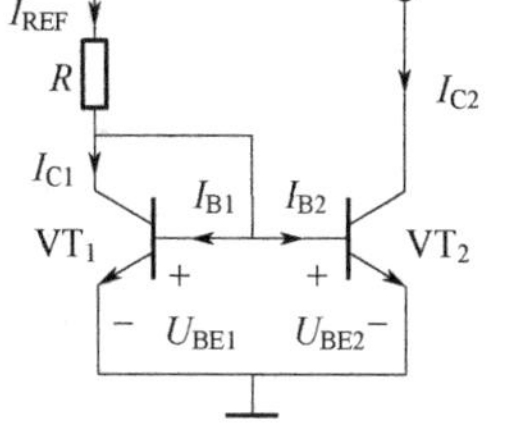

图 3.2.8　镜像电流源电路

电源 V_{CC} 通过电阻 R 和 VT_1 产生一个基准电流 I_{REF}，由图 3.2.8 可得：

$$I_{REF}=\frac{V_{CC}-U_{BE1}}{R} \tag{3.2.11}$$

$$I_{C2}=I_{C1}=I_{REF}-(I_{B1}+I_{B2})=I_{REF}-2I_B=I_{REF}-2\frac{I_{C2}}{\beta} \tag{3.2.12}$$

$$I_{C2}=\frac{I_{REF}}{1+\frac{2}{\beta}} \tag{3.2.13}$$

当满足条件 $\beta \gg 2$ 时，则：

$$I_{C2}\approx I_{REF}=\frac{V_{CC}-U_{BE1}}{R} \tag{3.2.14}$$

因为输出恒流 I_{C2} 和基准电流 I_{REF} 基本相等，它们之间如同是镜像的关系，所以称其为镜像电流源。通过镜像电流源在 VT_2 的集电极得到相应的 I_{C2}，作为提供给某个放大级的偏置电流。

（2）比例电流源电路

集成电路中对偏置电流的大小有不同的要求，在镜像电流源电路的基础上，在 VT_1、VT_2 的发射极分别接入两个电阻 R_1 和 R_2，即可组成比例电流源电路，如图 3.2.9 所示。

由图 3.2.9 可知：

$$U_{BE1}+I_{E1}R_1=U_{BE2}+I_{E2}R_2$$

VT_1、VT_2 是做在同一硅片上的两个相邻的三极管，因此可以认为 $U_{BE1}=U_{BE2}=U_{BE}$，则：

$$I_{E1}R_1=I_{E2}R_2$$

如果两管的基极电流可以忽略，由上式可得：

$$I_{C2}=\frac{R_1}{R_2}I_{C1}\approx\frac{R_1}{R_2}I_{REF} \tag{3.2.15}$$

可见两个三极管的集电极电流之比近似与发射极电阻的阻值成反比，故称为比例电流源。

（3）微电流源电路

镜像电流源电路适用于较大工作电流（毫安级电流）的场合，而在集成电路技术中更多情况下需要的是微安级电流，这可以采用微电流源实现。微电流源电路如图 3.2.10 所示。

微电流源电路是在镜像电流源的基础上，在 VT_2 发射极接入一个电阻 R_e，引入 R_e 后：

$$I_{C2}\approx I_{E2}=\frac{U_{BE1}-U_{BE2}}{R_e}=\frac{\Delta U_{BE}}{R_e} \tag{3.2.16}$$

由于 ΔU_{BE} 的数值很小，用阻值不大的 R_e 就能得到微小的电流 I_{C2}，作为需要微安级偏置电流的场合。

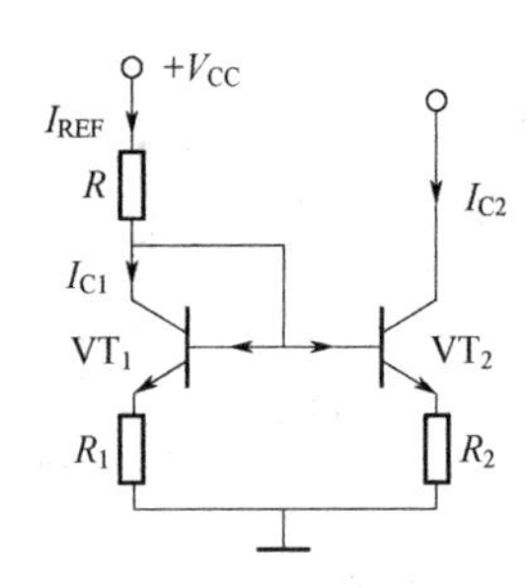

图 3.2.9 比例电流源电路

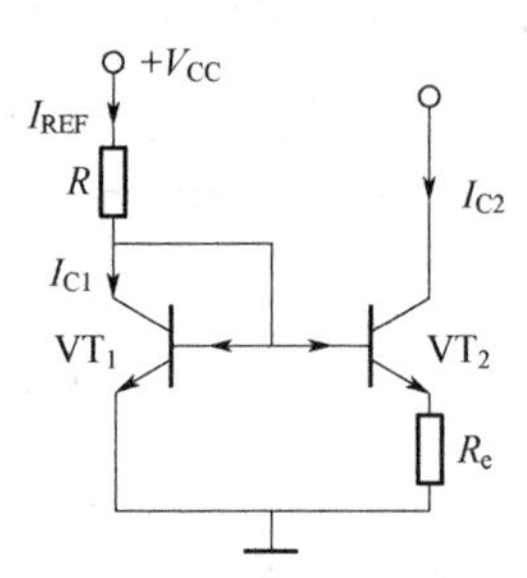

图 3.2.10 微电流源电路

3.3 集成运算放大器的典型电路及性能指标

集成运算放大器发展到今天，按性能指标分为通用型和专用型两大类。通用型集成运放应用于无特殊要求的电路之中，而专用型集成运放是为适应某些特殊要求专门设计的。

3.3.1 集成运算放大器的典型电路

F007 是国产通用型集成运放产品，国外同类产品有 LM741（美国 TI 产品）、μA741（美国 Fairchild 产品）、F741（日本 UNIPULSE 产品）、AD741（美国 Analog Devices 产品）等。F007（LM741）实物图和引脚图如图 3.3.1 所示。

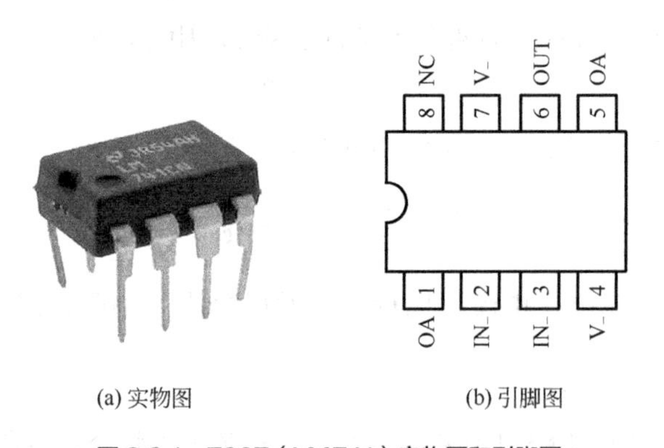

(a) 实物图　　(b) 引脚图

图 3.3.1 F007（LM741）实物图和引脚图

F007 的电路原理图如图 3.3.2 所示，其构成有输入级、偏置电路、中间级、输出级四部分。

3.3.1.1 偏置电路

F007 的偏置电路由图 3.3.2 中的 VT_8～VT_{13} 以及电阻 R_4、R_5 等元件组成。由图可知，流过电阻 R_5 的基准电流 I_{REF} 的值可根据下式进行估算：

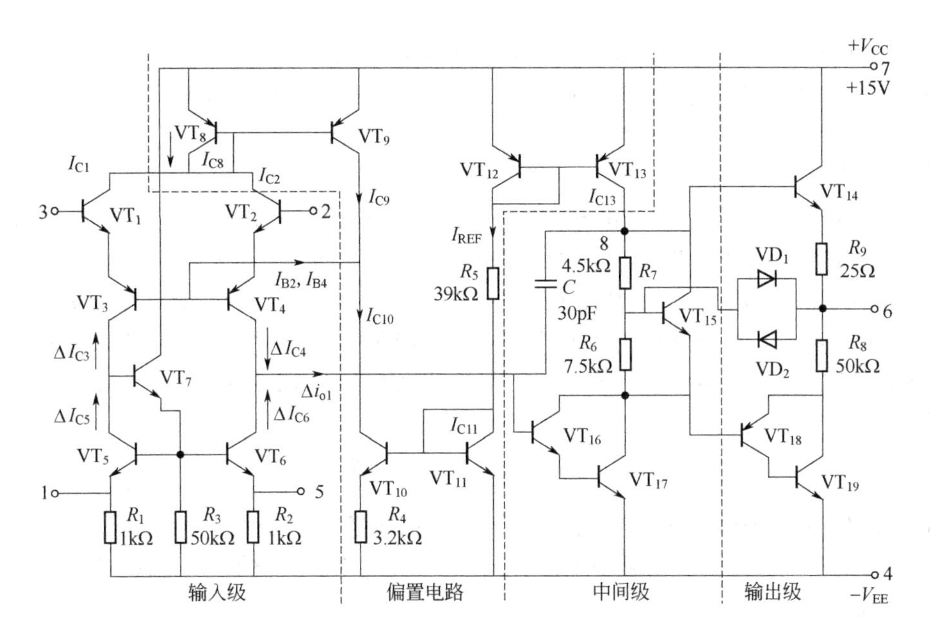

图 3.3.2 F007 的电路原理图

$$I_{REF}=\frac{V_{CC}+V_{EE}-U_{BE12}-U_{BE11}}{R_5} \tag{3.3.1}$$

有了基准电流，再产生各放大级所需的偏置电流。

其中 VT_{11}、VT_{10} 和 R_4 组成微电流源，因此 I_{C10} 比 I_{C11} 小得多，但更稳定。由 I_{C10} 提供 VT_9 的集电极电流 I_{C9} 和 VT_3、VT_4 的基流 I_{B3}、I_{B4}。VT_8、VT_9 组成的镜像电流源决定输入级 VT_1、VT_2 的集电极电流。所以输入级工作在弱电流状态，而且电流比较稳定。

VT_{12} 和 VT_{13} 组成另一组镜像电流源，产生 I_{C13}，提供中间级放大管 VT_{16}、VT_{17} 的静态电流。

3.3.1.2 输入级

F007 的输入级电路由 VT_1～VT_4 组成共集-共基差分放大电路，VT_5 和 VT_6 构成有源负载，代替负载电阻 R_c。差分输入信号由 VT_1、VT_2 的基极送入，从 VT_4 的集电极送出单端输出信号至中间级。

共集-共基差分放大电路是一种复合组态，兼有共集组态和共基组态的优点。其中，VT_1、VT_2 是共集组态，具有较高的差模输入电阻和共模输入电压；VT_3、VT_4 为共基组态，有电压放大作用，又因 VT_5 和 VT_6 充当有源负载，所以可得到很高的电压放大倍数。而且共基接法还使频率响应得到改善。

由图 3.3.2 可见，恒流源 $I_{C10}=I_{C9}+I_{B3}+I_{B4}$，假设由于温度升高使 I_{C1} 和 I_{C2} 增大，则 I_{C8} 也增大，而 I_{C8} 与 I_{C9} 是镜像关系，因此 I_{C9} 也随之增大。但 I_{C10} 是一个恒定电流，于是 I_{B3}、I_{B4} 减小，使 I_{C3}、I_{C4} 也减小，从而保持 I_{C1}、I_{C2} 稳定。

3.3.1.3 中间级

F007 的中间级电路，其输入信号来自输入级 VT_4 和 VT_6 的集电极，输出端接到输出级两个互补对称放大管的输入端。中间级以 VT_{16}、VT_{17} 组成的复合管作为放大管，以 VT_{13} 电流源为集电极有源负载，组成共发射极放大电路。所以中间级不仅能够提供很高的电压放大倍数，而且具有很高的输入电阻，避免降低前级的电压放大倍数。

为了防止产生自激振荡，在中间级放大管的基极和集电极之间接入一个 30pF 的校正电容。

3.3.1.4 输出级

输出级是准互补电路，VT_{18}和 VT_{19}复合而成的 PNP 型管与 NPN 型管 VT_{14}构成互补形式，为了弥补它们的非对称性，在发射极加了两个阻值不同的电阻 R_8 和 R_9。R_6 、R_7 和 VT_{15} 构成 U_{be} 倍增电路，为输出级设置合适的静态工作点，以消除交越失真（见第 8 章）。R_9 和 R_{10} 还作为输出电流 i_o（发射极电流）的采样电阻与 VD_1、VD_2 共同构成过流保护电路，这是因为 VT_{14} 导通时 R_7 上电压与二极管 VD_1 上电压之和等于 VT_{14} 管 b-e 间电压与 R_9 上电压之和，即：

$$u_{R_7} + u_{VD_1} = u_{BE14} + i_o R_9$$

当 i_o 未超过额定值时，$u_{VD_1} < U_{ON}$，VD_1 截止；而当 i_o 过大时，R_9 上电压变大使 VD_1 导通，为 VT_{14} 的基极分流，从而限制了 VT_{14} 的发射极电流，保护了 VT_{14} 管。VD_2 在 VT_{18} 和 VT_{19} 导通时起保护作用。

3.3.2 集成运算放大器的主要性能指标

3.3.2.1 开环差模电压放大倍数 A_{od}

A_{od} 是指集成运放在无外加反馈回路的情况下的差模电压放大倍数，即：

$$A_{od} = \frac{U_o}{U_{id}} \text{ 或 } 20\lg|A_{od}| = 20\lg\left|\frac{U_o}{U_{id}}\right| (\text{dB}) \tag{3.3.2}$$

对于集成运放而言，希望 A_{od} 大，且稳定。F007 的 A_{od} 大于 94dB，一般通用型集成运放的 A_{od} 在 100dB（10^5 倍）左右，高增益集成运放的 A_{od} 可高达 140dB（10^7 倍），理想集成运放认为 A_{od} 为无穷大。

3.3.2.2 最大输出电压 U_{opp}

最大输出电压是指在额定的电压下，集成运放的最大不失真输出电压的峰-峰值。如果 F007 电源电压为±15V 时的最大输出电压为±10V，按 $A_{od} = 10^5$ 计算，输出为±10V 时，输入差模电压 U_{id} 的峰-峰值为±0.1mV。输入信号超过±0.1mV 时，输出恒为±10V，不再随 U_{id} 变化，此时集成运放进入非线性工作状态（饱和），用集成运放的电压传输特性表示，如图 3.3.3 所示。

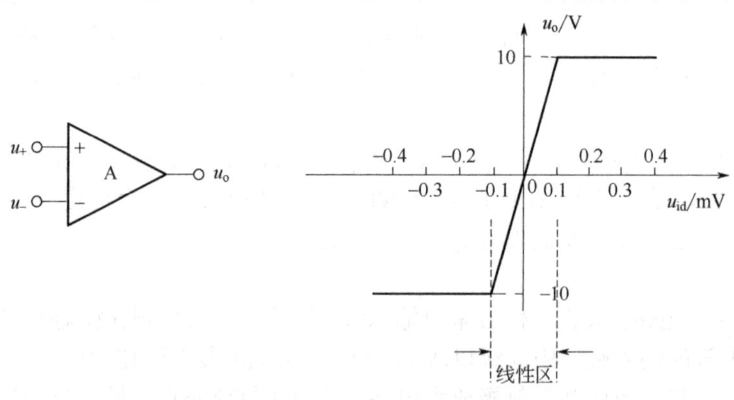

图 3.3.3 F007 电压传输特性

3.3.2.3 差模输入电阻 r_{id}

r_{id} 是集成运放对输入差模信号的输入电阻。r_{id} 越大，从信号源索取的电流越小。一般集成运放 r_{id} 为几百千欧至几兆欧。F007 的 r_{id} 为 $2M\Omega$。通常认为理想集成运放的 r_{id} 为无穷大。

3.3.2.4 输出电阻 r_o

r_o 的大小反映了集成运放在小信号输出时的负载能力。有时只用最大输出电流 I_{omax} 表示它的极限负载能力。通常认为理想集成运放的 r_o 为零。

3.3.2.5 共模抑制比 K_{CMR}

共模抑制比反映了集成运放对共模输入信号的抑制能力，其定义与差分放大电路一致，即：

$$K_{CMR}=\left|\frac{A_{od}}{A_{oc}}\right| \text{或} 20\lg\left|\frac{A_{od}}{A_{oc}}\right| \text{dB} \tag{3.3.3}$$

式中，A_{oc} 为共模信号放大倍数。

K_{CMR} 愈大愈好。F007 的 K_{CMR} 大于 80dB，由于 A_{od} 大于 94dB，所以 A_{oc} 小于 14dB。通常认为理想集成运放的 K_{CMR} 为无穷大。

3.3.2.6 最大差模输入电压 U_{idmax}

最大差模输入电压是指运放两输入端允许加的最大输入电压差。当运放两输入端允许加的输入电压差超过最大差模输入电压时，可能造成运放输入级损坏。F007 的 U_{idmax} 为 $\pm 30V$。

3.3.2.7 最大共模输入电压 U_{icmax}

输入端共模信号超过一定数值后，集成运放工作不正常，运放将失去差模放大能力。F007 的 U_{icmax} 值为 $\pm 13V$。

3.3.2.8 输入失调电压 U_{IO}

U_{IO} 是指为了使输出电压为零而在输入端加的补偿电压（去掉外接调零电位器），它的大小反映了电路的不对称程度和调零的难易程度。对于集成运放，要求输入信号为零时，输出也为零，但实际中往往输出不为零。将此电压折合到集成运放的输入端的电压，称为输入失调电压 U_{IO}。其值在 1～10mV 范围内，要求愈小愈好。F007 的 U_{IO} 小于 2mV。

3.3.2.9 输入偏置电流 I_{IB} 和输入失调电流 I_{IO}

输入偏置电流是指输入差放管的基极（栅极）偏置电流平均值，用 $I_{IB}=\frac{1}{2}(I_{B_1}+I_{B_2})$ 表示；而将 I_{B_1}、I_{B_2} 之差的绝对值称为输入失调电流 I_{IO}，即：

$$I_{IO}=\left|I_{B_1}-I_{B_2}\right| \tag{3.3.4}$$

可见，I_{IB} 相当于输入电流的共模成分，而 I_{IO} 相当于输入电流的差模成分。当它们流过信号源电阻 R_s 时，其上的直流压降就相当于在集成运放的两个输入端上引入了直流共模和差模电压，因而也将引起输出电压偏离零值。显然，I_{IB} 和 I_{IO} 愈小，它们的影响也愈小。I_{IB} 的数值通常为十分之几微安，则 I_{IO} 更小。F007 的 I_{IB} 为 200nA，I_{IO} 为 50～100nA。

3.3.2.10 输入失调电压温漂 $\frac{dU_{IO}}{dT}$ 和输入失调电流温漂 $\frac{dI_{IO}}{dT}$

这两个参数可以用来衡量集成运放的温漂特性。通过调零的办法可以补偿 U_{IO}、I_{IB}、I_{IO}

的影响，使直流输出电压调至零伏，但却很难补偿其温度漂移。对于 F007，$\frac{dI_{IO}}{dT}=1nA/℃$，$\frac{dU_{IO}}{dT}=(20\sim30)\mu V/℃$。

3.3.2.11 −3dB 带宽 f_H

随着输入信号频率的上升，放大电路的电压放大倍数将下降，当 A_{od} 下降到中频时的 $\frac{1}{\sqrt{2}}$ 倍时的频率为截止频率，用分贝表示正好下降了 3dB，故对应此时的频率 f_H 称为上限截止频率，又称为 −3dB 带宽。一般集成运放的 f_H 值较低，只有几赫至几千赫。F007 的 f_H 仅为 7Hz。

当输入信号频率继续增大时，A_{od} 继续下降；当 $A_{od}=1$ 时，与此对应的频率 f_c 称为单位增益带宽。F007 的 f_c 为 1MHz。

由于开环增益测量比较困难，应用中常采用单位增益带宽。

3.3.2.12 转换速率 SR

在额定负载条件下，当输入阶跃大信号时，集成运放输出电压的最大变换效率即为电压转换速率，专业上也称其为压摆率。

$$SR=\left|\frac{du_o}{dt}\right| \tag{3.3.5}$$

SR 是输出电压对时间的变化率，SR 愈大的集成运放，其输出电压的变化率愈大，所以 SR 大的集成运放才可能允许在较高的工作频率下输出较大的电压幅度。F007 的 SR 为 0.5V/μs。

上述指标归纳起来可分为三大类：

直流指标：U_{IO}、I_{IO}、I_{IB}、$\frac{dU_{IO}}{dT}$、$\frac{dI_{IO}}{dT}$。

小信号指标：A_{od}、r_{id}、r_o、K_{CMR}、f_H、f_c。

大信号指标：U_{opp}、U_{idmax}、U_{icmax}、SR。

集成运放指标的含义只有结合具体应用才能正确领会。

3.3.3 集成运算放大器的低频等效电路

图 3.3.4 所示为集成运放的低频等效电路，对于输入回路，考虑了差模输入电阻 r_{id}、偏置电流 I_{IB}、失调电压 U_{IO} 和失调电流 I_{IO} 四个参数；对于输出回路，考虑了差模输出电压 u_{od}、共模输出电压 u_{oc} 和输出电阻 r_o 三个参数。显然，图示电路中没有考虑管子的结电容及分布电容、寄生电容等的影响，因此，只适用于输入信号频率不高情况下的电路分析。

如果仅研究对输入信号（即差模信号）的放大问题，而不考虑失调因素对电路的影响，那么可用简化的集成运放低频等效电路，如图 3.3.5 所示。这时，从运放输入端看进去，等效为一个电阻 r_{id}；从输出端看进去，等效为一个电压 u_i（即 u_+-u_-）控制的电压源 $A_{od}u_i$，内阻为 r_o。若将集成运放理想化，即 $r_{id}=\infty$，$r_o=0$，则：

$$u_o=u_iA_{od} \tag{3.3.6}$$

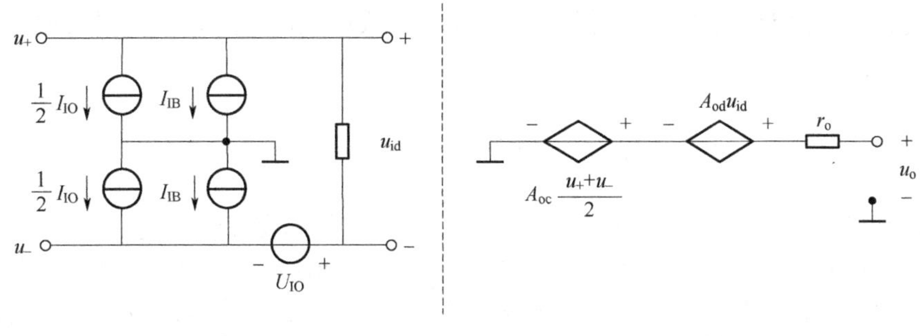

(a) 输入端等效电路 (b) 输出端等效电路

图 3.3.4 集成运放低频等效电路

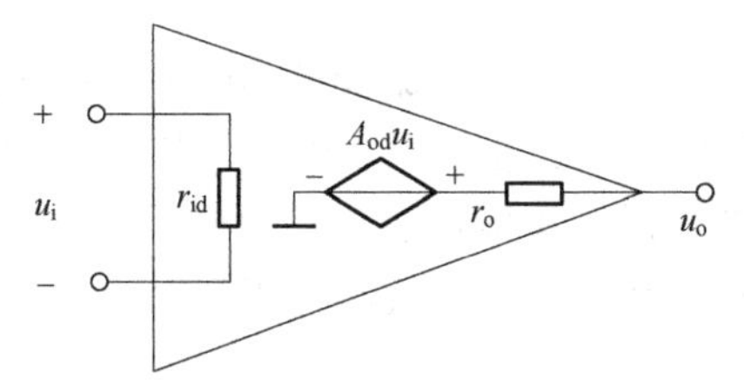

图 3.3.5 简化的集成运放低频等效电路

3.4 集成运算放大器的使用

3.4.1 使用中应注意的问题

3.4.1.1 器件选择

集成运算放大器种类很多，按其性能指标可分为通用型和专用型两类。通用型集成运放应用于无特殊要求的电路之中，主要性能指标见表 3.4.1。

表 3.4.1 通用型集成运放主要指标

参数	单位	数值范围	参数	单位	数值范围
A_{od}	dB	65～100	I_{IO}	μA	0.2～2
r_{id}	MΩ	0.5～2	I_{IB}	μA	0.3～7
K_{CMR}	dB	70～90	f_c	MHz	0.5～2
U_{IO}	mV	2～5	SR	V/μs	0.5～0.7
功耗	mV	80～120			

专用型集成运放是为适应某些特殊要求专门设计的，一般有高阻型、高速型、高精度型、低功耗型、大功率型等。

通常在没有特殊要求的场合，尽量选用通用型集成运放，这样既可降低成本，又容易保证器件供应。

评价集成运放性能的优劣，应看其综合性能。一般用优值系数 K 来衡量集成运放优良程度，其定义为：

$$K = \frac{SR}{I_{IB}U_{IO}} \tag{3.4.1}$$

式中，SR 为转换速率，$V/\mu s$，其值越大，表明运放的交流特性越好；I_{IB} 为运放的输入偏置电流，nA；U_{IO} 为输入失调电压，mV。I_{IB} 和 U_{IO} 值越小，表明运放的直流特性越好。

若是处理音频、视频等交流信号的放大电路，选用 SR 大的集成运放比较合适，即高速型集成运放。

若是处理微弱的直流信号的放大电路，选用失调电流、失调电压及其温漂均比较小的高精度型集成运放比较合适。

若放大器的输入信号微弱，选用输入电阻大的高阻型集成运放比较合适。

实际选择集成运放时，除优值系数要考虑之外，还应考虑其他因素。例如信号源的性质，是电压源还是电流源；负载的性质，集成运放输出的电压和电流是否满足要求；环境条件，集成运放允许工作范围、工作电压范围、功耗与体积等因素是否满足要求。

3.4.1.2 消振

由于集成运算放大器内部晶体管的极间电容和其他寄生参数的影响，很容易产生自激振荡（自激振荡的内容详见第 5 章），破坏正常工作。为此，在使用时要注意消振。通常是外接 RC 消振电路或消振电容，用它来破坏产生自激振荡的条件。是否已消振，可将输入端接“地”，用示波器观察输出端有无自激振荡。目前由于集成工艺水平的提高，运算放大器内部已有消振元件，无须外部消振。

3.4.1.3 调零

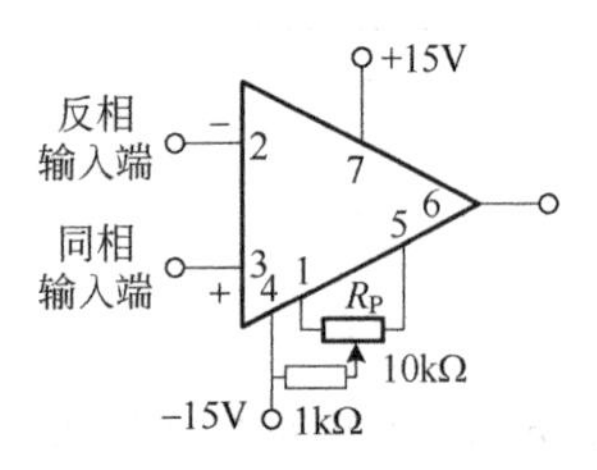

图 3.4.1 F007 调零电路

由于集成运算放大器的内部参数不可能完全对称，以致当输入信号为零时，仍有输出信号。为此，在使用时要外接调零电路。如图 3.4.1 所示，F007 运算放大器，它的调零电路由 −15V 电压源、1kΩ 电阻和调零电位器 R_p 组成。先消振，再调零，调零时应将电路接成闭环。一种是在无输入时调零，即将两个输入端接“地”，调节调零电位器，使输出电压为零。另一种是在有输入时调零，即按已知输入信号电压计算输出电压，而后将实际值调整到计算值。

3.4.2 对集成运放的保护措施

3.4.2.1 输入端保护

一般情况下，集成运放工作在开环（即未引入反馈）状态时，易因差模电压过大而损坏；在闭环状态时，易因共模电压超出极限值而损坏。如图 3.4.2（a）所示是防止差模电压过大的保护电路，图 3.4.2（b）所示是防止共模电压过大的保护电路。

3.4.2.2 输出端保护

为了防止输出电压过大，可利用稳压二极管来保护，如图 3.4.3 所示，将两个稳压二极管反向串联，将输出电压限制在 $U_Z + U_D$ 的范围内。U_Z 是稳压二极管的稳定电压，U_D 是它的正向压降。

3.4.2.3 电源保护

为了防止正、负电源接反，可利用二极管的单向导电性来保护电源，如图 3.4.4 所示。

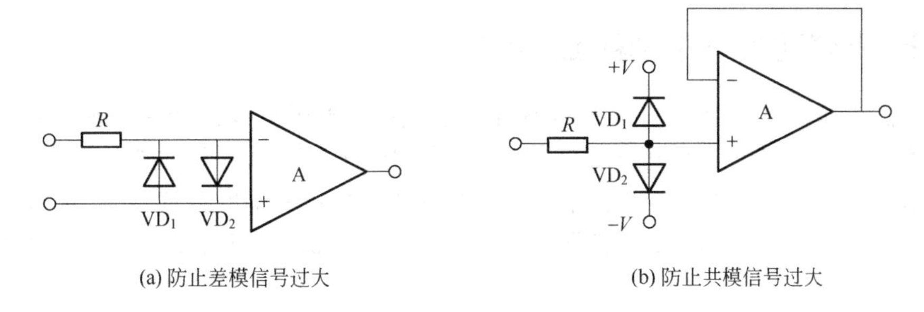

(a) 防止差模信号过大　　(b) 防止共模信号过大

图 3.4.2　输入端保护电路

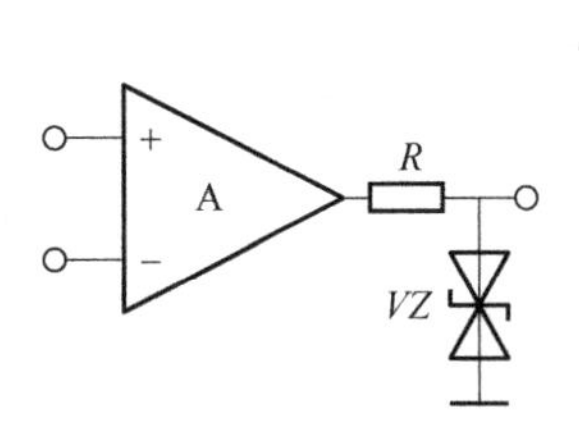

图 3.4.3　输出端保护电路

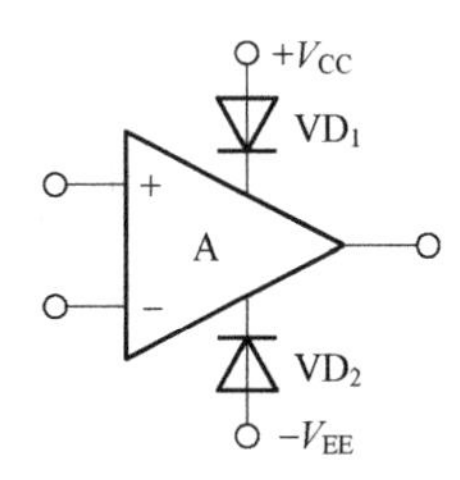

图 3.4.4　电源保护电路

3.5　理想运算放大器

3.5.1　理想运算放大器

所谓理想运放，就是将集成运放的各项技术指标理想化，即认为集成运放的各项指标为：

① 开环差模电压增益 $A_{od} \to \infty$；

② 差模输入电阻 $r_{id} \to \infty$；

③ 输出电阻 $r_o = 0$；

④ 共模抑制比 $K_{CMR} \to \infty$；

⑤ 上限截止频率 $f_H \to \infty$；

⑥ 输入失调电压：$U_{IO} = 0$；

⑦ 输入失调电流 $I_{IO} = 0$；

⑧ 输入失调电压温漂 $\dfrac{dU_{IO}}{dT} = 0$；

⑨ 输入失调电流温漂 $\dfrac{dI_{IO}}{dT} = 0$。

实际的集成运放当然达不到上述理想化的技术指标，但由于集成运放工艺水平不断提高，集成运放产品的各项性能指标也愈来愈好。因此，一般情况下，在分析估算集成运放的应用电路时，将实际运放看成理想运放所造成的误差，在工程上是允许的。后面的分析中，如无特别说明，均将集成运放作为理想运放进行讨论，这也符合电路分析原理的指导思想。

3.5.2 理想运算放大器的两种工作状态

集成运放的电压传输特性如图 3.5.1 所示，运放输出电压 u_o 与 u_+ 具有同相关系，与 u_- 具有反相关系。运放的差模输入电压 $u_{id}=u_+-u_-$。图中虚线代表实际运放的传输特性，实线代表理想运放。由图可见，线性工作区非常窄，当输入端电压的幅度稍有增加，则运放的工作范围将超出线性放大区而到达非线性区。运放工作在不同状态，其表现出的特性不同，下面分别讨论。

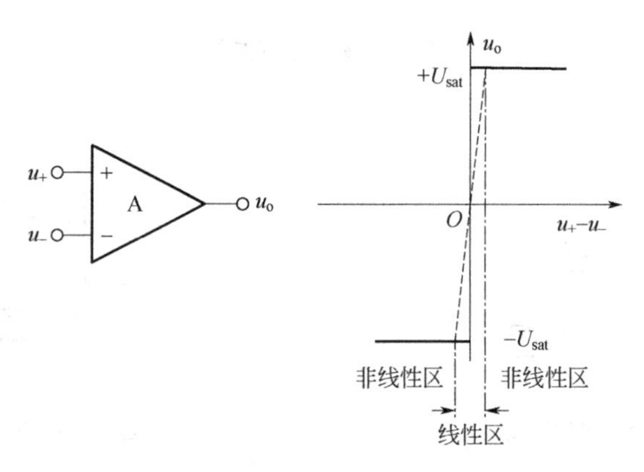

图 3.5.1 集成运放电压传输特性

3.5.2.1 线性区

当工作在线性区时，集成运放的输出电压与其两个输入端的电压之间存在着线性放大关系，即：

$$u_o = A_{od}(u_+ - u_-) \tag{3.5.1}$$

式中，u_o 为集成运放的输出端电压；u_+ 和 u_- 分别为其同相输入端和反相输入端电压；A_{od} 为其开环差模电压增益。

理想运放工作在线性区时有两个重要特点：

（1）理想运放的差模输入电压等于零

由于运放工作在线性区，故输出、输入电压之间符合式（3.5.1）。而且，因理想运放的 $A_{od}\to\infty$，所以由式（3.5.1）可得：

$$u_+ - u_- = \frac{u_o}{A_{od}} = 0,\quad u_+ = u_- \tag{3.5.2}$$

上式表明同相输入端与反相输入端的电位相等，如同将该两点短路一样，但实际上该两点并未真正被短路，因此常将此特点简称为“虚短”。

实际集成运放的 $A_{od}\neq\infty$，因此 u_+ 和 u_- 不可能完全相等。但是当 A_{od} 足够大时，集成运放的差模输入电压 u_+-u_- 的值很小，可以忽略。例如，在线性区内，当 $u_o=10\text{V}$ 时，若 $A_{od}=10^5$，则 $u_+-u_-=0.1\text{mV}$；若 $A_{od}=10^7$，则 $u_+-u_-=1\mu\text{V}$。可见，在一定的 u_o 值下，集成运放的 A_{od} 越大，则 u_+ 和 u_- 的差值越小，将两点视为短路所带来的误差也越小。

（2）理想运放的输入电流等于零

由于理想运放的差模输入电阻 $r_{id}\to\infty$，因此在其两个输入端均没有电流，即：

$$i_+ = i_- = 0 \tag{3.5.3}$$

此时运放的同相输入端和反相输入端的电流都等于零，如同该两点被断开一样，将此特点简称为“虚断”。

“虚短”和“虚断”是理想运放工作在线性区时的两个重要特点。这两个特点常常作为分析运放应用电路的出发点，因此必须牢牢掌握。

3.5.2.2 非线性区

如果运放的工作信号超出了线性放大的范围，则输出电压与输入电压不再满足式(3.5.1)，即 u_o 不再随差模输入电压 $u_+ - u_-$ 线性增长，u_o 将达到饱和，如图 3.5.1 所示。

理想运放工作在非线性区时，也有以下两个重要特点：

（1）理想运放的输出电压 u_o 只有两种取值

工作在非线性区时，理想运放的输出电压达到饱和，其取值或等于运放的正向最大输出电压 $+U_{sat}$，或等于其负向最大输出电压 $-U_{sat}$，如图 3.5.1 中的实线所示。

当 $u_+ > u_-$ 时：

$$u_o = +U_{sat} \tag{3.5.4}$$

当 $u_+ < u_-$ 时：

$$u_o = -U_{sat} \tag{3.5.5}$$

在非线性区内，运放的差模输入电压 $u_+ - u_-$ 可能很大，即 $u_+ \neq u_-$。也就是说，此时“虚短”现象不复存在。

（2）理想运放的输入电流等于零

因为理想运放的 $r_{id} \to \infty$，故在非线性区仍满足输入电流等于零，即 $i_+ = i_- = 0$，对非线性工作区仍然成立。

如上所述，理想运放工作在不同状态，其特点是不相同的。因此，在分析各种应用电路时，首先要判断其中的集成运放究竟工作在哪种状态。

集成运放的开环差模电压增益 A_{od} 通常很大，如不采取适当措施，即使在输入端加一个很小的电压，仍有可能使集成运放超出线性工作范围。为了保证运放工作在线性区，一般情况下，必须在电路中引入深度负反馈（见第 5 章），以减小直接施加在运放两个输入端的净输入电压。

本章总结

通过对本章的学习，我们了解到电子电路的集成化是电子技术未来发展的一个方向。集成运放由输入级、中间级、输出级和偏置电路四部分通过直接耦合而成，具有开环差模电压增益高、差模输入电阻大、抑制共模信号能力强等突出特点，在音、视频信号放大、信号滤波处理、模拟信号运算以及信号波形的发生与转换等方面有广泛的应用。

运放的输入级采用差分放大电路的主要目的是抑制零点漂移，中间级采用共发射极放大电路的主要目的是有效积累电压放大能力，输出级采用互补对称电路的主要目的是提供足够大的输出功率，偏置电路是在集成工艺中保证各级电路静态工作点稳定的有效方法。

差分放大电路的四种组态中，双端输入-单端输出是多数集成运放设计时采用的主要形式。三种电流源以镜像电流源最为重要，它是其他形式电流源的基础。

运算放大器具有两种工作状态，不同的工作状态表现出不同的特性。“虚短”“虚断”是分析运放工作在线性工作区时的主要依据。正负饱和电压是分析运放工作在非线性工作区时的重要概念。

本章知识结构

- 集成运放
  - 集成运算放大器组成
    - 输入级：差分放大电路
      - 长尾式差分放大电路
      - 恒流式差分放大电路
    - 中间级：电压放大电路
    - 输出级：互补对称放大电路
    - 偏置电路：电流源电路
      - 镜像电流源
      - 比例电流源
      - 微电流源
  - 主要技术参数
    - 开环差模电压放大倍数A_{od}
    - 差模输入电阻r_{id}
    - 输出电阻r_o
    - 共模抑制比K_{CMR}
    - 最大差模输入电压U_{idmax}
    - 最大共模输入电压U_{icmax}
    - 输入失调电压U_{IO}
    - 输入失调电流I_{IO}
    - 输入偏置电流I_{IB}
    - −3dB带宽f_H
    - 转换速率SR
  - 集成运放典型电路：F007(LM741)
  - 理想运算放大器
    - 理想运算放大器条件
      - $A_{od} \to \infty$
      - $r_{id} \to \infty$
      - $r_o = 0$
      - $K_{CMR} \to \infty$
    - 理想运放在线性区的特性
      - “虚短” $u_+ = u_-$
      - “虚断” $i_+ = i_- = 0$
    - 理想运放在非线性区的特性
      - 当$u_+ > u_-$时，$u_o = +U_{sat}$
      - 当$u_+ < u_-$时，$u_o = -U_{sat}$
      - “虚断” $i_+ = i_- = 0$

习题3

3.1 填空题。

（1）集成运算放大器是一种采用（ ）耦合方式的放大电路，因此低频性能（ ），最常见的问题是（ ）。

（2）理想集成运算放大器的放大倍数 $\dot{A}_u$ 等于（ ），输入电阻 R_i 等于（ ），输出电阻 R_o 等于（ ）。

（3）通用型集成运算放大器的输入级大多采用（ ）电路。

（4）集成运算放大器的两个输入端分别为（ ）和（ ）输入端，前者的极性与输出端（ ），后者的极性与输出端（ ）。

（5）（ ）、（ ）耦合放大电路各级 Q 点互相独立，（ ）耦合放大电路易产生零漂，（ ）耦合放大电路能放大直流信号。

（6）直接耦合放大电路的特点是（ ）、（ ）、（ ）、（ ）。（选项：工作点互相独立；便于集成；存在零点漂移；能放大变化缓慢的信号；不便调整）

（7）电流源电路是利用三极管输出特性的（ ）区，其特点是输出电流（ ）。

（8）差分放大电路对（ ）输入信号具有良好的放大作用，对（ ）输入信号具有很强的抑制作用，其零点漂移（ ）。

（9）在双端输入的差分放大电路中，发射极电阻 R_e 对（ ）信号无影响，对（ ）信号具有抑制作用，故 R_e 阻值越大，（ ）电压增益越小，共模抑制比（ ）。

（10）设差分放大电路的两个输入端对地的电压分别为 u_{i1} 和 u_{i2}，差模输入电压为 u_{id}，共模输入电压为 u_{ic}，则当 $u_{i1}=50\text{mV}$，$u_{i2}=50\text{mV}$ 时，$u_{id}=$____，$u_{ic}=$____；当 $u_{i1}=50\text{mV}$，$u_{i2}=-50\text{mV}$ 时，$u_{id}=$____，$u_{ic}=$____；当 $u_{i1}=50\text{mV}$，$u_{i2}=0\text{mV}$ 时，$u_{id}=$____，$u_{ic}=$____。

（11）用电流源代替 R_e 后，电路的（ ）电压增益更小，理想时，共模抑制比趋于（ ）。

（12）采用复合管的电路可使输入电阻（ ），采用有源负载可使电路获得更大的（ ）。

（13）三级放大电路中 $A_{u1}=20\text{dB}$，$A_{u2}=A_{u3}=30\text{dB}$，则总电压增益 A_u 为____。该三级放大器电路能将其输入信号放大____倍。

（14）理想运放工作在线性区时，两输入端电压近似（ ），称为（ ）；两输入端输入电流近似（ ），称为（ ）。

3.2 选择题。

（1）多级放大电路中，既能放大直流信号，又能放大交流信号的是____多级放大电路。

A．阻容耦合 B．变压器耦合 C．直接耦合 D．光电耦合

（2）多级放大电路中，不能抑制零点漂移的是____多级放大电路。

A．阻容耦合 B．变压器耦合 C．直接耦合 D．光电耦合

（3）集成运放是一种高增益的____多级放大电路。

A．阻容耦合 B．变压器耦合 C．直接耦合 D．光电耦合

（4）直接耦合放大电路存在零点漂移的原因是____。

A．元件老化 B．晶体管参数受温度影响

C．放大倍数不够稳定　　D．电源电压不稳定

（5）集成放大电路采用直接耦合方式的原因是____。

A．便于设计　　B．放大交流信号

C．不易制作大容量电容　　D．前述原因都包括

（6）通用型集成运放的输入级大多采用____。

A．共发射极放大电路　　B．射极输出器

C．差分放大电路　　D．互补推挽电路

（7）通用型集成运放的输出级大多采用____。

A．共发射极放大电路　　B．射极输出器

C．差分放大电路　　D．互补推挽电路

（8）差分放大电路能够____。

A．提高输入电阻　　B．降低输出电阻

C．克服温漂　　D．提高电压放大倍数

（9）典型的差分放大电路是利用____来克服温漂的。

A．直接耦合　　B．电源

C．电路的对称性和发射极公共电阻　　D．调整元件参数

（10）差分放大电路的差模信号是两个输入信号的____。

A．和　　B．差　　C．积　　D．平均值

（11）差分放大电路的共模信号是两个输入信号的____。

A．和　　B．差　　C．积　　D．平均值

（12）共模抑制比 K_{CMR} 越大，表明电路____。

A．放大倍数越稳定　　B．交流放大倍数越低

C．抑制零漂的能力越强　　D．输入电阻越高

（13）差分放大电路由双端输出变为单端输出，则差模电压增益____。

A．增加　　B．减小　　C．不变　　D．不确定

（14）电流源电路的特点是：____。

A．端口电流恒定，交流等效电阻大，直流等效电阻小

B．端口电压恒定，交流等效电阻大

C．端口电流恒定，交流等效电阻小，直流等效电阻大

D．端口电压恒定，交流等效电阻小

（15）在差分放大电路中，用恒流源代替差分管的公共发射极电阻 R_e 是为了____。

A．提高差模电压放大倍数　　B．提高共模电压放大倍数

C．提高共模抑制比　　D．提高偏置电流

（16）通用型集成运放适用于放大____。

A．高频信号　　B．低频信号

C．任何频率信号　　D．直流信号

（17）为增大电压放大倍数，集成运放的中间级多采用____。

A．共发射极放大电路　　B．共集电极放大电路

C．共基极放大电路　　D．前三种均可

（18）集成运放的末级采用互补输出级是为了____。

A．增大电压放大倍数　　　　　　　B．增大不失真输出电压

C．增强带负载能力　　　　　　　　D．同时满足前三个条件

3.3　已知一集成运算放大器的开环电压放大倍数$A_{uo}=10^4$，其最大输出电压$U_{om}=\pm10V$。在开环状态下，当$U_i=0$时，$U_o=0$。试问：

（1）$U_i=\pm0.8mV$，U_o等于多少？

（2）$U_i=\pm1mV$，U_o等于多少？

（3）$U_i=\pm15mV$，U_o等于多少？

3.4　已知F007集成运算放大器的开环增益$A_{uo}=100dB$，差模输入电阻$R_{id}=2M\Omega$，最大输出电压$U_{om}=\pm12V$。为保证其工作在线性区，试求：

（1）u_+和u_-的最大允许差值。

（2）输入端电流的最大允许值。

3.5　在图P3.1所示电路中，设$A_{ud}=80dB$，共模抑制比为74dB，求u_o。

3.6　设单级放大电路如图P3.2所示。

（1）若将该电路两级级联，试问总的电压增益为多少？

（2）若将图P3.2所示的电路级联成多级放大器，第一级输入端与内阻$R_s=2k\Omega$的信号源相连，输出级的输出端与$R_L=10k\Omega$的负载相连，为满足源电压增益大于等于10^4，试问至少需要几级？

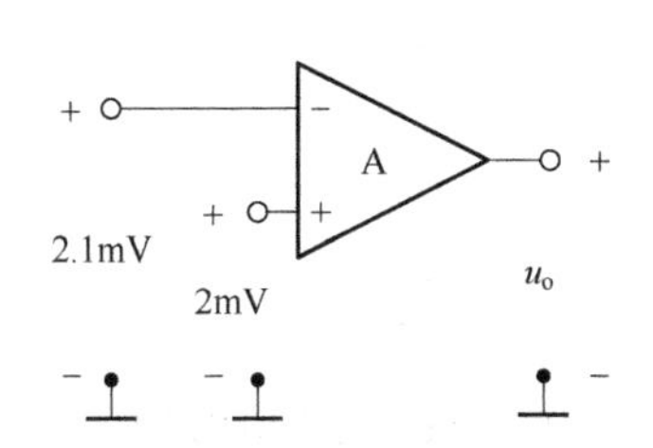

图P3.1　题3.5电路图

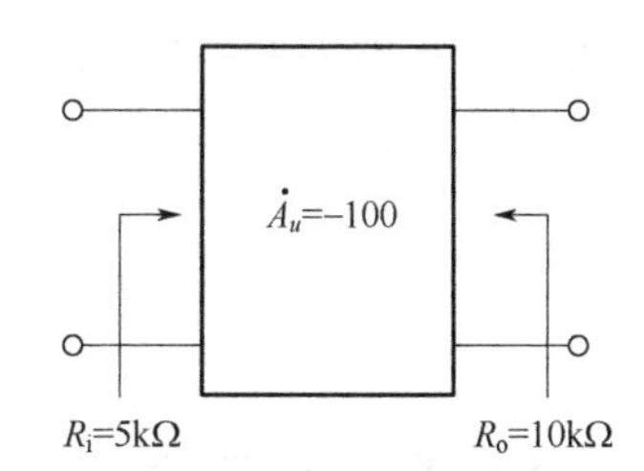

图P3.2　题3.6电路图

3.7　电路如图P3.3所示，设各级Q点均合适，试求电压放大倍数、输入电阻和输出电阻的表达式。

3.8　图P3.4所示为两级直接耦合放大电路。已知：$V_{CC}=+9V$，$R_{b1}=5.8k\Omega$，$R_{b2}=500\Omega$，$R_{c1}=1k\Omega$，$R_{c2}=500\Omega$，$R_{e2}=5.1k\Omega$，$\beta_1=25$，$\beta_2=100$，$U_{BEQ1}=0.7V$，$U_{BEQ2}=-0.3V$，两个三极管的$r_{bb'}$均为200Ω。试求：

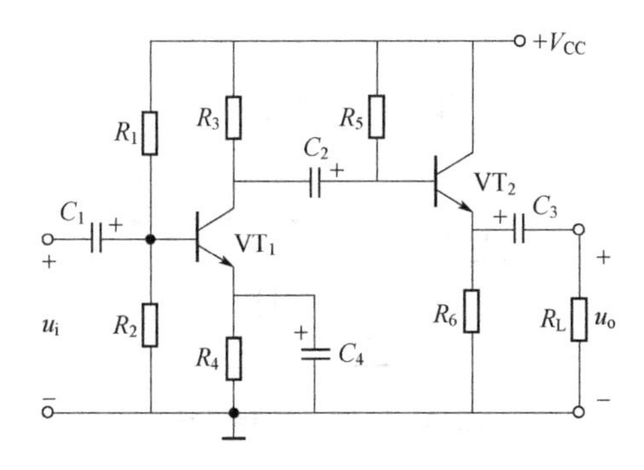

图P3.3　题3.7电路图

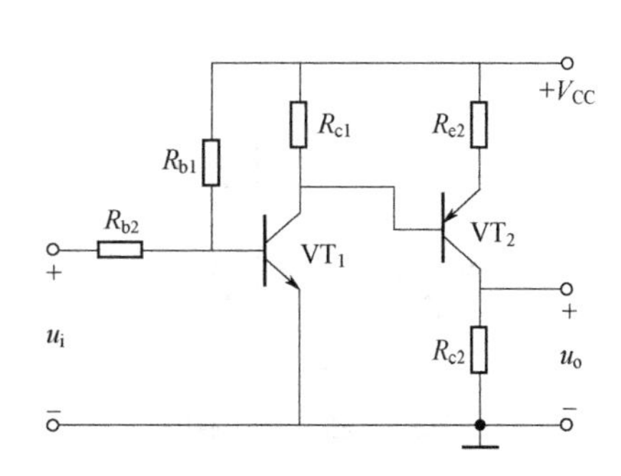

图P3.4　题3.8电路图

（1）当$u_i = 0V$时，输出直流电位U_o等于多少？并求两管的静态工作点。

（2）电压放大倍数A_u。

3.9　如图 P3.5 所示电路。设长尾式差分放大电路中，$R_{c1} = R_{c2} = R_c = 20k\Omega$，$R_{b1} = R_{b2} = R_b = 4k\Omega$，$R_e = 20k\Omega$，$V_{CC} = V_{EE} = 12V$，$\beta = 50$，$r_{be1} = r_{be2} = r_{be} = 4k\Omega$。

（1）求双端输出时的A_{ud}。

（2）从 VT_1 的 c 极单端输出，求A_{ud}、A_{uc}、K_{CMR}。

（3）单端输出的条件下，设$u_{i1} = 10mV$，$u_{i2} = 15mV$，求u_o。

（4）设原电路的R_c不完全对称，而是$R_{c1} = 30k\Omega$，$R_{c2} = 20k\Omega$，求双端输出时的K_{CMR}。

3.10　在图 P3.6 所示的放大电路中，已知$V_{CC} = V_{EE} = 9V$，$R_c = 47k\Omega$，$R_e = 13k\Omega$，$R_{b1} = 3.6k\Omega$，$R_{b2} = 16k\Omega$，$R = 10k\Omega$，$R_L = 20k\Omega$，$\beta = 30$，$U_{BEQ} = 0.7V$。

（1）估算静态工作点。

（2）估算差模电压放大倍数A_{ud}。

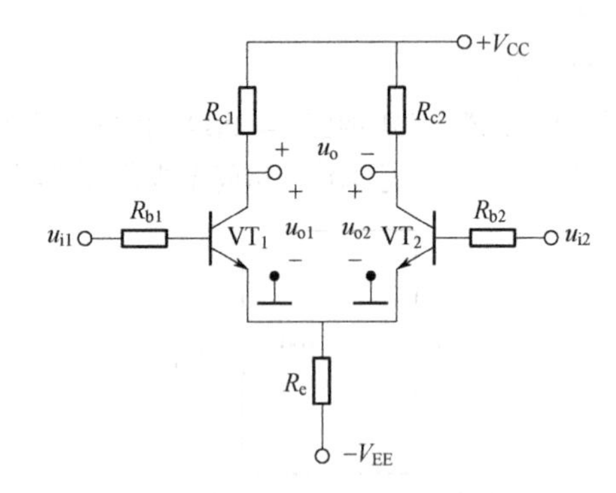

图 P3.5　题 3.9 电路图

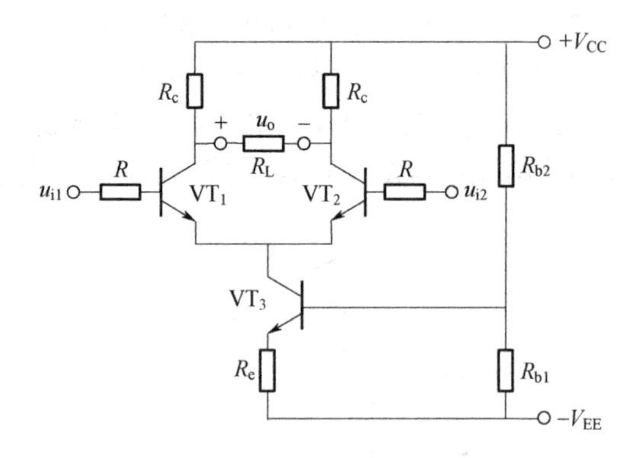

图 P3.6　题 3.10 电路图

3.11　电路如图 P3.7 所示，已知$\beta_1 = \beta_2 = \beta_3 = 100$，各管的$U_{BE} = 0.7V$，$R = 136k\Omega$，$V_{CC} = 15V$，试求$I_{C2}$的值。

3.12　某集成运放的一个单元电路如图 P3.8 所示，VT_1、VT_2 的特性曲线相同，且β足够大，$U_{BE} = 0.7V$，V_{CC}和R均为已知。

（1）VT_1、VT_2 和R组成什么电路？在电路中各起什么作用？

（2）写出I_R和I_{C2}的表达式。

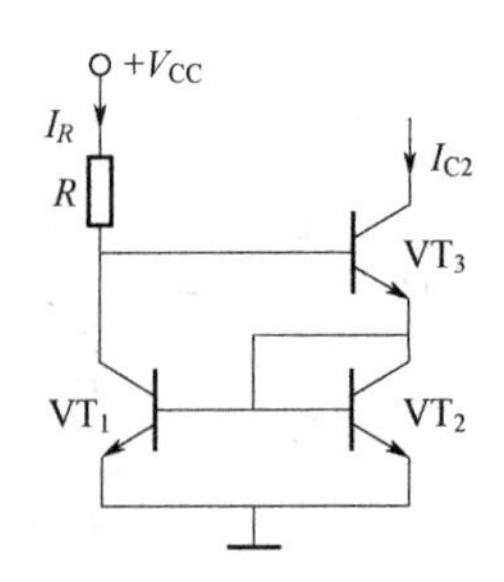

图 P3.7　题 3.11 电路图

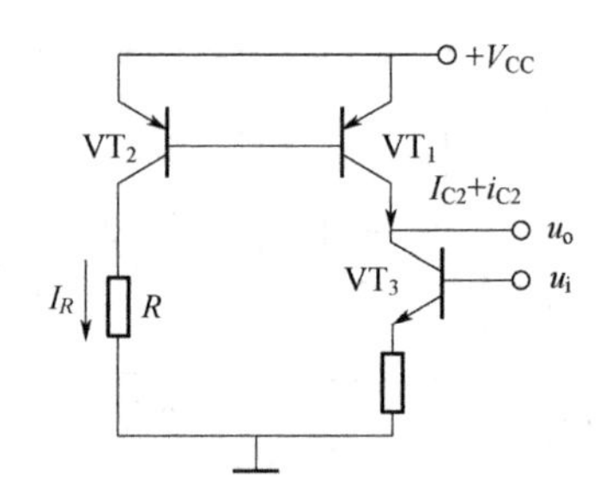

图 P3.8　题 3.12 电路图

3.13　如图 P3.9 所示电路是集成运放 F007 中的一部分，它们组成电流源电路（各元器件的编号均与 F007 电路图中的编号相同)，试计算各个管子的电流，其中 VT_{12} 和 VT_{13} 是横向 PNP 管，$\beta_{12}=\beta_{13}=2$；VT_{10} 和 VT_{11} 是 NPN 型管。

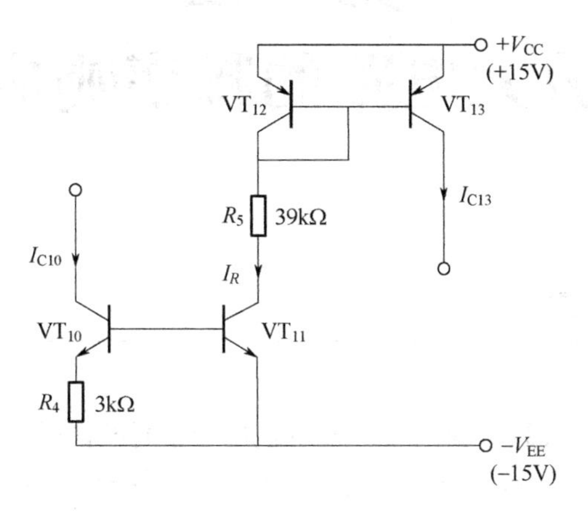

图 P3.9 题 3.13 电路图

第4章 放大电路的频率响应

导引——音箱的音色

音箱（图4.0.1）是用来聆听的工具，音质是最为重要的素质，它包含了三方面的内容：音量、音高和音色。音色即声音的频谱。我们知道声音是振动产生的，而一个物体的振动，几乎不可能一直按照确定的周期来振动，也就是说在一个物体发声的同时，还会发出很多不同频率的波（谐波）。这些波会混合在一起给人一个整体的声音感受，而这个感受就叫作音色。人耳除了对声音的音量、音高有明显的辨别能力外，还能很准确地判断声音的音色。如：小提琴和钢琴演奏同一音高的音符时，人们能够根据其音色分辨出哪一个是小提琴、哪一个是钢琴的声音。

图4.0.1　组合音箱

声音作为一个主观的东西，其好坏其实并没有一个严格既定的标准来判断。每个人的聆听偏好不同，对于声音的理解不同，对于音质的要求也不同，所以音箱音质的好坏很难标准化，但音箱产品还是有很多硬素质可言的，例如频响范围。频响范围是由频率范围和频率响应两部分组成的，其中频率范围表示音箱播放系统的频率最低值和频率最高值之间的范围。人耳所能听到的音频信号是从18Hz～20kHz的不同频率、不同波形和不同幅度的瞬变信号，因此放大器要很好地完成音频信号的放大就必须拥有足够宽的工作频带。而频率响应表示将一个用稳定电压对应得到的音频信号输入音箱系统，音箱系统产生的声压将随声音频率的变化而随之发生增大或衰减、相位随频率而发生变化的现象，频率响应的大小通常用分贝来表示。

本章就为大家介绍放大电路的频率响应。

我们知道，待放大的信号，如语音信号、电视信号、生物电信号等，都不是简单的单频信号，它们都是由许多不同相位、不同频率分量组成的复杂信号，即占有一定的频谱。所以实际放大电路的输入信号不是单一频率信号，而是多频率分量组成的。当输入信号的频率过低或过高时，由于电抗元件（如电容、电感线圈等）及半导体管极间电容的存在，放大电路放大倍数的数值会变小，而且还将产生超前或滞后的相移，这说明放大倍数受到信号频率的影响，是信号频率的函数。本章将讲述研究频率响应的必要性、有关频率响应的基本概念、三极管的高频等效模型、放大电路频率响应的分析方法以及频率特性曲线的画法等问题。

4.1 频率响应及波特图

放大电路的放大倍数与信号频率之间的函数关系称为频率响应或频率特性，即 $\dot{A}_u$ 与 f 之间的函数关系称为放大电路的频率响应或频率特性。频率响应是放大电路除放大倍数、输入电阻、输出电阻之外的另一个重要的性能指标。第 2 章中，放大电路动态分析时，认为输入信号频率在某一特定范围内，因此，忽略了耦合电容、旁路电容、PN 结电容对电路动态参数的影响。本章我们研究的输入对象的频率范围从零到无穷大，通过放大电路的频率特性可以得出动态参数“通频带” f_{bw}。

动态参数“通频带”就是用来描述电路对不同频率信号的适应能力，对于任何一个具体的放大电路都有一个确定的通频带。因此，在设计电路时，必须首先了解信号的频率范围，以便使所设计的电路具有适应于该信号频率范围的通频带；在使用电路前，应查阅手册、资料，或实测其通频带，以便确定电路的适用范围。

4.1.1 高通电路

高通电路是一种允许频率高于一个确定频率阈值的信号通过，并且阻止低于该确定频率阈值的信号通过的电子电路。频率低得越多，相对阻隔作用越大。

在放大电路中，由于耦合电容、旁路电容的存在，对信号构成了高通环节，即对于频率足够高的信号电容相当于短路，信号几乎毫无损失地通过；而当信号频率低到一定程度时，电容的容抗不可忽略，信号将在其上产生压降，从而导致放大倍数的数值减小且产生相移。为了便于理解分析频率响应的基本要领，这里将对 RC 构成的一阶高通电路的频率响应加以分析介绍。

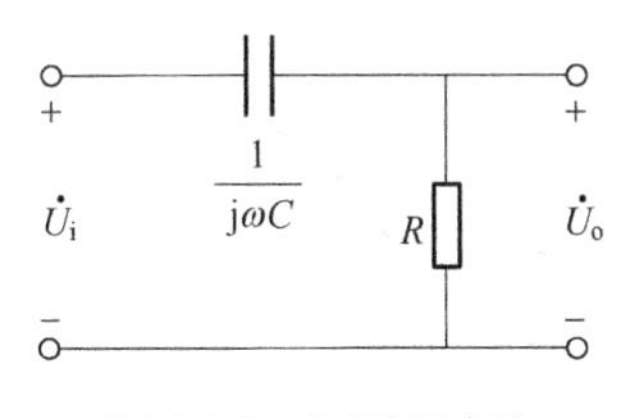

图 4.1.1 RC 高通电路

如图 4.1.1 所示电路，输入信号 $\dot{U}_\text{i}$ 接在 RC 串联的两端，电阻端电压作为输出信号 $\dot{U}_\text{o}$，电容 C 接在输入信号与输出信号之间，起到连接作用，所以利于高频信号通过，阻断低频信号，因此电路为高通电路。

输出电压 $\dot{U}_\text{o}$ 与输入电压 $\dot{U}_\text{i}$ 之比为 $\dot{A}_u$，表达式见式（4.1.1）。

$$\dot{A}_u=\frac{\dot{U}_\text{o}}{\dot{U}_\text{i}}=\frac{R}{R+\dfrac{1}{\text{j}\omega C}}=\frac{1}{1+\dfrac{1}{\text{j}\omega RC}} \tag{4.1.1}$$

$\dot{A}_u$ 的幅值用 $|\dot{A}_u|$ 表示，$|\dot{A}_u|$ 与频率的函数关系称为 $\dot{A}_u$ 的幅频特性；$\dot{A}_u$ 的相位用 φ 表示，φ 与频率的函数关系称为 $\dot{A}_u$ 的相频特性。当 $\omega=\infty$ 时，$|\dot{A}_u|$ 最大，为通带电压放大倍数。本章中，用 $\dot{A}_{u\text{m}}$ 表示通带电压放大倍数，也称为中频电压放大倍数。图 4.1.1 中，高通电路的 $|\dot{A}_{u\text{m}}|=1$。当 $\omega=\dfrac{1}{RC}$ 时，$|\dot{A}_u|=\dfrac{1}{\sqrt{2}}$，即 $|\dot{A}_u|$ 下降到最大值 $|\dot{A}_{u\text{m}}|$ 的 0.707 倍，此时的 ω 定义为电路的下限截止角频率 ω_L，对应 f 定义为电路的下限截止频率 f_L，将 $f_\text{L}=\dfrac{1}{2\pi RC}$ 代入式（4.1.1）得式（4.1.2）：

$$\dot{A}_u=\frac{1}{1+\frac{\omega_L}{j\omega}}=\frac{1}{1+\frac{f_L}{jf}}=\frac{j\frac{f}{f_L}}{1+j\frac{f}{f_L}} \tag{4.1.2}$$

由式（4.1.2）可推出高通电路的幅频特性和相频特性表达式，如式（4.1.3）所示。

$$\begin{cases}\left|\dot{A}_u\right|=\dfrac{\frac{f}{f_L}}{\sqrt{1+\left(\frac{f}{f_L}\right)^2}} \\ \varphi=90^\circ-\arctan\dfrac{f}{f_L}\end{cases} \tag{4.1.3}$$

根据幅频特性和相频特性表达式，可得出表 4.1.1 中的数据及图 4.1.2 所示的幅频特性曲线和相频特性曲线。

表 4.1.1　高通电路频率特性参数

f	$0.1f_L$	f_L	$10f_L$
$\left\|\dot{A}_u\right\|$	趋近于 0	0.707	约为 1
φ	趋近于 90°	45°	约为 0°

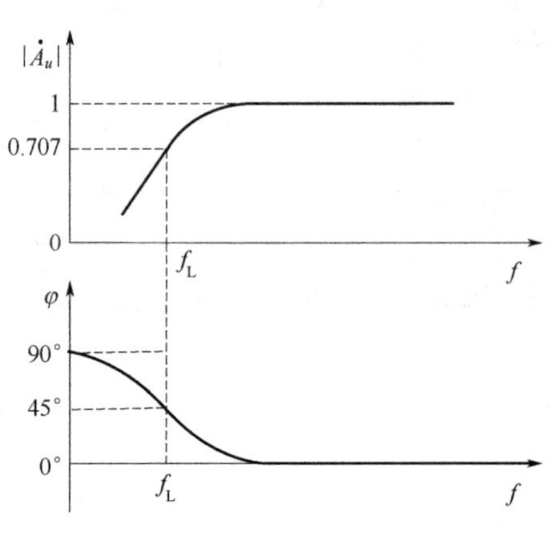

图 4.1.2　高通电路的频率特性

4.1.2　低通电路

低通电路是一种允许频率低于一个确定频率阈值的信号通过，并且阻止高于该确定频率阈值的信号通过的电子电路。频率高得越多，相对阻隔作用越大。

放大电路中，由于半导体管极间电容的存在，对信号构成了低通电路，即对于频率足够低的信号相当于开路，对电路不产生影响；而当信号频率高到一定程度时，极间电容将分流，从而导致放大倍数的数值减小且产生相移。下面将对 *RC* 构成的一阶低通电路的频率响应加以分析介绍。

如图 4.1.3 所示电路，输入信号 $\dot{U}_i$ 接在 *RC* 串联的两端，电容端电压作为输出信号 $\dot{U}_o$，频率越低，容抗越大，输出电压越大，所以利于低频信号通过，阻断高频信号，此电路为低通电路。

输出电压 $\dot{U}_o$ 与输入电压 $\dot{U}_i$ 之比为 $\dot{A}_u$，表达式见式（4.1.4）。

$$\dot{A}_u=\frac{\dot{U}_o}{\dot{U}_i}=\frac{\frac{1}{j\omega C}}{R+\frac{1}{j\omega C}}=\frac{1}{1+j\omega RC} \tag{4.1.4}$$

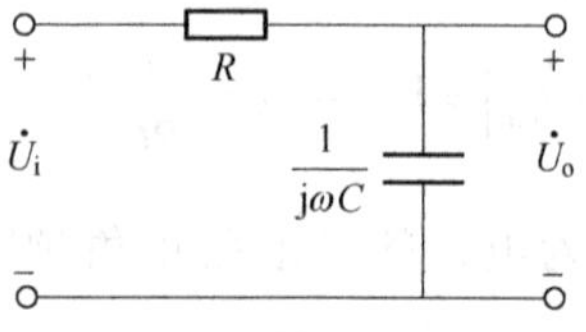

图 4.1.3　*RC* 低通电路

当 $\omega=0$ 时，$\left|\dot{A}_u\right|$ 最大，$\left|\dot{A}_{um}\right|=1$。当 $\omega=\frac{1}{RC}$ 时，$\left|\dot{A}_u\right|=\frac{1}{\sqrt{2}}$，

即$\left|\dot{A}_u\right|$下降到最大值$\left|\dot{A}_{um}\right|$的 0.707 倍，此时的$\omega$定义为电路的上限截止角频率$\omega_H$，对应$f$定义为电路的下限截止频率$f_H$，将$f_H=\dfrac{1}{2\pi RC}$代入式（4.1.4）得式（4.1.5）：

$$\dot{A}_u=\frac{1}{1+j\dfrac{\omega}{\omega_H}}=\frac{1}{1+j\dfrac{f}{f_H}} \tag{4.1.5}$$

由式（4.1.5）可推出低通电路的幅频特性和相频特性表达式，如式（4.1.6）所示。

$$\begin{cases}\left|\dot{A}_u\right|=\dfrac{1}{\sqrt{1+\left(\dfrac{f}{f_H}\right)^2}}\\ \varphi=-\arctan\dfrac{f}{f_H}\end{cases} \tag{4.1.6}$$

根据幅频特性和相频特性表达式，可得出表 4.1.2 中的数据及图 4.1.4 所示的幅频特性曲线和相频特性曲线。

表 4.1.2　低通电路频率特性参数

f	$0.1f_H$	f_H	$10f_H$
$\left\|\dot{A}_u\right\|$	约为 1	0.707	趋近于 0
φ	约为 0°	−45°	趋近于−90°

通过分析，可得如下结论：

① 一阶高通电路的$\dot{A}_u=\dot{A}_{um}\dfrac{j\dfrac{f}{f_L}}{1+j\dfrac{f}{f_L}}$，一阶低通电路的$\dot{A}_u=\dot{A}_{um}\dfrac{1}{1+j\dfrac{f}{f_H}}$。

② 求解高通电路的$\dot{A}_{um}$时，可将信号频率趋近于∞，电容看成短路线，再求解电路的电压放大倍数，即为$\dot{A}_{um}$。低通电路的$\dot{A}_{um}$求解时，可将信号频率趋近于 0，电容看成开路，再求解电路的电压放大倍数。

③ 电路的截止频率取决于电容所在回路的时间常数$\tau=R_{eq}C$。R_{eq}等于从电容C两端看进去网络电源置零后的等效电阻。

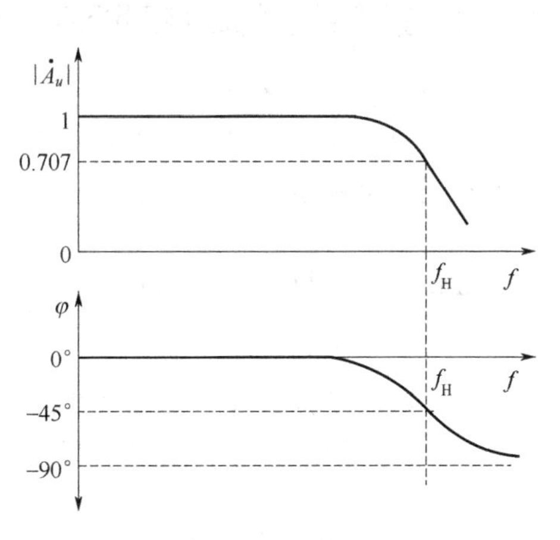

图 4.1.4　低通电路的频率特性

4.1.3　带通电路

当高通电路级联低通电路时，就可以得到带通电路，图 4.1.5 所示为带通电路的方框图。

放大电路中由于耦合电容、旁路电容的存在，电路将阻止低于 f_L 的信号通过，导致放大倍数的数值减小且产生附加相移。而半导体器件的极间电容将阻止高于 f_H 的信号通过，同样导致放大倍数的数值减小且产生附加相移。那么，在 $f_L<f<f_H$ 的范围里，信号可以顺利通过，表现为放大倍数的数值最大且无附加相移。所以，带有耦合电容或旁路电容的放大电路为带通电路，其幅频特性曲线如图 4.1.6 所示。其中， $f_L<f<f_H$ 的部分称为中频段，对应的放大倍数称为中频放大倍数，用 $\dot{A}_m$ 表示；对应的电压放大倍数称为中频电压放大倍数，用 $\dot{A}_{um}$ 表示。放大电路上限截止频率 f_H 与下限截止频率 f_L 之差就是其通频带的带宽 f_{bw} ，即 $f_{bw}=f_H-f_L$。 f 小于 f_L 的部分称为低频段， f 大于 f_H 的部分称为高频段。

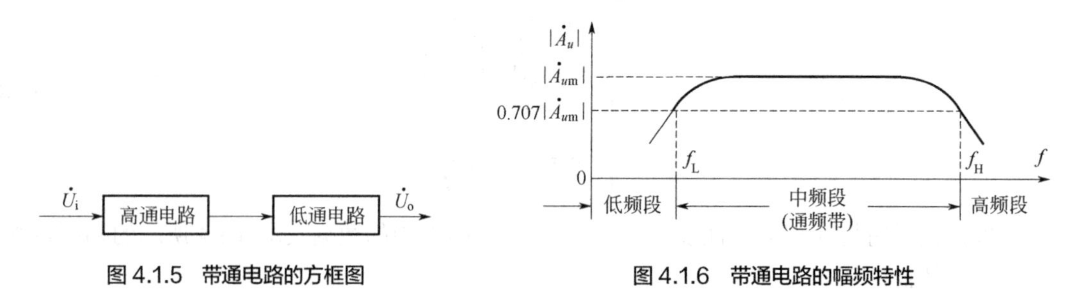

图 4.1.5 带通电路的方框图

图 4.1.6 带通电路的幅频特性

当 $f_L \ll f_H$ 时，单级放大电路的频率特性可以用式（4.1.7）表示（注：仅存在一个耦合电容或旁路电容）。

$$\dot{A}_u=\dot{A}_{um}\frac{\mathrm{j}\dfrac{f}{f_L}}{1+\mathrm{j}\dfrac{f}{f_L}}\times\frac{1}{1+\mathrm{j}\dfrac{f}{f_H}}=\dot{A}_{um}\frac{\mathrm{j}\dfrac{f}{f_L}}{\left(1+\mathrm{j}\dfrac{f}{f_L}\right)\left(1+\mathrm{j}\dfrac{f}{f_H}\right)} \tag{4.1.7}$$

4.1.4 频率特性的波特图近似表示法

在研究放大电路的频率响应时，输入信号（即加在放大电路输入端的测试信号）的频率范围常常设置在几赫到上百兆赫，甚至更宽；而放大电路的放大倍数可从几倍到上百万倍；为了在同一坐标系中表示如此宽的变化范围，在画频率特性曲线时常采用对数坐标，称为波特图。

波特图由对数幅频特性和对数相频特性两部分组成，它们的横轴采用对数刻度 $\lg f$ ，幅频特性的纵轴采用 $20\lg|\dot{A}_u|$ 表示，单位是分贝 dB ；相频特性的纵轴仍用 φ 表示。这样不但开阔了视野，而且将放大倍数的乘除运算转换成了加减运算。

利用放大电路 $\dot{A}_u$ 的表达式，可知其对数幅频特性为：

$$20\lg|\dot{A}_u|=20\lg|\dot{A}_{um}|+20\lg\frac{f}{f_L}-20\lg\sqrt{1+\left(\frac{f}{f_L}\right)^2}-20\lg\sqrt{1+\left(\frac{f}{f_H}\right)^2} \tag{4.1.8}$$

$$\varphi=\varphi_m+90^\circ-\arctan\frac{f}{f_L}-\arctan\frac{f}{f_H} \tag{4.1.9}$$

由式（4.1.8）和式（4.1.9），可推出表 4.1.3 中的数据。

表 4.1.3　带通电路频率特性参数

f	$0.1f_L$	f_L	$10f_L$	$10f_L<f<0.1f_H$	$0.1f_H$	f_H	$10f_H$
$20\lg\|\dot{A}_u\|$	$20\lg\|\dot{A}_{um}\|-20$	$20\lg\|\dot{A}_{um}\|-3$	$20\lg\|\dot{A}_{um}\|$	$20\lg\|\dot{A}_{um}\|$	$20\lg\|\dot{A}_{um}\|$	$20\lg\|\dot{A}_{um}\|-3$	$20\lg\|\dot{A}_{um}\|-20$
φ	$\varphi_m+84.3°$	$\varphi_m+45°$	$\varphi_m+5.7°$	φ_m	$\varphi_m-5.7°$	$\varphi_m-45°$	$\varphi_m-84.3°$

在电路的近似分析中，为简单起见，常将波特图的曲线折线化，称为近似的波特图。对于低频段，在对数幅频特性中，以截止频率 f_L 为拐点，由两段直线近似曲线。当 $f>f_L$ 时，以 $20\lg\left|\dot{A}_u\right|=20\lg\left|\dot{A}_{um}\right|$dB 的直线近似；当 $f<f_L$ 时，以斜率为 20dB/十倍频的直线近似。在对数相频特性中，用三段直线取代曲线；以$10f_L$ 和$0.1f_L$ 为两个拐点，当 $f>10f_L$ 时，用 $\varphi=\varphi_m$ 的直线近似，即认为从 $f=10f_L$ 时，$\dot{A}_u$ 开始产生相移（误差为−5.7°）；当 $f<0.1f_L$ 时，用 $\varphi=\varphi_m+90°$ 的直线近似，即认为 $f=0.1f_L$ 时已产生 90° 相移（误差为 +5.7°）；当 $0.1f_L<f<10f_L$ 时，φ 随 f 线性下降，因此当 $f=f_L$ 时 $\varphi=\varphi_m+45°$。用同样的方法，将高频段的对数幅频特性以 f_H 为拐点用两段直线近似，对数相频特性以$0.1f_H$ 和$10f_H$ 为拐点用三段直线近似。放大电路的近似波特图如图 4.1.7 所示。

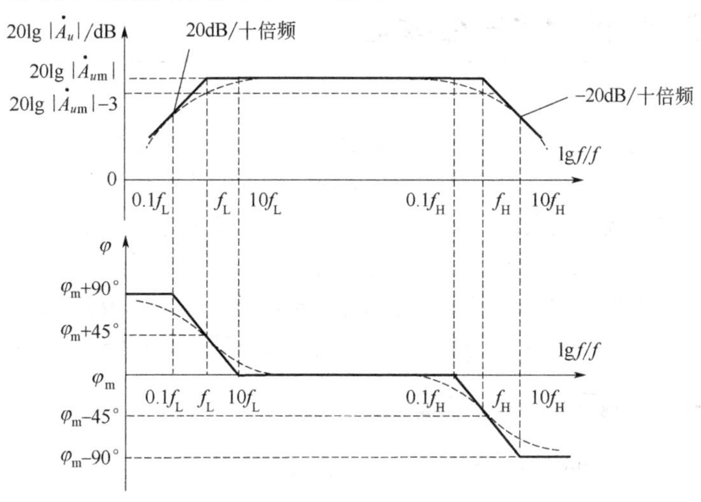

图 4.1.7　带通电路的波特图

【例 4.1.1】 已知某电路的电压放大倍数：

$$\dot{A}_u=\frac{-10\mathrm{j}f}{\left(1+\mathrm{j}\dfrac{f}{10}\right)\left(1+\mathrm{j}\dfrac{f}{10^5}\right)}$$

试求解 $\dot{A}_{um}$、f_H、f_L，画出波特图，分析电路属于哪种组态的放大电路。

【解】 表达式

$$\dot{A}_u=\frac{-10\mathrm{j}f}{\left(1+\mathrm{j}\dfrac{f}{10}\right)\left(1+\mathrm{j}\dfrac{f}{10^5}\right)}=\frac{-100\mathrm{j}\dfrac{f}{10}}{\left(1+\mathrm{j}\dfrac{f}{10}\right)\left(1+\mathrm{j}\dfrac{f}{10^5}\right)} \tag{4.1.10}$$

对比式（4.1.10）与式（4.1.7），得出 $\dot{A}_{um}=-100$、$f_L=10\text{Hz}$、$f_H=10^5\text{Hz}$。波特图如图 4.1.8 所示。由波特图可知，该电路为带通电路。

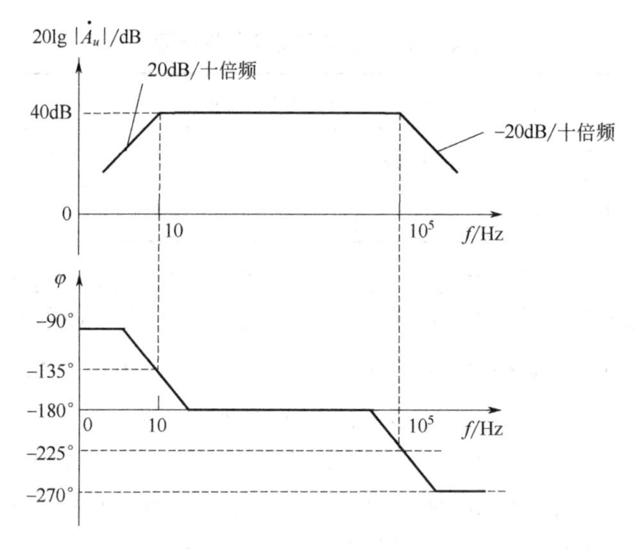

图 4.1.8 例 4.1.1 电路的波特图

4.2 晶体三极管的高频等效模型

在第 2 章中，介绍了晶体三极管的 h 参数等效模型，该模型的应用条件是信号频率较低，也就是中频段和低频段。当电路的信号频率较高时，发射结正向偏置，基区存储了许多非平衡载流子，所以扩散电容成分较大；而集电结为反向偏置，势垒电容起主要作用。在高频区，这些电容呈现的阻抗减小，其对电流的分流作用不可忽略。考虑发射结和集电结电容的影响，就可以得到在高频信号作用下的物理模型，称为混合 π 模型。晶体三极管的混合 π 模型与 h 参数等效模型在低频信号作用下具有一致性，因此，可用 h 参数来计算混合 π 模型中的某些参数。

4.2.1 晶体三极管的高频小信号模型

图 4.2.1 为晶体三极管的结构示意图。图中各参数的物理意义如下：

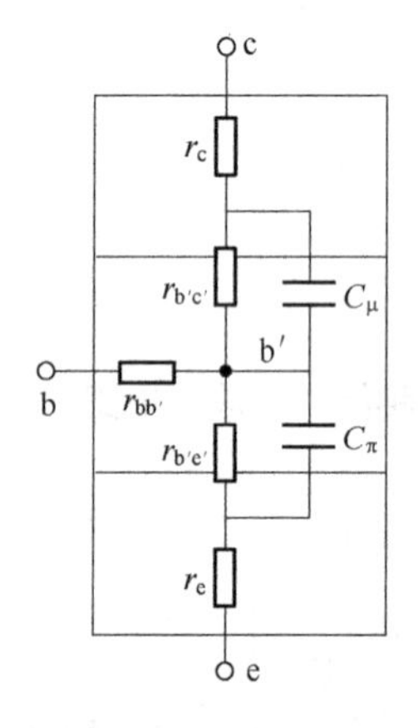

图 4.2.1 晶体三极管结构示意图

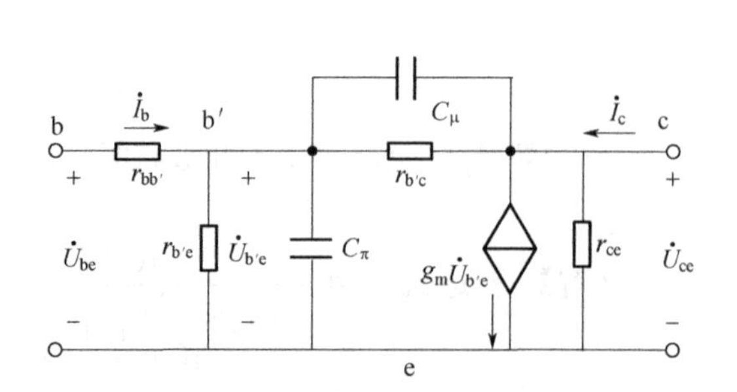

图 4.2.2 晶体三极管混合π模型

$r_{bb'}$：基区的体电阻，其值约在几十至几百欧姆之间（可查器件手册）。

r_e：发射区的体电阻，很小，近似忽略。

$r_{b'e'}$：发射结电阻。

$r_{b'c'}$：集电结电阻，由于集电结反向偏置，$r_{b'c'}$很大，一般在100kΩ～10MΩ之间，可视为开路。

r_c：集电区的体电阻，很小，近似忽略。

C_μ：集电结电容；对于小功率管，C_μ在2～10pF之间（可查器件手册C_{ob}）。

C_π：发射结电容；对于小功率管，C_π约在几十至几百皮法之间。

图4.2.2是对应的混合π模型。由于电容C_π和C_μ的存在，$\dot{I}_c$与$\dot{I}_b$的比值与频率有关，即电流放大系数是频率的函数，记作$\dot{\beta}$，$\dot{I}_c=\dot{\beta}\dot{I}_b$。根据半导体物理的分析，晶体三极管的受控电流$\dot{I}_c$，与发射结电压$\dot{U}_{b'e}$成线性关系，且与信号频率无关。因此，混合π模型中引入了一个新参数g_m。g_m称为跨导，描述控制量$\dot{U}_{b'e}$与受控电流$\dot{I}_c$之间的线性关系，即$\dot{I}_c=g_m\dot{U}_{b'e}$。晶体三极管的动态输出电阻$r_{ce}$数值很大，可视为开路。由于$C_\mu$跨接在输入与输出回路之间，使电路的分析变得十分复杂。因此，为简单起见，将C_μ等效到输入回路和输出回路中去，称为单向化。单向化是通过等效变换来实现的。设C_μ折合到b′-e之间的电容为C'_μ，折合到c-e间的电容为C''_μ，则单向化之后的电路如图4.2.3（b）所示。

等效变换过程如下：

在图4.2.3（a）所示电路中，1-1′端流入电流为$\dot{I}_{C_\mu}$，端口电压为$\dot{U}_{b'e}$。设$\dot{K}=\dfrac{\dot{U}_{ce}}{\dot{U}_{b'e}}$，称为晶体三极管电压放大倍数。

$$\frac{\dot{U}_{b'e}}{\dot{I}_{C_\mu}}=\frac{\dot{U}_{b'e}}{\dfrac{\dot{U}_{b'e}-\dot{U}_{ce}}{X_{C_\mu}}}=\frac{X_{C_\mu}}{1-\dot{K}} \tag{4.2.1}$$

在图4.2.3（b）所示电路中：

$$\frac{\dot{U}_{b'e}}{\dot{I}_{C_\mu}}=X'_{C_\mu} \tag{4.2.2}$$

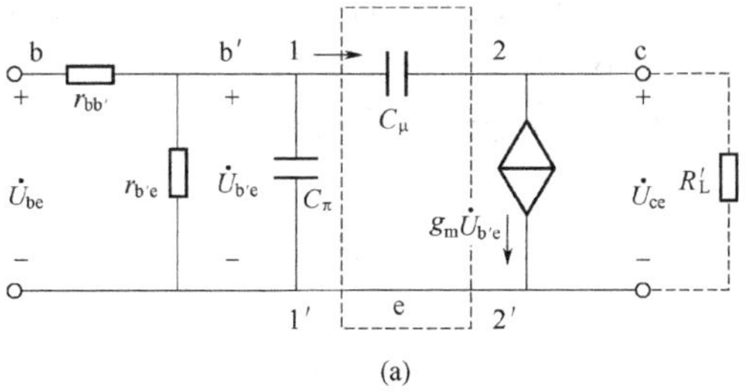

(a)

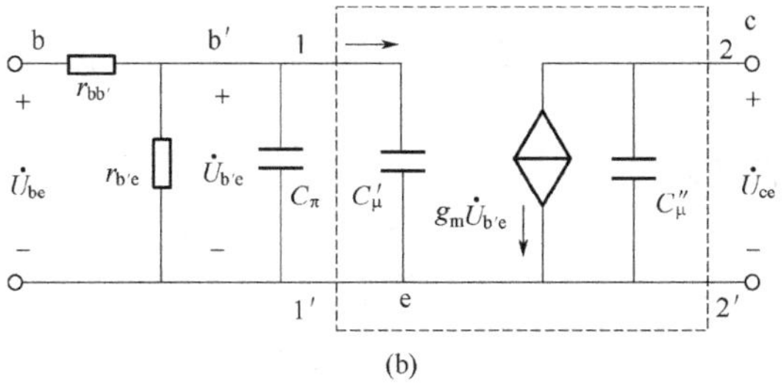

(b)

图4.2.3

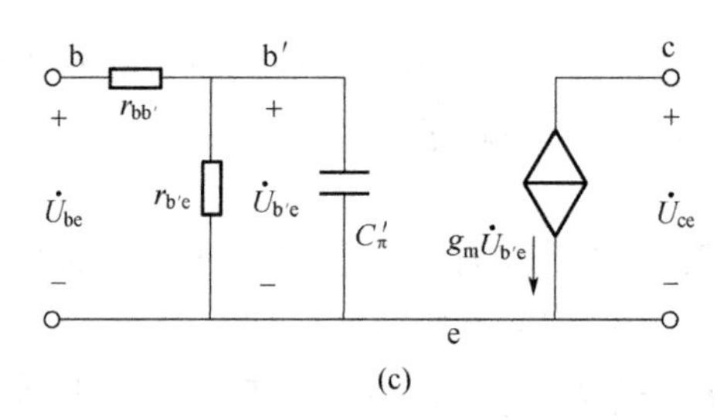

(c)

图 4.2.3 混合π模型的简化过程

可知：$X'_{C_\mu}=\dfrac{X_{C_\mu}}{1-\dot{K}}$，$C'_\mu=\left(1-\dot{K}\right)C_\mu$。同样的方法可以求出 $C''_\mu=\dfrac{\dot{K}-1}{\dot{K}}C_\mu$。

因为 $C'_\mu \gg C''_\mu$，且一般情况下 C''_μ 的容抗远大于 R'_L，C''_μ 中的电流可忽略不计，所以简化的混合 π 模型如图 4.2.3（c）所示。

虽然利用 $\dot{\beta}$ 和 g_m 表述的受控关系不同，但是它们所要表述的却是同一个物理量，即 $\dot{I}_c=g_m\dot{U}_{b'e}=\dot{\beta}\dot{I}_b$。中频段 $\beta_0=g_m\dfrac{\dot{U}_{b'e}}{\dot{I}_b}=g_m r_{b'e}$，可知 $g_m=\dfrac{\beta_0}{r_{b'e}}$。

图 4.2.3（c）中各参数：

① $r_{bb'}$，可查器件手册。

② $r_{b'e}=(1+\beta_0)\dfrac{U_T}{I_{EQ}}$，其中 β_0 为中、低频段的共射电流放大系数。

③ b′-e 之间的等效电容为 $C'_\pi=C_\pi+C'_\mu=C_\pi+(1-\dot{K})C_\mu$，$C_\mu=C_{ob}$（查器件手册），$C_\pi$ 的求解见 4.2.2 节晶体三极管的频率参数内容。

④ $g_m=\beta_0/r_{b'e}\approx I_{EQ}/U_T$。

4.2.2 晶体三极管的频率参数

4.2.2.1 $\dot{\beta}$ 的频率特性

由等效混合 π 模型可以看出，当基极注入的交流电流 $\dot{I}_b$ 不变时，若信号频率升高，则 b′-e 间的 $Z_{b'e}$ 变小、$\dot{U}_{b'e}$ 变小、$\dot{I}_c$ 变小。可见，在高频段，当信号频率变化时 $\dot{I}_c$ 与 $\dot{I}_b$ 的比值也随之变化，电流放大系数不是常量，$\dot{\beta}$ 是频率的函数，且具有低通特性，所以其频率特性如式（4.2.3）所示。

$$\dot{\beta}=\frac{\beta_0}{1+\mathrm{j}\dfrac{f}{f_\beta}} \tag{4.2.3}$$

式中，β_0 为通带上的电流放大系数，是一常量；f_β 为 $\dot{\beta}$ 的截止频率，称为共射截止频率。

根据电流放大系数的定义：

$$\dot{\beta}=\left.\frac{\dot{I}_c}{\dot{I}_b}\right|_{U_{CE}} \tag{4.2.4}$$

式（4.2.4）表明 $\dot{\beta}$ 是在 c-e 间无动态电压，即令图 4.2.2（c）所示电路中 c-e 间电压为零

时动态电流 $\dot{I}_{\mathrm{c}}$ 与 $\dot{I}_{\mathrm{b}}$ 之比，因此 $\dot{K}=0$。得出：

$$C'_{\pi}=C_{\pi}+(1-\dot{K})C_{\mu}=C_{\pi}+C_{\mu} \tag{4.2.5}$$

由于 $\dot{I}_{\mathrm{c}}=g_{\mathrm{m}}\dot{U}_{\mathrm{b'e}}$，$g_{\mathrm{m}}=\dfrac{\beta_0}{r_{\mathrm{b'e}}}$，所以：

$$\dot{\beta}=\frac{\dot{I}_{\mathrm{c}}}{\dot{I}_{r_{\mathrm{b'e}}}+\dot{I}_{C'_{\pi}}}=\frac{g_{\mathrm{m}}\dot{U}_{\mathrm{b'e}}}{\dot{U}_{\mathrm{b'e}}\left(\dfrac{1}{r_{\mathrm{b'e}}}+\mathrm{j}\omega C'_{\pi}\right)}=\frac{\beta_0}{1+\mathrm{j}\omega r_{\mathrm{b'e}}C'_{\pi}} \tag{4.2.6}$$

$$f_{\beta}=\frac{1}{2\pi\tau}=\frac{1}{2\pi\cdot r_{\mathrm{b'e}}C'_{\pi}}\qquad (C'_{\pi}=C_{\pi}+C_{\mu}) \tag{4.2.7}$$

将其代入式（4.2.6），得出：

$$\dot{\beta}=\frac{\beta_0}{1+\mathrm{j}\dfrac{f}{f_{\beta}}} \tag{4.2.8}$$

写出 $\dot{\beta}$ 的对数幅频特性与对数相频特性：

$$20\lg\left|\dot{\beta}\right|=20\lg\beta_0-20\lg\sqrt{1+\left(\frac{f}{f_{\beta}}\right)^2} \tag{4.2.9}$$

$$\varphi=-\arctan\frac{f}{f_{\beta}} \tag{4.2.10}$$

画出 $\dot{\beta}$ 的折线化波特图，如图4.2.4所示，图中 f_{T} 是使 $\left|\dot{\beta}\right|$ 下降到1（即0dB）时的频率。

令式（4.2.9）等于0，则 $f=f_{\mathrm{T}}$，由此可求出 f_{T}。

$$20\lg\beta_0-20\lg\sqrt{1+\left(\frac{f_{\mathrm{T}}}{f_{\beta}}\right)^2}=0 \text{ 或 } \sqrt{1+\left(\frac{f_{\mathrm{T}}}{f_{\beta}}\right)^2}=\beta_0$$

因 $f_{\mathrm{T}}\gg f_{\beta}$，所以：

$$f_{\mathrm{T}}\approx\beta_0 f_{\beta} \tag{4.2.11}$$

图4.2.4 $\dot{\beta}$ 的波特图

在器件手册中查出 f_{β} 或 f_{T} 和 C_{μ}，并估算出发射极静态电流 I_{EQ}，从而得到 $r_{\mathrm{b'e}}$，再根据式（4.2.7）、式（4.2.11）就可求出 C_{π} 的值。

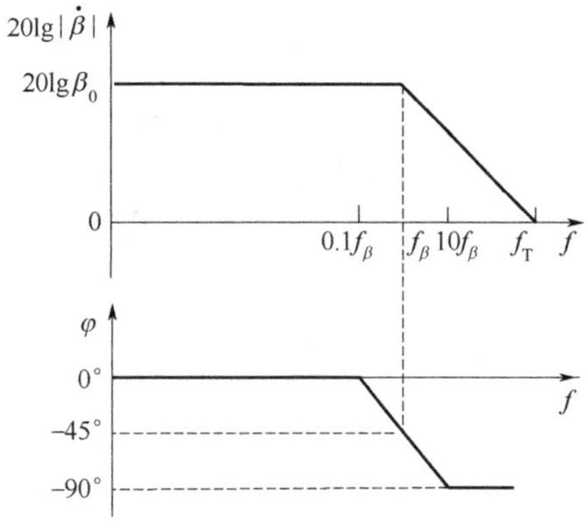

$$C_{\pi}=\frac{1}{2\pi r_{\mathrm{b'e}}f_{\beta}}-C_{\mu} \tag{4.2.12}$$

4.2.2.2 $\dot{\alpha}$ 的频率特性

利用 $\dot{\beta}$ 的表达式，可以求出 $\dot{\alpha}$ 的频率特性：

$$\dot{\alpha}=\frac{\dot{\beta}}{1+\dot{\beta}}=\frac{\dfrac{\beta_0}{1+\mathrm{j}f/f_{\beta}}}{1+\dfrac{\beta_0}{1+\mathrm{j}f/f_{\beta}}}=\frac{\beta_0}{1+\beta_0+\mathrm{j}f/f_{\beta}}=\frac{\dfrac{\beta_0}{1+\beta_0}}{1+\mathrm{j}\dfrac{f}{(1+\beta_0)f_{\beta}}}$$

$$\dot{\alpha}=\frac{\alpha_0}{1+\mathrm{j}\dfrac{f}{f_\alpha}} \qquad [f_\alpha=(1+\beta_0)f_\beta] \tag{4.2.13}$$

式中，$\alpha_0=\dfrac{\beta_0}{1+\beta_0}\approx 1$；$f_\alpha$ 是使 $|\dot{\alpha}|$ 下降到 $0.707\alpha_0$ 的频率，称为共基截止频率。式（4.2.13）表明：

$$f_\alpha=(1+\beta_0)f_\beta\approx f_\mathrm{T} \tag{4.2.14}$$

可见，共基极电路的截止频率远高于共发射极电路的截止频率，因此共基极放大电路可作为宽频带放大电路。

4.3 单管共发射极放大电路的频率响应

第 2 章讨论晶体三极管放大电路时，一般认为晶体三极管的结电容对交流信号是开路的。实际上，这种处理只适用于一定的频率范围，当放大电路的工作频率很高时，晶体三极管结电容的容抗很小，就不能再认为是开路了。利用晶体三极管高频等效模型，可以分析放大电路的频率响应。单管共发射极放大电路如图 4.3.1（a）所示，其全频段的动态等效电路如图 4.3.1（b）所示。其中，耦合电容的电容值远大于结电容。

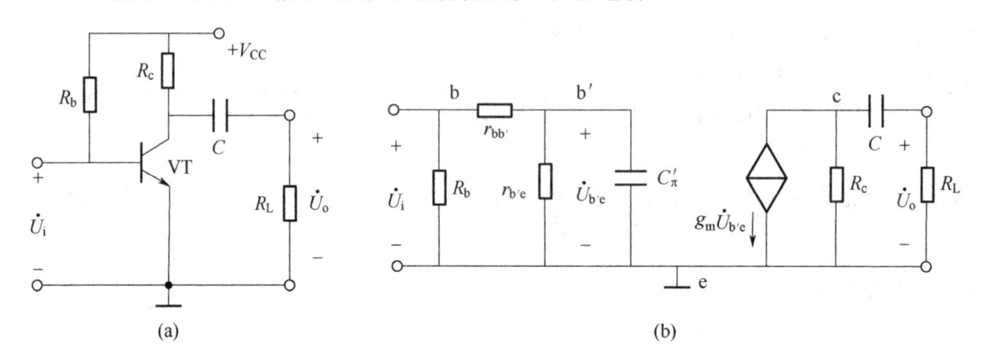

图 4.3.1 单管共发射极放大电路及其微变等效电路

4.3.1 中频电压放大倍数

在中频段，电压信号 $\dot{U}_\mathrm{i}$ 作用于电路时，由于 $X_{C'_\pi}=\dfrac{1}{\omega C'_\pi}\gg r_\mathrm{b'e}$，所以 C'_π 可视为开路；又由于 $X_\mathrm{C}=\dfrac{1}{\omega C}\ll R_\mathrm{L}$，所以耦合电容 C 可以视为短路。因此，图 4.3.1 所示电路的中频段微变等效电路如图 4.3.2 所示。中频段的微变等效电路中受控电流源控制关系可以用 $\dot{I}_\mathrm{c}=g_\mathrm{m}\dot{U}_\mathrm{b'e}$ 描述，也可以用 $\dot{I}_\mathrm{c}=\beta_0\dot{I}_\mathrm{b}$ 描述，见图 4.3.3。电路的中频电压放大倍数 $\dot{A}_{u\mathrm{m}}$ 的表达式见式（4.3.1）和式（4.3.2）。

利用图 4.3.2 解得：

$$\dot{A}_{um}=\frac{\dot{U}_{o}}{\dot{U}_{i}}=\frac{-g_{m}\dot{U}_{b'e}(R_{c}//R_{L})}{\dfrac{\dot{U}_{b'e}}{r_{b'e}}r_{be}}=\frac{-g_{m}r_{b'e}R_{L}'}{r_{be}}=\frac{-\beta_{0}R_{L}'}{r_{be}} \tag{4.3.1}$$

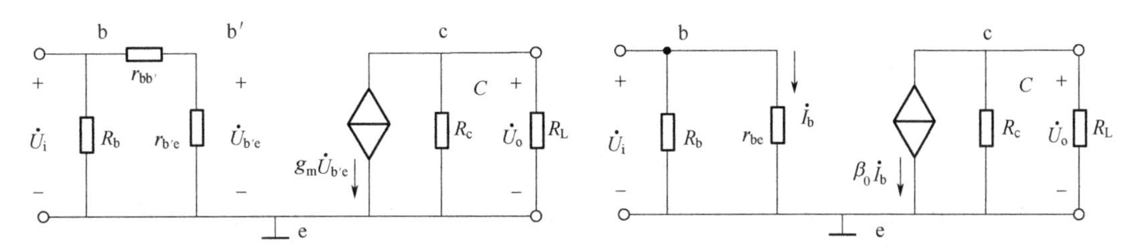

图 4.3.2　中频段微变等效电路（1）　　　图 4.3.3　中频段微变等效电路（2）

利用图 4.3.3 解得：

$$\dot{A}_{um}=\frac{\dot{U}_{o}}{\dot{U}_{i}}=\frac{-\beta_{0}\dot{I}_{b}R_{L}'}{\dot{I}_{b}r_{be}}=\frac{-\beta_{0}R_{L}'}{r_{be}} \tag{4.3.2}$$

由式（4.3.1）和式（4.3.2）的结果可见，中频段微变等效电路（1）和（2）是一致的，求解中频电压放大倍数时，微变等效电路可以画成第 2 章中的等效电路形式。

4.3.2　低频电压放大倍数

低频段的信号频率低于中频段，耦合电容容抗 X_C 的值变大，C 与 R_L 串联部分，耦合电容 C 不可以视为短路，因此要考虑耦合电容 C 对电压放大倍数的影响。同时，结电容容抗 $X_{C_\pi'}$ 的值也会升高，$X_{C_\pi'} \gg r_{b'e}$，所以 C_π' 可视为开路。低频段的微变等效电路中，耦合电容 C 保留，受控电流源控制关系可以用 $\dot{I}_c=g_m\dot{U}_{b'e}$ 描述，也可以用 $\dot{I}_c=\beta_0\dot{I}_b$ 描述。低频段微变等效电路如图 4.3.4 所示。

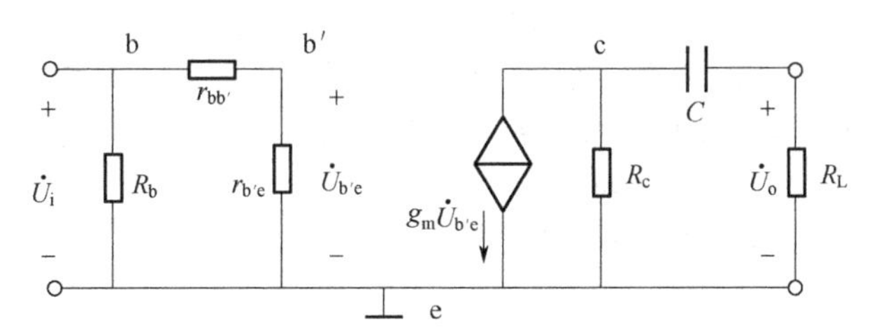

图 4.3.4　低频段微变等效电路

电路的低频电压放大倍数用 $\dot{A}_{ul}$ 表示，其表达式见式（4.3.3）。

$$\begin{aligned}\dot{A}_{ul}&=\frac{\dot{U}_{o}}{\dot{U}_{i}}=\frac{-\beta_{0}\dot{I}_{b}}{\dot{I}_{b}r_{be}}\times\frac{R_{c}}{R_{c}+R_{L}+\dfrac{1}{j\omega C}}\times R_{L}=\frac{-\beta_{0}}{r_{be}}\times\frac{R_{c}R_{L}}{R_{c}+R_{L}}\times\frac{j\omega C(R_{c}+R_{L})}{1+j\omega C(R_{c}+R_{L})}\\&=\frac{-\beta_{0}R_{L}'}{r_{be}}\times\frac{j\omega C(R_{c}+R_{L})}{1+j\omega C(R_{c}+R_{L})}\end{aligned} \tag{4.3.3}$$

与式（4.3.2）式比较，得出：

$$\dot{A}_{ul}=\dot{A}_{um}\frac{\mathrm{j}\omega C(R_c+R_L)}{1+\mathrm{j}\omega C(R_c+R_L)}=\dot{A}_{um}\frac{\mathrm{j}\dfrac{f}{f_L}}{1+\mathrm{j}\dfrac{f}{f_L}} \tag{4.3.4}$$

式中，f_L 为下限截止频率，其表达式为：

$$f_L=\frac{1}{2\pi(R_c+R_L)C} \tag{4.3.5}$$

式（4.3.5）中 $(R_c+R_L)C$ 正是 C 所在回路的时间常数，它等于从电容 C 两端看进去网络电源置零后的等效电阻乘以 C。

根据式（4.3.4），单管共发射极放大电路的对数幅频特性及相频特性的表达式为：

$$20\lg\left|\dot{A}_{ul}\right|=20\lg\left|\dot{A}_{um}\right|+20\lg\frac{\dfrac{f}{f_L}}{\sqrt{1+\left(\dfrac{f}{f_L}\right)^2}} \tag{4.3.6}$$

$$\varphi=-180°+\left(90°-\arctan\frac{f}{f_L}\right)=-90°-\arctan\frac{f}{f_L} \tag{4.3.7}$$

式（4.3.7）中的 $-180°$ 表示中频段时 $\dot{U}_o$ 与 $\dot{U}_i$ 反相。$90°-\arctan\dfrac{f}{f_L}$ 表示因电抗元件引起的相移，称为附加相移。当 $f=f_L$ 时，低频段附加相移为 $45°$，低频段最大附加相移为 $90°$。

4.3.3 高频电压放大倍数

高频段的信号频率大于中频段，结电容容抗 $X_{C'_\pi}$ 的值会减小，所以 C'_π 与 $r_{b'e}$ 并联部分，C'_π 不可视为开路。因此，要考虑结电容 C'_π 对电压放大倍数的影响，高频段的微变等效电路中，结电容 C'_π 保留。受控电流源控制关系用 $\dot{I}_c=g_m\dot{U}_{b'e}$ 描述。同时，耦合电容容抗 X_C 的值也变小，高频段中，耦合电容 C 可以视为短路。

电路的高频段微变等效电路如图 4.3.5 所示。

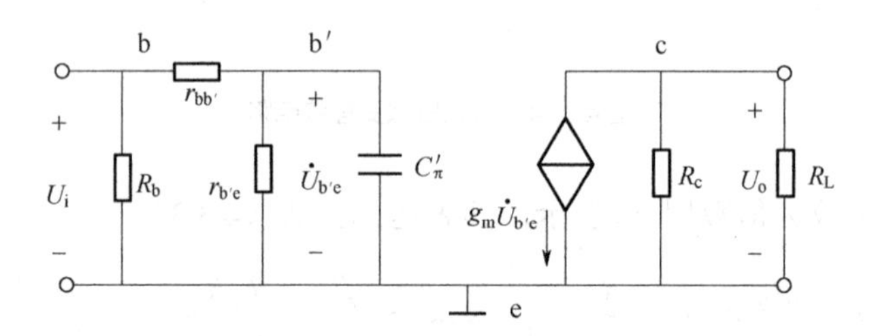

图 4.3.5 高频段微变等效电路

电路的高频电压放大倍数用 $\dot{A}_{uh}$ 表示，其表达式见式（4.3.8）。

$$\dot{A}_{uh}=\frac{\dot{U}_o}{\dot{U}_i}=\frac{-g_m\dot{U}_{b'e}R'_L}{\dfrac{\dot{U}_{b'e}}{Z_{b'e}}(r_{bb'}+Z_{b'e})}=\frac{-g_mR'_LZ_{b'e}}{r_{bb'}+Z_{b'e}}$$

$$=\frac{-g_mR'_L\dfrac{r_{b'e}}{1+j\omega C'_\pi r_{b'e}}}{r_{bb'}+\dfrac{r_{b'e}}{1+j\omega C'_\pi r_{b'e}}}=\frac{-g_mR'_Lr_{b'e}}{r_{be}\left(1+\dfrac{j\omega C'_\pi r_{b'e}r_{bb'}}{r_{be}}\right)} \tag{4.3.8}$$

$$=\frac{-\beta_0R'_L}{r_{be}\left[1+j\omega(r_{b'e}//r_{bb'})C'_\pi\right]}$$

与式（4.3.2）相比较，得出：

$$\dot{A}_{uh}=\dot{A}_{um}\frac{1}{1+j\omega(r_{b'e}//r_{bb'})C'_\pi}=\dot{A}_{um}\frac{1}{1+j\dfrac{f}{f_H}} \tag{4.3.9}$$

式中，f_H 为下限截止频率，其表达式为：

$$f_H=\frac{1}{2\pi(r_{b'e}//r_{bb'})C'_\pi} \tag{4.3.10}$$

式中，$(r_{b'e}//r_{bb'})C'_\pi$ 正是 C'_π 所在回路的时间常数，它等于从电容 C'_π 两端看进去网络电源置零后的等效电阻乘以 C'_π。

根据式（4.3.9），单管共发射极放大电路的对数幅频特性及相频特性的表达式为：

$$20\lg\left|\dot{A}_{uh}\right|=20\lg\left|\dot{A}_{um}\right|-20\lg\sqrt{1+\left(\frac{f}{f_H}\right)^2} \tag{4.3.11}$$

$$\varphi=-180°-\arctan\frac{f}{f_H} \tag{4.3.12}$$

式（4.3.12）中，$-\arctan\dfrac{f}{f_H}$ 表示因电抗元件引起的相移，称为附加相移。$f=f_H$ 时，高频段附加相移为 $-45°$，高频段最大附加相移为 $-90°$。

4.3.4 全频域响应

综上所述，若考虑耦合电容及结电容的影响，对于频率从零到无穷大的输入电压，电压放大倍数的表达式应为：

$$\dot{A}_u=\dot{A}_{um}\frac{j\dfrac{f}{f_L}}{\left(1+j\dfrac{f}{f_L}\right)\left(1+j\dfrac{f}{f_H}\right)}=\dot{A}_{um}\frac{1}{\left(1+\dfrac{f_L}{jf}\right)\left(1+j\dfrac{f}{f_H}\right)} \tag{4.3.13}$$

根据式（4.3.13），可画出图4.3.1所示单管共发射极放大电路的折线化波特图，如图4.3.6所示。

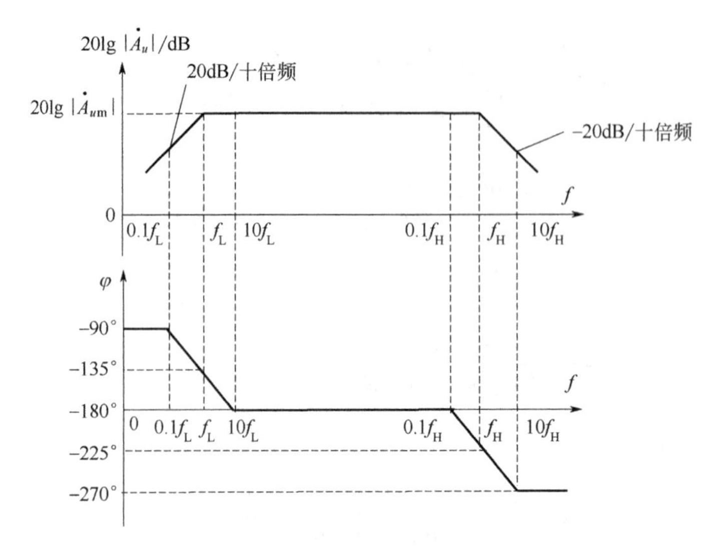

图 4.3.6 单管共发射极放大电路的折线化波特图

当 $f_L \ll f \ll f_H$ 时，f_L/f 趋于零，f/f_H 趋于零，因而式（4.3.13）近似为 $\dot{A}_u \approx \dot{A}_{um}$，即 $\dot{A}_u$ 为中频电压放大倍数，其表达式为式（4.3.1）。当 f 接近 f_L 时，必有 $f \ll f_H$，f/f_H 趋于零，因而式（4.3.13）近似为 $\dot{A}_u \approx \dot{A}_{ul}$，即 $\dot{A}_u$ 为低频电压放大倍数，其表达式为式（4.3.4）。当 f 接近 f_H 时，必有 $f \gg f_L$，f_L/f 趋于零，因而式（4.3.13）近似为 $\dot{A}_u \approx \dot{A}_{uh}$，即 $\dot{A}_u$ 为高频电压放大倍数，其表达式为式（4.3.9）。

由以上分析可知，式（4.3.13）可以全面表示任何频段的电压放大倍数，而且上限频率和下限频率均可表示为 $\dfrac{1}{2\pi\tau}$，τ 分别是极间电容 C'_π 和耦合电容 C 所在回路的时间常数。可见，求解上、下限截止频率的关键是正确求出电容所在回路的等效电阻。

总结：放大电路频率响应的求解步骤如下。

① 求解 $\dot{A}_{um}$。画放大电路的中频等效电路，将耦合电容、旁路电容短路处理，结电容 C'_π 开路处理，受控电流源 $\dot{I}_c = \beta_0 \dot{I}_b$，其余元件保留。

② 求解 f_L。画放大电路的低频等效电路，结电容 C'_π 开路处理，将耦合电容、旁路电容及其余元件保留，受控电流源 $\dot{I}_c = \beta_0 \dot{I}_b$。分别求耦合电容、旁路电容所在回路的时间常数 τ，$f_L = \dfrac{1}{2\pi\tau}$。

③ 求解 f_H。画放大电路的高频等效电路，耦合电容、旁路电容短路处理，结电容 C'_π 及其余元件保留，受控电流源 $\dot{I}_c = g_m \dot{U}_{b'e}$。求结电容 C'_π 所在回路的时间常数 τ，$f_H = \dfrac{1}{2\pi\tau}$。

④ 代入表达式 $\dot{A}_u = \dot{A}_{um} \dfrac{\mathrm{j}\dfrac{f}{f_L}}{\left(1+\mathrm{j}\dfrac{f}{f_L}\right)\left(1+\mathrm{j}\dfrac{f}{f_H}\right)}$。

⑤ 画出频率响应特性曲线，注意拐点位置，标注 $20\lg\left|\dot{A}_{um}\right|$、$f_L$、$f_H$ 及衰减斜率。

【例 4.3.1】 共发射极放大电路如图 4.3.7 所示，已知晶体三极管 $\beta = 100$，$R_s = 2\text{k}\Omega$，$R_b = 434\text{k}\Omega$，$R_c = 2\text{k}\Omega$，$R_L = 2\text{k}\Omega$，$C_1 = 10\mu\text{F}$，$C_2 = 10\mu\text{F}$，$V_{CC} = 12\text{V}$，$g_m = 0.1\text{S}$，

$C_{\pi}=40\text{pF}$，$r_{bb'}=100\Omega$，$C_{\mu}=4\text{pF}$，$U_{BE}=0.7\text{V}$，试求：

① 画出电路的中频段微变等效电路，写出 $\dot{A}_{usm}$ 表达式。

② 画出电路的低频段微变等效电路，估算其下限截止频率 f_{L1}、f_{L2}。

③ 画出电路的高频段微变等效电路，估算其上限截止频率 f_H。

④ 写出 $\dot{A}_{us}$ 表达式。

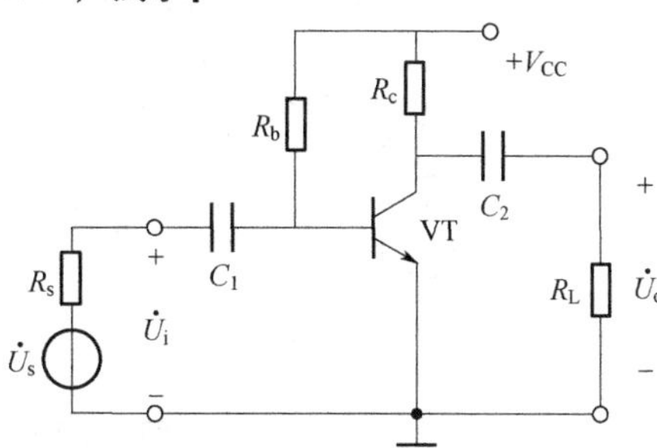

图 4.3.7 例 4.3.1 电路图

【解】① 中频段微变等效电路如图 4.3.8 所示。

$$r_{b'e}=\beta_0/g_m=100/0.1=1000(\Omega)$$

$$r_{be}=r_{bb'}+r_{b'e}=100+1000=1100(\Omega)$$

$$\dot{A}_{usm}=\frac{\dot{U}_o}{\dot{U}_s}=\frac{\dot{U}_i}{\dot{U}_s}\times\frac{\dot{U}_o}{\dot{U}_i}=\frac{R_s}{R_i+R_s}\times\frac{-\beta_0 R_L'}{r_{be}}=\frac{-\beta_0 R_s R_L'}{r_{be}(R_b//r_{be}+R_s)}=\frac{-100\times2\times(2//2)}{1.1\times(434//1.1+2)}\approx-58.7$$

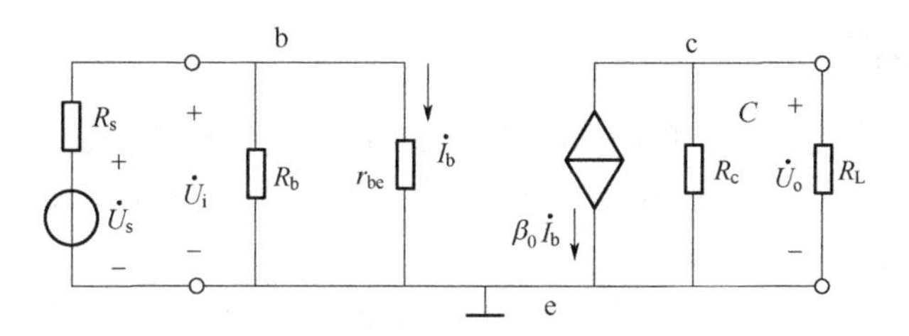

图 4.3.8 中频段微变等效电路

② 低频段微变等效电路如图 4.3.9 所示。

$$f_{L1}=\frac{1}{2\pi R_{eq}C}=\frac{1}{2\pi(R_s+R_b//r_{be})C_1}=\frac{1000}{2\pi(2+434//1.1)\times10}\approx5.1(\text{Hz})$$

$$f_{L2}=\frac{1}{2\pi R_{eq}C}=\frac{1}{2\pi(R_c+R_L)C_2}=\frac{1000}{2\pi(2+2)\times10}\approx4.0(\text{Hz})$$

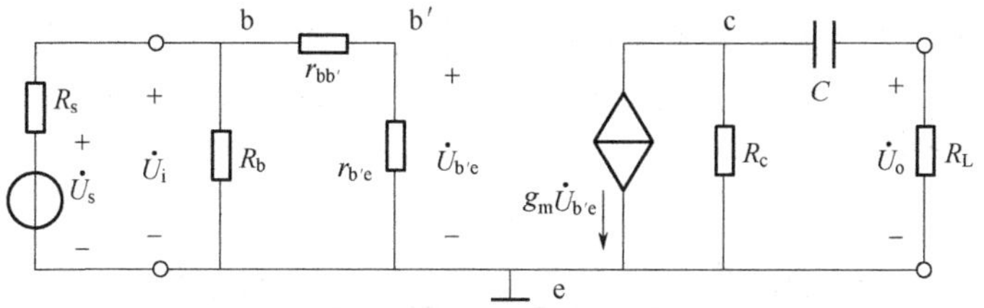

图 4.3.9 低频段微变等效电路

③ 高频段微变等效电路如图 4.3.10 所示。

$$\dot{K}=\frac{\dot{U}_{ce}}{\dot{U}_{b'e}}=-g_m R_L'=-0.1\times2000//2000=-100$$

$$C'_{\pi}=C_{\pi}+C'_{\mu}=C_{\pi}+(1-\dot{K})C_{\mu}=40+101\times4=444(\text{pF})$$

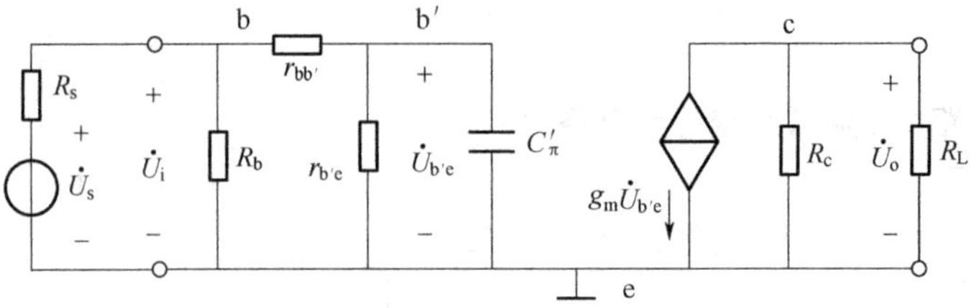

图 4.3.10 高频段微变等效电路

$$f_H=\frac{1}{2\pi RC}=\frac{1}{2\pi[r_{b'e}//(r_{bb'}+R_s//R_b)]C'_{\pi}}=\frac{10^9}{2\pi(1//2.1)\times444}\approx5.3\times10^5(\text{Hz})$$

④ $$\dot{A}_{us}=\dot{A}_{usm}\frac{j\frac{f}{f_{L1}}}{1+j\frac{f}{f_{L1}}}\times\frac{j\frac{f}{f_{L2}}}{1+j\frac{f}{f_{L2}}}\times\frac{1}{1+j\frac{f}{f_H}}=-58.7\frac{j\frac{f}{5.1}}{1+j\frac{f}{5.1}}\times\frac{j\frac{f}{4}}{1+j\frac{f}{4}}\times\frac{1}{1+j\frac{f}{5.3\times10^5}}$$

4.3.5 增益带宽积

为了改善单管放大电路的低频特性，需加大耦合电容及其回路电阻，以增大回路时间常数，从而降低下限频率。然而这种改善是很有限的，因此在信号频率很低的使用场合，应考虑采用直接耦合方式。

为了改善单管放大电路的高频特性，需减小 b′-e 间等效电容 C'_{π} 及其回路电阻，以减小回路时间常数，从而增大上限频率。

已知 $C'_{\pi}=C_{\pi}+C'_{\mu}=C_{\pi}+(1-\dot{K})C_{\mu}\approx C_{\pi}+(1+g_mR'_L)C_{\mu}$，中频电压放大倍数 $\dot{A}_{um}=\frac{\dot{U}_o}{\dot{U}_i}=\frac{-g_m\dot{U}_{b'e}(R_c//R_L)}{\frac{\dot{U}_{b'e}}{r_{b'e}}r_{be}}=\frac{-g_mr_{b'e}R'_L}{r_{be}}=\frac{-\beta_0R'_L}{r_{be}}$，因此，减小 C'_{π} 需要减小 $g_mR'_L$，而减小 $g_mR'_L$ 必然使 $|\dot{A}_{um}|$ 减小。可见，f_H 的提高与 $|\dot{A}_{um}|$ 的增大是相互矛盾的。对于大多数放大电路，$f_H\gg f_L$，因而通频带 $f_{bw}=f_H-f_L\approx f_H$。也就是说，$f_H$ 与 $|\dot{A}_{um}|$ 的矛盾就是带宽与增益的矛盾，即增益提高时，必使带宽变窄，增益减小时，必使带宽变宽。为了综合考察这两方面的性能，引入一个新的参数，即“增益带宽积”。

图 4.3.1（a）所示单管共发射极放大电路的增益带宽积为：

$$|\dot{A}_{um}f_{bw}|\approx\frac{-g_mr_{b'e}R'_L}{r_{be}}\times\frac{1}{2\pi R_{eq}C'_{\pi}}=\frac{-g_mr_{b'e}R'_L}{r_{be}\times2\pi\frac{r_{bb'}r_{b'e}}{r_{be}}[C_{\pi}+(1+g_mR'_L)C_{\mu}]}\tag{4.3.14}$$

电路中 $C_{\pi}\ll g_mR'_LC_{\mu}$，为使问题简单化，令 $C'_{\pi}\approx(1+g_mR'_L)C_{\mu}\approx g_mR'_LC_{\mu}$。

$$|\dot{A}_{um}f_{bw}|\approx\frac{1}{2\pi r_{bb'}C_{\mu}}\tag{4.3.15}$$

当晶体三极管选定后，$r_{bb'}$ 和 C_μ 就随之确定。因而，式（4.3.15）的增益带宽积也就大体确定了，即增益增大多少倍，带宽几乎就变窄多少倍。此结论具有普遍性。

从另一角度看，为了改善电路的高频特性，展宽频带，首先应选用 $r_{bb'}$ 和 C_μ 均小的高频管，与此同时还要尽量减小 C'_π 所在回路的等效电阻。另外，还可考虑采用共基极电路。

应当指出，并不是在所有的应用场合都需要宽频带的放大电路。例如，正弦波振荡电路中的放大电路就应具有选频特性，它仅对某单一频率的信号进行放大，而其余频率的信号均被衰减，而且衰减愈快，电路的选频特性愈好，振荡的波形将愈好。应当说，在信号频率范围已知的情况下，放大电路只需具有与信号频段相对应的通频带即可，而且这样做将有利于抵抗外部的干扰信号。盲目追求宽频带不但无益，而且还将牺牲放大电路的增益。

4.4 场效应管放大电路的频率响应

对于场效应管，无论是 MOSFET 还是 JFET，都与晶体三极管类似，在高频时同样需要考虑极间电容的影响，因而其高频响应与晶体三极管相似。

4.4.1 场效应管的高频等效模型

根据场效应管的结构，可得出图 4.4.1（a）所示的高频等效模型，图中，C_{gs} 表示栅、源间的极间电容，C_{gd} 表示栅、漏间的极间电容，C_{ds} 表示漏、源间的极间电容。一般情况下 r_{gs} 和 r_{ds} 比外接电阻大得多，因而，在近似分析时，可认为它们是开路的。而对于跨接在 g-d 之间的电容可将其进行等效变换，即将其折合到输入回路和输出回路，使电路单向化。这样，g-s 间的等效电容为：

$$C'_{gs} = C_{gs} + (1-\dot{K})C_{gd} \qquad (\dot{K} \approx -g_m R'_L) \tag{4.4.1}$$

d-s 间的等效电容为：

$$C'_{ds} = C_{ds} + \frac{\dot{K}-1}{\dot{K}}C_{gd} \qquad (\dot{K} \approx -g_m R'_L) \tag{4.4.2}$$

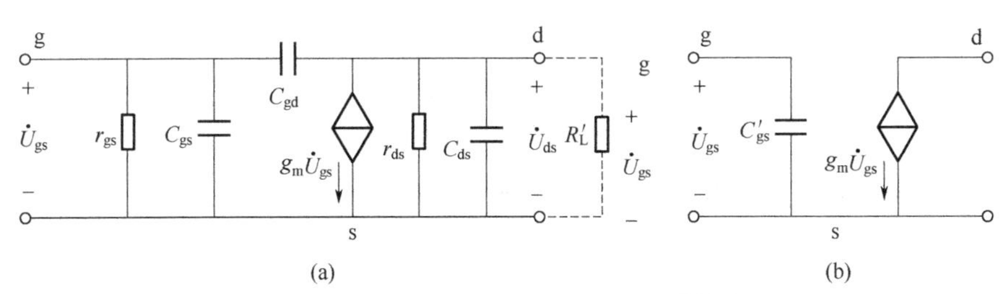

图 4.4.1 场效应管的高频等效模型

由于输出回路的时间常数通常比输入回路的时间常数小得多，故分析频率特性时可忽略 C'_{ds} 的影响。这样就得到场效应管简化的单向化的高频等效模型，如图 4.4.1（b）所示。

4.4.2 共源极放大电路的频率响应

对于图 4.4.2（a）所示共源极放大电路，考虑到极间电容和耦合电容的影响，其全频段微变等效电路如图 4.4.2（b）所示。

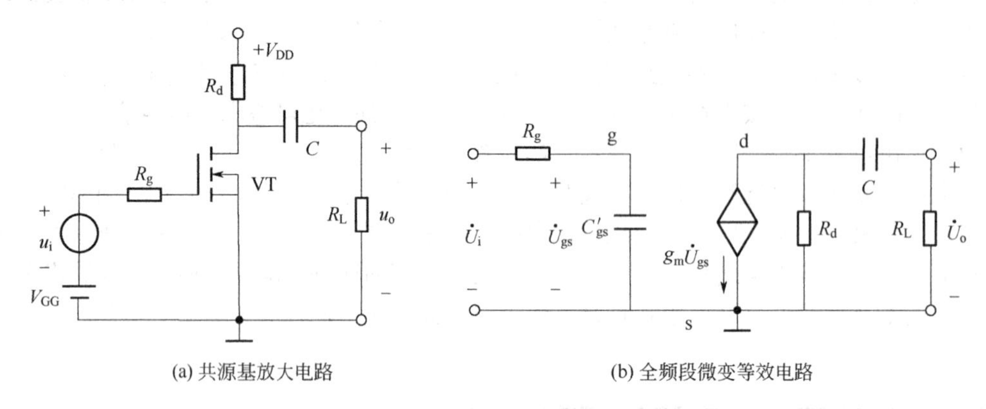

(a) 共源基放大电路　　　　(b) 全频段微变等效电路

图 4.4.2　单管共源极放大电路及其等效电路

在中频段，C'_{gs} 开路，C 短路，因而中频电压放大倍数为：

$$\dot{A}_{um}=\frac{\dot{U}_o}{\dot{U}_i}=\frac{-g_m\dot{U}_{gs}(R_d//R_L)}{\dot{U}_{gs}}=-g_mR'_L \tag{4.4.3}$$

在高频段，C 短路，考虑 C'_{gs} 的影响，它所在回路的时间常数 $\tau=R_gC'_{gs}$，因而上限频率为：

$$f_H=\frac{1}{2\pi R_gC'_{gs}} \tag{4.4.4}$$

在低频段，C'_{gs} 开路，考虑 C 的影响 ，它所在回路的时间常数 $\tau=(R_d+R_L)C$，因而下限截止频率为：

$$f_L=\frac{1}{2\pi(R_d+R_L)C} \tag{4.4.5}$$

写出 $\dot{A}_u$ 的表达式：

$$\dot{A}_u=\dot{A}_{um}\frac{\mathrm{j}\dfrac{f}{f_L}}{\left(1+\mathrm{j}\dfrac{f}{f_L}\right)\left(1+\mathrm{j}\dfrac{f}{f_H}\right)} \tag{4.4.6}$$

若画出 $\dot{A}_u$ 的波特图，则与图 4.3.6 相似，此处从略。

4.5　多级放大电路的频率响应

在多级放大电路中含有多个放大管，因而在高频等效电路中就含有多个 C'_π（或 C'_{gs}），即有多个低通环节。在阻容耦合放大电路中，如有多个耦合电容或旁路电容，则在低频等效电路中就含有多个高通环节。对于含有多个电容回路的电路，如何求解截止频率呢？电路的截止频率与每个电容回路的时间常数有什么关系呢？这是本节所要讨论的问题。

4.5.1 多级放大电路的频率特性分析

设一个 n 级放大电路各级的电压放大倍数分别为 $\dot{A}_{u1}$，$\dot{A}_{u2}$，…，$\dot{A}_{un}$，则该电路的电压放大倍数为：

$$\dot{A}_u = \dot{A}_{u1}\dot{A}_{u2}\cdots\dot{A}_{un} \tag{4.5.1}$$

对数幅频特性和相频特性表达式为：

$$\begin{cases} 20\lg\left|\dot{A}_u\right| = 20\lg\left|\dot{A}_{u1}\right| + 20\lg\left|\dot{A}_{u2}\right| + \cdots + 20\lg\left|\dot{A}_{un}\right| \\ \varphi = \varphi_1 + \varphi_2 + \cdots + \varphi_n \end{cases} \tag{4.5.2}$$

即该电路的增益为各级放大电路增益之和，相移为各级放大电路相移之和。

设组成两级放大电路的两个单管共发射极放大电路具有相同的频率响应 $\dot{A}_{u1} = \dot{A}_{u2}$，即它们的中频电压增益 $\dot{A}_{um1} = \dot{A}_{um2}$，下限频率 $f_{L1} = f_{L2}$，上限频率 $f_{H1} = f_{H2}$，故整个电路的中频电压增益为：

$$20\lg\left|\dot{A}_{um}\right| = 20\lg\left|\dot{A}_{um1}\right| + 20\lg\left|\dot{A}_{um2}\right| = 40\lg\left|\dot{A}_{um1}\right| \tag{4.5.3}$$

当 $f = f_{L1}$ 时，$\left|\dot{A}_{ul1}\right| = \left|\dot{A}_{ul2}\right| = \dfrac{\left|\dot{A}_{um1}\right|}{\sqrt{2}}$，所以：

$$20\lg\left|\dot{A}_u\right| = 40\lg\left|\dot{A}_{um1}\right| - 40\lg\sqrt{2} \tag{4.5.4}$$

说明增益下降 6dB，并且由于 $\dot{A}_{u1}$ 和 $\dot{A}_{u2}$ 均产生 +45° 的附加相移，所以 $\dot{A}_u$ 产生 +90° 附加相移。根据同样的分析可得，当 $f = f_{H1}$ 时，增益也下降 6dB，同时所产生的附加相移为 −90°。因此，两级放大电路和组成它的单级放大电路的波特图如图 4.5.1 所示。根据截止频率的定义，

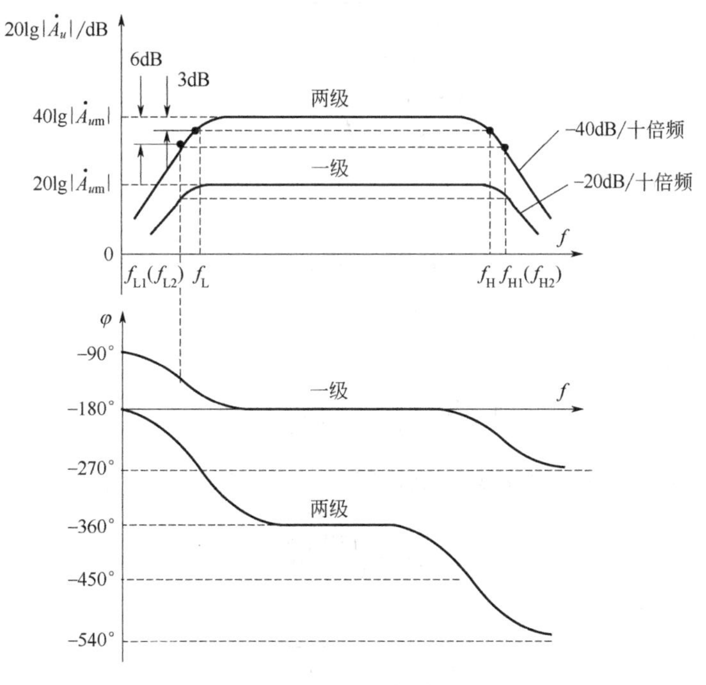

图 4.5.1 两级放大电路的波特图

在幅频特性中找到使增益下降3dB的频率就是两级放大电路的下限频率 f_L 和上限频率 f_H，如图中所标注。显然，$f_L > f_{L1}(f_{L2})$，$f_H < f_{H1}(f_{H2})$，因此两级放大电路的通频带比组成它的单级放大电路窄。

上述结论具有普遍意义。对于一个 N 级放大电路，设组成它的各级放大电路的下限频率分别为 f_{L1}，f_{L2}，…，f_{LN}，上限频率分别为 f_{H1}，f_{H2}，…，f_{HN}，通频带分别为 f_{bw1}，f_{bw2}，…，f_{bwN}；该多级放大电路的下限频率为 f_L，上限频率为 f_H，通频带为 f_{bw}，则：

$$\begin{cases} f_L > f_{Lk}(k=1\sim N) \\ f_H < f_{Hk}(k=1\sim N) \\ f_{bw} < f_{bwk}(k=1\sim N) \end{cases} \tag{4.5.5}$$

4.5.2 截止频率的估算

4.5.2.1 下限截止频率 f_L

将式（4.5.1）中的 $\dot{A}_{uk}$ 用低频电压放大倍数 $\dot{A}_{ulk}$ 的表达式代入并取模，得出多级放大电路低频段的电压放大倍数的幅值为：

$$\left|\dot{A}_{ulk}\right| = \prod_{k=1}^{N} \frac{\left|\dot{A}_{umk}\right|}{\sqrt{1+\left(\dfrac{f_{Lk}}{f}\right)^2}}$$

根据 f_L 的定义，当 $f = f_L$ 时：

$$\left|\dot{A}_{ulk}\right| = \frac{\prod_{k=1}^{N}\left|\dot{A}_{umk}\right|}{\sqrt{2}}$$

即

$$\prod_{k=1}^{N}\sqrt{1+\left(\frac{f_{Lk}}{f_L}\right)^2} = \sqrt{2}$$

等式两边取平方，得：

$$\prod_{k=1}^{N}\left[1+\left(\frac{f_{Lk}}{f_L}\right)^2\right] = 2$$

展开上式，得

$$1+\sum_{k=1}^{N}\left(\frac{f_{Lk}}{f_L}\right)^2 + \text{高次项} = 2$$

由于 f_{Lk}/f_L 小于1，可将高次项忽略，得出 f_L 的近似表达式为：

$$f_L \approx \sqrt{\sum_{k=1}^{N} f_{Lk}^2} \tag{4.5.6}$$

加上修正系数，则：

$$f_L \approx 1.1\sqrt{\sum_{k=1}^{N} f_{Lk}^2} \tag{4.5.7}$$

4.5.2.2 上限截止频率 f_{H}

将式（4.5.1）中的 $\dot{A}_{uk}$ 用高频电压放大倍数 $\dot{A}_{u\mathrm{h}k}$ 的表达式代入并取模，得出多级放大电路高频段的电压放大倍数的幅值为：

$$\left|\dot{A}_{u\mathrm{h}}\right|=\prod_{k=1}^{N}\frac{\left|\dot{A}_{u\mathrm{m}k}\right|}{\sqrt{1+\left(\dfrac{f}{f_{\mathrm{H}k}}\right)^2}}$$

根据 f_{H} 的定义，当 $f=f_{\mathrm{H}}$ 时：

$$\left|\dot{A}_{u\mathrm{h}}\right|=\frac{\prod\limits_{k=1}^{N}\left|\dot{A}_{u\mathrm{m}k}\right|}{\sqrt{2}}$$

即

$$\prod_{k=1}^{N}\sqrt{1+\left(\frac{f_{\mathrm{H}}}{f_{\mathrm{H}k}}\right)^2}=\sqrt{2}$$

等式两边取平方，得

$$\prod_{k=1}^{N}\left[1+\left(\frac{f_{\mathrm{H}}}{f_{\mathrm{H}k}}\right)^2\right]=2$$

展开上式，得

$$1+\sum_{k=1}^{N}\left(\frac{f_{\mathrm{H}}}{f_{\mathrm{H}k}}\right)^2+\text{高次项}=2$$

由于 $f_{\mathrm{H}}/f_{\mathrm{H}k}$ 小于 1，可将高次项忽略，得出 f_{H} 的近似表达式为：

$$\frac{1}{f_{\mathrm{H}}}\approx\sqrt{\sum_{k=1}^{N}\frac{1}{f_{\mathrm{H}k}^2}} \tag{4.5.8}$$

加上修正系数，则：

$$\frac{1}{f_{\mathrm{H}}}\approx 1.1\sqrt{\sum_{k=1}^{N}\frac{1}{f_{\mathrm{H}k}^2}} \tag{4.5.9}$$

根据以上分析可知，若两级放大电路是由两个具有相同频率特性的单管放大电路组成的，则其上、下限截止频率分别为：

$$\begin{cases}\dfrac{1}{f_{\mathrm{H}}}\approx 1.1\sqrt{\dfrac{2}{f_{\mathrm{H1}}^2}}，\quad f_{\mathrm{H}}\approx 0.643f_{\mathrm{H1}}\\[2ex] f_{\mathrm{L}}\approx 1.1\sqrt{2}f_{\mathrm{L1}}\approx 1.56f_{\mathrm{L1}}\end{cases} \tag{4.5.10}$$

对各级具有相同频率特性的三级放大电路，其上、下限截止频率分别为：

$$\begin{cases}\dfrac{1}{f_{\mathrm{H}}}\approx 1.1\sqrt{\dfrac{3}{f_{\mathrm{H1}}^2}}，\quad f_{\mathrm{H}}\approx 0.52f_{\mathrm{H1}}\\[2ex] f_{\mathrm{L}}\approx 1.1\sqrt{3}f_{\mathrm{L1}}\approx 1.91f_{\mathrm{L1}}\end{cases} \tag{4.5.11}$$

可见，三级放大电路的通频带几乎是单级电路的一半。放大电路的级数愈多，通频带愈窄。

在多级放大电路中，若某级的下限截止频率远高于其他各级的下限截止频率，则可认为整个电路的下限截止频率近似为该级的下限截止频率；同理，若某级的上限截止频率远低于其他各级的上限截止频率，则可认为整个电路的上限截止频率近似为该级的上限截止频率。因此式（4.5.7）、式（4.5.9）多用于各级截止频率相差不多的情况。此外，对于有多个耦合电容和旁路电容的单管放大电路，在分析下限频率时，应先求出每个电容所确定的截止频率，然后利用式（4.5.7）求出电路的下限频率。

【例 4.5.1】 如图 4.5.2 所示的静态工作点稳定电路中，已知 $C_1 = C_2 = C_e$，其余参数选择合适，电路在中频段工作正常。试分析电路的下限截止频率。

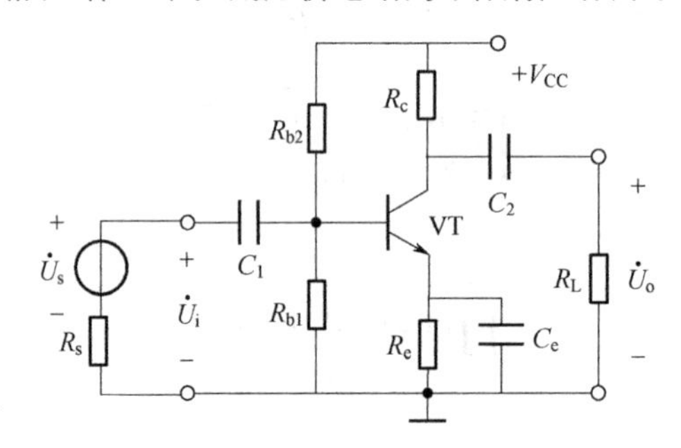

图 4.5.2 静态工作点稳定电路

【解】 考虑到 C_1、C_2、C_e的作用，图 4.5.2 所示电路的低频段等效电路如图 4.5.3 所示。在考虑某一电容对频率响应的影响时，应将其他电容作理想化处理，即将其他耦合电容或旁路电容视为短路。比较三个电容所在回路的等效电阻，数值最小的说明该电容的时间常数最小，因而它所确定的下限截止频率最高，若这个下限截止频率远高于其他两个，则说明整个电路的下限截止频率约等于该频率。

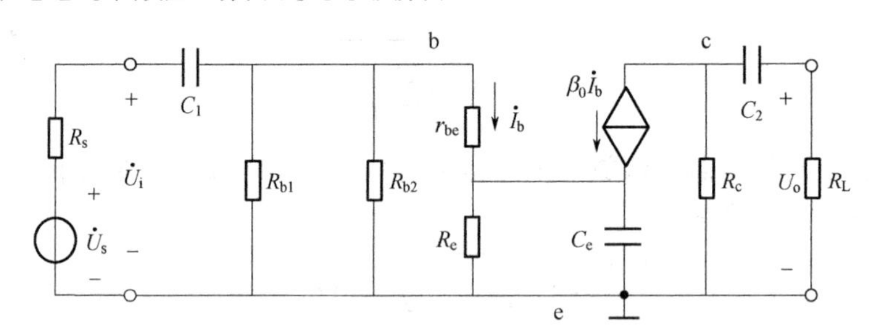

图 4.5.3 静态工作点稳定电路低频段等效电路

在考虑 C_1对低频特性的影响时，应将 C_2、C_e短路。图 4.5.4 所示是 C_1所在回路的等效电路，其时间常数为：

$$\tau_1 = (R_s + R_{b1} // R_{b2} // r_{be})C_1$$

在考虑 C_2对低频特性的影响时，应将 C_1、C_e短路。图 4.5.5 所示是 C_2所在回路的等效电路，其时间常数为：

$$\tau_2 = (R_c + R_L)C_2$$

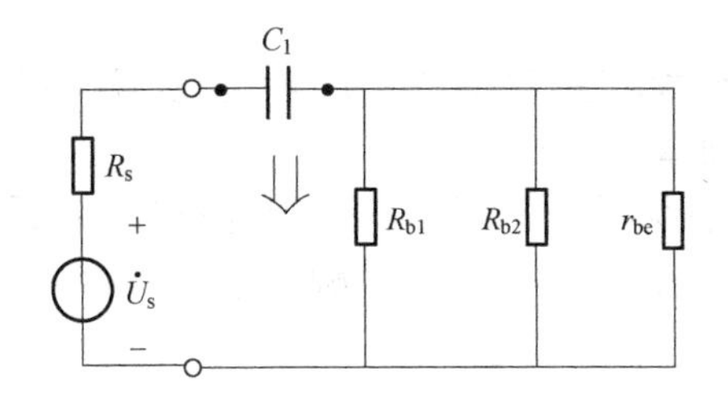

图 4.5.4 C_1所在回路的等效电路

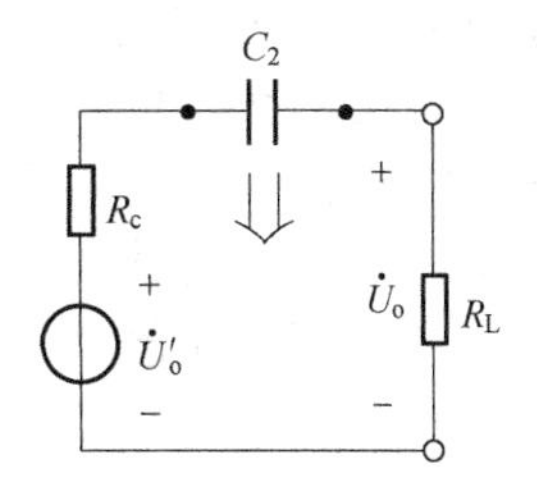

图 4.5.5 C_2所在回路的等效电路

在考虑 C_e对低频特性的影响时，应将 C_1、C_2短路。图 4.5.6 所示是 C_e所在回路的等效电路，其时间常数为：

$$\tau_e=\left(R_e//\frac{r_{be}+R_{b1}//R_{b2}//R_s}{1+\beta}\right)C_e$$

设 C_1、C_2、C_e所在回路所确定的下限截止频率分别为 f_{L1}、f_{L2}、f_{Le}。比较时间常数 τ_1、τ_2、τ_e，不难看出，当取 $C_1=C_2=C_e$时，τ_e将远小于τ_1、τ_2，即 f_{Le}远大于f_{L1}、f_{L2}，因此，可以认为f_{Le}就约为该电路的下限截止频率，即：

$$f_L\approx f_{Le}=\frac{1}{2\pi\tau_e}=\frac{1}{2\pi\left(R_e//\frac{r_{be}+R_{b1}//R_{b2}//R_s}{1+\beta}\right)C_e}$$

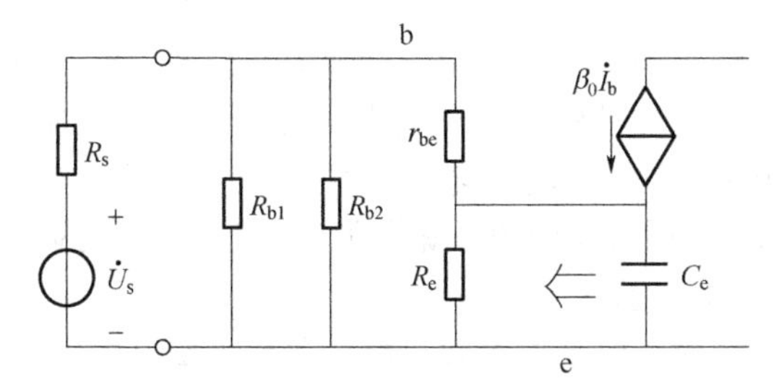

图 4.5.6 C_e所在回路的等效电路

从另一角度考虑，为改善电路的低频特性，C_e的容量应远大于 C_1、C_2。当f_{L1}、f_{L2}和f_{Le}的数值相差不多时，可以用式（4.5.7）求解电路的f_L。

【例 4.5.2】 已知某电路的各级均为共发射极放大电路，其对数幅频特性如图 4.5.7 所示。试求解下限截止频率 f_L、上限截止频率 f_H和电压放大倍数 $\dot{A}_u$。

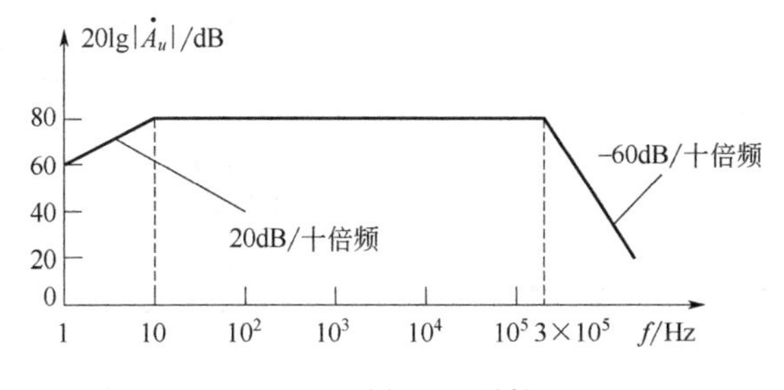

图 4.5.7 例 4.5.2 波特图

【解】 由图 4.5.7 可知：

① 频率特性曲线的低频段只有一个拐点，且低频段曲线斜率为 20dB/十倍频，说明影响低频特性的只有一个电容，故电路的下限截止频率为 10Hz。

② 频率特性曲线的高频段只有一个拐点，且高频段曲线斜率为-60dB/十倍频，说明影响高频特性的有三个电容，即电路为三级放大电路，且每一级的上限频率均为 3×10^5Hz，根据式（4.5.9）可得上限截止频率为：

$$f_H \approx 0.52 f_{H1} = 0.52\times3\times10^5 = 1.56\times10^5(\mathrm{Hz})$$

③ 因各级均为共发射极放大电路，所以在中频段输出电压与输入电压相位相反。因此，电压放大倍数为：

$$\dot{A}_u = \dot{A}_{um}\frac{\mathrm{j}\dfrac{f}{f_L}}{\left(1+\mathrm{j}\dfrac{f}{f_L}\right)\left(1+\mathrm{j}\dfrac{f}{f_{H1}}\right)\left(1+\mathrm{j}\dfrac{f}{f_{H2}}\right)\left(1+\mathrm{j}\dfrac{f}{f_{H3}}\right)} = \frac{-10^4\times\mathrm{j}\dfrac{f}{10}}{\left(1+\mathrm{j}\dfrac{f}{10}\right)\left(1+\mathrm{j}\dfrac{f}{3\times10^5}\right)^3}$$

4.6 频率响应与阶跃响应

频率响应描述放大电路对不同频率正弦信号放大的能力，即在输入信号幅值不变的情况下改变信号频率，来考察输出信号幅值与相位的变化，这种方法称为频域法。实际上，还可以用阶跃函数作为放大电路的输入，考察输出信号前沿与顶部的变化，来研究电路的放大性能，这种方法称为时域法。所谓阶跃函数，就是在 $t<0$s 时，$u_i=0$V，$t\geqslant 0$s 时，$u_i=U_i$（U_i 为常量）的信号，如图 4.6.1 所示。

输出对于阶跃函数的响应，应采用过渡过程的分析方法。

4.6.1 阶跃响应的指标

阶跃函数是在 $t=0$s 时刻产生单位突变的信号，由于电路中电容（如耦合电容、极间电容等）上的电压不会跃变，造成输出信号跟不上输入信号的变化，因而产生失真，如图 4.6.2 所示。

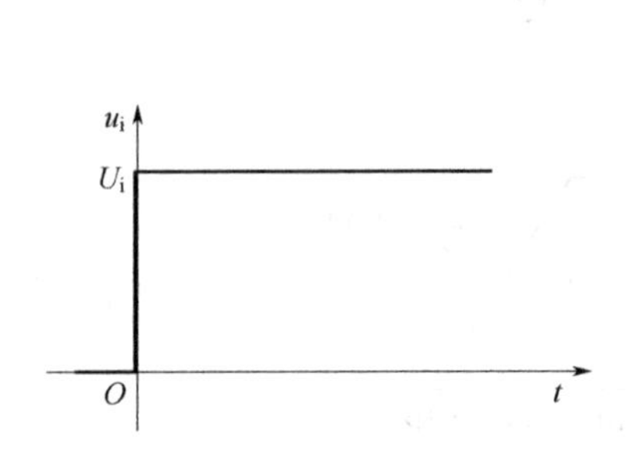

图 4.6.1 阶跃信号

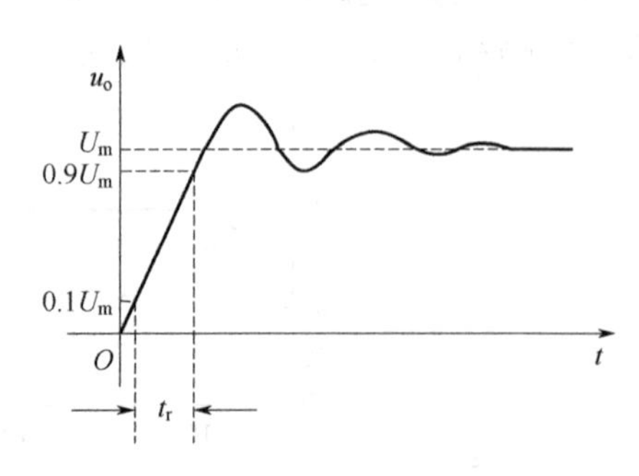

图 4.6.2 输出电压波形

为了描述输出电压的失真情况，引入以下三个指标：

① 上升时间：指输出电压从终了值的10%上升到终了值的90%所需要的时间，见图4.6.2中标注的t_r。

② 倾斜率δ：指在指定的时间t_p内，输出电压顶部的变化量与上升的终了值的百分比。

$$\delta=\frac{U_{om}-U'_{om}}{U_{om}}\times 100\% \tag{4.6.1}$$

见图4.6.3中所标注。

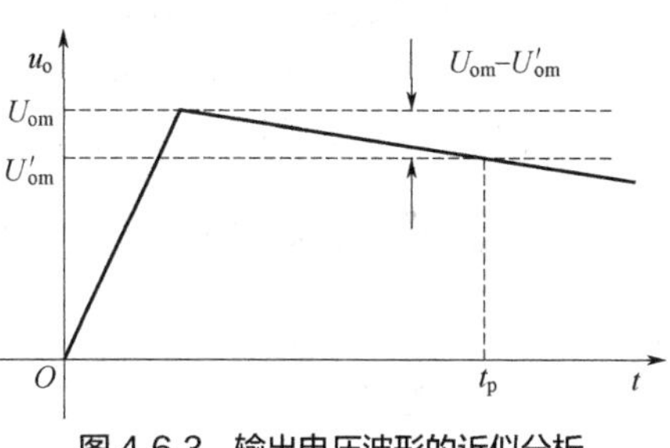

图4.6.3 输出电压波形的近似分析

③ 超调量：指在输出电压上升的瞬态过程中，上升值超过终了值的部分，一般用超过终了值的百分比来表示。

4.6.2 频率响应与阶跃响应的关系

从频谱的概念去理解，一个阶跃函数的频谱应包含从零到无穷大无数个频率成分，因此只有放大电路的频带无限宽，才可能在阶跃函数作用时，在输出端得到与输入信号成比例的输出信号，即输出信号也为阶跃信号，或仅仅反相。下面以图4.3.1所示单管共发射极放大电路为例来说明f_H与t_r，f_L与δ之间的关系，从中理解频率响应与阶跃响应的关系。

从频率特性的分析已知C'_π所在回路是低通电路，如图4.6.4所示。因此，在阶跃信号作用时，C'_π上的电压$u_{b'e}$将按指数规律上升。$u_{b'e}$的起始值为0V，终了值为U_i，回路时间常数为RC'_π，因而$u_{b'e}$的表达式为：

$$u_{b'e}=U_i\left(1-e^{-\frac{t}{RC'_\pi}}\right) \tag{4.6.2}$$

u_i与$u_{b'e}$随时间的变化波形如图4.6.5所示。根据式（4.6.2）可以计算出，$u_{b'e}$上升到$10\%U_i$所需的时间为$0.1RC'_\pi$，上升到$90\%U_i$所需的时间为$2.3RC'_\pi$，因此$u_{b'e}$的上升时间为：

$$t_r=2.2RC'_\pi \tag{4.6.3}$$

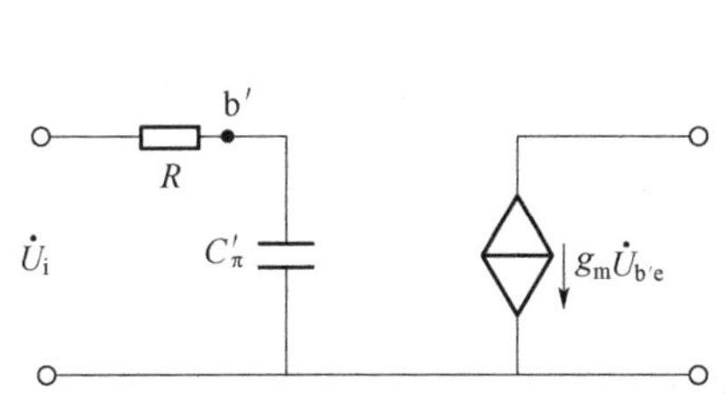

图4.6.4 图4.3.1所示电路的输入回路

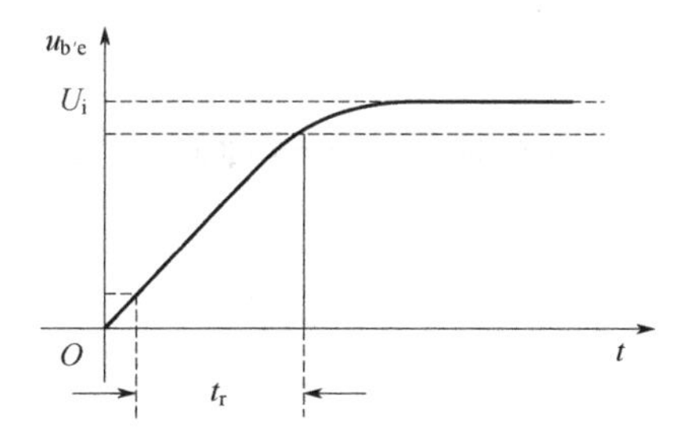

图4.6.5 输入回路阶跃响应

因为上限截止频率$f_H=\dfrac{1}{2\pi RC'_\pi}$，所以与式（4.6.3）联立可得出$t_r$与$f_H$的关系式：

$$t_r\approx\frac{0.35}{f_H} \tag{4.6.4}$$

上述分析表明，与上限截止频率一样，上升时间也取决于C'_π所在回路的时间常数，f_H愈大，t_r愈小，放大电路的高频特性愈好。

根据定义，倾斜率是研究输入信号从突变到某一固定值时引起输出电压变化的过程，因此电路的低频参数将起主要作用。从放大电路低频特性的分析可知，耦合电容C所在回路是高通电路，如图 4.6.6 所示。u'_o为开路时的输出电压，$u'_o=-g_m u_{b'e}R_c$，它随$u_{b'e}$而产生线性变化，并与之反相。因为回路时间常数$(R_c+R_L)C \gg t_r$，所以可以认为在$u_{b'e}$从零到U_i的变化阶段，u_o跟随u'_o按比例变化。即认为电容C近似为短路，$u_o=\dfrac{R_L}{R_c+R_L}u'_o$。当$u_{b'e}$达到稳态值$U_i$时，$u_o$也达到最大值$U_{om}$。之后$u_o$以$U_{om}$为起始值，以$(R_c+R_L)C$为时间常数，以零为终了值按指数规律变化，$u_o$的表达式为：

$$u_o=U_{om}e^{-\frac{t}{RC}} \qquad R=(R_c+R_L) \tag{4.6.5}$$

当$t \ll RC$时：

$$u_o \approx U_{om}\left(1-\frac{t}{RC}\right) \tag{4.6.6}$$

在图 4.6.7 中，$t_r \ll t_p \ll RC$，因此倾斜率δ为：

$$\delta=\frac{U_{om}-U'_{om}}{U_{om}}\times 100\% \approx \frac{U_{om}-U_{om}\left(1-\dfrac{t_p}{RC}\right)}{U_{om}}\times 100\%=\frac{t_p}{RC}\times 100\% \tag{4.6.7}$$

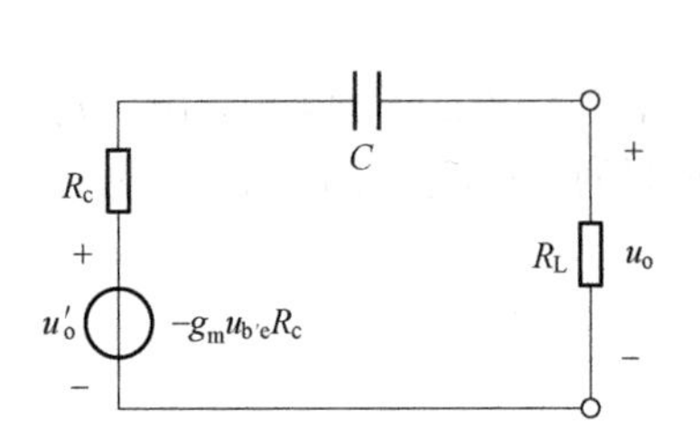

图 4.6.6　图 4.3.1 所示电路的输出回路

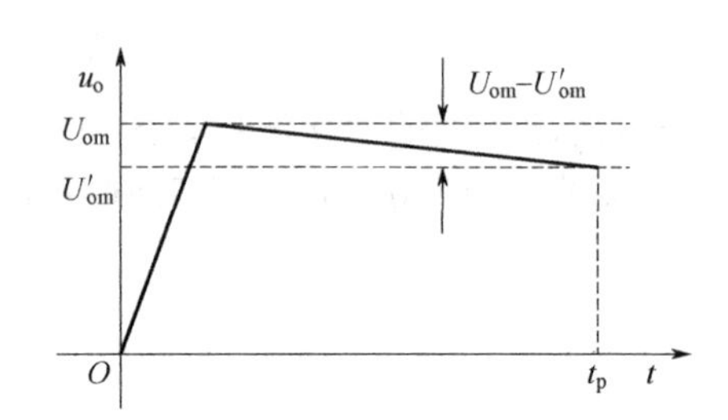

图 4.6.7　输出回路阶跃响应

因为下限频率$f_L=\dfrac{1}{2\pi RC}$，所以与式（4.6.7）联立后，可得到δ与f_L的关系为：

$$\delta \approx 2\pi f_L t_p \times 100\%$$

上述分析表明，与下限截止频率f_L一样，倾斜率δ也取决于C所在回路的时间常数，f_L愈低，δ愈小，放大电路的低频特性愈好。

综上所述，频率响应与阶跃响应有着内在的联系，这是因为它们只是分别从频域和时域两个角度描述同一个电路模型的放大性能，从而得出不同的指标。这些指标的优劣都取决于电抗元件所在回路的时间常数。

本章总结

本章主要讲述有关频率响应的基本概念，介绍晶体三极管和场效应管的高频等效模型，并阐明放大电路频率响应的分析方法。

（1）频率响应描述放大电路对不同频率信号的适应能力。耦合电容和旁路电容所在回路为高通电路，在低频段使放大倍数的数值下降，且产生超前相移。极间电容所在回路为低通电路，在高频段使放大倍数的数值下降，且产生滞后相移。

（2）在研究频率响应时，应采用放大管的高频段等效模型。在晶体三极管高频段等效模型中，极间电容等效为C'_π；在场效应管高频段等效模型中，极间电容等效为C'_{gs}。

（3）对于单管共发射极放大电路，电路频率响应的求解步骤如下。

① 求解$\dot{A}_{um}$。画放大电路的中频等效电路，将耦合电容、旁路电容短路处理，结电容C'_π开路处理，受控电流源$\dot{I}_c=\beta_0\dot{I}_b$，其余元件保留。

② 求解f_L。画放大电路的低频等效电路，结电容C'_π开路处理，将耦合电容、旁路电容及其余元件保留，受控电流源$\dot{I}_c=\beta_0\dot{I}_b$。分别求耦合电容、旁路电容所在回路的时间常数$\tau$，$f_L=\dfrac{1}{2\pi\tau}$。

③ 求解f_H。画放大电路的低频等效电路，耦合电容、旁路电容短路处理，结电容C'_π及其余元件保留，受控电流源$\dot{I}_c=g_m\dot{U}_{b'e}$。求结电容$C'_\pi$所在回路的时间常数$\tau$，$f_H=\dfrac{1}{2\pi\tau}$。

④ 写出适于频率从零到无穷大情况下的放大倍数$\dot{A}_u$或（$\dot{A}_{us}$）的表达式：

$$\dot{A}_u=\dot{A}_{um}\frac{\mathrm{j}\dfrac{f}{f_L}}{\left(1+\mathrm{j}\dfrac{f}{f_L}\right)\left(1+\mathrm{j}\dfrac{f}{f_H}\right)}$$

⑤ 已知f_H、f_L和中频放大倍数若$\dot{A}_{um}$ 或（$\dot{A}_{usm}$），便可画出波特图，注意拐点位置，标注$20\lg\left|\dot{A}_{um}\right|$、$f_L$、$f_H$及衰减斜率。当$f=f_L$或$f=f_H$时，增益下降3dB（近似计算时，忽略3dB），附加相移为+45°或–45°。

（4）放大电路的上限截止频率f_H和下限截止频率f_L取决于电容所在回路的时间常数τ，$f_H=\dfrac{1}{2\pi\tau_H}$，$f_L=\dfrac{1}{2\pi\tau_L}$。通频带$f_{bw}=f_H-f_L$。

在一定条件下，增益带宽积$\left|\dot{A}_{um}f_{bw}\right|$或$\left|\dot{A}_{usm}f_{bw}\right|$约为常量。要想高频特性好，首先应选择截止频率高的管子，然后合理选择参数，使C'_π所在回路的等效电阻尽可能小。要想低频特性好，应采用直接耦合方式。

（5）多级放大电路的波特图是已考虑了前后级相互影响的各级波特图的代数和。若各级的上限截止频率（或下限截止频率）相近，则可根据式（4.5.9）[或式（4.5.7）] 方便地求解整个电路的上限截止频率（或下限截止频率）。若各级上限截止频率或下限截止频率相差较大，则可以近似认为各上限截止频率中最低的频率为整个电路的上限截止频率，各下限截止频率中最高的频率为整个电路的下限截止频率。

本章知识结构

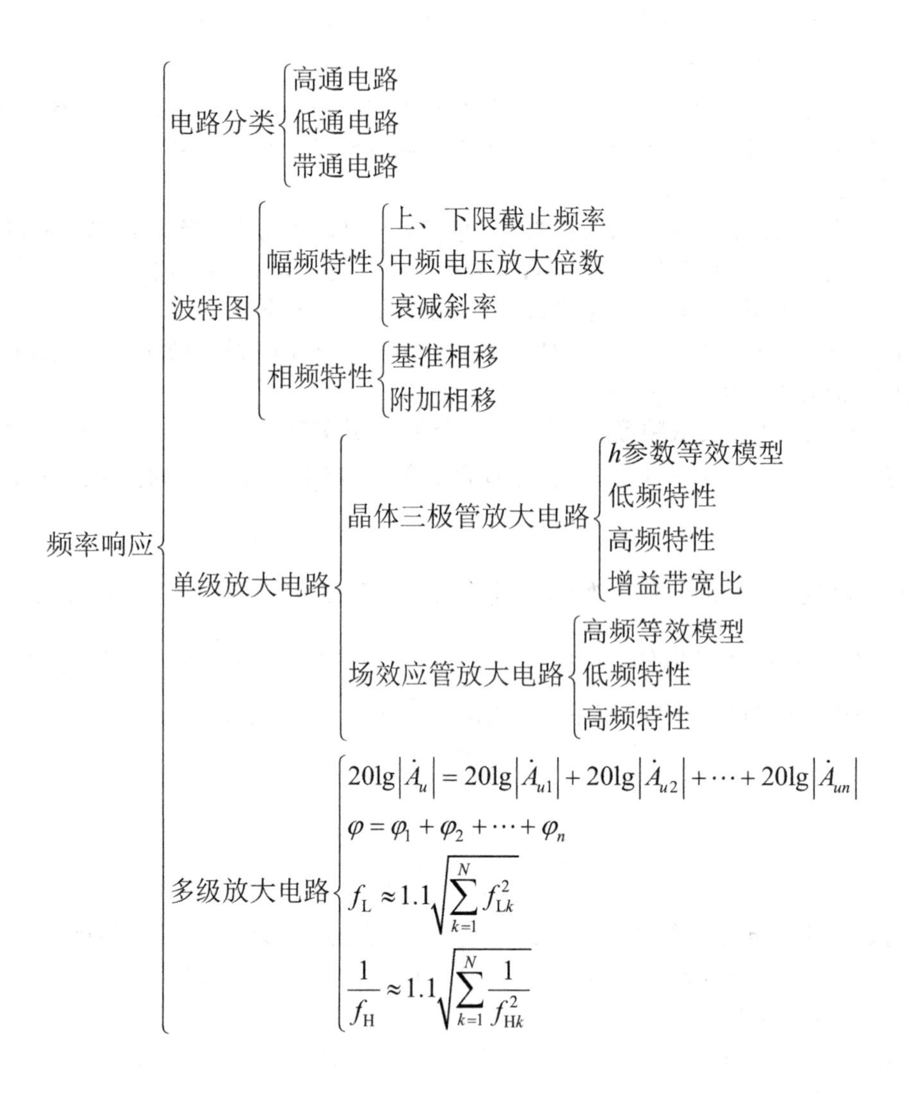

习题 4

4.1　填空题。

（1）放大电路的放大倍数与信号频率之间的函数关系称为（　　）或（　　）。

（2）放大电路在低频信号作用时放大倍数数值下降的原因是（　　）或（　　）的存在。

（3）含有一个低通环节和一个高通环节的带通电路的近似分析中，常将波特图的曲线折线化，在对数幅频特性中，以（　　）和（　　）为拐点，由三段直线近似曲线。当 $f < f_L$ 时，

以斜率为（　　）的直线近似。当 $f>f_H$ 时，以斜率为（　　）的直线近似。

（4）一阶低通电路的对数相频特性近似波特图中，当 $f<0.1f_H$ 时，用 $\varphi=\varphi_m$ 的直线近似，当 $f>10f_H$ 时，$\varphi=$（　　）的直线近似，当 $0.1f_H<f<10f_H$ 时，φ 随 f 线性下降，因此当 $f=f_H$ 时 $\varphi=$（　　）。

（5）已知 $I_{BQ}=20\mu A$，$r_{b'e}=$（　　），$r_{bb'}=100\Omega$，$r_{be}=$（　　），$\beta_0=140$，$g_m=$（　　）。

（6）分别利用 $\dot{\beta}$ 和 g_m 表述的晶体三极管受控关系，即 $\dot{I}_c=$（　　）=（　　）。

（7）由 $f_\alpha=(1+\beta_0)f_\beta\approx f_T$ 可见，共基极电路的截止频率远（　　）共发射极电路的截止频率，因此共基极放大电路可作为宽频带放大电路。

（8）当 $\dot{A}_u=\dot{A}_{u1}\dot{A}_{u2}\cdots\dot{A}_{un}$ 时，$20\lg|\dot{A}_u|=$（　　）。

（9）对于一个 N 级放大电路，设组成它的各级放大电路的下限频率分别为 f_{L1}，f_{L2}，…，f_{LN}，则下限频率 $f_L\approx$（　　），上限频率分别为 f_{H1}，f_{H2}，…，f_{HN}，上限频率 $\frac{1}{f_H}\approx$（　　），通频带 $f_{bw}=$（　　）。

（10）放大电路的级数越多，则通频带越（　　）。

4.2　选择题。

（1）测试放大电路输出电压幅值与相位的变化，可以得到它的频率响应，条件是_____。

A．输出电压幅值不变，改变频率　　B．输入电压幅值不变，改变频率

C．输入电压的幅值与频率同时变化　　D．输入电压频率不变，改变幅值

（2）一阶低通电路的 $\dot{A}_u=$____。

A．$\dot{A}_{um}\dfrac{1}{1+j\dfrac{f}{f_L}}$　　B．$\dot{A}_{um}\dfrac{1}{1+j\dfrac{f}{f_H}}$

C．$\dot{A}_{um}\dfrac{j\dfrac{f}{f_H}}{1+j\dfrac{f}{f_H}}$　　D．$\dot{A}_{um}\dfrac{1}{1+j\dfrac{f_H}{f}}$

（3）一阶高通电路的 $\dot{A}_u=$____。

A．$\dot{A}_{um}\dfrac{1}{1+j\dfrac{f}{f_L}}$　　B．$\dot{A}_{um}\dfrac{1}{1+j\dfrac{f}{f_H}}$

C．$\dot{A}_{um}\dfrac{j\dfrac{f}{f_H}}{1+j\dfrac{f}{f_H}}$　　D．$\dot{A}_{um}\dfrac{1}{1+\dfrac{f_L}{jf}}$

（4）当信号频率等于放大电路的 f_L 或 f_H 时，放大倍数的值约为下降到中频时的____。

A．0.5 倍　　B．0.7 倍　　C．1.2 倍　　D．1.4 倍

（5）放大电路在高频信号作用时放大倍数的数值下降的原因是____。

A．耦合电容和旁路电容的存在　　B．半导体管极间电容和分布电容的存在

C．放大电路的静态工作点不合适　　D．耦合电容和极间电容共同作用

（6）下列选项中具有低通特性的是____。

A．C'_{π}和旁路电容　　　B．$\dot{\alpha}$和$\dot{\beta}$

C．耦合电容和$\dot{\beta}$　　　D．耦合电容和旁路电容

（7）下列选项中具有高通特性的是____。

A．C'_{π}　　B．$\dot{\alpha}$　　C．耦合电容　　D．$\dot{\beta}$

（8）分析放大电路____特性时可以使用混合π模型，也可以使用混合h参数等效模型。

A．高频段　　B．低频段　　C．中频段　　D．各频段

（9）分析放大电路____特性时需使用混合π模型。

A．高频段　　B．低频段　　C．中频段　　D．各频段

（10）分析放大电路中频电压放大倍数时，将耦合电容或旁路电容____，晶体管结电容____。

A．短路　　B．开路　　C．保留　　D．不一定

4.3　试分析图P4.1（a）、（b）的频率特性。

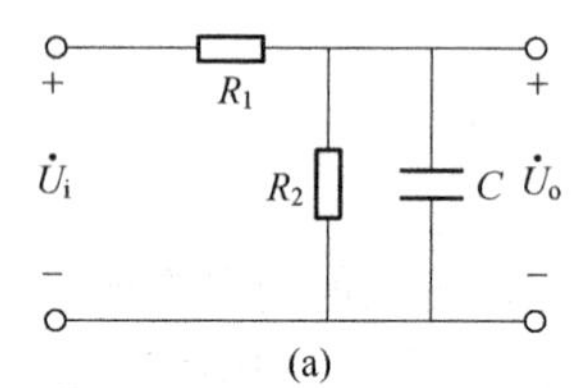

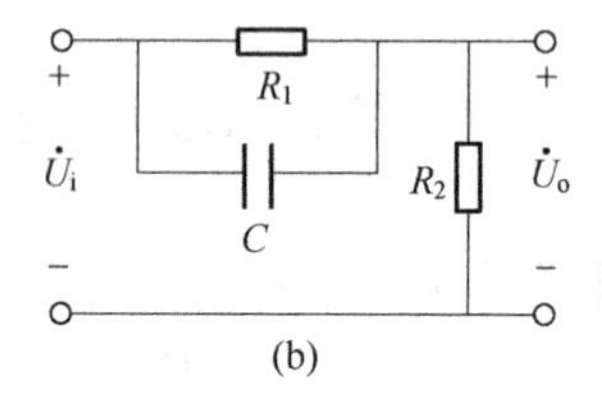

图P4.1　题4.3电路图

4.4　已知某放大电路的电压放大倍数的频率特性为：

$$\dot{A}_u=\frac{1000\mathrm{j}\dfrac{f}{10}}{\left(1+\mathrm{j}\dfrac{f}{10}\right)\left(1+\mathrm{j}\dfrac{f}{10^6}\right)}$$

试求：

（1）该电路的上限截止频率f_H。

（2）中频电压增益为多少？

（3）$f=10\text{Hz}$时附加相移为多少？$f\geqslant 10^7\text{Hz}$时附加相移为多少？

（4）$f=1\text{Hz}$时，电压增益为多少？

（5）画出该电路的波特图。

4.5　已知某放大电路的电压放大倍数的频率特性为：

$$\dot{A}_u=\frac{-100}{\left(1+\dfrac{100}{\mathrm{j}f}\right)\left(1+\mathrm{j}\dfrac{f}{10^5}\right)}$$

试求：

（1）该电路的下限截止频率f_L；该电路的上限截止频率f_H。

（2）中频电压增益为多少？

（3）$f=10\text{Hz}$时相移为多少？$f=10^5\text{Hz}$时相移为多少？

（4）$f=10^6\text{Hz}$时，电压增益为多少dB？

（5）画出该电路的波特图。

（6）说明此电路可能为何种组态的放大电路（共发射极、共集电极或者共基极）。

4.6 已知共发射极-共基极放大电路的电压放大倍数的频率特性为：

$$\dot{A}_u=\frac{-10000\mathrm{j}\dfrac{f}{10}}{\left(1+\mathrm{j}\dfrac{f}{10}\right)\left(1+\mathrm{j}\dfrac{f}{10^5}\right)\left(1+\mathrm{j}\dfrac{f}{10^7}\right)}$$

试求：

（1）该电路的下限截止频率 f_L。

（2）近似计算该电路的上限截止频率 f_H。

（3）$f=10^4$Hz 时，$\dot{U}_o$ 与 $\dot{U}_i$ 的相位差相移为多少？$f=10^6$Hz 时附加相移为多少？$f=10^7$Hz 时附加相移为多少？

（4）画出该电路的幅频特性波特图。

4.7 已知某放大电路的电压放大倍数的频率特性为：

$$\dot{A}_u=\frac{-50000}{\left(1+\mathrm{j}\dfrac{f}{10^7}\right)^3}$$

试求：

（1）该电路的耦合方式。

（2）该电路的上限截止频率 f_H。

（3）中频电压增益为多少？

（4）写出低频电压放大倍数 $\dot{A}_{ul}$ 表达式。

（5）$f=10^7$Hz 时，附加相移多少？相移为多少？

（6）画出该电路的波特图。

4.8 已知某放大电路的波特图如图 P4.2 所示，按要求回答下列问题：

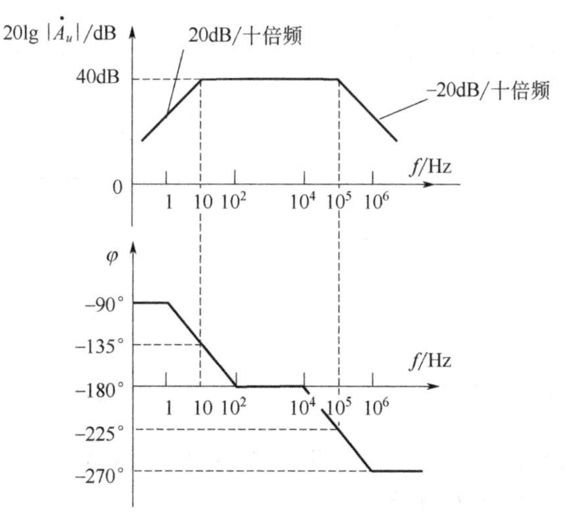

图 P4.2 题 4.8 电路图

（1）该放大电路的耦合方式是什么？

（2）电路为几级放大电路？

（3）当 $f=10^6\text{Hz}$ 时，电压放大倍数 $|\dot{A}_u|$ 为多少？

（4）写出全频段放大倍数的表达式。

4.9　已知某放大电路的波特图如图 P4.3 所示，按要求回答下列问题：

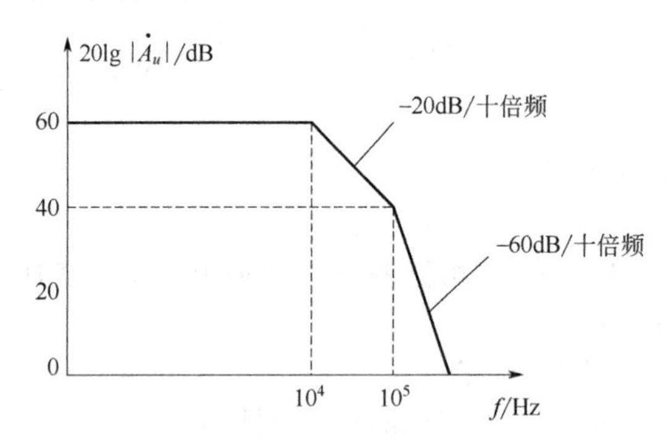

图 P4.3　题 4.9 电路图

（1）该放大电路的耦合方式是什么？

（2）电路为几级放大电路？

（3）当 $f=10^3\text{Hz}$ 时，电压放大倍数 $|\dot{A}_u|$ 为多少？

（4）已知中频相位关系为 $\varphi_m=-180°$，求解 $f=10^5\text{Hz}$ 时的相位关系。

（5）若已知中频相位关系为 $\varphi_m=-180°$，写出全频段放大倍数的表达式。

4.10　已知某放大电路的波特图如图 P4.4 所示，按要求回答下列问题：

（1）该放大电路的耦合方式是什么？电路为几级放大电路？

（2）电路的上限截止频率 f_H 和下限截止频率 f_L 大约是多少？

（3）中频增益是多少？当 $f=1\text{Hz}$ 时，增益为多少？

（4）写出全频段放大倍数的表达式。

4.11　已知某放大电路的波特图如图 P4.5 所示，按要求回答下列问题：

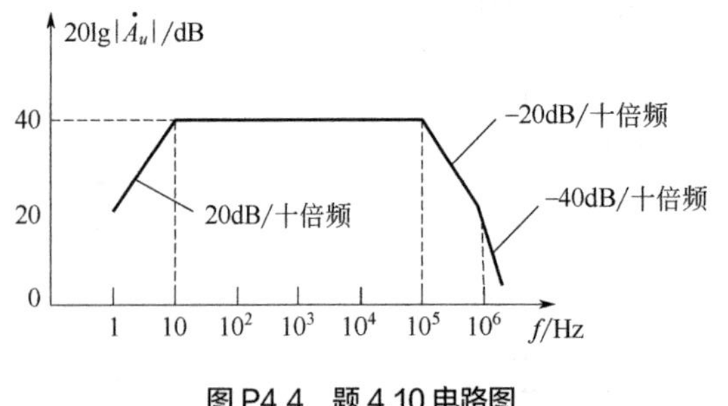

图 P4.4　题 4.10 电路图

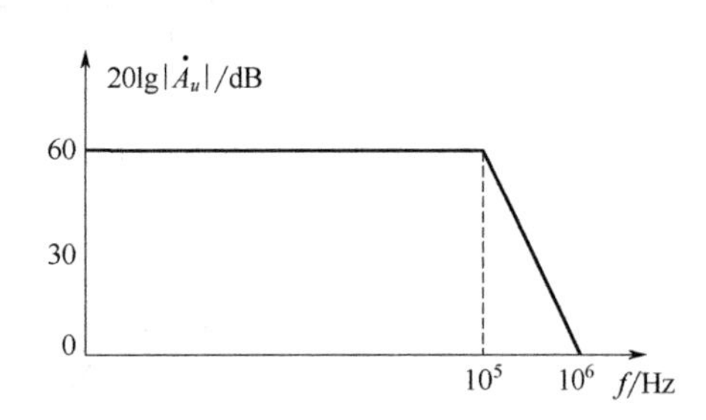

图 P4.5　题 4.11 电路图

（1）该放大电路的耦合方式是什么？电路为几级放大电路？

（2）电路的上限截止频率 f_H 是多少？

（3）中频增益是多少？当 $f=10^5\text{Hz}$ 时，增益为多少？（考虑 3dB 的误差）

（4）若第一级为共集电极放大电路，第二级和第三级为共发射极放大电路，写出全频段放大倍数的表达式。

4.12 已知共发射极放大电路的波特图如图P4.6所示，试写出全频段放大倍数的表达式。

4.13 电路如图P4.7所示。已知，晶体管的 $C_{\mu}=4\text{pF}$，$f_T=50\text{MHz}$，$r_{b'b}=100\Omega$，$\beta_0=80$，$R_s=1.25\text{k}\Omega$，$R_b=500\text{k}\Omega$，$R_c=5\text{k}\Omega$，$R_L=5\text{k}\Omega$，$C_1=5\mu\text{F}$。试求：

（1）$\dot{A}_{usm}$。

（2）f_L。

（3）C'_{π}。

（4）f_H。

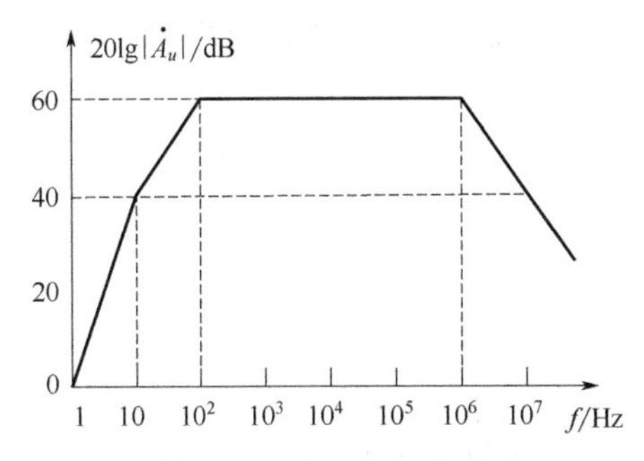

图P4.6 题4.12电路图

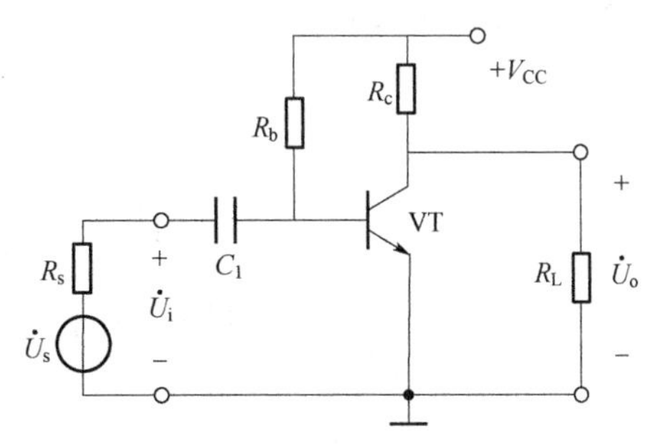

图P4.7 题4.13电路图

4.14 电路如图P4.8所示。已知 $+V_{CC}=12\text{V}$，$R_s=2\text{k}\Omega$，$R_b=300\text{k}\Omega$，$R_e=1\text{k}\Omega$，$R_c=R_L=3\text{k}\Omega$，$\beta_0=100$，$r_{bb'}=80\Omega$，$r_{be}=1\text{k}\Omega$，$C'_{\pi}=100\text{pF}$，$C_1=C_2=C_e=10\mu\text{F}$。试求：

（1）$\dot{A}_{usm}$。

（2）f_L。

（3）f_H。

4.15 电路如图P4.9所示，其中 $+V_{DD}=5\text{V}$，$R_s=2\text{k}\Omega$，$R_{g1}=60\text{k}\Omega$，$R_{g2}=40\text{k}\Omega$，$R_d=R_L=5.1\text{k}\Omega$，$g_m=1.6\text{mS}$，$C_{gs}=1\text{pF}$，$C_{gd}=0.4\text{pF}$。试求：

（1）$\dot{A}_{usm}$。

（2）f_H。

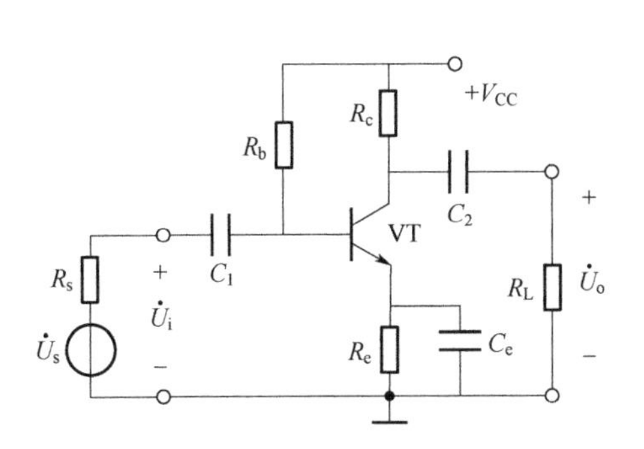

图P4.8 题4.14电路图

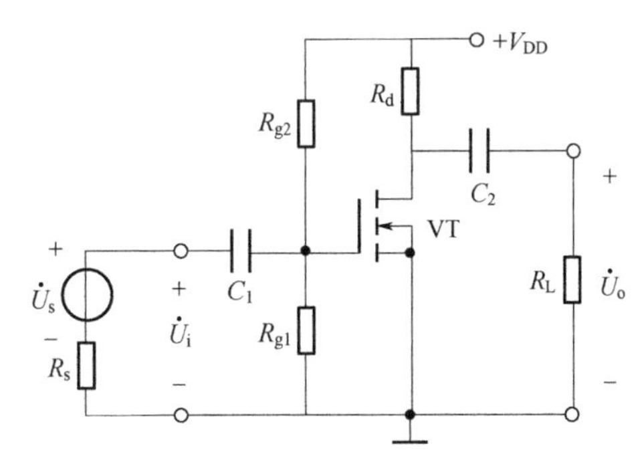

图P4.9 题4.15电路图

4.16 已知一个两级放大电路各级电压放大倍数分别为：

$$\dot{A}_{u1}=\frac{\dot{U}_{o1}}{\dot{U}_i}\frac{-20jf}{\left(1+j\dfrac{f}{5}\right)\left(1+j\dfrac{f}{10^5}\right)},\quad \dot{A}_{u2}=\frac{\dot{U}_o}{\dot{U}_{i2}}\frac{-2jf}{\left(1+j\dfrac{f}{50}\right)\left(1+j\dfrac{f}{10^5}\right)}$$

试求：

（1）写出该放大电路的电压放大倍数的表达式。

（2）求出该电路的 f_L 和 f_H 各约为多少？

（3）画出该电路的波特图。

4.17　电路如图 P4.10 所示，已知 $R_s=1\text{k}\Omega$，$R_1=600\text{k}\Omega$，$R_2=3\text{k}\Omega$，$R_3=15\text{k}\Omega$，$R_4=5\text{k}\Omega$，$R_5=5\text{k}\Omega$，$R_6=2.3\text{k}\Omega$，$\beta_0=100$，$r_{be}=1\text{k}\Omega$，$r_{bb'}=100\Omega$，$C'_\pi=800\text{pF}$，$C_1=C_2=C_e=100\mu\text{F}$。试定性分析下列问题，并简述理由。

（1）哪个电容决定电路的下限截止频率？

（2）若 VT_1 和 VT_2 静态时发射极电流相等，且 $r_{b'b}$ 和 C'_π 相等，则哪一级的上限截止频率低？

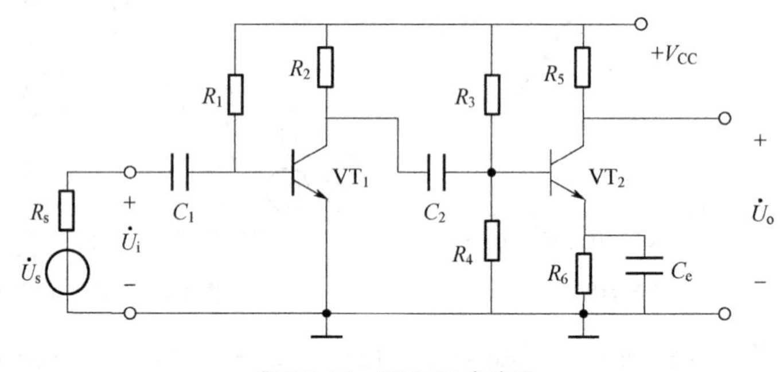

图 P4.10　题 4.17 电路图

第5章 放大电路中的反馈

导引——闭环

温度控制系统应用广泛，例如恒温杯垫、恒温箱、空调、电冰箱、热水器等。图 5.0.1 所示为空调温度控制系统框图，从框图可见，整个系统构成了一个闭合的环路，称为闭环或反馈控制。其控制原理是通过将输出温度反馈回输入端，与设置温度比较，根据偏差启动执行机构加温或制冷，最终将温度调节到设定值。

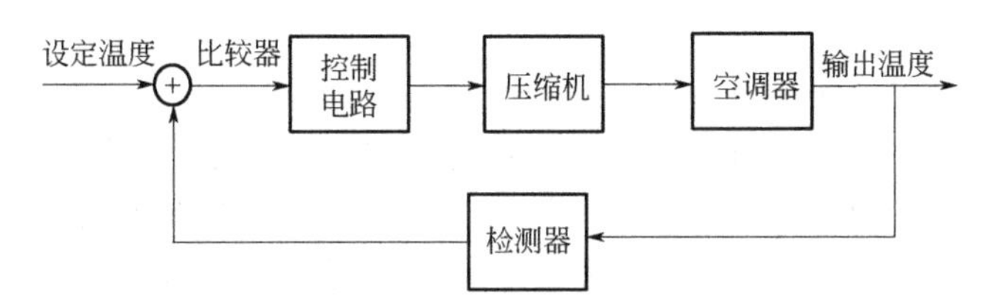

图 5.0.1　空调温度控制系统框图

不仅是温度控制系统，闭环控制广泛应用于各个领域，包括教学活动、企业管理等方面，甚至人体的工作方式都是闭环，例如，打开自来水、调节水流的过程。首先人在大脑中形成水流的期望值，水龙头打开后由眼睛观察现有的流量大小，并与期望值进行比较，并不断地用手进行调节。过程中，眼睛是检测器、大脑是控制器、手和水阀是执行机构。

同样，放大电路也需要引入闭环，如图 5.0.2 所示。第 3 章学习的集成运算放大器，其开环差模增益可高达几十万倍，但如此高的增益会使输出产生严重失真，必须通过引入反馈，形成闭环才能实现信号的正常放大。

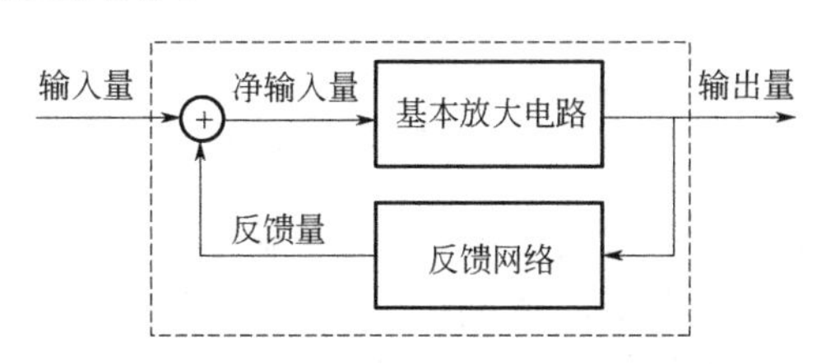

图 5.0.2　反馈放大电路框图

反馈在电子电路中应用特别广泛，实用的放大电路几乎都存在反馈。本章首先论述什么是反馈、不同形式反馈的概念和判断方法，之后详细讨论交流负反馈放大电路的框图、一般表达式、深度负反馈条件下电压放大倍数的估算方法、对放大电路性能的影响及稳定性的判断，最后简要说明引入反馈的一般原则。

5.1 反馈的概念及分类

5.1.1 反馈的基本概念

5.1.1.1 什么是反馈

在电子电路中，将输出量（输出电压或输出电流）的部分或全部通过一定的电路形式回送到输入回路，用来影响其输入量（放大电路的输入电压或输入电流）的措施称为反馈。

导引中，图 5.0.2 所示的反馈放大电路框图由四种不同的信号组成，分别为输入量、输出量、反馈量和净输入量。其中输入量与反馈量共同作用，叠加形成净输入量。它们既可以是电压，也可以是电流。图中的箭头表示信号的传输方向，由输入到输出称为正向传输，由输出到输入则称反向传输。由图可见，反馈放大电路是由基本放大电路和反馈网络两部分构成的一个闭环系统，因此也称为闭环放大电路。若放大电路中没有反馈通道，则称为开环放大电路。

5.1.1.2 有无反馈的判断方法

根据反馈的概念可知，判断放大电路是否存在反馈，首先需要观察放大电路的输出回路与输入回路之间是否接有相互联系的反馈通道；其次需要判断反馈的引入，是否影响了输入。

图 5.1.1（a）所示电路，信号单向传递，输出与输入间没有回送的通道，所以不存在反馈。

图 5.1.1（b）所示电路，电阻 R_1 所在支路介于输出和输入之间，从输出电压 u_o 取样，反馈回反相输入端 u_-。虽然存在反馈网络，但是由于反相输入端 u_- 直接接地，所以反相输入端 u_- 的反馈量 $u_f=0$，反馈网络的引入并没有影响放大电路的输入，所以该电路也不存在反馈。

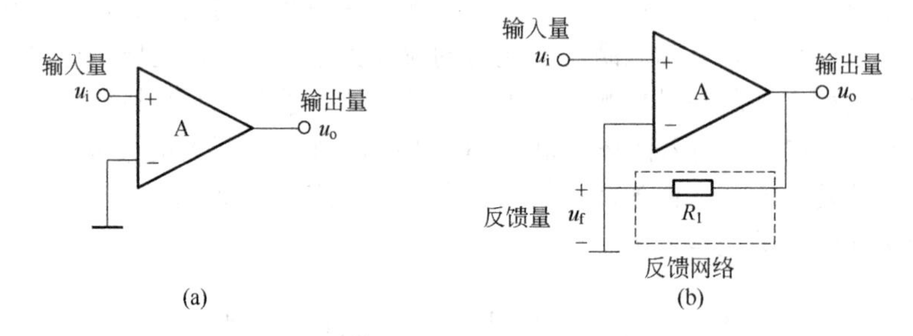

图 5.1.1 无反馈的放大电路

图 5.1.2（a）所示电路，电阻 R_1 所在的支路介于输出和输入之间，电路存在反馈通道。反馈从输出电压 u_o 取样，作用回反相输入端 u_-。在输入回路，输入电流 i_i 与反馈电流 i_f 共同作用，对进入集成运算放大器的净输入电流造成了影响，所以该电路存在反馈。

图 5.1.2（b）所示电路，电阻 R_1 所在的支路介于输出和输入之间，从输出电压 u_o 取样，作用回反相输入端 u_-。输入电压 u_i 与反馈电压 u_f 共同作用，使进入集成运算放大器的净输入电压发生变化，所以该电路也存在反馈。

需要特别说明的是，反馈网络不是必须返回到输入所在“端”，而是返回到输入“回路”，只要能够对净输入造成影响。如图 5.1.2（b）所示电路中的反馈电阻 R_1，接入的是反相输入端，与同相输入端 u_i 不在同一端，但是作用于输入回路，净输入量为 $u_+ - u_- = u_i - u_f$ 。

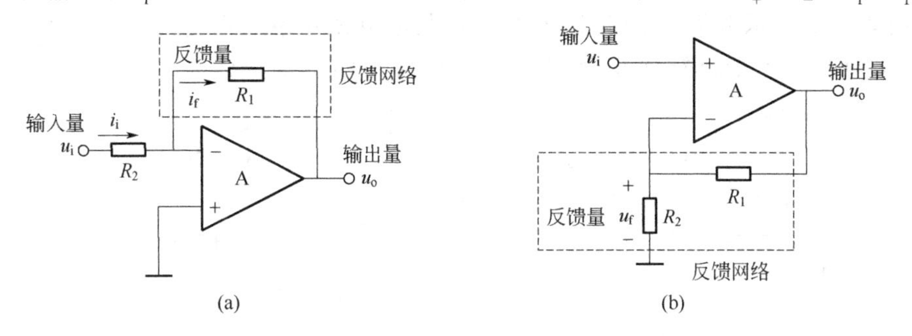

图 5.1.2 有反馈的放大电路

5.1.1.3 本级反馈和级间反馈

若放大电路中存在多个反馈网络，可以分别进行讨论，如图 5.1.3 所示两级放大电路。若发生在末级向输入级回送的反馈称为总体反馈或级间反馈，如电路中的反馈电阻 R_4 将末级输出 u_o 回送到输入 u_i 。若反馈仅发生在其中某一级的输出与输入之间，称为本级反馈或局部反馈，如电路中的反馈电阻 R_1 和 R_2 。本书重点讨论总体反馈。

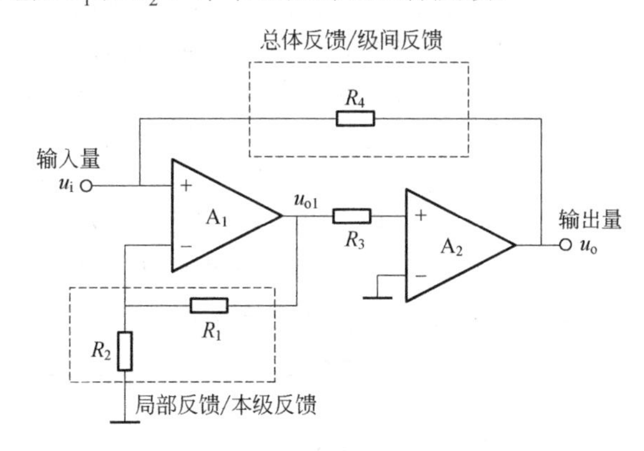

图 5.1.3 多级放大电路中的反馈

5.1.2 直流反馈和交流反馈

因为放大电路中交直流共存，既有直流分量，又有交流分量，所以反馈按信号可分为直流反馈和交流反馈。直流反馈影响放大电路的直流性能，如静态工作点。交流反馈影响放大电路的交流性能，如放大倍数、输入电阻、输出电阻和带宽等。

5.1.2.1 什么是直流反馈和交流反馈

直流反馈是指存在于放大电路直流通路中的反馈，反馈量只有直流量；若反馈存在于放大电路的交流通路之中，反馈量只有交流量，称为交流反馈。若反馈量既有直流量又有交流量，称为交直流反馈。

5.1.2.2 判断方法

可以根据反馈通路中电容元件“隔直通交”的特点来判断。

图 5.1.4（a）所示电路，输出量通过电容 C 和电阻 R_1 的串联支路反馈回输入。当直流信号作用时，电容 C 相当于“开路”，隔断直流，无法形成反馈。当交流信号作用时，电容 C 近

似看作“短路”，交流信号可以回送输入，所以判断电路存在的是交流反馈。

图 5.1.4（b）所示电路，反馈网络中电容 C 与电阻 R_2 并联。当交流信号作用时，电容接地，反馈量为零，无法形成反馈，所以判断电路存在的是直流反馈。

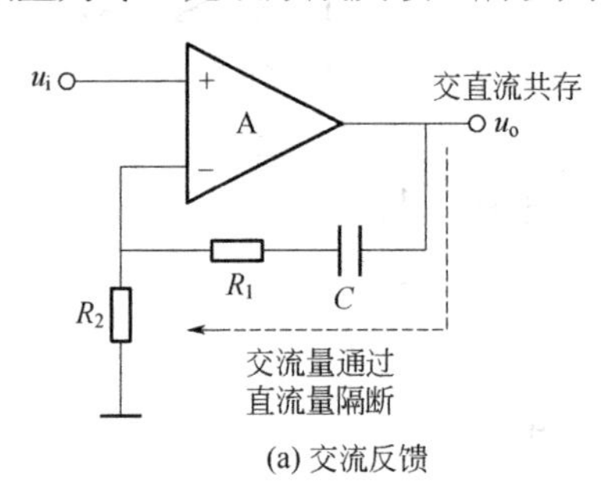

(a) 交流反馈

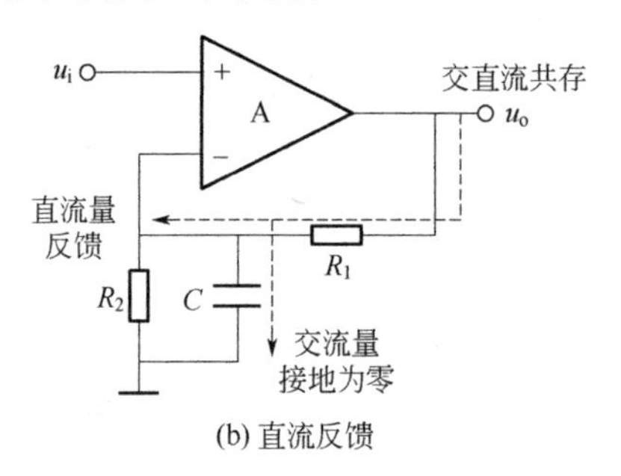

(b) 直流反馈

图 5.1.4 交流反馈和直流反馈

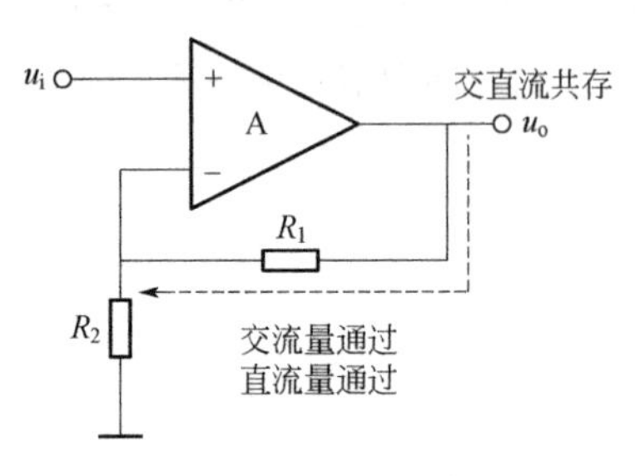

图 5.1.5 交直流反馈

图 5.1.5 所示电路，反馈网络中只有电阻 R_1 和 R_2，没有电容，直流信号和交流信号都可以从输出经过电阻 R_1 作用回送输入，形成反馈。由于反馈网络没有电抗元件，反馈量中既有直流量，也有交流量，这种反馈称为交直流反馈。

除了上述通过电抗元件对不同信号的选择性进行判断的方法，还有通过画直流通路和交流通路进行判断的方法。存在于放大电路直流通路之中的反馈，就是直流反馈；存在于放大电路的交流通路之中的反馈，就是交流反馈。

【例 5.1.1】 判断图 5.1.6 所示晶体三极管放大电路是否引入了反馈，若引入了反馈，是直流反馈还是交流反馈?

【解】 先观察是否存在反馈通道，再判断信号的交直流特性。

首先在输出回路中找到“取样点”，再沿反馈支路找到回送输入回路的“反馈点”。先判断取样信号的类型，是直流量还是交流量，再判断回送信号的类型，是直流量还是交流量，以及对净输入量是否形成了影响。

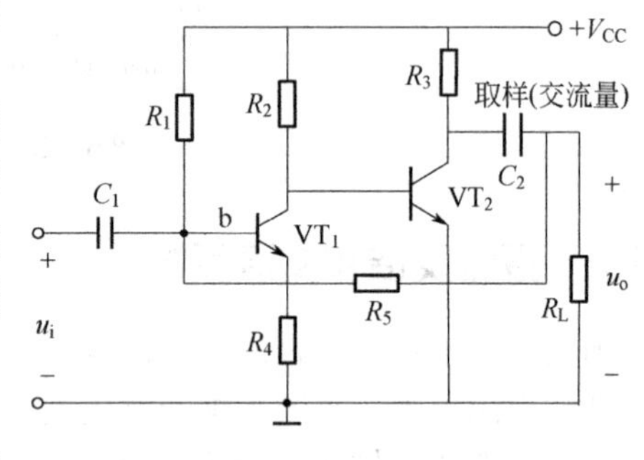

图 5.1.6 例 5.1.1 电路图

① 存在反馈。反馈是由电容 C_2 的右侧取样，经过电阻 R_5 由 VT_1 管的基极回送输入回路，通过在电阻 R_5 上形成的反馈电流影响净输入电流。

② 引入的是交流反馈。因为根据电容“通交隔直”的特性，由电容 C_2 右侧输出的信号只有交流量，所以取样点取得并通过反馈支路回送的也是交流量，称为交流反馈。

5.1.3 正反馈和负反馈

5.1.3.1 什么是正反馈和负反馈

反馈按极性可分为正反馈和负反馈。

若引入反馈后，反馈量使净输入量减小的称为负反馈。若引入反馈后，使净输入量增大的称为正反馈。或者也可以说，若反馈回来的信号使输入信号的作用相比无反馈时增加，则为正反馈，正反馈能够提高放大倍数。否则，若反馈回来的信号使输入信号的作用相比无反馈时减弱，则为负反馈，负反馈降低放大倍数。

5.1.3.2 判断方法

正负反馈的判断通常采用瞬时极性法。

（1）分析正向传输

图 5.1.7（a）所示电路，假设集成运算放大器输入信号 u_i 的瞬时极性对地为正，记作“⊕”，由于输入信号 u_i 从同相端输入，则输出信号 u_o 的瞬时极性应与同相端极性相同，对地也应该为正，记作“⊕”。

（2）分析反向传输

输出信号 u_o 经由反馈网络回到输入端，根据电流由“+”向“-”流动的方向，形成的反馈信号瞬时极性应该上“+”下“-”，仍为正，记作“⊕”。

（3）判断反馈的引入是增加还是削弱了原来的输入信号

净输入量 u_i' 等于输入量 u_i 与反馈量 u_f 的差，即 $u_i' = u_i - u_f$ 。其中输入信号 u_i 的瞬时极性为“+”，反馈信号 u_f 的瞬时极性为“+”，同号相消，所以引入反馈后得到的净输入量相比无反馈时会减小，即削弱了原来的输入信号，所以判断为负反馈。

（4）结论

① 比较反馈量与输入量的极性，若极性一致，为负反馈；若极性相反，为正反馈。

② 仅由单个集成运放构成的放大电路，若反馈回送反相端 u_- ，则一定为负反馈，若反馈回送同相端 u_+ ，则一定为正反馈。

图 5.1.7（b）所示电路根据反馈回送同相端，可以直接判断引入了正反馈。也可以采用瞬时极性法，假设输入信号 u_i 的极性为“+”，分析出反馈量的极性应该为“-”，根据输入量与反馈量的作用，正减负，引入反馈后净输入量将增加，或者根据输入电流与反馈电流的作用也可以看出，净输入电流会增加，判断为正反馈。

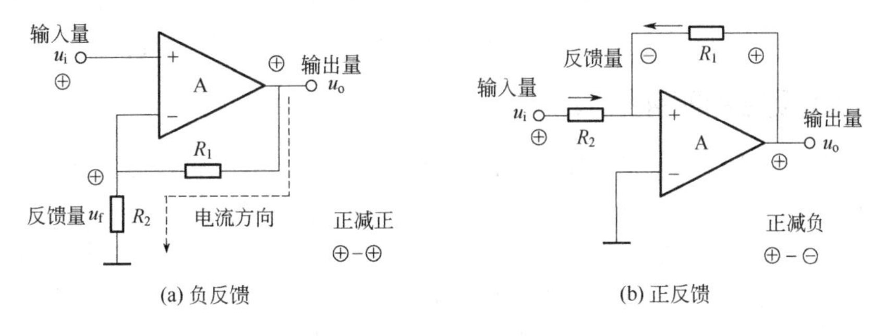

图 5.1.7 正反馈与负反馈

由多个集成运放构成的多级放大电路，一般只对电路中的总体反馈进行讨论，如图 5.1.8 所示的两级放大电路，这里只讨论电阻 R_4 所在反馈网络的作用情况。

首先假设输入信号 u_i 的瞬时极性对地为正，记作“⊕”。由于是从同相输入端输入，根据输出与输入同相的特性，经过第 1 级运放 A_1 得到的输出 u_{o1} 瞬时极性应该也为正，记作“⊕”。同理，经过第 2 级运放 A_2 得到的输出 u_o 瞬时极性也为正，记作“⊕”。反馈信号极性为“-”，极性相反，净输入电流会增加，引入了正反馈。

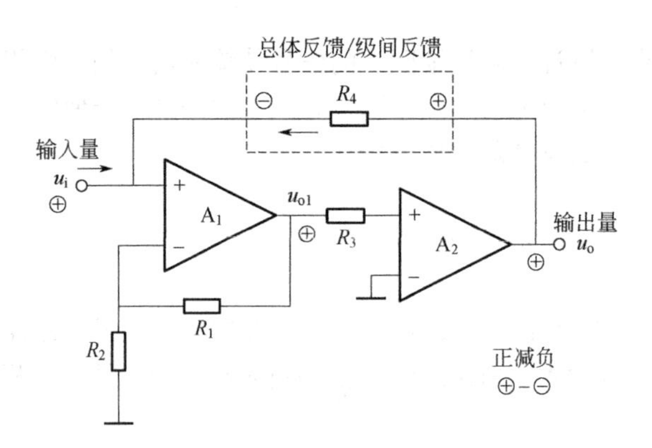

图 5.1.8 总体反馈的判断

对晶体三极管构成的放大电路判断正负反馈，首先需要明确晶体三极管各极的相位关系：

① 基极 b 与集电极 c 相位相反，因为公共端为 e（共发射极组态，反相）；

② 基极 b 与发射极 e 相位相同，因为公共端为 c（共集电极组态，同相）；

③ 发射极 e 与集电极 c 相位相同，因为公共端为 b（共基极组态，同相）。

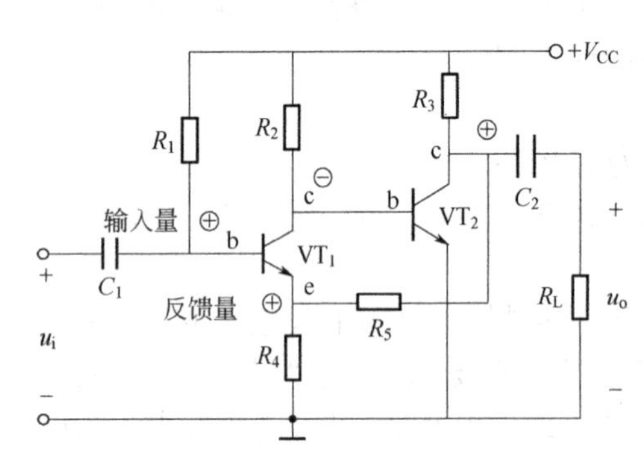

图 5.1.9 分立元件构成的负反馈放大电路

简单地说，晶体三极管三个电极中任意两极的相位关系，主要取决于最后一极，如果最后一极是发射极 e，就是反相，否则就是同相。

如图 5.1.9 所示电路，假设输入信号 u_i 的瞬时极性为“+”，根据信号流通的方向，瞬时极性判断顺序如下。

从 VT_1 基极 b 输入“+”→VT_1 集电极 c“−”→VT_2 基极 b“−”→VT_2 集电极 c“+”→经 R_5 至 VT_1 发射极 e“+”。此时反馈回发射极 e 的瞬时极性与输入 u_i 瞬时极性相同，输入与反馈作用，会使净输入电压减小，所以电路为负反馈。

5.1.4 交流负反馈的四种组态

因为放大电路放大的对象是交流信号，所以相比直流反馈，对改善动态性能的交流反馈的讨论更为重要。虽然正反馈能够提高放大倍数，但电路稳定性会下降，严重时甚至会产生振荡。而负反馈虽然降低了放大倍数，但会提高电路的稳定性。本章重点讨论交流负反馈。

因为反馈介于输出与输入之间，所以依据取自输出信号的不同又分为电压反馈和电流反馈，依据影响输入信号的形式又分为串联反馈和并联反馈。

5.1.4.1 电压反馈和电流反馈

电压反馈和电流反馈是指反馈信号取自输出量（电压或电流）的形式，取自输出电压 u_o 的全部或部分，与输出电压 u_o 成正比，受输出电压 u_o 控制的反馈称为电压反馈。取自输出电流 i_o 的全部或部分，与输出电流 i_o 成正比，受输出电流 i_o 控制的反馈称为电流反馈。其电路结构如图 5.1.10 所示。

5.1.4.2 电压反馈和电流反馈的判断方法

① 将放大电路负载 R_L 两端短路，若空载，可以直接将输出电压 u_o 短路，即假设输出电

压 u_o 为零。

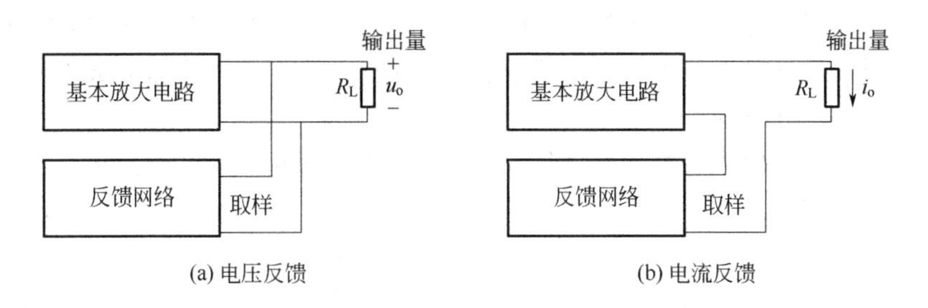

(a) 电压反馈　　(b) 电流反馈

图 5.1.10　电压反馈和电流反馈的电路结构

② 若取样也随之为零，如图 5.1.11（a）所示，说明反馈受输出电压 u_o 的控制，是从输出电压 u_o 取样而来，称为电压反馈。若取样不为零，说明反馈不受输出电压 u_o 的控制，是从输出电流 i_o 取样而来，称为电流反馈，如图 5.1.11（b）所示。

③ 判断电压反馈和电流反馈，只与输出回路的取样方式有关，重点观察取样点所在位置，与输入方式无关。

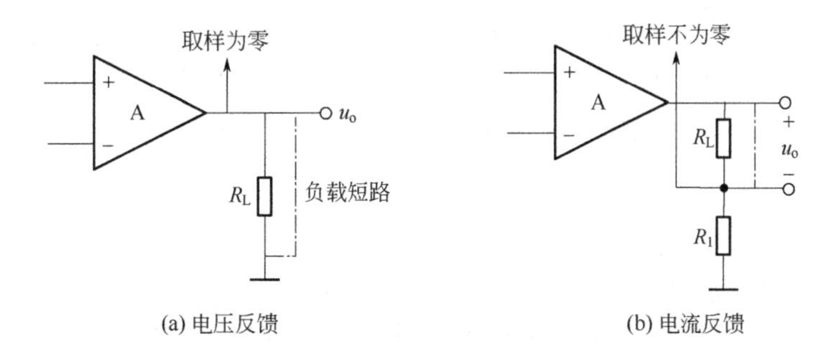

(a) 电压反馈　　(b) 电流反馈

图 5.1.11　电压反馈和电流反馈判断方法

如图 5.1.12（a）所示电路，取样点在图中 a 点。当负载 R_L 两端短路，即假设电压 $u_o=0$ 时，可以看到 a 点与输出 u_o 是同一点，若输出电压 $u_o=0$，则取样点 a 点对地的电压也会随之为零，说明反馈受输出电压 u_o 的控制，所以称为电压反馈。

如图 5.1.12（b）所示电路，取样点在图中 b 点。令负载 R_L 两端短路，即假设输出电压 $u_o=0\text{V}$ 时，可以看到，取样点 b 点对地的电压是电阻 R_2 上的电压，不是零，说明反馈不受输出电压 u_o 的控制，那就应该是从输出电流 i_o 取样得来，所以称为电流反馈。

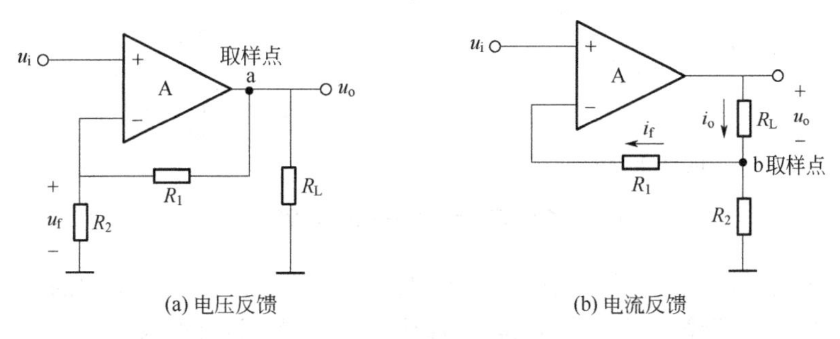

(a) 电压反馈　　(b) 电流反馈

图 5.1.12　电压反馈和电流反馈电路

5.1.4.3 串联反馈和并联反馈

串联反馈和并联反馈是指反馈信号影响输入信号的方式，即与输入回路的连接方式，与输出无关。若反馈量与输入量以电压形式求和，则称为串联反馈。若反馈量与输入量以电流形式求和，则称为并联反馈。

图 5.1.13（a）所示串联反馈。串联分压，图中输入电压u_i、反馈电压u_f、净输入电压u_i'以电压形式求和，有：

$$u_i = u_i' + u_f \tag{5.1.1}$$

图 5.1.13（b）所示并联反馈。并联分流，图中输入电流i_i、反馈电流i_f、净输入电流i_i'以电流形式求和，有：

$$i_i = i_i' + i_f \tag{5.1.2}$$

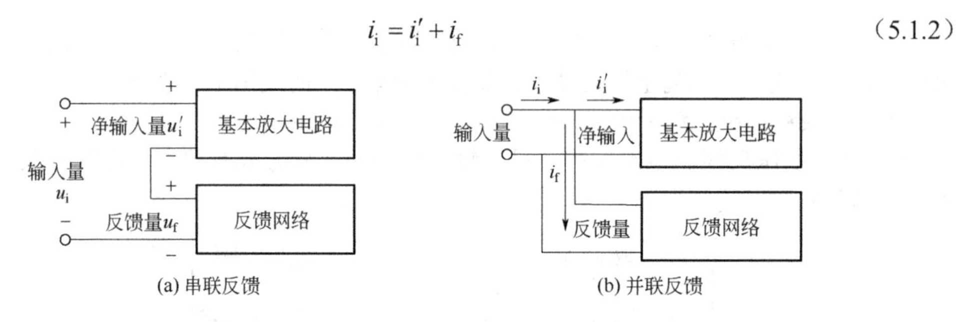

(a) 串联反馈 (b) 并联反馈

图 5.1.13 串联反馈和并联反馈的电路结构

5.1.4.4 串联反馈和并联反馈的判断方法

从图 5.1.13 所示的电路结构可以看出，并联反馈的反馈量与输入量是连接于同一端的，形成了连接点。同理，没有连接在同一端的就是串联反馈。

例如，对由集成运算放大器构成的放大电路进行分析时，若输入与反馈是同一端的，如图 5.1.14（a）所示，输入和反馈都接在同相端，或者输入和反馈都接在反相端，为并联反馈。若输入端与反馈端不是同一端的，如图 5.1.14（b）所示，输入是同相端，反馈是反相端，或者输入是反相端，反馈是同相端，为串联反馈。

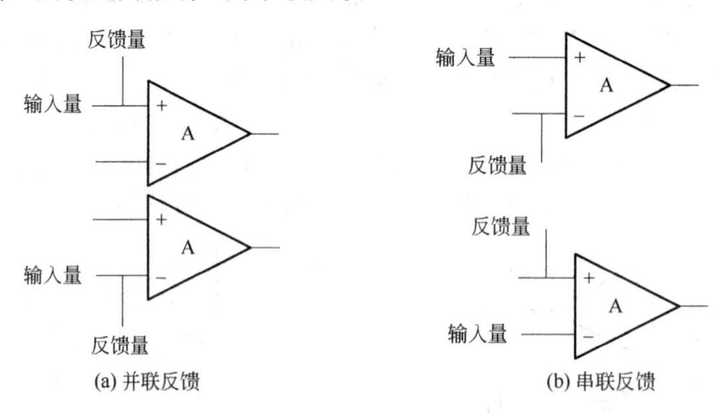

(a) 并联反馈 (b) 串联反馈

图 5.1.14 串联反馈和并联反馈判断方法

如图 5.1.15（a）所示电路，图中反馈电阻R_1将输出量回送到集成运放的同相输入端，输入信号u_i也连接在同相输入端，反馈与输入连接于同一端，为并联反馈。

并联反馈，在连接点 a 点上形成了三个电流，分别为输入电流i_i、反馈电流i_f和净输入

电流 i_i'。相比于无反馈时，由于反馈网络的引入，增加了反馈电流 i_f，使最终进入放大电路的净输入电流发生了变化，所以称并联反馈的实质是以电流形式求和。

如图 5.1.15（b）所示电路，图中反馈电阻 R_1 将输出回送到集成运放的反相输入端，而输入信号 u_i 连接在同相输入端，反馈与输入不是同一端，为串联反馈。

串联反馈，在输入回路形成了三个电压。反馈点 b 点对地的电压，即电阻 R_2 上的电压为反馈电压 u_f，与输入电压 u_i 作用，形成净输入电压 u_i'。串联反馈的实质是以电压形式求和。

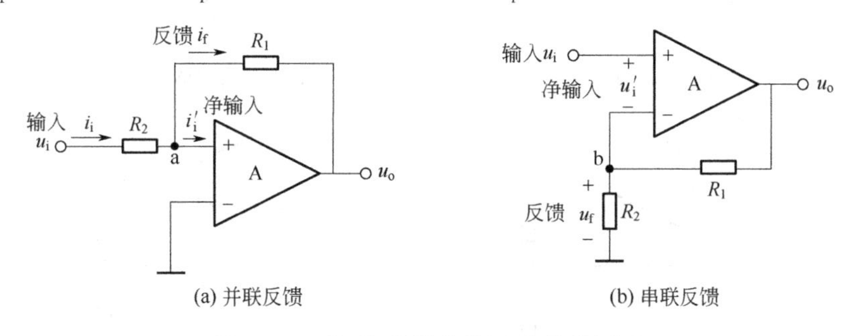

图 5.1.15　集成运放并联反馈和串联反馈电路

同理，分析晶体三极管放大电路引入的是串联反馈还是并联反馈，也需要根据输入与反馈是否连接于同一极判断。若输入与反馈连接在同一极的，称为并联反馈，否则称为串联反馈。

图 5.1.16（a）所示电路，输入 u_i 连接在晶体三极管 VT_1 的基极 b，反馈通过电阻 R_5 也将输出作用回晶体管 VT_1 的基极 b，所以该电路引入的是并联反馈。

图 5.1.16（b）所示电路，输入 u_i 连接在晶体三极管 VT 的基极 b，反馈通过电阻 R_1 将输出作用回晶体管 VT 的集电极 c，不是同一极，所以该电路引入的是串联反馈。

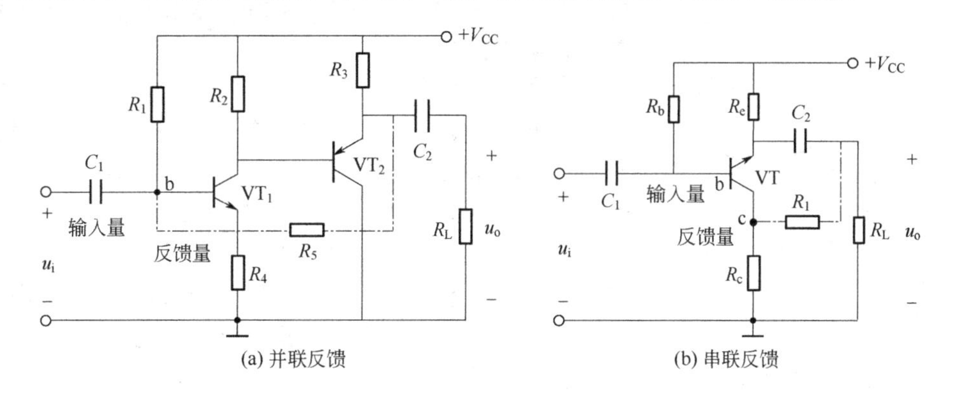

图 5.1.16　晶体三极管并联反馈和串联反馈电路

5.1.4.5　四种组态的判断

反馈根据反馈取样方式的不同，分为电流反馈和电压反馈；根据反馈信号在输入端连接方式的不同，分为串联反馈和并联反馈。它们的组合，形成四种交流负反馈组态，分别为电压串联负反馈、电压并联负反馈、电流串联负反馈和电流并联负反馈，如图 5.1.17 所示。

综上所述，反馈按信号的不同可以分为直流反馈和交流反馈；按极性的不同可以分为正反馈和负反馈；按输出取出方式的不同可以分为电压反馈和电流反馈；按输入送入方式的不同可以分为串联反馈和并联反馈。反馈的类型多样，如何正确区分不同的反馈，是分析反馈放大电路的前提和基础。

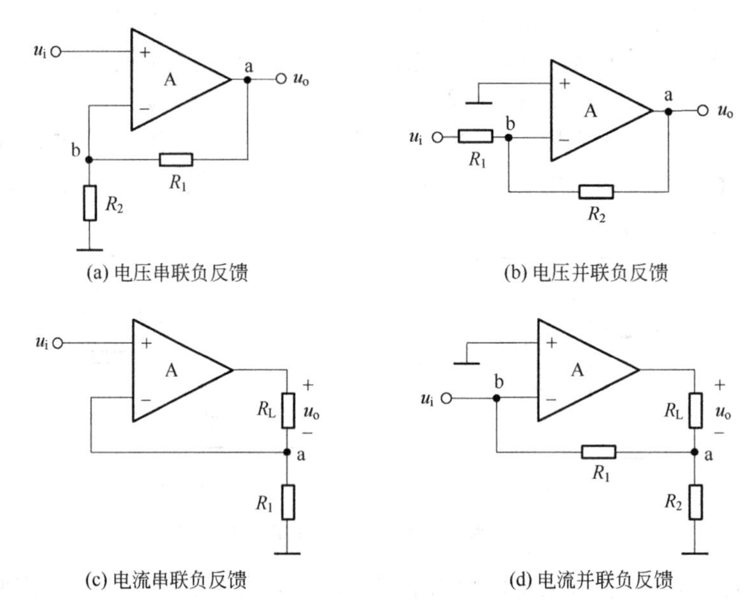

图 5.1.17 交流负反馈的四种组态

【例 5.1.2】 判断图 5.1.18 所示电路是否引入了反馈。若引入了反馈，是直流反馈还是交流反馈？是正反馈还是负反馈？若引入了交流负反馈，是哪种组态（电压串联、电压并联、电流串联、电流并联）？

【解】 ① 引入了反馈。反馈通路由晶体三极管发射极 e 开始，经由电阻 R_2 回送到集成运放的反相输入端，反馈量为电阻 R_1 的电压，对地不为零，形成了反馈。

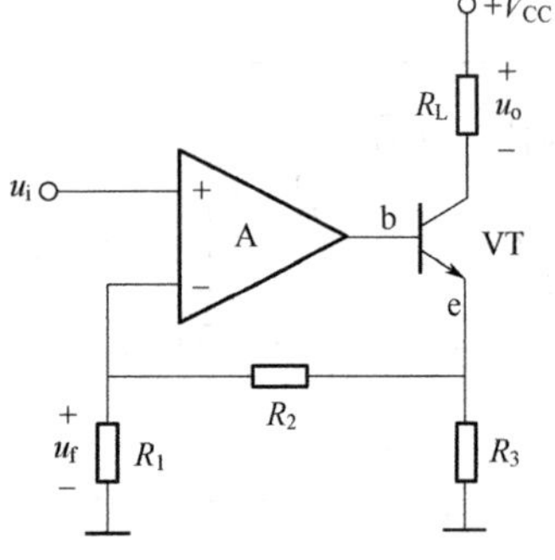

图 5.1.18 例 5.1.2 电路图

② 引入了交直流反馈。电路中交直流量共存，因为反馈网络只有电阻，所以交流量和直流量都可以经由反馈回送输入，既引入了交流反馈也引入了直流反馈。

③ 引入了负反馈。瞬时极性顺序如下。

假设输入 u_i 的瞬时极性为“+”（同相输入）→集成运放输出的瞬时极性为“+”→晶体三极管 VT 的基极 b 极性也为“+”→晶体三极管 VT 发射极 e 的极性为“+”（共集电极组态，同相）→电流方向由 e 指向地→作用在电阻 R_1 上反馈量的瞬时极性应为“+”。

根据分析结果，输入 u_i 的瞬时极性与反馈 u_f 的瞬时极性相同，正减正，将使净输入量减小，所以为负反馈。

④ 引入了电流串联负反馈。判断依据如下。

先判断输出取样方式：当输出电压 u_o 为零时，取样不为零，不受输出电压 u_o 的控制，所以为电流反馈。

再判断输入回送方式：反馈回送到反相端，而输入 u_i 是同相端，不是同一端，所以为串联反馈。

5.2 负反馈放大电路的分析

5.2.1 负反馈放大电路的框图和一般表达式

负反馈放大电路的框图如图 5.2.1 所示。图中，$\dot{A}$ 表示基本放大电路的放大倍数，也称为开环放大倍数。$\dot{A}_\mathrm{f}$ 表示负反馈放大电路的放大倍数，也称为闭环放大倍数。$\dot{F}$ 表示反馈网络的反馈系数。$\dot{X}_\mathrm{i}$ 为输入量，$\dot{X}_\mathrm{f}$ 为反馈量，$\dot{X}_\mathrm{i}'$ 为净输入量，$\dot{X}_\mathrm{o}$ 为输出量。输入端的圈加符号 ⊕ 表示输入量和反馈量在此叠加作用，形成净输入量。+号和−号表明 $\dot{X}_\mathrm{i}'=\dot{X}_\mathrm{i}-\dot{X}_\mathrm{f}$，净输入减少，形成的是负反馈。

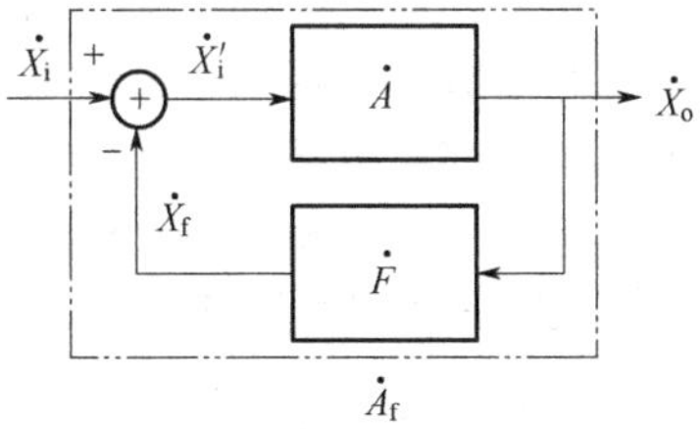

图 5.2.1 负反馈放大电路框图

根据图中信号传输的方向，有以下关系表达式：

① 基本放大电路的放大倍数（开环放大倍数）$\dot{A}$ 等于输出量与净输入量之比：

$$\dot{A}=\frac{\dot{X}_\mathrm{o}}{\dot{X}_\mathrm{i}'} \tag{5.2.1}$$

② 反馈系数 $\dot{F}$ 等于反馈量与输出量之比：

$$\dot{F}=\frac{\dot{X}_\mathrm{f}}{\dot{X}_\mathrm{o}} \tag{5.2.2}$$

③ 负反馈放大电路的放大倍数（闭环放大倍数）$\dot{A}_\mathrm{f}$ 等于输出量与输入量之比：

$$\dot{A}_\mathrm{f}=\frac{\dot{X}_\mathrm{o}}{\dot{X}_\mathrm{i}} \tag{5.2.3}$$

其中净输入量 $\dot{X}_i'$ 等于输入量 $\dot{X}_\mathrm{i}$ 与反馈量 $\dot{X}_\mathrm{f}$ 之差：

$$\dot{X}_i'=\dot{X}_\mathrm{i}-\dot{X}_\mathrm{f} \tag{5.2.4}$$

则有：

$$\dot{A}_\mathrm{f}=\frac{\dot{X}_\mathrm{o}}{\dot{X}_\mathrm{i}'+\dot{X}_\mathrm{f}}=\frac{\dot{A}\dot{X}_\mathrm{i}'}{\dot{X}_\mathrm{i}'+\dot{F}\dot{X}_\mathrm{o}}=\frac{\dot{A}\dot{X}_\mathrm{i}'}{\dot{X}_\mathrm{i}'+\dot{F}\dot{A}\dot{X}_\mathrm{i}'}=\frac{\dot{A}}{1+\dot{A}\dot{F}}$$

由此得到，负反馈放大电路放大倍数的一般表达式为：

$$\dot{A}_\mathrm{f}=\frac{\dot{A}}{1+\dot{A}\dot{F}} \tag{5.2.5}$$

5.2.2 深度负反馈的概念和实质

5.2.2.1 什么是深度负反馈

从负反馈放大电路放大倍数 $\dot{A}_\mathrm{f}$ 的一般表达式中可以看出：引入负反馈后，带有反馈的放大倍数 $\dot{A}_\mathrm{f}$ 为无反馈放大倍数 $\dot{A}$ 的 $\frac{1}{1+\dot{A}\dot{F}}$ 倍。表达式中 $\dot{A}\dot{F}$ 称为环路增益，即信号沿放大电路和反馈网络组成的环路传递一周的增益函数。表达式中$1+\dot{A}\dot{F}$称为反馈深度，若反馈深度$1+\dot{A}\dot{F}\gg 1$，则有：

$$\dot{A}_{\mathrm{f}}=\frac{\dot{A}}{1+\dot{A}\dot{F}}\approx\frac{\dot{A}}{\dot{A}\dot{F}}\approx\frac{1}{\dot{F}} \tag{5.2.6}$$

一般把反馈深度$1+\dot{A}\dot{F}\gg 1$时的负反馈，称为深度负反馈，此时：

$$\dot{A}_{\mathrm{f}}\approx\frac{1}{\dot{F}} \tag{5.2.7}$$

说明，满足深度负反馈条件下的放大电路，其闭环放大倍数$\dot{A}_{\mathrm{f}}$主要取决于反馈系数$\dot{F}$，而与基本放大电路的放大倍数$\dot{A}$几乎无关。只要反馈系数$\dot{F}$是稳定的，其闭环放大倍数$\dot{A}_{\mathrm{f}}$就不受基本放大电路温度特性的影响，可以实现基本稳定。因此，负反馈放大电路广泛应用深度负反馈，以实现电路工作的稳定性。

5.2.2.2 深度负反馈的实质

因为$\dot{A}_{\mathrm{f}}\approx\frac{1}{\dot{F}}$，其中：

$$\dot{A}_{\mathrm{f}}=\frac{\dot{X}_{\mathrm{o}}}{\dot{X}_{\mathrm{i}}}；\quad \dot{F}=\frac{\dot{X}_{\mathrm{f}}}{\dot{X}_{\mathrm{o}}}$$

则有：

$$\frac{\dot{X}_{\mathrm{o}}}{\dot{X}_{\mathrm{i}}}\approx\frac{1}{\frac{\dot{X}_{\mathrm{f}}}{\dot{X}_{\mathrm{o}}}}\approx\frac{\dot{X}_{\mathrm{o}}}{\dot{X}_{\mathrm{f}}}$$

可得

$$\dot{X}_{\mathrm{i}}\approx\dot{X}_{\mathrm{f}} \tag{5.2.8}$$

说明：在深度负反馈条件下，输入量约等于反馈量。同时，根据输入量、反馈量和净输入量的关系式$\dot{X}_{\mathrm{i}}'=\dot{X}_{\mathrm{i}}-\dot{X}_{\mathrm{f}}$，可知净输入量$\dot{X}_{\mathrm{i}}'\approx 0$，即深度负反馈放大电路估算中净输入量$\dot{X}_{\mathrm{i}}'$近似为零。

根据反馈类型，串联反馈时输入量、反馈量、净输入量以电压形式作用，有$\dot{U}_{\mathrm{i}}'=\dot{U}_{\mathrm{i}}-\dot{U}_{\mathrm{f}}$。如图 5.2.2（a）所示，当电路引入深度串联负反馈时，$\dot{U}_{\mathrm{i}}'\approx 0$，有：

$$\dot{U}_{\mathrm{i}}\approx\dot{U}_{\mathrm{f}} \tag{5.2.9}$$

如图 5.2.2（b）所示，当电路引入深度并联负反馈时，$\dot{I}_{\mathrm{i}}'\approx 0$，有：

$$\dot{I}_{\mathrm{i}}\approx\dot{I}_{\mathrm{f}} \tag{5.2.10}$$

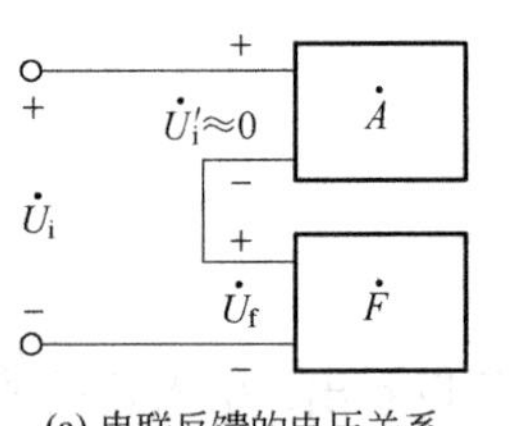

(a) 串联反馈的电压关系

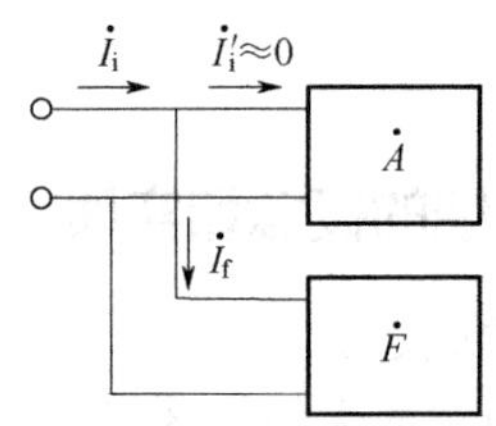

(b) 并联反馈的电流关系

图 5.2.2 深度负反馈的实质

5.2.3 深度负反馈条件下电压放大倍数的估算

同第2章讲述的基本放大电路分析一样，负反馈放大电路也可以应用交流等效电路分析闭环放大倍数、输入电阻和输出电阻等动态参数，但由于等效电路中既包含基本放大电路，又包含反馈网络，通常计算十分复杂。

为简化分析，可以采用 $\dot{A}\ \dot{F}$ 分离法，将闭环系统拆开成两个独立网络，分别计算基本放大电路的放大倍数 $\dot{A}$ 和反馈网络的反馈系数 $\dot{F}$，再根据闭环放大倍数的一般关系式 $\dot{A}_{\mathrm{f}}=\dfrac{\dot{A}}{1+\dot{A}\dot{F}}$ 得到 $\dot{A}_{\mathrm{f}}$。分离基本放大电路时，需要考虑反馈网络对基本放大电路输入和输出端口的负载效应。

若负反馈放大电路满足深度负反馈条件，则还可以通过近似估算的方法进一步简化分析。根据深度负反馈条件下 $\dot{A}_{\mathrm{f}}\approx\dfrac{1}{\dot{F}}$ 的特性，无须计算基本放大电路的放大倍数 $\dot{A}$，只计算反馈系数 $\dot{F}$ 就可以近似得到 $\dot{A}_{\mathrm{f}}$。但这种方法必须基于深度负反馈条件，且只能估算闭环放大倍数，无法计算输入电阻和输出电阻。

处于深度负反馈条件下的放大电路，估算闭环电压放大倍数的分析步骤如下：

（1）正确判断反馈的类型

根据输出端的取样方式判断是电压负反馈还是电流负反馈，根据输入端的回送方式判断是串联负反馈还是并联负反馈。

（2）明确反馈系数 $\dot{F}$ 的量纲，计算反馈系数

① 根据反馈类型，明确取样对象是输出电压还是输出电流，反馈量是电压还是电流，从而确定反馈系数的量纲。

若反馈类型是电压串联负反馈，则是从输出电压 $\dot{U}_{\mathrm{o}}$ 取样，反馈量是电压 $\dot{U}_{\mathrm{f}}$，有：

$$\dot{F}_{uu}=\frac{\dot{X}_{\mathrm{f}}}{\dot{X}_{\mathrm{o}}}=\frac{\dot{U}_{\mathrm{f}}}{\dot{U}_{\mathrm{o}}} \tag{5.2.11}$$

若反馈类型是电压并联负反馈，则是从输出电压 $\dot{U}_{\mathrm{o}}$ 取样，反馈量是电流 $\dot{I}_{\mathrm{f}}$，有：

$$\dot{F}_{iu}=\frac{\dot{X}_{\mathrm{f}}}{\dot{X}_{\mathrm{o}}}=\frac{\dot{I}_{\mathrm{f}}}{\dot{U}_{\mathrm{o}}} \tag{5.2.12}$$

若反馈类型是电流串联负反馈，则是从输出电流 $\dot{I}_{\mathrm{o}}$ 取样，反馈量是电压 $\dot{U}_{\mathrm{f}}$，有：

$$\dot{F}_{ui}=\frac{\dot{X}_{\mathrm{f}}}{\dot{X}_{\mathrm{o}}}=\frac{\dot{U}_{\mathrm{f}}}{\dot{I}_{\mathrm{o}}} \tag{5.2.13}$$

若反馈类型是电流并联负反馈，则是从输出电流 $\dot{I}_{\mathrm{o}}$ 取样，反馈量是电流 $\dot{I}_{\mathrm{f}}$，有：

$$\dot{F}_{ii}=\frac{\dot{X}_{\mathrm{f}}}{\dot{X}_{\mathrm{o}}}=\frac{\dot{I}_{\mathrm{f}}}{\dot{I}_{\mathrm{o}}} \tag{5.2.14}$$

② 根据反馈网络计算反馈系数 $\dot{F}$

反馈系数仅取决于反馈网络，计算反馈系数 $\dot{F}$ 采取“串联开路，并联短路”的方法。当串联反馈时，令反馈点开路，即输入回路在反馈网络与基本放大电路连接处断开，根据分离的反馈网络求解反馈系数。当并联反馈时，令反馈点短路，由此求出反馈系数。

如图 5.2.3（a）所示电路，其反馈类型为电压串联负反馈。“串联开路”，将输入回路中反馈网络与放大电路的连接处断开，如图 5.2.3（b）所示。电压串联负反馈取样的是输出电压，在输入端以电压形式作用，反馈量也是电压，则反馈系数为：

$$\dot{F}_{uu}=\frac{\dot{U}_{f}}{\dot{U}_{o}}=\frac{\dot{U}_{o}\times\frac{R_1}{R_1+R_2}}{\dot{U}_{o}}=\frac{R_1}{R_1+R_2} \tag{5.2.15}$$

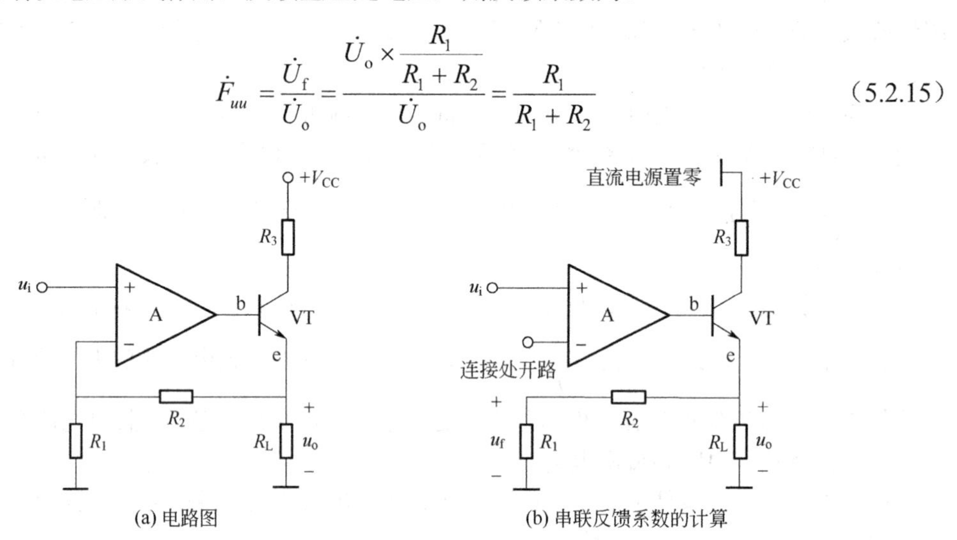

(a) 电路图　　(b) 串联反馈系数的计算

图 5.2.3　电压串联负反馈

特别需要加以说明的是：因为这里讨论的是交流负反馈，当交流信号作用时，直流电源应置零（接地），若电路中存在电容，需将电容短路后进行分析。

如图 5.2.4 所示电路，其反馈类型为电流并联负反馈。“并联短路”，并联反馈需在输入端将反馈点短路，即反馈点接地。电流反馈取样的是输出电流，在输入端以电流形式作用，反馈也是电流，反馈系数为：

$$\dot{F}_{ii}=\frac{\dot{I}_{f}}{\dot{I}_{o}}=\frac{-\dot{I}_{o}\times\frac{R_3}{R_2+R_3}}{\dot{I}_{o}}=-\frac{R_3}{R_2+R_3} \tag{5.2.16}$$

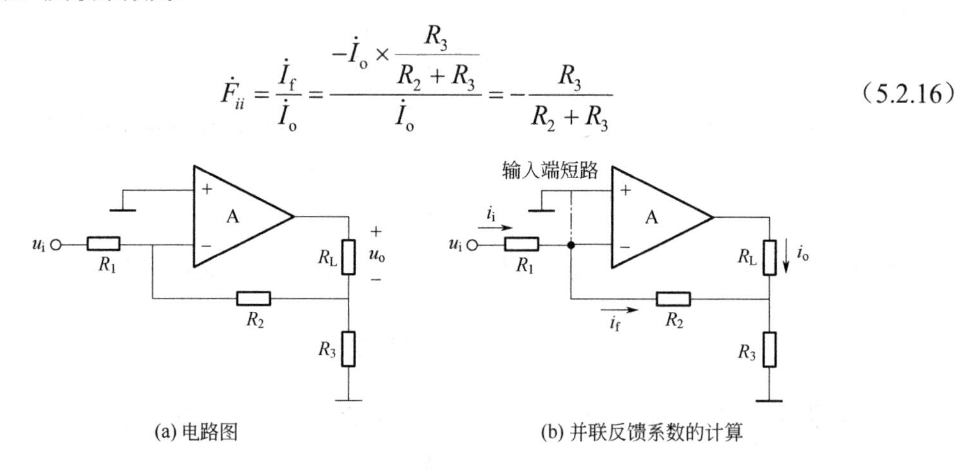

(a) 电路图　　(b) 并联反馈系数的计算

图 5.2.4　电流并联负反馈

（3）利用深度负反馈的条件计算闭环放大倍数 $\dot{A}_f$

闭环放大倍数 $\dot{A}_f\approx\frac{1}{\dot{F}}$。只要计算出反馈系数 $\dot{F}$，闭环放大倍数 $\dot{A}_f$ 的计算非常简单。闭环放大倍数 $\dot{A}_f$ 是正向传输，它的量纲与反馈系数的量纲正好相反，如表 5.2.1 所示。

若反馈类型是电压串联负反馈，则 $\dot{A}_f=\dot{A}_{uuf}$。
若反馈类型是电压并联负反馈，则 $\dot{A}_f=\dot{A}_{uif}$。
若反馈类型是电流串联负反馈，则 $\dot{A}_f=\dot{A}_{iuf}$。
若反馈类型是电流并联负反馈，则 $\dot{A}_f=\dot{A}_{iif}$。

表 5.2.1　负反馈放大电路四种组态的参数关系

参数关系	四种组态			
	电压串联	电压并联	电流串联	电流并联
输出量 $\dot{X}_o$	$\dot{U}_o$	$\dot{U}_o$	$\dot{I}_o$	$\dot{I}_o$
反馈量 $\dot{X}_f$	$\dot{U}_f$	$\dot{I}_f$	$\dot{U}_f$	$\dot{I}_f$
输入量 $\dot{X}_i$	$\dot{U}_i$	$\dot{I}_i$	$\dot{U}_i$	$\dot{I}_i$
反馈系数 $\dot{F}=\dfrac{反馈量}{输出量}$	$\dot{F}_{uu}=\dfrac{\dot{U}_f}{\dot{U}_o}$	$\dot{F}_{iu}=\dfrac{\dot{I}_f}{\dot{U}_o}$	$\dot{F}_{ui}=\dfrac{\dot{U}_f}{\dot{I}_o}$	$\dot{F}_{ii}=\dfrac{\dot{I}_f}{\dot{I}_o}$
闭环放大倍数 $\dot{A}_f=\dfrac{输出量}{输入量}$	$\dot{A}_{uuf}=\dfrac{\dot{U}_o}{\dot{U}_i}$	$\dot{A}_{uif}=\dfrac{\dot{U}_o}{\dot{I}_i}$	$\dot{A}_{iuf}=\dfrac{\dot{I}_o}{\dot{U}_i}$	$\dot{A}_{iif}=\dfrac{\dot{I}_o}{\dot{I}_i}$
特点	$\dot{U}_i$ 控制 $\dot{U}_o$ 电压放大	$\dot{I}_i$ 控制 $\dot{U}_o$ 电流转换为电压	$\dot{U}_i$ 控制 $\dot{I}_o$ 电压转换为电流	$\dot{I}_i$ 控制 $\dot{I}_o$ 电流放大

（4）利用深度负反馈实质计算闭环电压放大倍数 $\dot{A}_{uf}$ 或 $\dot{A}_{usf}$

闭环电压放大倍数 $\dot{A}_{uf}$ 为输出电压与输入电压的比值，即 $\dot{A}_{uf}=\dfrac{\dot{U}_o}{\dot{U}_i}$。在引入电压串联负反馈时，闭环电压放大倍数 $\dot{A}_{uf}=\dot{A}_f$，其他组态类型时，$\dot{A}_{uf}\neq\dot{A}_f$。可以根据深度负反馈实质，利用串联反馈 $\dot{U}_f=\dot{U}_i$，并联反馈 $\dot{I}_f=\dot{I}_i$，由闭环放大倍数 $\dot{A}_f$ 计算闭环电压放大倍数 $\dot{A}_{uf}$。

有时需考虑电源内阻，计算闭环源电压放大倍数 $\dot{A}_{usf}=\dfrac{\dot{U}_o}{\dot{U}_s}$，即输出电压与输入信号源电压的比值。

【例 5.2.1】 图 5.2.5 所示电路，判断其组态类型，基于深度负反馈条件计算反馈系数 $\dot{F}$、闭环放大倍数 $\dot{A}_f$ 和闭环电压放大倍数 $\dot{A}_{uf}$。

【解】 ① 反馈类型是电压串联负反馈。

依据是：当输出电压 u_o 为零时，反馈随之为零，所以是电压反馈。输入 u_i 连接在晶体三极管 VT_1 的基极 b，反馈回送的是晶体三极管 VT_1 的发射极 e，不是同一级，所以是串联反馈。

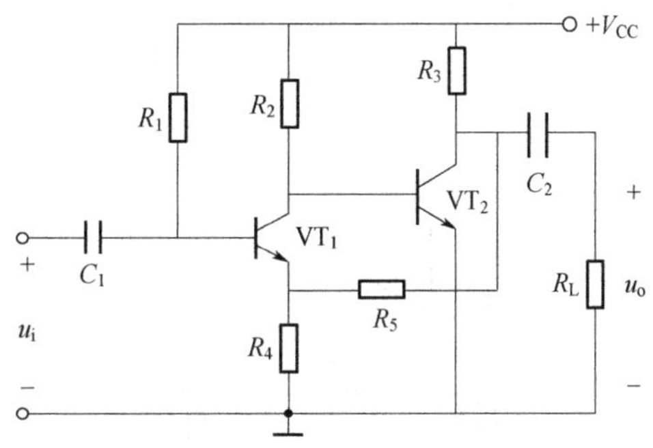

图 5.2.5　例 5.2.1 电路图

② 明确反馈系数的量纲，并计算深度负反馈条件下的反馈系数 $\dot{F}$。

反馈系数的量纲：电压反馈是从输出电压 $\dot{U}_o$ 取样。串联反馈以电压形式作用，反馈量也是电压$\dot{U}_{\mathrm{f}}$，所以反馈系数如下。

$$\dot{F}_{uu}=\frac{\dot{U}_{\mathrm{f}}}{\dot{U}_{\mathrm{o}}}$$

“串联开路”，将输入回路在反馈点与放大电路连接处断开，并标明反馈电压$\dot{U}_{\mathrm{f}}$；电容元件通交流，看作短路处理；直流电源置零，如图 5.2.6 所示，则有：

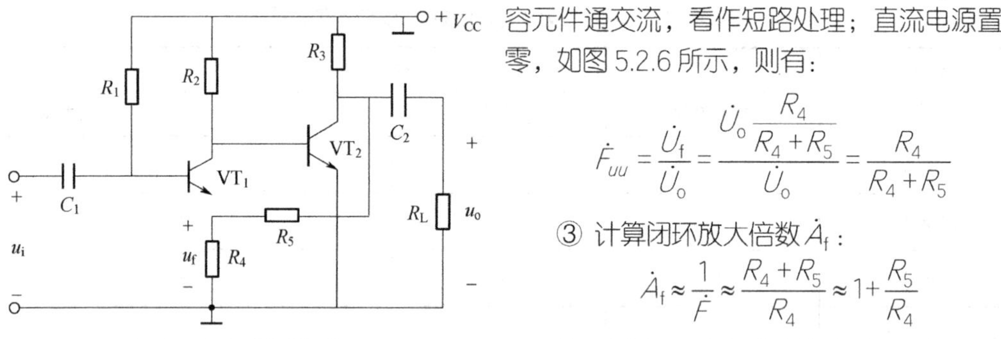

图 5.2.6　反馈网络分析

$$\dot{F}_{uu}=\frac{\dot{U}_{\mathrm{f}}}{\dot{U}_{\mathrm{o}}}=\frac{\dot{U}_{\mathrm{o}}\dfrac{R_4}{R_4+R_5}}{\dot{U}_{\mathrm{o}}}=\frac{R_4}{R_4+R_5}$$

③ 计算闭环放大倍数$\dot{A}_{\mathrm{f}}$：

$$\dot{A}_{\mathrm{f}}\approx\frac{1}{\dot{F}}\approx\frac{R_4+R_5}{R_4}\approx 1+\frac{R_5}{R_4}$$

④ 计算闭环电压放大倍数$\dot{A}_{u\mathrm{f}}$：

$$\dot{A}_{u\mathrm{f}}=\frac{\dot{U}_{\mathrm{o}}}{\dot{U}_{\mathrm{i}}}=\dot{A}_{\mathrm{f}}\approx 1+\frac{R_5}{R_4}$$

【例 5.2.2】 图 5.2.7 所示电路，判断其组态类型，基于深度负反馈条件下计算反馈系数$\dot{F}$、闭环放大倍数$\dot{A}_{\mathrm{f}}$和闭环电压放大倍数$\dot{A}_{u\mathrm{f}}$。

【解】 ① 反馈类型是电流串联负反馈。

依据是：当输出电压u_{o}为零时，反馈不为零，所以是电流反馈。输入u_{i}在运放的同相端，反馈回送的是反相端，不是同一端，所以是串联反馈。

② 明确反馈系数的量纲，并计算深度负反馈条件下的反馈系数。

反馈系数的量纲：电流反馈是从输出电流$\dot{I}_{\mathrm{o}}$取样。串联反馈以电压形式作用，反馈量是电压$\dot{U}_{\mathrm{f}}$，所以反馈系数如下。

$$\dot{F}_{ui}=\frac{\dot{U}_{\mathrm{f}}}{\dot{I}_{\mathrm{o}}}$$

“串联开路”，将输入回路在反馈点与放大电路连接处断开，并标明反馈电压$\dot{U}_{\mathrm{f}}$和输出电流$\dot{I}_{\mathrm{o}}$；直流电源置零，如图 5.2.8 所示。图中负载的输出电流$\dot{I}_{\mathrm{o}}$为晶体三极管集电极电流，近似等于发射极电流，有：

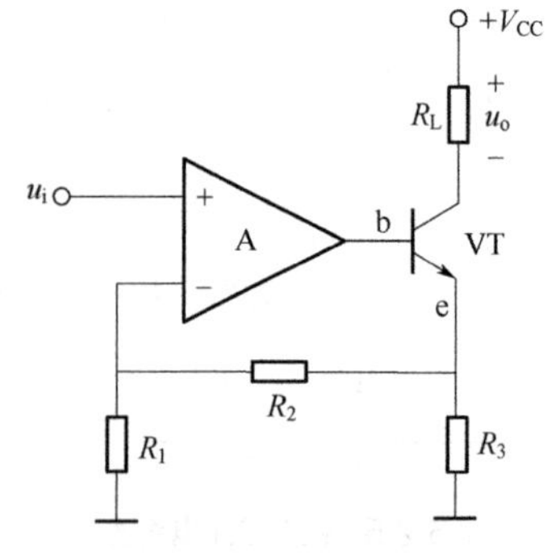

图 5.2.7　例 5.2.2 电路图

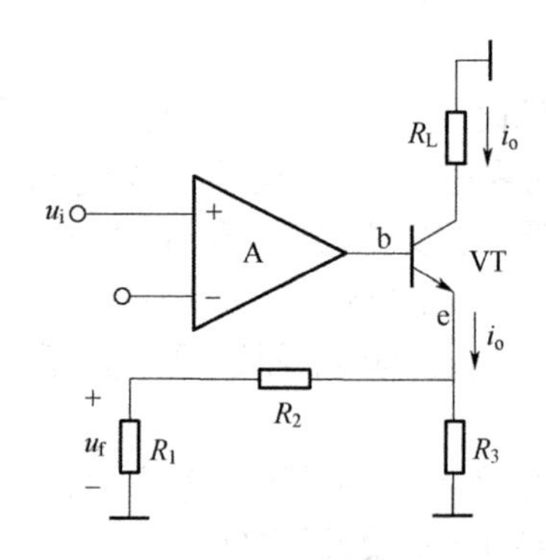

图 5.2.8　反馈网络分析

$$\dot{F}_{ui}=\frac{\dot{U}_{\mathrm{f}}}{\dot{I}_{\mathrm{o}}}=\frac{\dot{I}_{\mathrm{o}}\frac{R_3}{(R_1+R_2)+R_3}R_1}{\dot{I}_{\mathrm{o}}}=\frac{R_1R_3}{R_1+R_2+R_3}$$

③ 闭环放大倍数：

$$\dot{A}_{\mathrm{f}}\approx\frac{1}{\dot{F}}\approx\frac{R_1+R_2+R_3}{R_1R_3}$$

④ 根据深度负反馈的实质，串联反馈有电压关系$\dot{U}_{\mathrm{f}}\approx\dot{U}_{\mathrm{i}}$，则有闭环电压放大倍数：

$$\dot{A}_{u\mathrm{f}}=\frac{\dot{U}_{\mathrm{o}}}{\dot{U}_{\mathrm{i}}}\approx\frac{\dot{U}_{\mathrm{o}}}{\dot{U}_{\mathrm{f}}}\approx\frac{\dot{I}_{\mathrm{o}}R_{\mathrm{L}}}{\dot{U}_{\mathrm{f}}}\approx\frac{1}{\dot{F}}R_{\mathrm{L}}\approx\frac{(R_1+R_2+R_3)R_{\mathrm{L}}}{R_1R_3}$$

【例5.2.3】 图5.2.9所示电路，判断其组态类型，基于深度负反馈条件下计算反馈系数$\dot{F}$、闭环放大倍数$\dot{A}_{\mathrm{f}}$和闭环电压放大倍数$\dot{A}_{us\mathrm{f}}$。

【解】 ① 反馈类型是电流并联负反馈。

依据是：当输出电压u_{o}为零时，反馈不为零，所以是电流反馈。输入u_{i}在晶体三极管$\mathrm{VT_1}$的基极b，反馈送回的也是基极b，是同一级，所以是并联反馈。

② 明确反馈系数的量纲，并估算深度负反馈条件下的反馈系数$\dot{F}$。

电流反馈是从输出电流$\dot{I}_{\mathrm{o}}$取样。并联反馈以电流形式作用，反馈量是电流$\dot{I}_{\mathrm{f}}$，所以反馈系数如下。

$$\dot{F}_{ii}=\frac{\dot{I}_{\mathrm{f}}}{\dot{I}_{\mathrm{o}}}$$

"并联短路"，将反馈点在输入端短路，并标明反馈电流$\dot{I}_{\mathrm{f}}$和输出电流$\dot{I}_{\mathrm{o}}$，如图5.2.10所示。若负载R_{L}有与之并联的电阻，计算时需将输出电流$\dot{I}_{\mathrm{o}}$视为总负载的电流，即$R_{\mathrm{L}}//R_4$的总电流，则有：

$$\dot{F}_{ii}=\frac{\dot{I}_{\mathrm{f}}}{\dot{I}_{\mathrm{o}}}=\frac{\dot{I}_{\mathrm{o}}\frac{R_2}{R_{\mathrm{f}}+R_2}}{\dot{I}_{\mathrm{o}}}=\frac{R_2}{R_{\mathrm{f}}+R_2}$$

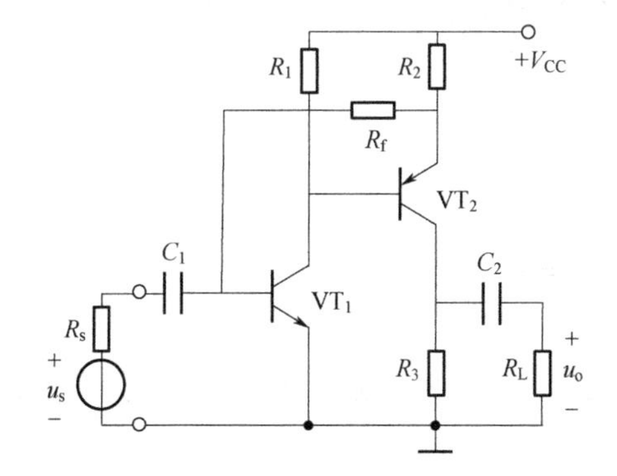

图5.2.9 例5.2.3电路图

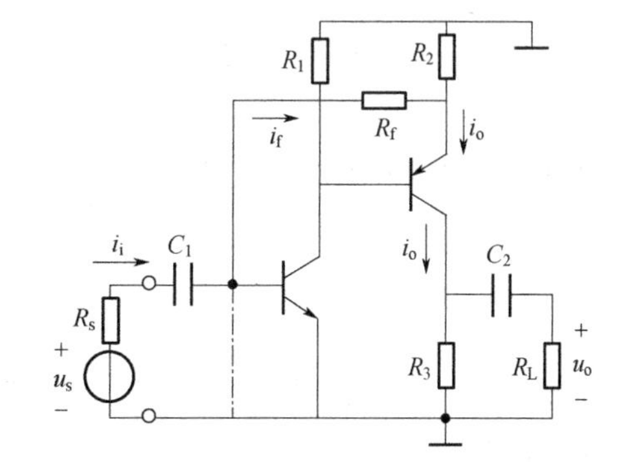

图5.2.10 反馈网络分析

③ 闭环放大倍数：

$$\dot{A}_{\mathrm{f}}\approx\frac{1}{\dot{F}}\approx\frac{R_{\mathrm{f}}+R_2}{R_2}\approx1+\frac{R_{\mathrm{f}}}{R_2}$$

④ 根据深度负反馈的实质，并联反馈有电流关系 $\dot{I}_f \approx \dot{I}_i$，则有闭环电压放大倍数：

$$\dot{A}_{usf}=\frac{\dot{U}_o}{\dot{U}_s}=\frac{\dot{I}_o(R_3//R_L)}{R_s\dot{I}_i}\approx\frac{\dot{I}_o(R_3//R_L)}{R_s\dot{I}_f}\approx\frac{1}{\dot{F}}\times\frac{R_3//R_L}{R_s}\approx\left(1+\frac{R_f}{R_2}\right)\times\frac{R_3//R_L}{R_s}$$

5.2.4 基于理想运放的负反馈放大电路分析

5.2.4.1 集成运算放大器的理想化条件

分析由集成运算放大器构成的放大电路时，为简化分析，通常将其指标理想化，即将实际运放看作理想运放。理想运放的理想化参数为：

① 开环差模放大倍数（增益）$A_{od}=\infty$；

② 差模输入电阻 $r_{id}=\infty$；

③ 输出电阻 $r_o=0$；

④ 共模抑制比 $K_{CMR}=\infty$；

⑤ 上限截止频率 $f_H=\infty$；

⑥ 失调电压 $U_{IO}=0$；

⑦ 失调电流 $I_{IO}=0$。

随着技术的不断改进，新型的集成运放由于性能指标越来越接近理想化条件，通常都可以采用理想化参数分析计算。当然，理想化分析与实际之间必然存在分析误差，实际运放的指标越接近理想化，误差就越小。若需要更为精确的分析时，计算中可考虑实际运放的实际增益、输入输出电阻、带宽和失调因素等所带来的影响。

5.2.4.2 线性区的“虚短”和“虚断”特性

集成运放有两个工作区，线性区和非线性区。若想实现放大功能，集成运放必须工作在线性区。因为集成运放的开环增益过高，只要微小的输入信号就会使输出超出线性范围，所需要引入深度负反馈降低放大倍数，以实现线性输出，所以由集成运放构成的负反馈放大电路一般都满足深度负反馈条件。同时，工作在线性区的运放还存在“虚短”和“虚断”的特性。

设集成运放两个输入端，同相端和反相端的电位分别为 u_P 和 u_N，输入电流分别为 i_P 和 i_N，则工作在线性区的差模输入信号表达式为：

$$u_{id}=u_P-u_N \tag{5.2.17}$$

开环差模放大倍数表达式为：

$$A_{od}=\frac{u_o}{u_{id}}=\frac{u_o}{u_P-u_N}=\infty \tag{5.2.18}$$

所以有 $u_P-u_N=\dfrac{u_o}{\infty}\approx 0$，电压为零，相当于短路，也称为两个输入端“虚短”，如图 5.2.11（a）所示，有：

$$u_P\approx u_N \tag{5.2.19}$$

又因为输入电阻 $r_{id}=\infty$，为无穷大，相当于两个输入端的净输入电流为零，视为开路，也称为“虚断”，如图 5.2.11（b）所示，有：

$$i_P=i_N=0 \tag{5.2.20}$$

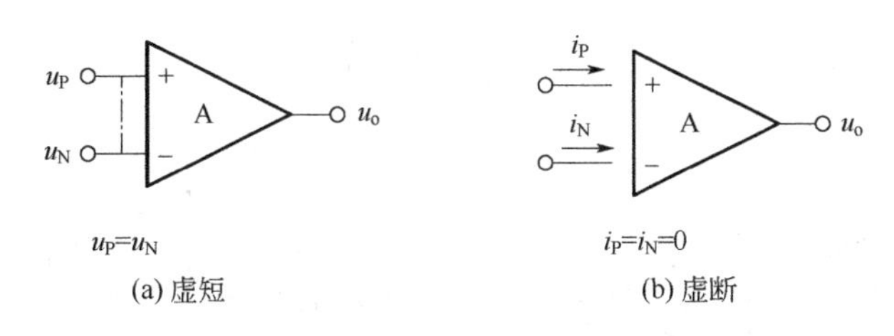

图 5.2.11 线性区的“虚短”和“虚断”

5.2.4.3 基于理想运放的负反馈放大电路分析

由集成运放构成的负反馈放大电路可以利用深度负反馈，通过反馈系数 $\dot{F}$ 估算放大电路的放大倍数。此外，还可以应用理想运放线性区的“虚短”和“虚断”特性，估算放大倍数，更为简单。

【例 5.2.4】 图 5.2.12（a）所示电路中运放为理想运放，计算闭环电压放大倍数 $\dot{A}_{uf}$。

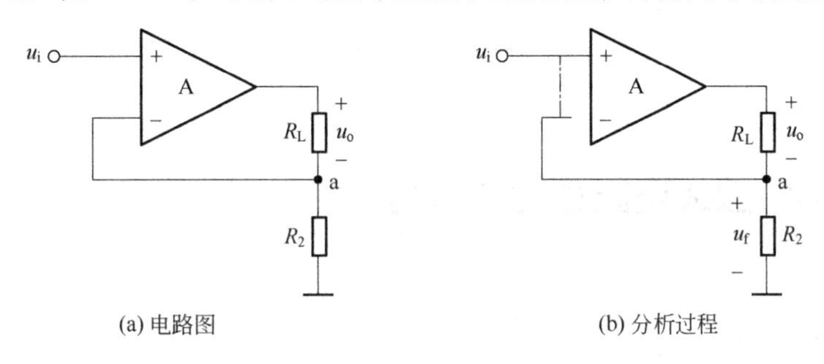

图 5.2.12 例 5.2.4 电路图

【解】 分析过程如图 5.2.12（b）所示，根据“虚短”特性，$u_P \approx u_N$，即 $u_i \approx u_F$，有：

$$\dot{A}_{uf}=\frac{\dot{U}_o}{\dot{U}_i}\approx\frac{\dot{U}_o}{\dot{U}_f}$$

根据“虚断”特性，输入端开路，则电阻 R_L 和电阻 R_2 的电流相等，有：

$$\dot{U}_f=\frac{\dot{U}_o}{R_L}R_2$$

所以，闭环电压放大倍数为：

$$\dot{A}_{uf}=\frac{\dot{U}_o}{\dot{U}_i}\approx\frac{\dot{U}_o}{\dot{U}_f}\approx\frac{\dot{U}_o}{\frac{\dot{U}_o}{R_L}R_2}\approx\frac{R_L}{R_2}$$

【例 5.2.5】 图 5.2.13 所示电路中的运放都可以看作理想运放，计算闭环电压放大倍数 $\dot{A}_{uf}$。

【解】 根据“虚短”特性，$u_N \approx 0$。根据“虚断”特性，输入端开路，则电阻 R_1 和电阻 R_2 的电流相等，如图 5.2.14 所示，则：

$$\frac{\dot{U}_i-0}{R_1}=\frac{0-\dot{U}_o}{R_2}$$

整理后，有：

$$\dot{U}_o = \dot{U}_i\left(-\frac{R_2}{R_1}\right)$$

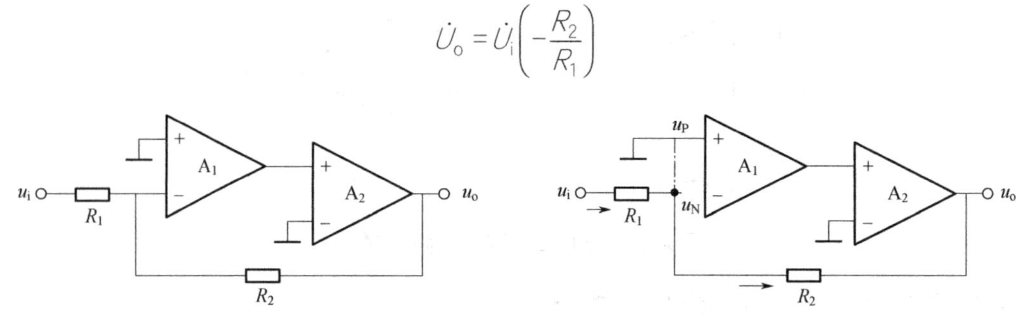

图 5.2.13　例 5.2.5 电路图　　　　图 5.2.14　分析过程

所以，闭环电压放大倍数为：

$$\dot{A}_{uf} = \frac{\dot{U}_o}{\dot{U}_i} = \frac{\dot{U}_i\left(-\frac{R_2}{R_1}\right)}{\dot{U}_i} = -\frac{R_2}{R_1}$$

5.3　负反馈对放大电路性能的影响

正反馈虽然提高了放大倍数，但容易产生电路振荡。负反馈虽然降低了放大倍数，但能改善放大电路的各项性能。同时，负反馈的引入能够使系统输出起到与输入相反的作用，与系统目标的误差减小，系统趋于稳定，对负反馈的研究也是控制论的核心问题。由于放大电路具有频率特性，本节主要讨论在中频段信号作用时，负反馈对放大电路性能的影响，表达式中的变量均用实数表示。

5.3.1　提高放大倍数的稳定性

放大电路受温度变化、元件老化、电源波动或负载变化等因素的影响，其电路增益的波动较大，不稳定，通过引入负反馈技术，能够极大地提高电路增益的稳定性，其增益稳定性的提高程度与反馈深度有紧密的联系。

中频放大电路闭环放大倍数的表达式为：

$$\dot{A}_f = \frac{A}{1+AF} \tag{5.3.1}$$

式（5.3.1）对 A 进行微分，可得：

$$\frac{dA_f}{dA} = \frac{1}{1+AF} - \frac{AF}{(1+AF)^2} = \frac{1+AF-AF}{(1+AF)^2} = \frac{1}{(1+AF)^2} \tag{5.3.2}$$

所以，有：

$$dA_f = \frac{dA}{(1+AF)^2} \tag{5.3.3}$$

式（5.3.3）除以 A_f，有：

$$\frac{\mathrm{d}A_{\mathrm{f}}}{A_{\mathrm{f}}}=\frac{\dfrac{\mathrm{d}A}{(1+AF)^2}}{\dfrac{A}{1+AF}}=\frac{1}{1+AF}\times\frac{\mathrm{d}A}{A} \tag{5.3.4}$$

式中，$\dfrac{\mathrm{d}A_{\mathrm{f}}}{A_{\mathrm{f}}}$ 为负反馈放大电路闭环放大倍数的相对变化量；$\dfrac{\mathrm{d}A}{A}$ 为无反馈时放大倍数的相对变化量。式（5.3.4）表明，引入负反馈后闭环放大倍数的相对变化量是无反馈时开环放大倍数相对变化量的 $\dfrac{1}{1+AF}$ 倍。

例如：当开环放大倍数 A 变化 5%时，若反馈深度 $1+AF=100$，则闭环放大倍数 A_{f} 的变化仅为 $\dfrac{1}{100}\times 5\%=0.05\%$。可见，$A_{\mathrm{f}}$ 的稳定性为 A 的 100 倍。说明，负反馈放大电路是以降低放大能力为代价提高稳定性的。

5.3.2 改变输入电阻和输出电阻

因为反馈网络介于输出和输入之间，所以对输出电阻和输入电阻都会产生影响。不同的反馈组态，其作用不同。串联反馈和并联反馈能够对输入电阻产生作用，电压反馈和电流反馈能够对输出电阻产生作用。

5.3.2.1 串联负反馈使输入电阻增大

串联负反馈的框图如图 5.3.1 所示。

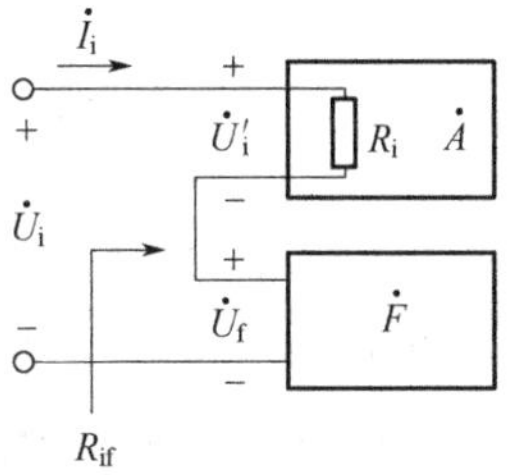

图 5.3.1 串联负反馈的框图

根据输入电阻的定义，基本放大电路的输入电阻为：

$$R_{\mathrm{i}}=\frac{U_{\mathrm{i}}'}{I_{\mathrm{i}}} \tag{5.3.5}$$

引入串联负反馈后，负反馈放大电路的输入电阻为：

$$R_{\mathrm{if}}=\frac{U_{\mathrm{i}}}{I_{\mathrm{i}}}=\frac{U_{\mathrm{i}}'+U_{\mathrm{f}}}{I_{\mathrm{i}}}=\frac{U_{\mathrm{i}}'+AFU_{\mathrm{i}}'}{I_{\mathrm{i}}}=(1+AF)\frac{U_{\mathrm{i}}'}{I_{\mathrm{i}}} \tag{5.3.6}$$

由此可得：

$$R_{\mathrm{if}}=(1+AF)R_{\mathrm{i}} \tag{5.3.7}$$

式（5.3.7）说明：引入串联负反馈后，负反馈放大电路的输入电阻增大为无反馈时输入电阻的 $1+AF$ 倍，使输入电阻增大。

5.3.2.2 并联负反馈使输入电阻减小

并联负反馈的框图如图 5.3.2 所示。

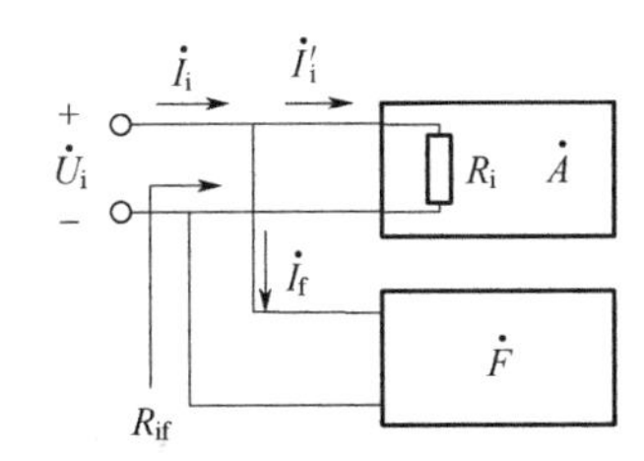

图 5.3.2 并联负反馈的框图

根据输入电阻的定义，引入并联负反馈后，负反馈放大电路的输入电阻为：

$$R_{\mathrm{if}}=\frac{U_{\mathrm{i}}}{I_{\mathrm{i}}}=\frac{U_{\mathrm{i}}}{I_{\mathrm{i}}'+I_{\mathrm{f}}}=\frac{U_{\mathrm{i}}}{I_{\mathrm{i}}'+AFI_{\mathrm{i}}'}=\frac{1}{1+AF}\times\frac{U_{\mathrm{i}}}{I_{\mathrm{i}}'} \tag{5.3.8}$$

则有：

$$R_{\mathrm{if}}=\frac{1}{1+AF}R_{\mathrm{i}} \tag{5.3.9}$$

式(5.3.9)说明：引入并联负反馈后，负反馈放大电路的输入电阻减小为无反馈时的$\frac{1}{1+AF}$，使输入电阻减小。

5.3.2.3 电压负反馈使输出电阻减小

电压负反馈的框图如图 5.3.3 所示。

根据输出电阻的定义，引入电压负反馈时的输出电阻 R_{of} 为：

$$R_{of}=\frac{U_o}{I_o} \tag{5.3.10}$$

忽略反馈网络分流，则有输出电流 I_o 近似为：

$$I_o=\frac{U_o-(-AFU_o)}{R_o}=(1+AF)\frac{U_o}{R_o} \tag{5.3.11}$$

则有：

$$R_{of}=\frac{U_o}{(1+AF)\frac{U_o}{R_o}}=\frac{1}{1+AF}R_o \tag{5.3.12}$$

式（5.3.12）说明：引入电压负反馈后，负反馈放大电路的输出电阻减小为无反馈时输出电阻的$\frac{1}{1+AF}$，使输出电阻减小。

5.3.2.4 电流负反馈使输出电阻增大

电流负反馈的框图如图 5.3.4 所示。

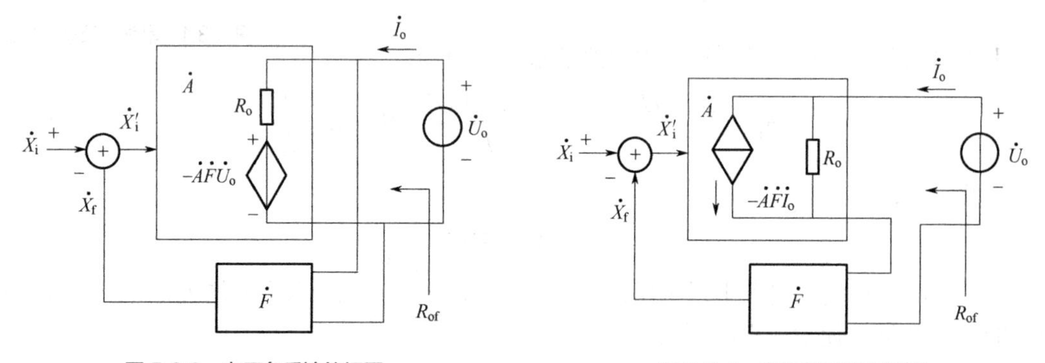

图 5.3.3 电压负反馈的框图　　图 5.3.4 电流负反馈的框图

根据输出电阻的定义，引入电流负反馈时的输出电流为：

$$I_o=\frac{U_o}{R_o}+(-AFI_o) \tag{5.3.13}$$

即：

$$I_o=\frac{\frac{U_o}{R_o}}{1+AF} \tag{5.3.14}$$

有输出电阻为：

$$R_{of} = (1 + AF)R_o \tag{5.3.15}$$

式（5.3.15）说明：引入电流负反馈后，负反馈放大电路的输出电阻增大为无反馈时输出电阻的$1+AF$，使输出电阻增大。

负反馈四种组态对放大电路性能的影响如表 5.3.1 所示。

表 5.3.1　负反馈四种组态对放大电路性能的影响

反馈组态	特点	作用
电压负反馈	反馈信号取自输出电压	稳定输出电压 $\dot{U}_o$，降低输出电阻 R_{of}
电流负反馈	反馈信号取自输出电流	稳定输出电流 $\dot{I}_o$，提高输出电阻 R_{of}
串联负反馈	反馈信号与输入信号串联	提高输入电阻 R_{if}
并联负反馈	反馈信号与输入信号并联	降低输入电阻 R_{if}

5.3.3　改善放大电路的频率特性

反馈深度$1+AF$不仅影响放大电路的稳定性，影响输入电阻和输出电阻，还能够展宽放大电路的通频带。

设无反馈时中频段的开环放大倍数为A_m，上下限截止频率为f_H和f_L，则根据第 4 章频率特性表达式，有高频段的放大倍数表达式为：

$$A_H = \frac{A_m}{1 + \frac{jf}{f_H}} \tag{5.3.16}$$

当电路中引入负反馈后，高频放大倍数表达式为：

$$A_{Hf} = \frac{A_H}{1 + A_H F} = \frac{\frac{A_m}{1 + \frac{jf}{f_H}}}{1 + \frac{FA_m}{1 + \frac{jf}{f_H}}} = \frac{A_m}{1 + \frac{jf}{f_H} + FA_m} = \frac{\frac{A_m}{1 + FA_m}}{1 + \frac{\frac{jf}{f_H}}{1 + FA_m}}$$

$$A_{Hf} = \frac{\frac{A_m}{1 + A_m F}}{1 + j\frac{f}{f_{Hf}}} \tag{5.3.17}$$

上限截止频率为：

$$f_{Hf} = (1 + A_m F) f_H \tag{5.3.18}$$

可见，引入负反馈后，负反馈放大电路的上限截止频率增大为无反馈时的$1+A_mF$倍。同理，引入负反馈后，负反馈放大电路的下限截止频率为：

$$f_{Lf} = \frac{1}{1 + A_m F} f_L \tag{5.3.19}$$

可见，引入负反馈后，负反馈放大电路的下限截止频率降低为无反馈时的 $\frac{1}{1+A_{\mathrm{m}}F}$。由于上限截止频率提高，下限截止频率降低，所以电路的频带得到了展宽，如图 5.3.5 所示，是无反馈时放大电路频带的 $1+A_{\mathrm{m}}F$ 倍。随着负反馈的反馈深度越深，频带就会越宽。

$$f_{\mathrm{bwf}}=(1+A_{\mathrm{m}}F)f_{\mathrm{bw}} \tag{5.3.20}$$

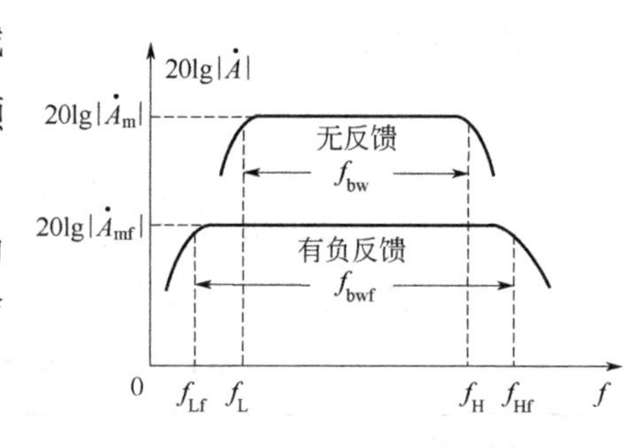

图 5.3.5 引入交流负反馈可以展宽频带

5.3.4 减小非线性失真和抑制干扰

由于放大电路中晶体三极管具有非线性的特性，即使输入信号为正弦波时，受晶体三极管非线性的影响，其输出波形也会产生一定的非线性失真现象。如图 5.3.6 所示，当输入信号为正常波形时，由于晶体三极管的非线性特性，i_{B} 波形反而是正半周大、负半周小的失真波形。若电路的静态工作点设置得不合适，其非线性失真的现象可能会更为严重。

既然输入正常波形时，输出是失真的波形，那就令输入为失真的波形，反而有可能得到正常的输出波形，称为预失真。

如图 5.3.7 所示，当输入正常波形时，若输出失真波形为正半周大、负半周小，说明电路正半周放大能力大，负半周放大能力小。可以通过反馈技术，令输出的失真波形反馈到输入，与输入作用，形成正半周小、负半周大的预失真波形，则最终的输出波形由于正半周放大能力强，小的正半周可以与大的负半周产生近似相同的输出，从而得到正常的正弦波。

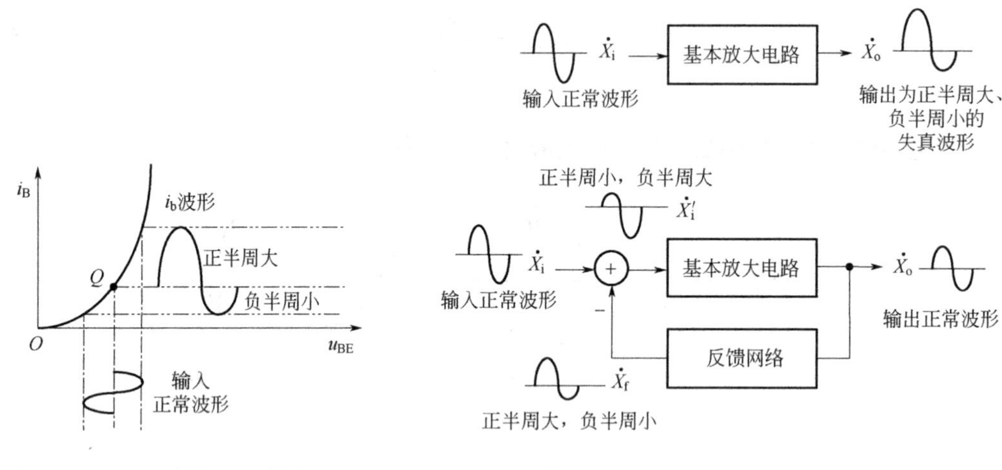

图 5.3.6 晶体管的非线性失真

图 5.3.7 交流负反馈减小非线性失真

通过引入负反馈技术，能够通过反馈信号对输入信号进行补偿，使净输入成为与输出相反的失真，利用反相失真使输出接近正常的正弦波。同样，反馈深度越深，对非线性失真的补偿作用越大，非线性失真现象越小。

此外，负反馈还可以对放大电路受到的干扰进行抑制，但是，如果干扰信号与输入信号是同时引入的，则无法通过负反馈进行区别并抑制，可以采取滤波或屏蔽等其他方式对干扰进行削弱。

5.4 负反馈放大电路的稳定性

为了改善放大电路的性能，实用放大电路常常会引入各种形式的负反馈。但是，负反馈若引入不当可能会产生自激振荡，严重的会使电路失去放大作用。

5.4.1 自激振荡产生的原因和条件

5.4.1.1 什么是自激振荡

自激振荡是指不外加激励信号而自行产生的恒稳和持续的振荡。如果在放大器的输入端不加输入信号，输出端仍有一定的幅值和频率的输出信号，这种现象就是自激振荡，如图 5.4.1 所示。

产生自激振荡必须同时满足两个条件，具体分析见 7.1 节，这里只做简单介绍。

① 幅度平衡条件 $|\dot{A}\dot{F}|=1$；

② 相位平衡条件 $\varphi_A+\varphi_F=(2n+1)\pi$（$n=0,1,2\cdots$）。

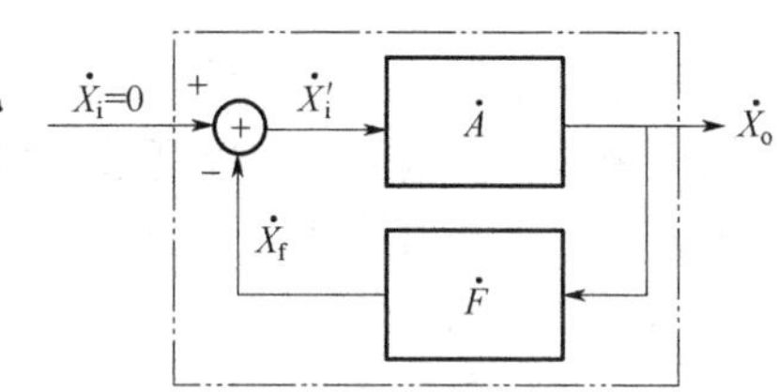

图 5.4.1 负反馈放大电路的自激振荡

5.4.1.2 负反馈放大电路存在自激振荡的原因

负反馈放大电路产生自激振荡的根本原因是环路放大倍数 $\dot{A}\dot{F}$ 的附加相移。

因为基本放大电路放大倍数 $\dot{A}$ 具有频率特性，是频率的函数。若反馈网络存在电抗元件，则反馈系数 $\dot{F}$ 也是频率的函数。当负反馈放大电路输入信号频率为中频段以外的频率 f 时，在高频段或低频段，$\dot{A}$ 和 $\dot{F}$ 都存在附加相移。若满足 $\varphi_A+\varphi_F=(2n+1)\pi$ 的相位条件，同时满足 $|\dot{A}\dot{F}|=1$ 的幅度条件，则电路就可能产生自激振荡。

由此可见，负反馈放大电路是否产生自激振荡与放大电路的级数有关。单级和两级直耦放大电路通常是稳定的，而三级或三级以上的负反馈放大电路，只要有一定的反馈深度，就可能产生自激振荡。因为在低频段和高频段都可以分别找到一个满足相移为 180° 的频率（满足相位条件），此时如果满足幅值条件 $|\dot{A}\dot{F}|=1$，则将产生自激振荡。产生自激振荡时，相当于电路的反馈性质发生了改变，由负反馈转变为正反馈，电路的稳定性减小，扰动得到加强。

5.4.2 负反馈放大电路稳定性的判断

环路增益 $\dot{A}\dot{F}$ 是产生自激振荡的根本原因，因此，判断负反馈放大电路是否稳定的一般方法就是根据环路增益 $\dot{A}\dot{F}$ 的频率特性判断。

定义使环路增益 $\dot{A}\dot{F}$ 附加相移为 ±180° 的频率为 f_0，定义使环路增益 $20\lg|\dot{A}\dot{F}|=0\text{dB}$（$|\dot{A}\dot{F}|=1$）的频率为 f_C。则有，当 $f_0>f_C$ 时，如图 5.4.2（a）所示，不满足起振条件，电路不会发生自激振荡，稳定；若 $f_0<f_C$，如图 5.4.2（b）所示，则当 $f=f_0$ 时，满足起振条件，电路可能发生自激振荡，不稳定。

若 $f_0=f_C$ 时，电路处于临界状态，稍有变化就可能产生自激振荡，不稳定。因此，稳定的负反馈放大电路要求达到一定的“稳定裕度”。幅值裕度一般要求 $G_m\leqslant -10\text{dB}$，相位裕度一般要求 $\varphi_m\geqslant 45°$。

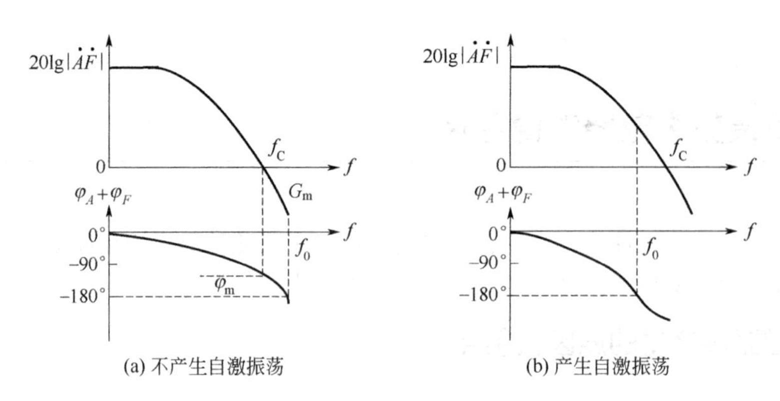

图 5.4.2 环路增益的频率特性

5.4.3 负反馈放大电路的自励消除

三级及三级以上的负反馈放大电路，为了保证电路稳定工作，在实际应用中必须采用校正措施来破坏自激振荡的幅度条件和相位条件，避免产生自激振荡。自励消除的方法有很多，这里介绍几种常用的补偿方法。

5.4.3.1 电容滞后补偿

电容滞后补偿是指在放大电路中选择时间常数最大的回路对地并联一个小电容 C，如图 5.4.3（a）所示。当相移处于 180° 时，其高频放大倍数幅值会下降到 0 以下，不满足振荡的幅度条件，从而避免产生自激振荡。

电容校正方法是使该频率所对应的相位滞后，称为滞后补偿。实质上，也是将放大电路的主极点频率降低，从而破坏自激振荡的条件，所以这种补偿也称为主极点校正。

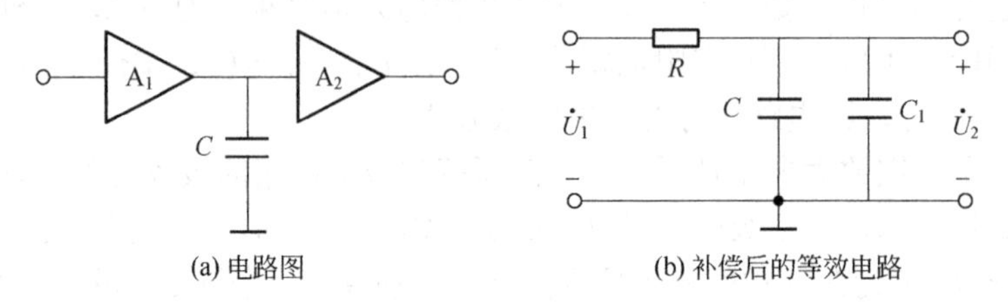

图 5.4.3 电容滞后补偿

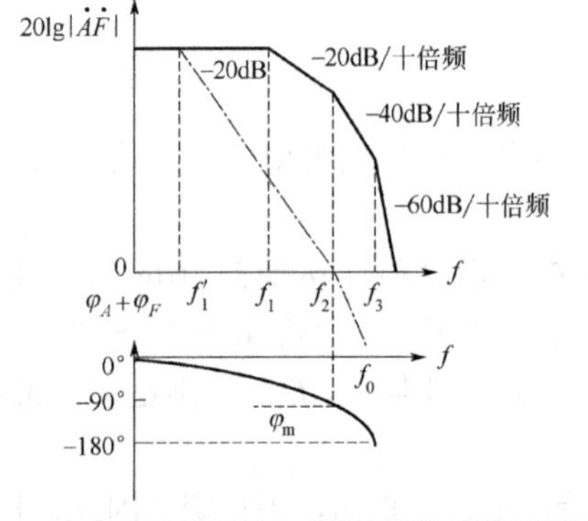

图 5.4.4 三级负反馈放大电路环路增益的幅频特性

图 5.4.3（b）为电容滞后补偿电路的等效电路，接入的补偿电容 C 相当于并联在两级放大电路之间。在中低频时，由于容抗较大，补偿电容 C 基本不起作用。而在高频时，C 的容抗减小，使前一级的放大倍数降低，从而破坏自激振荡的振幅条件，使电路稳定工作。

假设某三级负反馈放大电路 $\dot{A}\dot{F}$ 环路增益的幅频特性如图 5.4.4 中实线所示。当 $f=f_3$ 时，环路增益 $\dot{A}\dot{F}=1$，相位为−180°，电路不稳定。

在特性曲线中转折频率最低的 f_1 所在级增加补偿电容 C，补偿前有：

$$f_1 = \frac{1}{2\pi RC_1} \tag{5.4.1}$$

补偿后有：

$$f_1' = \frac{1}{2\pi R(C + C_1)} \tag{5.4.2}$$

由于引入了新的极点，对应的频率 f_1' 降低，假设原有的 3 个极点保持不变，则新的频率特性曲线如 5.4.4 中点画线所示，此时电路是稳定的。

5.4.3.2 *RC* 滞后补偿

由图 5.4.4 所示特性曲线可知，电容滞后补偿引入了电容元件，使放大电路的高频特性比原来大大降低，通频带明显变窄，因此实际应用中常常用 *RC* 补偿网络代替电容补偿网络。

用电容 *C* 与电阻 *R* 串联构成 *RC* 网络并联在放大电路中，会使通频带变窄的程度降低。因为在高频段，电容 *C* 的容抗将减小，对高频电压放大倍数的影响相对小一些。采用 *RC* 校正网络，在消除自激振荡的同时，高频响应的损失比用电容校正时要小。

RC 滞后补偿电路如图 5.4.5（a）所示，图 5.4.5（b）所示电路为 *RC* 滞后补偿的等效电路。采用 *RC* 滞后补偿的原理是在开环增益表达式的分子中引入一个零点，该零点与其分母中的一个极点相抵消，从而使补偿后频带损失小。因此，*RC* 滞后补偿又称为零-极点对消补偿。

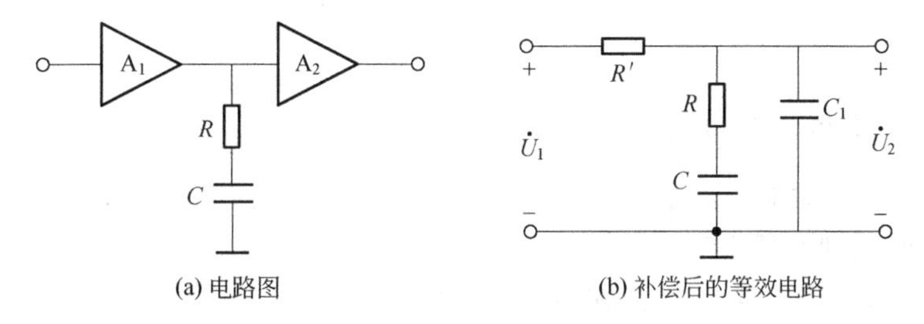

(a) 电路图　(b) 补偿后的等效电路

图 5.4.5 *RC* 滞后补偿

5.4.3.3 超前补偿

若改变负反馈放大电路在环路增益为零时的相位，使之产生超前，$f_0 > f_C$，也能消除自激振荡，这种补偿方法称为超前补偿。一般情况下，超前补偿电容需加反馈回路，如图 5.4.6 所示。

补偿前的反馈系数：

$$\dot{F}_0 = \frac{R_2}{R_1 + R_2} \tag{5.4.3}$$

补偿后的反馈系数：

$$\dot{F} = \frac{R_2}{R_1 // \dfrac{1}{\mathrm{j}\omega C} + R_2} = \frac{R_2}{R_1 + R_2} \times \frac{1 + \mathrm{j}\omega R_1 C}{1 + \mathrm{j}\omega (R_1 // R_2) C} = \dot{F}_0 \frac{1 + \mathrm{j}\dfrac{f}{f_1}}{1 + \mathrm{j}\dfrac{f}{f_2}} \tag{5.4.4}$$

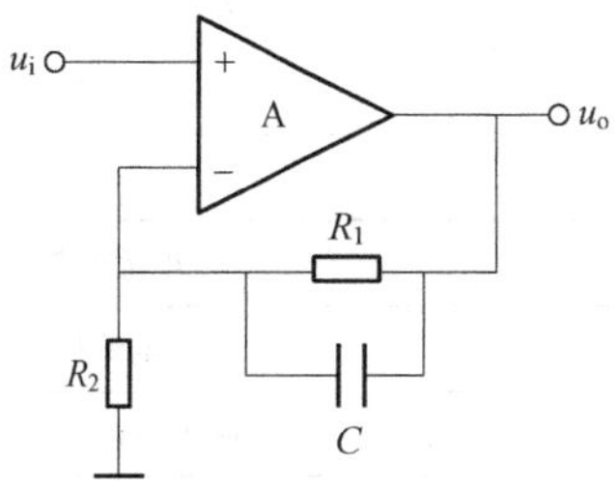

图 5.4.6 超前补偿电路

其中

$$f_1 = \frac{1}{2\pi R_1 C} \tag{5.4.5}$$

$$f_2 = \frac{1}{2\pi(R_1 // R_2)C} \tag{5.4.6}$$

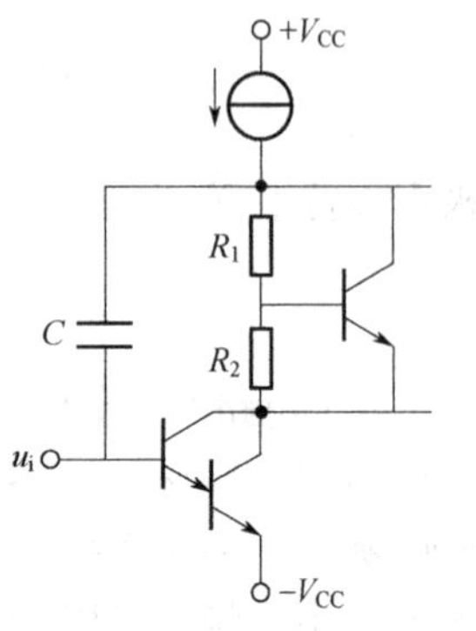

图 5.4.7 集成运放中的密勒补偿电路

由图 5.4.3、图 5.4.5、图 5.4.6 可见，无论是超前还是滞后补偿，都可以由简单的电路实现。补偿后对带宽的影响由小到大依次为超前补偿、*RC* 滞后补偿和电容滞后补偿。

5.4.3.4 集成运放中的频率补偿

集成运算放大器是直接耦合的多级放大电路，通常级数为三级，引入负反馈后也可能产生自激振荡。为防止集成运算放大器线性区工作时产生自激振荡，通常在电路内部增加了频率补偿。运放内部的补偿多为密勒补偿或超前补偿，保证其稳定性，图 5.4.7 所示电路就是密勒补偿。

5.5 放大电路中反馈的引入

5.5.1 引入负反馈的一般原则

引入负反馈可以改善和影响放大电路的性能，实用的放大电路都会根据需求引入合适的反馈，引入的一般原则如表 5.5.1 所示。

例如，若想提高输入电阻，降低输出电阻，可以引入电压串联负反馈，同时还可以稳定放大电路的输出电压。对放大电路性能的改善与反馈深度有关，但反馈深度并不是越高越好，反馈深度产生的相移可能会使负反馈变成正反馈，甚至产生自激振荡，使放大电路失去放大作用。

表 5.5.1 引入负反馈的一般原则

需求	引入类型
稳定静态工作点等直流参数	直流负反馈
稳定放大倍数等交流参数、展宽频带	交流负反馈
电压控制电压	电压串联负反馈
电压转换为电流	电流串联负反馈
电流转换为电压	电压并联负反馈
电流控制电流	电流并联负反馈
稳定输出电压，提高带负载能力	电压负反馈
稳定输出电流	电流负反馈
提高输出电阻	电流负反馈

续表

需求	引入类型
降低输出电阻	电压负反馈
信号源为内阻小的电压源	串联负反馈
信号源为内阻大的电压源	并联负反馈
提高输入电阻	串联负反馈
降低输入电阻	并联负反馈

【例 5.5.1】 图 5.5.1 所示电路为两级放大电路，外接元件有信号源 u_s、电阻 R_5、电阻 R_6 与电容 C 的串联支路。

① 若需求静态工作点不变，低输入电阻和稳定的输出电流，请说明反馈的引入方法。

② 若需求静态工作点不变，高输入电阻和带负载能力强，请说明反馈的引入方法。

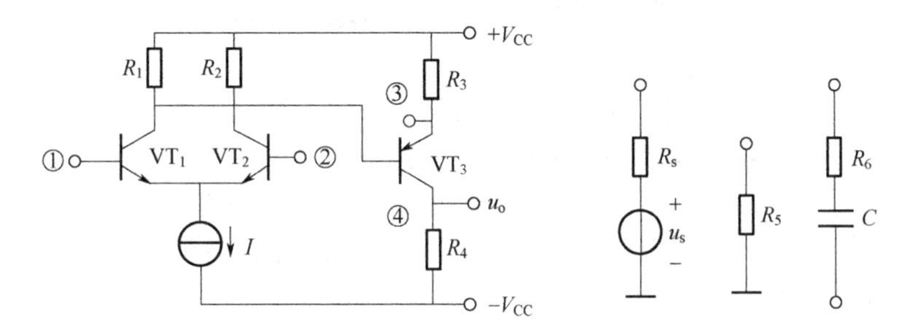

图 5.5.1 例 5.5.1 电路图

【解】 ① 欲实现静态工作点不变，低输入电阻和稳定的输出电流，需要引入电流并联交流负反馈。

为实现交流电流反馈必须从③处取样，经电阻 R_6 与电容 C 的串联支路，将交流量返回输入回路。从④处取样得到的是输出电压，不满足要求。

假设输入信号源 u_s 连接在①处，则反馈支路也必须返回到①处，才能形成并联反馈。

根据瞬时极性法，假设输入信号源 u_s 对地极性为“+”，则 VT_1 管集电极输出极性应为“-”，再由 VT_3 管发射极输出极性仍为“-”，经反馈支路返回输入的极性为“+”，电路构成负反馈，满足要求。电路连接如图 5.5.2 所示。

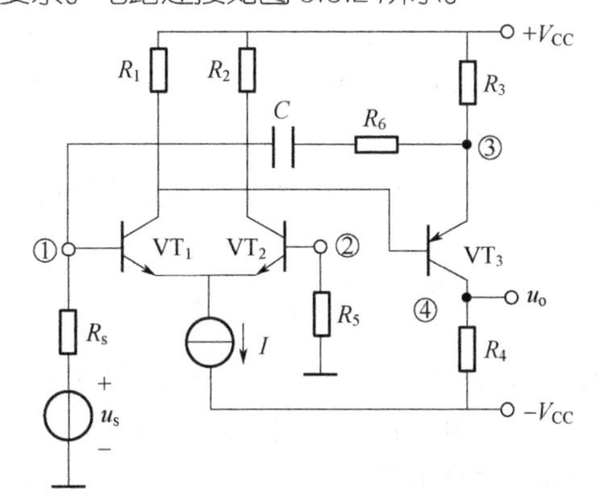

图 5.5.2 电流并联交流负反馈放大电路

② 欲实现静态工作点不变，高输入电阻和带负载能力强，需要引入电压串联交流负反馈。连接如图 5.5.3 所示。

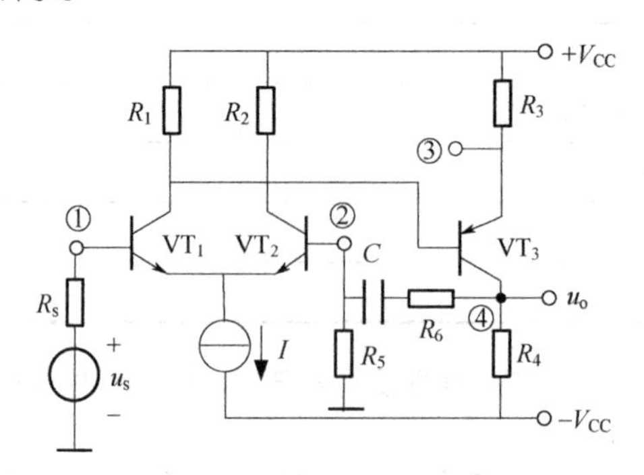

图 5.5.3　电压串联交流负反馈放大电路

为实现电压反馈必须从④处取样输出电压，经电阻 R_6 与电容 C 的串联支路，将交流量返回输入回路。

假设输入信号源 u_S 连接在①处，则反馈支路则必须返回到②处，才能形成串联反馈。将电阻 R_5 与②处相连接，电阻上的电压作为反馈电压。

根据瞬时极性法，假设输入信号源 u_S 对地极性为“+”，则由 VT_1 管集电极输出极性为“-”，再由 VT_3 管集电极输出极性为“+”，经反馈支路返回极性仍为“+”，电路构成负反馈，满足要求。

5.5.2 放大电路中的其他反馈

为实现某些特定的功能，放大电路不仅广泛地引入负反馈，有时也需要适当引入正反馈或者正、负反馈同时作用。正反馈可以提高放大倍数，提高放大电路的放大能力，利用正反馈可以改善滤波电路的通带（将在第 6 章进行深入分析）；利用正反馈形成自激振荡，可以实现波形产生电路（将在第 7 章进行深入分析）。

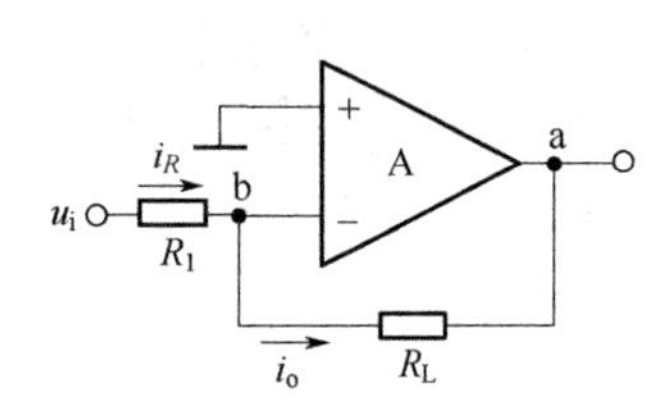

图 5.5.4　电压-电流转换电路

本节简要介绍几种应用不同形式反馈构成的电压-电流转换电路，具体工作原理可利用理想运放的“虚短”和“虚断”特性来分析。

5.5.2.1　电压-电流转换电路的一般形式

通常，为实现电压-电流的转换，利用输入电压控制输出电流，需要引入电流“串联”负反馈，但图 5.5.4 所示电路为电流“并联”负反馈。

根据理想运放工作在线性区的“虚短”和“虚断”特性分析电路，有：

$$i_o = i_R = \frac{u_i - 0}{R_1} = \frac{u_i}{R_1} \tag{5.5.1}$$

由式（5.5.1）可以看出，输出电流 i_o 与输入电压 u_i 成线性关系，引入电流“并联”负反馈，也可以实现输入电压 u_i 对输出电流 i_o 的控制，但需要信号源能够输出足够大的电流。

5.5.2.2　含有正反馈的电压-电流转换电路

相比一般形式，图 5.5.5 所示电路同时存在正、负两种反馈。根据理想运放“虚断”的特性，反相端$i_1 = i_2$，则有：

$$\frac{u_i - u_N}{R_1} = \frac{u_N - u_o}{R_2}$$

可得：

$$u_N = \frac{R_2 u_i + R_1 u_o}{R_1 + R_2} \tag{5.5.2}$$

同相端有：

$$\frac{u_o - u_P}{R_4} = \frac{u_P}{R_3} + i_o$$

可得：

$$u_P = \left(\frac{u_o}{R_4} - i_o\right)(R_3 // R_4) \tag{5.5.3}$$

根据理想运放“虚短”的特性，$u_N = u_P$，则式（5.5.2）等于式（5.5.3），有：

$$\left(\frac{u_o}{R_4} - i_o\right)(R_3 // R_4) = \frac{R_2 u_i + R_1 u_o}{R_1 + R_2}$$

若$\frac{R_2}{R_1} = \frac{R_4}{R_3}$，则有：

$$i_o = -\frac{u_i}{R_3} \tag{5.5.4}$$

由式（5.5.4）可以看出，电路也实现了输入电压u_i对输出电流i_o的控制。相比图 5.5.4 所示的一般形式电路，图 5.5.5 电路中的负载R_L有接地端，电路更有实用性。为了满足输出恒流的要求，需要保证电路中各电阻参数的匹配。

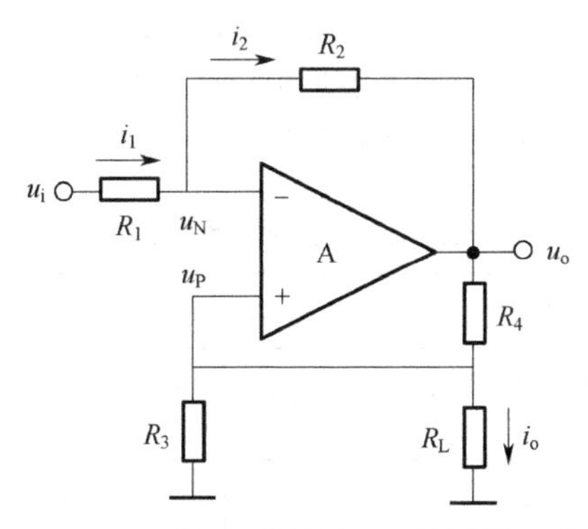

图 5.5.5　引入正反馈的电压-电流转换电路

5.5.2.3　实用的电压-电流转换电路

为进一步提高性能，工程中实用的电压-电流转换电路往往采用多运放构成，电路如图 5.5.6 所示。根据理想运放线性区的“虚短”和“虚断”特性，若：

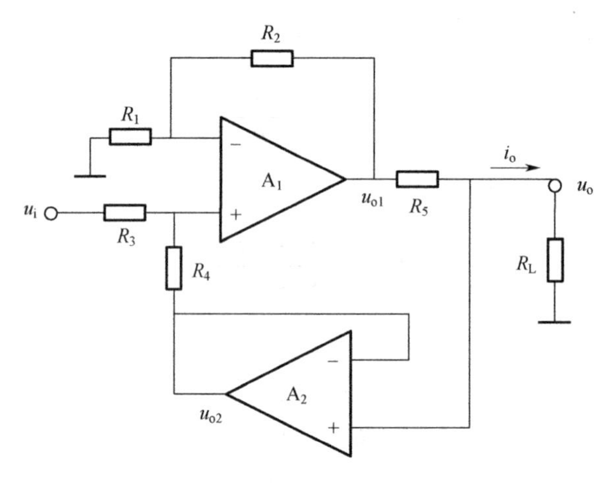

图 5.5.6　实用的电压-电流转换电路

$$R_1 = R_2 = R_3 = R_4 = R$$

有输出电流：

$$i_o = \frac{u_{o1} - u_o}{R_5} = \frac{u_i}{R_5} \qquad (5.5.5)$$

式（5.5.5）说明电路的输入电压 u_i 控制输出电流 i_o，实现了信号的转换。

本章总结

学完本章，应该达到如下学习要求：

（1）具有判断放大电路中是否存在反馈的能力，如表 5.6.1 所示。若存在反馈，具有正确判断是直流反馈还是交流反馈、是正反馈还是负反馈、是电压反馈还是电流反馈、是串联反馈还是并联反馈的能力，如表 5.6.2～表 5.6.5 所示。

表 5.6.1　判断有无反馈

判断	无反馈	有反馈
方法	看反馈通路：输出与输入之间没有反馈通路，或者有通路但没有影响输入	看反馈通路：输出与输入之间有反馈通路，且反馈量影响了输入
举例		

表5.6.2 判断直流反馈和交流反馈

判断	直流反馈	交流反馈
方法	看电容或直流通路："通交隔直"，反馈量只有直流量，或作用于直流通路的反馈	看电容或交流通路："通交隔直"，反馈量只有交流量，或作用于交流通路的反馈
举例	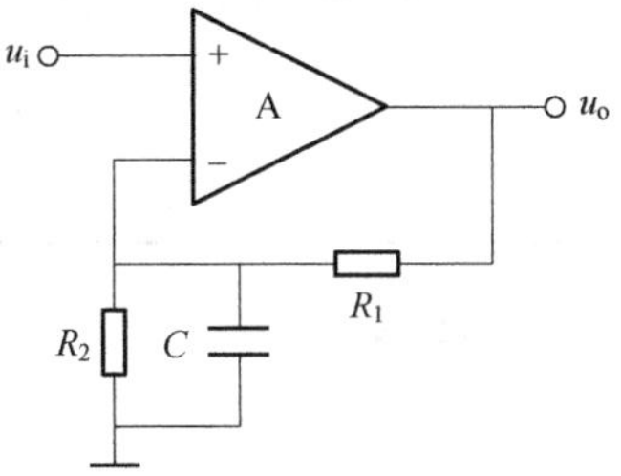 u_i + A − u_o R_1 R_2 C	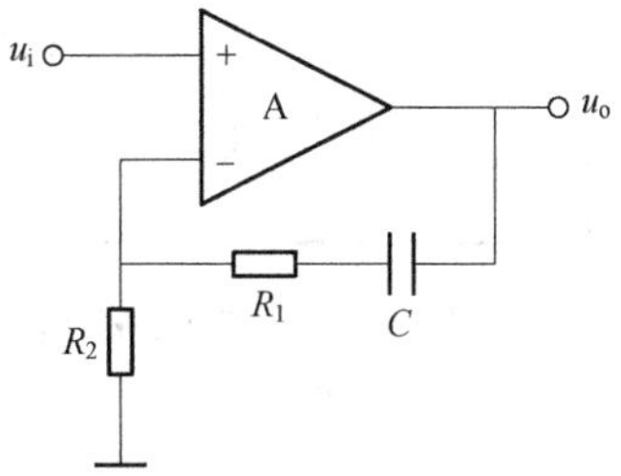 u_i + A − u_o R_1 C R_2

表5.6.3 判断正反馈和负反馈

判断	负反馈	正反馈
方法	看瞬时极性：反馈量与输入量极性相同	看瞬时极性：反馈量与输入量极性相反
举例	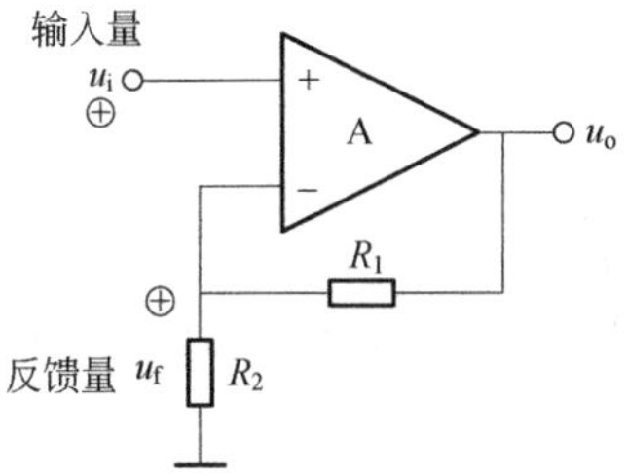 输入量 u_i ⊕ + A − u_o ⊕ R_1 反馈量 u_f R_2	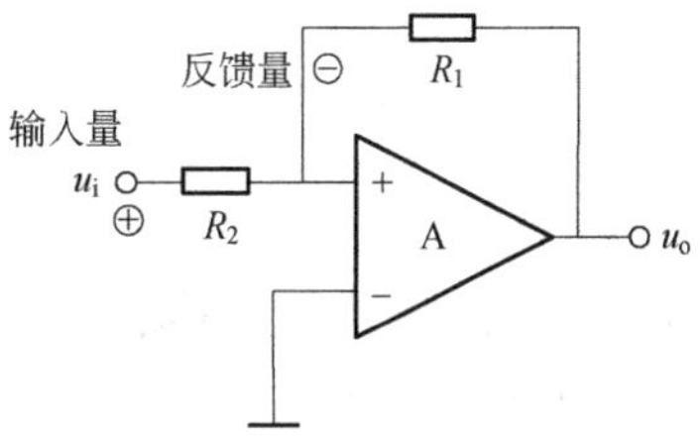 反馈量 ⊖ R_1 输入量 u_i ⊕ R_2 + A − u_o

表5.6.4 判断电压反馈和电流反馈

判断	电压反馈	电流反馈
方法	看输出：输出电压 u_o 为零时，取样随之为零	看输出：输出电压 u_o 为零时，取样不为零
举例	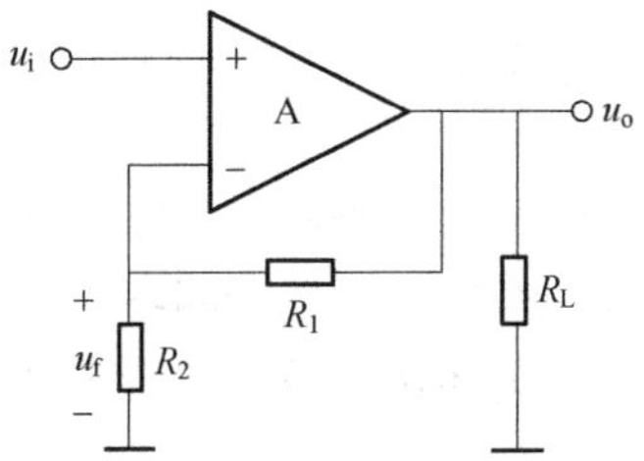 u_i + A − u_o R_1 + u_f − R_2 R_L	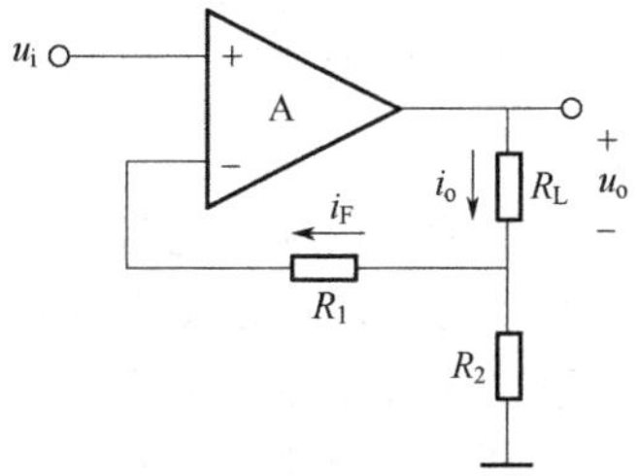 u_i + A − + u_o − i_o R_L i_F R_1 R_2

表 5.6.5 判断串联反馈和并联反馈

判断	串联反馈	并联反馈
方法	看输入：反馈量与输入量不在同一端	看输入：反馈量与输入量在同一端
举例	u_i 输入 + − A R_1 + 反馈 u_f R_2 −	反馈 i_F R_1 输入 i_i u_i R_2 + A − u_o

（2）明确负反馈放大电路中各参数的定义和一般表达式。

① 开环放大倍数：

$$\dot{A} = \frac{\dot{X}_o}{\dot{X}_i'}$$

② 反馈系数：

$$\dot{F} = \frac{\dot{X}_f}{\dot{X}_o}$$

③ 闭环放大倍数：

$$\dot{A}_f = \frac{\dot{X}_o}{\dot{X}_i}$$

④ 一般表达式为：

$$\dot{A}_f = \frac{1}{1+\dot{A}\dot{F}}\dot{A}$$

（3）具有正确估算深度负反馈条件下闭环电压放大倍数 $\dot{A}_{uf}$ 或 $\dot{A}_{usf}$ 的能力。

① 深度负反馈的条件和实质。

若反馈深度$1+\dot{A}\dot{F} \gg 1$，有 $\dot{A}_f \approx \frac{1}{\dot{F}}$，与 $\dot{A}$ 几乎无关。

串联负反馈$\dot{U}_i \approx \dot{U}_f$；并联负反馈$\dot{I}_i \approx \dot{I}_f$。

② 闭环电压放大倍数的估算方法。

a．正确判断组态类型；

b．明确输出量和反馈量是电流还是电压，根据反馈网络计算反馈系数；

c．基于深度负反馈计算闭环放大倍数 $\dot{A}_f$；

d．利用深度负反馈的实质计算闭环电压放大倍数 $\dot{A}_{uf}$ 或 $\dot{A}_{usf}$。

（4）根据负反馈对放大电路性能的影响，能够根据工程需求在放大电路中引入合适的交流负反馈。

不同性质的负反馈对电路的性能会产生不同的影响，一般都与反馈深度$1+\dot{A}\dot{F}$ 有关。可以根据工程实际需求，按照引入负反馈的一般原则，合理增加反馈网络，参见表 5.5.1。

（5）理解负反馈放大电路的自激振荡现象，具有用环路增益的波特图判断电路稳定性的能力，并了解消除自激振荡的方法。

负反馈放大电路的级数越多，反馈越深，产生自激振荡的可能就越大，因此，实用的放

大电路通常采用三级放大。负反馈放大电路可以通过环路增益的波特图判断电路稳定性，若 $f_0>f_C$ 则电路稳定，即当环路增益 $\dot{A}\dot{F}$ 附加相移为±180° 时，环路增益 $20\lg\left|\dot{A}\dot{F}\right|<0\text{dB}$ 。若电路产生自激振荡，可以采用滞后补偿、超前补偿等方法校正。

本章知识结构

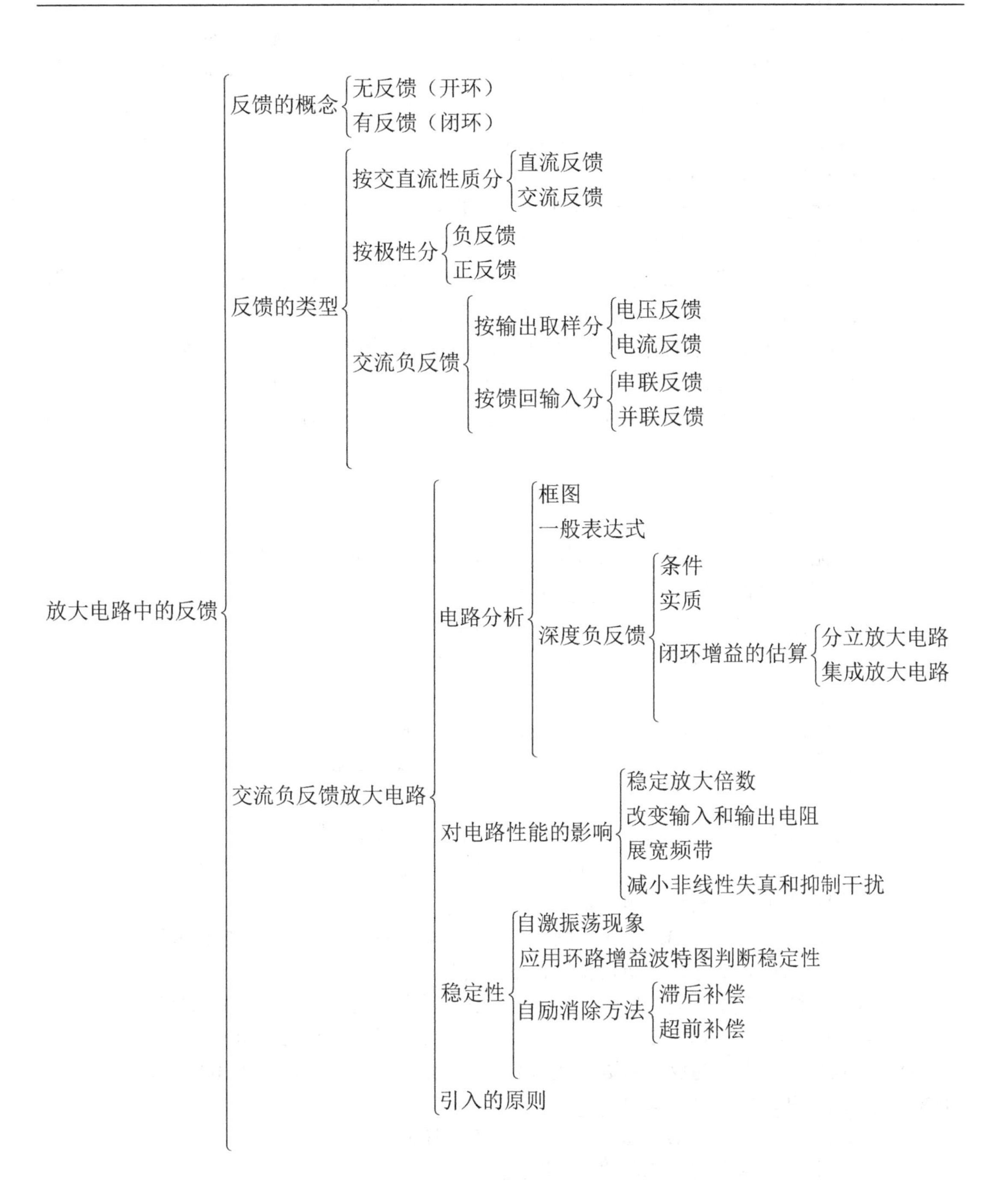

习题 5

5.1　填空题。

（1）反馈量只有直流量的反馈，称为（　　）反馈；只有交流量的反馈，称为（　　）反馈；既有交流量又有直流量的反馈，称为（　　）反馈。

（2）反馈量与输入量叠加，使输入量作用减弱，净输入量减小的反馈，称为（　　）反馈；反馈量与输入量叠加，使输入量作用增强，净输入量增大的反馈，称为（　　）反馈。

（3）交流负反馈按输入端接入方式可以分为（　　）反馈和（　　）反馈，从输出端取样方式分为（　　）反馈和（　　）反馈，共有（　　）、（　　）、（　　）、（　　）四种组态。

（4）若输出电压置零时，反馈量也随之为零的反馈称为（　　）反馈；若输出电压置零时，反馈量不为零的反馈称为（　　）反馈。

（5）电流反馈是一种从输出端取样（　　）的反馈，它能够使输出电阻（　　）；电压反馈是从输出端取样（　　）的反馈，它能够使输出电阻（　　）。

（6）若要减小放大器从电压信号源索取电流，并增大带负载能力，应引入（　　）反馈。

（7）将电压信号转换为与之成比例的电流信号，应引入（　　）反馈。

（8）为从信号源获得更大的电流，并稳定输出电流，应引入（　　）反馈。

（9）反馈深度的表达式是（　　），深度负反馈的条件是（　　）。

（10）理想运放的理想化参数为开环放大倍数（　　），差模输入电阻（　　），输出电阻（　　）。

5.2　选择题。

（1）对于放大电路，开环是指____。

A．无电源　　B．无信号源　　C．无反馈通路　　D．无负载

（2）若要稳定静态工作点应引入____负反馈。

A．直流　　B．交流

（3）若要改变输入和输出电阻，应引入____负反馈。

A．直流　　B．交流

（4）在输入量不变的情况下，若引入反馈后____，则说明引入的是负反馈。

A．输入电阻增大　　B．净输入量减小

C．净输入量增大　　D．输出量增大

（5）为了稳定输出电流且增大输入电阻可以引入____负反馈。

A．电压串联　　B．电压并联　　C．电流串联　　D．电流并联

（6）若用输入电流控制输出电压，则应引入____。

A．电压串联　　B．电压并联　　C．电流串联　　D．电流并联

（7）放大电路引入电压串联负反馈后，下列说法错误的是____。

A．调整的净输入量是电压　　B．适合内阻大（高阻）的信号源

C．可以减小非线性失真　　D．可以稳定输出的电压

（8）负反馈放大电路的反馈系数 $\dot{F}$ 为0.1，引入反馈后，输入电阻由1000Ω变为100Ω，则该放大电路的开环放大倍数 $\dot{A}$ 是____。

A．80　　B．90　　C．100　　D．1000

（9）三级和三级以上的负反馈放大电路____。

A.一定会产生自激振荡　　　　B.有可能会产生自激振荡

（10）负反馈放大电路最容易产生自激振荡的情况是____。

A．A_f大　　B．A大　　C．AF大　　D．F大

5.3　判断图 P5.1 所示各电路中是否引入了反馈，是直流反馈还是交流反馈，是正反馈还是负反馈。假设电路中的电容对交流信号可视为短路。

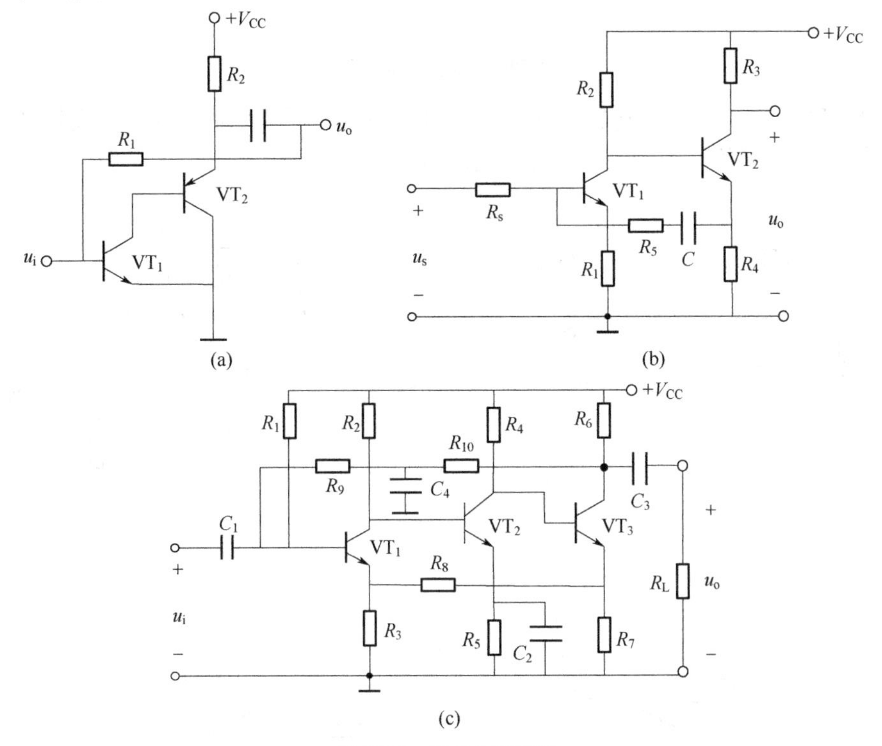

图 P5.1　题 5.3 电路图

5.4　判断图 P5.2 所示各电路中是否引入了反馈，是直流反馈还是交流反馈，是正反馈还是负反馈。假设电路中的电容对交流信号可视为短路。

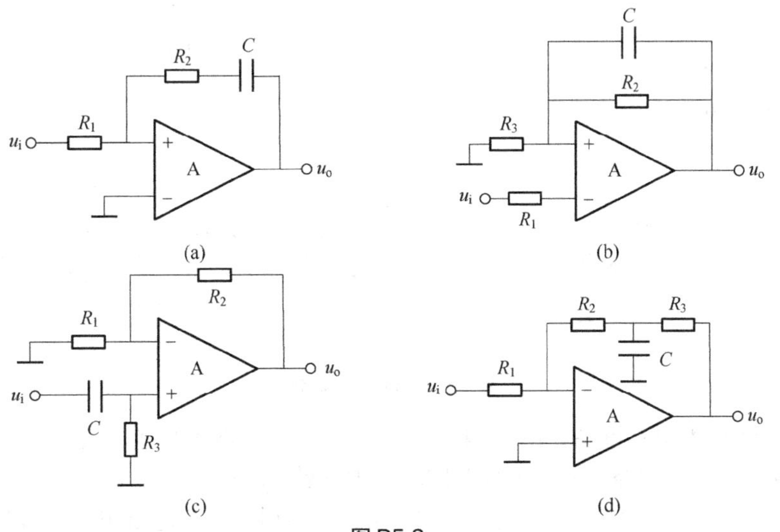

图 P5.2

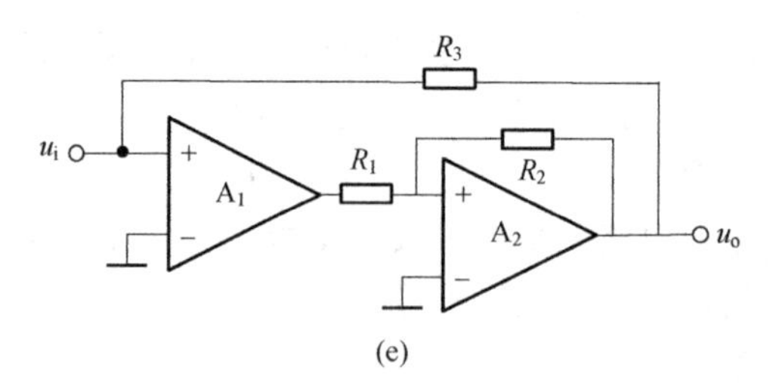

(e)

图 P5.2 题 5.4 电路图

5.5 判断图 P5.3 所示各电路中引入了哪种组态的负反馈，估算深度负反馈条件下反馈系数 $\dot{F}$ 、闭环放大倍数 $\dot{A}_f$ 和闭环电压放大倍数 $\dot{A}_{uf}$ 。

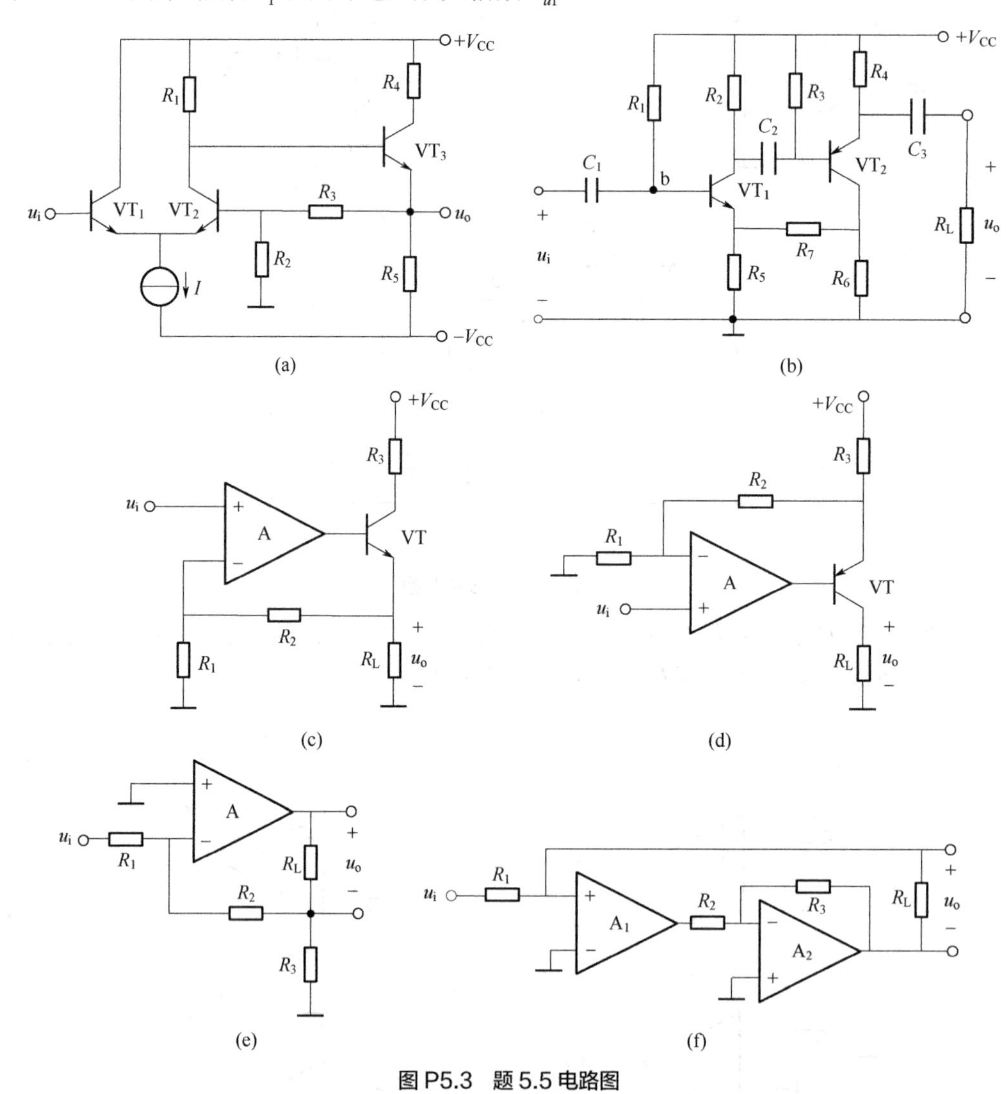

图 P5.3 题 5.5 电路图

5.6 负反馈放大电路框图如图 P5.4 所示，基本放大电路的开环放大倍数 $\dot{A}=100$ ，反馈系数 $\dot{F}=0.09$ ，则环路增益 $\dot{A}\dot{F}$ 是多少？闭环放大倍数 $\dot{A}_f$ 是多少？

5.7 某负反馈放大电路的开环增益 $\dot{A}$ 是 80dB，闭环增益 $\dot{A}_f$ 是 20dB，则反馈深度$1+\dot{A}\dot{F}$

是多少？反馈系数 $\dot{F}$ 是多少？

5.8 两级放大电路如图 P5.5 所示，在不影响静态工作点的前提下，为稳定输出电压，提高输入电阻应引入何种反馈？反馈支路应该由什么元件构成？如何接入电路？

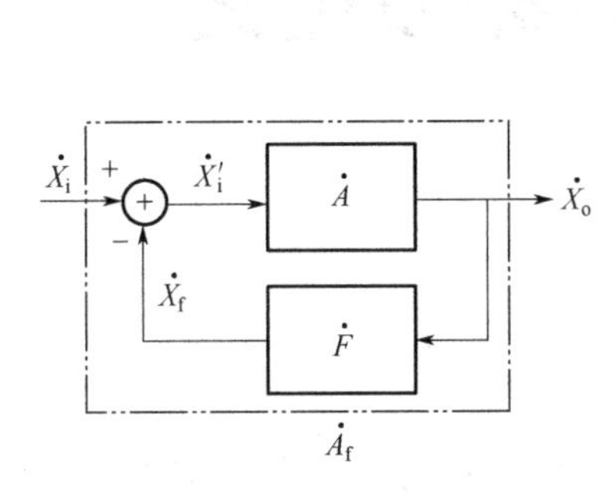

图 P5.4 题 5.6 电路图

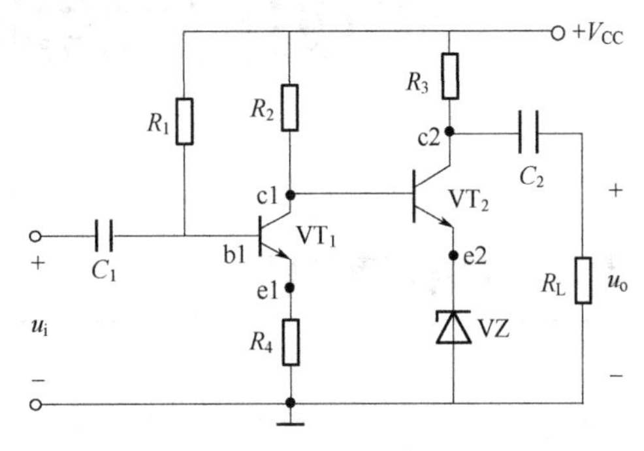

图 P5.5 题 5.8 电路图

5.9 负反馈放大电路如图 P5.6 所示，在不影响静态工作点的前提下，为使输入电阻 $R_i \approx R_b$，应该在哪两端接入反馈电阻？并画出电路。

5.10 三级直接耦合放大电路如图 P5.7 所示，若需要提高输入电阻，应引入什么组态的负反馈？在图中画出信号源和反馈网络。

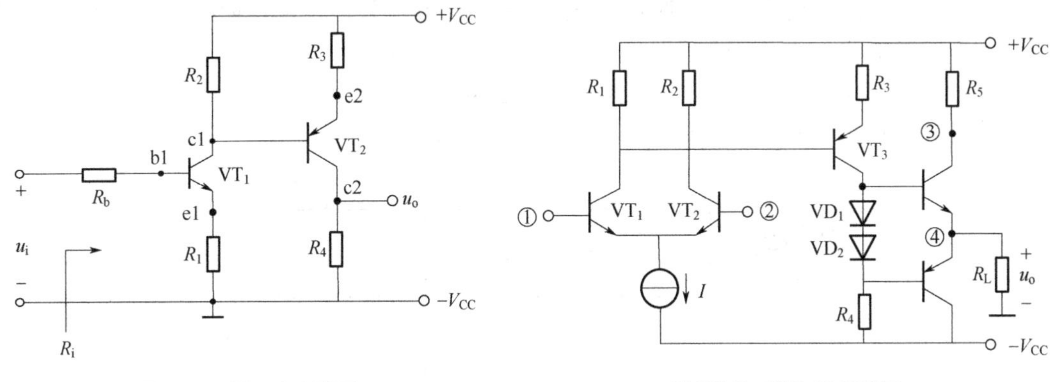

图 P5.6 题 5.9 电路图　　　图 P5.7 题 5.10 电路图

5.11 某三级负反馈放大电路环路增益的幅频特性曲线如图 P5.8 所示，说明电路是否稳定。

5.12 某负反馈放大电路开环放大倍数 $|\dot{A}|$ 的幅频特性曲线如图 P5.9 所示，其反馈网络由纯电阻构成。若电路能够稳定，不产生自激振荡，说明反馈系数 $\dot{F}$ 的上限应为多少。

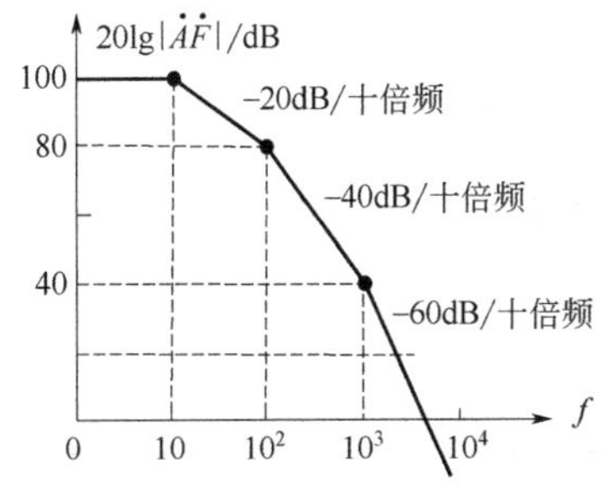

图 P5.8 题 5.11 电路图

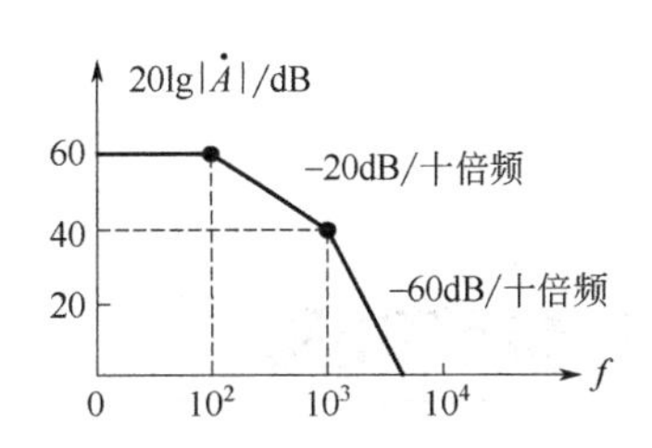

图 P5.9 题 5.12 电路图

第 6 章 集成运放的应用及滤波电路

导引——PID 调节器

自从 1964 年美国仙童半导体公司研制出第一个单片集成运算放大器 μA702 以来，集成运算放大器得到了广泛的应用，现已成为线性集成电路中品种和数量最多的一类。

集成运算放大器分为线性区和非线性工作区，因此其应用就分为线性应用和非线性应用两部分。

线性应用主要包括比例运算电路、加法运算电路、减法运算电路、微分运算电路、积分运算电路等；非线性应用主要包括电压比较器、波形发生器等。

在工业自动控制系统中，为保障生产过程的安全和平稳，达到预期的产量和质量，常常要对生产过程中的压力、温度、流量、液位等参数实施控制，而 PID 控制因其结构简单，鲁棒性和适应性较强而广泛应用于工控系统，这也是集成运算放大器重要的应用领域。

液位的 PID 控制框图如图 6.0.1 所示。PID 控制的响应曲线如图 6.0.2 所示。

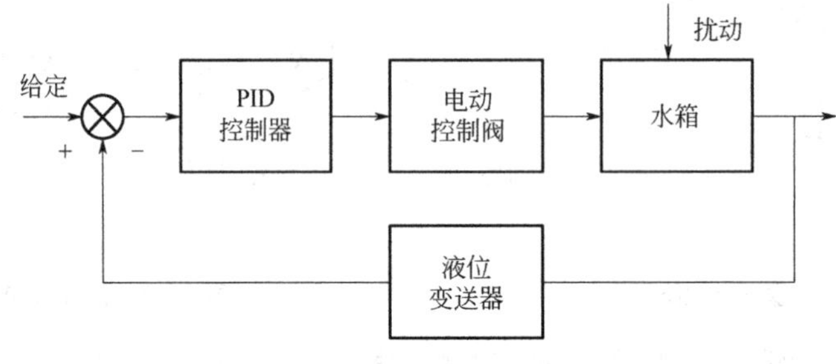

图 6.0.1　液位的 PID 控制框图

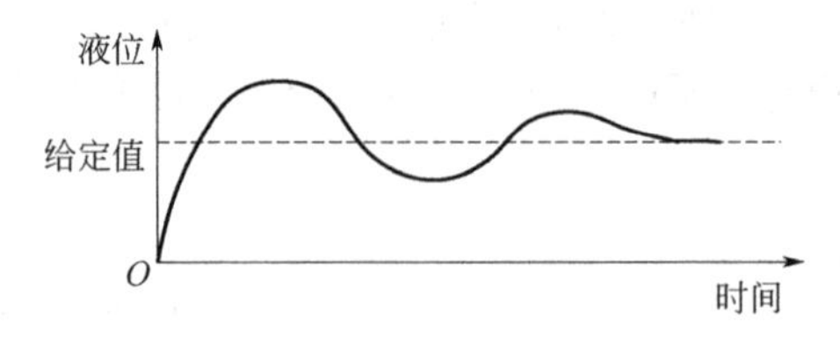

图 6.0.2　PID 控制的响应曲线

6.1　基本运算电路

集成运放是高增益的直接耦合放大电路，描述的是输出电压与输入电压之间的函数关系。为了使其工作在线性区，必须引入深度负反馈网络，从而满足运算电路的特点。通过选择适当的负反馈网络和输入网络，可实现各种运算电路的功能，例如比例、加减、积分、微分、对数、指数等基本运算电路。运算电路的分析方法是应用集成运放工作在线性区的两个重要结论“虚短”和“虚断”及节点电流法（基尔霍夫电流定理）列出放大倍数表达式进行分析，也可利用叠加定理。

6.1.1 反相比例运算电路

反相比例运算电路如图 6.1.1 所示，在反相输入端，输入电压 u_i 与 R 相连，电阻 R_f 跨接在反相端与输出端。由此可知，该电路引入的是电压并联负反馈。同相输入端通过 R_1 接地，为满足平衡对称，$R_1 = R // R_f$，因此称 R_1 为平衡电阻。

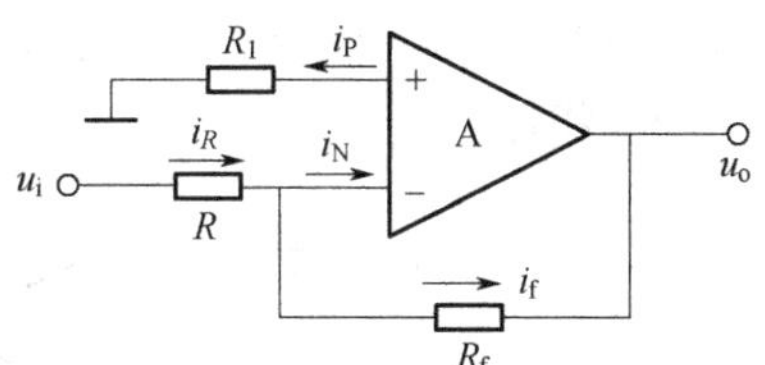

图 6.1.1 反相比例运算电路

由“虚短”和“虚断”可得：

$$u_P = u_N = 0 \tag{6.1.1}$$

$$i_P = i_N \approx 0 \tag{6.1.2}$$

在反相输入端，由基尔霍夫电流方程可得：

$$i_R = i_f + i_N \approx i_f \tag{6.1.3}$$

$$i_R \approx i_f \tag{6.1.4}$$

$$\frac{u_i - u_N}{R} = \frac{u_N - u_o}{R_f} \tag{6.1.5}$$

上式整理可得：

$$u_o = -\frac{R_f}{R} u_i \tag{6.1.6}$$

上式反映输出电压与输入电压之间的函数关系为比例关系，比例系数为 $-\frac{R_f}{R}$，前面的负号表明输出电压与输入电压相位相反。当 $R_f = R$ 时，$u_o = -u_i$，构成反相器。

虽然理想运放的输入电阻 $R_i = \infty$，在深度负反馈条件下，该电路引入了并联反馈，所以反相比例运算电路的输入电阻 R_i 并不大，$R_i = R$。

由于该电路引入的是电压并联负反馈，输出电阻比较小，$R_o = 0\Omega$。

6.1.2 同相比例运算电路

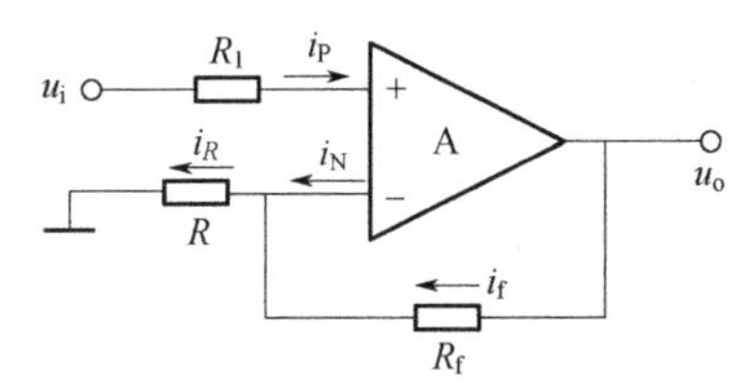

图 6.1.2 同相比例运算电路

如果输入信号接在同相输入端上，反相输入端接地，即两个输入端子互换，从而得到同相比例运算电路。由图 6.1.2 可知，该电路引入的是电压串联负反馈，即 $R_i = \infty$，$R_o = 0$。

由“虚短”和“虚断”可得：

$$u_P = u_N = u_i \tag{6.1.7}$$

$$i_R = i_f + i_N，\quad i_N = 0 \tag{6.1.8}$$

所以$i_R = i_F$。

$$\frac{0-u_N}{R}=\frac{u_N-u_o}{R_f} \tag{6.1.9}$$

整理得：

$$u_o=\left(1+\frac{R_f}{R}\right)u_i \tag{6.1.10}$$

上式中，比例系数$1+\frac{R_f}{R}$为正值，所以输出电压与输入电压同相，构成同相比例运算电路。若$R_f=0$，$R=\infty$，$u_o=u_i$，该电路构成电压跟随器（图 6.1.3），即将输出电压的全部反馈到反相输入端。

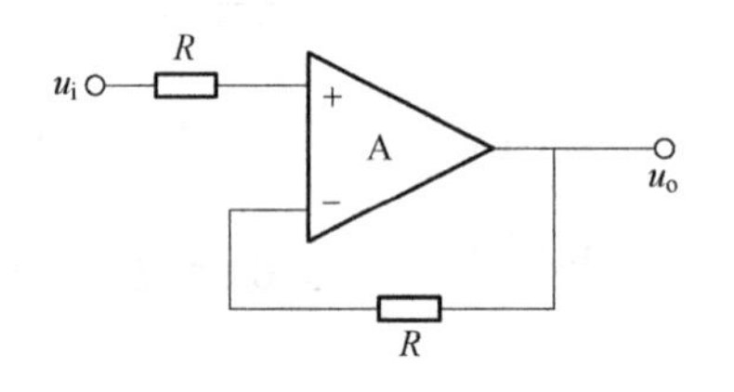

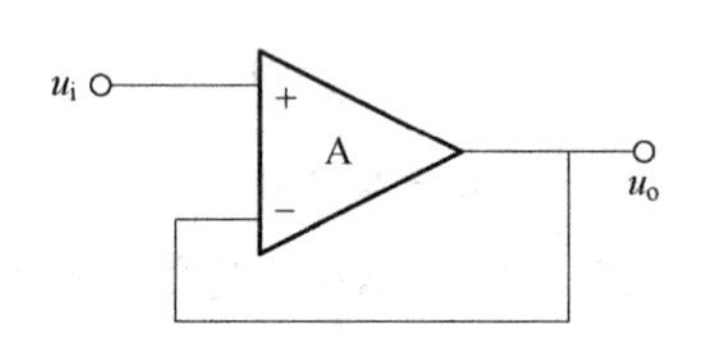

图 6.1.3 电压跟随器

【例 6.1.1】 图 6.1.4 所示的同相比例运算电路中，已知$R_1=2k\Omega$，$R_f=10k\Omega$，$R_2=2k\Omega$，$R_3=18k\Omega$，$u_i=1V$，求u_o。

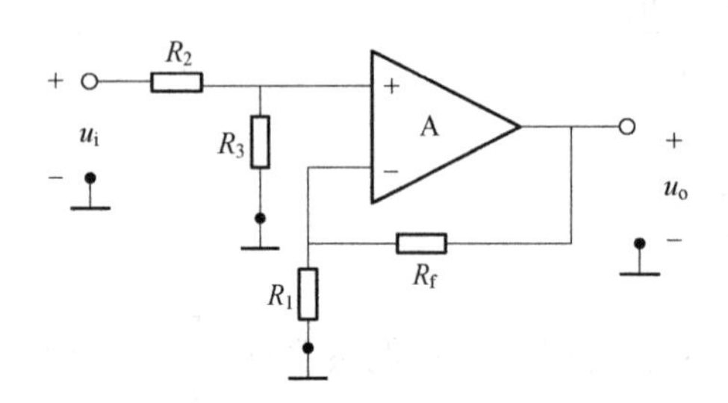

图 6.1.4 例 6.1.1 电路图

【解】 图示为同相比例运算电路，则：

$$u_P=\frac{R_3}{R_2+R_3}u_i=\frac{18}{2+18}\times 1=\frac{9}{10}(V)$$

$$u_o=\left(1+\frac{R_f}{R_1}\right)u_P=\left(1+\frac{10}{2}\right)\times\frac{9}{10}=\frac{27}{5}(V)$$

【例 6.1.2】 在图 6.1.5 所示的两级运算电路中，R_1=50kΩ，R_f=100kΩ。若输入电压u_i=1V，试求输出电压u_o。

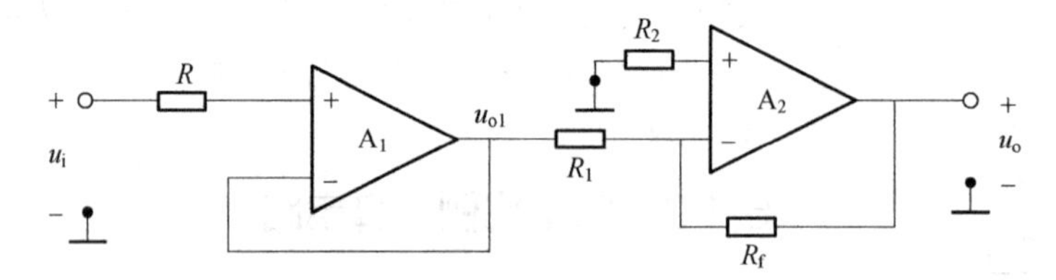

图 6.1.5 例 6.1.2 电路图

【解】 输入级A_1是电压跟随器，它的输出电压$u_{o1}=u_i=1V$，作为输出级A_2的输入。A_2是反相比例运算电路，可得：

$$u_o=-\frac{R_f}{R_1}u_{o1}=-\frac{100}{50}\times 1=-2(V)$$

6.1.3 加减运算电路

6.1.3.1 加法运算电路

（1）反相加法运算电路

如图 6.1.6 所示，输入电压u_{i1}和u_{i2}通过电阻R_1和R_2同时作用在反相输入端上，该图可实现反相求和运算。

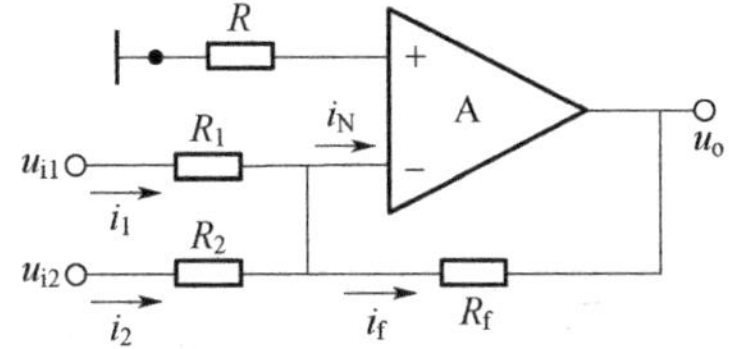

图 6.1.6 反相加法运算电路

由“虚短”和“虚断”及基尔霍夫电流方程可得：

$$u_P = u_N = 0 \tag{6.1.11}$$

$$i_1 + i_2 = i_f + i_N \tag{6.1.12}$$

进而：

$$\frac{u_{i1} - u_N}{R_1} + \frac{u_{i2} - u_N}{R_2} \approx \frac{u_N - u_o}{R_f} \tag{6.1.13}$$

整理上述表达式，有：

$$u_o = -\left(\frac{R_f}{R_1}u_{i1} + \frac{R_f}{R_2}u_{i2}\right) \tag{6.1.14}$$

输出电压与输入电压之间的比例系数仅仅取决于R_f与各输入回路的电阻之比，而与其他各支路的电阻无关，通过改变电阻进而改变对应项的系数，因此，参数的调整比较方便。反相加法运算电路实际上是利用“虚地”和基尔霍夫电流方程，通过支路电流相加来实现电压求和。对于多个输入电压的电路同样适用。

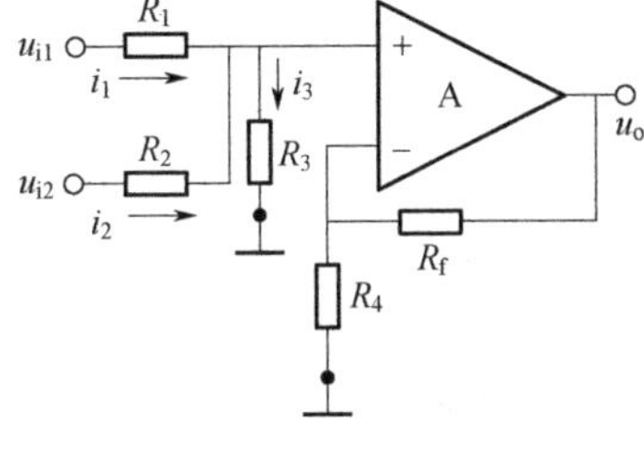

图 6.1.7 同相加法运算电路

（2）同相加法运算电路

如图 6.1.7 所示，输入电压u_{i1}和u_{i2}通过电阻R_1和R_2同时作用在同相输入端上，实现同相求和运算。

由“虚短”和“虚断”及同相输入端的基尔霍夫电流方程可得：

$$i_1 + i_2 = i_3 \tag{6.1.15}$$

即：

$$\frac{u_{i1} - u_P}{R_1} + \frac{u_{i2} - u_P}{R_2} \approx \frac{u_P}{R_3} \tag{6.1.16}$$

由上式推导出：

$$u_P = R_P\left(\frac{u_{i1}}{R_1} + \frac{u_{i2}}{R_2}\right) \tag{6.1.17}$$

式中，$R_P = R_1 // R_2 // R_3$。

由图 6.1.7 可知：

$$u_o = \left(1 + \frac{R_f}{R_4}\right)u_P \tag{6.1.18}$$

将式（6.1.17）代入式（6.1.18）可得：

$$u_o = \left(1+\frac{R_f}{R_4}\right)R_P\left(\frac{u_{i1}}{R_1}+\frac{u_{i2}}{R_2}\right) \tag{6.1.19}$$

令 $R_N = R_f // R_4$，当 $R_N = R_P$ 时，上式变为：

$$u_o = R_f\left(\frac{u_{i1}}{R_1}+\frac{u_{i2}}{R_2}\right) \tag{6.1.20}$$

从上述关系表达式可知，同相加法运算也可在反相加法运算电路的输出级的基础上再接一级反相电路实现，在求解 u_P 时也可利用叠加定理。

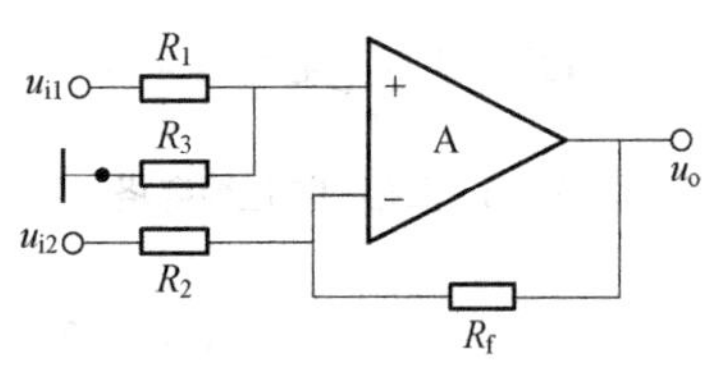

图 6.1.8　加减法运算电路

6.1.3.2　加减法运算电路

如图 6.1.8 所示，输入电压 u_{i1} 通过电阻 R_1 接于同相输入端子上，输入电压 u_{i2} 通过电阻 R_2 接于反相输入端子上，实现加减法运算。利用叠加定理求解输出电压 u_o。

由图 6.1.9 可知：

$$u_{o1} = \left(\frac{R_3}{R_1+R_3}\right)u_{i1}\left(1+\frac{R_f}{R_2}\right) \tag{6.1.21}$$

由图 6.1.10 可知：

$$u_{o2} = -\frac{R_f}{R_2}u_{i2} \tag{6.1.22}$$

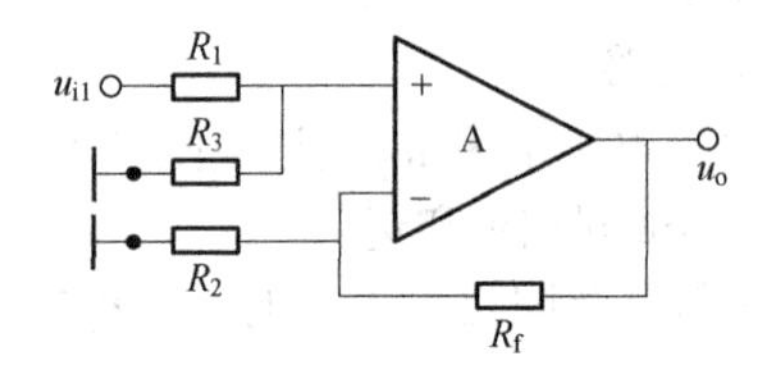

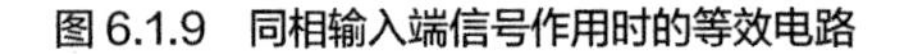
图 6.1.9　同相输入端信号作用时的等效电路

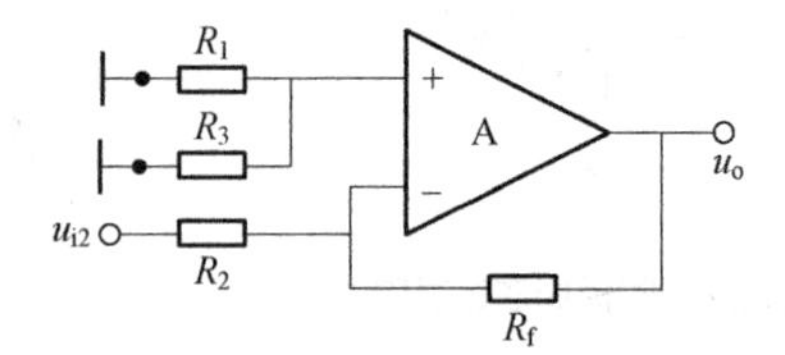

图 6.1.10　反相输入端信号作用时的等效电路

根据叠加定理，两个输入信号同时作用时总的输出电压为：

$$u_o = u_{o1} + u_{o2} = \left(\frac{R_3}{R_1+R_3}\right)u_{i1}\left(1+\frac{R_f}{R_2}\right) - \frac{R_f}{R_2}u_{i2} \tag{6.1.23}$$

若满足对称性，$R_1 = R_2 = R$，$R_3 = R_f$，上式简化为：

$$u_o = \frac{R_f}{R}(u_{i1} - u_{i2}) \tag{6.1.24}$$

即实现了加减法运算。

对于运算电路，总结分析如下：

① 反相比例运算电路、同相比例运算电路和加减法运算电路均引入了电压负反馈，所以输出电阻小。在同相比例运算电路中引入串联反馈，所以输入电阻很大，而反相比例运算

电路中引入并联负反馈，所以输入电阻小。

② 利用“虚短”和“虚断”及基尔霍夫电流定律求解输出电压与输入电压之间的关系，即：

$$u_P = u_N \tag{6.1.25}$$

$$i_P = i_N \approx 0 \tag{6.1.26}$$

反相比例运算电路，电压放大倍数为负值；同相比例运算电路，电压放大倍数为正值。

③ 各种运算电路平衡电阻必不可少，这是因为集成运放的输入级是由差分放大电路构成的，输入回路的所有参数要求对称，其值为输入信号不作用时（将输入端接地）的等效电阻。

【例 6.1.3】 试用集成运放实现以下比例运算：$A_{uf} = u_o / u_i = 0.5$，画出电路原理图，并估算电阻元件的参数值。

【解】 ① $A_{uf} = 0.5 > 0$，即 u_o 与 u_i 同相，所以可采用同相比例运算电路。但由前面分析可知，在典型的同相比例运算电路中，$A_{uf} \geqslant 1$，无法实现 $A_{uf} = 0.5$ 的要求。

② 选用两级反相电路串联，则反反得正，如图 6.1.11 所示。使 $A_{uf1} = -0.5$，$A_{uf2} = -1$，即可满足题目要求，如图 6.1.12 所示。

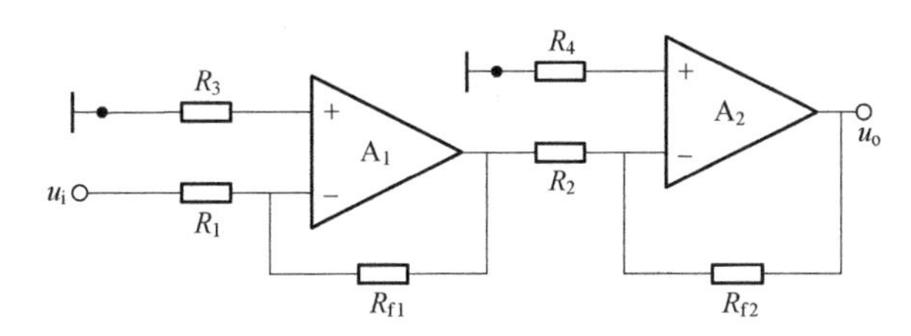

图 6.1.11　例 6.1.3 电路图（1）

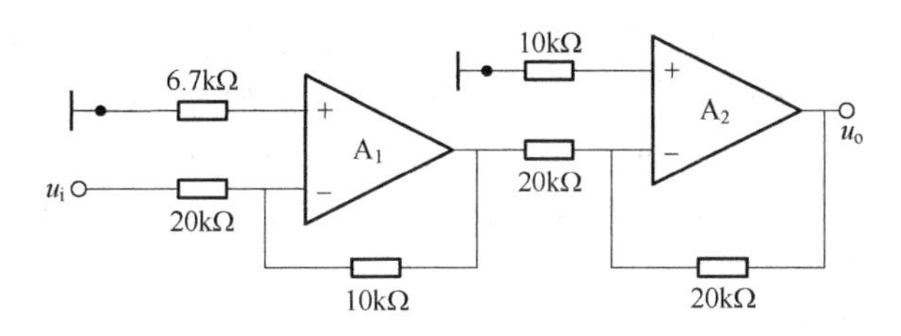

图 6.1.12　例 6.1.3 电路图（2）

6.1.4　积分和微分运算电路

积分和微分运算是两种可逆的运算，通常采用集成运算放大器作为放大电路，将电阻和电容分别作为反馈网络，以实现这两种运算电路。这两种运算电路在自动控制系统中常作为调节环节，此外还可以实现波形的发生变换及移相。

6.1.4.1　积分运算电路

所谓的积分运算电路指的是输出电压与输入电压的关系是积分运算关系，它的电路构成如图 6.1.13 所示。图中，同相输

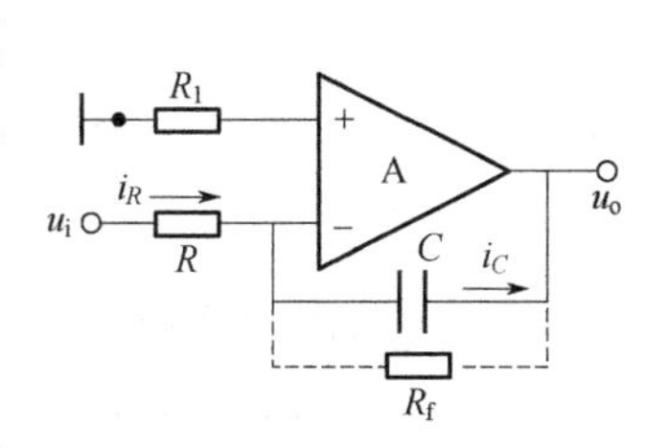

图 6.1.13　积分运算电路

入端通过电阻 R_1 接地，输入信号 u_i 通过电阻 R 接于反相输入端上，反馈网络采样电容 C，即将前面讲过的反相比例运算电路的电阻采用电容代替来实现积分运算电路。在矩形波和锯齿波等波形发生电路中，积分运算电路也是重要的组成部分，有着广泛的应用。

由“虚短”和“虚断”及反相输入端的基尔霍夫电流方程可得：

$$u_P = u_N = 0 \tag{6.1.27}$$

$$i_P = i_N \approx 0 \tag{6.1.28}$$

在反相输入端，由基尔霍夫电流方程可得：

$$i_R = i_C + i_N \approx i_C = \frac{u_i}{R} \tag{6.1.29}$$

$$u_o(t) = -u_C(t) \tag{6.1.30}$$

$$u_C(t) - u_C(0) = \frac{1}{C}\int_0^t i_C(t)\mathrm{d}t \tag{6.1.31}$$

假设电容在 t=0 时，$u_C(0)=0$，所以：

$$u_C(t) = \frac{1}{C}\int_0^t i_C(t)\mathrm{d}t \tag{6.1.32}$$

在 0～t 的时间内，有：

$$u_o(t) = -\frac{1}{RC}\int_0^t u_i(t)\mathrm{d}t \tag{6.1.33}$$

令 $\tau = RC$，为积分电路的时间常数。

上式表明输出电压与输入电压构成的是积分关系，负号表示两者相位反相。如果在积分运算电路的输入端加上一个阶跃信号，在它的作用下，u_o 随时间而直线下降，增长方向与 u_i 极性相反。当输入信号 u_i 在某一个时间段等于 0 时，积分电路的输出是不变的，保持前一个时间段的最终数值。为了防止输出电压增长速度过快，减小增益，常在电容 C 两端并联一个电阻 R_f，如图 6.1.13 虚线所示。

积分运算电路的作用如下：

（1）延迟作用

例如，当电阻 $R = 40\text{k}\Omega$，$C = 0.02\mu\text{F}$，t=0 时，$u_o(0)$=0，当输入信号 u_i 由0V变为8V 时，计算 u_o=–4V 时所对应的时间 T。

$$-\frac{1}{40\times10^3\times0.02\times10^{-6}}\int_0^T 8\mathrm{d}t = -4$$

$$T = 0.4\text{ms}$$

即延迟时间为 0.4ms。

（2）实现方波-三角波的波形变换

如图 6.1.14 所示，输入信号为方波，由前述的积分运算电路延迟作用，根据积分运算输出的表达式可将方波转换为三角波。

（3）移相的功能

当正弦信号作用在积分运算电路的输入端上时，令 $u_{\mathrm{i}}=U_{\mathrm{m}}\sin(\omega t)$，则：

$$u_{\mathrm{o}}=-\frac{1}{RC}\int U_{\mathrm{m}}\sin(\omega t)\mathrm{d}t=\frac{U_{\mathrm{m}}}{\omega RC}\cos(\omega t)=\frac{U_{\mathrm{m}}}{\omega RC}\sin(\omega t+90°) \tag{6.1.34}$$

可见，输出信号在相位上超前输入信号90°，波形如图 6.1.15 所示。

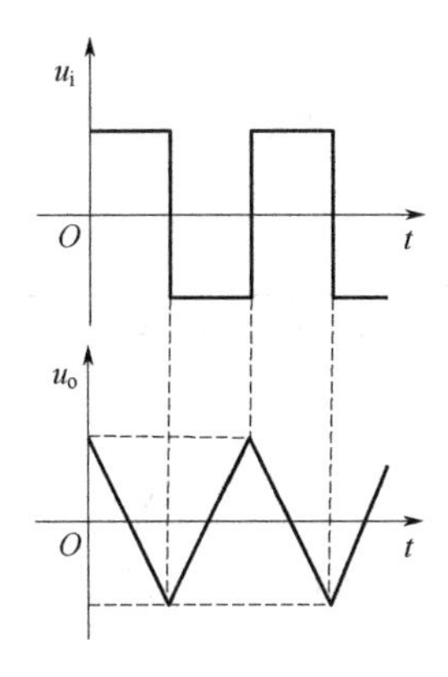

图 6.1.14　输入为方波信号作用下的输出波形

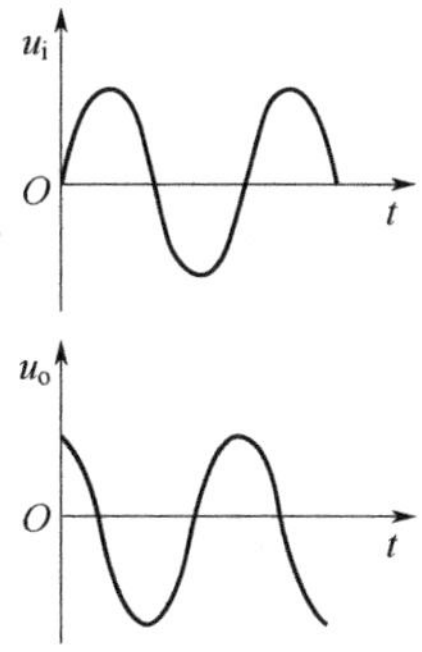

图 6.1.15　输入为正弦波作用下的输出波形

【例 6.1.4】 如图 6.1.16（a）所示的积分运算电路，集成运放是理想的，已知在 t=0 时，$u_C(t)$=0，求解如下问题：

① 当 R_1=200kΩ，C=4μF 时，若加入 $u_{\mathrm{i}}(t)$=1V 的阶跃信号［图 6.1.16（b）］，则 t=2s 时输出电压 $u_{\mathrm{o}}(t)$ 是多少?

② 当 R_1=200kΩ，C=1μF 时，输入电压波形如图 6.1.17（a）所示，试画出输出电压波形。

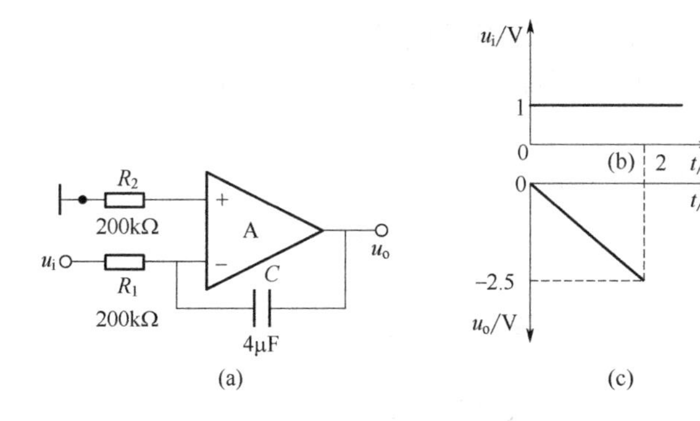

图 6.1.16　例 6.1.4 电路图与波形图

【解】 ① 图 6.1.16（a）所示电路为积分电路，由虚短和虚断及基尔霍夫电流方程可知：

$$u_C(t)=\frac{1}{C}\int_0^t i_C(t)\mathrm{d}t$$

$$u_{\mathrm{o}}(t)=-\frac{1}{RC}\int_0^t u_{\mathrm{i}}(t)\mathrm{d}t$$

当输入电压$u_i(t)$=1V 的阶跃信号时，有：

$$u_o(t)=-\frac{1}{R_1C}\int_0^t u_i(t)\mathrm{d}t=-\frac{t}{R_1C}=-\frac{t}{200\times10^3\times4\times10^{-6}}=-\frac{5}{4}t(\mathrm{V})$$

当 t=2s 时，有：

$$u_o(2\mathrm{s})=-\frac{5}{4}\times2=-2.5(\mathrm{V})$$

输出电压的波形如图 6.1.16（c）所示。

② 当 R_1=200kΩ，C=1μF 时输入电压$u_i(t)$如图 6.1.17（a）所示，当 t=0～50ms 时，$u_i(t)=8\mathrm{V}$，有：

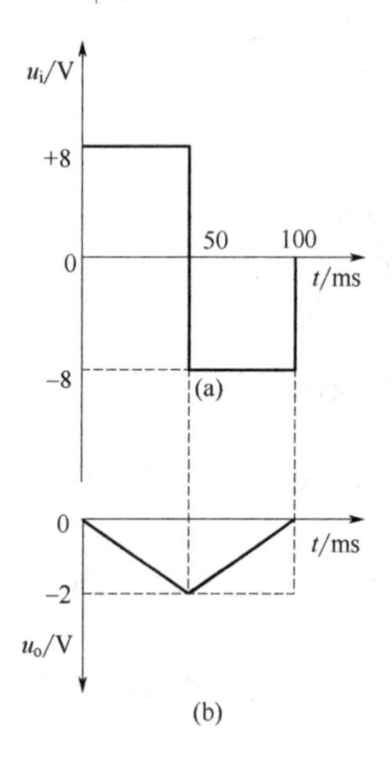

图 6.1.17 例 6.1.4 波形图

$$u_o(t)=-\frac{1}{R_1C}\int_0^t u_i(t)\mathrm{d}t=-\frac{8t}{R_1C}=-\frac{8t}{200\times10^3\times1\times10^{-6}}=-40t(\mathrm{V})$$

当 t=50ms 时，有：

$$u_o(50\mathrm{ms})=-40\times50\times10^{-3}=-2(\mathrm{V})$$

当 t=50～100ms 时，$u_i(t)$=−8V，输出电压的表达式为：

$$u_o(t)-u_o(50\mathrm{ms})=-\frac{1}{R_1C}\int_{50}^t u_i(t)\mathrm{d}t=$$

$$-\frac{-8t}{200\times10^3\times1\times10^{-6}}\Big|_{50\mathrm{ms}}^{100\mathrm{ms}}=40t-2(\mathrm{V})$$

$$u_o(t)=40t-2(\mathrm{V})+u_o(50\mathrm{ms})=40t-4(\mathrm{V})$$

当 t=100ms 时，有：

$$u_o(100\mathrm{ms})=40\times100\times10^{-3}-4(\mathrm{V})=0(\mathrm{V})$$

所以，输出电压波形图如图 6.1.17（b）所示。

6.1.4.2 微分运算电路

微分和积分互为逆运算，只要将积分运算电路中 R 与 C 互换位置，即得到微分运算电路，如图 6.1.18 所示。

由“虚短”和“虚断”可得：

$$u_P=u_N=0 \tag{6.1.35}$$

$$i_P=i_N\approx0 \tag{6.1.36}$$

在反相输入端，由基尔霍夫电流方程可得：

$$i_C=i_R+i_N\approx i_R=-\frac{u_o}{R} \tag{6.1.37}$$

电容两端的电压$u_C=u_i$，则：

$$i_C=i_R=C\frac{\mathrm{d}u_i}{\mathrm{d}t}=-\frac{u_o}{R} \tag{6.1.38}$$

所以输出电压为：

$$u_o=-RC\frac{\mathrm{d}u_i}{\mathrm{d}t} \tag{6.1.39}$$

上式表明输出电压与输入电压的变化成正比关系，负号表示两者相位相反。若输入电压为方波，则输出电压为尖顶波，如图 6.1.19 所示。

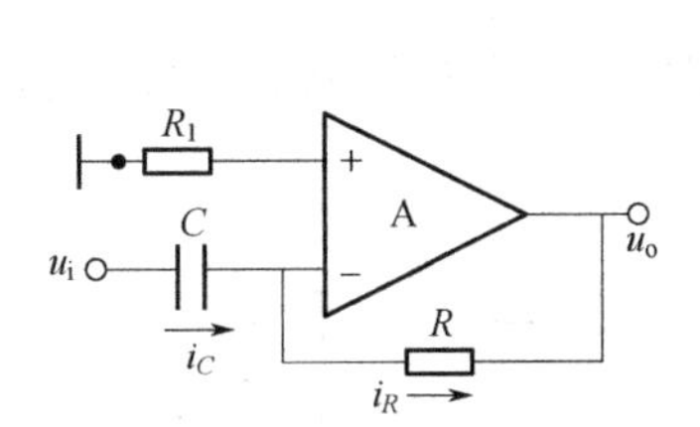

图 6.1.18　微分运算电路

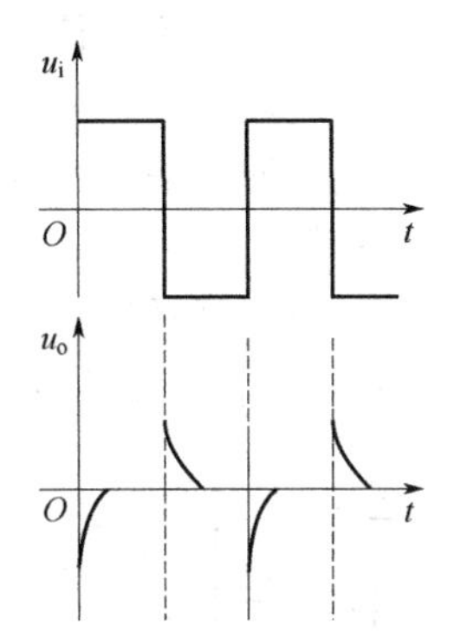

图 6.1.19　微分运算电路输出电压与输入电压的转换波形

6.1.5　对数和指数运算电路

6.1.5.1　对数运算电路

对数运算电路是利用半导体 PN 结的 VCR 关系，即结电流与结电压的近似指数关系。如图 6.1.20 所示，该电路是将反相比例运算电路的反馈电阻采用二极管代替而得到的。二极管的端电压和正向电流的近似函数关系式为：

$$i_{\mathrm{D}}=I_{\mathrm{S}}\left(\mathrm{e}^{\frac{u_{\mathrm{D}}}{U_T}}-1\right) \tag{6.1.40}$$

式中，U_T 为温度的电压当量，$U_T=26\mathrm{mV}$。

当二极管正向偏置时，通常 $u_{\mathrm{D}}\gg U_T$，所以有：

$$i_{\mathrm{D}}\approx I_{\mathrm{S}}\mathrm{e}^{\frac{u_{\mathrm{D}}}{U_T}} \tag{6.1.41}$$

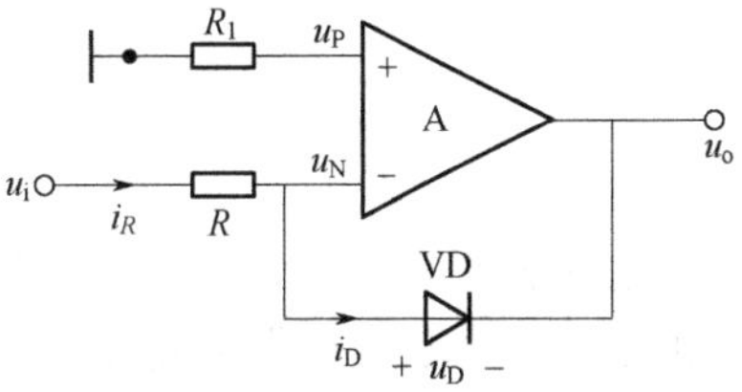

R1 uP + A uo ui uN − iR R VD iD + uD −

图 6.1.20　对数运算电路

在图 6.1.20 中，由虚短和虚断以及基尔霍夫电流方程可得：

$$u_{\mathrm{P}}=u_{\mathrm{N}}=0 \tag{6.1.42}$$

$$i_{\mathrm{P}}=i_{\mathrm{N}}\approx 0 \tag{6.1.43}$$

$$i_R=i_{\mathrm{D}} \tag{6.1.44}$$

$$i_R=\frac{u_i}{R}=I_{\mathrm{S}}\mathrm{e}^{\frac{u_{\mathrm{D}}}{U_T}} \tag{6.1.45}$$

所以：

$$u_{\mathrm{D}}\approx U_T\ln\frac{u_{\mathrm{i}}}{I_{\mathrm{S}}R} \tag{6.1.46}$$

由图 6.1.20 可知：

$$u_{\mathrm{o}}=-u_{\mathrm{D}}=-U_T\ln\frac{u_{\mathrm{i}}}{I_{\mathrm{S}}R} \tag{6.1.47}$$

上述关系式受温度影响比较大，当大电流通过时，二极管会因温度过高而损坏。所以对数特性只有在电流的一定范围内才满足。采用三极管的对数电路可以实现更大的动态范围，实用的电路常常采用三极管代替二极管，如图 6.1.21 所示。

虽然经过了改进，但仍然无法克服温度的影响，而且在输入电压过大和过小的情况下，运算精度变差。人们通常采用温度补偿的措施来克服温度的影响。

6.1.5.2 指数运算电路

指数运算和对数运算互为逆运算，将对数运算电路中的三极管和电阻对调位置，即可得到指数运算电路，如图 6.1.22 所示。

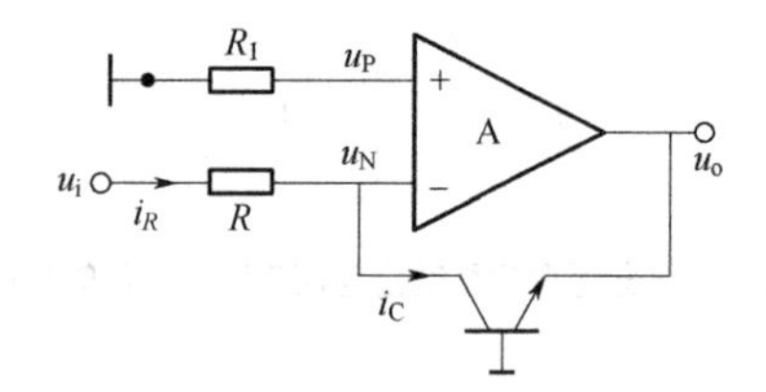

图 6.1.21 改进的对数运算电路

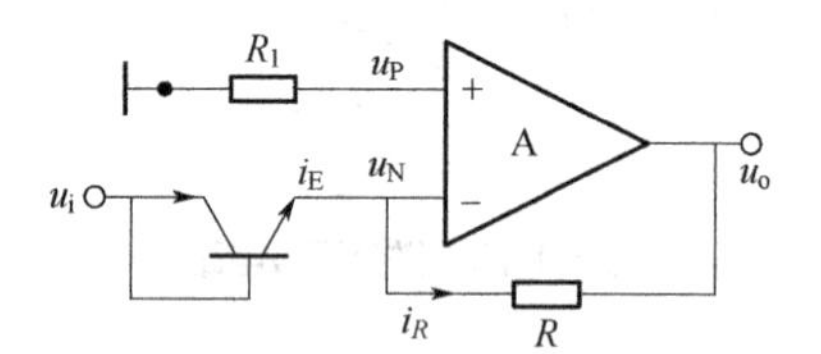

图 6.1.22 指数运算电路

因为集成运放的反相输入端为虚地，所以：

$$u_{\mathrm{BE}}=u_{\mathrm{i}}$$

$$i_{\mathrm{E}}=i_R=I_{\mathrm{S}}\mathrm{e}^{\frac{u_{\mathrm{BE}}}{U_T}}=I_{\mathrm{S}}\mathrm{e}^{\frac{u_{\mathrm{i}}}{U_T}} \tag{6.1.48}$$

$$u_{\mathrm{o}}=-i_R R=-I_{\mathrm{S}}R\mathrm{e}^{\frac{u_{\mathrm{i}}}{U_T}} \tag{6.1.49}$$

上式表明输出与输入之间为指数运算关系。其中 I_{S} 和 U_T 受温度影响比较大，为了消除这种影响，也必须使用温度补偿加以实现。

6.2 滤波电路

在模拟电子系统中，由传感器或是接收器转换来的电信号幅值通常很小，不仅噪声大而且易受干扰，在信号加工之前需要进行信号的处理，可根据实际情况利用隔离、滤波、阻抗变换等各种手段去掉干扰，分离信号。当信号足够大之后，再进行运算、比较等。本节将重点介绍有源滤波电路及其应用。

6.2.1 滤波电路的概念

滤波电路允许某种特定频率的信号顺利通过，而衰减其他频率的信号，使其不能正常通过，对于信号的频率具有选择性。信号允许通过的频段称为通带，信号被衰减为零的频段称为阻带，在通带和阻带之间的频段称为过渡带。

滤波电路根据信号是连续还是离散可分为模拟滤波电路和数字滤波电路，本节只研究模拟滤波电路。根据是否含有有源元件，滤波电路可分为有源滤波电路和无源滤波电路。根据电路对不同频率信号的不同响应，可将其分为低通滤波电路（LPF）、高通滤波电路（HPF）、带通滤波电路（BPF）、带阻滤波电路（BEF）和全通滤波电路（APF）。

（1）低通滤波电路（LPF）

它允许低于某一截止频率的信号通过，而衰减大于截止频率的信号，抑制高频分量。输出信号的幅频特性如图6.2.1（a）所示。上限截止频率采用 f_H 表示。

（2）高通滤波电路（HPF）

它允许高于某一截止频率的信号通过，而衰减低于截止频率的信号，抑制低频分量。输出信号的幅频特性如图6.2.1（b）所示。下限截止频率采用 f_L 表示。

（3）带通滤波电路（BPF）

它允许特定频段的信号通过，而大于 f_H 和小于 f_L 的信号被衰减。通带的带宽 $f_{bw}=f_H-f_L$。输出信号的幅频特性如图6.2.1（c）所示。

（4）带阻滤波电路（BEF）

它允许低于 f_L 和高于 f_H 的频带信号通过，而衰减 $f_L<f<f_H$ 之间的信号，即频带以外的信号通过。输出信号的幅频特性如图6.2.1（d）所示。

（5）全通滤波电路（APF）

该滤波电路允许从零到无穷大的信号全部通过，没有阻带和过渡带。也就是说全通滤波电路并不衰减任何频率信号，它并不会改变输入信号的频率响应，但是可以改变输入信号的相位，随输入信号的频率不同而发生改变。输出信号的幅频特性如图6.2.1（e）所示。

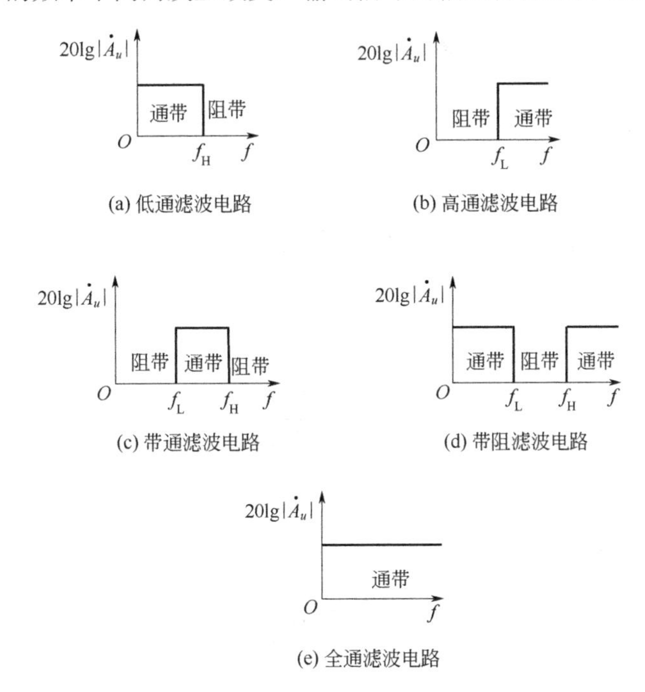

图6.2.1　滤波电路的幅频特性

6.2.2　有源和无源滤波电路

滤波电路根据元件组成可分为有源滤波电路和无源滤波电路。仅由无源元件（电阻、电容、电感）组成的滤波电路称为无源滤波电路。由无源元件（电阻、电容、电感）和有源元件（三极管、集成运算放大器）共同组成的滤波电路称为有源滤波电路。

6.2.2.1 无源低通滤波电路

以无源 RC 低通滤波电路（图 6.2.2）为例，分析滤波电路的电压增益，根据频率特性可列写表达式如下：

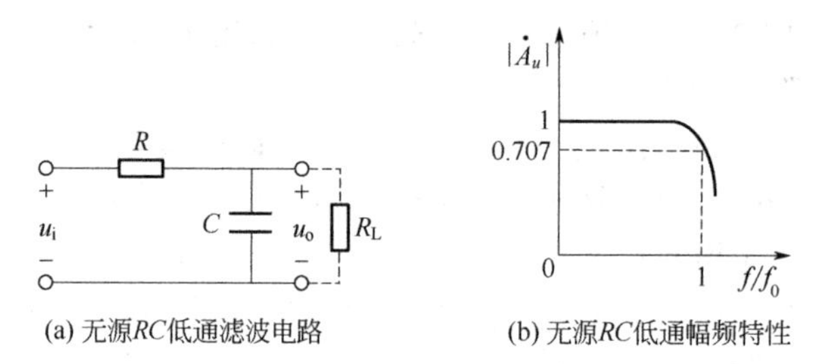

(a) 无源RC低通滤波电路　(b) 无源RC低通幅频特性

图 6.2.2　无源滤波电路及其幅频特性

$$\dot{A}_u=\frac{\dot{U}_\mathrm{o}}{\dot{U}_\mathrm{i}}=\frac{\dfrac{1}{\mathrm{j}\omega C}}{R+\dfrac{1}{\mathrm{j}\omega C}}=\frac{1}{1+\mathrm{j}\omega RC} \tag{6.2.1}$$

令$f_\mathrm{p}=\dfrac{1}{2\pi\tau}=\dfrac{1}{2\pi RC}$，则上式变换为：

$\dot{A}_u=\dfrac{1}{1+\mathrm{j}\dfrac{f}{f_\mathrm{p}}}$，通带放大倍数为$\dot{A}_{u\mathrm{p}}=\dfrac{\dot{U}_\mathrm{o}}{\dot{U}_\mathrm{i}}=1$

则：

$$\dot{A}_u=\frac{\dot{A}_{u\mathrm{p}}}{1+\mathrm{j}\dfrac{f}{f_\mathrm{p}}} \tag{6.2.2}$$

其模为：

$$\left|\dot{A}_u\right|=\frac{|\dot{A}_{u\mathrm{p}}|}{\sqrt{1+\left(\dfrac{f}{f_\mathrm{p}}\right)^2}} \tag{6.2.3}$$

当 $f \ll f_\mathrm{p}$ 时，则有：

$$\left|\dot{A}_u\right|=\left|\dot{A}_{u\mathrm{p}}\right|$$

当 $f=f_\mathrm{p}$ 时，则有：

$$\left|\dot{A}_u\right|=\frac{1}{\sqrt{2}}\left|\dot{A}_{u\mathrm{p}}\right|$$

当 $f \gg f_\mathrm{p}$ 时，即频率每增加 10 倍，$\left|\dot{A}_u\right|$下降 10 倍，过渡带的斜率为-20dB/十倍频。由上面推导可知：

$$\tau=\frac{1}{RC},\quad f_\mathrm{p}=\frac{1}{2\pi\tau}=\frac{1}{2\pi RC}$$

f_p称为截止频率。

当带上负载后：

$$f_p' = \frac{1}{2\pi(R//R_L)C} \tag{6.2.4}$$

通带截止频率发生变化，可见这是无源滤波电路的缺点。虽然无源滤波工作电路简单，不需要直流电压供电，但受负载影响比较大，带上负载电阻后，通带截止频率升高，电压放大倍数减小，并且没有放大电路的能力。

6.2.2.2 有源滤波电路

由有源元件构成的滤波电路称为有源滤波电路。分析有源滤波电路的电压和电流常用象函数加以表示。传递函数中分母中的“s”的最高次幂，作为滤波电路的阶数。滤波电路分为一阶、二阶和高阶滤波电路。通常阶数越高，滤波电路幅频特性过渡带越窄，曲线越接近理想。

为了使滤波特性不受负载变化的影响，可在无源滤波电路和负载之间加上一个高输入电阻、低输出电阻的隔离电路，即加一个电压跟随器，如图 6.2.3 所示，这样就构成了有源滤波电路。由于负反馈的作用，改善了滤波电路的性能，使其不受负载影响，但可靠性没有无源滤波电路高，所以不适合在高电压和大电流情况下使用，一般大电流负载仍然采用无源滤波电路。

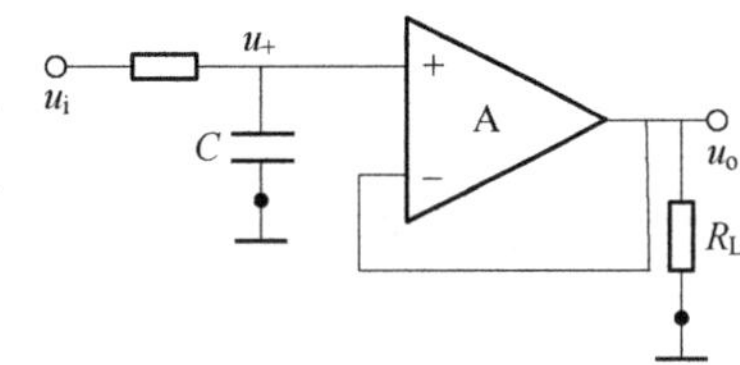

图 6.2.3 有源滤波电路

6.2.3 有源低通滤波电路（LPF）

6.2.3.1 一阶有源低通滤波电路

如图 6.2.4 所示，由虚短和虚断可知：

$$u_P = u_N \tag{6.2.5}$$

$$i_P = i_N \approx 0 \tag{6.2.6}$$

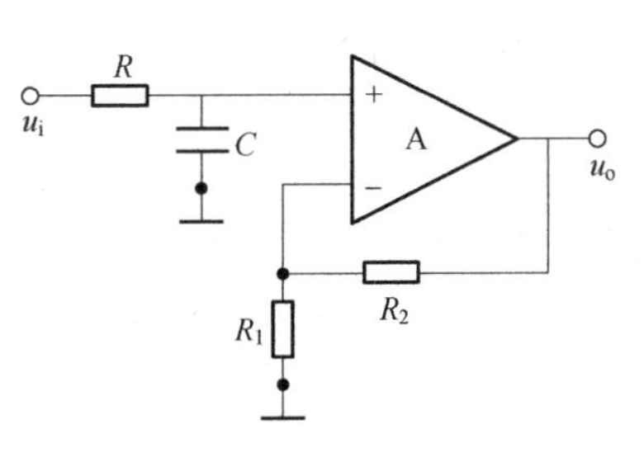

图 6.2.4 一阶有源低通滤波电路

在反相输入端，由基尔霍夫电流方程可得：

$$i_{R_1} = i_{R_2} + i_N \approx i_{R_2} \tag{6.2.7}$$

在分析滤波电路时，信号$u_i(t)$及$i(t)$经拉氏变换用传递函数$U(s)$、$I(s)$表示。

$$U_+(s) = \frac{\frac{1}{sC}}{R + \frac{1}{sC}} U_i(s)$$

$$U_-(s) = \frac{R_1}{R_1 + R_2} U_o(s)$$

所以：

$$A_u(s) = \frac{U_o(s)}{U_i(s)} = \left(1 + \frac{R_2}{R_1}\right)\frac{1}{1 + sRC} \tag{6.2.8}$$

令$f_0=\dfrac{1}{2\pi\tau}=\dfrac{1}{2\pi RC}$，则：

$$\dot{A}_u=\left(1+\frac{R_2}{R_1}\right)\frac{1}{1+\mathrm{j}\dfrac{f}{f_0}} \tag{6.2.9}$$

当 $f=0$ 时，可得通带放大倍数为：

$$\dot{A}_{up}=1+\frac{R_2}{R_1}$$

当 $f=f_0$ 时：

$$\dot{A}_u=\frac{1}{\sqrt{2}}\dot{A}_{up}$$

因此通带截止频率为：

$$f_p=f_0=\frac{1}{2\pi RC} \tag{6.2.10}$$

由图 6.2.5 所示的对数幅频特性曲线可知，幅值下降了 3dB。

当 $f\geqslant f_p$ 时：

$$\dot{A}_u=\frac{f_0}{f}\dot{A}_{up}$$

即随着频率的增加，幅频特性曲线下降，曲线按照-20dB/十倍频下降。

从一阶有源低通滤波电路的幅频特性曲线可以看出曲线远没有达到理想状态，适用于对滤波特性要求不高的场合。如果曲线以更快的速度下降，如曲线按照-40dB/十倍频下降或者按照-60dB/十倍频下降，则需要采样更高一阶的滤波电路，如二阶或者三阶。

6.2.3.2 二阶有源低通滤波电路

为了加大过渡带的衰减斜率，二阶有源低通滤波电路相对于一阶有源低通滤波电路来说，增加了 RC 环节，这就构成了二阶有源低通滤波电路。增加 RC 环节，可使滤波电路的过渡带变窄，使曲线更接近理想情况，幅频特性曲线由-20dB/十倍频变为-40dB/十倍频。

通过对图 6.2.6 的分析可知，二阶有源低通滤波电路的传递函数如下：

$$A_u(s)=\frac{U_o(s)}{U_i(s)}=\frac{U_o(s)}{U_P(s)}\times\frac{U_P(s)}{U_M(s)}\times\frac{U_M(s)}{U_i(s)} \tag{6.2.11}$$

其中：

$$\frac{U_o(s)}{U_P(s)}=1+\frac{R_2}{R_1}$$

$$\frac{U_P(s)}{U_M(s)}=\frac{1}{1+sRC_2}$$

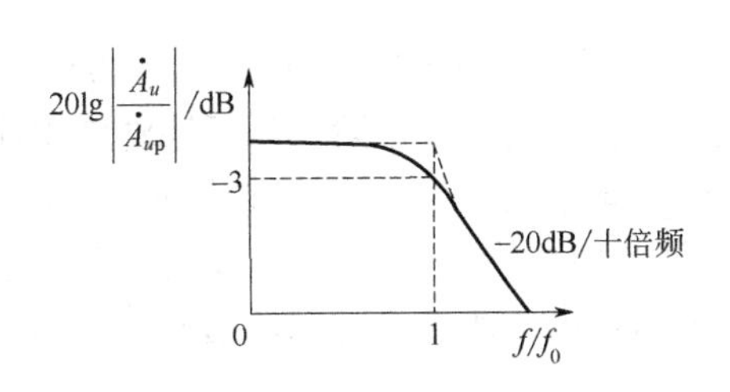

图 6.2.5　一阶有源低通滤波电路的幅频特性

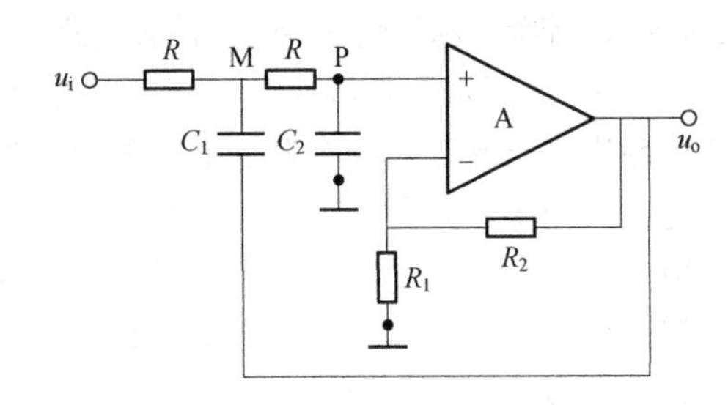

图 6.2.6　二阶有源低通滤波电路

$$\frac{U_{\mathrm{M}}(s)}{U_{\mathrm{i}}(s)}=\frac{\dfrac{1}{sC_1}//\left(R+\dfrac{1}{sC_2}\right)}{R+\left[\dfrac{1}{sC_1}//\left(R+\dfrac{1}{sC_2}\right)\right]}$$

为了选择元件参数简单，取两个电容的容值相等，都为C时，代入上式，经整理推导可得：

$$A_u(s)=\left(1+\frac{R_2}{R_1}\right)\frac{1}{1+3sRC+(sRC)^2} \tag{6.2.12}$$

用 jω 代替 s，且令：

$$f_0=\frac{1}{2\pi RC}$$

可得电压放大倍数为：

$$\dot{A}_u=\frac{1+\dfrac{R_2}{R_1}}{1+3\mathrm{j}\dfrac{f}{f_0}-\left(\dfrac{f}{f_0}\right)^2}=\frac{\dot{A}_{up}}{1+3\mathrm{j}\dfrac{f}{f_0}-\left(\dfrac{f}{f_0}\right)^2} \tag{6.2.13}$$

令上式分母的模$\sqrt{1+3\mathrm{j}\dfrac{f}{f_0}-\left(\dfrac{f}{f_0}\right)^2}$为$\sqrt{2}$，可解出通带截止频率为：

$$f_{\mathrm{p}}=0.37f_0 \tag{6.2.14}$$

当 $f=0$ 时：

$$\left|\dot{A}_u\right|=\left|\dot{A}_{up}\right|=1+\frac{R_2}{R_1}$$

当 $f=f_0$ 时：

$$\left|\dot{A}_u\right|=\frac{1}{3}\left|\dot{A}_{up}\right|$$

当 $f\gg f_0$ 时，曲线按照-40dB/十倍频进行衰减，过渡带斜率衰减加快，滤波特性趋近于理想。其幅频特性如图 6.2.7 所示。

6.2.3.3 压控电压源二阶有源低通滤波电路

从图 6.2.7 所示幅频特性波特图可以看出，当信号的频率 $f = f_0$ 时，曲线按照-40dB/十倍频的速率进行衰减，二阶有源低通滤波电路的滤波特性在过渡带比一阶有源低通滤波电路衰减的速度快得多，那么如何实现信号的输出在 f 接近 f_0 时有比较大的放大作用而不衰减，因此要对二阶有源低通滤波电路进行改进，改进的方法是将电容 C_1 接地端改接到电路的输出端，根据反馈极性的判断，引入的为正反馈，即构成压控电压源二阶有源低通滤波电路，如图 6.2.8 所示。

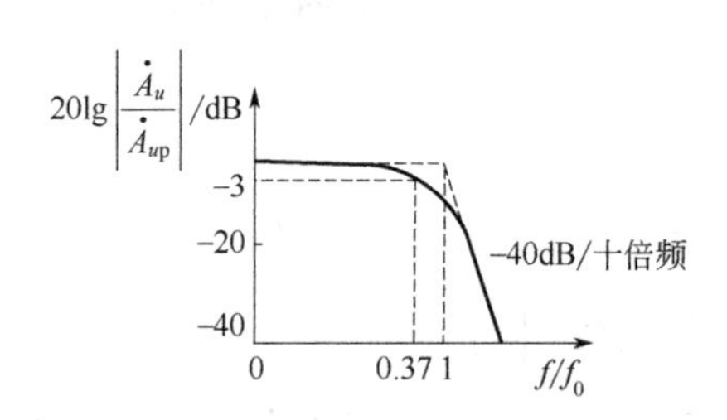

图 6.2.7 二阶有源低通滤波电路的幅频特性

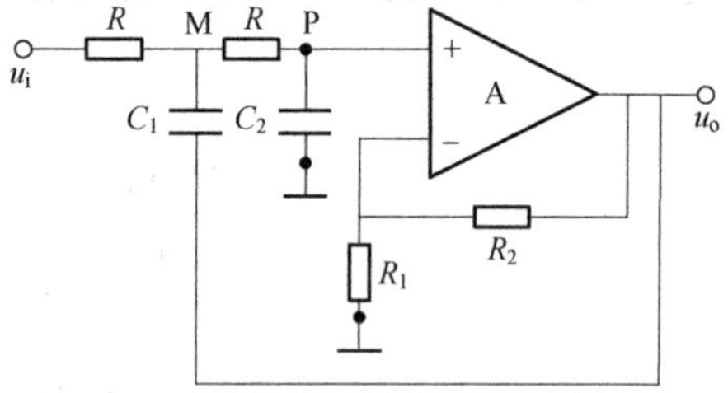

图 6.2.8 压控电压源二阶有源低通滤波电路

当 $f \to 0$ 时，$\dfrac{1}{\omega C_1}$ 趋向于无穷大，电容 C_1 断路，即正反馈断开不起作用，此时放大倍数为通带放大倍数。$f \to \infty$ 时，$\dfrac{1}{\omega C_2}$ 趋向于零，电容 C_2 短路，$U_{\mathrm{p}}(s)=0$，所以输出电压低。可见，上述两种情况正反馈均不起作用。可以想象，只要正反馈引入合适，就可能在 f 接近 f_0 时使电压放大倍数增大，又不因为引入正反馈而产生自激振荡。

取两个电容的容值相等，都为 C，根据图 6.2.8，列写 P 和 M 点的电流方程如下：

$$\frac{U_{\mathrm{M}}(s)-U_{\mathrm{P}}(s)}{R}=\frac{U_{\mathrm{P}}(s)}{\dfrac{1}{sC}} \tag{6.2.15}$$

$$\frac{U_{\mathrm{i}}(s)-U_{\mathrm{M}}(s)}{R}=\frac{U_{\mathrm{M}}(s)-U_{\mathrm{o}}(s)}{\dfrac{1}{sC}}+\frac{U_{\mathrm{M}}(s)-U_{\mathrm{P}}(s)}{R} \tag{6.2.16}$$

整理上述两式，得出：

$$A_u(s)=\frac{A_{up}(s)}{1+\left[3-A_{up}(s)\right]sRC+(sRC)^2} \tag{6.2.17}$$

为了使放大电路稳定工作而不产生自激振荡，分母的一次项系数必须大于 0，即 $A_{up}(s)$ 小于 3。

将 s 换成 $\mathrm{j}\omega$，令：

$$f_0=\frac{1}{2\pi RC}$$

代入上式，可得：

$$\dot{A}_u=\frac{\dot{A}_{up}}{1-\left(\dfrac{f}{f_0}\right)^2+\mathrm{j}(3-\dot{A}_{up})\dfrac{f}{f_0}} \tag{6.2.18}$$

令：

$$Q=\left|\frac{1}{3-\dot{A}_{up}}\right|$$

且 $f=f_0$ 时，则有：

$$\left|\dot{A}_u\right|=\left|\frac{\dot{A}_{up}}{3-\dot{A}_{up}}\right|=\left|Q\dot{A}_{up}\right| \tag{6.2.19}$$

$$Q=\frac{\left|\dot{A}_u\right|}{\left|\dot{A}_{up}\right|}$$

Q 为 $f=f_0$ 时电压放大倍数与通带放大倍数之比。可见，Q 越大，正反馈越强，通过选择合适的 Q 值可以较好地改善波形。压控电压源二阶低通滤波电路的幅频特性曲线如图 6.2.9 所示。

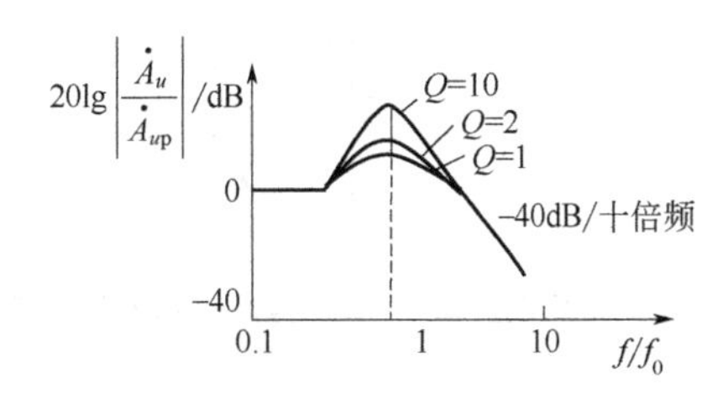

图 6.2.9　二阶有源低通滤波电路的幅频特性

6.2.4　有源高通滤波电路（HPF）

高通滤波电路用来通过高频信号，抑制或衰减低频信号，它与低通滤波电路正好相反。只要将低通滤波电路的电容和电阻对调位置，即可构成高通滤波电路。

将 RC 高通滤波电路与同相比例运算电路结合即构成一阶高通滤波电路，如图 6.2.10 所示。

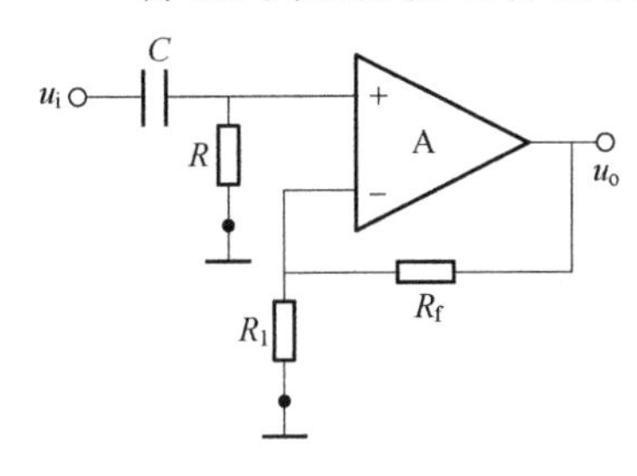

图 6.2.10　一阶高通滤波电路

$$A_u(s)=\frac{u_o(s)}{u_i(s)}=\frac{s\left(1+\dfrac{R_F}{R_1}\right)}{s+\dfrac{1}{sC}} \tag{6.2.20}$$

当 $s=j\omega,\omega=2\pi f$ 时，得到：

$$f_0=\frac{1}{2\pi RC}$$

$$\dot{A}_u=\frac{\dot{U}_o}{\dot{U}_i}=\frac{A_{up}}{1-jf_0/f} \tag{6.2.21}$$

对数幅频特性，其频率响应如图 6.2.11 所示。

将两级高通滤波电路与同相比例运算电路结合，通过电阻 R 引入反馈用来提高通带内的增益。通过二阶高通滤波电路来改善其特性，使其更接近理想高通滤波器。

图 6.2.12 所示电路的传递函数 $A_u(s)$、通带放大倍数 $\dot{A}_{up}$、截止频率 f_0 和品质因数 Q 分别为：

$$A_u(s)=\frac{A_{up}(s)sRC}{1+\left[3-A_{up}(s)\right]sRC+(sRC)^2} \tag{6.2.22}$$

$$\dot{A}_{up}=1+\frac{R_f}{R_1}$$

$$f_0 = \frac{1}{2\pi RC}$$

$$Q = \frac{1}{3 - \dot{A}_{up}}$$

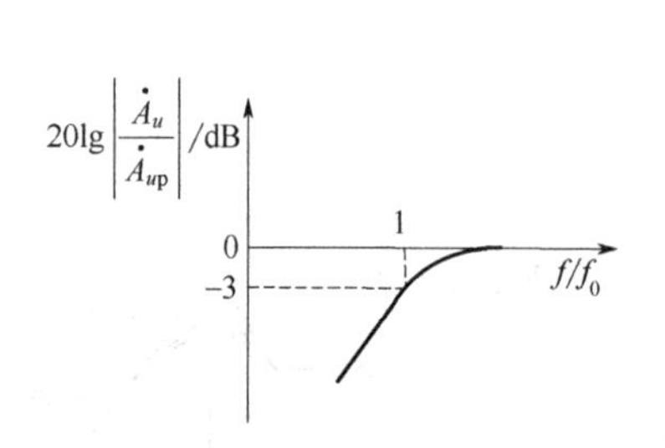

图 6.2.11　一阶高通滤波电路的幅频特性

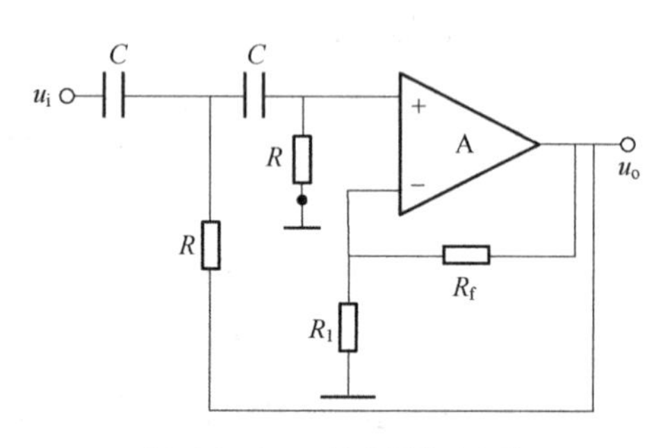

图 6.2.12　二阶高通滤波电路

6.2.5　有源带通滤波电路（BPF）

将低通滤波电路与高通滤波电路串联起来，假设低通滤波电路的上限频率 f_1 大于高通滤波电路的下限频率 f_2，只有信号的频率在 $f_2 < f < f_1$ 范围内信号通过，当信号的频率为 $f > f_1$ 或 $f < f_2$ 时信号被衰减，信号不能通过，因此构成了带通滤波电路。图 6.2.13 是典型的压控电压源带通滤波电路。

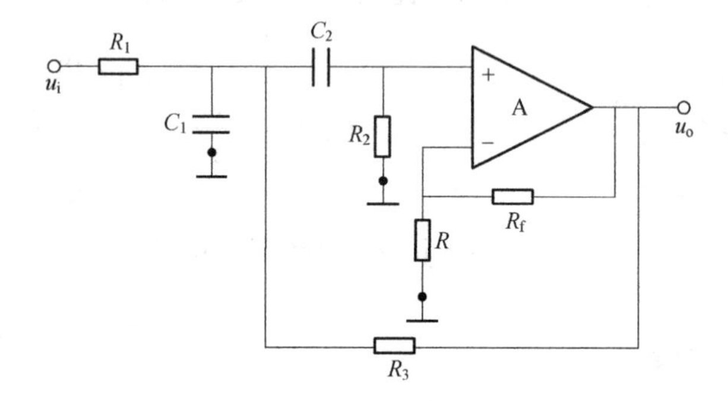

图 6.2.13　压控电压源带通滤波电路

如图 6.2.13 所示，R_1 和 C_1 构成低通滤波电路，R_2 和 C_2 构成高通滤波电路。R_3 引入正反馈，用于通带内的增益控制。令 $R_1 = R_3 = R$，$R_2 = 2R$，$C_1 = C_2 = C$，得到电压放大倍数为：

$$\dot{A}_u = \frac{\dot{U}_o}{\dot{U}_i} = \frac{\dfrac{R + R_f}{R}}{3 - \dfrac{R + R_f}{R} + j\left(\dfrac{f}{f_0} - \dfrac{f_0}{f}\right)} \tag{6.2.23}$$

上式中：

$$\omega_0 = \frac{1}{RC}, f_0 = \frac{1}{2\pi RC}, A_{um} = 1 + \frac{R_f}{R}, Q = 3 - A_{um}$$

得到增益为：

$$\dot{A}_u = \frac{\dot{U}_o}{\dot{U}_i} = \frac{A_{um}/Q}{1+j\frac{1}{Q}\left(\frac{f}{f_0}-\frac{f_0}{f}\right)} \quad (6.2.24)$$

输入为方波信号作用下的输出波形见图 6.2.14。

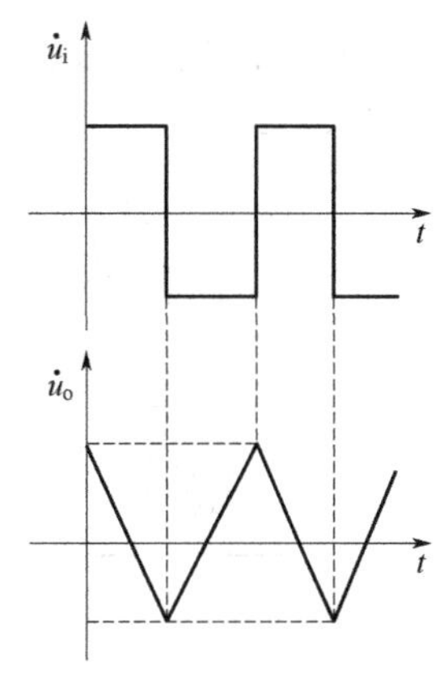

图 6.2.14 输入为方波信号作用下的输出波形

6.2.6 有源带阻滤波电路（BEF）

将低通滤波电路与高通滤波电路并联，低通滤波电路的上限频率 f_1 小于高通滤波电路的下限频率 f_2，当频率为 $f<f_1$ 时信号通过，或者满足 $f>f_2$ 时信号通过，而频率在 $f_1<f<f_2$ 范围内信号不通过，所以称为带阻滤波电路。

由一个无源低通滤波电路和一个无源高通滤波电路并联，再与集成运算放大器（同相比例运算电路）结合，即构成有源带阻滤波电路。

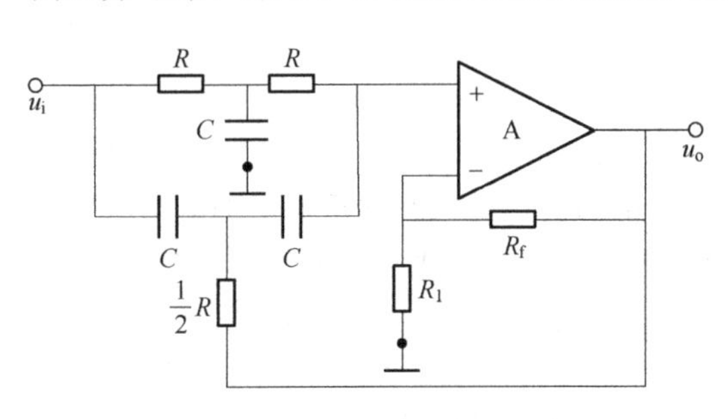

图 6.2.15 有源带阻滤波电路

图 6.2.15 是由两个双 T 网络组成的带阻滤波电路，该带阻滤波电路的电压放大倍数为：

$$\omega_0 = \frac{1}{RC}, f_0 = \frac{1}{2\pi RC}, A_{up} = 1+\frac{R_f}{R_1}$$

$$\dot{A}_u = \frac{A_{up}}{1+j2(2-A_{up})\frac{ff_0}{f_0^2-f^2}} \quad (6.2.25)$$

$$f_L = \left[\sqrt{(2-A_{up})^2+1}-(2-A_{up})\right]f_0 \quad (6.2.26)$$

$$f_H = \left[\sqrt{(2-A_{up})^2+1}+(2-A_{up})\right]f_0 \quad (6.2.27)$$

$$Q = \frac{1}{2(2-A_{up})}$$

得到带阻滤波电路的带宽为：

$$f_{bw} = f_H - f_L = \frac{f_0}{Q}$$

6.3 常用的放大电路及预处理问题

模拟电子系统是能够对信号进行提取、预处理、加工、驱动与执行的实体。图 6.3.1 为模拟电子系统的组成示意图。首先由传感器或接收器将各种物理量转换为电信号，然后经过隔离、滤波放大、阻抗变换进行预处理，再对信号进行运算、转换、比较的不同加工，最后经过功率放大 A/D 转换驱动执行机构发生动作。

在模拟电子系统中，传感器的输出作为放大器的信号源，最常用的电路是信号放大电路，目前放大电路的基本结构都是采用运算放大器。由于其具有输入阻抗较高、增益较大、可靠性高、价格低廉等优点，受到了广泛的关注。常用的放大电路集成有仪表放大器、电荷放大器和隔离放大器。

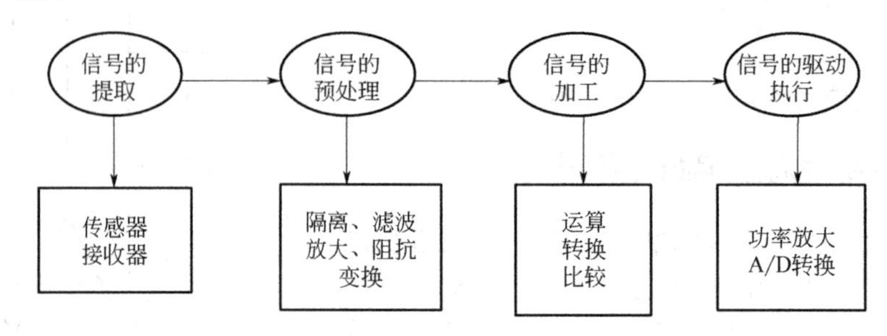

图 6.3.1　模拟电子系统组成示意图

传感器受到工作环境的影响，其输出存在较大的噪声，而传感器输出有用信号又比较小，输出阻抗又很大，同时测量的输出也需要一个高阻抗的接口电路与之匹配，一般的放大器无法完成，集成仪表放大器可实现。

6.3.1　集成仪表放大器

6.3.1.1　基本电路

虽然集成仪表放大器内部组成电路结构多样化，但是大部分电路都是由基础电路演变而来的。如图 6.3.2 所示，该仪表放大器由 3 个运算放大器及电阻组成。其中前级为对称结构，由 A_1、A_2 两个同相输入的集成放大器组成。将输入信号加在 A_1、A_2 的同相输入端上，可以有效地抑制共模干扰和高输入阻抗的能力。第二级为差动放大器 A_3，它不仅可以抑制共模干扰，还将双端输入方式变换成单端输出方式，满足对各种负载的需要。该电路只需要外接一个电阻即可保证实现由 1 到上万倍的增益精确设定，减少了由于增益误差带来的数据采集误差，同时这种结构保证其具有高输入阻抗和低输出阻抗、高共模抑制比和低温漂的特点。

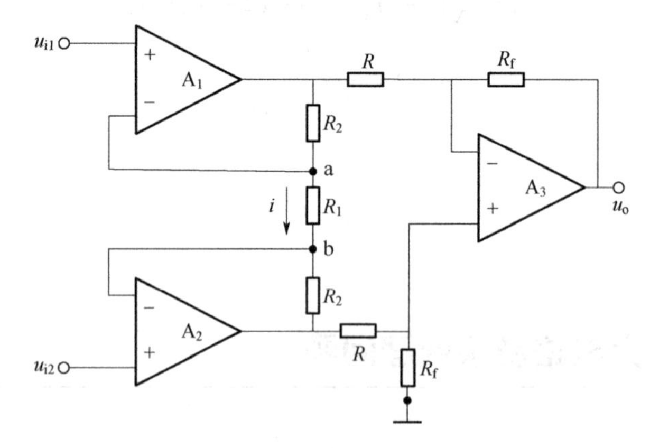

图 6.3.2　三运放构成的精密放大器

由虚短可知，$u_a=u_{i1}$， $u_b=u_{i2}$，所以：

$$u_{R_1}=u_a-u_b=\frac{u_{o1}-u_{o2}}{2R_2+R_1}R_1 \tag{6.3.1}$$

由于第二级为差分放大器，所以：

$$u_o = \frac{R_f}{R}(u_{o2} - u_{o1}) = \frac{R_f}{R}\left(1 + \frac{2R_2}{R_1}\right)(u_{i2} - u_{i1}) \tag{6.3.2}$$

6.3.1.2 INA102 低功率集成仪表放大器

集成仪表放大器是一种高增益、直接耦合放大器，它具有差分输入、单端输出、高输入阻抗和高共模抑制比等特点。INA102 是高精度单片仪表放大器，用于低静态功率条件下的信号放大。这些特性使得 INA102 广泛应用于电池供电和高容量应用的领域。INA102 使用方便，只需简单地选择适当的引脚进行连接，就可得到增益 1、10、100 或 1000。INA102 可用于各种信号源的放大，如热电偶、桥路传感器，还可用于远程传感器放大、低电平信号放大、多通道系统、电池供电设备等。

6.3.2 电荷放大器

6.3.2.1 电荷放大器简介

电荷放大器是一种可以多通道组合的非电量测量仪器，它与压电加速度传感器和数据采集器及计算机配合，可以组成理想的振动和冲击测量系统。

电荷放大电路使用积分器将电荷量转换成电压输出，为防止放大器饱和，在反馈回路中并联电阻。图 6.3.3 中，当单电源系统供电时，常常需要提供偏置电压 $\frac{V_{CC}}{2}$，此电压正好介于正负电压最大化的范围内。

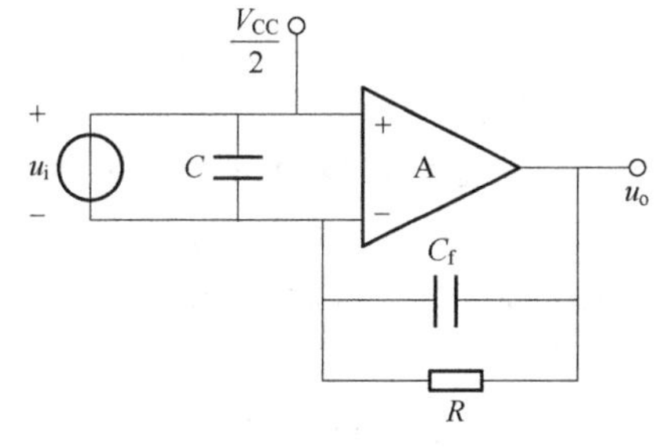

图 6.3.3 电荷放大电路

6.3.2.2 电荷放大器的作用

① 电荷放大器最重要的作用是调整电荷，使其进行电荷放大。在某些电路中，需要大一点的电荷，所以需要将电荷进行放大。

② 电荷放大器的另外一个作用就是保护电路，如果电气设备在实际使用过程中超过额定电荷，存在安全隐患，此时电荷放大器就可以发挥它的作用，防止电压短路，保护电路系统安全。

6.3.3 隔离放大器

在电机和电子设计中经常需要对模拟信号进行隔离，能够将信号的输入和信号的输出进行电气隔离的放大电路称为隔离放大器。隔离放大器在生产和生活中有着广泛的应用，例如可以实现 A/D 转换接口、热电偶和转换器等感应电路、电机速度电路以及位置测量电路、音频和视频放大电路和电源供应器中的电压反馈等。

某些模拟信号如电压、电流、温度、压力、位置和流量等信号必须在具有较大电平差，或者模块接地面间具有感应电气噪声的场合，由一个电路模块传送到另一个。这些常见的电路问题可能会影响数据的精确性、破坏测量系统，甚至威胁到使用者的安全。隔离放大器提供了一个可以解决这些问题的简单且高性价比的方案。这个方案通过采用 Sigma-Delta 模数转换器和光电耦合技术，在电气隔离屏障后精确地重建输入信号。采用微型化可自动插入封装供货，使用这些隔离放大器进行设计就如同将信号连接到输入并取得隔离后输出一样简单

（参见图 6.3.4）。

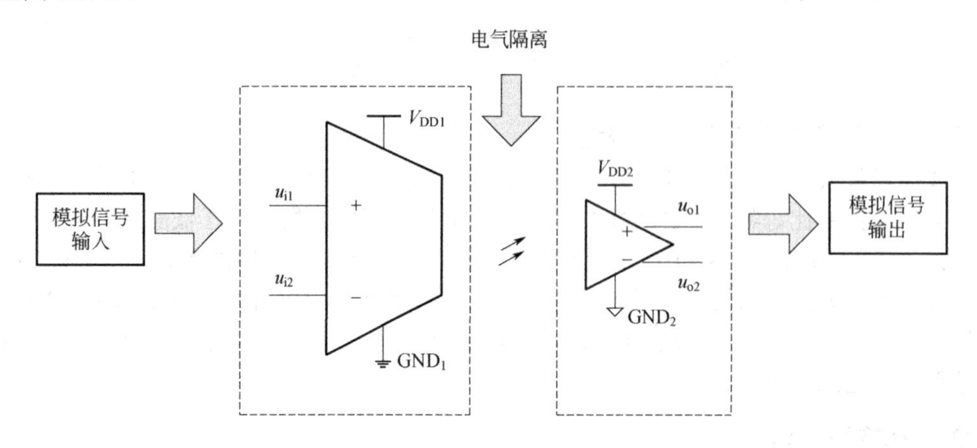

图 6.3.4 隔离放大器原理图

本章总结

集成运算放大器的重要应用是信号的运算和处理，本章主要介绍了基本运算电路和有源滤波电路。

一、基本运算电路及分析方法

集成运放引入电压负反馈之后，可以实现反相比例运算、同相比例运算、加减运算、积分和微分运算、对数和指数运算。运算电路的分析是利用“虚短”和“虚断”的重要结论加以分析。

① 节点电流法。列写集成运放同相输入端及反相输入端和相关节点的电流方程，找出输出电压与输入电压之间的关系。

② 叠加定理。该方法适用于多个输入信号同时作用在电路上的情况，先求解每个输入信号单独作用，而其他输入信号不作用时的输出电压，最后求和相加，得到多个输入信号同时作用在电路上的输出电压。

二、有源滤波电路

允许某种特定频率的信号能顺利通过，而衰减其他频率的信号的电路为滤波电路，对于信号的频率具有选择性。信号允许通过的频段称为通带，信号被衰减为零的频段称为阻带，在通带和阻带之间的频段称为过渡带。

滤波电路根据信号是连续还是离散可分为模拟滤波电路和数字滤波电路，本节只研究模拟滤波电路。根据是否含有有源元件，滤波电路可分为有源滤波电路和无源滤波电路。根据电路对不同频率信号的不同响应，可将其分为低通滤波电路（LPF）、高通滤波电路（HPF）、带通滤波电路（BPF）、带阻滤波电路（BEF）和全通滤波电路（APF）。

无源滤波电路由电阻和电容元件组成。有源滤波电路由电阻、电容和集成运算放大器组成。集成运算放大器主要用于提高通带增益和带负载能力。为了改善滤波电路的特性，常用一阶和二阶滤波电路。

本章知识结构

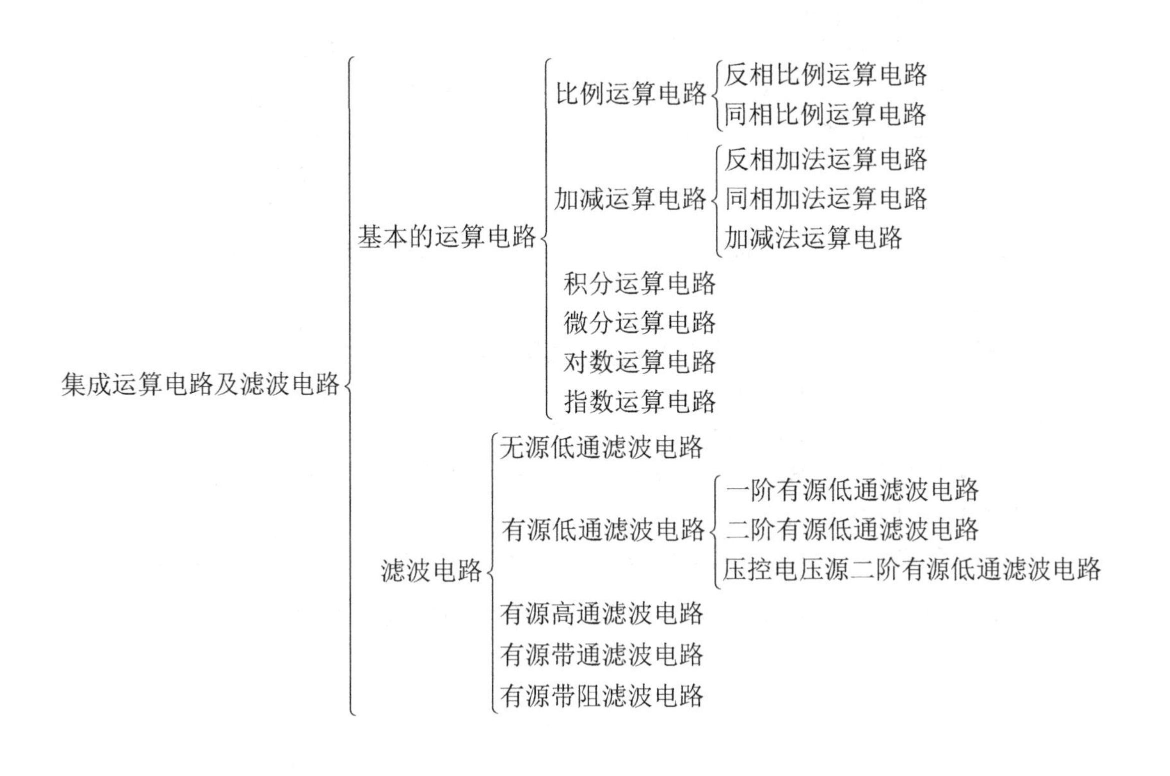

习题6

6.1 填空题。

（1）集成运算放大器的增益越高，运放的线性区（　　）。

（2）为使集成运放工作于线性区，通常应引入（　　）反馈。

（3）电压跟随器具有输入电阻很（　　）和输出电阻很（　　）的特点，常用作缓冲器。

（4）将方波电压转换成三角波电压，应选用（　　）运算电路。

（5）将方波电压转换成尖顶波电压，应选用（　　）运算电路。

（6）对于微分电路，当输入为矩形波，其输出电压的波形为（　　）。

（7）将正弦波电压移相$+90^{\circ}$，应选用（　　）运算电路。

（8）为了避免50Hz电网电压的干扰进入放大器，应选用（　　）滤波器。

（9）处理具有1Hz固定频率的有用信号，应选用（　　）滤波器。

（10）若将积分电路接在集成运放负反馈支路的电容换成二极管，便可得到基本的（　　）运算电路。

（11）反相输入的低通滤波电路如图P6.1所示，则$A_{up}=$（　　），$f_0=$（　　）。

（12）如图P6.2所示，则$u_o=$（　　）。

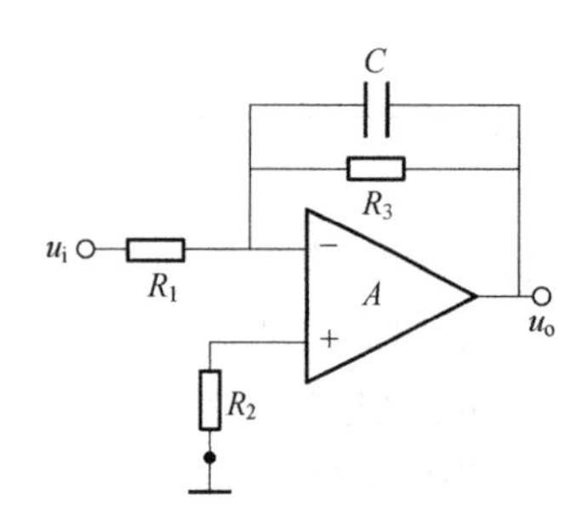

图 P6.1 题 6.1 中（11）电路图

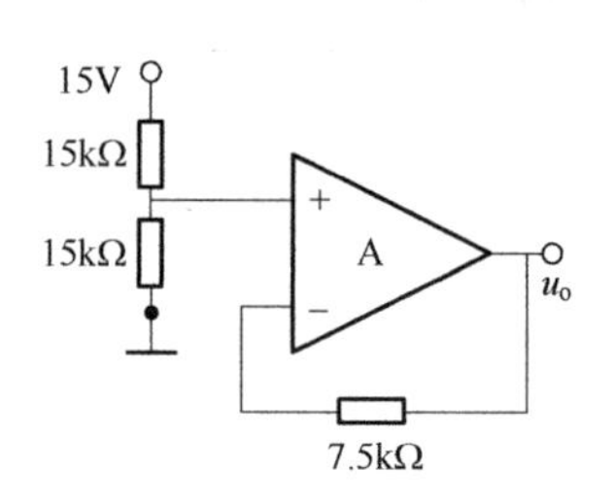

图 P6.2 题 6.1 中（12）电路图

6.2 选择题。

（1）反相比例运算电路中，电路引入了____负反馈。

A．电压并联　B．电压串联　C．电流并联　D．电流串联

（2）同相比例运算电路中，电路引入了____负反馈。

A．电压并联　B．电压串联　C．电流并联　D．电流串联

（3）如图 P6.3 所示滤波器是____。

A．高通滤波器　B．低通滤波器　C．带通滤波器　D．带阻滤波器

（4）电路如图 P6.4 所示，设 A 为理想运算放大器，当输入电压为 4V 时，则输出电压 u_o 为____V。

A．1　B．0.5　C．1.5　D．2

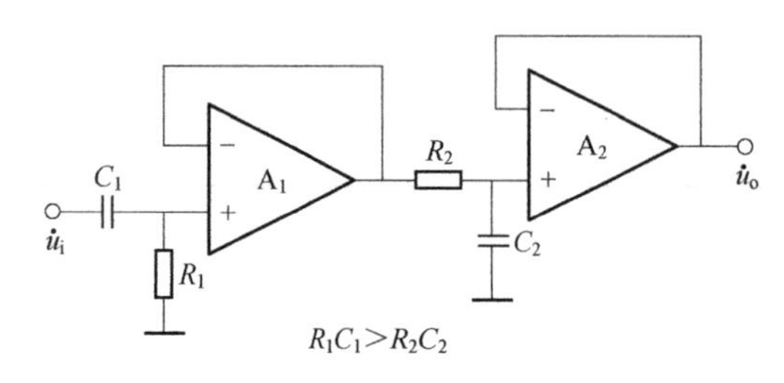

图 P6.3 题 6.2 中（3）电路图

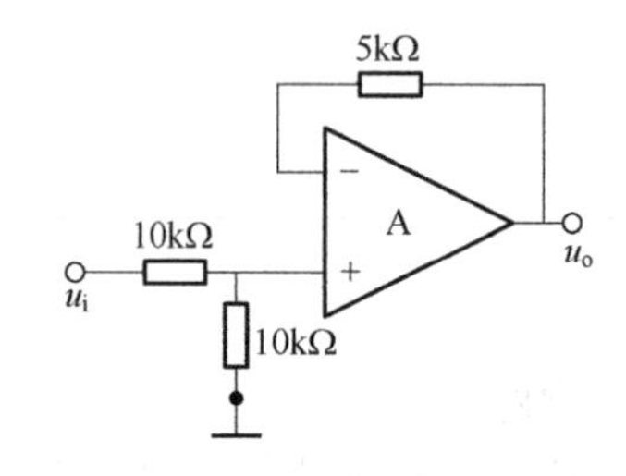

图 P6.4 题 6.2 中（4）电路图

（5）电路如图 P6.5 所示，设 A 为理想运算放大器，当输入电压为 4V 时，则输出电压 u_o 为____V。

A．10　B．−10　C．5　D．−5

（6）电路如图 P6.6 所示，设 A 为理想运算放大器，已知运放的最大输出电压 $u_{om}=12V$，当 $u_i=8V$ 时，输出 u_o 为____V。

A．10　B．20　C．12　D．−12

（7）一阶低通滤波电路在过渡带内的衰减速率为____。

A．0　B．−20dB/十倍频

C．−40dB/十倍频　D．−60dB/十倍频

（8）分析运放的两个依据是____和____。

A．$u_+ \approx u_-; i_+ \approx i_- \approx 0$　B．$u_o \approx u_i; i_+ \approx i_- \approx 0$

C．$u_o \approx u_i; A_u = 1$　D．$A_u = 1; u_+ \approx u_-$

（9）如图 P6.7 所示电路中，若 u_i 为正弦电压，则 u_o 为____。

A．与 u_i 同相的正弦电压　　B．与 u_i 反相的正弦电压

C．矩形波电压　　D．锯齿波电压

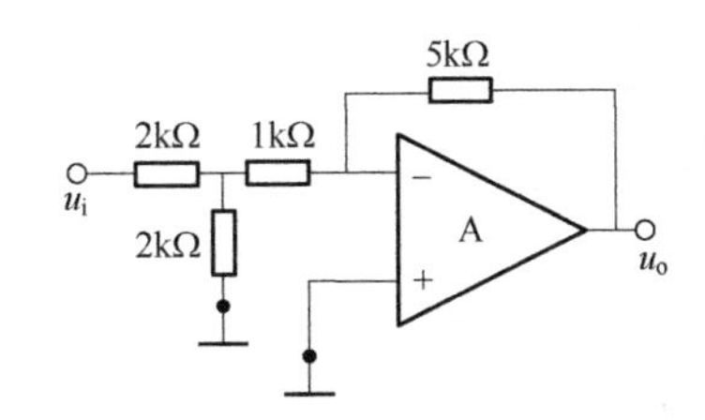

图 P6.5　题 6.2 中（5）电路图

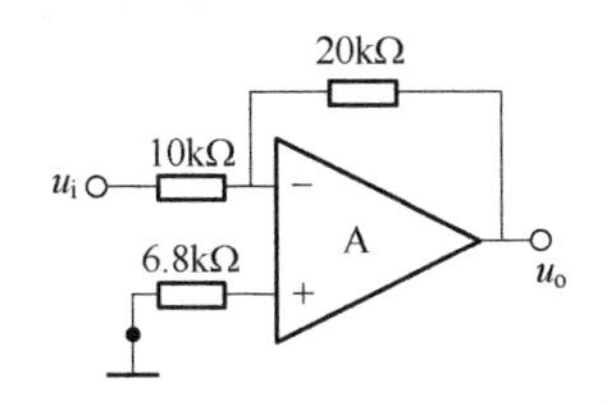

图 P6.6　题 6.2 中（6）电路图

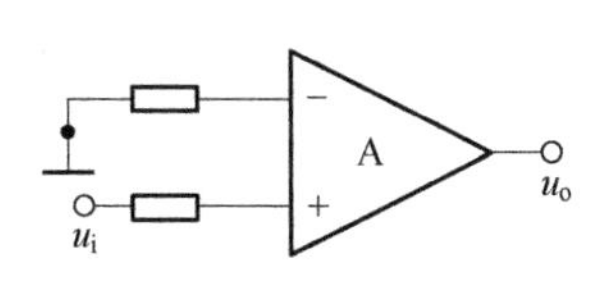

图 P6.7　题 6.2 中（9）电路图

（10）与无源滤波器相比，有源滤波器适合____场合。

A．高频　　B．高压　　C．低频　　D．大功率

6.3　简答题。

（1）集成运放应用于信号运算时工作在什么区域？

（2）试述集成运放的电路结构特点。

（3）什么是理想运算放大器?工作在线性区和饱和区的运算放大器各有何特点?

6.4　如图 P6.8 所示，图中集成运放均为理想运放，试分别求出它们的输出电压与输入电压的函数关系。

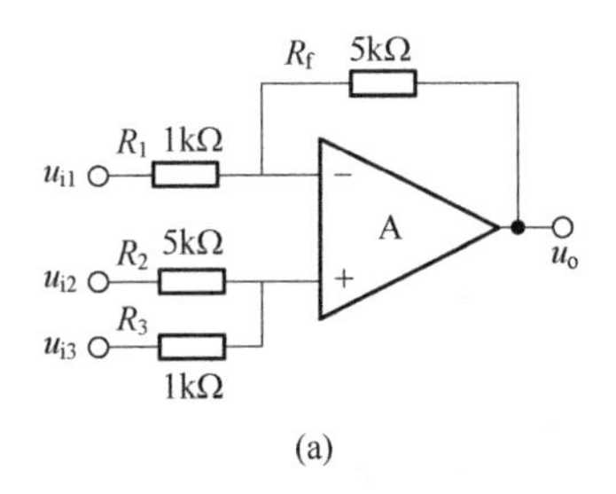

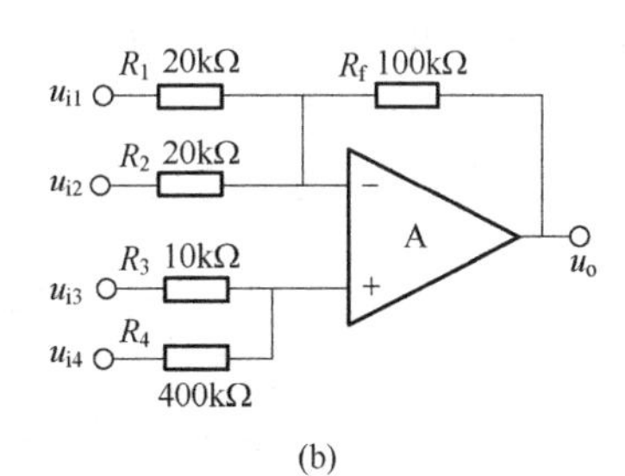

图 P6.8　题 6.4 电路图

6.5　如图 P6.9 所示，图中集成运放均为理想运放，试分别求出它们的输出电压 u_o 与输入电压 u_{i1}、u_{i2} 的关系表达式。

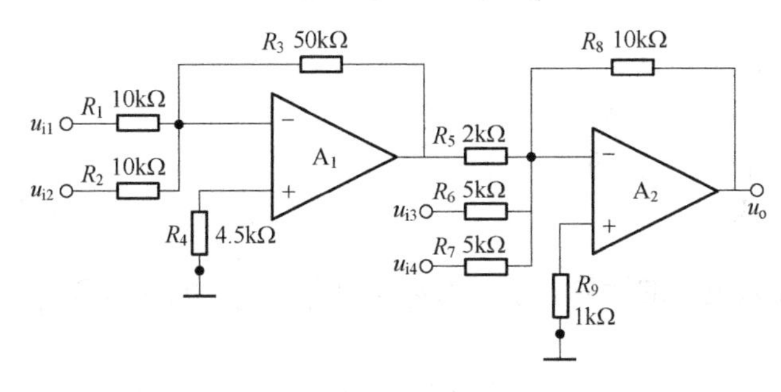

图 P6.9　题 6.5 电路图

6.6　如图 P6.10 所示，图中集成运放均为理想运放，试分别求出它们的输出电压与输入电压的函数关系。

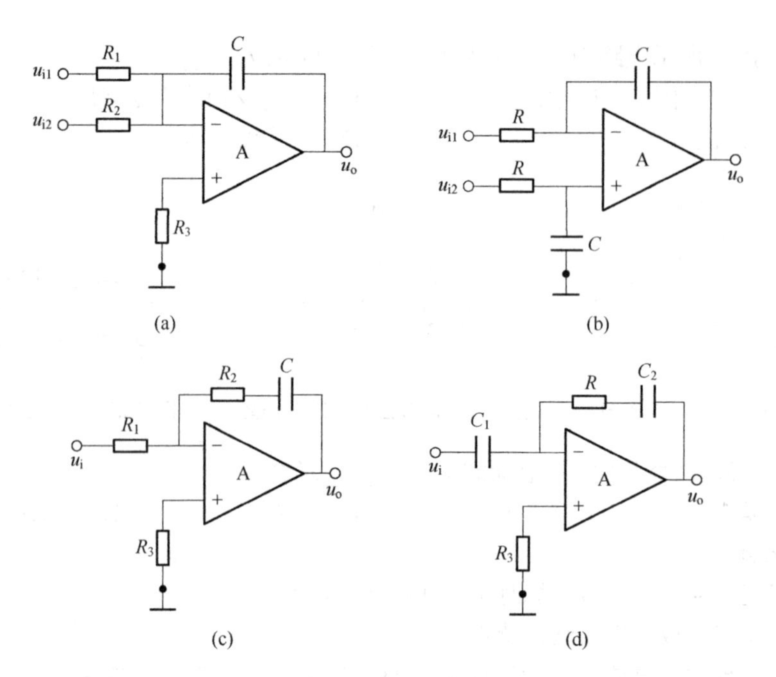

图 P6.10 题 6.6 电路图

6.7 如图 P6.11 所示电路中，两级运放具有理想特性，已知输入电压 $u_{i1}=-0.11\text{V}$，$u_{i2}=0.44\text{V}$，输出电压的初值 $u_o(0)=1\text{V}$ 。求解：

（1）u_{i1}、u_{i2} 与 u_{o1} 的关系。

（2）信号为 1s 时，输出电压为 3V，则 R_4 为多少?

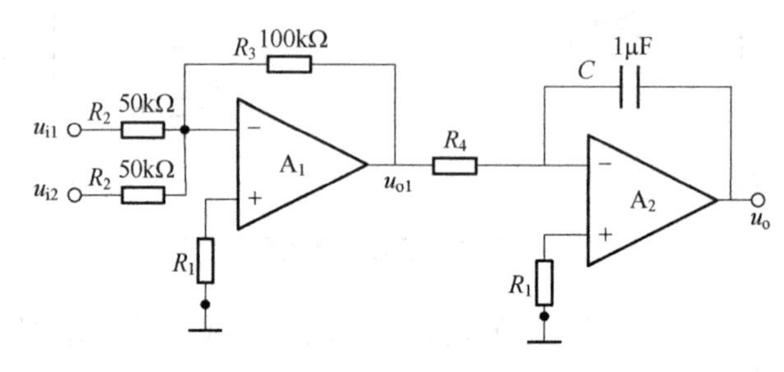

图 P6.11 题 6.7 电路图

6.8 如图 P6.12 所示的运算放大器，试求：

（1）指出各运放电路 A_1、A_2、A_3 的功能。

（2）求出输出电压 u_{o1}、u_{o2} 和 u_o 的表达式。

6.9 在自动控制系统中常采用如图 P6.13 所示的 PID（比例-微分-积分）调节器，该调节器的输出电压与输入电压的运算关系式为 $u_o=-\left(\dfrac{R_2}{R_1}+\dfrac{C_1}{C_2}\right)u_i-R_2C_1\dfrac{\mathrm{d}u_i}{\mathrm{d}t}-\dfrac{1}{R_1C_2}\int u_i\mathrm{d}t$ 。

（1）当 $C_1=5\mu\text{F}$，$C_2=1\mu\text{F}$ 时，想要实现 $u_o=-7u_i-0.02\dfrac{\mathrm{d}u_i}{\mathrm{d}t}-20\int u_i\mathrm{d}t$，$R_1$、$R_2$ 的阻值应该怎样选取？

（2）当 $R_2=0$ 时，调节器应该称为什么调节器？

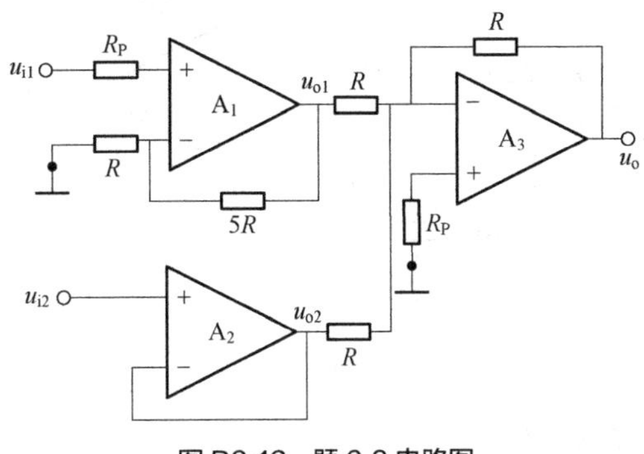

图 P6.12 题 6.8 电路图

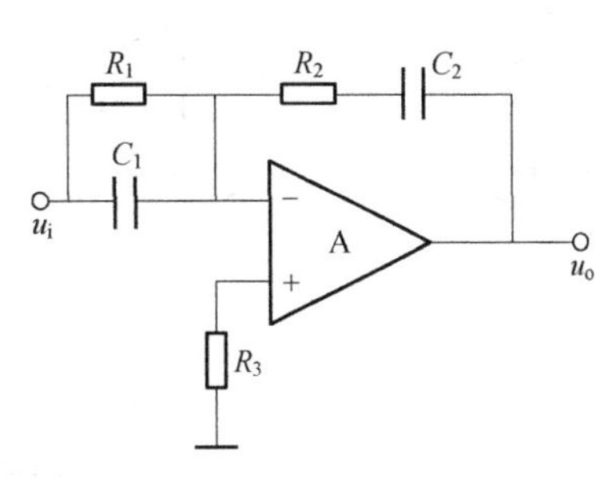

图 P6.13 题 6.9 电路图

6.10 如图 P6.14 所示，求输出电压 u_o 与输入电压 u_{i1}、u_{i2} 的关系表达式。

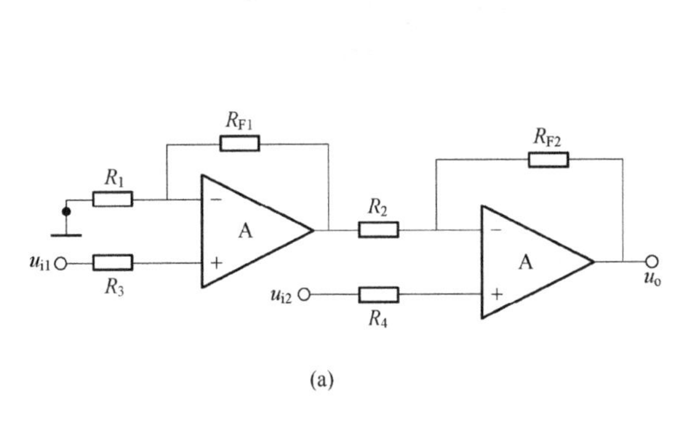

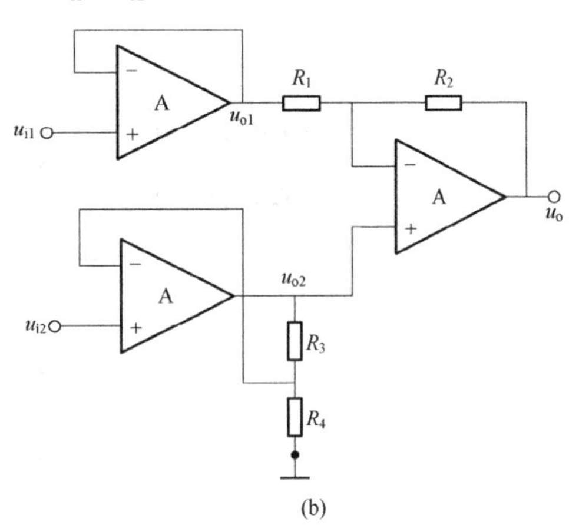

图 P6.14 题 6.10 电路图

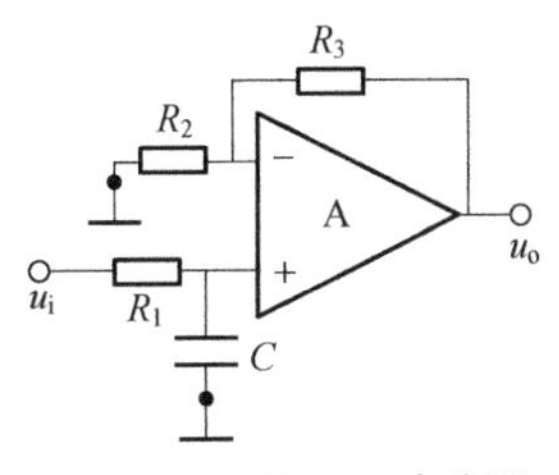

图 P6.15 题 6.11 电路图

6.11 求解各电路输出电压与输入电压的关系，电路如图 P6.15 所示，试分析：

（1）该电路为何种滤波电路？

（2）电路的通带增益和截止频率？

（3）电路的传递函数？

6.12 如图 P6.16 所示各电路属于哪种类型的滤波电路？是几阶滤波电路？

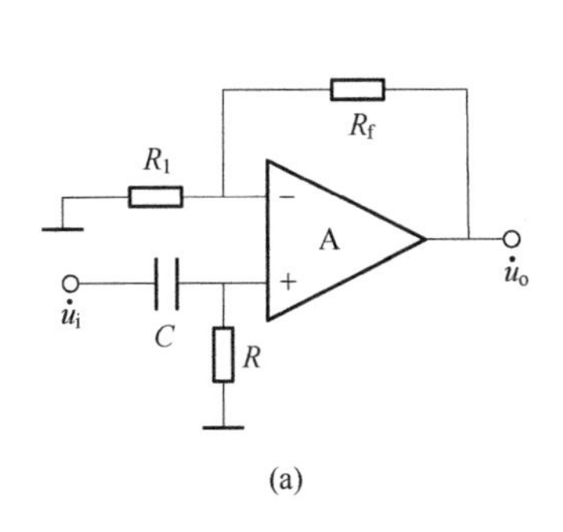

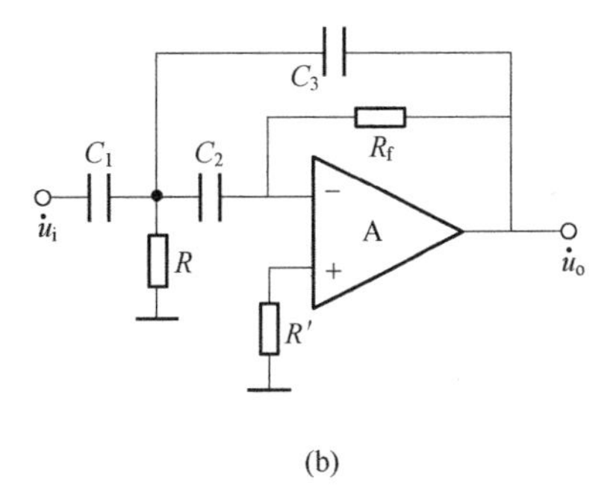

图 P6.16

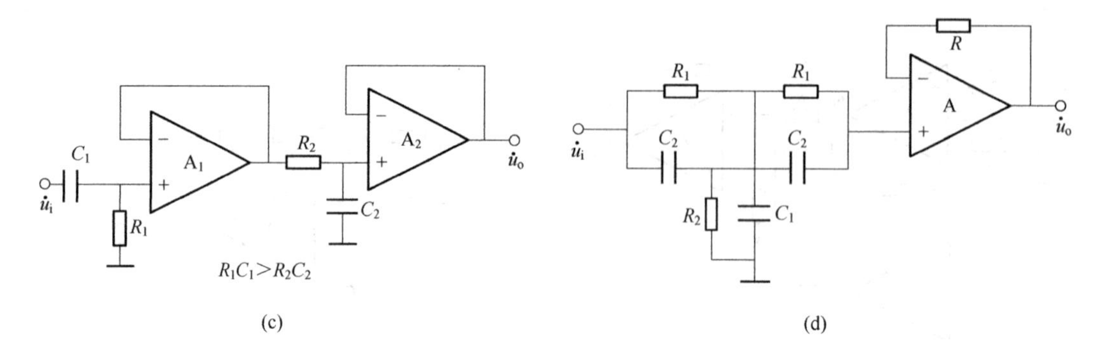

图 P6.16　题 6.12 电路图

6.13　分别推导图 P6.17 所示电路的传递函数，分析其属于哪种类型的滤波电路。

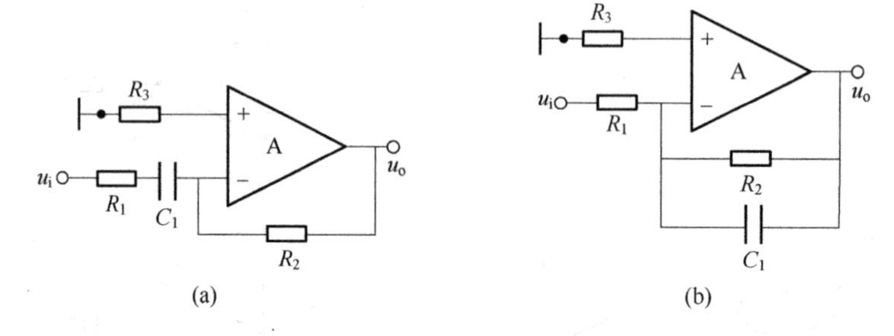

图 P6.17　题 6.13 电路图

第7章
波形的发生电路及信号的转换电路

导引——石英振荡器

研究发现，石英晶体有一个很重要的特性，即给它通电，它就会产生机械振荡，反之，如果给它机械力，它又会产生电，该特性称为压电效应。石英振荡器（晶振）是利用电信号频率等于石英晶片固有频率时，晶片因压电效应而产生谐振现象的原理制成的稳频选频器件，如图 7.0.1 所示。高性能的石英晶振广泛应用在卫星通信、导弹测控、雷达、无线通信、遥控、遥测、导航、工业自动控制及移动电话、笔记本电脑设备中，还可作为对温度、压力和重量等的敏感元件。

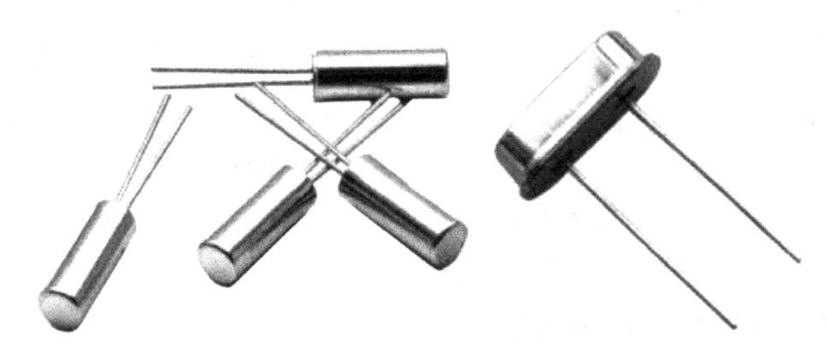

图 7.0.1　石英晶振

在工程实际中，采用的各种类型的信号发生电路，就其波形而言，所产生的可能是正弦波信号，也可能是非正弦波信号。例如在通信、广播和电视系统中，都需要射频（高频）发射，这里的射频波就是载波，它把音频（低频）、视频信号或脉冲信号载运出去，这就需要产生高频信号的振荡电路。又比如在工农业生产和生物医学工程中，高频感应加热、熔炼、淬火，超声波焊接、超声诊断和核磁共振成像等，都需要用功率或大或小、频率或高或低的振荡器。同样，非正弦波信号（矩形波、三角波等）发生器在测量设备、仪器仪表、数字通信和自动控制系统中的应用也日益广泛。

正弦波或非正弦波是如何产生的，有关波形发生和信号转换电路的组成原则、工作原理以及主要参数，让我们一起来研究。

7.1　正弦波发生电路

一个放大电路如果在没有外接信号的情况下，在输出端仍产生一定幅度、一定频率的信号输出，则把这种现象称为自激振荡。正弦波发生电路则是在电路没有输入信号的情况下，产生正弦波输出的电路。该类型的电路，振荡频率范围很宽，从零点几赫到几百兆赫，输出功率可以从几毫瓦到几十千瓦。它广泛应用于量测、遥控、通信、自动控制、热处理和超声波电焊等加工设备中，也作为模拟电子电路的测试信号。下面将从电路的种类、组成及工作原理方面进行介绍。

7.1.1 概述

负反馈放大电路中，当反馈满足一定条件的时候，电路就会产生自激振荡。在负反馈放大电路中，如果产生自激振荡，将会使放大电路不能正常工作，因此，一定要想方设法地消除它。而即将讨论的正弦波发生电路，恰恰是利用了自激振荡。如何在没有外接输入的情况下，产生输出信号，需要满足什么条件？

7.1.1.1 正弦波振荡产生的条件

图 7.1.1 所示电路中，$\dot{A}$ 是放大电路的放大倍数。$\dot{F}$ 是反馈电路的反馈系数。输入信号电压（设为正弦量）为 $\dot{U}_\mathrm{i}$，输出电压为 $\dot{U}_\mathrm{o}$。将输出信号反馈到输入端，反馈电压为 $\dot{U}_\mathrm{f}$，请注意：与负反馈放大电路中的自激振荡不同，这里的反馈信号送到比较环节输入端为“+”号，即把电路接成正反馈系统，而且输入信号为零，此反馈信号完全等于净输入信号，从而形成了在放大电路的输入端不外接信号的情况下，输出端仍有一定频率和幅度的正弦波信号输出，就形成了自激振荡。振荡电路的输入信号是从放大电路的输出端反馈回来的，即 $\dot{U}_\mathrm{i}'$。因为 $\dot{U}_\mathrm{i}'=\dot{F}\dot{U}_\mathrm{o}=\dot{A}\dot{F}\dot{U}_\mathrm{i}'$，所以，自激振荡的条件是 $\dot{A}\dot{F}=1$，可以分别用幅度平衡条件和相位平衡条件来表示：

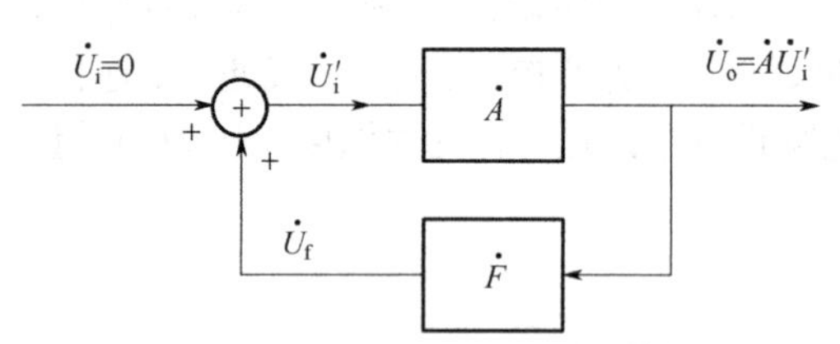

图 7.1.1 正弦波振荡电路的方框图

（1）相位平衡条件：$\arctan\dot{A}\dot{F}=\varphi_A+\varphi_F=\pm 2n\pi(n=0,1,2\cdots)$

相位平衡条件表明，反馈电压 $\dot{U}_\mathrm{f}$ 与净输入电压 $\dot{U}_\mathrm{i}'$ 要同相，即必须是正反馈。

（2）幅度平衡条件：$\left|\dot{A}\dot{F}\right|=1$

幅度平衡条件表明，要有足够的反馈量，当反馈电压等于所需的输入端电压，且相位相同时，振荡电路就可以稳定工作。如果反馈电压太小，也不能起振。但满足这一条件并不能使电路产生从无到有的振荡。因为电路接通电源时，开始没有振荡信号，它只能靠电路中的噪声或电压的起伏等微弱激励信号，在 $\left|\dot{A}\dot{F}\right|>1$ 的情况下，经过环路由小到大的放大，逐步建立起稳定的振荡。因此，正弦波振荡电路要激励起振荡，必须要求电路满足 $\left|\dot{A}\dot{F}\right|>1$ 的起振条件。

电路起振后，由于电路的 $\left|\dot{A}\dot{F}\right|>1$，振荡幅度逐渐增大，但不会无限地增大，因为电路中非线性元件的限制，电压放大倍数 $\dot{A}$ 将降低，使 $\left|\dot{A}\dot{F}\right|$ 值逐渐下降，最后达到 $\left|\dot{A}\dot{F}\right|=1$ 时，振荡电路处于稳幅振荡状态，输出电压的幅度达到稳定。

综上所述，自激振荡的条件是：起振条件是 $\left|\dot{A}\dot{F}\right|>1$，稳定振荡条件是 $\left|\dot{A}\dot{F}\right|=1$，相位条件必须是正反馈。

7.1.1.2 正弦波振荡电路的组成

由上面的分析可知，正弦波振荡电路一定包含放大电路和正反馈网络两部分。此外，为了得到单一频率的正弦波，并且使振荡电路稳定，电路中还应包含选频网络和稳幅环节。因此正弦波振荡电路应有下述四大基本组成部分。

（1）放大电路

放大电路的作用是放大微小的信号，它对信号放大的能力由A来反映。常用的放大电路有共发射极放大电路、差分放大电路和集成运算放大电路等。

（2）正反馈网络

正反馈网络的作用是提供反馈信号，反馈信号的大小由反馈系数$\dot{F}$来决定，并保证在某频率上引入正反馈。

（3）选频网络

为了获得单一频率的正弦波，必须有选频网络。其功能是从很宽的频率信号中选择出单一频率的信号通过选频网络，而将其他频率的信号进行衰减。选频网络由R、C和L、C等元件组成，常用的有RC选频网络、LC选频网络和石英晶体选频网络等。选频网络可以单独存在，但在一些实用电路中，常将选频网络和正反馈网络结合在一起，即正反馈网络是选频网络的一部分。

（4）稳幅环节

稳幅环节的作用是使输出信号幅值稳定和抑制振荡中产生的谐波，对稳幅要求较高的振荡电路中需要外加专门的稳幅电路，而一般情况是靠放大电路中的非线性元件的非线性来实现稳幅的，即放大电路也承担着稳幅的作用。

7.1.1.3 正弦波振荡电路的类型

根据选频网络所选用的元件不同，正弦波振荡电路一般分为以下三种类型。

（1）RC振荡电路

选频网络由R、C元件组成，根据选频网络的结构和R、C连接形式的不同，又分为桥式（RC串并联网络）、移相式和双T式等常用的RC振荡电路。RC振荡电路的工作频率较低，一般为几赫至几百千赫，它们的直接输出功率较小，常用于低频电子设备中。

（2）LC振荡电路

选频网络由L、C元件组成，根据选频网络的结构和L、C连接形式的不同，又分为变压器反馈式、电感三点式和电容三点式等常用的LC振荡电路。LC振荡电路的工作频率较高，可以产生几十兆赫以上的正弦波信号，它们可以直接给出较大的输出功率，常用于高频电子电路或设备中。

（3）石英晶体振荡电路

石英晶体振荡电路选用石英晶体作选频网络，主要有并联型和串联型石英晶体振荡电路。石英晶体振荡电路的工作频率一般在几十千赫以上，它的频率稳定度较高，多用于时基电路和测量设备中。

7.1.1.4 正弦波振荡电路的分析步骤

（1）分析电路的结构

① 检查电路的基本组成，看电路是否包括放大电路、反馈网络、选频网络和稳幅环节。

② 检查放大电路直流通路，看静态工作点是否合适。

③ 检查交流通路，看信号能否输入、输出和放大，即能否保证放大电路正常工作。

（2）判断电路是否满足自激振荡的相位平衡条件

判断相位平衡条件采用瞬时极性法，沿着放大和反馈环路判别反馈的性质，如果是正则满足相位平衡条件，否则不满足相位平衡条件。具体的判断步骤是：

① 断开反馈回路与放大电路输入端的连接点，在断开点处加频率为 f_0 的输入信号 $\dot{U}_\mathrm{i}$，经放大电路和反馈回路求反馈信号 $\dot{U}_\mathrm{f}$，根据放大电路和反馈网络的相频特性，确定 $\dot{U}_\mathrm{f}$ 与 $\dot{U}_\mathrm{i}$ 之间的相位关系。

② 如果 $\dot{U}_\mathrm{f}$ 与 $\dot{U}_\mathrm{i}$ 在某一频率 f_0 下相位相同，则电路满足相位平衡条件，否则不满足相位平衡条件。

（3）判断电路是否满足自激振荡的幅度条件

在判断电路已经满足相位平衡条件的前提下，分别求解电路的 $\dot{A}$ 和 $\dot{F}$，然后判断 $\left|\dot{A}\dot{F}\right|$ 是否大于 1，只有在满足相位平衡条件的情况下，判断幅度条件才有意义。

（4）振荡频率和起振条件的估算

振荡频率由相位平衡条件所决定。如果电路在某一个特定频率 f_0 时满足相位平衡条件，$\arctan\dot{A}\dot{F}=\varphi_A+\varphi_F=\pm 2n\pi$，则该频率为振荡频率。为了计算振荡频率，需要画出断开反馈信号至放大电路的输入端点后的交流等效电路，写出回路增益 $\dot{A}\dot{F}$ 的表示式。令 $\varphi_A+\varphi_F=\pm 2n\pi$，根据该式即可求得满足该条件的频率 f_0，此 f_0 即为振荡频率。令 $f=f_0$ 时 $\left|\dot{A}\dot{F}\right|$ 的值大于 1，即得起振条件。

7.1.2 *RC* 正弦波振荡电路

RC 正弦波振荡电路的选频网络由电阻和电容组成，实用的 *RC* 正弦波振荡电路有很多种类，但是最具有代表性的是 *RC* 桥式正弦波振荡电路，也被称为文氏桥振荡电路。本节讨论它的电路组成、工作原理以及振荡频率。

7.1.2.1 *RC* 串并联选频网络

将电阻 R_1 与电容 C_1 串联、电阻 R_2 与电容 C_2 并联组成的网络称为 *RC* 串并联选频网络，如图 7.1.2 所示。在实际电路中，为了便于调整参数，通常令 $R_1=R_2=R$，$C_1=C_2=C$。

由图 7.1.2 可以推导出：

$$\dot{F}=\frac{\dot{U}_\mathrm{f}}{\dot{U}_\mathrm{o}}=\frac{R//\left(-\mathrm{j}\dfrac{1}{\omega C}\right)}{R-\mathrm{j}\dfrac{1}{\omega C}+\left[R//\left(-\mathrm{j}\dfrac{1}{\omega C}\right)\right]} \tag{7.1.1}$$

整理可得：

$$\dot{F}=\frac{1}{3+\mathrm{j}\left(\omega RC-\dfrac{1}{\omega RC}\right)} \tag{7.1.2}$$

令 $\omega_0=\dfrac{1}{RC}$，则：

$$\dot{F}=\frac{1}{3+\mathrm{j}\left(\dfrac{\omega}{\omega_0}-\dfrac{\omega_0}{\omega}\right)} \tag{7.1.3}$$

RC 串并联选频网络的幅频特性为：

$$\left|\dot{F}\right|=\frac{1}{\sqrt{3^2+\left(\dfrac{\omega}{\omega_0}-\dfrac{\omega_0}{\omega}\right)^2}} \tag{7.1.4}$$

相频特性为：

$$\varphi_F = -\arctan\left[\frac{1}{3}\left(\frac{\omega}{\omega_0} - \frac{\omega_0}{\omega}\right)\right] \tag{7.1.5}$$

RC 串并联选频网络的幅频特性和相频特性如图 7.1.3 所示。

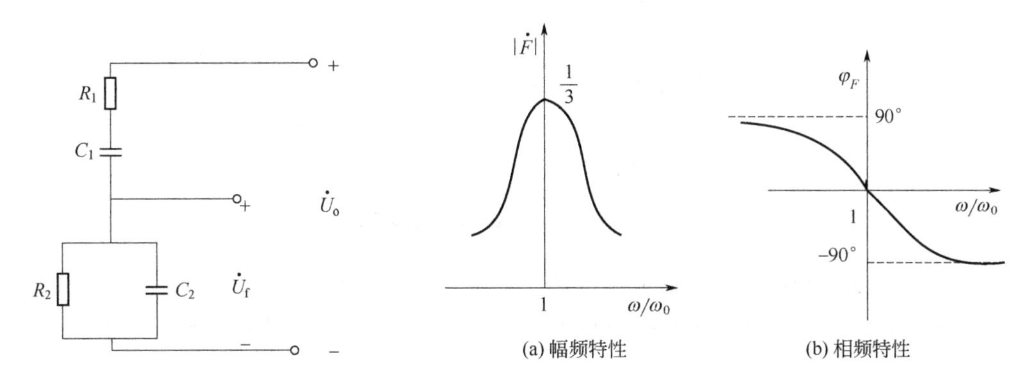

图 7.1.2　*RC* 串并联选频网络的电路

图 7.1.3　*RC* 串并联网络的幅频特性和相频特性

由式（7.1.4）和式（7.1.5）可得，在 $\omega = \omega_0$ 处，即：

$$f = f_0 = \frac{1}{2\pi RC} \tag{7.1.6}$$

有：

$$|\dot{F}| = \frac{1}{3} \tag{7.1.7}$$

$$\varphi_F = 0^\circ \tag{7.1.8}$$

不难看出，当 $f = f_0 = \dfrac{1}{2\pi RC}$ 时，$\left|\dfrac{\dot{U}_f}{\dot{U}_o}\right| = \dfrac{1}{3}$ 达到最大值，$\dot{U}_f$ 与 $\dot{U}_i$ 同相。利用 RC 串并联网络的这一特性，可以构成 RC 正弦波振荡电路。

7.1.2.2　*RC* 正弦波振荡电路的组成

RC 桥式振荡电路如图 7.1.4 所示，其中 RC 串并联网络构成振荡电路的选频网络，同时它又是正反馈网络，R_1、R_f 及运放组成同相比例放大器，放大倍数为 $A = 1 + \dfrac{R_f}{R_1}$。RC 串并联网络的串联支路与并联支路以及负反馈电路中的电阻正好组成一个电桥的四个桥臂，因此这个电路又叫文氏桥振荡电路。由 RC 串并联网络的选频特性可知，当 $f = f_0 = \dfrac{1}{2\pi RC}$ 时，其相移 $\varphi_F = 0^\circ$ 为满足振荡电路的相位条件，即 $\varphi_A + \varphi_F = 2n\pi$，要求放大器的相移 φ_A 也为 0°。所以放大器采用了同相比例放大。

为满足振荡电路的幅值平衡条件，还要求 $|\dot{A}\dot{F}| > 1$，当 $f = f_0 = \dfrac{1}{2\pi RC}$ 时，$\dot{F}$ 的幅值最大，为 $\left|\dfrac{\dot{U}_f}{\dot{U}_o}\right| = \dfrac{1}{3}$，因此，振荡电路的起振条件为 $|\dot{A}| > 3$，同相比例运放的放大倍数，即 $A = 1 + \dfrac{R_f}{R_1} > 3$。

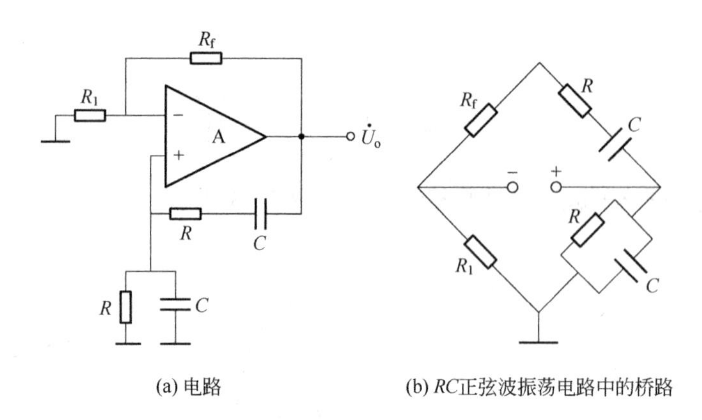

(a) 电路　　(b) RC正弦波振荡电路中的桥路

图 7.1.4　RC 正弦波振荡电路

同时要注意到：电阻的选取要合理，特别是 R_f 的取值不能太大，否则会造成$|\dot{A}|$的值过大，振荡幅度过大而进入放大电路的非线性区，输出波形产生明显失真。一般情况下，R_f 取值应略大于 $2R_1$ 。

通常利用二极管或稳压管的非线性特性以及热敏电阻等元件的非线性特性，来自动地稳定振荡器输出的幅度。

如图 7.1.5（a）所示，在 R_1 的两端并联两个二极管 VD_1、VD_2 来稳定振荡器输出 u_o 的幅度。当振荡幅度较小时，流过二极管的电流较小，二极管的等效电阻增大，如图 7.1.5（b）中的 A、B 点，放大倍数增大；同理，当振荡幅度较大时，流过二极管的电流较大，二极管的等效电阻减小，如图 7.1.5（b）中的 C、D 点，放大倍数减小，从而达到稳幅的目的。

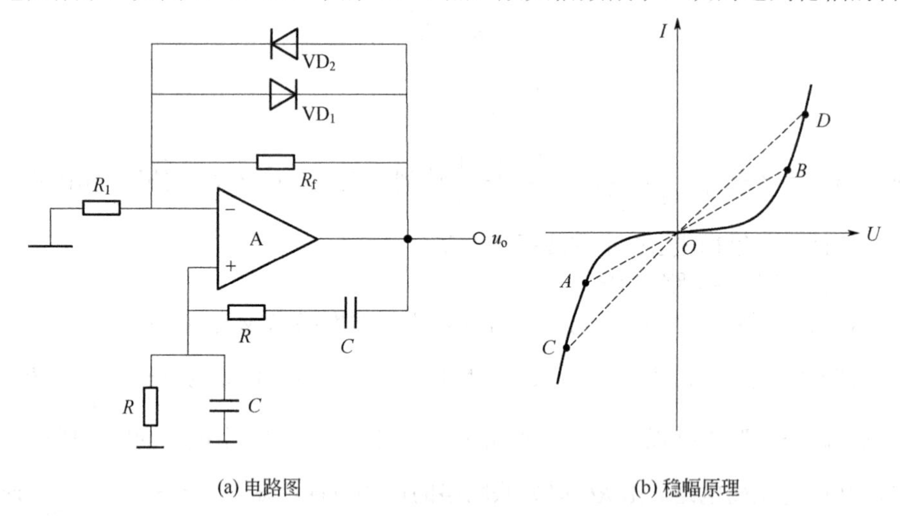

(a) 电路图　　(b) 稳幅原理

图 7.1.5　具有二极管稳幅的 RC 正弦波振荡电路

当选用热敏电阻稳幅时，方法之一是选择负温度系数的热敏电阻 R_f 作为反馈电阻。当输出电压 u_o 的幅值增加时，R_f 的功耗增加，温度上升，阻值下降，使放大倍数下降，输出电压 u_o 的幅值随之下降。合理选择参数，可使输出电压的幅值基本稳定，且波形失真较小。

在上述 RC 正弦波振荡电路中，利用双联电位器或双联电容，只要改变电阻或电容的值，就可以调节振荡频率，利用双层波段开关换接不同容量的电容对振荡频率进行粗调，再利用同轴电位器进行振荡频率的细调，如图 7.1.6 所示。很多频率可调的音频振荡电路采用这种形式。

RC 正弦波振荡电路的振荡频率一般不超过 1MHz。这主要是由于 RC 正弦波振荡电路的振荡频率与 R、C 的乘积成反比，振荡频率越高，要求 R、C 的值越小，R 的减小将加重放大器的负担，电容 C 太小将使振荡频率受寄生电容的影响而不稳定。此外普通集成运放的带宽也限制了振荡频率的提高。

【例 7.1.1】 一个文氏桥振荡器如图 7.1.7 所示，接通电源后，不能产生振荡，请分析问题产生的原因。

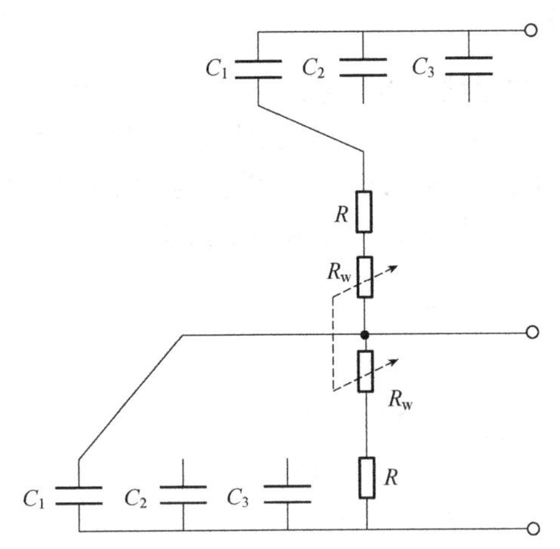

图 7.1.6　振荡频率可调的 RC 串并联选频网络

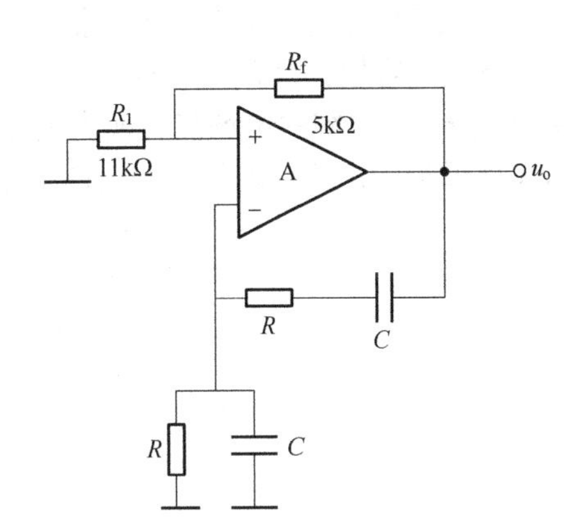

图 7.1.7　例 7.1.1 电路图

【解】 该电路不能产生振荡有两个位置需要改正：

① 电阻 R_f 与 R_1 的位置反了，需互换；

② 集成运放输入端的正、负极性反了，需颠倒过来。

【例 7.1.2】 在图 7.1.6 中，如果电容的取值分别为 0.02μF、0.2μF、2μF，电阻 $R=30\Omega$，电位器 $R_W=10k\Omega$。试分析振荡频率 f_0 的调节范围。

【解】 根据 $f_0=\frac{1}{2\pi RC}$，代入已知条件，则可以得到：

$$f_{0max}=\frac{1}{2\pi RC_{min}}=\frac{1}{2\pi\times30\times0.02\times10^{-6}}\times10^{-3}\approx265(kHz)$$

$$f_{0min}=\frac{1}{2\pi(R+R_W)C_{max}}=\frac{1}{2\pi\times(30+10\times10^3)\times2\times10^{-6}}\approx7.94(Hz)$$

因此，f_0 的调节范围为 7.94Hz～265kHz。

7.1.3 LC 正弦波振荡电路

LC 正弦波振荡电路与 RC 桥式正弦波振荡电路的组成原则，在本质上是相同的。只是选频网络采用 LC 电路。在 LC 振荡电路中，当 $f=f_0$ 时放大电路的放大倍数数值最大，而其余频率的信号均被衰减到零。引入正反馈后，反馈电压作为放大电路的输入电压，以维持输出电压，从而形成正弦波振荡。因为 LC 正弦波振荡电路的振荡频率较高，所以放大电路多采用分立元件电路。必要时还应采用共基极电路，也可采用宽频带集成运放。根据反馈方式的不同，LC 正弦波振荡电路又分为变压器反馈式、电感反馈式和电容反馈式三种。

下面首先讨论 LC 网络是如何进行选频的。

7.1.3.1 LC选频网络

(1) LC 并联回路的频率特性

常见的 LC 正弦波振荡电路中的选频网络多采用 LC 并联电路。图 7.1.8（a）所示为理想网络，不考虑电路中的损耗，谐振频率为：

$$f_0 = \frac{1}{2\pi\sqrt{LC}} \tag{7.1.9}$$

当信号频率较低时，电容的容抗很大，网络呈电感性。当信号频率较高时，电感的感抗很大，网络呈电容性。只有当信号频率为某一频率 f_0 时，网络呈现纯阻性，且阻抗最大，此时产生电流谐振，电容的电场能转换为电感的磁场能，电感的磁场能再转换为电容的电场能。若不考虑外界损耗，两种能量无止境地互相转换，形成振荡，稳定输出正弦波。

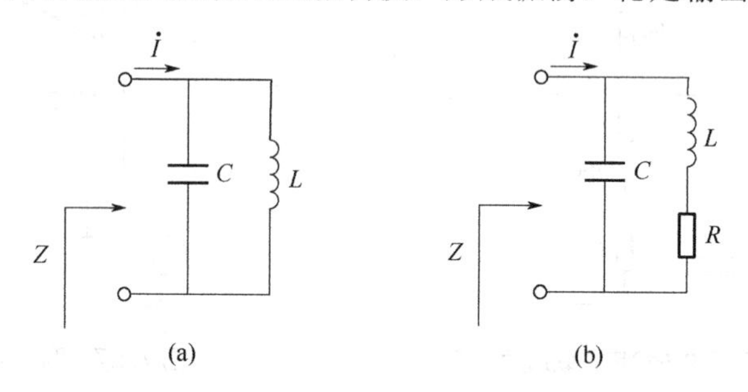

图 7.1.8 LC 并联网络

实际上，LC 并联网络总是存在损耗的，如电感线圈、导线等都有损耗，若把各种损耗等效为电阻 R 与电感 L 串联，电路如图 7.1.8（b）所示。

由图 7.1.8（b）可得到网络的等效阻抗为：

$$Z = (R + \mathrm{j}\omega L) // \left(-\mathrm{j}\frac{1}{\omega C}\right) \tag{7.1.10}$$

一般来讲有 R 远小于 $\mathrm{j}\omega L$，则式（7.1.10）可以简化为：

$$Z \approx \frac{\mathrm{j}\omega L \times \left(-\mathrm{j}\frac{1}{\omega C}\right)}{R + \mathrm{j}\omega L - \mathrm{j}\frac{1}{\omega C}} = \frac{\frac{L}{C}}{R + \mathrm{j}\omega L - \mathrm{j}\frac{1}{\omega C}} \tag{7.1.11}$$

当 $\omega L = \frac{1}{\omega C}$ 时，阻抗的虚部等于零，呈纯阻性，电压与电流同相，发生并联谐振，谐振角频率 ω_0 为：

$$\omega_0 = \frac{1}{\sqrt{LC}} \tag{7.1.12}$$

将式（7.1.12）代入式（7.1.11），网络呈纯阻性，即：

$$Z_0 \approx \frac{L}{RC} = Q\omega_0 L = \frac{Q}{\omega_0 C} \tag{7.1.13}$$

式中，$Q=\dfrac{\omega_0 L}{R}=\dfrac{\sqrt{\dfrac{L}{C}}}{R}$，被称为$LC$并联回路的品质因数，是评价回路损耗大小的指标，一般在几十到几百之间。

Z的表达式可以写为：

$$Z=\frac{\dfrac{L}{C}}{R+\mathrm{j}\omega L-\mathrm{j}\dfrac{1}{\omega C}}=\frac{Z_0}{1+\mathrm{j}Q\left[1-\left(\dfrac{\omega}{\omega_0}\right)^2\right]} \tag{7.1.14}$$

由此可以画出不同Q值时，LC并联电路的幅频特性及相频特性，如图7.1.9所示。可以看出$Q_1>Q_2$。Q越大，说明回路的损耗越小，谐振特性越好。在振荡频率相同的情况下，电容越小，电感越大，品质因数、回路的选频特性越好。

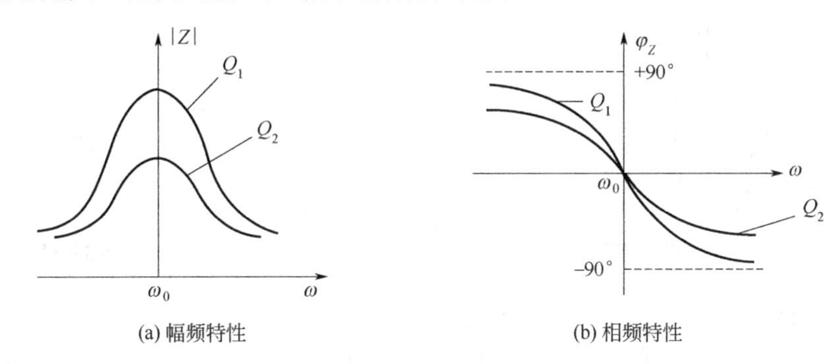

(a) 幅频特性　　(b) 相频特性

图7.1.9　LC并联电路的幅频特性和相频特性

谐振时，LC并联电路的输入电流$\dot{I}$与流过电容和电感的电流$\dot{I}_C$、$\dot{I}_L$的关系为：

$$\dot{U}=\dot{I}Z_0=\dot{I}\frac{Q}{\omega_0 C} \tag{7.1.15}$$

通常$Q\gg 1$，因此：

$$I_C=I_L=QI \tag{7.1.16}$$

可见，谐振时LC并联电路的输入电流比流过电容和电感的电流$\dot{I}_C$、$\dot{I}_L$小得多，即$\dot{I}$的影响可忽略。

从以上分析可以得到如下结论：

① LC并联网络具有选频特性。当$f=f_0$时，电路为纯阻性，等效阻抗最大；当$f\neq f_0$时，Z的值大大减少，当$f<f_0$时，电路为感性，当$f>f_0$时，电路为容性。故可将频率为f_0的正弦信号选择出来。

② 电路的品质因数Q越大，幅频特性越尖锐，选择性越好，同时Z_0越大。故要提高选择性，可以通过减小损耗电阻R或电容C，或提高电感L来实现。

（2）选频放大电路

选频放大电路如图7.1.10所示。

若把共发射极电路中的集电极负载电阻R_c换成LC并联回路，则放大倍数为：

$$\dot{A}_u=\frac{\dot{U}_\mathrm{o}}{\dot{U}_\mathrm{i}}=-\frac{\beta R_\mathrm{c}}{r_\mathrm{be}}=-\frac{\beta Z}{r_\mathrm{be}} \tag{7.1.17}$$

根据 LC 并联回路的频率特性可知，当信号频率为 f_0 时，并联回路的阻抗最大，即放大倍数最大，且输出电压与集电极电流之间没有附加相移。对于其余频率的信号，不仅放大倍数会降低，且有附加相移。由此分析可知，电路具有选频功能，称为选频放大电路。

7.1.3.2 变压器反馈式振荡电路

LC 正弦波振荡电路中引入正反馈最简单的方法就是采用变压器反馈方式，如图 7.1.11 所示。电路中 C_b 和 C_e 分别是耦合电容和旁路电容，容量较大，在谐振时视为短路。

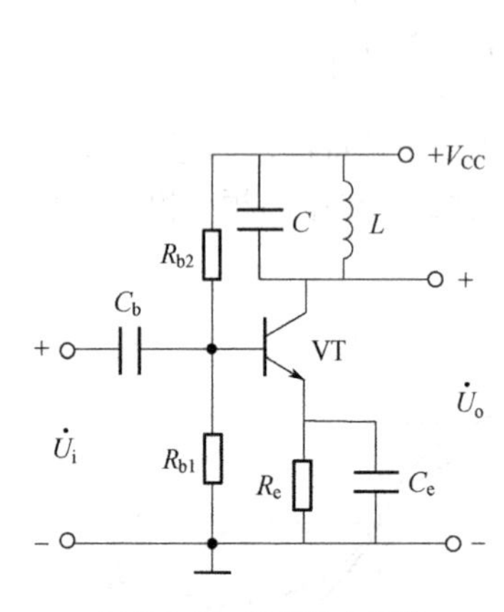

图 7.1.10 选频放大电路

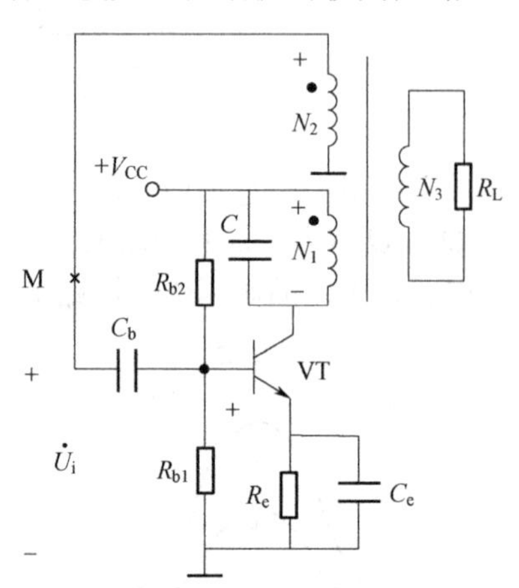

图 7.1.11 变压器反馈式振荡电路

对于图 7.1.11 所示的电路，判断能否振荡，具体步骤如下。

① 首先观察电路，具有基本放大电路（共发射极方式）、反馈网络（变压器反馈）、选频网络（LC 并联回路）及稳幅环节（晶体管的非线性特性）四个部分。

② 判断放大电路能否正常工作。图中放大电路采用分压式静态工作点稳定电路，可以设置合适的静态工作点，交流通路中信号传递过程中无开路或短路现象，能够正常放大。

③ 判断电路是否满足相位平衡条件。采用瞬时极性法，如图 7.1.11 所示，基本放大电路是共发射极方式，信号从基极输入，反馈信号也是送到基极。断开反馈端 M 点，假设在基极输入一个频率为 f_0 的信号，对地瞬时极性为“+”，共发射极电路集电极的极性为“−”；观察变压器 N_1 和 N_2 的同名端可知，反馈电压的极性也为“+”，与输入信号极性相同，满足振荡的相位条件，有可能产生正弦波振荡。

④ 电路的起振条件需要 $|\dot{A}\dot{F}|>1$，在这里只需要选用 β 较大的管子（如 $\beta \geqslant 50$）或增加变压器原、副边之间的耦合程度（增加互感 M），或增加副边线圈的匝数，都可使电路易于起振。

⑤ 稳幅环节是利用晶体三极管 β 的非线性来实现的，随着电流变大，晶体三极管进入饱和区，β 值随之下降，从而使放大倍数降低，达到平衡条件 $\dot{A}\dot{F}=1$。

图 7.1.12 所示为变压器反馈式振荡电路的交流通路。

R 为 LC 谐振回路的总损耗，L_1 为考虑到 N_3 回路的等效电感，L_2 为副边电感，M 为 N_1 和 N_2 间的等效互感，$R_i = R_{b1}//R_{b2}//r_{be}$ 为放大电路的输入电阻。由图 7.1.12 可以推导出振荡频率为：

$$f_0 \approx \frac{1}{2\pi\sqrt{L_1'C}} \tag{7.1.18}$$

式中，$L_1' = L_1 - \dfrac{\omega_0^2 M^2}{R_i^2 + \omega_0^2 L_2^2} L_2$。

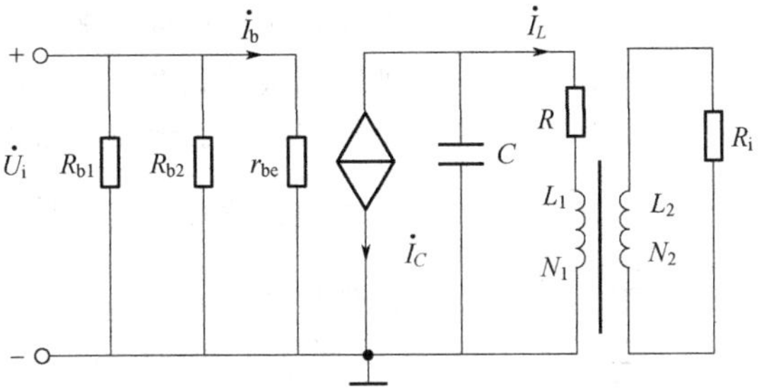

图 7.1.12　变压器反馈式振荡电路的交流通路

变压器反馈式振荡电路易于起振，输出波形很好，应用范围广泛。

7.1.3.3　电感反馈式振荡电路

LC 谐振电路除了变压器反馈式之外，还有电感反馈式和电容反馈式两种。电感反馈式振荡电路如图 7.1.13 所示。电路中仍采用静态工作点稳定电路作为放大电路，*LC* 并联回路作为反馈网络和选频网络，起振和稳幅由电路中晶体三极管 β 的非线性特性实现。此电路也叫哈特莱式或电感三点式。

电感三端的相位关系判断如下：在交流通路中，先假设三端分为头、中间和尾（头、尾可以互换），若头或尾接地，则中间端与另一端相位相同；若中间端接地，则头尾两端相位相反。依据以上的结论可以分析电感反馈式振荡电路中的反馈极性。在交流通路下，先断开 P 点，假设在基极加上频率为 f_0 且极性为"+"的信号，则集电极极性为"−"，由于在交流通路中电感三端中中间抽头接地，故头尾两端极性相反，下方端反馈极性为"+"，与输入信号极性相同，满足振荡的相位条件。

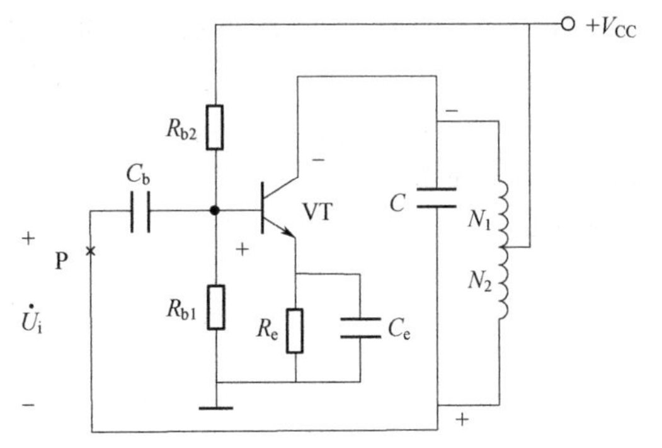

图 7.1.13　电感反馈式振荡电路

在空载下，电路的谐振频率为：

$$f_0 \approx \frac{1}{2\pi\sqrt{(L_1 + L_2 + 2M)C}} \tag{7.1.19}$$

式中，M 为 N_1 和 N_2 间的互感。

电感反馈式振荡电路的缺点是，反馈电压取自电感，对高频信号具有较大的电抗，输出电压波形中含有高次谐波，输出波形不理想。

7.1.3.4　电容反馈式振荡电路

为了解决电感反馈式振荡电路中输出波形中含有高次谐波的问题，把电感换成电容，电容换成电感，从电容上取电压，得到图 7.1.14 所示的电容反馈式振荡电路，也叫科皮兹式或电容三点式。

电容反馈式和电感反馈式一样，都具有 *LC* 并联回路，因此，电容 C_1、C_2 中的三个端点

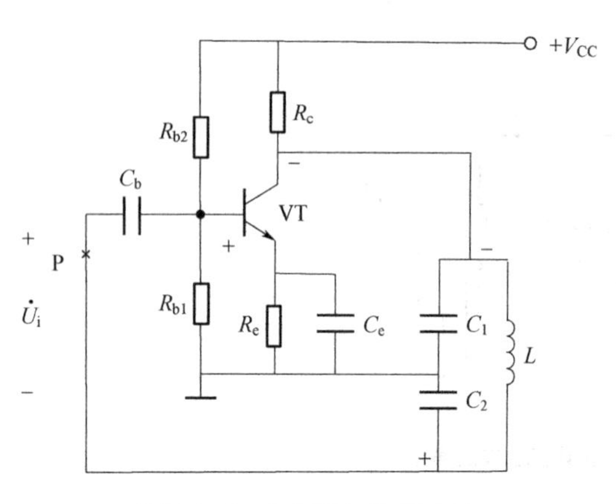

图 7.1.14 电容反馈式振荡电路

的相位关系和电感反馈式相似。设断开反馈端P点，同时在基极加入极性为“+”的信号，则得到晶体三极管集电极的信号极性为“−”，因为是中间抽头端接地，所以头尾端的电位极性相反，则尾端极性为“+”，与输入同相，即满足相位平衡条件。至于振幅平衡条件或起振条件，只要将管子的β值选得大一些，并恰当选取比值$\dfrac{C_2}{C_1}$，就有利于起振。

在空载状态下，电路的谐振频率为：

$$f_0 \approx \frac{1}{2\pi\sqrt{L\dfrac{C_1C_2}{C_1+C_2}}} \tag{7.1.20}$$

电容反馈式振荡电路的反馈电压是从电容C_2两端取出的，对高次谐波阻抗小，因而可将高次谐波滤除，所以输出波形好。实际中，在谐振回路L的两端并联一可调电容，可在小范围内调频。这种振荡电路的工作频率范围可从数百千赫到100MHz以上。

若要提高振荡频率，由式（7.1.20）可以看出，势必要减小C_1、C_2的电容量和L的电感量。实际上，当C_1、C_2减小到一定的程度，晶体三极管的极间电容和电路中的杂散电容将会纳入C_1、C_2中，影响振荡频率的稳定性。由于极间电容受温度影响，杂散电容又难以确定，为了稳定振荡频率，在设计电路时，在电感支路上串联一个小容量的电容，则可以消除极间电容和杂散电容对振荡频率的影响。改进电路如图7.1.15所示，C_i、C_o为等效的输入、输出电容。

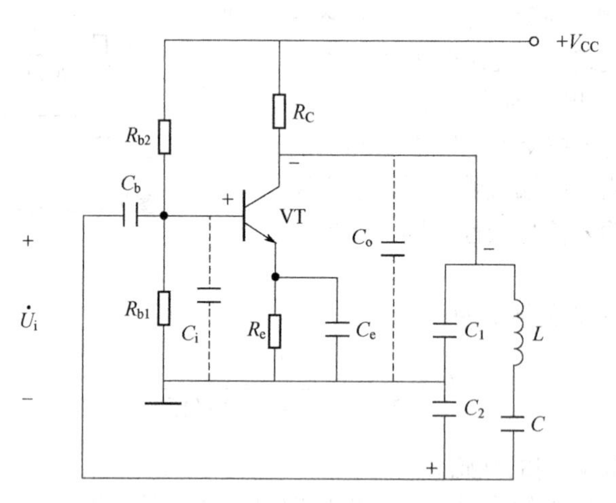

图 7.1.15 改进的电容反馈式振荡电路

LC并联回路中总等效电容为C'为

$$\frac{1}{C'} = \frac{1}{C} + \frac{1}{C_1'} + \frac{1}{C_2'} \tag{7.1.21}$$

式中，$C_1' = C_1 + C_o$，$C_2' = C_2 + C_i$。由于$C \ll C_1$、$C \ll C_2$，所以，$C_1' \approx C$，等效电容C'与C_1'、C_2'几乎无关。振荡频率为：

$$f_0 \approx \frac{1}{2\pi\sqrt{LC}} \tag{7.1.22}$$

与 LC 回路的其他两个电容 C_1、C_2 无关，则提高振荡频率时，只需要减小电容 C 即可，而不需要减小 C_1 和 C_2。若 C_1 和 C_2 远大于 C_i 和 C_o，则：

$$\begin{aligned} C_1' &= C_1 + C_o \approx C_1 \\ C_2' &= C_2 + C_i \approx C_2 \end{aligned} \tag{7.1.23}$$

由式（7.1.23）可以看出，输入输出电容对 LC 回路的影响可以忽略。

若要求电容反馈式振荡电路的振荡频率在 100MHz 以上，则可以考虑采用共基极放大电路，读者可自行分析。

7.1.4 石英晶体振荡电路

石英晶体振荡器（简称晶振）是用石英谐振器控制和稳定 f_0 的振荡电路，它的特点是振荡频率的稳定度很高。若用 RC 正弦波振荡电路则不难获得 0.1%的频率稳定度，这对于许多场合已足够高，例如袖珍计算器中的多位数字显示器。但是作为稳定的交流信号源，用 LC 正弦波振荡电路则更好一些，它的稳定度在相当长的时间内达到 0.01%，因此，它能满足无线电接收机和电视机的要求。然而在要求频率稳定度低于 10^{-5} 数量级的场合就必须采用晶振电路，它的稳定度是其他振荡电路所望尘莫及的。

7.1.4.1 石英谐振器的电特性

（1）石英谐振器的制作

石英谐振器是利用石英晶体（类似二氧化硅、玻璃等材料）的压电效应制成的谐振器件。首先将石英晶体按一定的方位角切割成薄片后抛光；然后在薄片的两个相对的表面上涂敷银层，作为两个金属极板；最后，在每一个金属极板上各焊出一根引线至引脚，这样就制成了石英晶体谐振器。

（2）石英谐振器的工作原理

石英谐振器具有压电效应，如果在晶片的两个电极上加以交变电压，晶片中就会产生机械振动，而机械振动又会在晶体表面上产生交变电场，因而在一定的频率下，晶片会产生共振。共振现象可用电参数来模拟。图 7.1.16（a）是石英谐振器的图形符号，图 7.1.16（b）是其等效电路，图 7.1.16（c）是其电抗频率特性曲线。

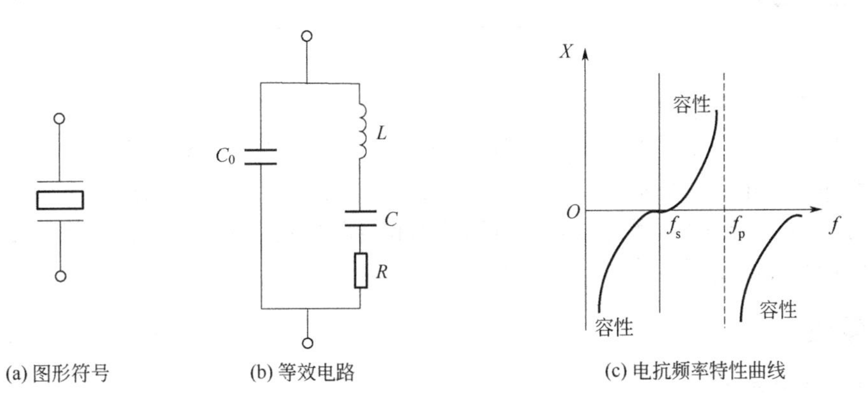

图 7.1.16 石英谐振器

当石英晶体不振动时，用静态电容 C_0 来模拟，C_0 值一般为几皮法至几十皮法。当石英晶体振动时，用电感 L 来模拟晶片的惯性，L 值为10^{-3}～10^{-2}H；用电容 C 模拟晶片的弹性，C 值一般只有 0.0002～0.1pF；而晶体振动时的摩擦损耗则用电阻 R 来等效。

因为晶片的 L 值很大，C 值和 R 值都很小，所以品质因数 Q 很高，可达10^4～10^6 数量级，因此，利用石英谐振器可以构成频率稳定度很高的晶振电路。由图 7.1.16（c）的电抗频率特性可见，石英谐振器有一串联谐振频率 f_s，有一并联谐振频率 f_p，在串联谐振频率 f_s 处，石英晶体呈纯阻性，且阻值最小，而在其他频率处则表现为感抗或容抗性质。

7.1.4.2 石英晶体振荡电路举例

利用石英晶体的上述频率特性可以构成图 7.1.17 所示的晶振电路。对于图 7.1.17（a）所示的分立元件晶振电路，它与电感三点式振荡器的接线相似。因为欲使反馈信号能传递到发射极，石英晶体应工作于串联谐振点 f_s，此时晶体与 LC 回路串联，且呈纯电阻性质，阻值接近于 0Ω，故它是一种串联型电感三点式晶振电路，它的振荡频率 $f_0 = f_s$。

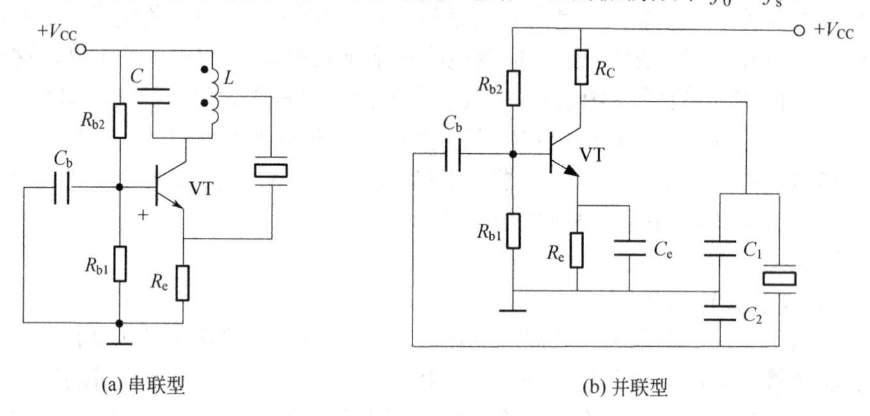

图 7.1.17　石英晶体振荡电路

对于图 7.1.17（b）所示电路，由石英晶体取代电容三点式中的电感，就得到并联型石英晶体振荡电路。图中，电容 C_1 和 C_2 与石英晶体中的电容 C_0 并联，总容量大于 C_0，也远大于石英晶体中的 C，所以电路的振荡频率约为石英晶体的并联谐振频率 f_p。

7.2 电压比较器

电压比较器是一种模拟信号的处理电路，是对两个模拟输入电压进行比较，并将比较结果输出的电路。通常两个输入电压一个为参考电压，另一个为外加输入电压。电压比较器是组成非正弦波发生电路的基本单元电路，往往是模拟电路与数字电路的接口电路，并广泛用于模拟信号/数字信号变换、数字仪表、自动控制和自动检测等技术领域。本节主要介绍电压比较器的组成特点、电压传输特性及分析方法。

7.2.1 概述

7.2.1.1 电压传输特性

电压比较器的输出电压 u_o 与输入电压 u_i 的函数关系 $u_o = f(u_i)$ 一般用曲线来描述，称为电压传输特性。输入电压u_i是模拟信号，而输出电压u_o只有两种可能的状态，不是高电平U_{oH}，就是低电平U_{oL}，用以表示比较的结果。使u_o从U_{oH}跃变为U_{oL}，或者从U_{oL}跃变为U_{oH}的输入电压称为阈值电压或转折电压，记作U_T。

为了正确画出电压传输特性，必须求出以下三个要素：

① 阈值电压的数值U_T；

② 输出电压高电平和低电平的数值U_{oH}和U_{oL}；

③ 分析出在输入电压由最低变到最高（正向过程）和由最高变到最低（负向过程）两种情况下，当u_i变化且经过U_T时，u_o跃变的方向，即是从U_{oH}跃变为U_{oL}，还是从U_{oL}跃变为U_{oH}。

电压比较器是最简单的模/数转换电路，即从模拟信号转换成一位二值信号的电路。它的输出表明模拟信号是否超出预定范围，因此报警电路是其最基本的应用。

7.2.1.2 分类

电压比较器是集成运放非线性应用的典型电路，可分为：单限电压比较器、滞回电压比较器和窗口电压比较器等。

7.2.2 单限电压比较器

单限电压比较器是指只有一个阈值电压的比较器。当输入电压在单调变化的过程中，通过阈值电压时，输出电压产生跃变，从高电平跳为低电平，或者从低电平跳为高电平，如图 7.2.1 所示。其中，图 7.2.1（a）所示为参考电压U_{REF}接在集成运放的反相输入端，输入信号u_i接在同相输入端。

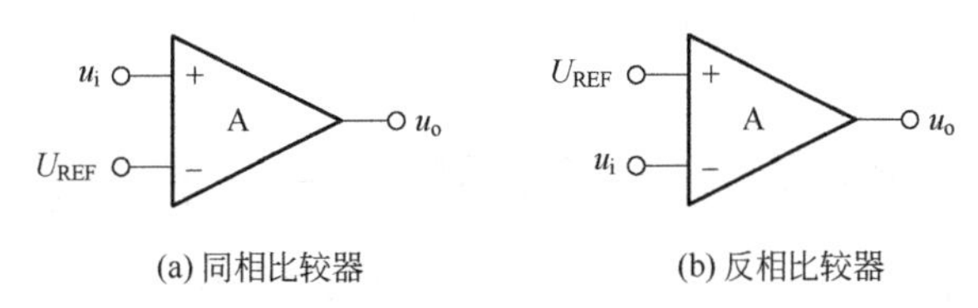

(a) 同相比较器　　(b) 反相比较器

图 7.2.1 简单的单限电压比较器

在图 7.2.1（a）中，当输入电压$u_i > U_{REF}$时，由于集成运放处于开环状态，当同相输入端电位大于反相输入端电位时，则输出电压$u_o = U_{oM}$；反之，当输入电压$u_i < U_{REF}$，输出电压$u_o = -U_{oM}$。

根据上述的电压传输特性的三要素，不难得到如图 7.2.2（a）所示曲线。表明：输入电压从负无穷逐渐升高经过阈值电压时，输出电压将从低电平变为高电平。电压比较器的阈值电压为U_T，对于图 7.2.1（a），阈值电压$U_T = U_{REF}$。

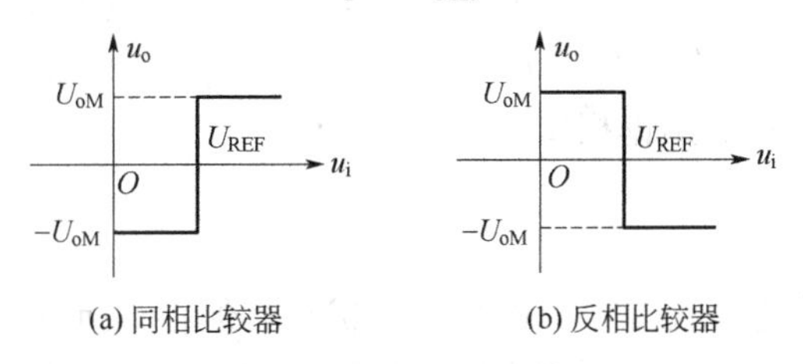

(a) 同相比较器　　(b) 反相比较器

图 7.2.2 简单的单限电压比较器的电压传输特性

同样方法可得，当参考电压 U_{REF} 接至同相输入端，输入电压 u_i 接至反相输入端，如图 7.2.1（b）所示。它们均为开环运用。可以得到如图 7.2.2（b）所示的电压传输特性。

注意：参考电压 U_{REF} 可以为正，也可以为负或者为零。当参考电压 $U_{REF}=0$ 时的电压比较器又可以叫作过零比较器。

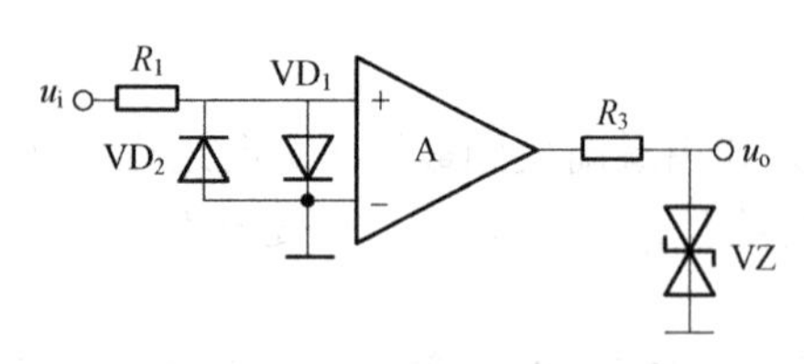

图 7.2.3 具有输入保护和输出限幅的比较器

有时为了减小输出电压的幅值，来适应某种需要（例如：驱动数字电路的 TTL 器件），可以在比较器的输出回路加限幅电路。为防止输入信号过大而损坏集成运放，除了在比较器的输入回路中串接限流电阻外，还可以在集成运放的两个输入端接入两个正、反向连接的二极管，以双向限制运放的输入电压幅度，如图 7.2.3 所示。

【例 7.2.1】 图 7.2.4（a）所示电路，$R_1=R_2=10\,\mathrm{k\Omega}$，$U_{REF}=+3\,\mathrm{V}$，$\pm U_Z=\pm 8\mathrm{V}$。试求解电压传输特性。

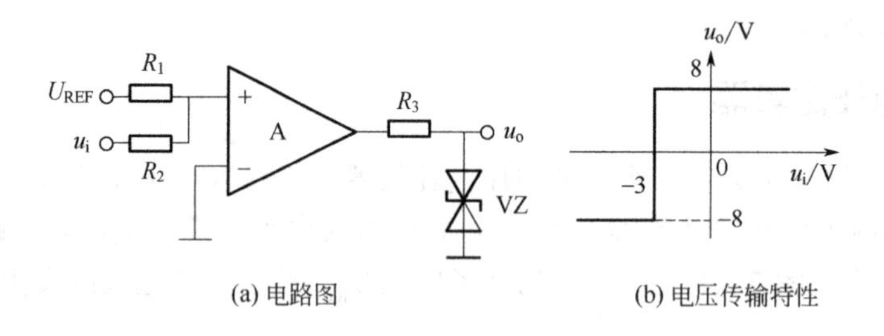

图 7.2.4 例 7.2.1 电路图

【解】 电路为单限电压比较器。利用叠加原理，$u_+=\dfrac{R_1}{R_1+R_2}u_i+\dfrac{R_2}{R_1+R_2}U_{REF}$，$u_-=0$，当 $u_+=u_-$ 时，求出阈值电压 $U_T=-3\mathrm{V}$；输出有限幅电路，因此，$U_{oH}=U_Z=8\mathrm{V}$，$U_{oL}=-U_Z=-8\mathrm{V}$；由于输入信号加在集成运放的同相输入端，故得到电压传输特性曲线如图 7.2.4（b）所示。

综上分析，可以得出，电压比较器的电压传输特性三要素的分析方法：

① 通过研究集成运放输出端连接的限幅电路来确定电压比较器的输出低电平和输出高电平（如未连接限幅电路，则输出高低电平为集成运放的正负饱和值）。

② 分别求出集成运放同相输入端电位 u_+ 和反相输入端电位 u_- 的表达式，令 $u_+=u_-$，求解出来的输入电压就是阈值电压 U_T。

③ u_o 在 u_i 经过 U_T 时的跳变方向由输入电压 u_i 作用于集成运放的哪个输入端决定。当 u_i 从同相输入端（或通过电阻）输入时，$u_i<U_T$，$u_o=-U_{oH}$；反之，$u_o=U_{oH}$。当 u_i 从反相输入端（或通过电阻）输入时，结论相反。

7.2.3 滞回比较器

单限电压比较器具有电路简单、灵敏度高等优点，但存在抗干扰能力差的问题。如果输入信号因受干扰在阈值附近变化，则输出电压将反复在高、低电平间来回跳变，这种现象在控制系统中，对执行机构是非常不好的。用此输出电压控制电机等设备，将出现频繁动作，是不允许的。

滞回比较器具有迟滞传输特性，可以克服抗干扰能力差的缺点。

7.2.3.1 电路组成

滞回比较器可以接成反相和同相输入方式，反相输入的滞回比较器如图 7.2.5 所示。将输出信号反馈到同相输入端就构成了一个正反馈闭环系统，电阻 R 和双向稳压二极管的作用是限幅，输出电压被限制在 $\pm U_Z$ 之间。该电路是一种典型的由集成运放构成的双稳态触发器，也称为施密特触发器。它的特点是当输入电压 u_i 由小变大或者由大变小时，有两种不同的阈值电压，因此电路的传输特性具有“电压迟滞回环”曲线的形状。

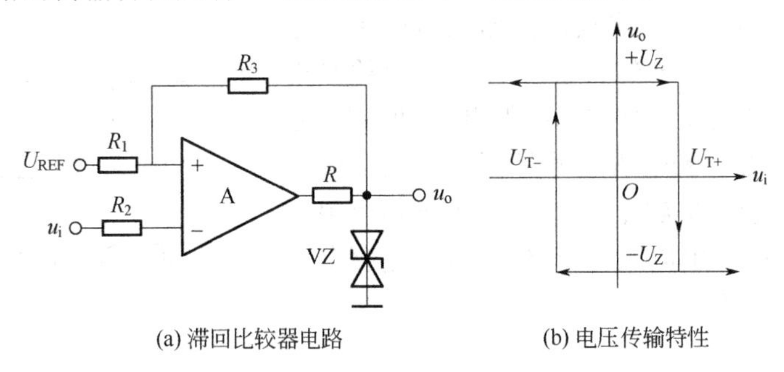

(a) 滞回比较器电路 (b) 电压传输特性

图 7.2.5 反相输入的滞回比较器

7.2.3.2 工作原理

图 7.2.5（a）中，R_1、R_3 构成正反馈网络，当输入电压 u_i 增大到略大于同相端电位时，输出将由高电平下降，输出电压经 R_3 反馈到同相端，使同相端电位降低，致使输出电压进一步减小，从而加速了输出电压跳变的过程。因此，正反馈的引入起到的作用是：加速比较器的翻转过程，改善波形在跳变时的陡度。

比较器在输入为 $u_i = u_+ = u_-$ 时，输出发生跳转。因为输出有两种状态，即 $u_o = \pm U_Z$ 所以，使输出电压发生跳变的输入有两个值，分别称为正向阈值电压 U_{T+} 和负向阈值电压 U_{T-}。

应用叠加原理，可以求得同相输入端的电位：

$$u_+ = \frac{R_1}{R_1 + R_3} u_o + \frac{R_3}{R_1 + R_3} U_{REF} \tag{7.2.1}$$

当 $u_i < u_+$ 的某时刻值为初始状态，当输入电压逐渐增大到 u_+ 时，比较器输出跳变到 $u_o = -U_Z$。这个发生跳变的 u_+ 就是正向阈值电压，用 U_{T+} 表示，其值为：

$$U_{T+} = \frac{R_1}{R_1 + R_3} U_Z + \frac{R_3}{R_1 + R_3} U_{REF} \tag{7.2.2}$$

这时，由于输出为 $-U_Z$，u_+ 也发生变化，变为了负向阈值电压，用 U_{T-} 表示为：

$$U_{T-} = -\frac{R_1}{R_1 + R_3} U_Z + \frac{R_3}{R_1 + R_3} U_{REF} \tag{7.2.3}$$

当输入电压 u_i 逐渐减小到 U_{T-} 时，比较器的输出再次发生翻转，跳变为 $+U_Z$，其对应的传输特性如图 7.2.5（b）所示。

两个阈值电压之差称为回差，用符号表示，即：

$$\Delta U_T = U_{T+} - U_{T-} = \frac{2R_1}{R_1 + R_3} U_Z \tag{7.2.4}$$

由上述分析可知，改变参考电压的大小和极性，滞回比较器的电压传输特性将产生水平方向的移动；改变稳压管的稳定电压，会使电压传输特性产生垂直方向的移动。

【例 7.2.2】 如图 7.2.5(a)所示电路中，U_{T+}、U_{T-}、存在干扰的输入电压波形如图 7.2.6（a）所示。试画出输出电压 u_o 的波形。

【解】 输出电压 u_o 的波形如图 7.2.6（b）所示。

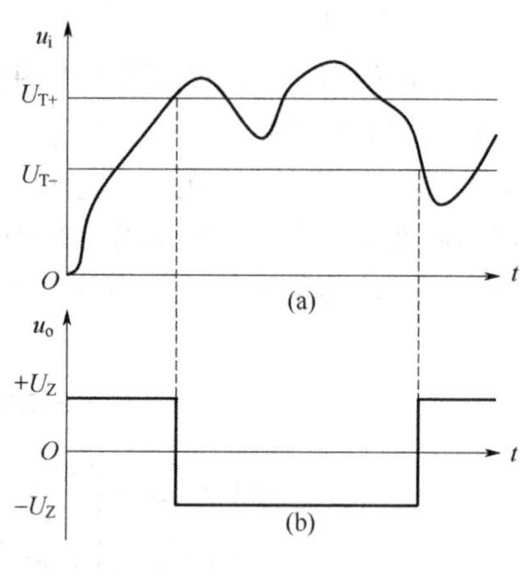

图 7.2.6　例 7.2.2 波形图

7.2.4　窗口比较器

单限电压比较器和滞回比较器在输入电压单一方向变化时，输出电压跳变一次，因此，可以用来检测输入信号的电平是否到达某一给定的门限电压。但实际应用中，常常遇到需要检测输入信号是否在某两个值之间，这可以用窗口比较器实现。窗口比较器电路可用于监视数字集成电路的供电电源，以保证集成电路安全正常工作在典型电压附近。

7.2.4.1　电路组成

电路组成如图 7.2.7（a）所示。输入电压 u_i 通过电阻分别接到集成运放 A_1 的同相输入端和集成运放 A_2 的反相输入端，参考电压 U_{REF1} 接到集成运放 A_1 的反相输入端，参考电压 U_{REF2} 接到集成运放 A_2 的同相输入端，$U_{REF1}>U_{REF2}$，A_1 和 A_2 的输出端各经过一个二极管 VD_1、VD_2 连接在一起，作为窗口比较器的输出端 u_o。

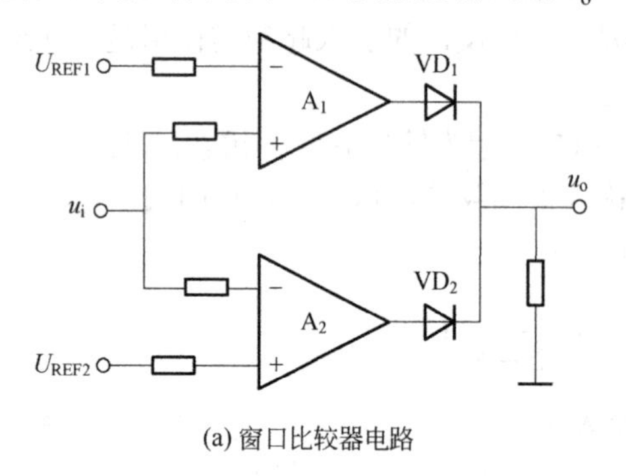

(a) 窗口比较器电路

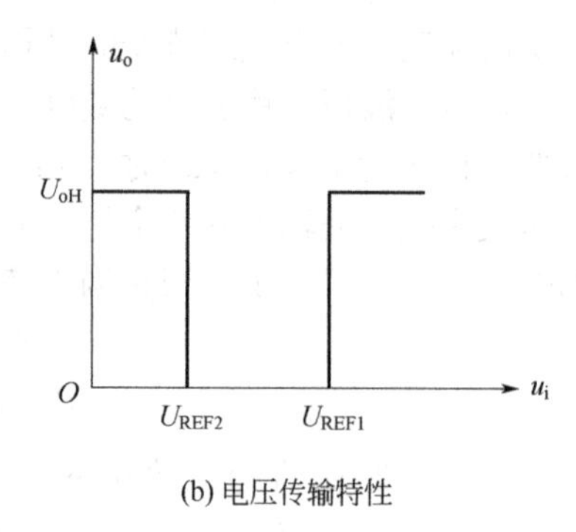

(b) 电压传输特性

图 7.2.7　窗口比较器电路及电压传输特性

7.2.4.2　工作原理

若 u_i 低于 U_{REF2}，运放 A_1 输出低电平，A_2 输出高电平，二极管 VD_1 截止，VD_2 导通，输出电压 u_o 为高电平。

若 u_i 高于 U_{REF1}，运放 A_1 输出高电平，A_2 输出低电平，二极管 VD_2 截止，VD_1 导通，输出电压 u_o 为高电平。

当 u_i 高于 U_{REF2} 而低于 U_{REF1} 时，运放 A_1、A_2 都输出低电平，二极管 VD_1、VD_2 都截止，输出电压 u_o 为低电平。

U_{REF1} 和 U_{REF2} 分别为窗口比较器的两个阈值电压，因此，窗口比较器在输入信号 $u_i<U_{REF2}$ 或 $u_i>U_{REF1}$ 时，输出为高电平；而当 $U_{REF2}<u_i<U_{REF1}$ 时，输出为低电平。传输特

性如图 7.2.7（b）所示。

7.2.5 集成电压比较器

7.2.5.1 特点

以上介绍的各种类型的电压比较器，可由通用集成运算放大器组成，也可采用单片集成电压比较器实现。集成电压比较器内部电路的结构和工作原理与集成运算放大器相似，但因为用途不同，集成电压比较器有其固有的特点：

① 集成电压比较器工作速度快，如果要求同样的响应时间，选用专用的集成电压比较器的价格比较低廉。

② 专用的集成电压比较器的输出电平一般可与 TTL 等数字逻辑电平直接兼容，无须外加限幅电路。

③ 为提高速度，集成电压比较器内部电路的输入级工作电流较大。

7.2.5.2 分类

集成电压比较器的种类很多，根据电压比较器的响应速度可分为高速比较器、中速比较器；根据电压比较器的指标，可分为精密比较器、高灵敏度比较器、低功耗比较器等；根据在一个芯片上集成的电压比较器的数量，可分为单比较器、双比较器、四比较器。

7.2.5.3 集成电压比较器的应用

下面以集成电压比较器 LM311 为例，介绍集成电压比较器的应用。LM311 是双极性产品，是集电极开路输出，可以采用双电源或单电源方式供电。图 7.2.8 为 LM311 的引脚图和典型接线示意图。

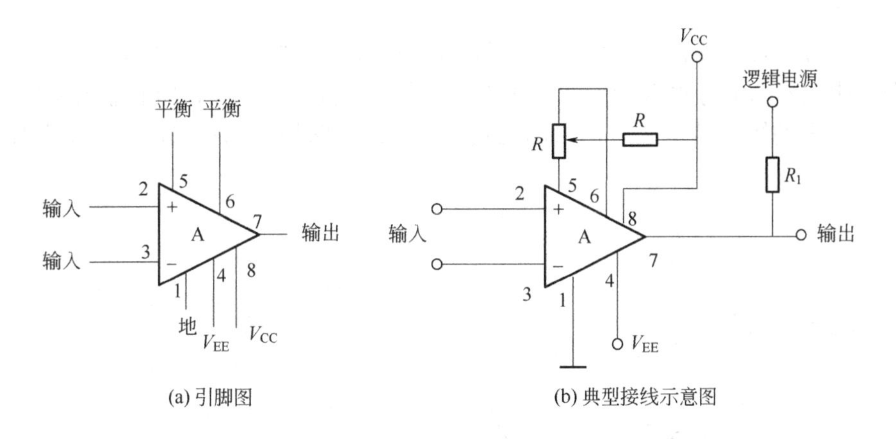

图 7.2.8 集成电压比较器 LM311

7.3 非正弦波发生电路

在实际电路中，除了常见的正弦波外，还有矩形波、三角波、锯齿波、阶梯波、尖顶波等非正弦波（图 7.3.1）。本节主要介绍模拟电路中常用的矩形波、三角波和锯齿波等非正弦波发生电路的组成、工作原理、波形分析及主要参数。

图 7.3.1 常见非正弦波

7.3.1 概述

非正弦波发生电路所产生的波形不是正弦波，因此，它的工作原理、电路结构和分析方法就不同于正弦波发生电路。

非正弦波发生电路的振荡条件比较简单，即无论开关器件的输出电压是高电平或低电平时，如果经过一定的延迟时间后，可以使开关器件的输出状态发生改变，就能产生周期性的振荡，否则不能产生振荡。

分析非正弦波发生电路是否能够产生振荡的基本方法：

① 检查电路是否具有非正弦波发生电路的基本组成部分；

② 分析电路是否满足非正弦波发生电路的振荡条件。

7.3.2 矩形波发生电路

矩形波发生电路是一种能够产生矩形波的非正弦波发生电路，它是其他非正弦波发生电路的基础。同时，因为矩形波中包含非常丰富的谐波，所以，它又经常被称为多谐振荡电路，广泛应用于数字系统中。

7.3.2.1 电路组成

矩形波信号只有两种状态：高电平和低电平。通过前面的电压比较器的内容，不难发现，只要在滞回比较器的信号输入端引入合适的信号电压，就可以在比较器的输出端得到相应的高电平和低电平的矩形波电压。由滞回比较器和 RC 电路构成的矩形波发生电路如图 7.3.2 所示。

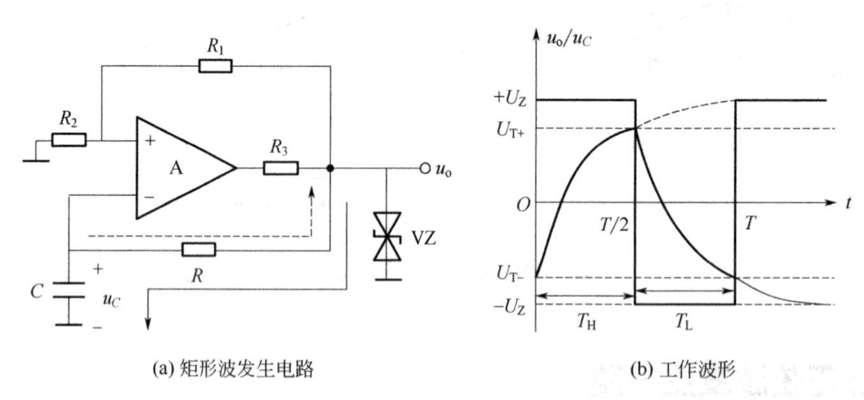

图 7.3.2 矩形波发生电路及工作波形

图 7.3.2（a）中，滞回比较器起开关作用，RC 电路起反馈作用及延迟作用。利用 RC 电路的充放电需要一定时间的特点，将输出电压经过 RC 电路反馈到集成运放的反向输入端，电容 C 端的电压就是所需要的输入电压。

7.3.2.2 工作原理

根据图 7.3.2（a）所示电路的接法，可以得到滞回比较器的阈值电压为：

$$U_{\mathrm{T}}=\pm\frac{R_2}{R_1+R_2}U_{\mathrm{Z}} \tag{7.3.1}$$

在接通电源的瞬间，输出电压随机偏向于正饱和值或者负饱和值。可以假设，输出电压在电源接通瞬间为正饱和值 $+U_{\mathrm{Z}}$（忽略稳压管的正向导通电压），则由正反馈加于同相端的电压为：

$$U_{\mathrm{T+}}=\frac{R_2}{R_1+R_2}U_{\mathrm{Z}} \tag{7.3.2}$$

同时，正弦的输出电压通过反馈电阻 R 对电容 C 充电，使电容上的电压增加，充电过程如图 7.3.2（a）中实线所示。随着充电的进行，u_C 不断增大，当 u_C 增大到稍大于 $U_{\mathrm{T+}}$ 时，输出电压立即由正饱和值翻转到负饱和值 $-U_{\mathrm{Z}}$，并反馈回集成运放的同相输入端，使同相输入端的阈值电压变为：

$$U_{\mathrm{T-}}=-\frac{R_2}{R_1+R_2}U_{\mathrm{Z}} \tag{7.3.3}$$

由于输出为负饱和值，电容 C 开始经过电阻 R 放电，放电过程如图 7.3.2（a）中虚线所示。当电容放电至 u_C 略小于 $U_{\mathrm{T-}}$ 时，输出电压状态立刻翻转回正饱和值。如此重复过程，电路就产生了自激振荡，形成了输出幅值为 U_{Z} 的矩形波。电路的工作波形图如图 7.3.2（b）所示。

要想改变输出波形的宽窄，可以通过调整 RC 电路中的时间常数来实现。当时间常数增加时，充放电的过程变慢，到达阈值电压的时间就变长，波形变宽，输出矩形波的频率降低。反之，当充放电时间减小时，输出波形就变窄，频率就变高。输出电压幅度可以通过改变稳压管的稳定电压来实现。

7.3.2.3 主要参数

（1）占空比

如图 7.3.2（b）所示波形，T_{H} 为高电平持续时间，T_{L} 为低电平持续时间，则矩形波的周期为 $T=T_{\mathrm{H}}+T_{\mathrm{L}}$。占空比定义为：高电平的持续时间与矩形波周期的比值，即 $q=\frac{T_{\mathrm{H}}}{T}$。

当 $q=0.5$ 时，此时的矩形波又称为方波，是矩形波的一种特殊情况。因为图 7.3.2（a）所示电路中电容 C 的正向充电与反向放电的时间常数都为 RC，并且充放电的总幅值也相同，因此，在一个周期里 $u_{\mathrm{o}}=+U_{\mathrm{Z}}$ 的时间与 $u_{\mathrm{o}}=-U_{\mathrm{Z}}$ 的时间相等，即占空比 $q=0.5$。因此，u_{o} 为对称的方波，所以 7.3.2（a）所示电路也称为方波发生电路。

（2）振荡周期和频率

根据电容电压波形可知，在半个周期内，电容充电的初始值为 $U_{\mathrm{T-}}$，终了值为 $U_{\mathrm{T+}}$，时间常数为 RC，时间 $t\to\infty$ 时，u_C 趋于 $+U_{\mathrm{Z}}$，利用一阶 RC 电路的三要素分析法，可以列出方程：

$$U_{\mathrm{T+}}=+U_{\mathrm{Z}}+(U_{\mathrm{T-}}-U_{\mathrm{Z}})\mathrm{e}^{-\frac{\frac{T}{2}}{RC}} \tag{7.3.4}$$

将式（7.3.2）、式（7.3.3）代入上式，就可以得出振荡周期为：

$$T = 2RC\ln\left(1+\frac{2R_2}{R_1}\right) \tag{7.3.5}$$

从而可得到振荡频率 $f=\frac{1}{T}$。

从以上分析可知，调整电压比较器的电阻参数 R_1、R_2 可以改变 u_C 的幅值，调整相关电阻及电容的数值可以改变电路的振荡周期和频率。

7.3.2.4　占空比可调电路

不难发现，为了改变输出波形的占空比，应改变电容 C 的充电和放电时间常数。占空比可调的矩形波发生电路如图 7.3.3（a）所示，波形如图 7.3.3（b）所示。

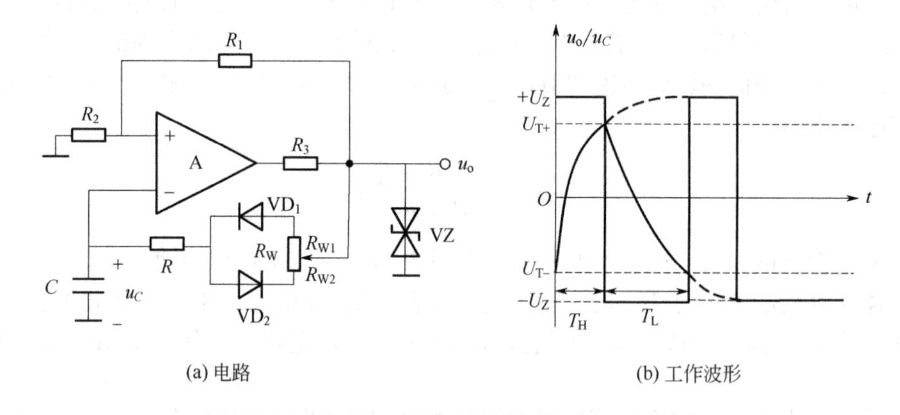

(a) 电路　　(b) 工作波形

图 7.3.3　占空比可调的矩形波发生电路及工作波形

当滞回比较器的输出为 $+U_Z$ 时，u_o 通过滑动变阻的上半部 R_{W1}、二极管 VD_1、R 对电容充电，充电时间常数 $\tau_1=(R+R_{W1})C$，充电时间为：

$$T_H=(R+R_{W1})C\ln\left(1+\frac{2R_2}{R_1}\right) \tag{7.3.6}$$

当滞回电压比较器的输出为 $-U_Z$ 时，电容 C 放电，放电电流通过滑动变阻的下半部 R_{W2}、二极管 VD_2、R，放电时间常数 $\tau_2=(R+R_{W2})C$，放电时间为：

$$T_L=(R+R_{W2})C\ln\left(1+\frac{2R_2}{R_1}\right) \tag{7.3.7}$$

可得到矩形波的振荡周期：

$$T=T_H+T_L=(2R+R_W)C\ln\left(1+\frac{2R_2}{R_1}\right) \tag{7.3.8}$$

矩形波的占空比为：

$$q=\frac{T_H}{T}=\frac{R+R_{W1}}{2R+R_W} \tag{7.3.9}$$

改变滑线变阻 R_W 滑动端的位置，就可以调节占空比。

【例 7.3.1】 图 7.3.3(a)所示电路中，已知 $R_1 = R_2 = 20\,\text{k}\Omega$，$R = 5\,\text{k}\Omega$，$R_w = 100\,\text{k}\Omega$，$C = 0.2\,\mu\text{F}$，双向稳压二极管 $\pm U_Z = \pm 6\text{V}$。求：

① 输出电压的幅值和振荡频率约为多少？

② 占空比的调节范围约为多少？

③ 如果 VD_1 断路，会产生什么现象？

【解】 ① 根据已知条件，可得 $u_o = \pm 6\text{V}$，则振荡周期：

$$T = (2R + R_W)C\ln\left(1 + \frac{2R_2}{R_1}\right) \approx 24.2 \times 10^{-3}\ \text{s} = 24.2\,\text{ms}$$

振荡频率：

$$f = \frac{1}{T} \approx 42\text{Hz}$$

② 根据式（7.3.9），将 R_W 的最大值（100kΩ）及最小值（0）代入，可得到占空比的最大值及最小值分别为：

$$q_{max} = \frac{R + R_W}{2R + R_W} \approx 0.95$$

$$q_{min} = \frac{R}{2R + R_W} \approx 0.045$$

因此，占空比的调节范围为 $0.045 \sim 0.95$。

③ 如果 VD_1 断路的瞬间 $u_o = +U_Z$，电容电压将不改变，那么输出电压也就不会改变，将保持 $+U_Z$；如果 VD_1 断路的瞬间 $u_o = -U_Z$，那么电容只有反向充电回路，会使 $u_- < u_+$，输出电压翻转为 $+U_Z$。因此，如果 VD_1 断路，电路将不会振荡，输出电压恒为 $+U_Z$。

7.3.3 三角波发生电路

在 7.3.2 节中可以发现，方波是特殊的矩形波。同理，三角波也是一种特殊的锯齿波。上升时间和下降时间相同的锯齿波，可以称为三角波。

7.3.3.1 电路组成

三角波信号可以通过方波信号积分得到，也就是三角波发生电路可以在方波发生电路的输出端加上一个积分电路来实现，如图 7.3.4（a）所示。

图中运放 A_1 构成滞回比较器，运放 A_2 构成积分电路。积分电路的作用是将滞回比较器输出的方波转换为三角波，同时反馈给比较器的同相输入端，使比较器产生随三角波的变化而翻转的方波。这里的滞回比较器和前面提到的方波发生电路的区别在于：从同相端输入信号，基本原理都是相同的。

7.3.3.2 工作原理

初始时刻，假设 $u_{o1} = +U_Z$，电容 C 两端的电压为 0，则 $u_o = -u_C = 0$，第一级运放 A_1 的同相端电位为：

$$u_+ = \frac{R_1}{R_1 + R_2}U_Z + \frac{R_2}{R_1 + R_2}u_o \qquad (7.3.10)$$

此时，u_{o1} 通过 R_4 向电容 C 充电，u_C 线性上升，u_o 线性下降。由于运放 A_1 反相端接地，因此当u_+下降到略小于0时，第一级运放A_1的输出u_{o1}立刻翻转，跳变为$-U_Z$。根据式（7.3.10）可知，此时输出电压u_o略小于$-\frac{R_1}{R_2}U_Z$。

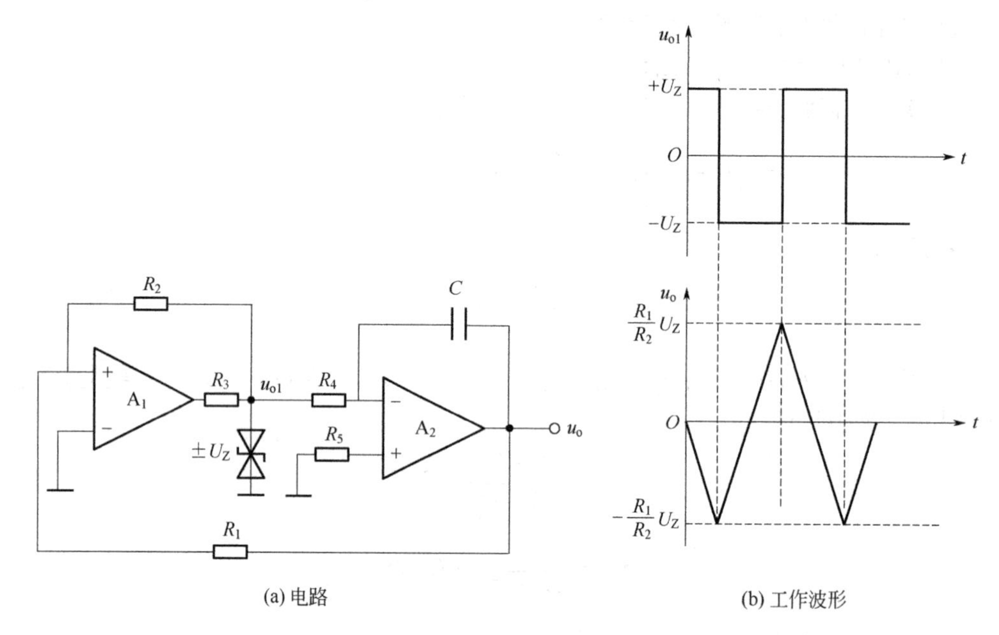

(a) 电路　　(b) 工作波形

图 7.3.4　三角波发生电路及工作波形

同理可得，当$u_C=-u_o=\frac{R_1}{R_2}U_Z$，$u_{o1}=-U_Z$时，第一级运放$A_1$的同相端电位为：

$$u_+=-\frac{R_1}{R_1+R_2}U_Z+\frac{R_2}{R_1+R_2}u_o \tag{7.3.11}$$

此时，电容C放电，u_C线性下降，而u_o线性上升，同时u_+也上升。当u_+上升到略大于0时，第一级运放A_1输出又立刻翻转，跳变为$+U_Z$。根据式（7.3.11）可知，此时的输出电压u_o略大于$\frac{R_1}{R_2}U_Z$。如此循环往复，就可以在输出端得到幅度为$\frac{R_1}{R_2}U_Z$的三角波，同时在第一级运放A_1的输出端得到相同幅值的方波。三角波发生电路的波形图如图7.3.4（b）所示。

7.3.3.3　主要参数

电路输出的方波幅度由稳压管限幅电路决定为$\pm U_Z$，则三角波的正负最大值为：

$$u_o=\pm\frac{R_1}{R_2}U_Z \tag{7.3.12}$$

三角波是对产生的方波进行积分而得到的，因此，三角波的周期与频率与方波的周期、频率相同。可以证明，三角波从$-\frac{R_1}{R_2}U_Z$变化到$\frac{R_1}{R_2}U_Z$的时间为半个周期，这时加在积分器的输入的电压$u_{o1}=-U_Z$，由积分电路关系可得到：

振荡周期：

$$T=T_H+T_L=\frac{4R_1}{R_2}R_4C \tag{7.3.13}$$

振荡频率：

$$f=\frac{1}{T}=\frac{R_2}{4R_1R_4C} \tag{7.3.14}$$

由式（7.3.14）可知，调节电路中的电阻和电容的值，可以改变振荡频率，调节电阻 R_1、R_2 的值，可以改变三角波的幅值。

7.3.4 锯齿波发生电路

如果在三角波发生电路中，使积分电路的充电和放电时间常数不同，就可以得到上升时间和下降时间不同的锯齿波。

7.3.4.1 电路组成

实现锯齿波的电路如图 7.3.5（a）所示，用二极管 VD_1、VD_2 和可变电阻器 R_W 代替三角波发生电路的积分电阻 R_4，这样就可以令积分电容的充电和放电回路分开，使积分电路的充电和放电时间常数不同，两者积分速率不同，形成锯齿波。

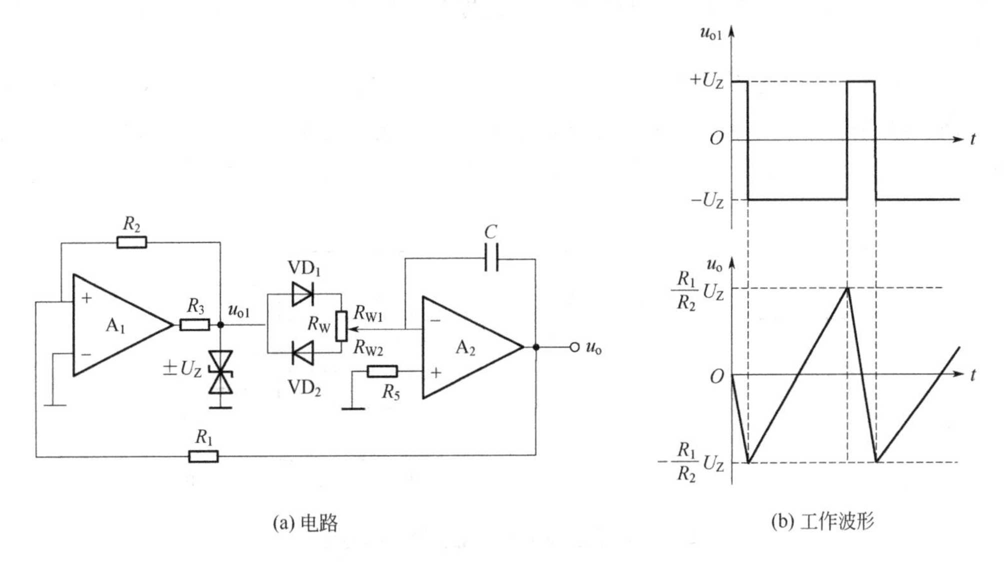

(a) 电路　　(b) 工作波形

图 7.3.5　锯齿波发生电路及工作波形

当 $u_{o1}=U_Z$ 时，二极管 VD_1 导通，VD_2 截止，积分时间常数 $\tau_1=R_{W1}C$；当 $u_{o1}=-U_Z$ 时，二极管 VD_2 导通，VD_1 截止，积分时间常数为 $\tau_2=R_{W2}C$。通过调整电位器滑动端的位置，可以形成不同的锯齿波，假设 $R_{W1}<R_{W2}$，则输出波形如图 7.3.5（b）所示。

7.3.4.2 主要参数

与三角波发生电路计算类似，锯齿波的输出电压的正负最大值为：

$$u_o=\pm\frac{R_1}{R_2}U_Z \tag{7.3.15}$$

电容充电和放电的时间分别为：

$$T_H=\frac{2R_1}{R_2}R_{W1}C \tag{7.3.16}$$

$$T_L = \frac{2R_1}{R_2} R_{W2} C \tag{7.3.17}$$

振荡周期为：

$$T = T_H + T_L = \frac{2R_1}{R_2} R_W C \tag{7.3.18}$$

调整 R_1 和 R_2 的阻值，可以改变锯齿波的幅值；调整对应电阻的阻值和电容 C 的容量，可以改变振荡周期；调节电位器滑动端的位置，可以改变锯齿波上升和下降的斜率。

7.4 集成函数发生器

函数发生器是一种可以同时产生正弦波、方波、三角波的专用集成电路。当调节外部电路参数时，还可以得到占空比可调的矩形波、锯齿波。集成芯片化函数发生器已经在中低频工程中广泛应用。

函数发生器电路的基本原理框图如图 7.4.1 所示，为了有足够强的带负载能力，输出级为缓冲电路，可用电压跟随器。图中各方框表述的是其实现的功能，在实际芯片中，电路结构是多种多样的。另外，为了使振荡频率、振荡幅值、三角波的对称性等都可调，实际电路会更复杂。

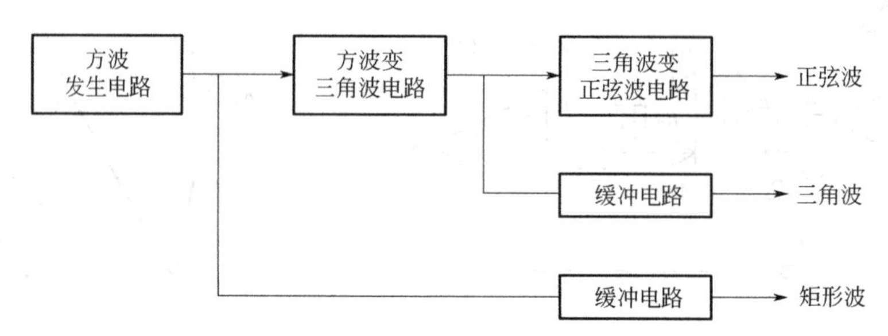

图 7.4.1　函数发生器电路的基本原理框图

前面已经讨论了由集成运放或分立元件组成的正弦波和非正弦波信号的发生电路，本节主要介绍目前使用较多的集成函数发生器 ICL8038 芯片的原理及应用。

7.4.1 ICL8038 及其应用

7.4.1.1 性能特点

ICL8038 频率可调范围为0.001Hz～300kHz，输出波形的占空比可调范围为2%~98%，上升时间为180ns，下降时间为40ns，输出三角波的非线性小于 0.05%，输出正弦波的失真度小于 1%。

ICL8038 的引脚及其功能如图 7.4.2 所示。该发生器可用单电源供电，即将引脚 11 接地，引脚 6 接正电源，电压为10~30V；也可以用双电源供电，即将引脚 11 接负电源，引脚 6 接正电源，它们的值为±5～±15V。

引脚 8 为频率调节（简称调频）电压输入端，电路的振荡频率与调频电压成正比。引脚

7 输出调频偏置电压，数值是引脚 7 与电源 $\pm V_{CC}$ 之差，它可作为引脚 8 的输入电压。

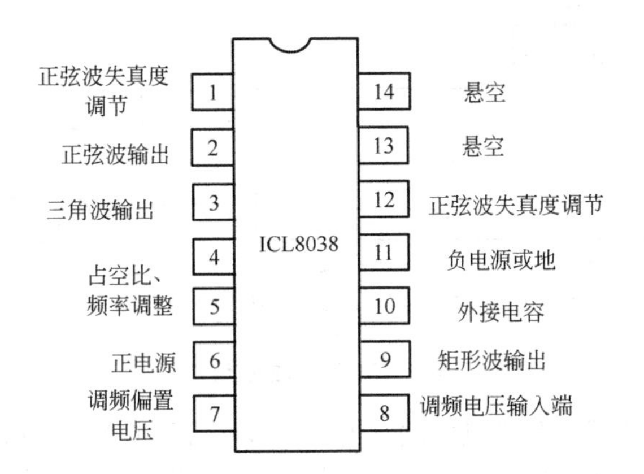

图 7.4.2　ICL8038 的引脚及其功能

7.4.1.2　典型应用

ICL8038 最常见的接法有两种，如图 7.4.3 和图 7.4.4 所示，矩形波输出端为集电极开路形式，一般需在正电源与 9 脚之间外接一电阻，其值常选用10kΩ 左右。图 7.4.3 所示电路中，可以实现占空比/频率调节，通过分别调整 R_M 和 R_N 的值，来调节输出波形的上升部分和下降部分。

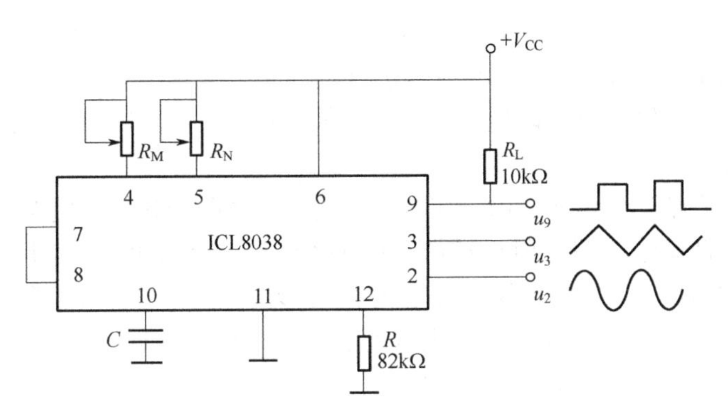

图 7.4.3　ICL8038 的应用电路 1

电路振荡频率为：

$$f = \frac{0.66(2R_M - R_N)}{2R_M^2 C} \tag{7.4.1}$$

占空比为：

$$\delta = \frac{2R_M - R_N}{2R_M} \tag{7.4.2}$$

当 $R_M = R_N$ 时，占空比 $\delta = 50\%$，芯片的引脚 9、3、2 分别输出方波、三角波和正弦波；当 $R_M \neq R_N$ 时，可以对矩形波的占空比进行调节，两电阻调节时相互影响，要反复调节几次。

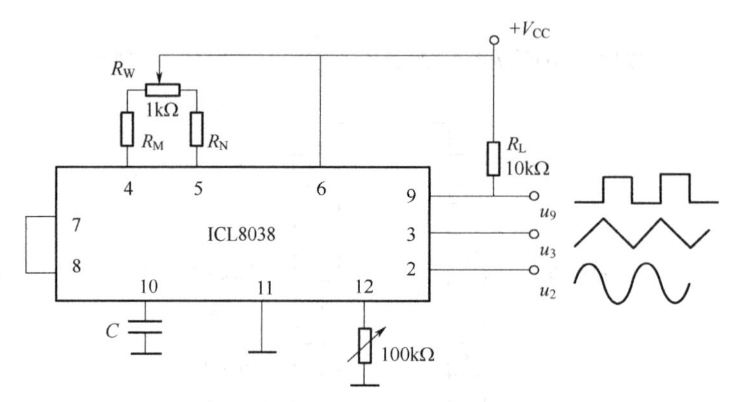

图 7.4.4 ICL8038 的应用电路 2

图 7.4.4 所示电路是另一种常见接法，当电位器 R_W 滑动端在中间位置，并且图中引脚 8 与 7 短接时，引脚 9、3 和 2 的输出分别为方波、三角波和正弦波。当 $R_M=R_N$ 时，电路的振荡频率约为 $0.3/[C(R_M+R_W/2)]$。调节可变电阻，使正弦波的失真达到较理想的程度。当 $R_M \neq R_N$ 时，矩形波将不是方波，引脚 2 的输出也就不再是正弦波了。

7.4.2 MAX038 及其应用

ICL8038 函数发生器的频率最大为 300kHz，无法产生更高频率的信号，在调节方式上，频率和占空比不能单独调节，两者间相互影响。函数发生器 MAX038 是具有整机功能的、将波形的产生和变换电路综合在一起的集成芯片，能产生正弦波、三角波和方波，输出信号的频率在 0.1Hz～20MHz 范围内可调，具有输出性能稳定、失真度小等特点。因此，MAX038 被广泛应用于波形的产生、脉宽调制器、压控振荡器和频率合成器等方面。

7.4.2.1 性能特点

MAX038 能精密地产生信号。由于在芯片内采用了多路选择器，使得三种输出波形可通过编程从同一个引脚输出，可以通过设置完成。MAX038 的频率可调范围为 0.1Hz～20MHz，最高可以达到 40MHz；输出波形的占空比都可以单独调节，相互独立，可调范围为 10%～90%；波形失真小，输出正弦波的失真度小于 0.75%，占空比调节时非线性度低于 2%。

MAX038 的引脚及其功能如图 7.4.5 所示。

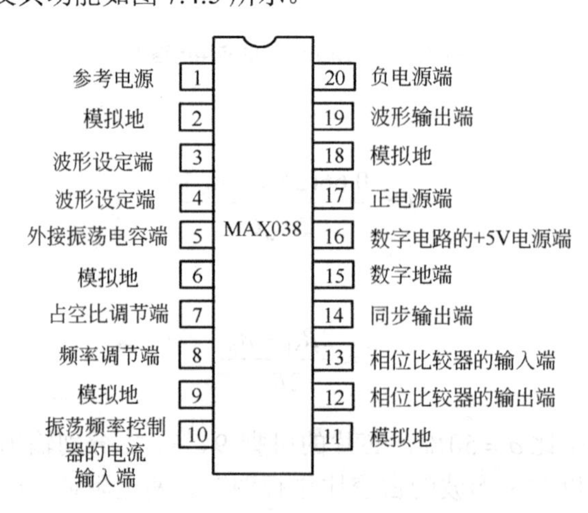

图 7.4.5 MAX038 的引脚及其功能

7.4.2.2 典型应用

MAX038 的典型应用电路如图 7.4.6 所示。19 脚是波形输出端，可得到高频的正弦波、三角波、矩形波输出波形。利用恒定电流向 C_F 充电和放电，形成振荡，产生三角波和矩形波。电位器 R_{W1} 用来调节振荡频率，可以进行精细调节。电位器 R_{W2} 用来调节占空比。电位器 R_{W3} 的作用是控制振荡频率控制器的输入电流。

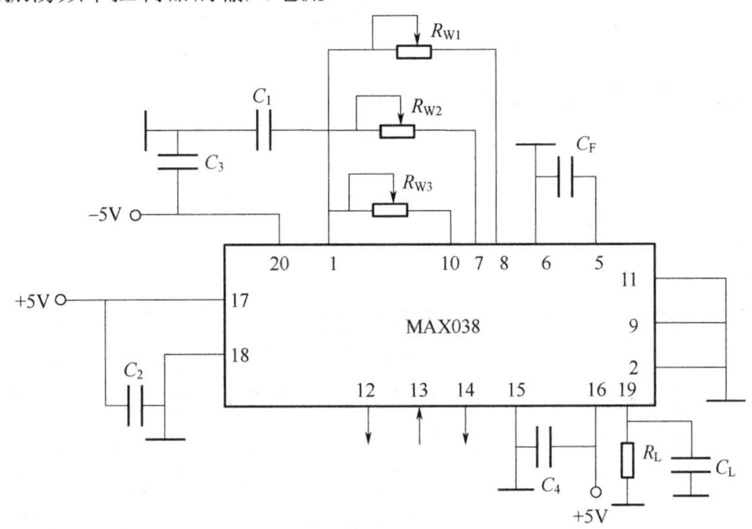

图 7.4.6 MAX038 的应用电路

7.5 利用集成运放实现信号转换的电路

在控制、遥控、遥测和医学领域，经常需要对模拟信号进行转换，比如：需要将信号电压转换成电流，或将信号电流转换成电压，将直流信号转换成交流信号，将模拟信号转换成数字信号。本节将简单介绍使用集成运放实现的信号转换电路。

7.5.1 电压-电流相互转换电路

7.5.1.1 电压-电流转换电路

工业控制和许多传感器的应用电路中，模拟信号输出时，一般是以电压输出。在以电压方式长距离传输模拟信号时，信号源电阻或传输线路的直流电阻等会引起电压衰减，信号接收端的输入电阻越低，电压衰减越大。为了避免信号在传输过程中的衰减，只能增加信号接收端的输入电阻，但信号接收端输入电阻的增加，会使传输线路抗干扰性能降低，易受外界干扰，信号传输不稳定，因此在长距离传输模拟信号时，不能用电压输出方式，而把电压输出转换成电流输出。电压-电流转换器就是把电压输出信号转换成电流输出信号，有利于信号长距离传输。常用的电压-电流转换电路如图 7.5.1 所示。

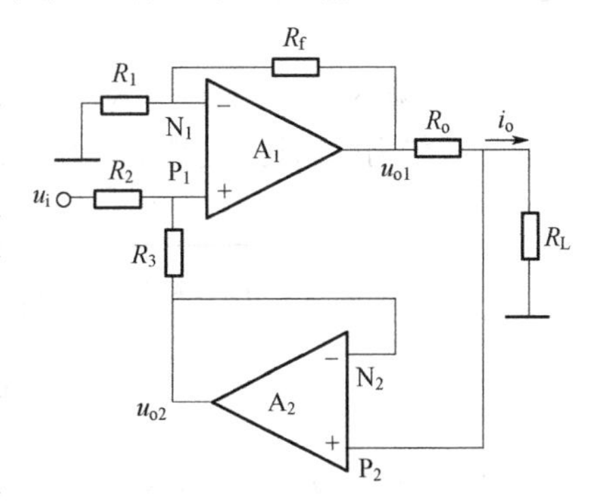

图 7.5.1 电压-电流转换电路

图 7.5.1 中，集成运放 A_1、A_2 都引入了负反馈，A_1 构成同相求和运算电路，A_2 构成电压跟随器。当 $R_1 = R_2 = R_3 = R_f = R$ 时，可得：

$$u_{o1} = \left(1 + \frac{R_f}{R_1}\right) u_{P1} = 2u_{P1} \tag{7.5.1}$$

$$u_{P1} = \frac{R_2}{R_2 + R_3} u_{o2} + \frac{R_3}{R_2 + R_3} u_i = \frac{1}{2} u_{o2} + \frac{1}{2} u_i \tag{7.5.2}$$

由于 $u_{o2} = u_{P2}$，经过整理，可以得到：

$$i_o = \frac{u_i}{R_o} \tag{7.5.3}$$

实现了将信号电压转换为电流的功能。

7.5.1.2 电流-电压转换电路

电流-电压转换电路与电压-电流转换电路正好相反，是要把输入电流转换为电压输出。电流-电压转换电路应用十分广泛，比如：手机自带的相机，通常在镜头旁会有一个光线检测器，它可以在即将按下快门时检测被拍物体的光线，以此来控制适当的曝光时间。这个光线检测器可以用一个光电池作为光线检测器件，如图 7.5.2 中的 P_1，它可以把光线强度转换为电流，这个电流就作为电流-电压转换电路的输入电流。

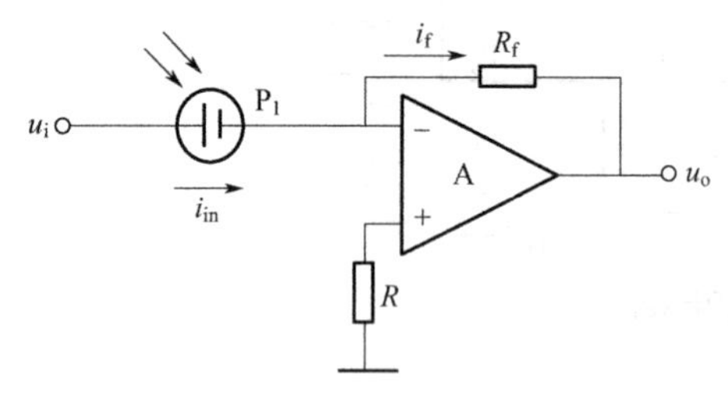

图 7.5.2 电流-电压转换电路

根据集成运放虚短、虚断，输入电流流经反馈电阻，$i_f = i_{in}$，形成输出信号 u_o，可得输出电压为：$u_o = -i_{in} R_f$。

7.5.2 电压-频率转换电路

电压-频率转换器 VFC（Voltage Frequency Converter）是一种实现模数转换功能的器件，将模拟电压量变换为脉冲信号，该输出脉冲信号的频率与输入电压的大小成正比。电压-频率转换器也称为电压控制振荡电路，简称压控振荡电路。电压-频率转换实际上是一种模拟量和数字量之间的转换技术。当模拟信号（电压或电流）转换为数字信号时，转换器的输出是一串频率正比于模拟信号幅值的矩形波。数字式测量仪表就是应用这个原理，如图 7.5.3 所示，将被测物理量通过传感器转为电信号后，处理为比较合适的电压信号，作为压控振荡电路的输入，压控振荡电路的输出驱动计数器，在一定时间间隔内记录矩形波个数，并且用数码显示，实现数字式测量仪表。电压-频率转换也可以称为伏频转换。把电压信号转换为脉冲信号后，可以明显地增强信号的抗干扰能力，也利于远距离的传输。通过和单片机的计数器接口，可以实现 A/D 转换。

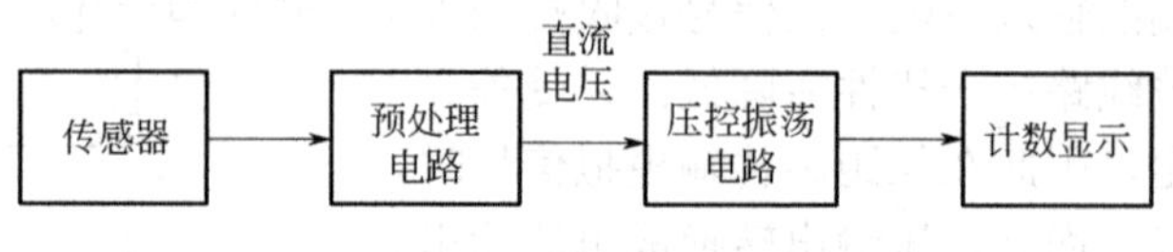

图 7.5.3 数字式测量仪表

电压-频率转换电路形式很多，常用类型有两种：多谐振荡器式 VFC 和电荷平衡式 VFC。多谐振荡器式 VFC 简单、便宜、功耗低；电荷平衡式 VFC 的精度高于多谐振荡器式 VFC，而且能对负输入信号积分。

本节仅对基本的由集成运放构成的复位式电压-频率转换电路的原理进行介绍。

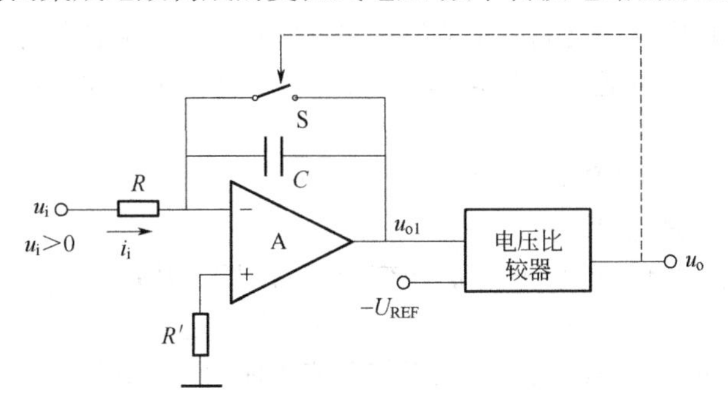

图 7.5.4 复位式电压-频率转换电路的原理框图

复位式电压-频率转换电路的原理框图如图 7.5.4 所示，电路由积分器和单限比较器组成，S 为模拟电子开关，可由晶体管或场效应管组成。设输出电压u_o为高电平时 S 断开，低电平时 S 闭合。当电源接通后，由于电容 C 上的电压为零，即$u_{o1}=0$，则$u_o=U_{oH}$，S 断开，积分器对u_i积分，u_{o1}逐渐减小；当u_{o1}过基准电压$-U_{REF}$后，u_o将从高电平跃变到低电平，导致 S 闭合，使 C 迅速放电到零，即$u_{o1}=0$，从而u_o将从低电平跃变到高电平，S 又断开，将重复以上过程，电路产生自激振荡。

本章总结

本章主要讨论了正弦波发生电路、电压比较器、非正弦波发生电路及信号转换电路。

（1）正弦波振荡电路由电压放大电路、选频网络、正反馈网络、稳幅环节四部分构成。起振条件为$|\dot{A}\dot{F}|>1$，幅值平衡条件为$|\dot{A}\dot{F}|=1$，相位平衡条件为$\varphi_A+\varphi_F=\pm 2n\pi$。

（2）按选频网络所用元件的不同，分为 RC、LC 和石英晶体正弦波振荡电路。

（3）判断正弦波振荡电路能否产生振荡的方法是：

① 检查电路的基本组成，看电路是否包括放大电路、反馈网络、选频网络和稳幅环节。

② 检查放大电路直流通路，看静态工作点是否合适。

③ 检查交流通路，看信号能否输入、输出和放大，即能否保证放大电路正常工作。

④ 用瞬时极性法判别相位平衡条件是否满足，最后是判断幅度条件。

（4）RC 正弦波振荡电路用 RC 串、并联电路作选频网络，振荡电路的起振条件为$|\dot{A}|>3$，振荡频率为$f_0=\dfrac{1}{2\pi RC}$，常用于产生低频正弦波信号。

（5）LC 正弦波振荡电路采用 LC 谐振回路作选频网络，振荡频率较高，为$f_0=\dfrac{1}{2\pi\sqrt{LC}}$。常用的 LC 正弦波振荡电路有变压器反馈式振荡电路、电感三点式振荡电路和电容三点式振荡电路等。

（6）石英晶体振荡电路是 LC 振荡电路的一种特殊形式，石英晶体的等效谐振回路的 Q 值很高，因而振荡频率有很高的稳定性。

（7）电压比较器是集成运放的非线性应用。集成运放工作在开环或正反馈状态下，其输入信号为模拟量，而输出电压是高电平或低电平。它可分为单限比较器、滞回比较器以及窗口比较器等。电压比较器的输入输出电压关系 $u_o = f(u_i)$ 常用传输特性曲线表示。传输特性曲线确定的步骤：

① 求出输出电压高电平和低电平的数值 U_{oH} 和 U_{oL}；

② 求出阈值电压的数值 U_T；

③ 分析出当 u_i 变化且经过 U_T 时，u_o 跃变的方向，即是从 U_{oH} 跃变为 U_{oL}，还是从 U_{oL} 跃变为 U_{oH}（通常我们更关注 u_i 是作用于集成运放的反相端还是同相端）。

（8）非正弦波发生电路中，运放一般工作在非线性状态，其输出电压仅为正负饱和值。在非正弦波发生电路中，没有选频网络，它通常由比较器、反馈网络和积分电路等组成。

（9）对三角波发生电路，一般通过改变 *RC* 积分电路的时间常数来改变电路的振荡频率，通过改变比较器的阈值电压来改变三角波的幅值。当 *RC* 积分电路的正向充电和反向充电的时间常数不同时，方波就会变为矩形波，三角波就会变为锯齿波。

本章知识结构

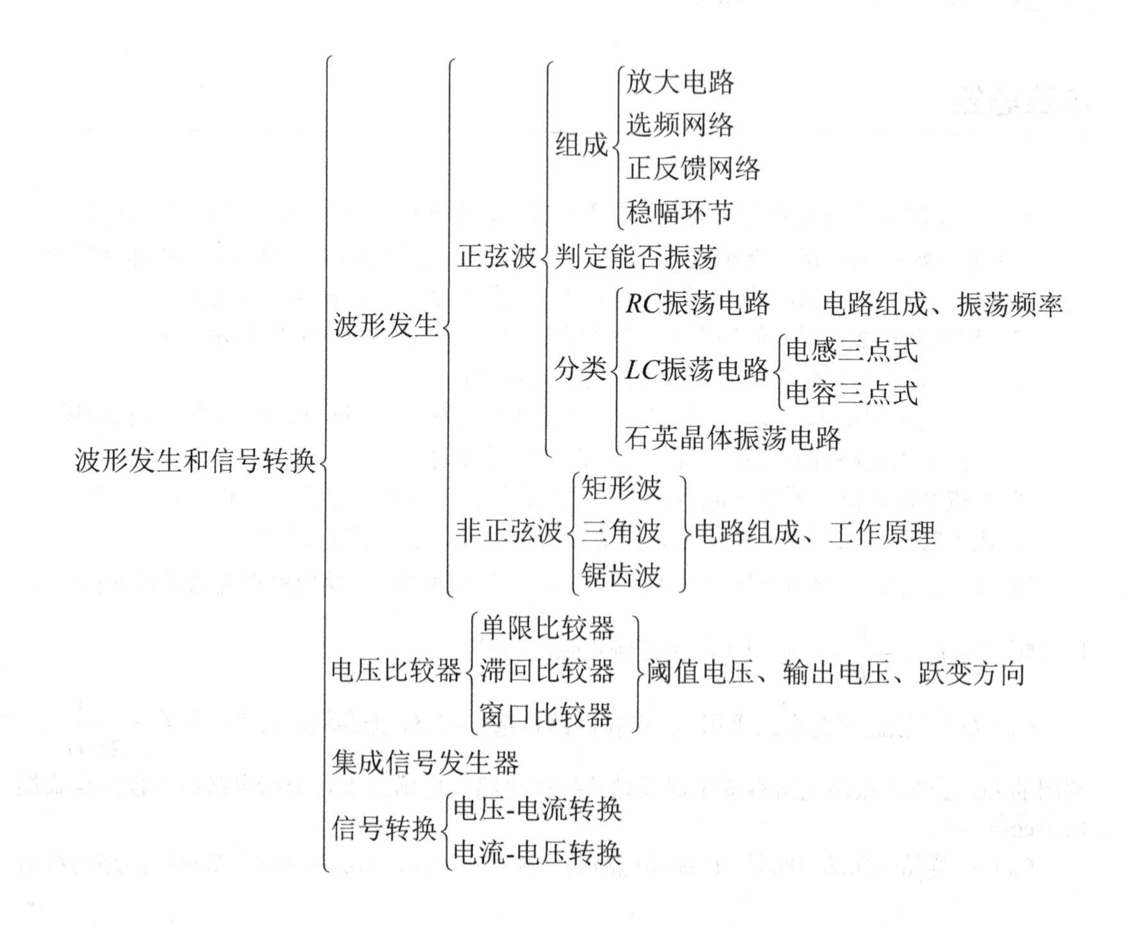

习题 7

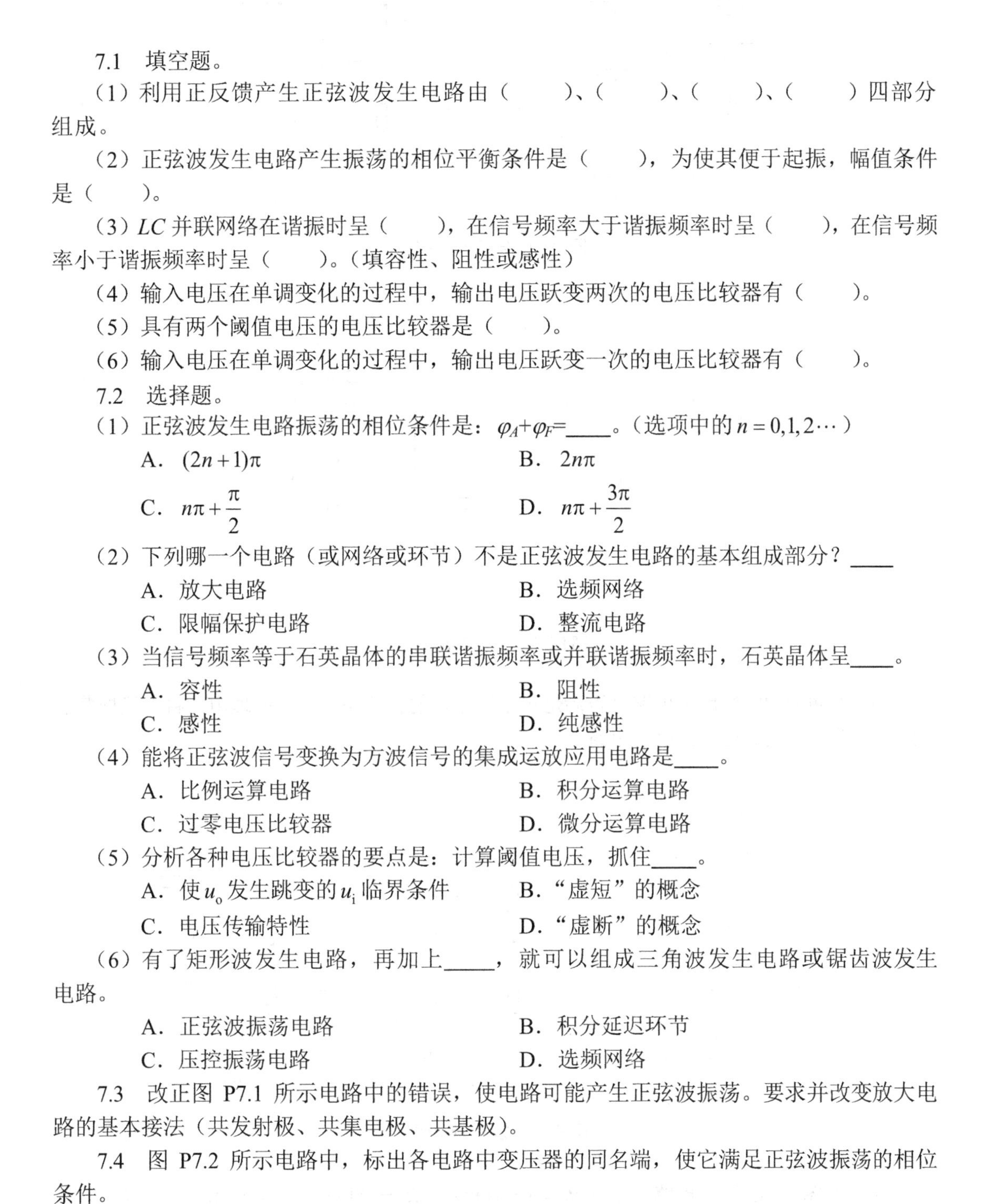

7.1 填空题。

（1）利用正反馈产生正弦波发生电路由（ ）、（ ）、（ ）、（ ）四部分组成。

（2）正弦波发生电路产生振荡的相位平衡条件是（ ），为使其便于起振，幅值条件是（ ）。

（3）LC 并联网络在谐振时呈（ ），在信号频率大于谐振频率时呈（ ），在信号频率小于谐振频率时呈（ ）。（填容性、阻性或感性）

（4）输入电压在单调变化的过程中，输出电压跃变两次的电压比较器有（ ）。

（5）具有两个阈值电压的电压比较器是（ ）。

（6）输入电压在单调变化的过程中，输出电压跃变一次的电压比较器有（ ）。

7.2 选择题。

（1）正弦波发生电路振荡的相位条件是：$\varphi_A+\varphi_F=$____。（选项中的 $n=0,1,2\cdots$）

A．$(2n+1)\pi$　　B．$2n\pi$

C．$n\pi+\dfrac{\pi}{2}$　　D．$n\pi+\dfrac{3\pi}{2}$

（2）下列哪一个电路（或网络或环节）不是正弦波发生电路的基本组成部分？____

A．放大电路　　B．选频网络

C．限幅保护电路　　D．整流电路

（3）当信号频率等于石英晶体的串联谐振频率或并联谐振频率时，石英晶体呈____。

A．容性　　B．阻性

C．感性　　D．纯感性

（4）能将正弦波信号变换为方波信号的集成运放应用电路是____。

A．比例运算电路　　B．积分运算电路

C．过零电压比较器　　D．微分运算电路

（5）分析各种电压比较器的要点是：计算阈值电压，抓住____。

A．使 u_o 发生跳变的 u_i 临界条件　　B．“虚短”的概念

C．电压传输特性　　D．“虚断”的概念

（6）有了矩形波发生电路，再加上____，就可以组成三角波发生电路或锯齿波发生电路。

A．正弦波振荡电路　　B．积分延迟环节

C．压控振荡电路　　D．选频网络

7.3 改正图 P7.1 所示电路中的错误，使电路可能产生正弦波振荡。要求并改变放大电路的基本接法（共发射极、共集电极、共基极）。

7.4 图 P7.2 所示电路中，标出各电路中变压器的同名端，使它满足正弦波振荡的相位条件。

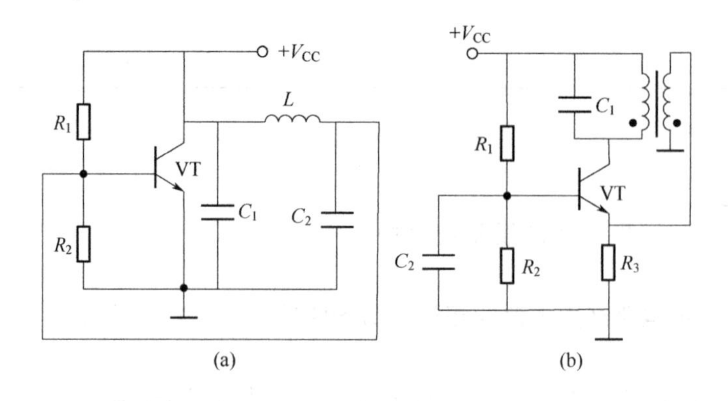

图 P7.1 题 7.3 电路图

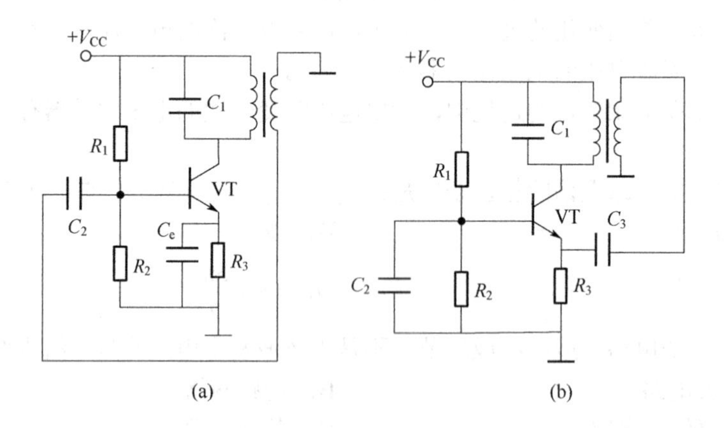

图 P7.2 题 7.4 电路图

7.5 判断图 P7.3 所示电路是否满足正弦波振荡的相位条件，说明理由。将不能振荡的电路加以改正，成为可能振荡的电路。

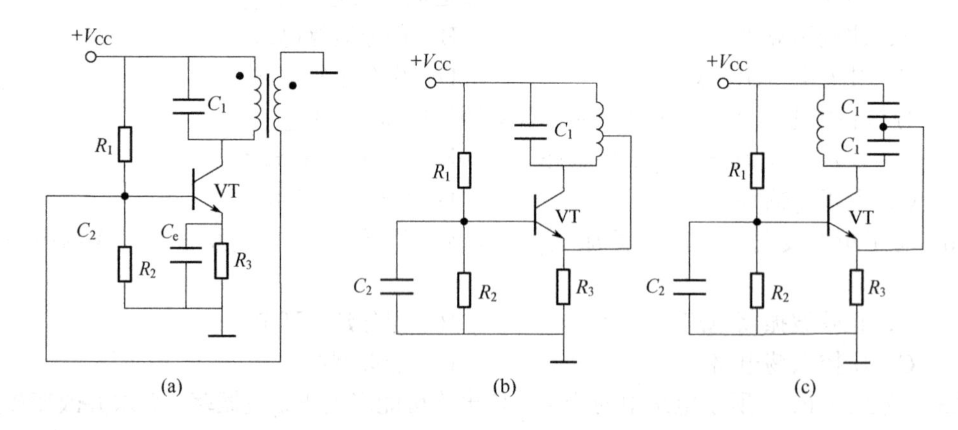

图 P7.3 题 7.5 电路图

7.6 如图 P7.4 所示电路，已知 $R_1 = R = 10\text{k}\Omega$， $R_2 = 18\text{k}\Omega$， $R_3 = 5.1\text{k}\Omega$， $C = 0.1\mu\text{F}$。试从相位平衡条件说明电路是否可能振荡。

（1）图中的 VD_1、VD_2 在电路中的作用是什么？

（2）如果能振荡，振荡频率是多少？

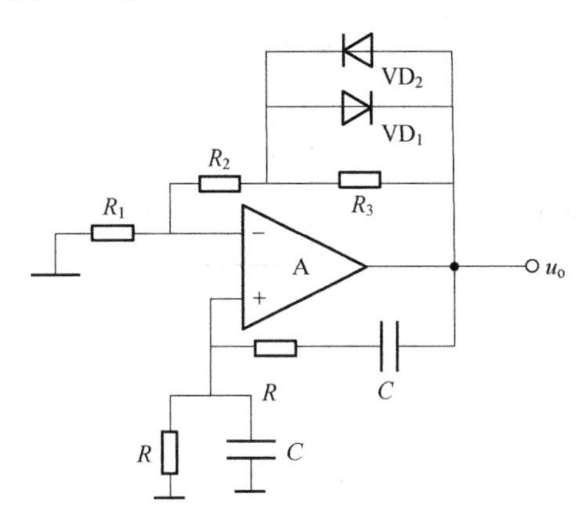

图 P7.4　题 7.6 电路图

7.7　试求出图 P7.5 所示电路的电压传输特性。

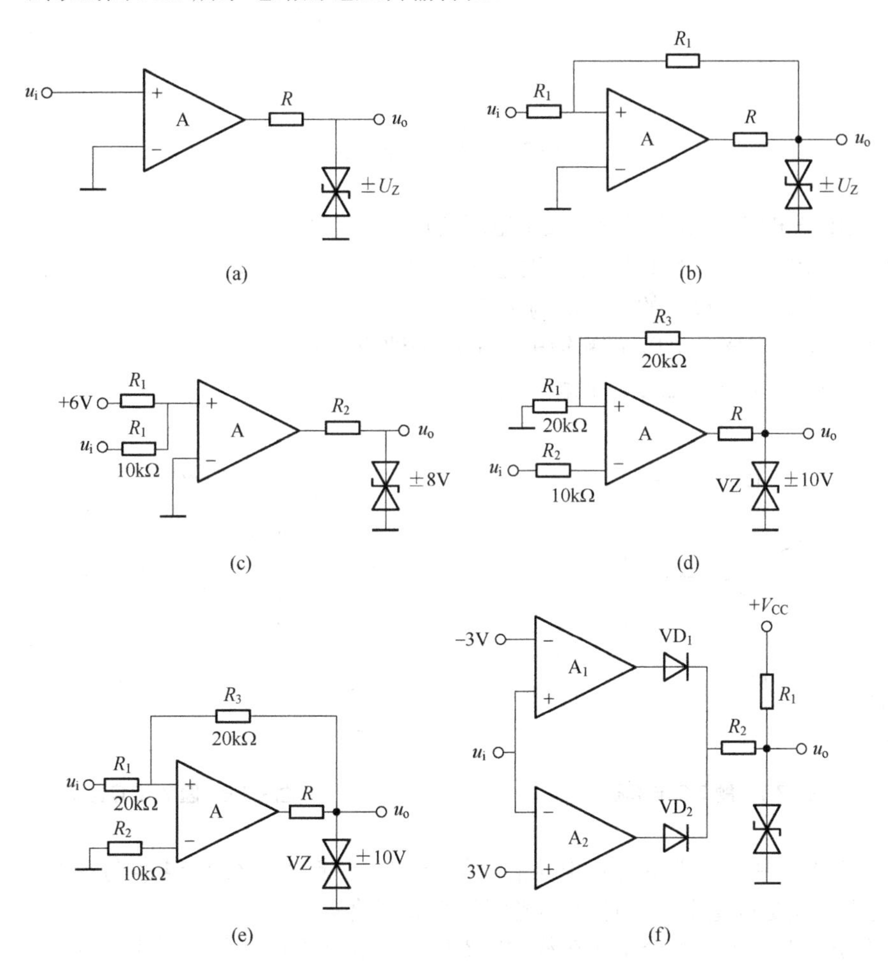

图 P7.5　题 7.7 电路图

7.8 已知电压比较器的电压传输特性如图 P7.6（a）所示，它们的输入电压波形均如图 P7.6（b）所示，试分别画出电压比较器的输出电压的波形。

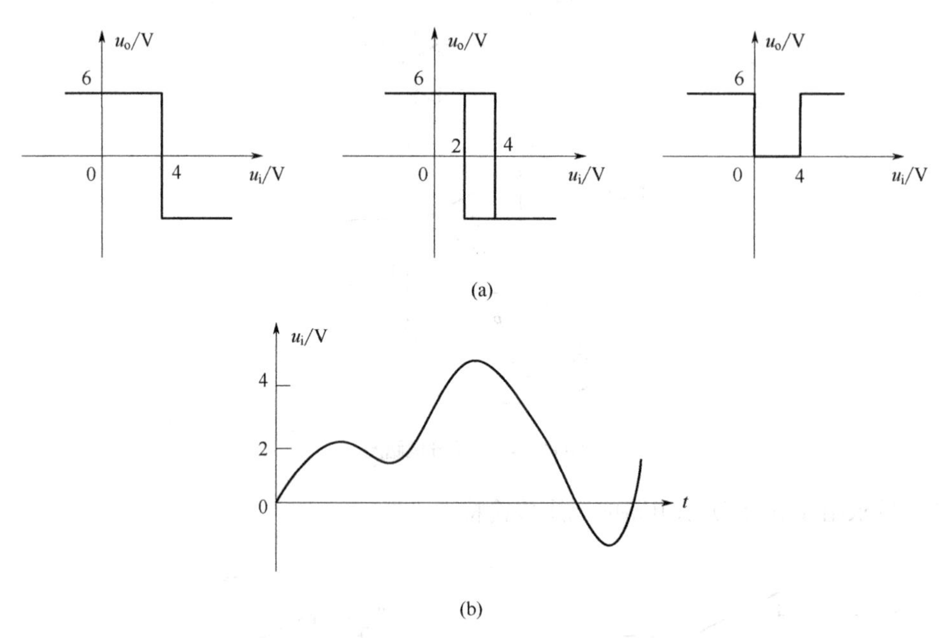

图 P7.6 题 7.8 电路图

7.9 找出图 P7.7 所示的矩形波发生电路的错误并改正。

7.10 图 P7.8 所示的矩形波发生电路，已知 $R_1 = 20\text{k}\Omega$， $R_2 = 10\text{k}\Omega$， $R = 6.7\text{k}\Omega$，C=0.01μF，双向稳压二极管的稳压值为±6V。

（1）试画出电容器上电压 u_C 和输出电压 u_o 的波形。

（2）写出振荡周期表达式并计算出大小。

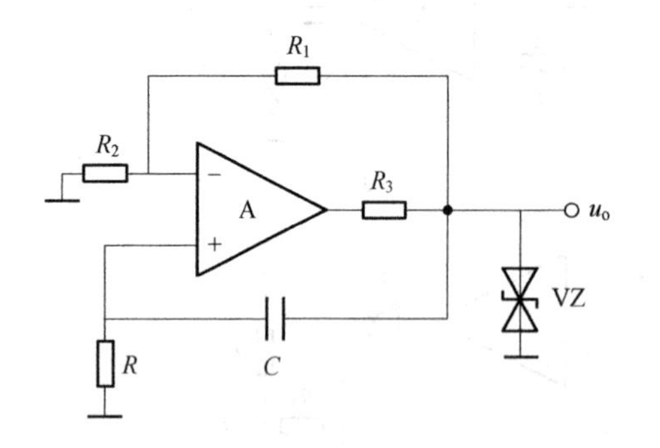

图 P7.7 题 7.9 电路图

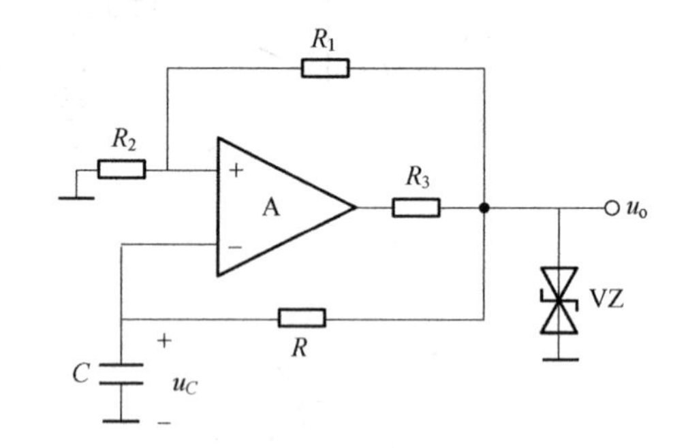

图 P7.8 题 7.10 电路图

7.11 图 P7.9 所示电路为光控电路的一部分，它将连续变化的光电信号转换为离散信号（不是高电平，就是低电平），电流 i_i 随光照的强弱而改变。

（1）在 A_1 和 A_2 中，哪个工作在线性区？哪个工作在非线性区？说明理由。

（2）求出表示 u_o 与 i_i 关系的传输特性。

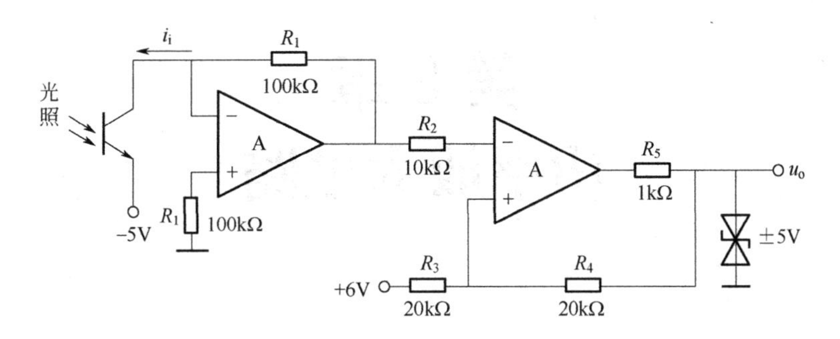

图 P7.9　题 7.11 电路图

第8章
功率放大电路

导引——音响系统中的枢纽

音响系统是大家生活中很熟悉的，最基本的音响系统（图8.0.1）由四部分构成：音源、调音台、功放、扬声器。其中，在整个系统中起到“组织、协调”枢纽作用的就是功率放大器，简称“功放”，是指在不失真条件下，能产生最大功率输出以驱动某一负载（例如扬声器）的放大器。功放在某种程度上决定整个系统能否提供良好的音质输出。

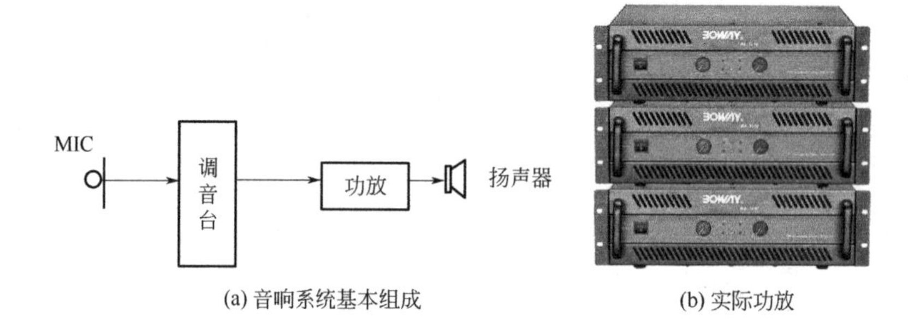

图8.0.1 音响系统基本组成图及实际功放

功放常应用于广播、通信发射机的输出级、音响系统的输出级以及控制系统驱动执行机构的放大器等。应用场合不同，性能要求不同，电路的构成与工作类型也不同。

功放如此重要，它的组成是怎样的？是如何来工作的？接下来，让我们一起研究。

8.1 概述

8.1.1 功率放大电路的特点及基本要求

8.1.1.1 功率放大电路的特点

从能量控制和转换的角度看，功率放大电路与其他放大电路在本质上没有根本的区别；只是功放既不是单纯追求输出高电压，也不是单纯追求输出大电流，而是追求在电源电压确定的情况下，输出尽可能大的功率。因此，从功放电路的组成和分析方法，到其元器件的选择，都与小信号放大电路有着明显的区别。电压放大电路的主要任务是输出足够大的电压，在电路分析时，研究的重点是电压放大倍数、输入电阻和输出电阻。功率放大电路是在大信号状态下工作，所以分析电路时，研究的重点是输出功率的大小、能量转换的效率、管耗、非线性失真等问题。

8.1.1.2 功率放大电路的基本要求

（1）输出功率P_o足够大

功率放大电路提供给负载的信号功率称为输出功率。在输入为正弦波且输出基本不失真的条件下，输出功率是交流功率，表达式为$P_o=U_oI_o$，式中U_o和I_o均为交流有效值。为获得足够大的输出功率，三极管必须工作在大的动态电压和大的动态电流下。实际上，三极管往往是在接近于极限参数的状态下工作的，因此，选用功放管时，必须考虑管子的极限参数，以保证功率放大电路中的功放管工作在安全工作区。

（2）转换效率η要高

从能量转换的角度看，功率放大电路是用来实现将直流电源提供的能量转换成交流电能输出给负载的电路。在能量的转换和传输过程中，直流电源提供的能量，除了输出给负载一部分有用功率外，还有一部分能量成了三极管的损耗，这就涉及能量转换效率的问题。效率是指负载得到的有用功率（输出功率）和电源供给的直流功率的比值，电源提供的是直流功率，其值等于电源输出电流平均值及其电压之积。这个比值越大，效率就越高，说明直流电源提供的能量转换为负载所需的有用功率越多，损耗越少。

通常功放输出功率大，电源消耗的直流功率也就多。因此，在一定的输出功率下，减小直流电源的功耗，就可以提高电路的效率。

（3）非线性失真要小

功率放大电路在大信号下工作，难免产生非线性失真。而且输出功率越大，失真往往越严重，这就使得输出功率与非线性失真成为一对矛盾体。在测量系统和电声设备中，非线性失真要尽量小。

（4）功放管的散热和保护

功放管通常为大功率管，由于流过功放管的电流较大，有相当大的功率消耗在管子上，因此，在查阅手册时要特别注意其散热条件，使用时必须安装合适的散热片。另外，功放管往往在极限状态下工作，因而损坏的可能性也大，在电路中有时还要采取各种保护措施。

（5）分析方法采用图解法

因为功率放大电路的输出电压和输出电流幅值均很大，功放管特性的非线性不可忽略，所以在分析功放电路时，不能采用仅适用于小信号的交流等效电路法，而应采用图解法。

此外，由于功放的输入信号较大，输出波形容易产生非线性失真，电路中应采用适当方法改善输出波形，如引入交流负反馈。

8.1.2 功率放大电路的分类

功率放大电路类型很多，根据不同的分类标准，可以分为不同的功率放大电路。

8.1.2.1 按工作信号的频率分类

按功率放大电路中工作信号频率的不同，功率放大电路可分为低频功率放大电路和高频功率放大电路。前者工作信号的频率范围为几十赫兹到几十千赫兹。因此，低频功率放大电路也叫音频功率放大电路。高频功放电路中工作信号的频率在兆赫级别以上，因此，也叫射频功率放大电路。本章主要研究低频功率放大电路。

8.1.2.2 按电路中三极管的工作状态分类

根据三极管静态工作点的位置不同，功率放大电路可分为甲类功率放大电路、乙类功率放大电路、甲乙类功率放大电路和丙类功率放大电路。

（1）甲类功率放大电路

甲类功率放大电路是指电路静态工作点设置在负载线的中点上，在输入信号的正负半周，三极管都在工作，管子的导通角为$\theta=360^{\circ}$，输出波形好，失真小，但输出电流小，静态管子功耗大，效率低，如图 8.1.1（a）所示。从图中可以看出，管子的静态功耗等于静态工作点Q与两坐标轴间所围矩形的面积。为了提高管子效率，可降低静态工作点，减小矩形面积。

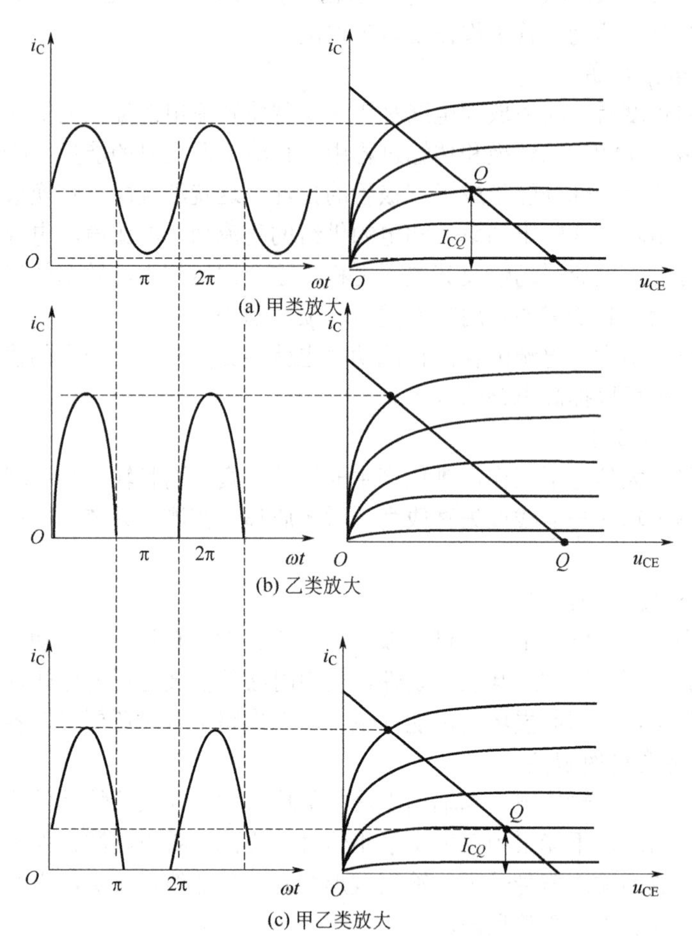

图 8.1.1 放大电路的工作方式

（2）乙类功率放大电路

如图 8.1.1（b）所示的静态工作点在负载线的最低点，管子的导通角$\theta=180^{\circ}$，三极管只在信号的半个周期内导通，而在另半个周期内截止。此时输出波形出现严重的失真，不能直接使用，但此类工作状态电路效率很高的优点却是值得注意的。

（3）甲乙类功率放大电路

当电路的静态工作点略高于乙类时，如图 8.1.1（c）所示，此时静态电流很小，效率较高，三极管的导通时间大于半个周期，管子的导通角为$180°<\theta<360°$，输出电流在甲类放大电路和乙类放大电路之间。此时电路输出波形虽然失真严重，不能直接使用，但合理的设计电路结构，让不同类型的两个管子轮流工作，便可得到很好的效果。由上述讨论可知，提高功率放大电路的效率的途径是采用乙类功率放大电路和甲乙类功率放大电路。

（4）丙类功率放大电路

若功率放大电路中三极管的导通时间比半个周期短，即三极管的导通角$\theta<180°$，则称该电路为丙类功率放大电路。此时，集电极电流即使在半个周期内也严重失真。为消除这种失真，一般会在功率放大电路中加入谐振回路，使负载获得基本不失真的输出信号。丙类功率放大电路主要用于高频信号的功率放大，本章不讨论。

8.1.2.3 按功率放大电路的组成形式分类

按电路的组成形式不同，功率放大电路分为变压器耦合功率放大电路和无输出变压器功率放大电路，后者又分为无输出电容（OCL）功率放大电路、无输出变压器（OTL）功率放大电路和平衡式无输出变压器（BTL）功率放大电路三种形式。功率放大电路采用变压器耦合方式可以实现阻抗变换。但是，因为变压器体积大、笨重、消耗有色金属，而且在低频和高频段会产生相移，使放大电路引入负反馈时容易产生自激振荡，所以，现在多采用无输出变压器的功率放大电路，本章重点研究 OTL 和 OCL 功率放大电路。

8.2 互补对称功率放大电路

前面提到的甲类功率放大电路虽然输出信号的失真小，但效率低；而乙类功率放大电路虽然能提高电路的效率，但输出波形却出现严重失真。因此，如果用两个互不对称的管子，使电路能在保证两个三极管工作在乙类放大状态的前提下，一个管子在输入信号的正半周工作，另一个管子在输入信号的负半周工作，从而在负载上得到一个完整的波形，就能解决效率和失真的矛盾。

目前广泛使用的是 OCL 互补对称功率放大电路和 OTL 互补对称功率放大电路。本节将对这两类电路的组成、工作原理、最大输出功率和效率的分析计算等问题进行讨论。

8.2.1 OCL 功率放大电路

8.2.1.1 电路组成及工作原理

乙类 OCL 互补对称功率放大电路如图 8.2.1 所示。图中 VT_1 和 VT_2 分别为 NPN 型和 PNP 型三极管，它们参数完全对称，都工作在乙类状态，由正、负对称的两个电源供电。设两管开启电压忽略不计，输入电压为正弦波。电路的工作原理如下。

静态时，基极回路没有电流，两个三极管截止。因为两管参数对称、电源电压对称，所以输出电压为零。

在输入信号的正半周，VT_1 管因发射结处于正偏而导通，VT_2 管因发射结处于反偏而截止，等效电路如图 8.2.1（b）所示，电流 i_{C1} 从上到下流过负载电阻，输出电压 $u_o=u_i$。

在输入信号的负半周，VT_1 管因发射结处于反偏而截止，VT_2 管因发射结处于正偏而导通，等效电路如图 8.2.1（c）所示，电流 i_{C2} 从下到上流过负载电阻，输出电压 $u_o\approx u_i$。

在输入信号的一个周期里，两个三极管轮流导通，在负载电阻R_L上合成一个完整的波形。

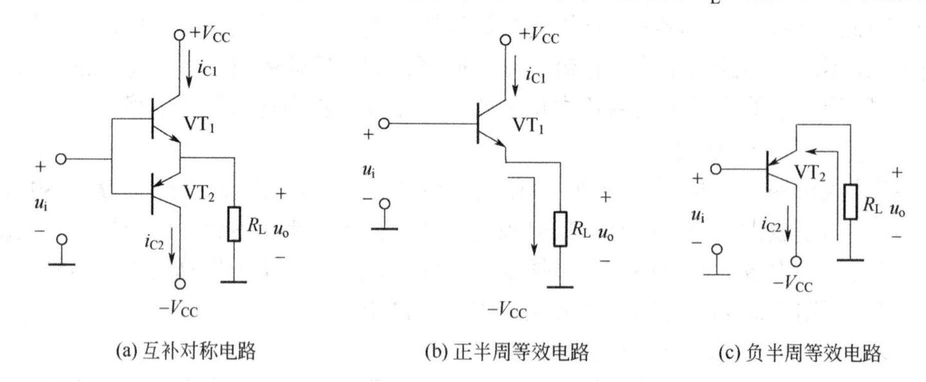

图 8.2.1　乙类 OCL 互补对称功率放大电路

8.2.1.2　主要指标计算

乙类 OCL 互补对称功率放大电路应用图解法分析，如图 8.2.2 所示。

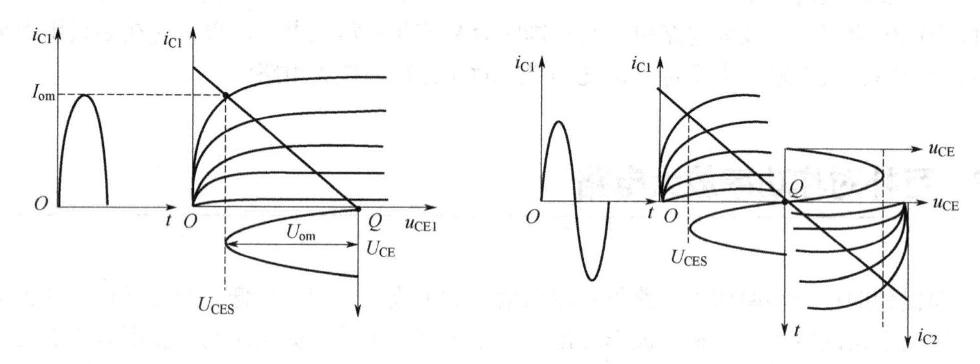

图 8.2.2　乙类 OCL 互补对称功率放大电路的图解法分析

主要指标计算如下：

（1）输出功率 P_o

图 8.2.2 中，静态工作点为$U_{CE}=V_{CC}$，负载电阻为R_L，用U_o和I_o分别表示输出电压和输出电流的有效值，U_{om}、I_{om}为最大不失真输出电压和输出电流最大值，则输出的平均功率为：

$$P_o=U_oI_o=\frac{U_{om}I_{om}}{\sqrt{2}\times\sqrt{2}}=\frac{U_{om}^2}{2R_L} \tag{8.2.1}$$

当输入信号足够大时，三极管处于深度饱和状态，三极管饱和导通时的管压降为U_{CES}，最大的输出电压和输出电流幅值分别为：

$$U_{om}=V_{CC}-U_{CES}$$

$$I_{om}=\frac{V_{CC}-U_{CES}}{R_L}$$

此时电路可能输出的最大平均功率为：

$$P_{om}=\frac{U_{om}I_{om}}{2}=\frac{(V_{CC}-U_{CES})^2}{2R_L} \tag{8.2.2}$$

如果忽略掉三极管上的饱和压降，则为：

$$P_{om} \approx \frac{V_{CC}^2}{2R_L} \tag{8.2.3}$$

（2）电源提供的功率P_E

每个电源提供的功率为：

$$P_{E1} = P_{E2} = V_{CC} I_{C(AV)}$$

式中，$I_{C(AV)}$为电源提供电流的平均值。每一个电源提供的$I_{C(AV)}$为：

$$I_{C(AV)} = \frac{1}{2\pi}\int_0^{\pi} I_{Cm}\sin(\omega t)d(\omega t) = \frac{1}{2\pi}\int_0^{\pi} I_{om}\sin(\omega t)d(\omega t) = \frac{1}{2\pi}\int_0^{\pi}\frac{U_{om}}{R_L}\sin(\omega t)d(\omega t) = \frac{U_{om}}{\pi R_L}$$

两个电源提供的总功率为：

$$P_E = 2V_{CC}I_{C(AV)} = \frac{2V_{CC}U_{om}}{\pi R_L} \tag{8.2.4}$$

（3）能量转换效率η

电源提供的直流功率转换成有用的交流信号功率的效率为：

$$\eta = \frac{P_o}{P_E} = \frac{\dfrac{U_{om}^2}{2R_L}}{\dfrac{2V_{CC}U_{om}}{\pi R_L}} = \frac{\pi U_{om}}{4V_{CC}} \tag{8.2.5}$$

由式（8.2.5）可知，效率和输出电压的大小U_{om}有关，当信号足够大时，$U_{om} \approx V_{CC}$，此时电路的效率达到最大值η_{max}。

$$\eta_{max} = \frac{\pi}{4} = 78.5\% \tag{8.2.6}$$

大功率管的管压降常为2～3V，因而一般情况下不能忽略饱和管压降，在计算电路的最大输出功率和效率时要注意。

（4）管子耗散功率P_T

电源提供的功率除了有用的输出功率以外，剩下的则消耗在两个三极管上，管子耗散功率P_T为：

$$P_T = P_E - P_o = \frac{2V_{CC}U_{om}}{\pi R_L} - \frac{U_{om}^2}{2R_L} \tag{8.2.7}$$

由式（8.2.7）可知，管耗P_T与U_{om}有关，但并不是U_{om}越大，P_T越大。令：

$$\frac{dP_T}{dU_{om}} = 0$$

可以求得在$U_{om} = 2V_{CC}/\pi$时，管子功耗达到最大值P_{Tm}，将$U_{om} = 2V_{CC}/\pi$代入式（8.2.7）得此时两管总功耗为：

$$P_{Tm} = \frac{2V_{CC}^2}{\pi^2 R_L} \approx 0.4P_{om}$$

每个管子的功耗为：

$$P_{T1}=P_{T2}\approx 0.2P_{om} \tag{8.2.8}$$

根据式（8.2.8）选择三极管的极限参数 P_{CM}。

（5）三极管耐压指标 $U_{(BR)CEO}$

静态时，管子的集-射极间电压 u_{CE} 等于电源电压 V_{CC}；有信号输入时，截止管的集-射极间电压 u_{CE} 等于电源电压 V_{CC} 与导通管输出电压最大值 U_{Cm} 之和。当 $U_{Cm}=V_{CC}$ 时，截止管集-射极间电压 u_{CE} 等于 $2V_{CC}$。所以，管子的耐压指标为：

$$U_{(BR)CEO}>2V_{CC} \tag{8.2.9}$$

式（8.2.9）为选管的耐压根据。

乙类互补对称功率放大电路由于三极管工作在乙类放大状态，当输入信号小于三极管的开启电压时，管子处于截止状态，输出电压和输入电压之间不存在线性关系，产生失真。由于这种失真出现在输入电压过零处（两管交接班时），故称为交越失真，如图 8.2.3 所示。

8.2.1.3 消除交越失真的 OCL 互补对称功率放大电路

为克服交越失真，通常为两管设置很低的静态工作点，使它们在静态时处于微导通状态，即电路处于甲乙类工作状态。这样当输入信号比较小，即使是小于管子的开启电压，也能保证三极管处于导通状态，负载上有电流流过，从而得到不失真的输出波形。消除交越失真的 OCL 互补对称功率放大电路如图 8.2.4 所示。

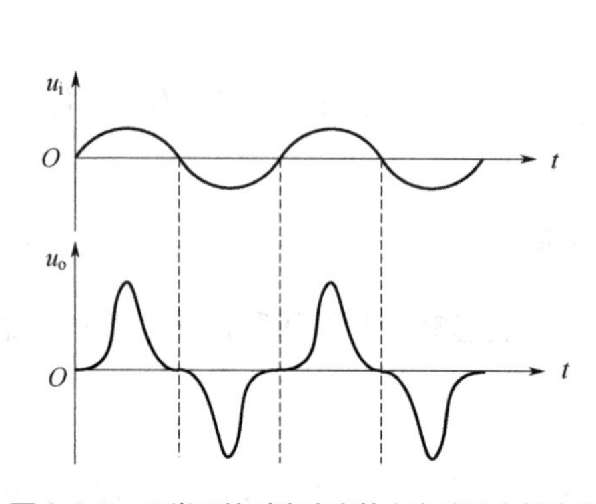

图 8.2.3 乙类互补对称功率放大电路的交越失真

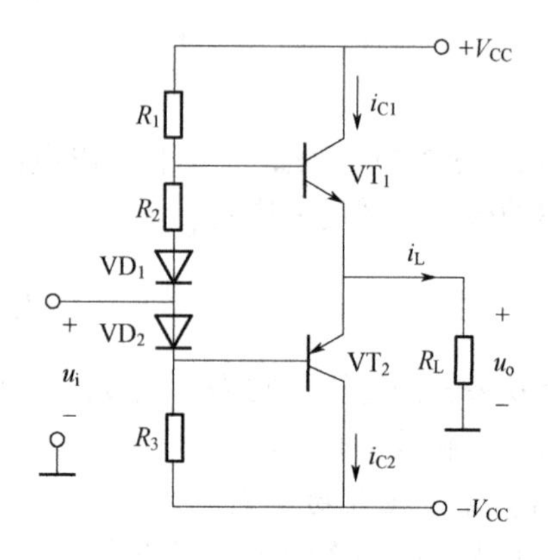

图 8.2.4 消除交越失真的 OCL 互补对称功率放大电路

图中，静态时，从 $+V_{CC}$ 经过 R_1、R_2、VD_1、VD_2、R_3 到 $-V_{CC}$ 有一个直流电流，它在 VT_1 和 VT_2 管两个基极之间所产生的电压为：

$$U_{B1B2}=U_{R_2}+U_{VD_1}+U_{VD_2}$$

使 U_{B1B2} 略大于 VT_1 管发射结和 VT_2 管发射结开启电压之和，从而使两个管子均处于微导通态，即都有一个微小的基极电流，分别为 I_{B1} 和 I_{B2}。调节 R_2，可使发射极静态电位 U_E 为 0V，即输出电压 u_o 为 0V。

当所加信号按正弦规律变化时，由于二极管 VD_1、VD_2 的动态电阻很小，而且 R_2 的阻值也较小，因而可认为 VT_1 管基极电位的变化与 VT_2 管基极电位的变化近似相等，即 $u_{b1}\approx u_{b2}\approx u_i$。这样，当 $u_i>0V$ 且逐渐增大时，u_{BE1} 增大，VT_1 管基极电流 i_{B1} 随之增大，发射极电流i_{E1}也必然增大，负载电阻R_L上得到正方向的电流；与此同时，u_i的增大使u_{EB2}减小，当减小到一定数值时，VT_2管截止。同样道理，当$u_i<0V$且逐渐减小时，使u_{EB2}逐渐增大，VT_2管基极电流i_{B2}随之增大，发射极电流i_{E2}也必然增大，负载电阻R_L上得到负方向的电流；与此同时，u_i的减小使u_{BE1}减小，当减小到一定数值时，VT_1管截止。这样，即使u_i很小，总能保证至少有一个三极管导通，因而消除了交越失真。综上所述，输入信号的正半周主要是VT_1管发射极驱动负载，而负半周主要是VT_2管发射极驱动负载，而且两管的导通时间都比输入信号的半个周期长，即在信号电压很小时，两个管子同时导通，因而它们工作在甲乙类状态。

值得注意的是，若静态工作点失调，例如R_2、VD_1、VD_2中任意一个元件虚焊，则从$+V_{CC}$经过R_1、VT_1管发射结、VT_2管发射结、R_3到$-V_{CC}$形成一个通路，有较大的基极电流I_{B1}和I_{B2}流过，从而导致VT_1管和VT_2管有很大的集电极直流电流，且每个管子的管压降均为V_{CC}，以至于VT_1管和VT_2管可能因功耗过大而损坏。因此，常在输出回路中接入熔断器以保护功放管和负载。

因为甲乙类电路Q点很低，所以各项电路指标计算按照乙类电路计算。

【例8.2.1】 图8.2.4所示电路中，一电源电压为±12V，$R_L=8\Omega$，静态时输出电压$u_o=0V$，设管子饱和压降$|U_{CES}|=0V$，试求：

① 电路的最大输出功率。

② 三极管最大管耗P_{Tm}。

③ 当输入电压为$u_i=6\sin(\omega t)V$时，求负载得到的功率和电源的转换效率。

【解】 ① 由式（8.2.3）得：

$$P_{om}\approx\frac{V_{CC}^2}{2R_L}=\frac{12^2}{2\times8}=9(W)$$

② 由式（8.2.8）得：

$$P_{Tm}\approx0.2P_{om}=1.8W$$

③ 由于每个管子导通时为共集电极电路，所以，$A_u\approx1$，$u_o=u_i=6\sin(\omega t)V$，$U_{om}=6V$，由式（8.2.3）、式（8.2.5）得：

$$P_{om}\approx\frac{V_{CC}^2}{2R_L}=\frac{6^2}{2\times8}=2.25(W)$$

$$\eta=\frac{P_o}{P_E}=\frac{\pi U_{om}}{4V_{CC}}=\frac{3.14\times6}{4\times12}=39.25\%$$

【例8.2.2】 图8.2.4所示电路中，电源电压为±15V，$R_L=4\Omega$，输入电压为正弦波，管子饱和压降$|U_{CES}|=3V$，电压放大倍数约为1，试求：

① 负载上可能获得的最大功率和效率。

② 若输入电压最大有效值为8V，则负载上能够获得的最大功率为多少?

【解】 ① 由式（8.2.2）和式（8.2.5）可得：

$$P_{om}=\frac{(V_{CC}-U_{CES})^2}{2R_L}=\frac{(15-3)^2}{2\times4}=18(W)$$

$$\eta = \frac{P_o}{P_E} = \frac{\pi(V_{CC} - |U_{CES}|)}{4V_{CC}} \approx 78.5\% \times \frac{15-3}{15} = 62.8\%$$

② 因为电压放大倍数约为 1，所以，$U_o \approx 8V$。最大输出功率：

$$P_{om} = \frac{U_{om}^2}{2R_L} = \frac{8\sqrt{2}^2}{2\times4} = 16(W)$$

8.2.2 OTL 功率放大电路

如图 8.2.5 所示电路是 OTL 互补对称功率放大电路，该电路是单电源供电，VT_1、VT_2 管工作在乙类状态。静态时，A 点电位为$\frac{V_{CC}}{2}$。只要电容 C 足够大（使$\tau = R_LC$比信号的周期大得多），电容 C 就可以代替双电源功放电路中的$-V_{CC}$。

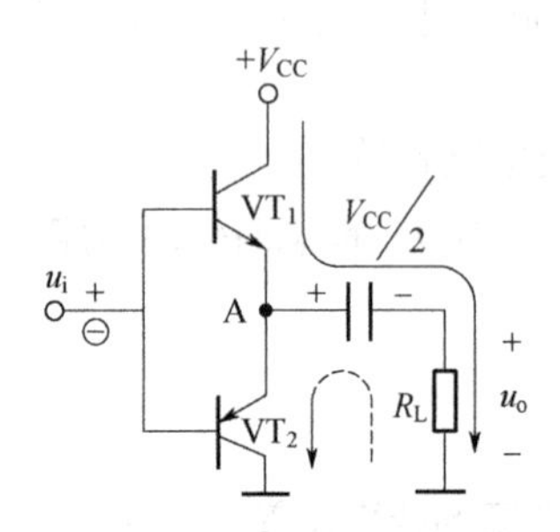

图 8.2.5　OTL 互补对称功率放大电路

图 8.2.5 中，VT_1、VT_2 管组成互补对称电路输出级，由于电路上下对称，管子特性理想对称，静态时，前级电路应使基极电位为$\frac{V_{CC}}{2}$，由于 VT_1、VT_2 特性对称，发射极电位也为$\frac{V_{CC}}{2}$，因此电容上的电压为$\frac{V_{CC}}{2}$，极性如图 8.2.5 中所标注。设电容容量足够大，对交流信号可视为短路；三极管 b-e 间的开启电压可忽略不计；输入电压为正弦波。当$u_i>0V$时，VT_1 管导通，VT_2 管截止，电流如图 8.2.5 中实线所示，由 VT_1 和 R_L 组成的电路为射极输出形式，$u_o \approx u_i$；当$u_i<0V$时，VT_2 管导通，VT_1 管截止，电流如图 8.2.5 中虚线所示，由 VT_2 和 R_L 组成的电路也为射极输出形式，$u_o \approx u_i$。故电路输出电压跟随输入电压。

由于一般情况下功率放大电路的负载电流很大，电容容量常选为几千微法，且为电解电容。电容容量愈大，电路低频特性将愈好。但是，当电容容量增大到一定程度时，由于两个极板面积很大，且卷制而成，电解电容不再是纯电容，而存在漏阻和电感效应，低频特性将不会明显改善。

需要注意的是，此时电路中每个三极管的工作电压由原来双电源供电中的V_{CC}变成了$\frac{V_{CC}}{2}$，所以，计算各种性能指标时均要用$\frac{V_{CC}}{2}$替换原公式中的V_{CC}。

8.2.3 采用复合管的互补对称功率放大电路

如果功率放大电路输出端的负载电流比较大，则要求提供给功率三极管基极的推动电流也比较大，而功率放大电路的前级一般为电压放大电路，很难为功放管提供大的基极推动电流。为了解决这个矛盾，通常将功率放大电路中的 VT_1、VT_2 管做成复合管的形式，以得到较大的电流放大系数。

图 8.2.6 所示电路是由复合管组成的功率放大电路。其中 VT_1、VT_3 管复合成 NPN 管，VT_2、VT_4 管复合成 PNP 管。注意，这里 VT_4 没有用 PNP 管，是因为对于大功率三极管来说，NPN 管和 PNP 管很难做到完全对称，而同类型的三极管之间，在集成电路制造中很容易使

两者的特性对称。因此，在集成电路放大器的功率放大级，都采用图8.2.6所示的形式，由于VT_2、VT_4不都是PNP管，又称这种功率放大电路为准互补对称功率放大电路。

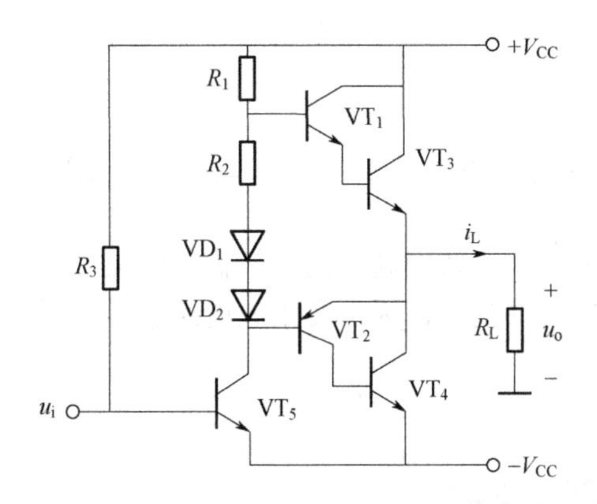

图8.2.6 由复合管组成的准互补对称功放电路

【例8.2.3】 如图8.2.7所示电路，已知电源电压为20V，$R_L=4\Omega$，输入电压为正弦波，管子饱和压降$|U_{CES}|=2V$，三极管导通时的$|U_{BE}|=0.7V$，输入电压足够大。试求：

① A、B、C、D点的静态电位各为多少?

② 三极管VT_3、VT_4工作在放大状态，$|U_{CE}|\geqslant 3V$，电路的最大输出功率和效率各为多少?

③ 三极管VT_3、VT_4的极限参数应如何选择?

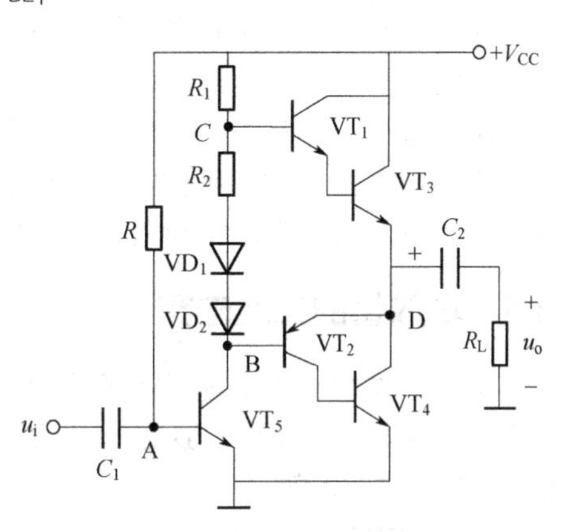

图8.2.7 例8.2.3电路图

【解】 ① A点：A点的电位为三极管VT_5导通后基极与发射极电位差，所以，$U_A=0.7V$。

D点：静态时电容C_2的电压被充电为$\frac{V_{CC}}{2}$，动态时，由于C_2容量很大，C_2上的电压基本不变，可视为一恒定的值$\frac{V_{CC}}{2}$，所以，$U_D=10V$。

B点：B点的电位为三极管VT_3导通后，发射极与$|U_{BE}|$的差值，所以，$U_B=U_D-|U_{BE}|=10-0.7=9.3(V)$。

C点：C点电位为$U_C=U_D+2|U_{BE}|=10+2\times0.7=11.4(V)$。

② 本题电路为OTL准互补电路，代入相应公式，可求出：

$$P_{om}=\frac{\left(\frac{1}{2}V_{CC}-U_{CES}\right)^2}{2R_L}=\frac{(10-3)^2}{2\times16}=1.53(W)$$

$$\eta=\frac{P_o}{P_E}=\frac{\pi\left(\frac{1}{2}V_{CC}-|U_{CES}|\right)}{2V_{CC}}=55\%$$

③ VT_3、VT_4的极限参数：

$$I_{CM} > \frac{V_{CC}}{2R_L} = \frac{20}{2\times 16} = 0.625(A)$$

$$U_{(BR)CEO} > V_{CC} = 20V$$

$$P_{CM} > \frac{\left(\frac{1}{2}V_{CC}\right)^2}{\pi^2 R_L} = \frac{1}{3.14^2} \times \frac{10^2}{16} = 0.63(W)$$

复合管由于其等效电流放大系数很高，而等效输入电阻也可以很高，不需要前级放大电路提供很大的电流就能输出大的功率，因而在集成电路中得到了广泛应用。复合管又称为达林顿管。

8.3 功率放大电路的使用

在功率放大电路中，有相当一部分的功率损耗在三极管的集电结上，使三极管的结温和管壳温度升高。当温度超过三极管规定的允许结温时，管子就会因为过热而不能正常工作，甚至损坏。因此，要想在允许的管耗内获得足够大的输出功率，就必须要解决好功放管的散热问题。此外，功放管既要流过大电流，又要承受高电压。在这种情况下，管子损坏的可能性也要比电压放大电路中的三极管高很多。因此，所谓功率放大电路的安全运行，就是要保证功放管安全工作。在实用电路中，常加保护措施，以防止功放管过电压、过电流和过功耗。本节仅就功放管的二次击穿和散热问题做简单介绍。

8.3.1 功放管的二次击穿

在实际工作中，经常发现管子的功耗并未超过允许的 P_{CM} 值，管壳也不烫，但三极管却突然失效或性能显著下降。这是为什么呢？很大可能是二次击穿造成的。

8.3.1.1 二次击穿现象

二次击穿现象可以用图 8.3.1 来说明。

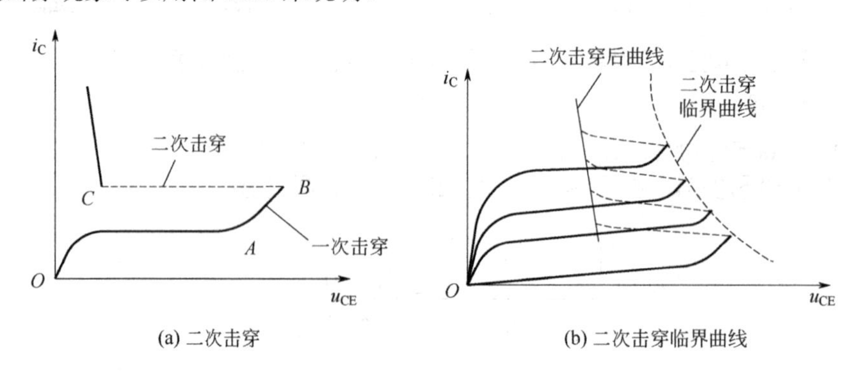

图 8.3.1 三极管二次击穿现象

当集-射极间电压 u_{CE} 逐渐增加时，首先出现一次击穿现象，如图 8.3.1（a）中的 AB 段所示，这种击穿就是正常的雪崩击穿。当这种击穿出现时，只要适当限制功放管的电流，且进入击穿的时间不长，功放管并不会损坏。所以，一次击穿，即雪崩击穿具有可逆性。但一次击穿出现后，如果继续增大i_C到某一数值，功放管的工作状态将以毫秒级甚至微秒级的速度移向低压大电流区，见图 8.3.1（a）的 BC 段，BC 段相当于二次击穿。因为二次击穿点随i_B的不同而改变，所以，通常把这些点连起来称为二次击穿临界曲线，如图 8.3.1（b）所示。

8.3.1.2　二次击穿产生的原因

一般来说，二次击穿是一种与电流、电压、功率和结温都有关系的效应。它的物理过程多数认为是流过功放管结面的电流不均匀，造成结面局部高温，因而产生热击穿所致，与功放管的制造工艺有关。

8.3.1.3　功放管的安全工作区

功放管的二次击穿特性对功率管，在运用性能的恶化和损坏方面起着重要的影响。因此，功放管的安全工作区不仅受集电极允许的最大电流、集电极允许的最大电压和集电极允许的最大功耗所限制，而且还受二次击穿临界曲线的限制，其安全工作区如图 8.3.2 虚线内所示。显然，考虑二次击穿后，功放管的安全工作范围变小了。

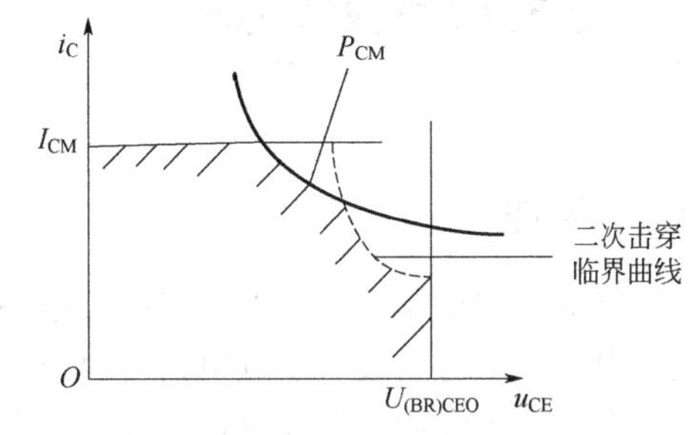

图 8.3.2　极限参数及二次击穿临界曲线共同限制的安全区

8.3.2　功放管的散热问题

功放管损坏的重要原因是当其实际耗散功率超过额定数值时，管子内部 PN 结的结温超过允许值，集电极电流急剧增大而烧坏管子。管子的功耗越大，结温越高，因而改善功放管的散热条件，可以在同样的结温下提高集电极最大耗散功率，从而实现提高输出功率的目的。

8.3.2.1　热阻的概念

热在物体中传导时所受到的阻力用“热阻”来表示。当功放管集电结消耗功率时，集电结结温升高，热量要从管芯向外传递。设结温为T_j，环境温度为T_a，则温差ΔT与集电结耗散功率P_C成正比，比例系数称为热阻R_T，即：

$$\Delta T = T_j - T_a = P_C R_T \tag{8.3.1}$$

可见，热阻R_T是集电极耗散单位功率使功放管结温升高的度数，单位为℃/W。R_T越大，表明在相同温差下，允许的集电极功耗P_C越小，说明管子的散热能力越小；反之，R_T越小，表明在相同温差下，允许的集电极功耗P_C越大，管子的散热能力越强。可见，热阻是衡量功放管散热能力的一个重要参数。

8.3.2.2　热阻的估算

功放管依靠外壳散热的效果很差，通常在功放管上要加散热装置，这样，结温向环境散热的途径实际上是从集电结到管壳，管壳再到散热片，最后才由散热片到周围空气。因此，前面定义的热阻R_T应该是以上三项之和，即：

$$R_T = R_{Tj} + R_{Tc} + R_{Tf} \tag{8.3.2}$$

式中，R_{Tj} 为集电结到管壳的热阻；R_{Tc} 为管壳到散热片的热阻；R_{Tf} 为散热片到周围空气的热阻。

热阻一般可在手册中查到。R_{Tc} 的大小主要由两方面的因素决定：一个是功放管和散热片之间是否垫绝缘层；另一个是两者之间的接触面积大小和紧固程度。R_{Tf} 的大小则完全由散热片自身决定。散热片的散热能力除了与散热片的面积、厚度、形状、放置方式、环境温度有关外，为了得到较好的散热效果，散热片一般要由导热性能良好的金属铝制成，还要保证散热片与管壳有良好的接触，而且有效接触面积要尽可能大。

8.4 集成功率放大电路

8.4.1 概述

目前生产的集成功率放大电路内部电路的组成基本与基本运算放大电路相似，一般由输入级、中间级、输出级和偏置电路等组成。利用集成电路工艺可以生产出不同类型的集成功率放大电路，集成功率放大电路和分立元件功率放大电路相比，具有体积小、重量轻、调试简单、效率高、失真小和使用方便等优点，因此得到了迅猛发展。

8.4.2 集成功率放大电路的应用

集成功放使用时不能超过规定的极限参数，主要有功耗和最大允许电源电压。另外，集成功放还要有足够大的散热器，以保证在额定功耗下温度不超过允许值。本节以 LM386 集成功放电路为例，介绍其外部引线及典型应用。

LM386 是一种音频集成功放。图 8.4.1（a）所示为 LM386 的外部引线图。其一种基本用法如图 8.4.1（b）所示，C 为输出电容。引脚 1 和 8 之间加入的电阻 R 和电容 C_1 可以改变该功放的增益。同时，通过调节 R 的值，还可以防止输入信号过强引起的自励啸叫。利用 R_W 可调节扬声器的音量。R_2 和 C_2 串联构成校正网络用来进行相位补偿。

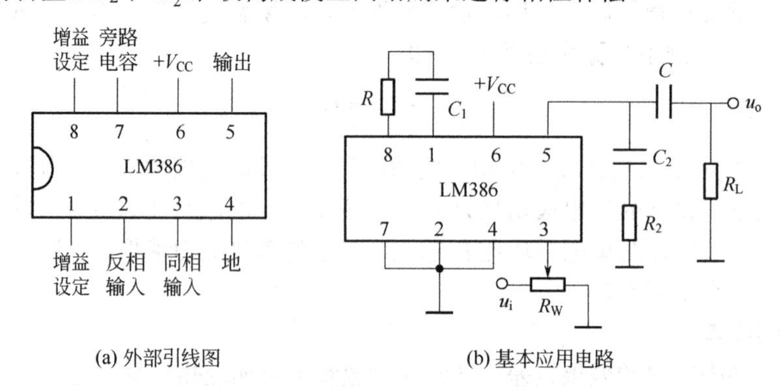

(a) 外部引线图　　(b) 基本应用电路

图 8.4.1　LM386 的外部引线图及基本应用电路

静态时输出电容上的电压为$\frac{V_{CC}}{2}$，LM386 的最大不失真输出电压的峰-峰值约为电源电

压 V_{CC}。最大输出功率表达式为：

$$P_{om}=\frac{\left(\frac{V_{CC}}{2}\right)^2}{2R_L}=\frac{V_{CC}^2}{8R_L} \tag{8.4.1}$$

此时输入电压有效值的表达式为：

$$U_i=\frac{U_{om}}{A_u}=\frac{\frac{\frac{V_{CC}}{2}}{\sqrt{2}}}{A_u}=\frac{\sqrt{2}V_{CC}}{4A_u} \tag{8.4.2}$$

若 $V_{CC}=8V$，$R_L=8\Omega$，有 $P_{om}=1W$，$U_i=\frac{2\sqrt{2}}{A_u}$。

由于此时电路的电压增益可通过 R 的大小自由调整，使电路电压增益在 20~200 之间变化，所以，此种情况下，输入电压有效值可在 14.1～141mV 之间变化。

在绝大多数场合或单独使用时，LM386 比较正常，但在与其他电路结合之后，有可能产生自励从而使电路灵敏度降低。为了防止高频自励引起的噪声，可在信号输入端与地之间、引脚 8 与地之间各接一电容，同时闲置的输入端不要空接，最好接地。对于低频自励引起的声音，可在输入端与地之间接一电阻，同时增大引脚 6 的滤波电容。

本章总结

（1）功率放大电路是在大信号下工作的，通常采用图解法进行分析。研究的重点是如何在允许的失真的情况下，尽可能提高输出功率和效率。

（2）功率放大电路的特点是：

① 输出功率大意味着输出电压大和输出电流大，管子工作在极限状态，要注意极限参数；

② 由于输出功率大，功率损耗也大，所以，效率成为主要性能指标；

③ 要注意功放管的散热和保护问题。

（3）三极管可以分为甲类、乙类、甲乙类和丙类工作状态，其中甲类工作状态波形失真小，但效率最低，乙类工作状态效率高，但是波形失真大。

（4）甲乙类互补对称功率放大电路利用两个处于甲乙类工作状态的三极管，分别在正、负半周轮流工作，既可以得到较高的工作效率，又可以避免交越失真。

（5）在单电源互补对称功率放大电路中，计算输出功率、效率、管耗和电源供给的功率时，可使用双电源互补对称电路的计算公式，其中，只需要用 $\frac{V_{CC}}{2}$ 替换原公式中的 V_{CC}。

（6）集成功率放大电路具有轻便小巧、成本低廉、外部接线少、使用方便、可靠性高、功耗较低等优点，其内部还有过热、过电流等保护功能的电路，因此，使用更加安全，在实际工作中得到了广泛的应用。

本章知识结构

- 功率放大电路
  - 概述
    - 按功放管的导通时间分类
      - 甲类　始终导通
      - 乙类　半个周期内导通
      - 甲乙类　多半个周期导通
      - 丙类　少半个周期导通
    - 性能指标
      - 最大输出功率
      - 效率
      - 管耗
  - 互补对称功率放大电路
    - OCL功率放大电路　双电源供电
    - 消除交越失真的OCL功率放大电路
    - OTL　单电源供电
    - 采用复合管的互补对称功率放大电路
  - 功率放大电路的使用
    - 功放的安全工作区
    - 功放的散热
  - 集成功率放大电路

习题 8

8.1　填空题。

（1）功率放大电路的主要作用是（　　）。

（2）分析功率放大电路时，因为信号比较（　　），经常采用（　　）分析法。

（3）甲类、乙类、甲乙类放大电路可以依据放大管的导通角θ大小来区分，其中甲类θ为（　　），乙类θ为（　　），甲乙类θ为（　　）。

（4）乙类互补对称功率放大电路的（　　）较高。这种电路特有的失真现象称为（　　）失真。消除这类失真，常采用（　　）类互补对称功率放大电路。

（5）NPN 型三极管构成的乙类 OCL 互补对称功率放大电路中存在交越失真的原因是因为三极管的发射结电压小于（　　）电压引起的，此时，三极管工作在（　　）状态。

（6）功率放大电路与电压放大电路的区别是：前者比后者效率（　　），在电源电压相同的的情况下，最大不失真输出电压（　　）。

（7）一般情况下，OCL 互补对称功率放大电路工作时需要（　　）个电源，而 OTL 互补对称功率放大电路工作时需要（　　）个电源。

8.2　选择题。

（1）功率放大电路的最大输出功率是在输入电压为正弦波时，输出基本不失真的情况下，负载上可能获得的最大____。

A．交流功率　　B．平均功率　　C．直流功率　　D．交直流功率

（2）功率放大电路的转换效率是指____。

A．输出功率与三极管所消耗的功率之比

B．最大输出功率与电源提供的平均功率之比

C．三极管所消耗的功率与电源提供的平均功率之比

D．输出功率与三极管所产生的功率之比

（3）在选择功放电路中的三极管时，应当特别注意的参数有____。

A．β　　B．I_{CM}　　C．I_{CBO}　　D．$U_{(BR)CEO}$

E．P_{CM}　　F．f_T

（4）甲类功率放大电路效率低是因为____。

A．只有一个功率管　　B．静态电流过大

C．管压降过大　　D．静态电压过大

（5）功率放大电路的效率主要与____有关。

A．电源供给的直流功率　　B．电路输出最大功率

C．电路的工作状态　　D．三极管工作状态

（6）为改善交越失真现象，电路上应当____。

A．进行相位补偿

B．适当增大功率管静态$|U_{BE}|$，使之处于微导通状态

C．适当减小功率管静态$|U_{BE}|$，使之处于微导通状态

D．适当增加负载电阻值

（7）功率放大电路中直流电源的能量主要消耗在____上。

A．负载和功放管　　B．负载和偏置电路

C．功放管和偏置电路　　D．偏置电路

（8）在 OCL 乙类功放电路中，若最大输出功率为 1W，则电路中功放管的集电极最大功耗约为____。

A．1W　　B．0.5W　　C．0.2W　　D．2W

（9）图 P8.1 所示电路中三极管饱和压降的数值为$|U_{CES}|$，则最大输出功率P_{om}为____。

A．$\dfrac{(V_{CC}-|U_{CES}|)^2}{2R_L}$　　B．$\dfrac{\left(\frac{1}{2}V_{CC}-|U_{CES}|\right)^2}{R_L}$

C．$\dfrac{\left(\frac{1}{2}V_{CC}-|U_{CES}|\right)^2}{2R_L}$　　D．$\dfrac{(V_{CC}-|U_{CES}|)^2}{R_L}$

8.3　如图 P8.2 所示电路中，已知$V_{CC}=16V$，$R_L=4\Omega$，晶体管 VT_1 和 VT_2 的饱和管压降$|U_{CES}|=2V$，输入电压足够大。试求：

（1）静态时，流过负载电阻R_L的电流有多大？

（2）R_1、R_2、VD_1、VD_2 各起什么作用？

（3）若其中一个二极管接反，会有什么后果？

（4）最大输出功率和效率各为多少？

8.4　如图 P8.3 所示电路中，已知三极管为互补对称管，$|U_{CES}|=1V$，$V_{CC}=10V$，$R_L=8\Omega$，$R_4=100k\Omega$，$R_3=R_5=2k\Omega$。试求：

（1）电路的电压放大倍数。
（2）最大不失真输出功率。
（3）每个晶体管的最大管耗。

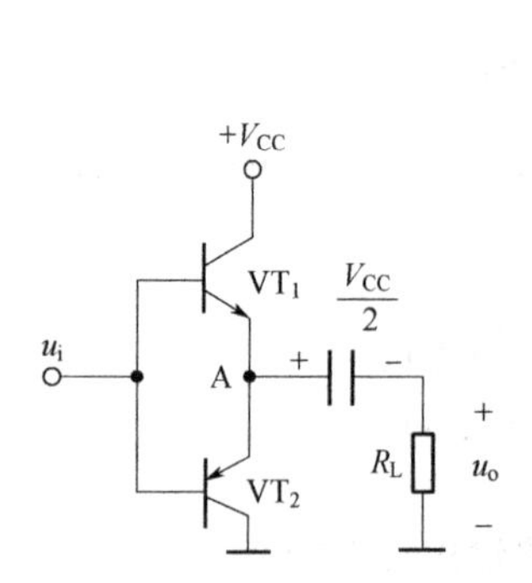

图 P8.1 题 8.2 中（9）电路图

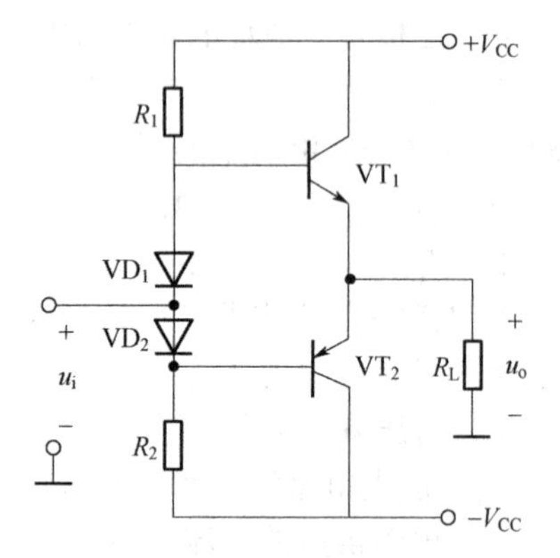

图 P8.2 题 8.3 电路图

8.5 在图 P8.4 所示电路中，已知 $V_{CC}=15V$，VT_1 和 VT_2 三极管的饱和管压降 $|U_{CES}|=2V$，$R_L=8\Omega$，输入电压足够大。求解：

（1）最大不失真输出电压的有效值。
（2）负载电阻 R_L 上电流最大值。
（3）最大输出功率和效率。

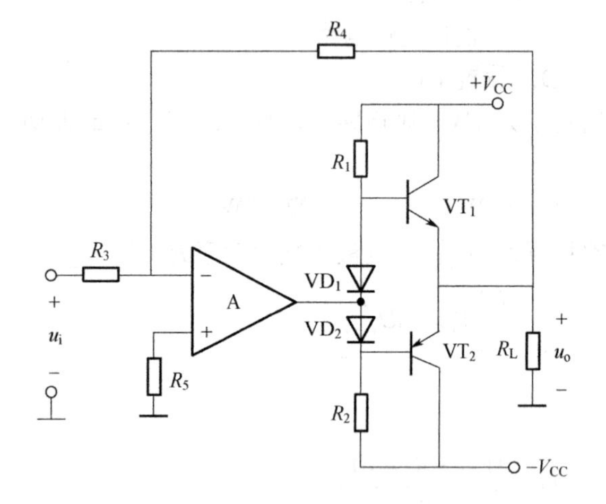

图 P8.3 题 8.4 电路图

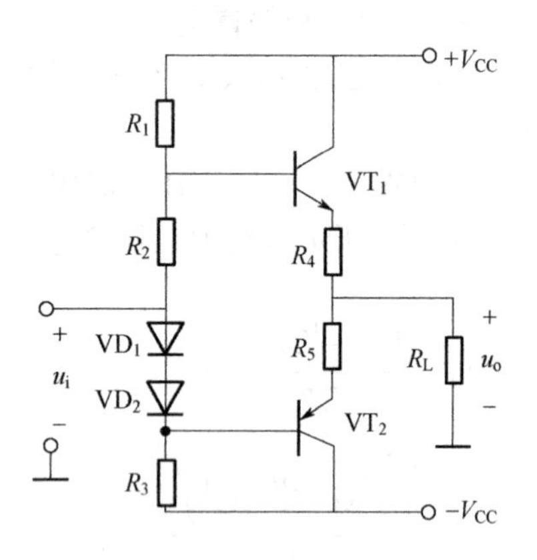

图 P8.4 题 8.5 电路图

8.6 在图 P8.5 所示电路中，已知 $V_{CC}=15V$，VT_1 和 VT_2 三极管的饱和管压降 $|U_{CES}|=1V$，$R_L=8\Omega$，集成运放的最大输出电压值为 ±13V，二极管的导通电压为 0.7V。

（1）若输入电压幅值足够大，则电路的最大输出功率为多少？

（2）为了提高输入电阻，稳定输出电阻，且减小非线性失真，应引入哪种组态的交流负反馈？并画出图。

（3）若输入电压有效值为 0.1V 时，输出电压有效值为 5V，则反馈网络中电阻的取值约为多少？

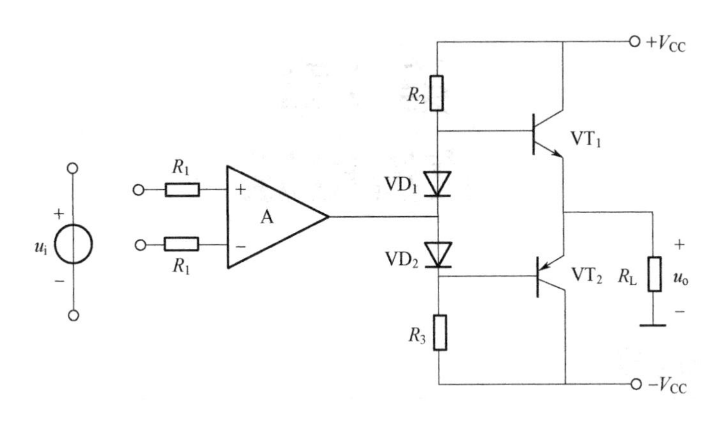

图 P8.5 题 8.6 电路图

8.7 OTL 电路如图 P8.6 所示。$V_{CC}=24\text{V}$，$R_L=8\Omega$。试求：

（1）为了使得最大不失真输出电压幅值大，静态时三极管 VT_3、VT_4 的发射极电位应为多少？若不合适，则一般调节哪个元件参数？

（2）若三极管 VT_3、VT_4 的饱和管压降 $|U_{CES}|=3\text{V}$，输入电压足够大，则电路的最大输出功率和效率各为多少？

8.8 电路如 P8.7 所示，已知 $V_{CC}=18\text{V}$，$R_L=8\Omega$，VT_1 和 VT_2 三极管的饱和管压降 $|U_{CES}|=2\text{V}$，$R_5=R_6=1\text{k}\Omega$，直流功耗忽略不计。则：

（1）R_1、R_2、VT_3 起什么作用？

（2）负载上可能获得的最大输出功率和电路的转换效率各为多少？

（3）设最大输入电压的有效值为 1V。为了使电路的最大不失真输出电压的峰值达到 16V，电阻 R_7 至少应为多少？

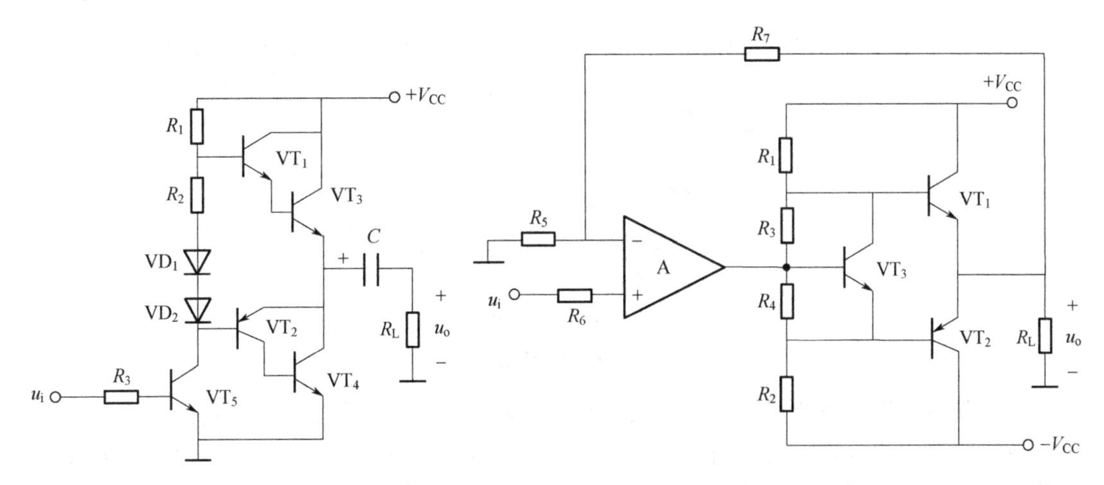

图 P8.6 题 8.7 电路图　　　　图 P8.7 题 8.8 电路图

第 9 章 直流电源

导引——直流电源

提起电源，人们最直接的反应是形形色色的电池，如干电池、蓄电池、燃料电池等，如图 9.0.1 所示。电池在日常生产、生活中十分常见，不可或缺。电池的方便之处在于其可移动性，在移动设备、便携设备中不可代替。其不足之处也显而易见，就是功率有限，续航时间有限。

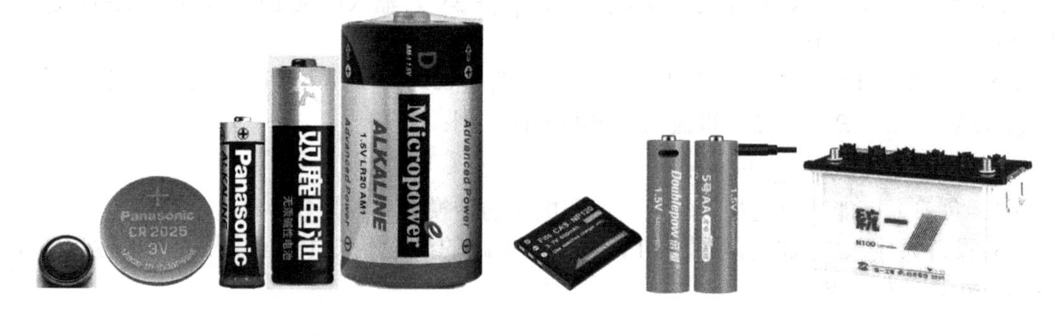

(a) 干电池(一次性电池)

(b) 蓄电池(二次电池或可充电电池)

(c) 燃料电池(连续放电)

图 9.0.1　常见电池

如何获得经济实用的直流稳压电源来满足各类电子电路、电子仪器设备的工作需求，是这一章将要讲述的内容。这里的直流稳压电源是指将电网的交流电转化为直流电的装置、常见的有各种电源适配器、实验室常用直流稳压电源等，如图 9.0.2 所示。

当今社会人们极大地享受着电子设备带来的便利，但是任何电子设备都有一个共同的电路——电源电路，当然这些电源电路的样式、复杂程度千差万别。由于电子技术的特性，电子设备对电源电路的要求就是能够提供持续稳定、满足负载要求的电能，而且通常情况下都要求提供稳定的直流电能。提供这种稳定的直流电能的电源就是直流稳压电源。直流电源的形式很多，最常用的是干电池，或将交流电源变换成直流电源。本章主要介绍比较经济适用的将交流电经过变换得到直流电源的方法。

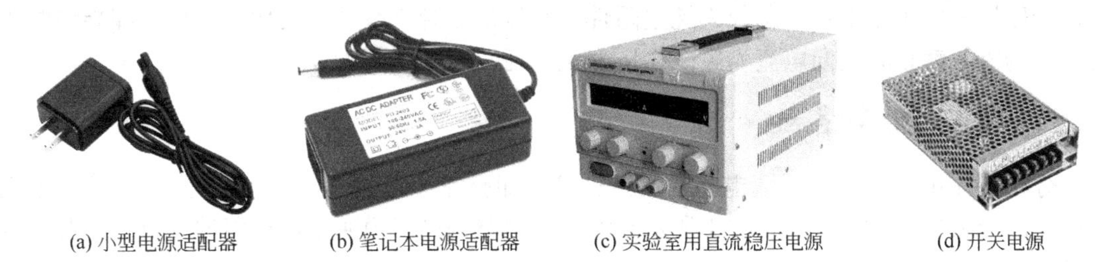
(a) 小型电源适配器 (b) 笔记本电源适配器 (c) 实验室用直流稳压电源 (d) 开关电源

图 9.0.2 直流稳压电源

9.1 直流电源的组成

单相交流电经过电源变压器、整流电路、滤波电路和稳压电路转换成稳定的直流电压，其组成方框图及各电路的输出电压波形如图 9.1.1 所示，下面就各部分的作用加以介绍。

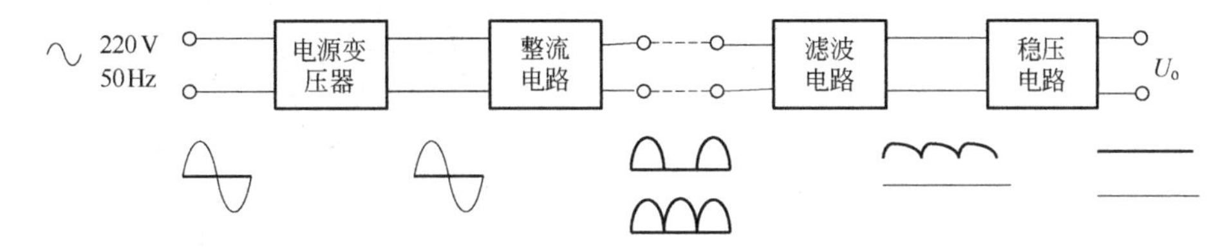

图 9.1.1 直流稳压电源的组成方框图及工作过程

电源变压器的作用是将电网提供的输入为 220V 的交流电压（即市电）变为所需要的交流电压，同时将电子电路与交流电网隔离。各种电子设备所需直流电压的大小和提供的能量各不相同，因此，需要根据具体设备选择不同变比和容量的电源变压器。

变压器二次电压通过整流电路从交流电压转换为直流电压，即将正弦波电压转换为单一方向的脉动电压，因为这种脉动中包含着丰富的交流分量，距理想的直流电压还差很远，所以需要进行滤波处理。

滤波电路的作用是将脉动的直流电变成比较平滑的直流电。理想情况下，应将交流分量全部滤掉，使滤波电路的输出电压仅为直流电压。然而，因为滤波电路为无源电路，所以接入负载后势必影响其滤波效果。对于稳定性要求不高的电子电路，整流、滤波后的直流电压可以作为供电电源，而在要求较高的电子电路中，需采取稳压措施。

稳压电路的作用是采取某些措施使输出直流电压基本不受电网电压波动和负载电阻变化的影响，从而获得足够高的稳定性。

9.2 整流电路

整流电路的任务是将交流电变换成脉动的直流电。半导体二极管具有单向导电性，因此可以利用二极管的这一特性组成整流电路。在分析整流电路时，为了突出重点，简化分析过程，一般均假定单相电路；负载为纯电阻性；整流二极管具有理想的伏安特性，即导通时正向压降为零，截止时反向电流为零；变压器无损耗，内部压降为零等。

9.2.1 半波整流电路

分析整流电路，就是弄清电路的工作原理（即整流原理），求出主要参数，并确定整流二极管的极限参数。下面以图 9.2.1 所示半波整流电路为例来说明整流电路的分析方法及其基本参数。

9.2.1.1 工作原理

半波整流电路是最简单的一种整流电路，设变压器的二次电压有效值为U_2，即$u_2=\sqrt{2}U_2\sin(\omega t)$。在正半周时，二极管 VD 导通，在负半周时，二极管 VD 截止，输出电压和电流都具有单一方向脉动的特性。图 9.2.2 所示为变压器二次电压、输出电压（也可表示输出电流和二极管的电流）、二极管端电压的波形。

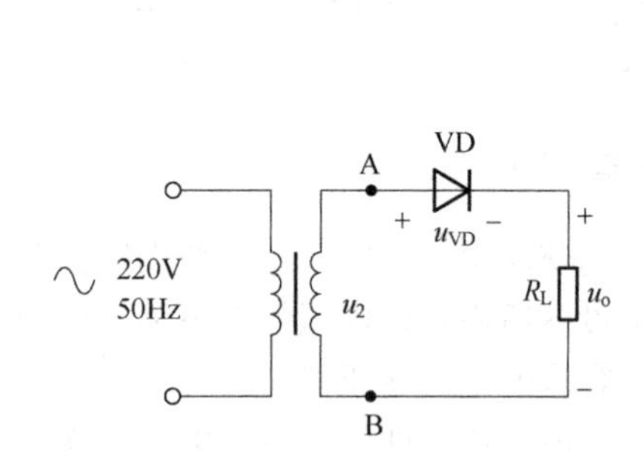

图 9.2.1 半波整流电路图

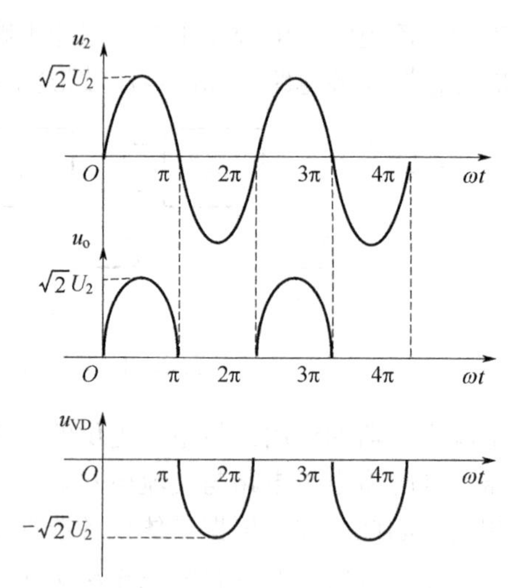

图 9.2.2 半波整流电路的波形图

分析整流电路的工作原理时，应研究变压器二次电压极性不同时二极管的工作状态，从而得出输出电压的波形，也就弄清了整流原理。整流电路的波形分析是其定量分析的基础。

9.2.1.2 主要参数

在研究整流电路时，至少应考查整流电路输出电压平均值和输出电流平均值两项指标，有时还需考虑脉动系数，以便定量反映输出波形脉动的情况。

输出电压平均值就是负载电阻上电压的平均值$U_{o(AV)}$。由图 9.2.2 所示波形图可知，u_o是一个周期函数。所以，求解u_o的平均值$U_{o(AV)}$就是将 0～π 的电压平均在 0～2π 时间间隔之中，写成表达式为：

$$U_{o(AV)}=\frac{1}{2\pi}\int_0^{\pi}\sqrt{2}U_2\sin(\omega t)\mathrm{d}(\omega t)=\frac{\sqrt{2}U_2}{\pi}\approx 0.45U_2 \tag{9.2.1}$$

负载电流的平均值：

$$I_{o(AV)}=\frac{U_{o(AV)}}{R_L}\approx\frac{0.45U_2}{R_L} \tag{9.2.2}$$

整流输出电压的脉动系数 S 定义为整流输出电压的基波峰值 U_{o1M} 与输出电压平均值 $U_{o(AV)}$ 之比，即：

$$S=\frac{U_{o1M}}{U_{o(AV)}} \tag{9.2.3}$$

因而 S 愈大，脉动愈大。通过谐波分析可得半波整流电路输出电压的脉动系数约为 1.57，说明半波整流电路的输出脉动很大，其基波峰值约为平均值的 1.57 倍。

9.2.1.3 二极管的选择

当整流电路的变压器二次电压有效值和负载电阻值确定后，电路对二极管参数的要求也就确定了。一般应根据流过二极管电流的平均值和它所承受的最大反向电压来选择二极管的型号。

在半波整流电路中，二极管的正向平均电流等于负载电流平均值，即：

$$I_{VD(AV)}=I_{o(AV)}\approx\frac{0.45U_2}{R_L} \tag{9.2.4}$$

二极管承受的最大反向电压等于变压器二次侧的峰值电压，即：

$$U_{R\max}=\sqrt{2}U_2 \tag{9.2.5}$$

一般情况下，允许电网电压有±10%的波动，即电源变压器一次电压为198～242 V，因此在选用二极管时，对于最大整流平均电流 I_F 和最高反向工作电压 U_{RM} 应至少留有 10%的余地，以保证二极管安全工作，即选取：

$$\begin{aligned}&I_F>1.1I_{o(AV)}=1.1\frac{\sqrt{2}U_2}{\pi R_L}\\&U_{RM}>1.1\sqrt{2}U_2\end{aligned} \tag{9.2.6}$$

半波整流电路简单易行，所用二极管数量少，但是它只利用了交流电压的半个周期，所以输出电压低，交流分量大（即脉动大），效率低。因此，这种电路仅适用于整流电流较小、对脉动要求不高的场合。

9.2.2 全波整流电路

为了克服半波整流电路的缺点，在实用电路中多采用全波整流电路。先介绍在半波整流电路的基础上加以改进得到的基本全波整流电路，它是利用具有中心抽头的变压器与两个二极管配合，使两个二极管在正半周和负半周内轮流导电，而且二者流过负载的电流保持同一方向，从而使正、负半周在负载上均有输出电压。接着再介绍最常用的全波整流电路——桥式整流电路。

9.2.2.1 基本全波整流电路

基本全波整流电路的结构如图 9.2.3 所示，电路中的电源变压器的次级线圈有一个抽头，且为中心抽头，这样抽头以上和抽头以下线圈输出的交流电压大小相等。当次级线圈上端输出正半周交流电压时，下端输出大小相等的负半周交流电压。上端输出正半周交流电压使 VD_1

导通，导通后的电路回路是：次级线圈的上端→VD_1 正极→VD_1 负极→R_L→地端→次级线圈的抽头→次级线圈抽头以上线圈，形成回路。电流从上而下地流过负载R_L，所以输出的是正极性的单向脉动性直流电压。在次级线圈上端输出正半周交流电压的同时，次级线圈下端输出的负半周交流电压加到 VD_2 的正极，这一负半周交流电压不能使 VD_2 导通，此时 VD_2 截止。

当次级线圈输出的交流电压变化到另一个半周时，上端输出的负半周交流电压加到 VD_1 正极，使 VD_1 截止。此时，次级线圈下端输出正半周交流电压，这个电压使 VD_2 导通，导通后的电路回路是：次级线圈的下端→VD_2 正极→VD_2 负极→R_L→地端→次级线圈的抽头→次级线圈抽头以下线圈，形成回路。此时流过 R_L 的电流仍然是从上到下，所以输出正极性的单向脉动性直流电压。

根据以上分析可知，这种全波整流电路能够将交流电压的负半周电压转换成负载上的正极性的单向脉动性直流电压。

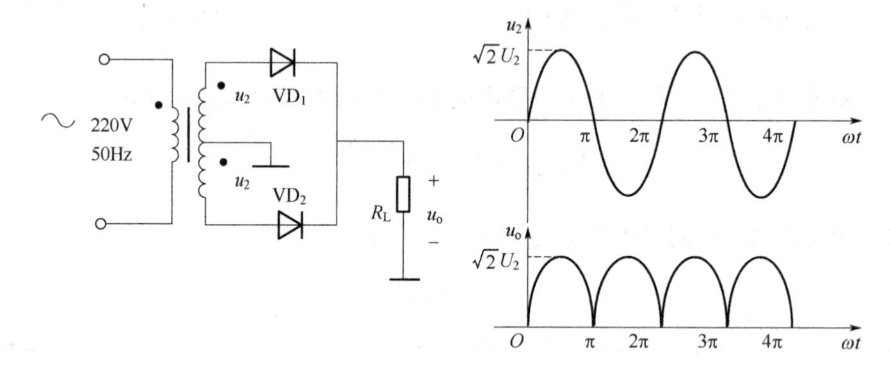

图 9.2.3　基本全波整流电路的结构

9.2.2.2　桥式整流电路

全波整流电路比半波整流电路输出电压高，脉动度减小，但变压器要有中间抽头，每半边线圈只有半个周期导电，且二极管承受的反向电压较高，为此，使用最为普遍的是桥式全波整流电路。由于这种整流电路采用四个二极管，接成电桥形式，故称为桥式整流电路。其构成原则就是保证在变压器二次电压 u_2 的整个周期内，负载上的电压和电流方向始终不变。为达到这一目的，就要在 u_2 的正、负半周内正确引导流向负载的电流。设变压器二次侧两端分别为 A 和 B，则 A 为“+”、B 为“-”时应有电流流出 A 点，A 为“-”、B 为“+”时应有电流流入 A 点；相反，A 为“+”、B 为“-”时应有电流流入 B 点，A 为“-”、B 为“+”时应有电流流出 B 点。因而 A 和 B 点均应分别接两个二极管的阳极和阴极，以引导电流。图 9.2.4（a）所示为桥式整流电路的习惯画法，图 9.2.4（b）所示为简化画法。

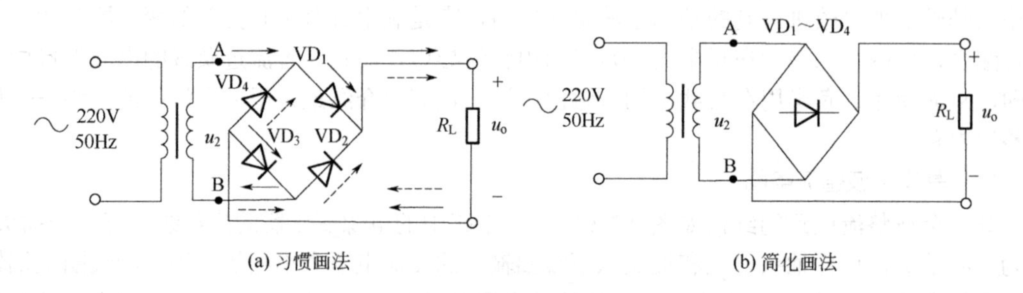

(a) 习惯画法　(b) 简化画法

图 9.2.4　桥式整流电路的习惯画法

设变压器二次电压 $u_2=\sqrt{2}U_2\sin(\omega t)$，$U_2$ 为其有效值。因二极管的单向导电性，在一个周期内，VD_1、VD_3 和 VD_2、VD_4 两对二极管交替导通，致使负载电阻 R_L 上在 u_2 的整个周期内都有电流通过，而且方向不变，输出电压 $u_2=\left|\sqrt{2}U_2\sin(\omega t)\right|$。图 9.2.5 所示为桥式整流电路各部分的电压和电流的波形。

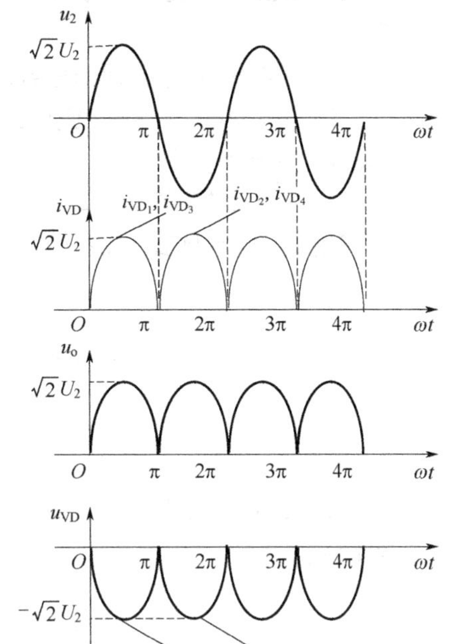

图 9.2.5 桥式整流电路的波形图

9.2.2.3 全波整流电路的主要参数

主要考虑输出电压平均值 $U_{o(AV)}$ 和输出电流平均值 $I_{o(AV)}$，根据图 9.2.3 和图 9.2.5 所示 u_o 的波形可知，输出电压的平均值：

$$U_{o(AV)}=\frac{1}{\pi}\int_0^{\pi}\sqrt{2}U_2\sin(\omega t)\mathrm{d}(\omega t)=\frac{2\sqrt{2}U_2}{\pi}\approx 0.9U_2 \tag{9.2.7}$$

因为桥式整流电路实现了全波整流电路，它将 u_2 的负半周也利用起来，所以在变压器二次电压有效值相同的情况下，输出电压的平均值是半波整流电路的两倍。

输出电流的平均值（即负载电阻中的电流平均值）：

$$I_{o(AV)}=\frac{U_{o(AV)}}{R_L}\approx\frac{0.9U_2}{R_L} \tag{9.2.8}$$

在变压器二次电压相同且负载也相同的情况下，输出电流的平均值也是半波整流电路的两倍。

根据谐波分析，桥式整流电路的脉动系数约为 0.67，与半波整流电路相比，输出电压的脉动减小很多。

9.2.2.4 二极管的选择

在全波整流电路中，因为每个二极管只在变压器二次电压的半个周期通过电流，所以每个二极管的平均电流只有负载电阻上电流平均值的一半，即：

$$I_{VD(AV)}=\frac{1}{2}I_{o(AV)}\approx\frac{0.45U_2}{R_L} \tag{9.2.9}$$

与半波整流电路中二极管的平均电流相同。

根据图 9.2.3 所示基本全波整流电路，二极管承受的最大反向电压：

$$U_{R\max}=2\sqrt{2}U_2 \tag{9.2.10}$$

这是它的缺点，在相同的输出电压时，桥式整流电路（图 9.2.4）中二极管承受的最大反向电压：

$$U_{R\max}=\sqrt{2}U_2 \tag{9.2.11}$$

桥式整流电路与半波整流电路中二极管承受的最大反向电压相同。

与半波整流电路一样，如果考虑到电网电压的波动范围为±10%，在实际选用二极管时，应至少有 10%的余地。

桥式整流电路，由于它输出的直流电压高，纹波电压小，二极管所承受的最大反向电压低，而且电源变压器在正、负半周内都有电流供给负载，利用充分，效率较高而得到了广泛的应用。

【例 9.2.1】 在图 9.2.3 所示电路中，已知变压器二次电压有效值U_2=20V，负载电阻$R_L = 60\Omega$。试问：

① 负载R_L上的平均电压值和平均电流值。

② 当电网电压波动范围为±10%时，二极管的最大整流电流I_F和最高反向工作电压U_{RM}至少应选取多少？

③ 若整流桥中的二极管 VD_1开路或短路，则分别产生什么现象？

【解】 ① 根据式（9.2.7），输出电压平均值：

$$U_{o(AV)} \approx 0.9U_2 = 0.9 \times 20V = 18V$$

根据式（9.2.8），输出电流平均值：

$$I_{o(AV)} = \frac{U_{o(AV)}}{R_L} \approx \frac{18}{60}A = 0.3A$$

② 根据式（9.2.9）、式（9.2.10），二极管的最大整流平均电流I_F和最高反向工作电压U_{RM}：

$$I_F > 1.1\frac{I_{o(AV)}}{2} \approx 1.1 \times \frac{0.3}{2} \approx 0.165A$$

$$U_{RM} > 1.1 \times 2\sqrt{2}U_2 = 1.1 \times 2\sqrt{2} \times 20V \approx 62V$$

③ 若 VD_1开路，则电路仅能实现半波整流，因而输出电压平均值仅为原来的一半。若VD_1短路，则在u_2的负半周将变压器二次电压全部加在VD_2上，VD_2将因电流过大而烧坏，若VD_2烧成为短路，则有可能烧坏变压器。

9.3 滤波电路

整流电路虽然能把交流变为直流，但是波动较大，不能适应大多数电子电路及设备的需要。整流后的脉动直流电压，属于非正弦周期信号，可以把它分解为直流成分（它的平均值）和各种不同频率的交流成分。显然，为了得到波形平滑的直流电，应尽量降低输出电压中的交流成分，同时又要求尽量保留其中的直流成分，使输出电压接近于理想的直流电压。用以完成这一任务的电路称为滤波电路。

电容和电感都是基本的滤波元件，利用它们在二极管导电时存储一部分能量，然后再逐步释放出来，从而得到比较平滑的波形。下面介绍几种常见的滤波电路。

9.3.1 电容滤波电路

电容器具有“阻直流，通交流”的作用，因电容的容抗$X_C = \dfrac{1}{2\pi fC}$，若把电容器和负载电阻并联，则整流后脉动电流的交流成分大部分从电容上分流而过，而直流成分则顺利流入负载，负载上的电压、电流波形就变得比较平滑。在整流电路的输出端（即负载电阻两端）并联一个电容即构成电容滤波电路，如图 9.3.1（a）所示。滤波电容容量较大，因而一般均采用电解电容，在接线时要注意电解电容的正、负极。电容滤波电路利用电容的充放电作用，使输出电压趋于平滑。

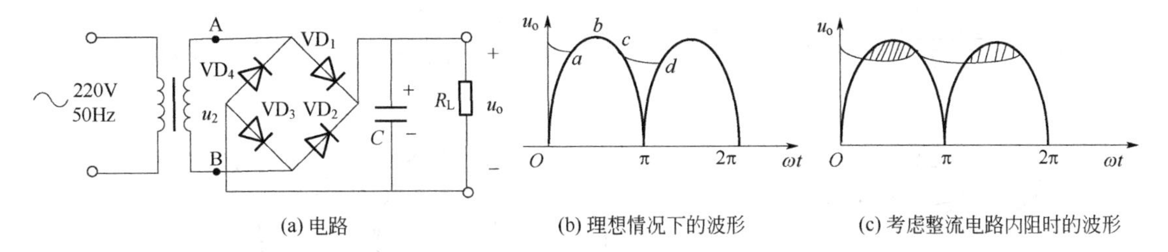

(a) 电路　(b) 理想情况下的波形　(c) 考虑整流电路内阻时的波形

图 9.3.1　单相桥式整流电容滤波电路及稳态时的波形分析

9.3.1.1　滤波原理

当变压器二次电压 u_2 处于正半周并且数值大于电容两端电压 u_C 时，二极管 VD_1、VD_3 导通，电流一路流经负载电阻 R_L，另一路对电容 C 充电。因为在理想情况下，变压器二次侧无损耗，二极管导通电压为零，所以电容两端电压 u_C 与 u_2 相等，见图 9.3.1（b）中曲线的 ab 段。当 u_2 上升到峰值后开始下降，电容通过负载电阻 R_L 放电，其电压 u_C 也开始下降，趋势与 u_2 基本相同，见图 9.3.1（b）中曲线的 bc 段。但是因为电容按指数规律放电，所以当 u_2 下降到一定数值后，u_C 的下降速度小于 u_2 的下降速度，使 u_C 大于 u_2 从而导致 VD_1、VD_3 反向偏置而变为截止。此后，电容 C 继续通过 R_L 放电，u_C 按指数规律缓慢下降，见图 9.3.1（b）中曲线的 cd 段。

当 u_2 的负半周幅值变化到恰好大于 u_C 时，VD_2、VD_4 因加正向电压变为导通状态，u_2 再次对 C 充电，u_C 上升到 u_2 的峰值后又开始下降；下降到一定数值时 VD_2、VD_4 变为截止，C 对 R_L 放电，u_C 按指数规律下降；放电到一定数值时 VD_1、VD_3 变为导通，重复上述过程。

从图 9.3.1（b）所示波形可以看出，经滤波后的输出电压不仅变得平滑，而且平均值也得到了提高。若考虑变压器内阻和二极管的导通电阻，则 u_C 的波形如图 9.3.1（c）所示，阴影部分为整流电路内阻上的压降。

从以上分析可知，电容充电时回路电阻为整流电路的内阻，即变压器内阻和二极管的导通电阻之和，其数值很小，因而时间常数很小。电容放电时，回路电阻为 R_L，放电时间常数为 R_LC，通常远大于充电的时间常数。因此，滤波效果取决于放电时间 R_LC。电容愈大，负载电阻愈大，滤波后输出电压愈平滑，并且其平均值愈大，如图 9.3.2 所示。换言之，当滤波电容容量一定时，若负载电阻减小（即负载电流增大），则时间常数 R_LC 减小，放电速度加快，输出电压平均值随即下降，且脉动变大。

9.3.1.2　输出电压平均值

滤波电路输出电压波形难于用解析式来描述，近似估算时，可将图 9.3.1（c）所示波形近似为锯齿波，如图 9.3.3 所示。图中 T 为电网电压的周期，设整流电路内阻较小而 R_LC 较大，电容每次充电均可达到 u_2 的峰值（即 $U_{omax}=\sqrt{2}U_2$），然后按 R_LC 放电的起始斜率直线下降，经 R_LC 交于横轴，且在 $T/2$ 处的数值为最小值 U_{omin}，则输出电压平均值为：$U_{o(AV)}=\dfrac{U_{omax}+U_{omin}}{2}$。

同时按相似三角形关系可得：

$$\frac{U_{\text{omax}} + U_{\text{omin}}}{U_{\text{omax}}} = \frac{T/2}{R_{\text{L}}C}$$

$$U_{\text{o(AV)}} = \frac{U_{\text{omax}} + U_{\text{omin}}}{2} = U_{\text{omax}} - \frac{U_{\text{omax}} - U_{\text{omin}}}{2} = U_{\text{omax}}\left(1 - \frac{T}{4R_{\text{L}}C}\right) = \sqrt{2}U_2\left(1 - \frac{T}{4R_{\text{L}}C}\right) \tag{9.3.1}$$

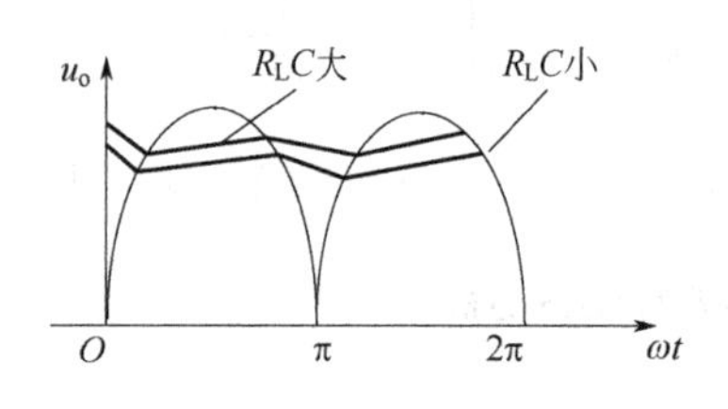

图 9.3.2 $R_{\text{L}}C$ 不同时 u_{o} 的波形

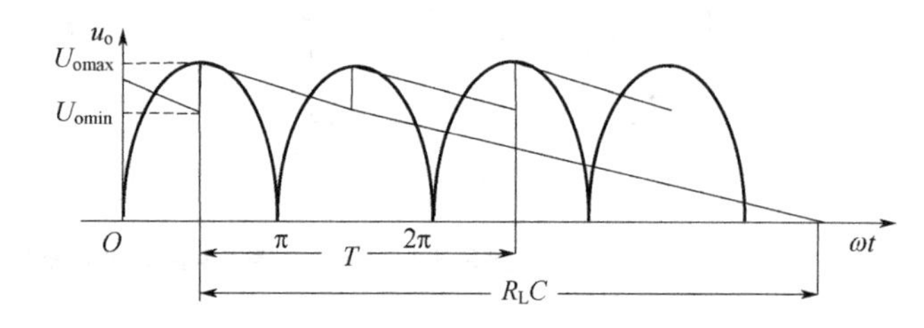

图 9.3.3 电容滤波电路输出电压平均值的分析

式（9.3.1）表明，当负载开路，即 $R_{\text{L}} = \infty$ 时，$U_{\text{o(AV)}} = \sqrt{2}U_2$。当 $R_{\text{L}}C$ =(3～5)T/2 时：

$$U_{\text{o(AV)}} \approx 1.2U_2 \tag{9.3.2}$$

为了获得较好的滤波效果，在实际电路中，应选择滤波电容的容量满足 $R_{\text{L}}C$ =(3～5)T/2 的条件。由于采用电解电容，考虑到电网电压的波动范围为±10%，电容的耐压值应大于 $1.1\sqrt{2}U_2$。在半波整流电路中，为获得较好的滤波效果，电容容量应选得更大些。

9.3.1.3 整流二极管的导通角

在未加滤波电容之前，无论是哪种整流电路中的二极管均有半个周期处于导通状态，也称二极管的导通角 θ 等于 π。加滤波电容后，只有当电容充电时，二极管才导通，因此，每个二极管的导通角都小于 π。而且，$R_{\text{L}}C$ 的值愈大，滤波效果愈好，导通角 θ 将愈小。因为二极管整流电路充电回路的电阻很小，放电回路的电阻一般较大，所以充电迅速，放电缓慢，二极管的导电时间要比半个周期小得多。这将会引发一个问题，即：电容滤波后输出平均电流增大，而二极管的导通角反而减小，使整流二极管在短暂的时间内将流过一个很大的冲击电流为电容充电。这对二极管的寿命很不利，所以必须选用较大容量的整流二极管，通常应选择其最大整流平均电流 I_{F} 大于负载电流的 2～3 倍。

9.3.2 其他形式的滤波电路

9.3.2.1 电感滤波电路

在大电流负载情况下，由于负载电阻 R_{L} 很小，若采用电容滤波电路，则电容容量势必很大，而且整流二极管的冲击电流也非常大，这就使得整流管和电容器的选择变得很困难，甚至不太可能，在此情况下应当采用电感滤波。电感具有对抗电流变化的特性。电感上通过变化的电流时，电感两端将产生自感电动势，阻止电流的变化。将电感与负载电阻 R_{L} 串联，流过负载 R_{L} 的电流脉动会大大减小。在整流电路与负载电阻 R_{L} 之间串联一个电感线圈 L 就构成电感滤波电路，如图 9.3.4 所示。因 L 愈大，滤波效果愈好，所以一般需要采用有铁芯的线圈。

由图 9.3.4 可见，电感 L 与负载电阻 R_{L} 串联，构成了一个分压电路，因为电感的直流电阻很小，所以整流后脉动电压的直流成分绝大部分降落在负载电阻 R_{L} 上，因电感线圈对交流成分呈现很大的感抗（$X_{\text{L}} = 2\pi fL$），使交流成分绝大部分降落在电感上。这样接入电感 L 后，有效地滤除了整流输出脉动电压的交流成分，使负载电压变得较为平滑。与电容滤波正好相反，电感滤波适用于 R_L 较小，即负载电流较大的场合。

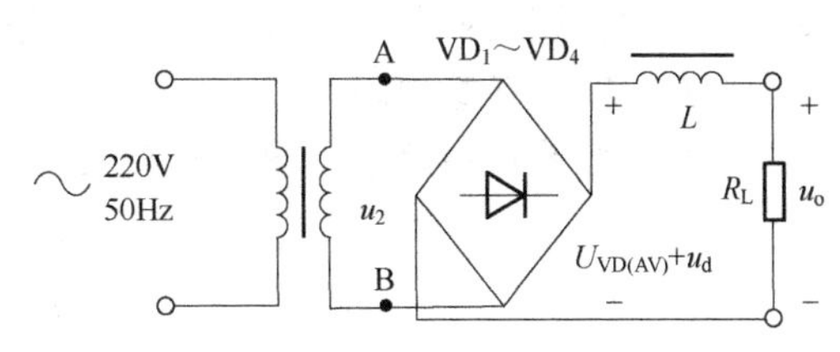

图 9.3.4　单相桥式整流电感滤波电路

9.3.2.2　复式滤波电路

当单独使用电容或电感进行滤波，效果仍不理想时，可采用复式滤波电路。电容和电感是基本的滤波元件，利用它们对直流量和交流量呈现不同电抗的特点，只要合理地接入电路都可以达到滤波的目的。图 9.3.5（a）所示为 *LC* 滤波电路，图 9.3.5（b）、（c）所示为两种 π 型滤波电路。读者可根据上面的分析方法分析它们的工作原理。

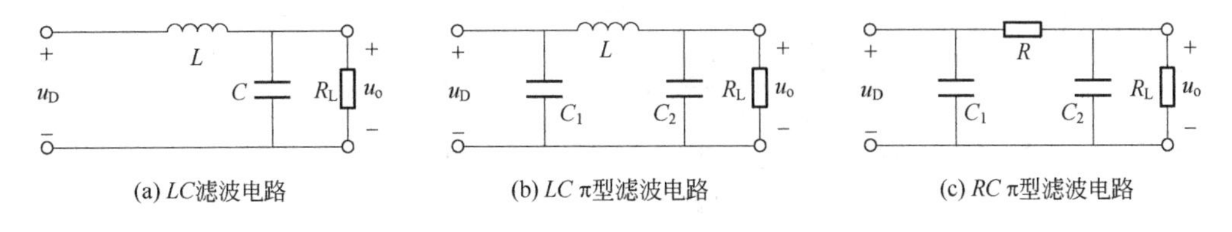

(a) *LC*滤波电路　(b) *LC* π型滤波电路　(c) *RC* π型滤波电路

图 9.3.5　复式滤波电路

9.3.2.3　各种滤波电路的比较

表 9.3.1 中列出了各种滤波电路性能的比较，构成滤波电路的电容及电感应足够大。

表 9.3.1　各种滤波电路性能的比较

性能/类型	电容滤波	电感滤波	*LC* 滤波	*RC* 或 *LC* π 型滤波
$U_{o(AV)}/U_2$	1.2	0.9	0.9	1.2
θ	小	大	大	小
适用场合	小电流负载	大电流负载	适应性较强	小电流负载

9.4　二极管稳压电路

虽然整流滤波电路能将正弦交流电压变换成较为平滑的直流电压，但是，一方面，因为输出电压平均值取决于变压器二次电压有效值，所以当电网电压波动时，输出电压平均值将随之产生相应的波动；另一方面，由于整流滤波电路内阻的存在，当负载变化时，内阻上的电压将产生变化，于是输出电压平均值也将随之产生相应的变化。基于上述两方面的原因，为了保证输出直流电压的稳定性，实际中通常在整流滤波电路后面接入稳压电路。下面将对二极管稳压电路的组成、工作原理和电路参数的选择进行介绍。

9.4.1　二极管稳压电路的组成及稳压原理

9.4.1.1　二极管稳压电路的组成

由稳压二极管 VZ 和限流电阻 *R* 所组成的稳压电路是一种最简单的直流稳压电源，如

图 9.4.1 中虚线框内所示。其输入电压U_i是整流滤波后的电压，输出电压U_o就是稳压管的稳定电压U_Z,R_L是负载电阻。

从稳压管稳压电路可得两个基本关系式：

$$U_i = U_R + U_o$$
$$I_R = I_{D_Z} + I_L$$

从图 9.4.2 所示稳压管的伏安特性中可以看出，在稳压管稳压电路中，只要能使稳压管始终工作在稳压区，即保证稳压管的电流$I_Z \leqslant I_{VZ} \leqslant I_{ZM}$，输出电压$U_o$就基本稳定。

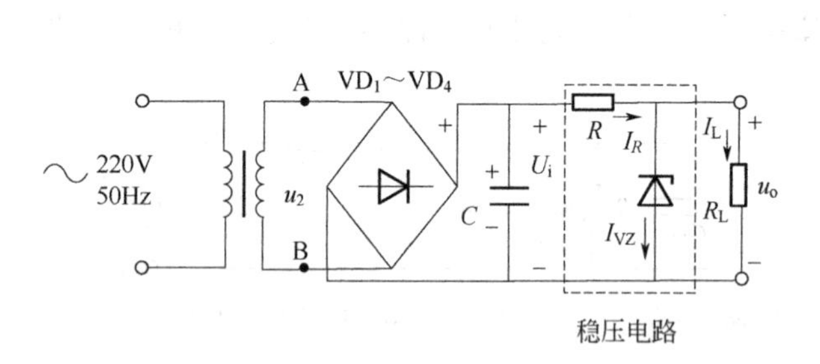

图 9.4.1 稳压二极管组成的稳压电路

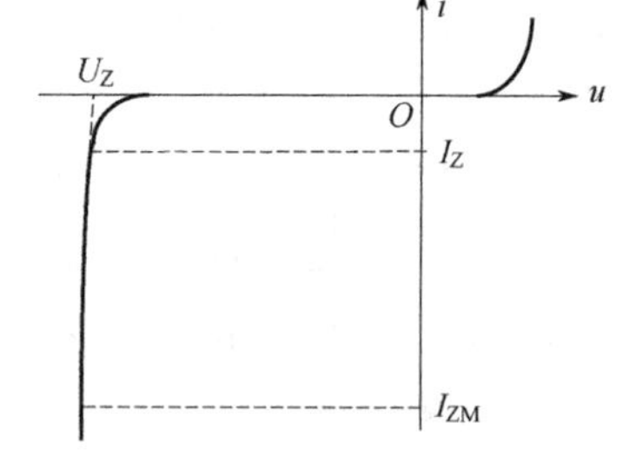

图 9.4.2 稳压管的伏安特性

9.4.1.2 稳压原理

对任何稳压电路都应从两个方面考察其稳压特性，一是设电网电压波动时，二是设负载变化时，研究其输出电压是否稳定。

在图 9.4.1 所示稳压管稳压电路中，当电网电压升高时，稳压过程可简单描述如下：

电网电压$\uparrow \rightarrow U_i \uparrow \rightarrow U_o(U_Z) \uparrow \rightarrow I_{VZ} \uparrow \rightarrow I_R \uparrow \rightarrow U_R \uparrow \rightarrow U_o \downarrow$

当电网电压下降时，各电量的变化与上述过程相反。

可见，当电网电压变化时，稳压电路通过限流电阻R上电压的变化来抵消U_i的变化，即$\Delta U_R \approx \Delta U_i$，从而使$U_o$基本不变。

当负载电阻R_L减小即负载电流I_L增大时，其稳压过程可简单描述如下：

$$R_L \downarrow \rightarrow U_o(U_z) \downarrow \rightarrow I_{VZ} \downarrow \rightarrow I_R \downarrow \rightarrow \Delta I_{VZ} \approx -\Delta I_L \rightarrow I_R\text{基本不变} \rightarrow U_o\text{基本不变}$$
$$I_L \uparrow \rightarrow I_R \uparrow$$

相反，如果R_L增大即I_L减小，则I_{VZ}增大，同样可使I_R基本不变，从而保证U_o基本不变。

显然，在电路中只要能使$\Delta I_{VZ} \approx -\Delta I_L$就可以使$I_R$基本不变，从而保证负载变化时输出电压基本不变。

综上所述，在稳压二极管所组成的稳压电路中，利用稳压管所起的电流调节作用，通过限流电阻R上电压或电流的变化进行补偿，来达到稳压的目的。限流电阻R是必不可少的元件，它既限制稳压管中的电流使其正常工作，又与稳压管相配合以达到稳压的目的。一般情况下，在电路中如果有稳压管存在，就必然有与之匹配的限流电阻。

9.4.2 二极管稳压电路的性能指标及参数选择

9.4.2.1 稳压系数

对于任何稳压电路，均可用稳压系数S_r和输出电阻R_o来描述其稳压性能。S_r定义为负载一定时稳压电路输出电压相对变化量与其输入电压相对变化量之比（R_L为常数时），即：

$$S_r = \frac{\Delta U_o / U_o}{\Delta U_i / U_i} = \frac{U_i}{U_o} \times \frac{\Delta U_o}{\Delta U_i} \tag{9.4.1}$$

式中，S_r 表明电网电压波动的影响，其值愈小，电网电压变化时输出电压的变化愈小；U_i 为整流滤波后的直流电压。

R_o 为输出电阻，是稳压电路输入电压一定时输出电压变化量与输出电流变化量之比（U_i 为常数时），即：

$$R_o = \frac{\Delta U_o}{\Delta I_o} \tag{9.4.2}$$

R_o 表明负载电阻对稳压性能的影响。

在仅考虑变化量时，稳压管稳压电路的交流等效电路如图 9.4.3 所示，r_Z 为稳压管的动态电阻。通常，$R_L \gg r_Z$,且$R \gg r_Z$，因而：

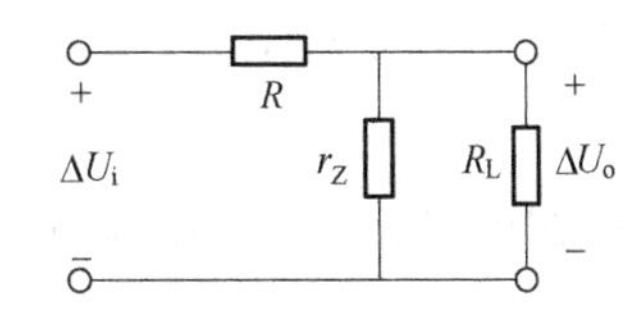

图 9.4.3　稳压管稳压电路的交流等效电路

$$\frac{\Delta U_o}{\Delta U_i} = \frac{r_Z // R}{R + r_Z // R} \approx \frac{r_Z}{r_Z + R} \approx \frac{r_Z}{R}$$

所以稳压系数：

$$S_r = \frac{U_i}{U_o} \times \frac{\Delta U_o}{\Delta U_i} \approx \frac{r_Z}{R} \times \frac{U_i}{U_o} \tag{9.4.3}$$

稳压管稳压电路的输出电阻为：

$$R_o = \frac{\Delta U_o}{\Delta I_o} = R // r_Z \approx r_Z \tag{9.4.4}$$

在一些文献中，也常用电压调整率和电流调整率来描述稳压性能。在额定负载且输入电压产生最大变化的条件下，输出电压产生的变化量 ΔU_o 称为电压调整率；在输入电压一定且负载电流产生最大变化的条件下，输出电流产生的变化量 ΔI_o 称为电流调整率。

9.4.2.2　电路参数的选择

设计一个稳压管稳压电路，就是合理地选择电路元件的有关参数。在选择元件时，应首先知道负载所要求的输出电压 U_o，负载电流 I_L 的最小值 I_{Lmin} 和最大值 I_{Lmax}（或者负载电阻 R_L 的最大值 R_{Lmax} 和最小值 R_{Lmin}），输入电压 U_i 的波动范围（一般为±10%）。

（1）稳压电路输入电压 U_i 的选择

根据经验，一般选取：

$$U_i = (2 \sim 3) U_o \tag{9.4.5}$$

U_i 确定后，就可以根据此值选择整流滤波电路的元件参数。

（2）稳压管的选择

在稳压管稳压电路中 $U_o = U_Z$，当负载电流 I_L 变化时，稳压管的电流将产生一个与之相反的变化 $\Delta I_{VZ} \approx -\Delta I_L$，稳压管工作在稳压区允许的电流变化范围应大于负载变化范围，即 $I_{Zmax} - I_{Zmin} > I_{Lmax} - I_{Lmin}$。选择稳压管时应满足：

$$\begin{cases} U_Z = U_o \\ I_{Zmax} - I_{Zmin} > I_{Lmax} - I_{Lmin} \end{cases} \quad (9.4.6)$$

若考虑到空载时稳压管流过的电流I_{VZ}将与R上电流I_R相等，满载时I_{VZ}应大于I_{Zmin}，稳压管的最大稳定电流I_{ZM}的选取应留有充分的余量，则还应满足：

$$I_{ZM} > I_{Lmax} + I_{Zmin} \quad (9.4.7)$$

（3）限流电阻R的选择

R的选择必须满足两个条件：一是稳压管流过的最小电流I_{VZmin}应大于稳压管的最小稳定电流I_{Zmin}（即手册中的I_Z）；二是稳压管流过的最大电流I_{VZmax}应小于稳压管的最大稳定电流I_{Zmax}（即手册中的I_{ZM}），即：

$$I_{Zmin} \leqslant I_{VZ} \leqslant I_{Zmax} \quad (9.4.8)$$

根据电路分析可得限流电阻的范围为：

$$\frac{U_{imax} - U_Z}{I_{Zmax} + I_{Lmin}} \leqslant R \leqslant \frac{U_{imin} - U_Z}{I_{Zmin} + I_{Lmax}} \quad (9.4.9)$$

【例 9.4.1】 在图 9.4.1 所示电路结构中，稳压管为 2CW14，其参数为U_Z=6V，最小稳定电流I_{Zmin}=10mA，最大稳定电流I_{Zmax}=33mA，稳压管动态电阻r_Z = 15Ω，整流滤波输出电压U_i=15V。

① 当负载电流为 3～12mA 时限流电阻R的取值范围。

② 若R=320Ω，则稳压系数S_r和输出电阻R_o各为多少?

③ 为使稳压性能好一些，在允许范围内，R的取值应当偏大些，还是偏小些？为什么?

【解】 ① 此题因没考虑电网波动，所以$U_{imin} = U_{imax} = U_i = 15V$，根据式（9.4.9）：

$$\frac{U_{imax} - U_Z}{I_{Zmax} + I_{Lmin}} \leqslant R \leqslant \frac{U_{imin} - U_Z}{I_{Zmin} + I_{Lmax}}$$

代入数据：

$$\left(\frac{15-6}{33+3} \times 10^3\right)\Omega \leqslant R \leqslant \left(\frac{15-6}{10+12} \times 10^3\right)\Omega$$

解得：

$$250\Omega \leqslant R \leqslant 409\Omega$$

② 根据式（9.4.3）、式（9.4.4）得：

$$S_r = \frac{U_i}{U_o} \times \frac{\Delta U_o}{\Delta U_i} \approx \frac{r_Z}{R + r_Z} \times \frac{U_i}{U_o} = \frac{15}{320+15} \times \frac{15}{6} \approx 0.11$$

$$R_o = R // r_Z \approx r_Z = 15\Omega$$

③ 在允许范围内，R的取值应当偏大些。因为式（9.4.3）、式（9.4.4）表明，当其余参数确定的情况下，R愈大，S_r愈小，R_o愈接近r_Z。

稳压管稳压电路的优点是电路简单，只需两个元件；缺点是受稳压管自身参数的限制，其输出电流较小，输出电压不可调节，因此只适用于负载电流较小、负载电压不变的场合。

9.5 运算放大器组成的线性稳压电路

前已述及，二极管稳压电路输出电流小，输出电压不可调，在实际应用中，绝大多数场合二极管稳压电路都满足不了需求。运算放大器组成的线性稳压电路以二极管稳压电路作为基准（参考）电压电路，利用三极管的电流放大特性增大电路的输出电流；并在二极管稳压电路的基础上引入深度电压负反馈，使输出电压更稳定；而且，通过改变反馈网络参数（电压取样系数）使输出电压可在一定范围内连续调节。

9.5.1 基本调整管电路

如前所述，在图9.5.1（a）所示稳压管稳压电路中，负载电流最大变化范围等于稳压管的最大稳定电流和最小稳定电流之差（$I_{Zmax}-I_{Zmin}$）。不难想象，扩大负载电流最简单的方法是：将稳压管稳压电路的输出电流作为晶体管的基极电流，而晶体管的发射极电流作为负载电流，电路采用射极输出形式，如图9.5.1（b）所示，常见画法如图9.5.1（c）所示。

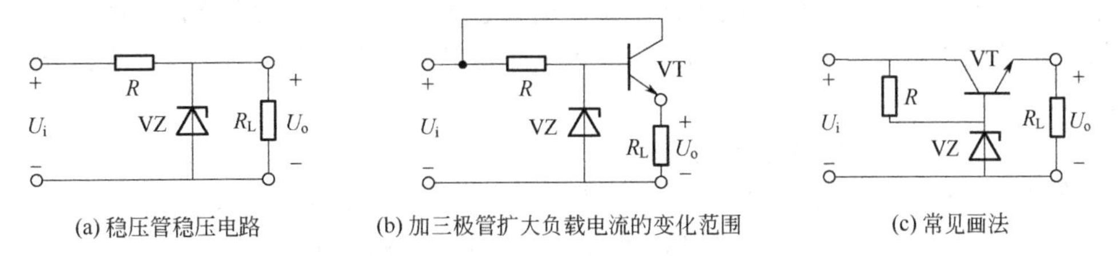

图9.5.1 基本调整管稳压电路

由于图9.5.1（b）、（c）所示电路引入了电压负反馈，故能够稳定输出电压。但它们与一般共集电极放大电路有着明显的区别：其工作电源U_i不稳定，输入信号为稳定电压U_Z，要求输出电压U_o在U_i变化或负载电阻R_L变化时基本不变。其稳压原理简述如下。

当电网电压波动引起U_i增大，或负载电阻R_L增大时，输出电压U_o将随之增大，即三极管发射极电位U_E升高；稳压管端电压基本不变，即三极管基极电位U_B基本不变；故三极管的$U_{BE}=U_B-U_E$减小，导致$I_B(I_E)$减小，从而使U_o减小，因此可以保持U_o基本不变。当U_i减小或负载电阻R_L减小时，变化与上述过程相反。可见，三极管的调节作用使U_o稳定，所以称三极管为调整管，称图9.5.1（b）、（c）所示电路为基本调整管电路。

根据稳压管稳压电路输出电流的分析已知，三极管基极的最大电流范围（$I_{Zmax}-I_{Zmin}$），因而图9.5.1（b）所示的最大负载电流为：

$$I_{Lmax}=(1+\beta)(I_{Zmax}-I_{Zmin}) \tag{9.5.1}$$

这也就大大提高了负载电流的调节范围。输出电压为：

$$U_o=U_Z-U_{BE} \tag{9.5.2}$$

从上述稳压过程可知，要想使调整管起到调整作用，必须使之工作在放大状态，因此其管压降应大于饱和管压降U_{CES}；换言之，电路应满足$U_i \geqslant U_o+U_{CES}$的条件。由于调整管与负载相串联，故称这类电路为串联型稳压电源；又由于调整管工作在线性区，故称这类电路为线性稳压电源。

9.5.2 具有放大环节的串联型稳压电路

上节基本调整管电路中，式（9.5.2）表明基本调整管稳压电路的输出电压仍然不可调，且输出电压将因U_{BE}的变化而变，稳定性较差。为了使输出电压可调，也为了加深电压负反馈以提高输出电压的稳定性，通常在基本调整管稳压电路的基础上引入放大环节。

9.5.2.1 电路的构成

若同相比例运算电路的输入电压为稳定电压，且比例系数可调，则其输出电压就可调节；同时，为了扩大输出电流，集成运放输出端加三极管，并保持射极输出形式，就构成具有放大环节的串联型稳压电路，如图 9.5.2（a）所示。输出电压为：

$$U_o = \left(1 + \frac{R_1 + R_2''}{R_2' + R_3}\right) U_Z \tag{9.5.3}$$

由于集成运放开环差模增益可达 80dB 以上，电路引入深度电压负反馈，输出电阻趋近于零，因而输出电压相当稳定。图 9.5.2（b）所示为电路的常见画法。

在图 9.5.2（b）所示电路中，三极管 VT 为调整管，电阻 R 与稳压管 VZ 构成基准电压电路，电阻 R_1、R_2和R_3 为输出电压的采样电路，集成运放作为比较放大电路，如图中所标注。调整管、基准电压电路、采样电路和比较放大电路是串联型稳压电路的基本组成部分。

9.5.2.2 稳压原理

当由于某种原因（如电网电压波动或负载电阻的变化等）使输出电压U_o升高（降低）时，采样电路将这一变化趋势送到 A 的反相输入端，并与同相输入端电位U_Z进行比较放大；A 的输出电压，即调整管的基极电位降低（升高）；因为电路采用射极输出形式，所以输出电压U_o必然降低（升高），从而使U_o得到稳定。可简述如下：

$$U_o\uparrow \rightarrow U_N\uparrow \rightarrow U_B\downarrow \rightarrow U_o\downarrow \text{或} U_o\downarrow \rightarrow U_N\downarrow \rightarrow U_B\uparrow \rightarrow U_o\uparrow$$

可见，电路是靠引入深度电压负反馈来稳定输出电压的。

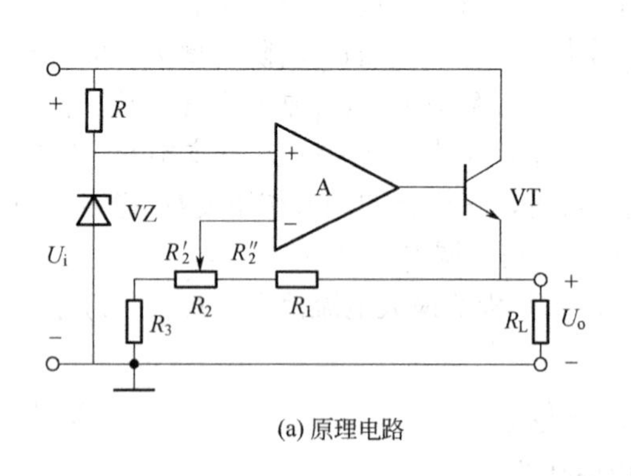

(a) 原理电路

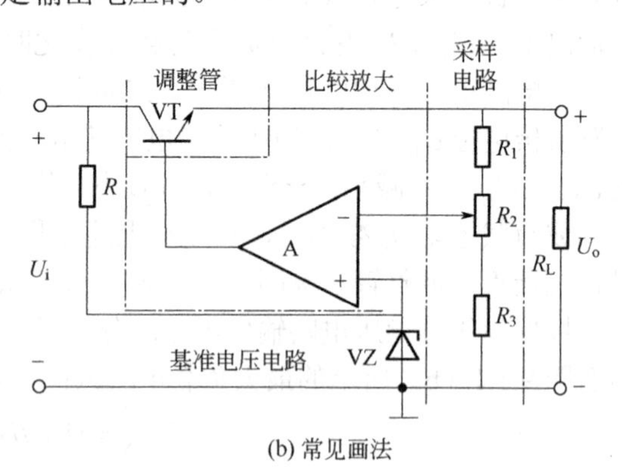

(b) 常见画法

图 9.5.2 具有放大环节的串联型稳压电路

9.5.2.3 输出电压的可调范围

在理想运放条件下，$U_N = U_P = U_Z$。所以，当电位器 R_2 的滑动端在最上端时，输出电压最小，当电位器的滑动端在最下端时，输出电压最大，即：

$$\frac{R_1+R_2+R_3}{R_2+R_3}U_Z=U_{omin}\leqslant U_o\leqslant U_{omax}=\frac{R_1+R_2+R_3}{R_3}U_Z \tag{9.5.4}$$

若 $R_1=R_2=R_3=200\Omega$，$U_Z=8V$，则输出电压 $12V\leqslant U_o\leqslant 24V$。

9.5.2.4 调整管的选择

在串联型稳压电路中，调整管是核心元件，它的安全工作是电路正常工作的保证。调整管常为大功率管，因而选用原则与功率放大电路中的功放管相同，主要考虑其极限参数 I_{CM}、$U_{(BR)CEO}$ 和 P_{CM}。调整管极限参数的确定，必须考虑到输入电压 U_i 由于电网电压波动而产生的变化，以及输出电压的调节和负载电流的变化所产生的影响。

在选择调整管 VT 时，应保证其最大集电极电流、集电极与发射极之间的反向击穿电压和集电极最大耗散功率满足：

$$\begin{aligned}&I_{CM}>I_{Lmax}\\&U_{(BR)CEO}>U_{imax}-U_{omin}\\&P_{CM}>I_{Lmax}(U_{imax}-U_{omin})\end{aligned} \tag{9.5.5}$$

实际选用时，不但要考虑一定的余量，还应按手册上的规定采取散热措施。

9.5.2.5 串联型稳压电路的方框图

根据上述分析，实用的串联型稳压电路至少包含调整管、基准电压电路、采样电路和比较放大电路四个部分。此外，为使电路安全工作，还常在电路中加保护电路，所以串联型稳压电路的方框图如图 9.5.3 所示。

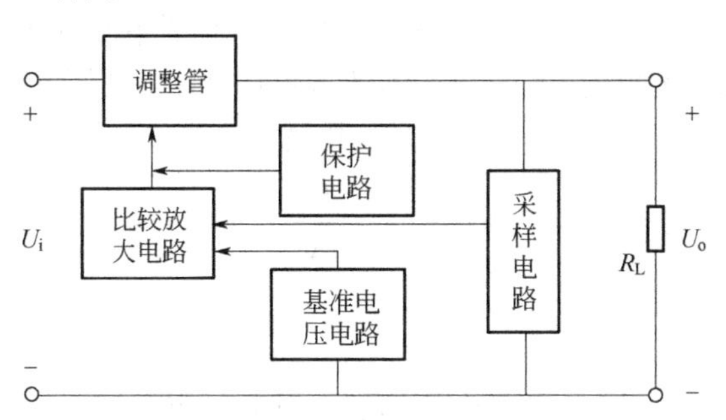

图 9.5.3 串联型稳压电路的方框图

【例 9.5.1】 电路如图 9.5.2（b）所示，已知输入电压 U_i 的波动范围为 ± 10%，调整管的饱和管压降 U_{CES} =2V，输出电压 U_o 的调节范围为 5 ~ 20V，$R_1=R_3=200\Omega$。试问：

① 稳压管的稳定电压 U_Z 和 R_2 的取值各为多少?

② 为使调整管正常工作，U_i 的值至少应取多少?

【解】 ① 输出电压的表达式为：

$$\frac{R_1+R_2+R_3}{R_2+R_3}U_Z\leqslant U_o\leqslant\frac{R_1+R_2+R_3}{R_3}U_Z$$

代入数据：

$$5=\frac{200+R_2+200}{R_2+200}U_Z\leqslant U_o\leqslant\frac{200+R_2+200}{200}U_Z=20$$

解二元方程可得：$R_2=600\Omega$，$U_Z=4V$。

② 所谓调整管正常工作，是指在输入电压波动和输出电压改变时调整管应始终工作在放大状态。研究电路的工作情况可知，在输入电压最低且输出电压最高时管压降最小，若此时管压降大于饱和管压降，则在其他情况下管子一定会工作在放大区。用式子表示为 $U_{CEmin}=U_{imin}-U_{omax}>U_{CES}$，即：

$$U_{imin}>U_{omax}+U_{CES}$$

代入数据：

$$0.9U_i>(20+2)V$$

得出 $U_i>24.7V$，故至少应取 25V。

9.5.3 具有放大环节的并联型稳压电路

线性稳压器的第二种基本类型是并联稳压器，正如前面介绍的，串联稳压器中的控制元件是串联在通路里的三极管，在并联稳压器中，控制元件是与负载并联的三极管。

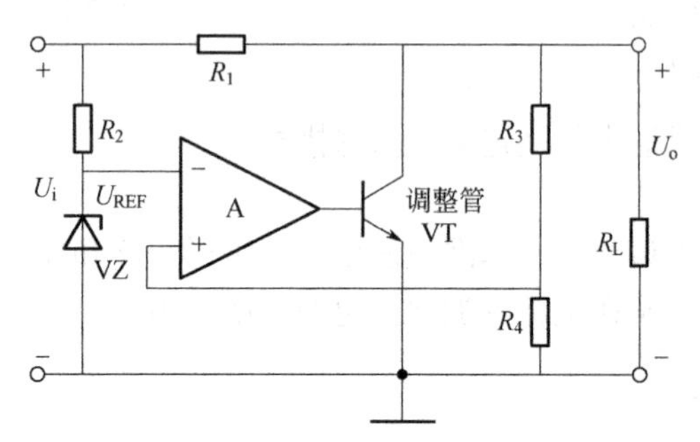

图 9.5.4 基本并联型稳压电路

在基本的并联稳压器中，控制元件三极管是与负载并联的，电阻 R_1 与负载串联，如图 9.5.4 所示。电路的工作原理与串联稳压器类似，不同的是，稳压是通过控制流过并联三极管 VT 的电流实现的，其稳压过程请读者自行分析。并联稳压器没有串联稳压器有效，但并联稳压器本身具有固有的短路保护，如果输出短路，那么负载电流被串联电阻 R_1 限制在其最大值：

$$I_{Lmax}=\frac{U_i}{R_1}$$

电路的输出电压为：

$$U_o=\frac{U_{REF}}{R_4}(R_3+R_4)=\left(1+\frac{R_3}{R_4}\right)U_{REF} \tag{9.5.6}$$

9.6 集成稳压电路

随着模拟集成电路的发展和功率集成电路工艺的进步，集成稳压电路应运而生，并在很多领域取代了分立元件稳压电路。集成稳压电路就是将电源电路中的调整管、取样电路、基准元件、误差放大及保护电路等全部集中制作在一块半导体芯片上，成为一个稳压功能块。集成稳压电路具有体积小、可靠性高、使用灵活、价格低廉等优点。

一般简单的集成稳压电路有三个端子，常用三端集成稳压器根据其输出电压是否可调，分为固定式和可调式两大类。可调式集成稳压器能通过一定引出脚外接电阻或电位器使输出直流电压在某一范围内连续可调；固定式集成稳压器输出直流电压是固定不变的几个电压等级。本节对型号为 W7800 和 W7900 系列固定式集成稳压器和型号为 W117 可调式集成稳压器的功能和应用进行简单介绍。

9.6.1 固定式集成稳压器

9.6.1.1 固定正输出W7800系列三端稳压器

尽管有许多类型的IC稳压器，IC稳压器的7800系列是最具代表性的三端器件，它可以提供固定的正输出电压，其外形如图9.6.1所示。三端是输入、输出和公共接地端，7800系列号的最后两位数字表明其输出电压，例如7805是一个+5.0V的稳压器，表9.6.1给出了其他有效的输出电压值。

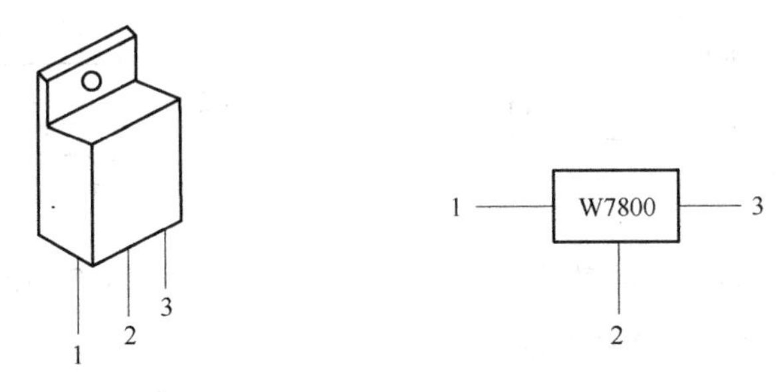

(a) W7800系列稳压器外形图 (b) W7800系列稳压器方框图

图9.6.1 W7800系列稳压器外形图和方框图

1—输入端；2公共端；3—输出端

9.6.1.2 固定负输出W7900系列三端稳压器

W7900是W7800系列对应的负电压系列，它们具有相同的特征和特性，如表9.6.2所示。

表9.6.1 W7800系列

类型号	7805	7806	7808	7809	7812	7815	7818	7824
输出电压	+5.0V	+6.0V	+8.0V	+9.0V	+12.0V	+15.0V	+18.0V	+24.0V

表9.6.2 W7900系列

类型号	7905	7905.2	7906	7908	7912	7915	7918	7924
输出电压	-5.0V	-5.2V	-6.0V	-8.0V	-12.0V	-15.0V	-18.0V	-24.0V

9.6.1.3 W7800稳压器的应用

（1）基本应用电路

基本应用电路如图9.6.2所示，输出电压和最大输出电流取决于所选三端稳压器。图中电容C_i用于抵消输入线较长时的电感效应，以防止电路产生自激振荡，其容量较小，一般小于1μF。电容C_o用于消除输出电压中的高频噪声，可选取小于1μF的电容，也可选取几微法甚至几十微法的电容，以便输出较大的脉冲电流。但是若C_o容量较大，一旦输入端断开，C_o将从稳压器输出端向稳压器放电，易使稳压器损坏。因此，可在稳压器的输入端和输出端之间跨接一个二极管，如图中虚线所画，起保护作用。

（2）扩大输出电流的稳压电路

若所需输出电流大于稳压器标称值时，可采用外接电路来扩大输出电流。图9.6.3所示电路为实现输出电流扩展的一种电路。

设三端稳压器的输出电压为U_o'，图 9.6.3 所示电路的输出电压$U_o = U_o' + U_{VD} - U_{BE}$，在理想情况下，即$U_{VD} = U_{BE}$时，$U_o = U_o'$。可见，二极管用于消除$U_{BE}$对输出电压的影响。设三端稳压器的最大输出电流为$I_{omax}$，则三极管的最大基极电流$I_{Bmax} = I_{omax} - I_R$，因而负载电流的最大值为：

$$I_{Lmax} = (1+\beta)(I_{omax} - I_R) \tag{9.6.1}$$

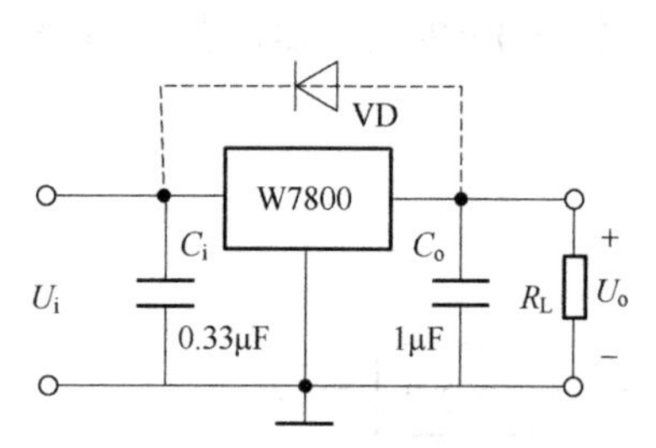

图 9.6.2　W7800 的基本应用电路

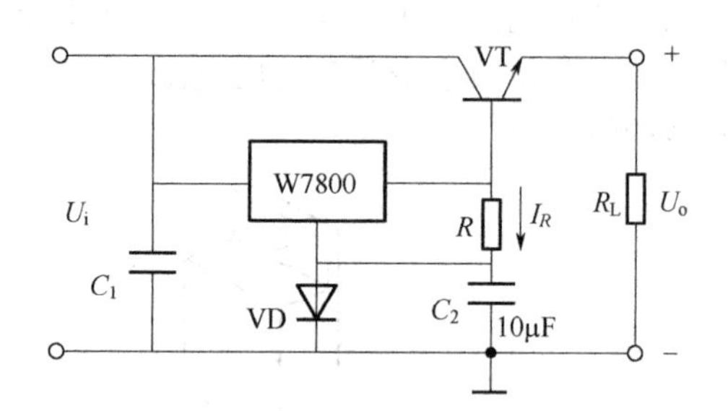

图 9.6.3　输出电流扩展电路

（3）输出电压可调的稳压电路

图 9.6.4 所示电路为利用三端稳压器构成的输出电压可调的稳压电路。图中电阻R_2中流过的电流为I_{R_2}，R_1中的电流为I_{R_1}，稳压器公共端的电流为I_W，因而：

$$I_{R_2} = I_{R_1} + I_W$$

由于电阻R_1上的电压为稳压器的输出电压U_o'，$I_{R_1} = \dfrac{U_o'}{R_1}$，输出电压$U_o$等于$R_1$上电压与$R_2$上电压之和，所以输出电压为：

$$U_o = U_o' + \left(\frac{U_o'}{R_1} + I_W\right)R_2 = \left(1 + \frac{R_2}{R_1}\right)U_o' + I_W R_2$$

改变R_2滑动端的位置，可以调节U_o的大小。三端稳压器既作为稳压器件，又为电路提供基准电压。由于公共端电流I_W的变化将影响输出电压，实用电路中常加电压跟随器将稳压器与采样电阻隔离，如图 9.6.5 所示。图中电压跟随器的输出电压等于三端稳压器的输出电压U_o'，即电阻R_1与R_2上部分的电压之和，是一个常量，改变电位器滑动端的位置，即可调节输出电压U_o的大小。以输出电压的负端为参考点，不难求出输出电压为：

$$\frac{R_1 + R_2 + R_3}{R_1 + R_2}U_o' \leqslant U_o \leqslant \frac{R_1 + R_2 + R_3}{R_1}U_o' \tag{9.6.2}$$

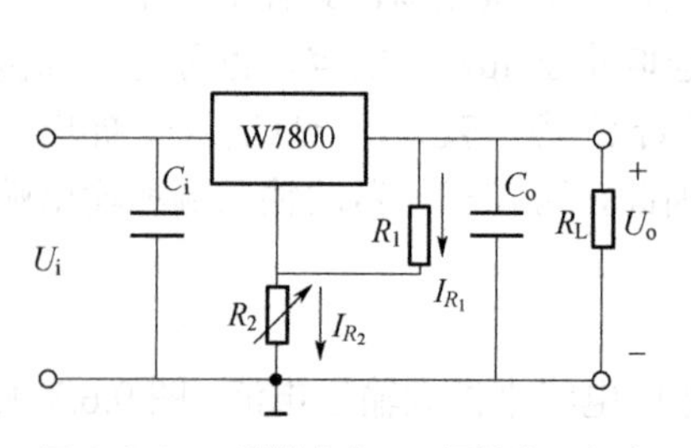

图 9.6.4　一种输出电压可调的稳压电路

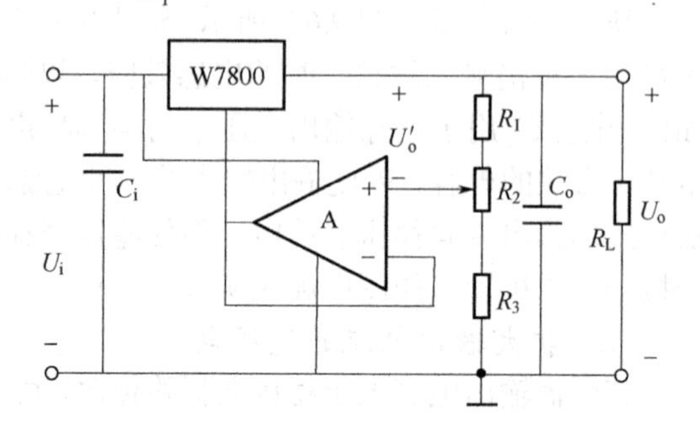

图 9.6.5　输出电压可调的实用稳压电路

设 $R_1 = R_2 = R_3 = 300\Omega$，$U_o' = 12\text{V}$，则输出电压的调节范围为18~36 V。可以根据输出电压的调节范围及输出电流大小选择三端稳压器及采样电阻。

（4）正、负输出稳压电路

W7900 系列芯片是一种输出负电压的固定式三端稳压器，使用方法与 W7800 系列稳压器相同，只是要特别注意输入电压和输出电压的极性。W7900 与 W7800 相配合，可以得到正、负输出的稳压电路，如图 9.6.6 所示。

图 9.6.6 中，两个二极管起保护作用，正常工作时均处于截止状态。若 W7900 的输入端未接入输入电压，W7800 的输出电压将通过负载电阻接到 W7900 的输出端使 VD_2 导通，从而将 W7900 的输出端钳位在 0.7V 左右，保护其不至于损坏；同理，VD_1 可在 W7800 的输入端未接入输入电压时保护其不至于损坏。

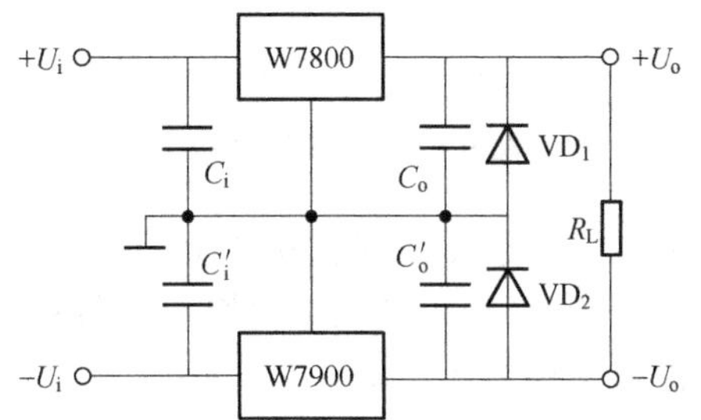

图 9.6.6 正、负输出稳压电路

9.6.2 可调式集成稳压器

W117 为可调正输出电压三端稳压器，其外形和方框图如图 9.6.7 所示。电路中有三个引出端，分别为输入端、输出端和电压调整端，调整端是基准电压电路的公共端。外部固定电阻和外部可调电阻用于调节输出电压，输出电压可以在 1.2～37V 之间变化，这依赖于电阻的值，其可在负载上提供大于 1.5A 的输出电流。

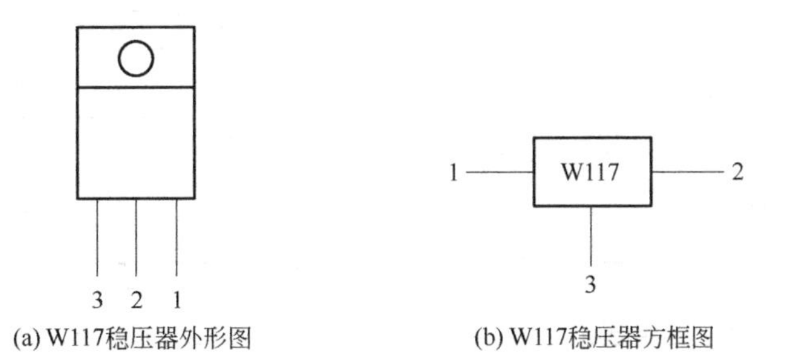

(a) W117稳压器外形图　　(b) W117稳压器方框图

图 9.6.7 W117 系列稳压器外形图和方框图

1—输入端；2—输出端；3—调整端

9.6.2.1 W117 基本参数和工作原理

W117 输出端和可调端之间的参考电压 U_{REF}（一般取典型值为 1.25V）由稳压器来维持。这个恒定的参考电压在 R_1 上产生一个恒定电流（I_{REF}），它与 R_2 的值无关，I_{REF} 同样流过 R_2。与一般串联型稳压电路一样，由于 W117 电路中引入了深度的电压负反馈，输出电压非常稳定。因为调整端的电流很小，约为 50μA，所以输出电压为：

$$U_o = \left(1 + \frac{R_1}{R_2}\right) U_{REF} \tag{9.6.3}$$

式中，U_{REF} 的典型值为 1.25V。

9.6.2.2 W117 的应用

（1）基准电压源电路

图 9.6.8 所示是由 W117 组成的基准电压源电路，输出端和调整端之间的电压是非常稳定

的电压，其值为1.25V。输出电流可达1.5A。图中R为泄放电阻，根据W117最小负载电流（取5mA）可以计算出R的最大值。$R_{max}=(1.25/0.005)\Omega=250\Omega$，实际取值可略小于$250\Omega$，如$240\Omega$。

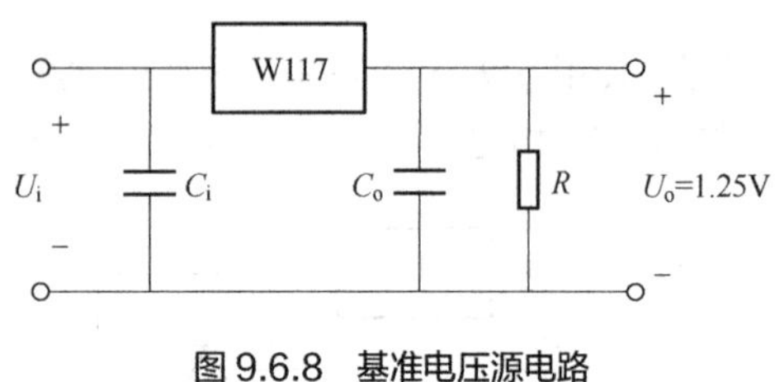

图9.6.8 基准电压源电路

（2）典型应用电路

可调式三端稳压器的主要应用是要实现输出电压可调的稳压电路。正如前面所述，可调式三端稳压器的外接采样电阻是稳压电路不可缺少的组成部分，其典型电路如图9.6.9所示。W117如同一个“浮动”的稳压器，因为调整端没有直接接地，而是浮在了R_2两端的电压上，这就允许远高于固定稳压器的输出。

图9.6.9中R_1的取值原则与图9.6.8所示电路中的R相同，可取240Ω。由于调整端的电流可忽略不计，输出电压为：

$$U_o=\left(1+\frac{R_2}{R_1}\right)\times1.25\text{V}$$

为了减小R_2上的纹波电压，可在其上并联一个10μF电容C，但是，在输出开路时，C将向稳压器调整端放电，并使调整管发射结反偏，为了保护稳压器，可加二极管VD_2提供一个放电回路，如图9.6.10所示。VD_1的作用与图9.6.2所示电路中的VD相同。

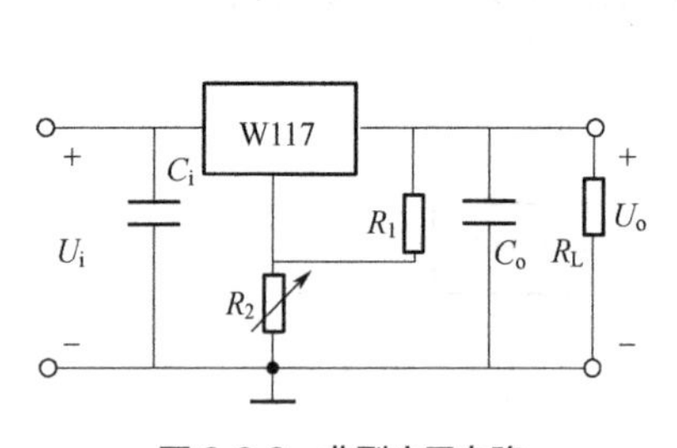

图9.6.9 典型应用电路

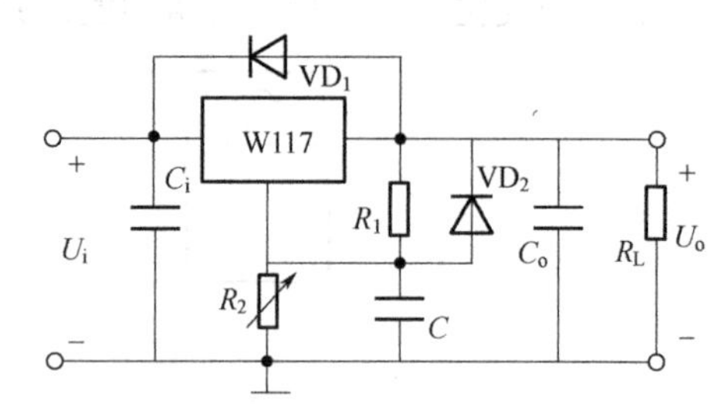

图9.6.10 W117的外加保护电路

9.7 开关稳压器

两种类型的线性稳压器（串联和并联）都有控制元件（三极管），控制元件是一直导通的，将要介绍的开关电源不用全程导通，而是根据输出电压和电流变化的需要，来改变导通量的大小。用开关类型的稳压器可以达到比线性类型稳压器高得多的效率，因为当三极管闭合和断开时，它只在闭合时消耗功率。在线性稳压器中三极管一直闭合会不断消耗功率。在开关稳压器中，三极管的电阻要么非常高（截止），而此时无电流，要么非常低（饱和），此时有电流，因此效率可以大于90%。开关稳压器在对效率非常重要的场合特别有用，可以设计成各种功率水平，应用需求决定特殊的设计，但是所有的开关稳压器都需要反馈来控制开关的开-关时间。开关稳压器需要控制系统（负反馈），控制电路会周期地打开和关断开关来实现稳压。开关稳压器有三种基本的结构：Buck（降压）、Boost（升压）、Buck-Boost（逆变）。在一些情况下，如笔记本电脑，这三种不同的类型用于系统的不同部分，例如：显示器通常采用逆变类型，微处理器使用降压类型，硬盘驱动使用升压类型。

9.7.1 降压（Buck）结构

在降压（Buck）结构中（降压转换器），输出电压总小于输入电压。基本降压开关稳压器电路如图 9.7.1（a）所示，简化电路如图 9.7.1（b）所示。可变脉宽调制器相当于一个开关，三极管 VT 用来在一个占空比中接入输入电压，占空比取决于稳压器的负载需求。因为 MOSFET 管比 BJT 管的切换速度快，所以 MOSFET 管是更受欢迎的开关器件，这里采用 BJT 进行原理介绍。因为 VT 要么闭合（饱和）要么截止，所以在控制元件上的功耗相对较小。因此开关稳压器主要使用在大功率应用中，或在像计算机这样效率非常重要的系统中。

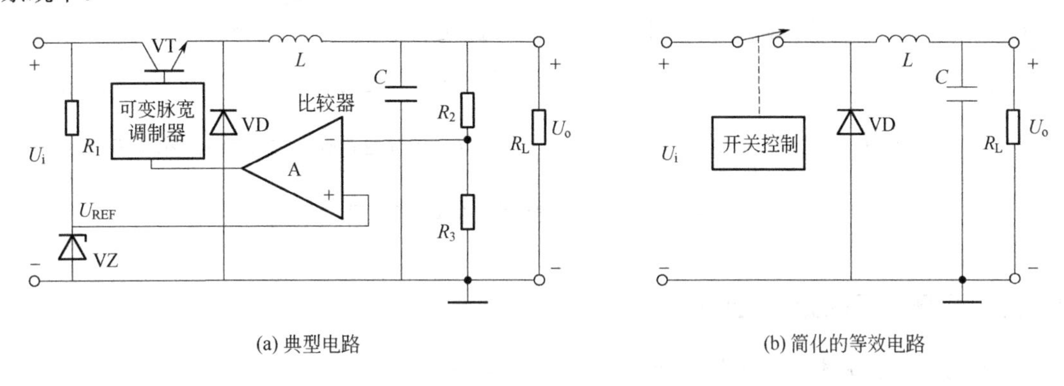

图 9.7.1 基本降压开关稳压器

三极管 VT 间隔性的闭合和断开如图 9.7.2（a）中的波形所示，在导通时间（t_{on}）内电容器充电，在截止时间（t_{off}）内电容器放电。当导通时间相对截止时间增加时，电容器充电更多，因此增加了输出电压，如图 9.7.2（b）所示。当导通时间相对截止时间减少时，电容器放电更多，因此减小了输出电压，如图 9.7.2（c）所示。所以，通过调整三极管 VT 的占空比 $t_{on}/(t_{on}+t_{off})$，可以改变输出电压。电感用来进一步平滑由充放电引起的输出电压的纹波。

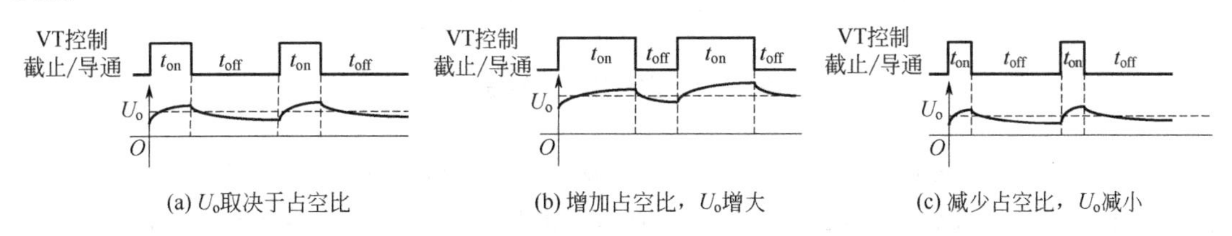

图 9.7.2 开关稳压器波形

理想情况下，输出电压表示为：

$$U_o=\left(\frac{t_{on}}{T}\right)U_i$$

式中，T 为三极管导通-截止循环的周期，与频率有关，这个周期是导通时间和截止时间的和，即 $T=t_{on}+t_{off}$；

$\frac{t_{on}}{T}$ 称为占空比。

稳压过程如下并在图 9.7.3 中阐述。当 U_o 试图减小时，三极管的闭合时间延长，使得电容器的充电时间延长，试图减小得到补偿，如图 9.7.3（a）所示。当 U_o 试图增加时，三极管的闭合时间缩短，使得电容器能充分放电，来补偿试图增加的输出，如图 9.7.3（b）所示。

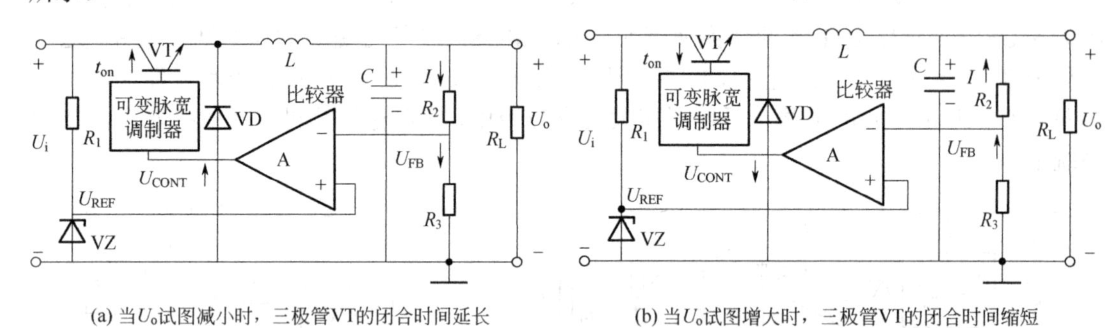

(a) 当U_o试图减小时，三极管VT的闭合时间延长　　(b) 当U_o试图增大时，三极管VT的闭合时间缩短

图 9.7.3　降压开关稳压器的基本稳压过程

9.7.2　升压（Boost）结构

开关稳压器的基本升压类型（升压转换器）如图 9.7.4 所示，其中三极管 VT 作为一个接地开关。

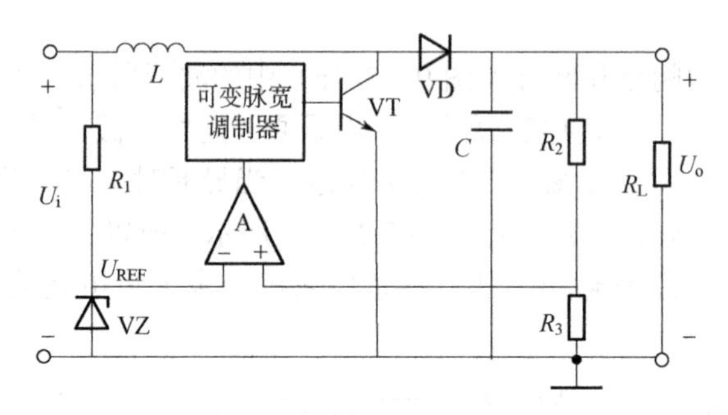

图 9.7.4　基本升压开关稳压器

工作原理即开关过程如图 9.7.5 所示。当三极管 VT 导通时，在电感上感应出一个近似等于 U_i 的电压，其极性如图 9.7.5（a）所示。在 VT 的导通时间内，电感电压从它的初始最大值开始减小，并且这时候二极管 VD 是反向偏置的，VT 导通的时间越长，U_L 变得越小。在导通时间内，电容器通过负载的放电非常少。

当三极管 VT 截止时，如图 9.7.5（b）所示电感器电压突然反转极性并加到 U_i 上，使得二极管 VD 正向偏置，并使电容器放电。输出电压等于电容器电压，且比 U_i 大，因为电容器充电到 U_i 加上 VT 截止时间内电感产生的电压。

三极管 VT 导通的时间越长，电感电压减小得越多，VT 截止的瞬间电感反转极性所产生的电压幅度就越大，反向极性电压就是让电容器充电高于 U_i 的那部分电压。输出电压依赖于电感的磁场过程（由t_{on}决定）和电容器的充电（由t_{off}决定）。

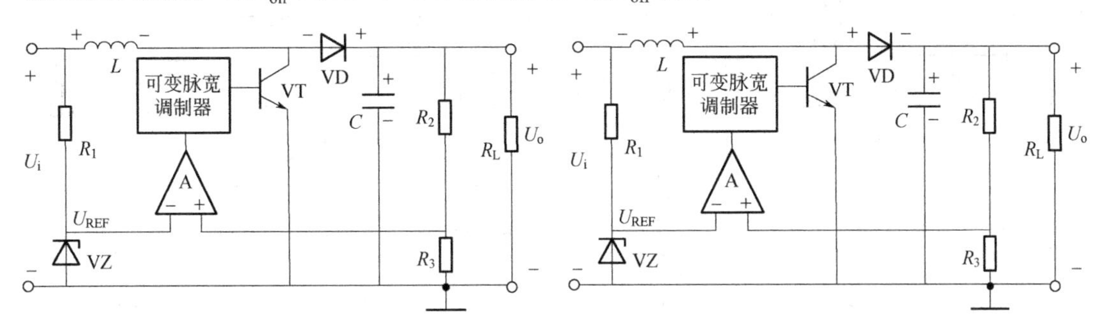

(a) 当三极管VT导通时，升压稳压器的开关过程　　(b) 当三极管VT截止时，升压稳压器的开关过程

图 9.7.5　开关稳压器工作原理

稳压功能是通过三极管 VT 导通时间的变化（在某个限制内）来实现的，而这是改变负载或输入电压而导致U_o变化所引起的。如果U_o试图增大，VT 的导通时间将缩短，会导致C上的充电量减少。如果U_o试图减少，VT 的导通时间将延长，会导致C上的充电量增加。这样的稳压过程使得U_o基本稳定在一个恒定值上不变。

9.7.3　电压逆变器（Buck-Boost）结构

开关稳压器的第三种类型是产生一个与输入极性相反的输出电压，基本框图如图 9.7.6 所示，这个电路常称为降压-升压型转换器。

当三极管 VT 导通时，电感电压跳跃到接近U_i，磁场快速扩大，如图 9.7.7（a）所示，此时，二极管反向偏置，电感电压从它的初始最大值开始下降。当 VT 截止时，磁场缩小并且电感极性反向，如图 9.7.7（b）所示，这使得二极管正向偏置，电容充电，并产生负向输出电压。VT 的重复导通-截止产生了重复的充电-放电，并且由 LC 滤波器来进行平滑。如同升压稳压器一样，三极管 VT 导通的时间越短，输出电压越大，反之亦然。图 9.7.8 阐述了稳压过程。

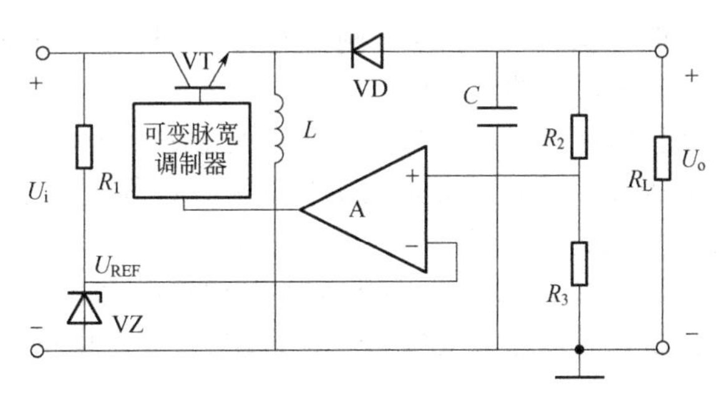

图 9.7.6　基本逆变开关稳压器

开关型稳压电源虽然有高效节能、适应市电变化能力强、体积小、重量轻等诸多优点，但也存在较为严重的开关干扰的缺点。开关稳压电源中，调整开关三极管工作在饱和-截止状态，它产生的电压和电流通过电路中其他元器件产生尖峰干扰和谐振干扰，这些干扰如果不采取一定的措施进行抑制、消除和屏蔽，就会严重地影响整机的正常工作。

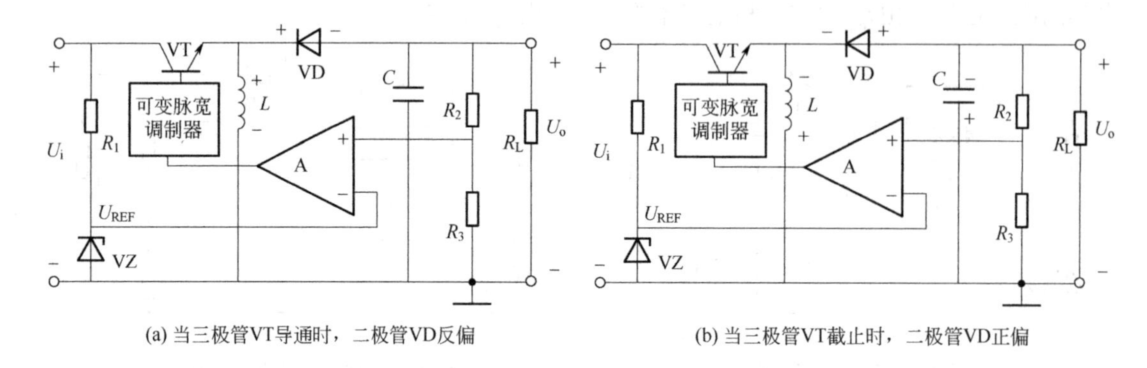

(a) 当三极管VT导通时，二极管VD反偏　　(b) 当三极管VT截止时，二极管VD正偏

图 9.7.7　逆变开关稳压器的基本逆变过程

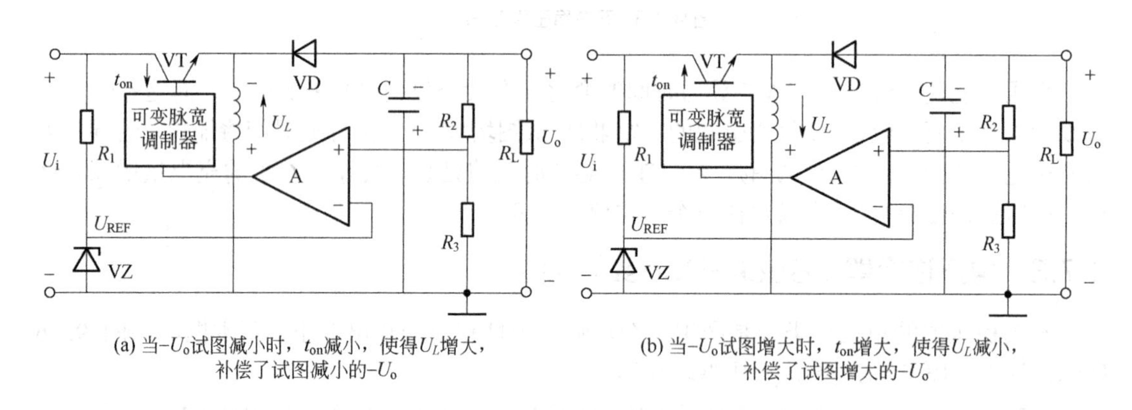

(a) 当$-U_o$试图减小时，t_{on}减小，使得U_L增大，补偿了试图减小的$-U_o$　　(b) 当$-U_o$试图增大时，t_{on}增大，使得U_L减小，补偿了试图增大的$-U_o$

图 9.7.8　逆变开关稳压器的基本稳压过程

本章总结

本章主要讲述有关直流电源的基本概念，阐明电源的结构及工作原理和主要参数计算，并介绍了稳压电路和集成稳压芯片的原理和应用。

直流电源的结构由变压器、整流、滤波、稳压四个组成部分组成。整流电路将交流变为直流，滤波电路去掉交流成分，二极管稳压电路利用稳压管所起的电流调节作用，通过限流电阻 R 上的电压或电流的变化进行补偿，达到稳压的目的。

线性稳压器有调整管、基准电压电路、采样电路和比较放大电路 4 个组成部分。调整管是核心元件，工作在放大状态。基准电压与采样电压比较放大，电路引入深度电压负反馈使输出电压稳定且可调。

将电源电路中的调整管、取样电路、基准元件、误差放大及保护电路等全部集中制作在一块半导体芯片上成为一个稳压功能块，就是集成稳压器。

在线性稳压器中调整管一直处于导通状态，效率不高。开关稳压器中调整管工作在开关状态，通过调整占空比的大小来控制输出电压的大小，可分为降压结构、升压结构、逆变器结构三种结构。

本章知识结构

- 直流电源
  - 直流电源的组成：变压、整流、滤波、稳压
  - 整流电路
    - 半波整流
      - 工作原理：二极管的单向导电性
      - 主要参数
        - 输出电压平均值
        - 负载电流平均值
      - 二极管的选择
        - 二极管的平均电流
        - 最大整流平均电流
        - 最高反向工作电压
    - 全波整流
      - 电路的组成：桥式整流电路
      - 工作原理：二极管的单向导电性
      - 主要参数
        - 输出电压平均值
        - 负载电流平均值
      - 二极管的选择
        - 二极管的平均电流
        - 最大整流平均电流
        - 最高反向工作电压
  - 滤波电路
    - 电容滤波电路
      - 滤波原理
      - 输出电压平均值
      - 整流二极管的导通角
    - 其他形式的滤波电路
      - 电感滤波电路
      - 复式滤波电路
    - 各种滤波电路的比较
  - 二极管稳压电路
    - 电路组成
    - 稳压原理
    - 性能指标
      - 稳压系数
      - 输出电阻
    - 电路参数的选择
      - 输入电压的选择
      - 稳压管的选择
      - 限流电阻的选择
  - 线性稳压器
    - 基本调整管电路
    - 串联型稳压电路
    - 并联型稳压电路
  - 集成稳压器
    - 固定式集成稳压器W7800、W7900
    - 可调式集成稳压器W117
  - 开关型稳压器
    - 降压结构
    - 升压结构
    - 电压逆变器

习题 9

9.1 填空题。

（1）在半波整流电路中，所用整流二极管的数量是（ ）个，全波整流二极管的数量是（ ）个。

（2）在半波整流电路中，设整流电流平均值为 1.2A，则流过每个二极管的电流平均值是（ ）A。

（3）在全波整流电路中，设整流电流平均值为 1.2A，则流过每个二极管的电流平均值是（ ）A。

（4）若变压器二次侧电压为 U_2=10V，则桥式整流电容滤波电路在满足 $R_L C \geqslant \frac{3T}{2}$ 时，输出电压的平均值为 U_o=（ ）V。

（5）若变压器二次侧电压 U_2=10V，在单相桥式整流电阻负载时，理想二极管承受的最高反压是（ ）V。

（6）在桥式整流电路中接入电容 C 滤波后，输出直流电压较未加 C 时变（ ）；二极管的导通角变（ ）。

（7）在电容滤波和电感滤波中，（ ）滤波适用于大电流负载，（ ）滤波的直流输出电压高。

（8）稳压二极管稳压电路是利用稳压管的电流调节作用，使（ ）的电压或电流改变对输出电压进行补偿。

（9）整流电路的核心元器件是（ ），滤波电路一定包含（ ）元件。

（10）线性直流电源中的调整管工作在（ ）状态，开关型直流电源中的调整管工作在（ ）状态。

（11）三端集成稳压器 W7805 的输出电压是（ ）V。

（12）一般情况下，开关型稳压电路比线性稳压电路效率要（ ）。

9.2 选择题。

（1）整流的目的是____。

A．将交流变为直流　　B．将高频变为低频

C．将正弦波变为方波　　D．将高压变为低压

（2）在桥式整流电路中，若有一个整流管接反，则____。

A．输出电压约为 $2U_{VD}$　　B．变为半波整流

C．整流管将因电流过大而烧毁　　D．没有影响

（3）直流稳压电源中滤波电路的作用是____。

A．将交流变为直流

B．将高频变为低频

C．将交、直流混合量中的交流成分滤掉

D．将高压变为低压

（4）滤波电路应选用____。

A．高通滤波电路　　B．低通滤波电路

C．带通滤波电路　　　　D．带阻滤波器

（5）若要组成输出电压可调、最大输出电流为3A的直流稳压电源，则应采用____。

A．电容滤波稳压管稳压电路　　　　B．电感滤波稳压管稳压电路

C．电容滤波串联型稳压电路　　　　D．电感滤波串联型稳压电路

（6）串联型稳压电路中的放大环节所放大的对象是____。

A．基准电压　　　　B．取样电压

C．基准电压与取样电压之差　　　　D．输入电压

（7）开关型直流电源比线性直流电源效率高的原因是____。

A．调整管工作在开关状态　　　　B．输出端有 LC 滤波电路

C．可以不用电源变压器　　　　D．调整管工作在饱和状态

（8）在脉宽调制式串联型开关稳压电路中，为使输出电压增大，对调整管基极控制信号的要求是____。

A．周期不变，占空比增大

B．频率增大，占空比不变

C．在一个周期内，高电平不变，周期增大

D．周期改变，占空比不变

（9）在图P9.1中，已知变压器副边电压有效值 U_2 为10V，$R_L C \geqslant \frac{3T}{2}$（$T$ 为电网电压的周期）。测得输出电压平均值 $U_{o(AV)}$ 可能的数值。

A．14V　　　B．12V　　　C．9V　　　D．4.5V

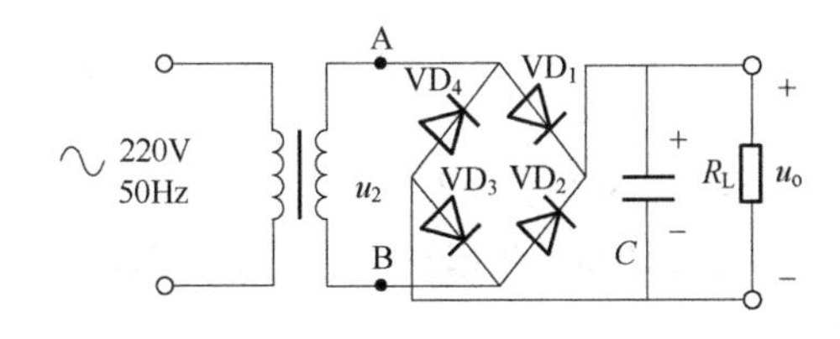

图P9.1　题9.2中（9）电路图

选择合适答案填入空内。

① 正常情况 $U_{o(AV)}$ 约为____。

② 电容虚焊时 $U_{o(AV)}$ 约为____。

③ 负载电阻开路时 $U_{o(AV)}$ 约为____。

④ 一个整流管和滤波电容同时开路，$U_{o(AV)}$ 约为____。

9.3　在图P9.2所示稳压电路中，已知稳压管的稳定电压 U_Z 为6V，最小稳定电流 I_{Zmin} 为5mA，最大稳定电流 I_{Zmax} 为40mA；输入电压 U_i 为15V，波动范围为±10%；限流电阻 R 为200Ω。

（1）电路是否能空载？为什么？

（2）作为稳压电路的指标，负载电流 I_L 的范围为多少？

9.4　在图P9.3所示电路中，已知输出电压的最大值 U_{omax} 为25V，R_1 =240Ω；W117的输出端和调整端间的电压 U_R=1.25V，允许加在输入端和输出端的电压3～40V。试求解：

（1）输出电压的最小值 U_{omin}。

（2）R_2 的取值。

（3）若 U_i 的波动范围为±10%，为保证输出电压的最大值 U_{omax} 为 25V，U_i 至少应取多少？为保证 W117 安全工作，U_i 的最大值为多少？

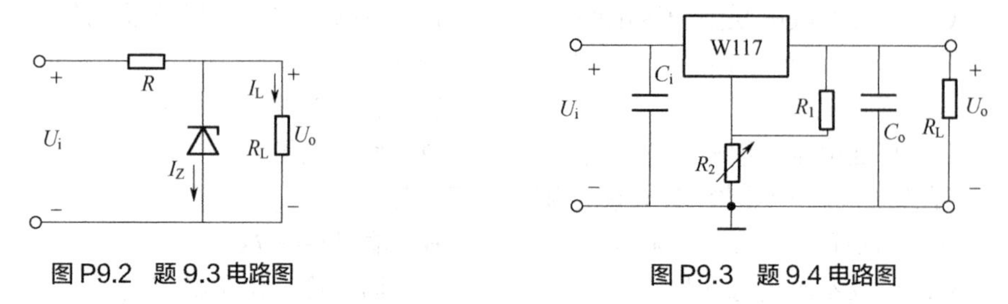

图 P9.2　题 9.3 电路图　　　　图 P9.3　题 9.4 电路图

9.5　电路如图 P9.4 所示。请合理连线，构成 5V 直流电源。

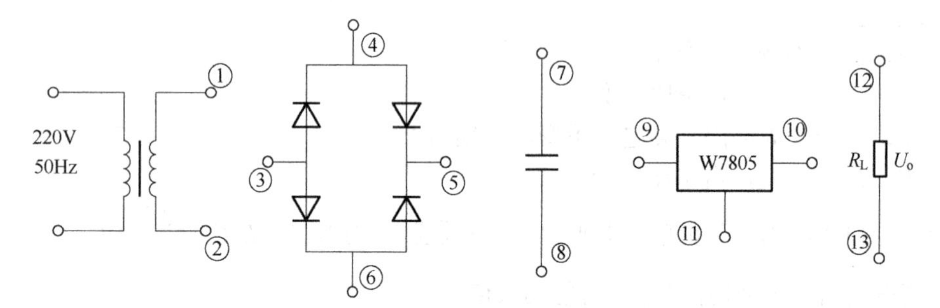

图 P9.4　题 9.5 电路图

9.6　在图 P9.5 所示电路中，已知输出电压平均值 $U_{o(AV)}=15V$，负载电流平均值 $I_{L(AV)}=100mA$。

（1）变压器副边电压有效值 U_2 约为多少？

（2）设电网电压波动范围为±10%。在选择二极管的参数时，其最大整流平均电流 I_F 和最高反向电压 U_R 的下限值约为多少？

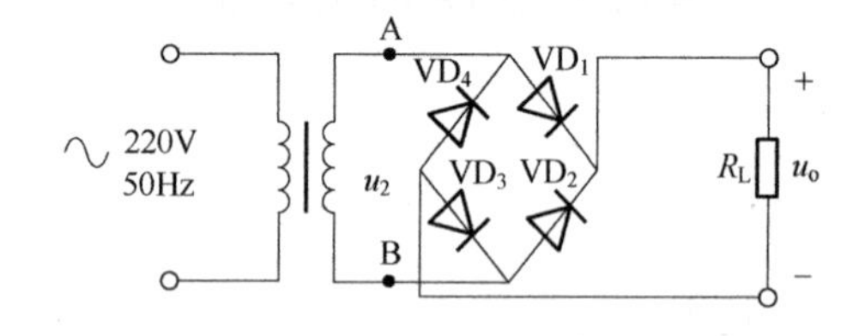

图 P9.5　题 9.6 电路图

9.7　电路如图 P9.6 所示，变压器副边电压有效值为 $2U_2$。

（1）画出 u_2、u_{VD1} 和 u_o 的波形。

（2）求出输出电压平均值 $U_{o(AV)}$ 和输出电流平均值 $I_{L(AV)}$ 的表达式。

（3）二极管的平均电流 $I_{VD(AV)}$ 和所承受的最大反向电压 U_{Rmax} 的表达式。

9.8　电路如图 P9.7 所示，变压器副边电压有效值 $U_{21}=50V, U_{22}=20V$。试问：

（1）输出电压平均值 $U_{o1(AV)}$ 和 $U_{o2(AV)}$ 各为多少？

（2）各二极管承受的最大反向电压为多少？

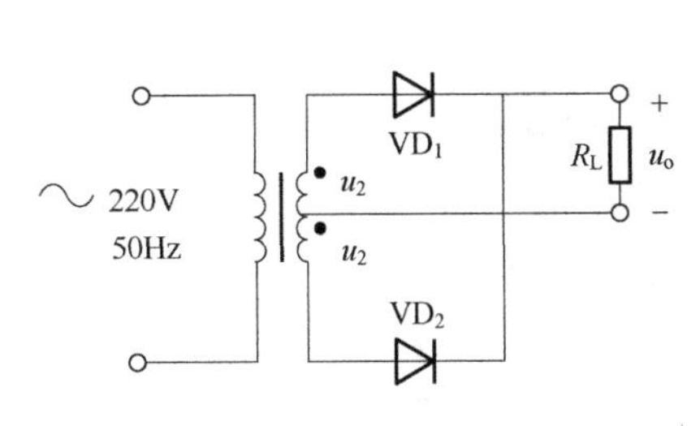

图 P9.6 题 9.7 电路图

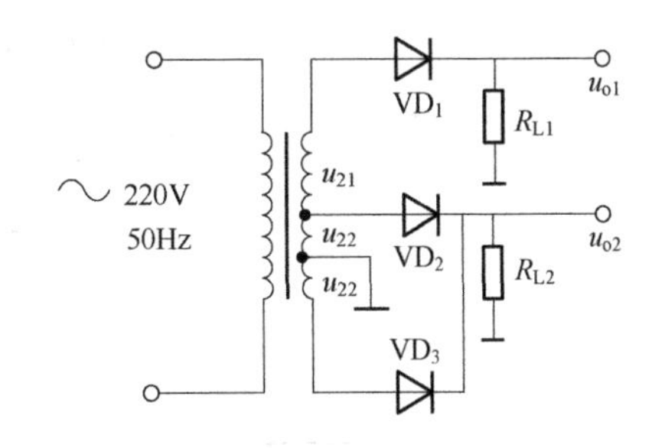

图 P9.7 题 9.8 电路图

9.9 电路如图 P9.8 所示。

（1）分别标出 u_{o1} 和 u_{o2} 对地的极性。

（2）u_{o1} 和 u_{o2} 分别是半波整流还是全波整流？

（3）$U_{21}=U_{22}=20\text{V}$ 时，$U_{o1(AV)}$ 和 $U_{o2(AV)}$ 各为多少？

（4）当 $U_{21}=18\text{V}$、$U_{22}=22\text{V}$ 时，画出 u_{o1} 和 u_{o2} 的波形，并求出 $U_{o1(AV)}$ 和 $U_{o2(AV)}$ 各为多少？

9.10 电路如图 P9.9 所示，已知稳压管的稳定电压为 6V，最小稳定电流为 5mA，允许耗散功率为 240mW，输入电压为 20～24V，R_1=360Ω。试问：

（1）为保证空载时稳压管能安全工作，R_2 应选多大？

（2）当 R_2 按上面原则选定后，负载电阻允许的变化范围是多少？

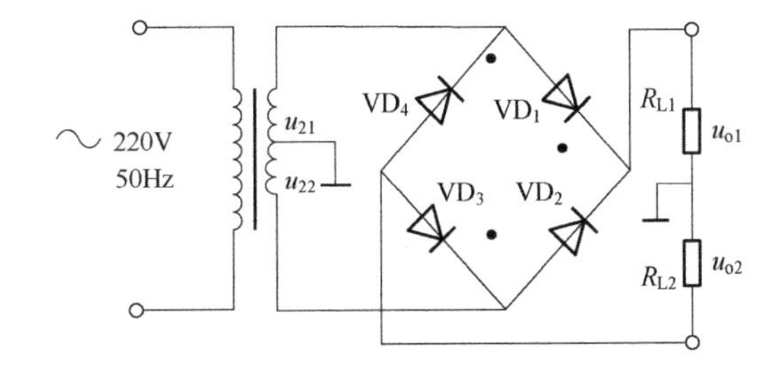

图 P9.8 题 9.9 电路图

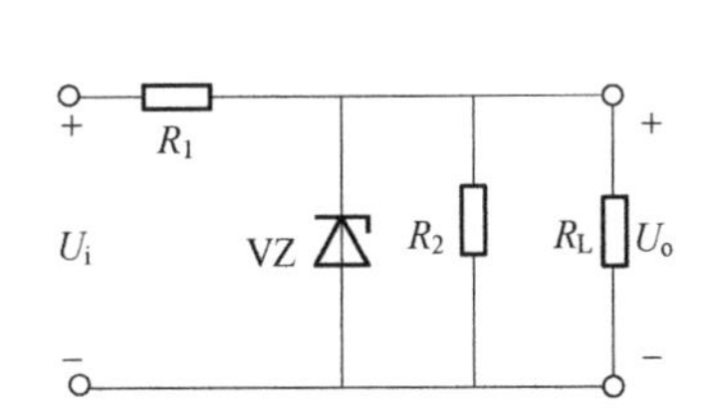

图 P9.9 题 9.10 电路图

9.11 在图 P9.10 所示电路中，$R_1=240\Omega$，$R_2=3\text{k}\Omega$；W117 输入端和输出端电压允许范围为 3～40V，输出端和调整端之间的电压 U_R 为 1.25V。试求解：

（1）输出电压的调节范围；

（2）输入电压允许的范围。

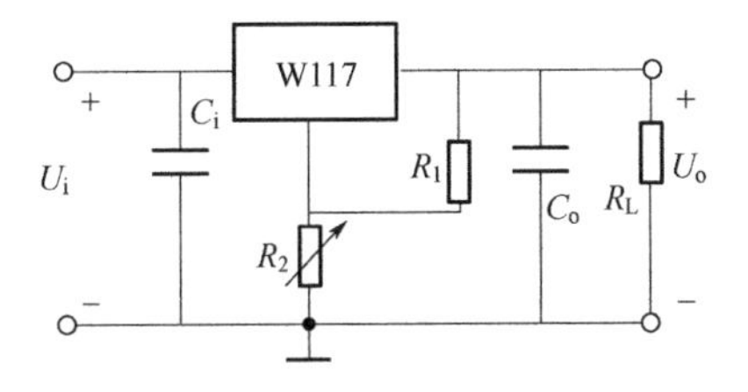

图 P9.10 题 9.11 电路图

9.12 试分别求出图 P9.11 所示各电路输出电压的表达式。

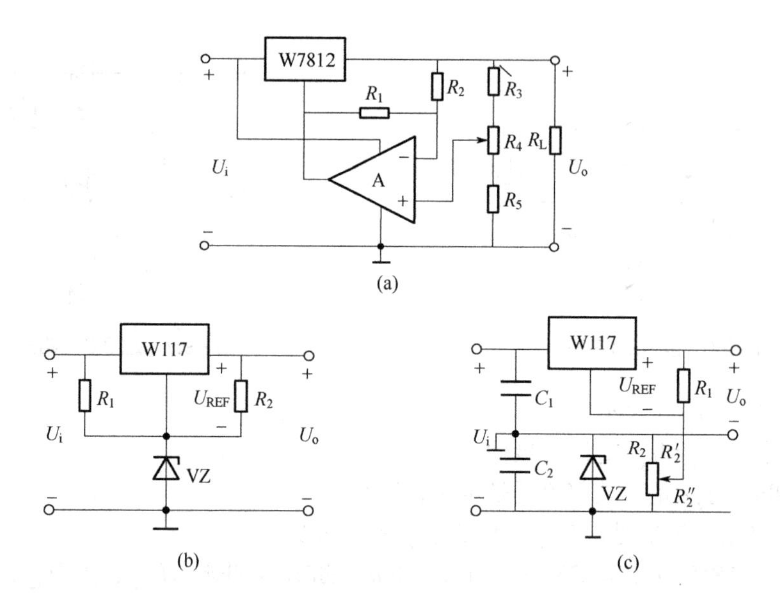

图 P9.11　题 9.12 电路图

参考文献

[1] 童诗白，华成英．模拟电子技术基础［M］．5 版．北京：高等教育出版社，2017.
[2] 华成英．模拟电子技术基本教程［M］．北京：清华大学出版社，2006.
[3] 王骥，肖明明，杜爽，等．模拟电路分析与设计［M］．2 版．北京：清华大学出版社，2019.
[4] 毕满清．模拟电子技术基础［M］．2 版．北京：电子工业出版社，2015.
[5] 毕满清，高文华．模拟电子技术基础学习指导与习题详解［M］．2 版．北京：电子工业出版社，2016.
[6] 余辉晴．模拟电子技术教程［M］．北京：电子工业出版社，2006.
[7] 李长俊．模拟电子技术［M］．北京：科学出版社，2010.
[8] 秦曾煌．电工学：下册　电子技术［M］．7 版．北京：科学出版社，2009.
[9] 杨素行．模拟电子技术基础简明教程［M］．3 版．北京：高等教育出版社，2006.
[10] 唐朝仁．模拟电子技术基础［M］．北京：清华大学出版社，2014.
[11] 刘恩科，朱秉升，罗晋生．半导体物理学［M］．7 版．北京：电子工业出版社，2011.
[12] 江晓安，付少峰．模拟电子技术［M］．4 版．西安：西安电子科技大学出版社，2016.
[13] 江晓安，付少峰．模拟电子技术学习指导与题解［M］．西安：西安电子科技大学出版社，2017.
[14] 李明富，葛廷友．模拟电子技术［M］．2 版．北京：北京航空航天大学出版社，2017.
[15] 孙肖子．模拟电子技术基础简明教程［M］．西安：西安电子科技大学出版社，2019.
[16] 郭业才，黄友锐．模拟电子技术［M］．2 版．北京：清华大学出版社，2019.
[17] 郭业才，黄友锐．模拟电子技术［M］．北京：清华大学出版社，2011.
[18] 李建民．模拟电子技术基础［M］．北京：清华大学出版社，北京交通大学出版社，2006.
[19] 魏虹，金宜南．汽车电工电子技术基础［M］．北京：电子工业出版社，2015.
[20] 何宾．模拟电子系统设计指南：基础篇［M］．北京：电子工业出版社，2017.
[21] 何宾．模拟电子系统设计指南：实践篇［M］．北京：电子工业出版社，2017.
[22] 弗洛伊德，布奇拉．模拟电子技术基础系统方法［M］．朱杰，蒋天乐，译．北京：机械工业出版社，2018.
[23] 李承，徐安静．模拟电子技术［M］．2 版．北京：清华大学出版社，2020.
[24] 韩党群，赵东波，刘勃妮．模拟电子技术［M］．西安：西安电子科技大学出版社，2017.
[25] 李国丽．模拟电子技术基础［M］．北京：高等教育出版社，2012.
[26] 何超．模拟电子技术新编［M］．北京：清华大学出版社，2014.
[27] 吴友宇，伍时和．模拟电子技术基础习题解答［M］．北京：清华大学出版社，2012.
[28] 张会莉．模拟电子技术学习指导书［M］．北京：中国电力出版社，2016.
[29] 李震梅．模拟电子技术基础［M］．2 版．北京：高等教育出版社，2019.
[30] 王振宇，成立．模拟电子技术基础［M］．3 版．南京：东南大学出版社，2019.
[31] 唐治德．模拟电子技术基础　［M］．北京：科学出版社，2009.
[32] 杨欣，胡文锦，张延强．实例解读模拟电子技术完全学习与应用　［M］．北京：电子工业出版社，2013.
[33] 王卫东．模拟电子技术基础［M］．3 版．北京：电子工业出版社，2016.